高职高专“十二五”规划教材

药物制剂技术考评参考用书

药物制剂技术

张幸生　韦　霞　主　编
林素静　刘西京　副主编
张俊松　主　审

化学工业出版社

·北京·

本书力求根据高职高专药学专业的培养目标，反映高职教育的特色，注重理论知识与实际操作相结合。本书定位是：理论以必需、够用力度，以讲清概念、强化应用为重点，注重学生技术应用能力的培养。在编写内容上，做到重点及难点突出，内容适当、适度，既应简明扼要地阐明药物药剂的基础理论知识，又要较详细地介绍药物药剂的制备知识，同时对药物制剂的新设备作了介绍，使理论知识与实际运用有机结合。

本书按照药物制剂制备的要求，着重介绍了常用药物剂型的概念、剂型的特点、质量要求、制备过程所需辅料与基质、制备工艺过程及工艺、质量检查等。结合实例，分析各剂型特点、基本处方组成、工艺流程与质量控制等。既可作为药物制剂相关专业的教材，又可作为从事制药生产技术人员参考书。

图书在版编目（CIP）数据

药物制剂技术/张幸生，韦霞主编．—北京：化学工业出版社，2014.6（2022.8重印）

高职高专“十二五”规划教材．药物制剂技术考评参考用书

ISBN 978-7-122-20315-1

Ⅰ．①药…　Ⅱ．①张…②韦…　Ⅲ．①药物-制剂-技术-高等职业教育-教材　Ⅳ．①TQ460.6

中国版本图书馆 CIP 数据核字（2014）第 070459 号

责任编辑：于　卉　　　　文字编辑：王新辉

责任校对：顾淑云　王　静　　　　装帧设计：关　飞

出版发行：化学工业出版社（北京市东城区青年湖南街 13 号　邮政编码 100011）

印　　装：天津盛通数码科技有限公司

787mm×1092mm　1/16　印张 26　字数 691 千字　2022 年 8 月北京第 1 版第 5 次印刷

购书咨询：010-64518888　　售后服务：010-64518899

网　　址：http：//www.cip.com.cn

凡购买本书，如有缺损质量问题，本社销售中心负责调换。

定　　价：49.80 元

编写人员

主　　编　张幸生　韦　霞

副 主 编　林素静　刘西京

编写人员（按姓名笔画排序）

万保坤　韦　霞　刘西京　吴漫晔　张幸生　陈法才

林素静　钟　萍　黄自通　黄华轼　黄晓霞　曾环想

谢　斌　廖　鹏

主　　审　张俊松

审稿人员　李惠如　张俊松　聂小忠　党建章　章　蓉

高等职业技术教育是我国高等教育的重要组成部分，我国经济、科技和社会发展形势也对高等职业技术人才培养提出了许多新的、更高的要求，高等职业技术教育面临着很好的发展机遇。但是，我国高等职业技术学院药学专业教材相对短缺，已影响了当前教学的开展和教育改革工作。为此，根据教育部有关高职高专教材建设的文件精神，按教育部制药类高职高专人才目标要求，编者经过充分准备、精心组织编写了本书，可作为全国普通高等职业技术学院、普通高等专科学校、普通高等本科院校下属的职业技术学院、普通中专学校高职班的相关专业、成人专科学校及职业技能培训的教材使用。

本书力求根据高职高专药学专业的培养目标，反映高职教育的特色，注重理论知识与实际操作相结合。教材定位是：理论以必需、够用为度，以讲清概念、强化应用为重点，注重学生技术应用能力的培养。在编写内容上，做到重点及难点突出，内容适当、适度，既应简明扼要地阐明药物药剂的基础理论知识，又要较详细地介绍药物药剂制备知识，同时对药物制剂的新设备作了介绍，使理论知识与实际运用有机结合。

本书打破了以往教材编写人员仅由同类院校专家组成的模式，汇集了本科院校、普通高等职业技术院校、普通高等专科学校、医院和制药行业的相关专家、学者参与编写和审稿。因此取材结合实际，既有新的理论和技术，又联系生产实践，努力做到理论和实践的有机联系，既可作为教材，又可作为从事制药生产技术人员的参考书。

本教材共十八章，分三部分：第一部分是基本理论及药剂学相关知识，包括绪论、表面活性剂、灭菌技术及空气净化技术、药物制剂稳定性、药物制剂的配伍等章节；第二部分是药物普通制剂及新制剂，包括浸出制剂、液体药剂、注射剂与滴眼剂、散剂、颗粒剂与胶囊剂、片剂、软膏剂、眼膏剂与凝胶剂、栓剂、气雾剂、滴丸剂与膜剂、微囊与脂质体、固体分散技术与包合技术、缓释与控释制剂等；第三部分是介绍药物制剂的分支学科生物药剂学。本教材在药品名称、概念、定义及质量检查等内容的编写中尽量与《中华人民共和国药典》(2010 年版)一致。

本教材由深圳职业技术学院张幸生、韦霞任主编，深圳职业技术学院林素静、刘西京任副主编，由深圳职业技术学院张俊松教授主审。具体编写分工是：第一章、第十三章、第十四章由张幸生编写；第二章由张幸生、深圳宝安人民医院主任药师黄华轼、深圳职业技术学院刘西京合编；第三章由揭阳职业技术学院黄晓霞编写；第四章、第五章、第六章由张幸生、韦霞合编；第八章由张幸生、韦霞、珠海润都制药股份有限公司谢斌博士合编；第七章由深圳职业技术学院林素静编写；第九章、第十章由清远职业技术学院陈法才编写；第十一章由深圳致君制药有限公司钟萍、曾环想及海南葫芦娃制药有限公司万保坤合编；第十二章由清远职业技术学院黄自通编写；第十六章、第十八章由深圳职业技术学院刘西京编写；第十五章由揭阳职业技术学院廖鹏编写；第十七章由揭阳职业技术学院吴漫晔编写；各章书稿经反复修改，由深圳职业技术学院党建章教授、章蓉副教授、聂小忠老师及深圳市理邦精密仪器股份有限公司李惠如高工审稿，最后由张幸生老师统稿。

本书编写过程中得到各编者所在单位及领导的大力支持以及武汉工程大学刘永琼教授的关心与帮助并提出宝贵意见，深圳职业技术学院制药专业的同学利用业余时间，参加了校对工作，在此一并表示诚挚的谢意。由于学科发展迅速、新剂型、新制剂及新技术的不断出现，加之编者对高职高专教育缺乏经验，编写时间仓促，难免存在不妥之处，恳请同行专家与读者批评指正。

编　者

2014 年 3 月

第一章 绪论 /1

第二章 浸出制剂 /15

第三章 表面活性剂 /53

第四章　液体制剂 /71

第五章　灭菌技术及空气净化技术 /125

第六章　注射剂与滴眼剂 /138

第七章　散剂、颗粒剂与胶囊剂 /196

第八章　片剂 /216

第九章　软膏剂、眼膏剂与凝胶剂 /251

第十章　栓剂 /266

第十一章 气雾剂 /277

第十二章 滴丸剂与膜剂 /292

第十三章 微囊与脂质体 /305

第十四章 固体分散技术与包合技术 /314

第十五章 缓释和控释制剂 /325

第十六章　药物制剂的稳定性 /343

第十七章　药物制剂的配伍 /362

第十八章　生物药剂学 /376

第一章 绪 论

学习与能力目标

通过本章的学习，学生应识记药物制剂技术、药剂学、剂型、制剂的含义、剂型分类。知晓药典与药品标准，《中华人民共和国药典》及其主要组成部分。知道处方的分类，国家食品药品监督管理总局药品标准及其收载范围。知道药品生产质量管理规范及其发展历程。为今后在课程学习上打下扎实的基础。

知识要求

掌握药物制剂技术、药剂学、剂型、制剂的含义。

熟悉剂型的分类、药品标准的种类、药品生产质量管理规范及其发展历程、处方的分类。

熟悉《中华人民共和国药典》及其主要组成部分。

熟悉国家食品药品监督管理总局标准、医师处方的内容和结构。

了解药物制剂的发展阶段，了解其他国家药典。

第一节 概 述

药物制剂技术系指在药剂学理论指导下，研究药物制剂生产、制备技术的综合性应用技术科学。是药学专业的一门重要专业课程。

药剂学（Pharmacy）是研究药物制剂的制备理论、生产技术、质量控制与合理应用等内容的综合性应用技术科学。

药物在应用以前需制成一定的形式，如糖浆剂、片剂、注射剂等。片剂和注射剂是两种剂型。某一种药物按照一定的质量标准，制成某一剂型，所得的制品称制剂。如维生素C片和葡萄糖注射液是两种制剂，属于两种剂型。5%葡萄糖注射液与0.9%氯化钠注射液是属于一种剂型的两种制剂。同一种药物可以制成不同剂型，如维生素C可以制成片剂、注射剂；同一种药物亦可以制成同一种剂型的不同制剂，如葡萄糖可制成5%葡萄糖注射液与10%葡萄糖注射液两种制剂。

药物的剂型应根据药物理化和生物学特性及医疗上的需要设计，如胰岛素口服后在胃肠道被消化液破坏，因此须制成注射剂。胰酶在胃液中易失效，需制成肠溶片剂或肠溶胶囊，急症病人需要药物迅速奏效，抢救药物宜制成注射剂。对于需要药物作用持久的疾病，可以制成缓释制剂，如茶碱用于预防哮喘的发作可制成缓释片。某些药物制成液体剂型不稳定时，可以制成固体剂型如片剂、散剂、粉针剂（青霉素钠粉针剂）等；选择剂型时还要考虑病人使用方便，如降压药可乐定制成透皮给药贴剂，应用一片可在7天内使高血压病人的血压维持在正常水平。有的药物制成不同剂型，呈现不同的治疗作用，如硫酸镁溶液口服呈致泻作用，硫酸镁注射液静脉注射呈抗惊厥作用，用于治疗子痫；为了服用、生产、携带、运输和贮存等的方便，往往也需要将药物制成不同剂型，如将中草药中浸出的有效成分制成药酒、片剂、注射剂等剂型后，可以减少体积、便于服用；将儿童用的制剂，制成色、香、味俱佳的制剂或栓剂等则可使儿童乐于用药。因此，在设计一种药物剂型时，除了要满足医疗要求外，还必须从药物剂型的形成和发展的实践基础出发，综合药物性质、制剂的稳定性、安全性、有效性和质量控制以及生产、使用、携带、运输和贮存等方面因素考虑。

一、药物制剂常用术语及含义

药物制剂中常用的术语及其含义如下。

（一）药品与新药

药品系指用于预防、治疗、诊断人的疾病，有目的地调节人的生理机能并规定有适应证或者功能主治、用法和用量的物质，包括中药材、中药饮片、中成药、化学原料药及其制剂、抗生素、生化药品、放射性药品、血清、疫苗、血液制品和诊断药品等。

新药系指我国未生产过的药品。已生产的药品改变剂型、改变给药途径、增加新的适应证或制成新的复方制剂，亦按新药管理。

（二）剂型

药物在临床应用之前需制成适合于治疗与预防应用的、与一定给药途径相适应的给药形式，这种不同的形式（形态或类别）称为药物剂型（简称剂型），如口服液、注射剂、软膏剂、片剂等。不同的药物可以制成同一剂型，如琥乙红霉素片、牛黄解毒片；同一种药物也可制成多种剂型，如六味地黄丸、六味地黄口服液等。

（三）制剂

根据药典、药品标准或其他适当处方，将原料药物按某种剂型制成的具有一定规格的药剂称为制剂。制剂可直接用于临床治疗或预防疾病（如红霉素片、阿司匹林片、青霉素粉针剂等），也可作为其他制剂或方剂的原料（如流浸膏剂、浸膏剂等）。制剂多在药厂生产，医院制剂室也可制备。

（四）方剂

方剂是根据医师处方专为指定病人配制的或为某种疾病配制的制剂。方剂具有明确的使用对象、剂量和用法，可以直接施用于病人。方剂的配制一般在医院调剂室中进行。

（五）成药

成药系指根据疗效确切、性质稳定、应用广泛的处方，将原料药物加工配制成的具一定剂型和规格的制剂。其包装标签及其说明书中应详细注明的内容包括：批准文号、品名、规格、成分、含量（保密品种除外）、应用范围、适应证、用法、用量、禁忌证、注意事项、相互作用等，以便医疗单位和患者购用。成药有其专门名称而不用原来药名（如六神丸、去痛片、清凉油、风油精、伤湿止痛膏、银翘解毒片等)。

(六) 毒性药品

毒性药品指药理作用剧烈、治疗剂量与中毒剂量相近，使用不当会致人中毒或死亡的药品，如阿托品、士的宁、砒霜、升汞等。

(七) 麻醉药品

麻醉药品指连续使用后易产生生理依赖性、能成瘾癖的药品，如吗啡、度冷丁、可待因等。麻醉药品与临床上应用的麻醉药如乙醚、普鲁卡因等有本质的区别，麻醉药虽具有麻醉作用，但不会成瘾，所以不是麻醉药品。

(八) 中草药

中草药一般指我国民间根据经验所用的有效植物药材（也包括一些动物和矿物药材)。它们大都是天然的且没有收载于经典著作中的物质。

(九) 中药

中药系指我国经典著作收载的，为中医师传统使用的天然药材，有的在使用前需进行人工炮制。中药往往也包括所制成的著名传统中制剂型，如丸、丹、膏、散等。

(十) 辅料

辅料系指生产药品和调配处方时所用的赋形剂与附加剂，以及主药以外的其他处方组分。

(十一) 半成品

半成品系指各类制剂生产过程中制得的，并需进一步加工制造的物料。

(十二) 成品

成品指已完成所有生产操作步骤和最终包装的产品。

(十三) 批

批指经一个或若干加工过程生产的、具有预期均一质量和特性的一定数量的原辅料、包装材料或成品。

(十四) 批号

批号指用于识别一个特定批的具有唯一性的数字和（或）字母的组合。

二、药物制剂的任务

药物制剂的基本任务是研究将药物制成适宜的剂型，保证以质量优良、安全有效、性质稳定的制剂满足医疗卫生和人民健康的需要。药物制剂的主要任务概述如下。

(一) 研究药物制剂的理论与生产技术

药物制剂基本理论的研究对提高制剂的设计与生产技术水平，制成安全、有效、稳定、方便的制剂具有重要意义。例如，利用增溶与助溶理论进行制剂制备；利用流变学的理论对混悬液、乳浊液等剂型的质量进行控制；利用药物微粉化、固体分散法及微囊化等促进和控制药物的溶解和吸收的速率；利用片剂成型理论及全粉末直接压片技术生产片剂；利用缓、控释制剂的制备理论生产缓、控释制剂；利用滴制法工艺生产滴丸；应用药物动力学理论对制剂进行稳定性预测及质量评价；利用生物药物制剂的有关知识，为正确评价制剂质量、合理制药和合理用药等提供重要依据。可见，提高药物制剂基本理论，特别是剂型设计原理的研究水平，对提高制剂的生产技术，开发新剂型、新制剂、新工艺及提高产品质量具有重要的意义。

（二）开发新剂型和新制剂

普通剂型如片剂、注射剂、丸剂和溶液剂等，很难满足高效、长效、毒副作用低、控释和定向释放等要求，因此积极开发新剂型是当前药物制剂的一个重要任务。20 世纪 80 年代末，为了适应医疗要求，药物制剂研究开始转向新型给药系统（如缓释、控释和靶向制剂）的研究。新型给药系统可以提高药物的有效性，降低不必要的高血药浓度，适当延长药物在体内的作用时间，增加药物作用的持久性和对靶组织的选择性，以提高药物的疗效、降低毒副作用。目前，我国约有 3000 多种制剂，而先进国家已高达近 2 万种；我国平均一种原料药只有 3～4 种制剂，而先进国家则高达 5～7 种。我国药物制剂的研究水平与发达国家相比还有较大差距，因此，积极开发新剂型和新制剂是药物制剂研究中的重要任务。

（三）研究和开发药用新辅料

药物制剂中除主药外，还有各种辅料。剂型不同所需辅料也不相同。如片剂所用辅料与软膏剂、栓剂等所用辅料就大不相同。药用辅料对新剂型的开发和普通制剂质量的提高以及工艺改革等都有重要意义。例如，无毒副作用并可在体内生物降解的辅料，就没有静脉注射用微球和毫微囊等；没有优质乳化剂，就不能生产静注用脂肪乳等；药物剂型的改进和发展、产品质量的提高、生产工艺设备的革新、新技术的应用以及新剂型的研究等工作，都要求有各种各样制剂辅料的密切配合。尽管目前我国药用辅料的种类很多，但仍然满足不了制剂工业发展对新辅料的需要。目前，我国正在积极进行药用新辅料的开发，新开发的片剂辅料，如可压性淀粉就具有可压性好、增加药物稳定性等优点。因此，辅料的研究和开发，在药物制剂领域中的地位越来越重要。

（四）研究与开发中药剂型

中医中药是祖国伟大的医药宝库，传统的中制剂型具有一定的特点，在防病治病中发挥了独特的作用，但中制剂型亦需要用现代药物制剂理论与方法的改进提高。对传统的中制剂型，如丸、散、膏、丹、汤、酒、饮、露、锭、茶等，各有其特点，需根据病情需要及药物性质不同，在中医药理论指导下进行研究和改进，以期达到既保持中制剂型固有的特点，又能提高临床疗效的目的。如中药制剂中引入微粉化、微囊化新技术，研制气雾剂、脂质体等新剂型，从而提高了中药制剂的质量，为中药现代化和打开国际市场作出了贡献。为适应日益增长的医疗需求和中药打入国际市场的需要，必须加快中药新剂型的研究开发力度。

（五）研究和开发制剂生产新机械和新设备

制药机械和设备是制剂生产的重要工具。它们的研究与开发对实现新剂型、新制剂的产业化、提高制剂质量、增加制剂产量、提高劳动生产率、降低成本等都具有重要意义。制剂工作者应该与制剂工程及其他相关专业的技术人员合作研究开发新机械和新设备，提高生产过程的自动化水平，改善劳动条件，提高制剂质量与生产效率。

三、药物剂型的分类

药物剂型的种类很多，目前有常见的四种分类方法。

（一）按形态分类

1. 液体剂型

液体剂型包括溶液剂、芳香水剂、糖浆剂、酊剂、注射剂等。

2. 固体剂型

固体剂型包括散剂、丸剂、片剂、胶囊剂、膜剂等。

3. 半固体剂型

半固体剂型包括软膏剂、糊剂等。

4. 气体剂型

气体剂型包括气雾剂、吸入剂等。

形态相同的剂型，其制备特点有类似之处。如在制备时液体剂型多需溶解；固体剂型多需粉碎、混合、成型；半固体剂型多需熔化或研匀。而不同形态的制剂对机体的作用速度往往也不相同，一般液体剂型作用最快，固体剂型则较慢。这种分类方法比较简单，虽没有考虑到制剂的内在特性和使用方法等，但在制备、贮存和运输上具有一定指导意义。

（二）按分散系统分类

一种或几种物质的粒子，分散在另一种物质中所形成的体系称为分散系统。被分散的物质称为分散相，容纳分散相的物质则称为分散媒或分散介质。将各种剂型按分散系统分类是根据剂型内在的结构特性，把所有剂型都看作是各种不同的分散系统加以分类，其分类方法如下。

1. 真溶液型剂型

真溶液型剂型系指药物分散在分散介质中所形成的均匀的液体分散系统。其中药物是以分子或离子形态存在，直径小于1nm，如溶液剂、芳香水剂、甘油剂、糖浆剂等。

2. 胶体溶液型剂型

胶体溶液型剂型系指固体颗粒药物或高分子药物分散在分散介质中所形成的液体分散系统。分散相质点直径在1～100nm之间，前者为非均相，后者为均相。它们有胶浆剂、火棉胶剂、涂膜剂和溶胶剂等。

3. 乳浊液型剂型

乳浊液型剂型系指液体分散相和液体分散介质所组成的不均匀的液体分散系统。其分散相质点的直径一般在0.1～50μm之间。如乳剂、静脉乳剂和部分搽剂等。

4. 混悬液型剂型

混悬液型剂型系指固体药物以微粒分散在液体分散介质中所组成的不均匀的液体分散系统。其分散相质点的直径一般在0.1～100μm之间，如混悬剂和部分合剂、洗剂等。

5. 气体分散体型剂型

气体分散体型剂型系指液体或固体药物以微粒状态分散在气体分散介质中所形成的不均匀分散系统。如气雾剂等。

6. 固体分散体型剂型

固体分散体型剂型系指药物与辅料混合呈固体状态存在的制剂。如散剂、片剂、颗粒剂等。

按分散系统分类，便于应用物理化学的原理说明各类剂型内在的分散特性及制成均匀稳定产品的一般规律，但尚不能反映用药部位与方法对剂型的要求，甚至一种剂型由于基质和制法的不同而须分到几个分散系统中去。如注射剂中有溶液型、混悬液型、乳浊液型及粉针等，如按此分类，就无法保持剂型的完整性。

(三)按给药途径和方法分类

系将给药途径和应用方法相同的剂型列为一类。按是否经胃肠道给药可分为以下两大类。

1. 经胃肠道给药的剂型

此类剂型的药物制剂经口服给药后，进入胃肠道，通过吸收，发挥疗效，如溶液剂、合剂、糖浆剂、混悬剂、散剂、片剂及胶囊剂等。口服给药方便、简单，但某些药品如胰岛素等口服易被胃肠液破坏而失效，故不宜口服。某些药物直肠给药较口服给药吸收好，可起局部及全身治疗作用，且不受或少受肝脏的代谢破坏，如栓剂、灌肠剂及直肠用胶囊剂等。

2. 不经胃肠道给药的剂型

不经胃肠道给药的剂型系指除口服和直肠给药以外的其他给药途径的剂型。包括以下几种。

(1) 注射给药　此类剂型主要指注射剂，包括静脉注射、肌内注射、皮下注射、皮内注射及椎管注射等注射途径。

(2) 呼吸道给药　此类剂型利用吸入给药于呼吸道，主要有吸入剂、气雾剂等。其特点是药物以极细的雾状粒子喷出而能直接到达所治疗的呼吸道。

(3) 皮肤给药　此类剂型通过皮肤给药，药物经过皮肤吸收后，发挥局部及全身治疗作用，如外用溶液剂、洗剂、搽剂、硬膏剂、软膏剂、供外用的膜剂等。

(4) 黏膜给药　此类剂型利用眼睑黏膜、鼻黏膜、口腔黏膜以及尿道、阴道黏膜等给药，可起局部或全身治疗作用，如滴眼剂、滴鼻剂、含漱剂、舌下片、栓剂、膜剂等。

这种分类方法主要根据给药途径和应用方法来考虑，与临床使用方法紧密结合，能反映给药途径与应用方法对剂型制备的要求，如注射给药的剂型要求无菌。其缺点是同一种剂型，由于给药途径与使用方法不同，而分在不同的类别中，如溶液剂可以口服、注射、滴鼻和滴眼用。这种分类方法难以反映剂型内在的特性。

(四)按制法分类

这种分类方法是将用同样方法制备的剂型列为一类。例如，流浸膏剂及浸膏剂等系指用浸出方法制备的剂型，为浸出制剂。无菌制剂则是用灭菌方法或无菌操作法制备的制剂，如注射剂、滴眼剂、眼膏剂、眼用膜剂等。

这种分类方法有利于研究制备的共同规律，但适应面不广，且随科学技术的发展，制备方法亦不断改变，故有一定局限性。

上述分类方法各有一定优缺点，本教材根据生产、教学和科学研究等方面的习惯，结合各种分类方法的特点，采用综合分类法，即在以分散系统分类法为主的基础上，将用浸出法制备的各种剂型按制法分类单列一章，以保持这些剂型在制备方法上的系统性；另外，在液体制剂一章中，把耳鼻喉科和口腔科中常用的剂型如洗剂、滴耳剂、滴鼻剂、滴牙剂等按给药途径和应用方法分类单列一节叙述，不仅可与临床用药密切结合，也可体现出这些剂型的应用特点。

四、药物制剂的发展

药物制剂是在传统制剂的基础上发展起来的，并随着药物和其他科学技术的发展而发展。根据制剂的发展年代，大致可分为三个阶段。

第一阶段是传统制剂。传统制剂是将药物经简单加工，制成供内服或外用的制剂，包括中药制剂（如汤剂、丸剂、散剂、栓剂、酒剂等）和格林制剂（如酊剂、浸膏剂、散剂、酒剂、溶液剂等）。

第二阶段是近代药物制剂。与传统药物制剂比较，世界近代药物制剂的发展十分迅速，已有100多年的历史。如1843年生产模印片；1847年生产硬胶囊剂；1876年发明压片机，使片剂生产机械化；1886年发明安瓿，使注射剂得以出现。片剂是我国药品生产的主要剂型，随着科学技术的发展，片剂的研究水平有很大提高，如在辅料方面采用了微晶纤维素及薄膜包衣材料；工艺上采用气流混合、流化床干燥、微波干燥和灭菌及粉末直接压片、薄膜包衣、流化包衣等新工艺；剂型上开发了多层片、包衣片、分散片、咀嚼片、口溶片等；并生产了片剂溶出仪，用于测定药物溶出度，使质量控制更加严格。胶囊剂因其释药速度快，从药物生物利用度方面考虑，比片剂更加优越，随着胶囊剂灌装机的问世，生产日趋机械化，品种越来越多，除常见的硬胶囊、软胶囊外，尚有肠溶胶囊、缓释胶囊等。在注射剂方面，由于对注射剂生产的GMP管理的推行，注射剂的进步主要表现在对生产管理、生产环境及设备的更新和改造方面，如层流空气洁净技术、无毒聚氯乙烯输液袋、曲颈易折安瓿、丁基橡胶塞、微孔滤膜过滤、超滤系统、反渗透制水系统及生产联动化等新型技术的应用进一步提高了产品质量和生产效率。我国在近代药物制剂的研究和生产方面取得了一定的进展，缩短了与国际间的差距。

第三阶段是现代药物制剂。随着国内外医药科技的进一步提高，现代药物制剂及技术得到迅速发展。现代药物制剂又称为药物传输系统，包括缓释制剂、控释制剂、靶向制剂、黏膜及透皮吸收制剂。控释制剂是在缓释制剂的基础上发展起来的，传统的肠溶衣片是一种早期的控释制剂，近年来研制出的控释制剂有骨架片、微型胶囊、渗透泵型片剂、经皮吸收制剂、眼用膜剂及植入剂等。在透皮吸收制剂的研究中，新型渗透剂的使用，显著提高了吸收效果，离子导入法引起人们的重视，成为国内外研究的热点之一。靶向制剂的研究也取得一定的成果如静脉乳剂、复合乳剂、微球乳剂、纳米囊制剂及脂质体制剂已成为现代药物制剂的重要组成部分。20世纪90年代以来定位给药系统制剂、脉冲式给药系统制剂、自调式给药系统制剂研制成功，体现了现代药物制剂正向更高层次发展。同时环糊精包合技术、微囊化技术及固体分散技术等现代药物制剂技术也为现代药物制剂的发展起到了有力的促进作用。随着生物技术的发展，多肽和蛋白质类药物制剂的研究与开发已成为药物制剂研究的重要领域，目前基因工程技术也受到广泛的关注，如采用纳米囊或纳米粒包裹基因或转基因细胞是生物制剂技术领域的新动向。

我国制剂的生产和研究工作虽已取得了一定的进展，但在整个制药工业中，还是一个比较薄弱的环节，与国外相比还有一定差距，必须引起重视，加速发展。与此同时加强药物制剂的质量控制，是保证充分发挥疗效和用药安全的重要措施。要加强制剂质量标准和检测方法的研究，推行《药品生产质量管理规范》（GMP）以提高药品管理水平，改善生产条件，使药品质量达到国际水平。

第二节　药典与药品标准

一、概述

药典是一个国家记载药品标准、规格的法典。一般由国家组织的药典委员会编写，并由政府颁布施行，具有法律约束力。药典中收载的是疗效确切、副作用小、质量稳定的常用药物及其制剂，并规定其质量标准、制备要求、鉴别、杂质检查与含量测定等，作为药品开发和研制、生产、检验、经营、使用、监管的法定依据。药品（包括制剂）的生产、检验、供应及应用，均需以药典标准为依据，不符合药典规定的产品即是伪、劣药品。一个国家的药典在一定程度上可以反映这个国家药品生产、医疗和科学技术的水平。药典在保证人民用药安全有效、促进药物研究和生产上起到重大作用。

由于科技水平不断发展，新的药物、新制剂不断出现，对药物及制剂的质量要求也不断提高，新的检查方法会随之出现，一般每隔几年须修订一次，我国药典自1985年以来，每隔5年再版一次。由于医药的快速发展，为利于新药和新制剂在医疗、预防中及时应用，往往在新版药典出版前编印补充版，补充版与药典具有相同的性质。

二、中华人民共和国药典

《中华人民共和国药典》简称《中国药典》。《中国药典》由凡例、正文、附录等主要部分组成。凡例是使用药典的总说明，包括药典中各种术语的含义及其在使用时的有关规定。例如，正文品种的编排顺序、计量单位及浓度表示法、各号药筛的标准及粉末的分等。正文是药典的主要内容，每个药品下列有品名、性状、鉴别、检查、含量测定、类别、规格、贮藏和制剂等项。附录包括制剂通则和通用检测方法，载有试药、试液、试纸、缓冲液、指示剂与指示液、滴定液的配制等。新中国成立后，卫生部成立了药典委员会，编纂了新中国成立后的第一版中国药典，于1953年8月出版，定名为《中华人民共和国药典》1953年版。1963年又编纂出版了《中国药典》1963年版，共分一、二两部，收载中西药品1310种，一部专门收载中药，二部收载化学药品、抗生素、生物制品及其制剂。

由于医药事业和科学技术不断发展，新药品种迅速增加，1963年版药典已不能适应新形势发展的需要，经过反复修订又编写出版了《中国药典》1977年版，于1980年1月1日起施行。亦分一、二两部，共收载中西药品1925种，其中一部正文收载中药材和中成药1152种，二部收载773种。在收载的剂型方面，1977年版比1963年版增加了气雾剂、冲剂、滴丸剂、糖丸、耳丸、汤剂、眼药水和滴耳液等剂型。之后又编写了1985年版药典。该版药典仍分一、二两部，共收载中西药品1489种。其中一部收载药材和中成药713种，二部收载化学药品、抗生素、生化药品、生物制品、放射性同位素药品及各类制剂776种。这一版药典收载的品种其质量标准均有不同程度的提高，如药品的理化鉴别就采用了薄层扫描法、高效液相层析法、紫外、红外光谱法、荧光分析法和原子吸收分光光度法等。1987年11月又出版了1985年版药典的增补本，增补新品种23种，修订品种172种，附录21项。1988年10月，《中国药典》1985年版英文版正式出版。《中国药典》1990年版于1991年7月1日起执行。1990年版药典仍分一、二两部，收载中西药品共1751种，一部收载中药材、植物油脂、中药成方及单味制剂等共784种，二部收载化学药、生化药、抗生素、放射性药品、生物制品等及各类制剂共967种。与1985年版药典相比，一部新增80种，二部新增213种。1990年版药典对附录收载的制剂通则和检测方法也作了相应的修改和补充，新技术、新方法有较大幅度的增加。本版药典对历版药典二部药品项下规定的“作用与用途”和“用法与用量”，分别改为“类别”和“剂量”。有关药品的红外光吸收图谱，因已收入《药品红外光谱集》另行出版，故1990年版药典附录内未再刊印。在吸收了各方面意见的基础上，又编订了《中国药典》1990年版增补本，对《中国药典》1990年版进行了增订、修订（包括删去）和订正。其编排与中国药典1990年版一、二部相同。

《中国药典》1995年版于1996年4月1日起执行。该版药典仍分一、二两部，一部收载中药材和中药成方药，二部收载化学药品、抗生素、生化药品、生物制品。两部共收载药品2375种，比1990年版增加630种。其中一部为920种，二部为1455种，分别增加142种和488种。1995年版药典，除常规剂型外，在一、二部中还分别收载了茶剂、芳香水剂、颗粒剂、口服液和缓释制剂等品种。收载的品种和剂型基本上反映了我国当前药品生产和临床用药的现状和水平。

2000年版《中国药典》，为新中国成立以来的第七版药典。2000年版仍分一、二两部，收载品种有较大幅度增加，共计2691种，其中新增加399种。一部收载中药材、中药成方制剂共992种，其中新增76种，修订248种；二部收载化学药品、抗生素、生化药品、放射性药品、生物制品共1699种，其中新增323种，修订314种。基本形成了以国家药典为主体的药品标准结构。在新增加的品种中，首次收入生物技术产品重组人胰岛素等。该版药典收载的附录，一部为90个，其中新增10个，修订31个，删除2个；二部为124个，其中新增27个，修订32个，删除2个。一、二部共同采用的附录分别在两部中予以收载。《中国药典》1995年版收载而本版药典未收载的品种共有83种。

现代分析技术在该版药典中得到进一步扩大应用。一部采用薄层色谱法作鉴别的品种已达602种，收载含量测定的品种308种，较1995年版药典有了大幅度的增加。二部采用高效液相色谱法有282种（次），抗生素和激素类化学药品的含量测定大都采用了高效液相色谱法；气相色谱法有44种（次）；采用细菌内毒素检查的品种有47种；采用溶出度和含量均匀度检查法进行制剂质量控制的品种分别为183种和121种。二部中生物制品的标准内容按照国家药品标准的要求做了改动和补充，并将该类品种单独排列。

2005年版（第八版）于2005年1月出版发行，2005年7月1日起正式执行。本版药典共收载品种3217种，其中渐增525种，修订1032种。一部收载1146种，其中新增154种、修订453种；二部收载1970种，其中新增327种、修订522种；三部收载101种，其中新增44种、修订57种。

2005年版药典附录亦有较大幅度调整。一部收载附录98个，其中新增12个、修订48个，删除1个；二部收载附录137个，其中新增13个、修订65个、删除1个；三部收载附录134个。一、二、三部共同采用的附录分别在各部中予以收载，并进行了协调统一。

2005年版药典对药品的安全性问题更加重视。2005年版药典根据中医药理论，对收载的中成药标准项下的〔功能与主治〕进行了科学规范。

2005年版药典三部源于《中国生物制品规程》。自1951年以来，该规程已有六版颁布执行，分别为1951年及1952年修订版、1959年版、1979年版、1990年版及1993年版（诊断制品类）、1995年版、2000年版及2002年版增补本。2002年翻译出版了第一部英文版《中国生物制品规程》（2000年版）。

《中国药典》2005年版的增补本于2009年年初出版，英文版于2005年9月出版。

第八届药典委员会还完成了《中国药典》2000年版增补本、《药品红外光谱集》（第三卷）、《临床用药须知》（中成药第一版、化学药第四版）及《中国药典》2005年版英文版的编制工作。

现行版《中国药典》为2010年版。本版药典分一部、二部和三部，收载品种总计4567种，其中新增1386种。药典一部收载药材和饮片、植物油脂和提取物、成方制剂和单味制剂等，品种共计2165种，其中新增1019种（包括439个饮片标准）、修订634种；药典二部收载化学药品、抗生素、生化药品、放射性药品以及药用辅料等，品种共计2271种，其中新增330种、修订1500种；药典三部收载生物制品，品种共计131种，其中新增37种、修订94种。

2010年版药典收载品种也有较大幅度的增加。本版药典积极扩大了收载品种范围，基本覆盖了国家基本药物目录品种范围。此次收载品种的新增幅度和修订幅度均为历版最高。对于部分标准不完善、多年无生产、临床不良反应多的药品，也加大调整力度，2005年版收载而2010年版药典未收载的品种共计36种。

2010年版药典收载的附录亦有变化，其中药典一部新增14个、修订47个；药典二部新增15个、修订69个；药典三部新增18个、修订39个。一、二、三部共同采用的附录分别在各部中予以收载，并尽可能做到统一协调、求同存异。

新版药典注重创新与发展，现代分析技术得到进一步扩大应用，广泛收载国内外先进成熟的检测技术和分析技术，使化学药品标准与国际先进水平趋于一致，中药的专属性质量控制方法进一步提高；更加注重药品安全性控制，除在凡例和附录中加强安全性检查总体要求外，并在品种正文标准中增加或完善了安全性检查项目，新增微生物相关指导原则，加强对重金属和有害元素、杂质、残留、溶剂的控制；对药品质量可控性、有效性的技术保障得到进一步提升，除在附录中新增和修订相关的检查方法和指导原则外，在正文中也增加和完善了有效性的检查项目；药品标准内容更加科学规范合理，制剂通则中新增了药用辅料的总体要求，可见异物检查法中进一步规定抽样要求、检测次数和时限；积极引入了国际协调组织在药品杂质控制、无菌检查法等方面的要求和限度。

此外，2010年版药典也体现了对野生资源保护与中药可持续发展的理念，参照与珍稀濒危中药资源保护相关的国际公约及协议，不再新增收濒危野生药材，积极引导人工种养紧缺药材资源的发展。本版药典还积极倡导绿色标准，力求采用毒害小、污染少、有利于节约资源和保护环境、简便实用的检测方法。

作为我国保证药品质量的法典，2010年版药典在保持科学性、先进性、规范性和权威性的基础上，着力解决制约药品质量与安全的突出问题，着力提高药品标准质量控制水平，充分借鉴了国际先进技术和经验，客观反映了中国当前医药工业、临床用药及检验技术的水平，必将在提高药品质量过程中起到积极而重要的作用，并将进一步扩大和提升我国药典在国际上的积极影响。

三、其他药典

世界上大约38个国家都有自己的药典，如《美国药典》(Pharmacopoeia of the United States) 简称U. S. P，如USP36-NF31；《英国药典》(British Pharmacopoeia) 简称B. P，现行版为2010年版；《日本药典》(The Japanese Pharmacopoeia) (JP)，又名日本药局方(简称J. P)；《欧洲药典》EP7. 5；《国际药典》(The International Pharmacopoeia) 为世界卫生组织 (WHO) 出版。为统一世界各国药典的质量标准和质量控制方法，于1951年出版了第一版《国际药典》。第三版分1、2、3三个分册，先后于1979年、1981年和1988年出版。《国际药典》对各国无法律约束力，仅供各国编纂药典时作为参考标准。

四、国家食品药品监督管理总局 (SFDA) 药品标准

国家食品药品监督管理总局颁布的中华人民共和国药品标准为国家药品标准。国务院的药品监督管理局组织的药典委员会，负责国家药品标准的制定和修订工作。

国家食品药品监督管理总局药品标准，简称"国标"，是由药品委员会编纂，国家食品药品监督管理总局颁布施行。国标收载范围：①国家食品药品监督管理总局审批的国内创新品种、国内生产的新药以及放射性药品、麻醉药品、中药人工合成品、避孕药品等；②前版药典收载，而现行版未列入的疗效肯定，国内几省仍在生产、使用并需要修订标准的药品；③疗效肯定，但质量标准需进一步改进的新药。

五、处方

处方是医疗和制剂配制的一项重要书面文件。一般而言，处方是医师为某一患者预防或治疗需要而开写给制剂科的有关制备和发出制剂的书面凭证。广义地讲，凡制备任何一种制剂的书面文件，都可称为处方。因此，处方可分为法定处方和医师处方。

1. 法定处方

法定处方主要指药典、部颁标准和地方标准收载的处方。它具有法律的约束力，在制造或医师开写法定制剂时，均需遵照其规定。

2. 医师处方

医师处方是医师对病人用药的书面文件，是调配与发给患者制剂的依据。它关系到病人的治疗效果，具有法律上、技术上和经济上的意义。由处方而造成的医疗事故，医师或制剂

人员均负有法律责任。处方的技术意义，在于它写明了药物名称、数量、剂型及用法用量等，保证了制剂的规格和安全有效。从经济观点来看，按照处方检查和统计药品的消耗量及经济价值，尤其是贵重药品、毒药和麻醉药品，供作报销、采购、预算、生产投料和成本核算的依据。

医师处方，应有一定的内容和结构，完整的医师处方应包括：处方前记（包括病人的姓名、性别、年龄、处方编号、医院名称、科别及处方日期等）、处方头（即以 RX 或 Rp 起头，来源于拉丁文 Recipe，有“取”的意义，即“取下列的药品”）、处方正文（为处方的主要部分，包括药品名称、规格和数量）。处方须用钢笔或毛笔书写清楚，每一药名占一列。称量均采用公制。药品名称一般用中文或英文书写，毒药应写全称，普通药可写缩写，但缩写字不能缩写得引起误解。处方不得涂改，必要时须经处方人在涂改处签字，以明职责。医师处方书写完毕后，必须签字方能生效，制剂人员配方及检查后，亦应签名，以示共同负责。处方应妥善保存一定时期，以备查对。

第三节 药品生产质量管理规范

药品生产质量管理规范（Good Manufacturing Practice，简称 GMP）是药品生产和质量全面管理监控的通用准则，是医药工业新建和改造的依据。GMP 是世界卫生组织（WHO）对世界医药工业生产和药品质量的要求指南，是加强国际医药贸易、相互监督、检查的统一标准。

我国于 1982 年由中国医药工业公司颁发了“药品生产管理规范”（试行本），这是我国医药工业第一部试行的 GMP。它基本上符合我国医药工业的实际情况，使我国医药工业的生产和质量管理水平有很大提高。在试行的基础上，经过中国医药工业公司组织修订和编写，1986 年国家医药管理局正式颁布了《药品生产管理规范》和《药品生产管理规范实施指南》，并于 1986 年 7 月开始在全国化学制药行业全面推行。

我国卫生部于 1988 年 3 月制定并颁布了《药品生产质量管理规范》，共分 14 章，计 49 条。经过几年的实践，卫生部于 1992 年又修订了此规范，对 1988 年颁布的规范作了较大的修订。规范对药品生产的人员、厂房、设备、卫生、原料、辅料及包装材料、生产管理、包装和贴签、生产管理和质量管理文件、质量管理部门、自检、销售记录、用户意见和不良反应报告及附则等方面，制定了 14 章共 78 条具体的标准和要求。1992 年，中国医药工业公司为了使药品生产企业更好地实施 GMP，出版了 GMP 实施指南，对 GMP 中一些条文作了比较具体的技术指导，起到比较好的效果。

1998 年，国家食品药品监督管理总局总结近几年来实施 GMP 的情况，对 1992 年 GMP 进行修订，于 1999 年 6 月 18 日颁布了《药品生产质量管理规范》（1998 年修订），规范共分总则、机构与人员、厂房与设施、设备、物料、卫生、验证、文件、生产管理、质量管理、产品销售与收回、投诉与不良反应报告、自检及附则等 14 章计 88 条具体的标准和要求，并于 1999 年 8 月 1 日起施行，使我国的 GMP 更加完善，更加切合国情、更加严谨，便于药品生产企业执行。

1998 年版 GMP 自 1999 年颁布实施已经整整十多年。发展中逐渐暴露出一些不足，如强调药企的硬件建设，对软件管理特别是人员的要求涉及很少；处罚力度较轻，难以起到真正的规范制约作用等；此外，缺乏完整的质量管理体系要求，对质量风险管理、变更控制、偏差处理、纠正和预防措施、超标结果调查都缺乏明确的要求。为此，SFDA 从 2006 年 9 月起正式启动了 GMP 的修订工作。

2010 年版 GMP 基本要求共有 14 章、313 条、3.5 万字，详细描述了药品生产质量管理的基本要求，条款所涉及的内容基本保留了1998年版GMP的大部分章节和主要内容，涵盖了欧盟GMP基本要求和WHO的GMP主要原则中的内容，适用于所有药品的生产。结合我国国情，按照“软件硬件并重”的原则，贯彻质量风险管理和药品生产全过程管理的理念，更加注重科学性，强调指导性和可操作性，达到了与世界卫生组织药品GMP的一致性。

2010年版GMP除无菌药品附录采用了欧盟和WHO最新的A、B、C、D分级标准，并对洁净度级别提出了具体的要求外，其他药品生产的硬件要求在本次修订中没有变化。

自2011年3月1日起，凡新建药品生产企业、药品生产企业新建（改、扩建）车间，均应符合《药品生产质量管理规范（2010年修订）》要求。现有药品生产企业血液制品、疫苗、注射剂等无菌药品的生产，应在2013年12月31日前达到《药品生产质量管理规范（2010年修订）》要求；其他类别药品的生产应在2015年12月31日前达到《药品生产质量管理规范（2010年修订）》要求。

未达到《药品生产质量管理规范（2010年修订）》要求的企业（车间），在上述规定期限后不得继续生产药品。

本章小结

学习主题结构			学习的主要内容
大主题	小主题		
第一节 概述	药物制剂技术的含义		系指在药剂学理论指导下，研究药物制剂生产、制备技术的综合性应用技术科学，是药学专业的一门重要专业课程
	药物制剂技术的术语及含义	常用术语	药物制剂技术、药剂学、剂型、制剂、成药、中药、辅料、药典等
		剂型	药物在临床应用之前需制成适合于治疗与预防应用的、与一定给药途径相适应的给药形式，这种不同的形式（形态或类别），称为药物剂型，简称剂型
	药物制剂的任务		1.药物制剂的理论与生产技术；2.开发新剂型和新制剂；3.研究和开发药用新辅料；4.研究与开发中药剂型；5.研究和开发制剂生产新机械和新设备
	药物剂型的分类	按形态分类	1.液体剂型；2.固体剂型；3.半固体剂型；4.气体剂型
		按分散系统分类	1.真溶液型剂型；2.胶体溶液型剂型；3.乳浊液型剂型；4.混悬液型剂型；5.气体分散体型剂型；6.固体分散体型剂型
		按给药途径和方法分类	1.经胃肠道给药的剂型；2.不经胃肠道给药的剂型
		按制法分类	1.浸出制剂；2.无菌制剂
第二节 药典与药品标准	药典的概念		药典是一个国家记载药品标准、规格的法典
	《中国药典》		到2014年为止，中国药典共出版9版，现行版《中国药典》为2010年版。《中国药典》由凡例、正文、附录等主要部分组成
	其他药典		《美国药典》(Pharmacopoeia of the United States)简称U. S. P，如USP36-NF31；《英国药典》(British Pharmacopoeia)简称B. P；《日本药典》(The Japanese Pharmacopoeia)(JP)，又名日本药局方（简称J. P）；《欧洲药典》；《国际药典》
	药品标准		《中国药典》、SFDA标准
	处方		法定处方和医师处方；医师处方的内容和结构
第三节 药品生产质量管理规范			药品生产质量管理规范(Good Manufacturing Practice，简称GMP)是药品生产和质量全面管理监控的通用准则，是医药工业新建和改造的依据

基本训练题

一、名词解释

1.药物制剂技术 2.药剂学 3.剂型 4.制剂 5.药典

二、单项选择题

1. 下列关于剂型的表述错误的是（ ）。

A. 剂型系指为适应治疗或预防的需要而制备的不同给药形式

B. 同一种剂型可以有不同的药物

C. 同一药物也可制成多种剂型

D. 剂型系指某一药物的具体品种

E. 阿司匹林片、扑热息痛片、麦迪霉素片、尼莫地平片等均为片剂剂型

2.《中国药典》制剂通则包括在下列哪一项中（ ）。

A. 凡例 B. 正文 C. 附录

D. 前言 E. 具体品种的标准中

3. 关于剂型的分类，下列叙述错误的是（ ）。

A. 溶胶剂为液体剂型 B. 软膏剂为半固体剂型

C. 栓剂为半固体剂型 D. 气雾剂为气体分散型

E. 气雾剂、吸入粉雾剂为经呼吸道给药剂型

4. 下列关于药典叙述错误的是（ ）。

A. 药典是一个国家记载药品规格和标准的法典

B. 药典由国家药典委员会编写

C. 药典由政府颁布施行，具有法律约束力

D. 药典中收载已经上市销售的全部药物和制剂

E. 一个国家的药典在一定程度上反映这个国家药品生产、医疗和科技水平

5.《中华人民共和国药典》是由（ ）。

A. 国家药典委员会制定的药物手册

B. 国家药典委员会编写的药品规格标准的法典

C. 国家颁布的药品集

D. 国家药品监督局制定的药品标准

E. 国家药品监督管理局实施的法典

6. 现行中华人民共和国药典颁布使用的版本为（ ）。

A. 1990年版 B. 1993年版 C. 1995年版

D. 2005年版 E. 2010年版

7. 已知某药厂生产维生素B_1原料药、维生素B_1胶囊、维生素B_1颗粒剂、维生素B_1片，该药厂生产（ ）个制剂。

A. 1 B. 2 C. 3

D. 4 E. 5

8. 下列哪种药典是世界卫生组织（WHO）为了统一世界各国药品的质量标准和质量控制的方法而编纂的（ ）。

A.《国际药典》 B.《美国药典》 C.《英国药典》

D. 日本药局方 E.《中国药典》

9. 根据药典、药品标准或其他适当处方，将原料药物按某种剂型制成的具有一定规格

的药剂称为（　　）。

A. 制剂　　B. 剂型　　C. 方剂

D. 药品　　E. 药物

10. 属于真溶液类剂型的是（　　）。

A. 乳剂　　B. 涂膜剂　　C. 软膏剂

D. 胶浆剂　　E. 溶液剂

三、多项选择题

1. 下列关于制剂的正确表述是（　　）。

A. 制剂是指根据药典或药政管理部门批准的标准、为适应治疗或预防的需要而制备的不同给药形式

B. 药物制剂是根据药典或药政管理部门批准的标准、为适应治疗或预防的需要而制备的不同给药形式的具体品种

C. 同一种制剂可以有不同的药物

D. 制剂是药剂学所研究的对象

E. 红霉素片、扑热息痛片、红霉素粉针剂等均是药物制剂

2. 中国药典内容包括（　　）。

A. 凡例　　B. 正文　　C. 附录

D. 前言　　E. 附页

3. 药物剂型可按下列哪些方法分类（　　）。

A. 按给药途径分类　　B. 按分散系统分类

C. 按制法分类　　D. 按形态分类

E. 按药物种类分类

4. 属于《中国药典》在制剂通则中规定的内容为（　　）。

A. 泡腾片的崩解度检查方法

B. 栓剂和阴道用片的熔变时限标准和检查方法

C. 扑热息痛含量测定方法

D. 片剂溶出度试验方法

E. 控制制剂和缓释制剂的释放度试验方法

5. 液体剂型包括（　　）。

A. 芳香水剂　　B. 溶液剂

C. 片剂　　D. 注射剂

E. 软膏剂

四、简答题

1. 药物剂型按分散系统分可分为哪几类？

2.《中华人民共和国药典》凡例中包括哪些内容？

3.《中华人民共和国药典》附录中包括哪些内容？

第二章 浸出制剂

学习与能力目标

通过本章的学习，学生应识记浸出制剂的概念。知晓浸出制剂的特点。能说出常用的浸出方法如煎煮法、浸渍法、渗漉法。能说出浸出制剂的类型、浸出制剂的质量要求。能解释浸出原理、浸出过程的四个阶段(浸润阶段、溶解阶段、扩散阶段、置换阶段)、影响浸出因素(浸出溶剂、药材粒度、浸出温度、浓度梯度、提取压力、浸出时间)。能说出常用浸出溶剂浸出辅助剂。能说出浸出溶剂的溶解特性与用途。能表述煎煮法、浸渍法、渗漉法的工艺流程与注意的问题。能说出煎煮法、浸渍法、渗漉法的操作要求与条件，能说出煎煮法、浸渍法、渗漉法及回流法的应用范围。能知道汤剂的概念，能理解并表述中药合剂、口服液的概念与制备方法，能表述中药合剂、口服液的工艺流程。为今后在浸出制剂学习与工作上打下扎实的基础。

知识要求

掌握浸出制剂的概念、浸出方法及常用浸出制剂的制备方法。
熟悉浸出原理及影响浸出的因素，熟悉浸出制剂的质量标准。
熟悉煎煮法、浸渍法、渗漉法的概念。
熟悉常用浸出溶剂、浸出辅助剂。
熟悉煎煮法、浸渍法、渗漉法及回流法的工艺流程与应用范围。
熟悉粉碎、过筛、目的概念。
了解浸出制剂的种类、特点及浸出溶剂的选用。
了解浸出制剂的质量要求。
了解浸出溶剂应具备的条件。

第一节 概 述

一、浸出制剂的含义与发展

浸出制剂系指用适当的浸出溶剂和方法，从药材（动植物）中浸出有效成分所制成的供内服或外用的药物制剂。药材的浸出物也可作为原料供制备其他制剂应用。

浸出制剂是人类长期用药实践的经验积累。我国最早使用浸出制剂的历史记载是“伊尹创制汤液”，据《神农本草经》记载“药物加水煎煮，去渣取精，服者称快”，可知，早在几千年前，我国劳动人民通过长期与疾病作斗争和劳动生产实践中，学会了制备和使用浸出制剂。其后酒剂、内服煎膏剂等剂型相继得到使用。除汤剂、中药合剂、酒剂、酊剂、流浸膏剂与浸膏剂、煎膏剂、中药口服液外，以药材提取物为原料制备的颗粒剂、胶囊剂、片剂、注射剂、气雾剂、滴丸、膜剂、软膏、栓剂等也属于浸出制剂的范围。近 20 多年来，在浸出制剂实验研究和生产中应用现代科学方法和新技术研制出许多制剂新品种，如复方中药制剂和中西药组方制剂在临床上获得显著效果；改革和发展新剂型，如颗粒剂、口服液等，使中药制剂逐步向现代化迈进。对制剂的有效性、稳定性、制剂基础理论研究等方面也取得了显著的成果。

浸出制剂在国外应用亦较早，如有酊剂、流浸膏等剂型的应用。20 世纪 30 年代后期，由于合成药物的发展而忽视了植物药及其剂型的改进，20 世纪 50 年代发现萝芙木和利血平治疗高血压病有效后，以及化学药物的毒副反应日趋增多和植物药在解决疑难病症如癌症、心血管系统疾病等方面所表现出的诸多优点，使植物药及其制剂又重新受到重视。各国载入药典的浸出制剂品种也逐渐增多。

二、浸出制剂的特点与类型

（一）浸出制剂的特点

浸出制剂成分比较复杂，除含有效成分及辅助成分外，往往还含有一定量的无效或有害物质。一般具有以下特点。

（1）浸出制剂成分复杂，具有药材各浸出成分的综合作用，有利于发挥某些药材成分的多效性。与从同一药材中提出的有效单体化合物相比，不但疗效较好，有时尚能呈现单体化合物所不能起到的治疗效果。如用阿片为原料制成的阿片酊中含有多种生物碱，除具有镇痛作用外，尚有止泻功效。但从阿片粉中提出的吗啡虽有强力的镇痛作用，但无明显的止泻功效。又如麻黄浸出制剂中除含有麻黄碱外，还含有其他化学成分，故具有平喘、止咳和发汗的综合作用，而从麻黄中提出的纯麻黄碱则无发汗作用。

（2）浸出制剂基本保持了原药材的疗效，通常作用较缓和持久，毒性较低。这是因为浸出制剂中的辅助成分与主要成分作用抑制了主要成分的分解。例如，洋地黄叶中的强心苷与鞣酸结合成盐存在，其作用缓和而毒性较小，将洋地黄制成浸出制剂后，强心苷仍与鞣酸结合成盐存在，故其作用也是缓和而毒性较小。但若经提取制成单体化合物洋地黄毒苷后，由于不再与鞣酸结合成盐存在，故作用较强烈，毒性大而维持时间较短。

（3）浸出制剂同原药材相比，由于除去了组织物及部分无效成分，提高了有效成分的浓度，减少了服用剂量，便于服用。

（4）浸出制剂中一般含有胶性物质或酶类等无效成分。在贮存过程中，常因胶体老化，或一些成分的水解、氧化，而产生沉淀、变质，影响外观和药效。特别是水性浸出制剂，更易发生这种变化，故不少浸出制剂存在稳定性差的缺点，如金银花露、生脉饮等。所以，在选择浸出方法时，要考虑浸出制剂的质量及稳定性。

所以，浸出制剂还不能完全用化学药物制剂来代替，对其化学成分尚未明确的中药材，制成浸出制剂尤为适宜。与原中药材相比，浸出制剂不仅除去了大部分无效成分，而且可较好地发挥治疗作用。

（二）浸出制剂的类型

浸出制剂因溶剂、浸出方法和制成的剂型不同，可分为以下四类。

1. 水浸出制剂

水浸出制剂系指在一定的制备条件下，药材用水浸出而制成的一类制剂，如中药合剂。

2. 醇浸出制剂

醇浸出制剂系指在一定条件下，药材用适当浓度的乙醇或酒浸出药材而制得的制剂，如酊剂、酒剂、浸膏剂、流浸膏剂等。

3. 含糖浸出制剂

含糖浸出制剂系指在水浸出制剂的基础上，经浓缩等处理后，加入适量糖（蜂蜜）或其他辅料制成的制剂，如煎膏剂（膏滋）。

4. 精制浸出制剂

精制浸出制剂系指浸出液经适当精制处理而制成的制剂，如片剂、滴丸剂、气雾剂和中药注射剂等。这类浸出制剂由于制备方法特殊，将在有关章节中介绍。

三、浸出制剂的质量要求

浸出制剂应满足下述要求。

① 制剂中所含有效成分尽可能做到定量检查。

② 无效成分和有害物质尽量除去。

③ 制剂稳定，在一定期限内其组成和治疗作用不变。

四、浸出溶剂与浸出辅助剂

浸出制剂中常把用于浸出药材中有效成分的液体介质称为浸出溶剂。浸出溶剂浸取药材后得到的液体称浸出液。浸出后的残留物称药渣。在浸出过程中，浸出溶剂起着特别重要的作用。因药材中所含各种成分在各种溶剂中的溶解度不同，因而用两种不同的溶剂，浸提同一药材可得到两种完全不同的浸出液。例如，用冷水浸渍番泻叶，浸出液中含有大量有效成分（蒽醌衍生物）和少量无效成分；若用90%乙醇浸渍番泻叶，浸出液中则含有大量对制剂稳定性不利的成分（胶树脂），有效成分含量较低。因此，选用适当的浸出溶剂对保证浸出制剂的质量意义重大。

（一）浸出溶剂的要求

一般要求浸出溶剂应具备以下条件。

① 能最大限度地溶解和浸出有效成分，最低限度地浸出无效成分或有害成分。

② 不与药材中有效成分发生影响药效的化学反应，不影响含量测定，不易腐败。

③ 安全无毒，无显著生理作用。凡使用有毒或有显著生理作用的溶剂作浸出溶剂时，应从最终产品中完全除尽，以保证制剂的安全使用。

④ 要有适宜的物理性质（如沸点、相对密度、黏度等）。

⑤ 价廉易得。

如果单一浸出溶剂不符合要求，可采用两种溶剂混合使用，如不同浓度的乙醇，即为水与乙醇的混合溶剂。

（二）常用浸出溶剂

浸出溶剂是用于浸取药材有效成分使用的溶剂，应有一定脱吸附能力，以保证浸取效能。由于药材成分复杂，常需有选择地浸取，排除无效成分，故浸出溶剂还应具有选择浸出性能。

常用浸出溶剂按其极性强弱不同可分为极性浸出溶剂（如水）、半极性浸出溶剂（如乙醇、丙酮等）和非极性浸出溶剂（如乙醚、氯仿、石油醚和脂肪油等）三类。

1. 水

水是常用的浸出溶剂。水具有易得、价廉、无药理作用、不燃烧等优点，但存在溶解范围广、不利于选择性浸出、无防腐性能、浸出液易于发霉变质的缺点。

水能从药材中浸取生物碱盐和易溶于水的生物碱、苷、苦味质、有机酸盐（主要是钾、钠盐）或水溶性的有机酸、蛋白质、色素、鞣质、糖类、黏液质、果胶、树胶、酶以及微量挥发油等。

由于药材成分复杂，它们在水中相互间也起着促进溶解和降低溶解的作用，使各成分的溶解性发生变化。有些成分可能产生沉淀，如生物碱盐与鞣质作用；有些则溶解度增加，如黄酮在水中难溶，而水浸液中常含有相当多的黄酮成分。

2. 乙醇

乙醇也是常用的浸出溶剂，其溶解性能介于水与其他有机溶剂之间。不同比例的水醇混合液，具有一定的选择浸出性。当前广泛使用的水醇精制法，即基于此。乙醇有防腐作用，当乙醇浓度达20%以上时，即能防止细菌、霉菌、酵母菌以至其他真菌等的繁殖生长，故含乙醇的浸出制剂，如果乙醇含量不变，能长期贮存使用。但乙醇存在有生理活性、易燃、易挥发、价贵的缺点。

乙醇能浸取药材中的生物碱及其盐类、苷、苦味质、挥发油、有机酸、树脂、鞣质、黄酮、醇类、芳烃以及色素等。脂肪油在乙醇中溶解极微，但蓖麻油及巴豆油则易被乙醇溶解提出。

3. 乙醚

乙醚是油类（包括脂肪油及挥发油）、脂肪和生物碱的良好溶剂。生物碱盐类则不溶于乙醚。有机酸、色素也可溶于乙醚。鞣质不溶于乙醚，但溶于乙醚-乙醇混合液中。多糖类如黏液质、果胶、树胶等都不溶于乙醚。

乙醚有显著的生理作用和毒性。用乙醚作浸出溶剂时，应从成品中除尽乙醚，再制成一定的剂型使用。

乙醚质轻，极易挥发，且极易燃烧。其蒸气较空气重，因此在使用时应注意禁火，包括电器火花，以免发生危险。

4. 丙酮

丙酮能溶解多数树脂、脂肪和油类。丙酮与水能任意混合，故常用作动物组织器官等的脱水脱脂剂。微生物在丙酮中不能生活，故动物组织器官在丙酮脱水脱脂过程中不会腐败。丙酮易燃，使用时注意防火。

5. 石油醚

石油醚是油类、脂肪和树脂的良好溶剂。生物碱或其盐类在石油醚中不溶，故石油醚是含生物碱药材的理想脱脂剂。由于石油醚与水不相混溶，故只能用于干燥药材的脱脂。石油醚极易燃，使用中应注意防火。

（三）浸出辅助剂

浸出辅助剂系指加入溶剂中，以增加浸出效果的物质。其目的是增加浸出成分的溶解度，增加制品的稳定性，以及除去或减少某些杂质等。常用的浸出辅助剂有酸、碱、甘油、石蜡和表面活性剂等。

1. 酸

酸主要用于与生物碱生成可溶性盐类，以利于浸出，并对生物碱有一定的稳定作用，同时还能使某些杂质沉淀。常用的酸有盐酸、硫酸、枸橼酸和醋酸等。但酸的用量不宜过多，以能维持一定的 pH 值即可，因为过量的酸能引起有效成分水解和其他不良作用。

2. 碱

碱主要用于增加酸性有效成分的溶解度和稳定性。常用的碱为氨水、氢氧化钙及碳酸钠、碳酸钙等。氨水是一种挥发性弱碱，对有效成分破坏作用小，用量亦易于控制。例如，在制备远志酊及甘草流浸膏时，都用氨水使有效成分浸出完全，并可防止有效成分皂苷水解而产生沉淀。目前广泛应用于中药材有效成分浸提的碳酸钙，能除去很多杂质，如鞣质、有机酸、树脂、色素等。氢氧化钠因碱性过强，易破坏有效成分，故一般不用。

3. 甘油

甘油是鞣质的良好溶剂，与水合用既可增强浸取性能，又能增加鞣质的稳定性。但因黏度较大，常与水混合使用。

4. 石蜡

石蜡熔化后能溶解油类、脂肪和树脂等，主要用于含油、脂肪或树脂的药材浸出液的脱脂精制。

5. 表面活性剂

表面活性剂能增加溶剂对药材的润湿性，提高浸出效果。但应根据被浸出药材中有效成分种类及浸出方法进行选择。用阳离子型表面活性剂有助于生物碱的浸出；而阴离子型表面活性剂对生物碱有沉淀作用，故不宜采用；非离子型表面活性剂毒性小，一般不与有效成分起化学作用。由于浸出方法不同，选用表面活性剂的种类也有异，如用70%乙醇渗漉颠茄草时，若加入0. 2%聚山梨酯20，则渗漉液中有效成分的含量较加入同量的聚山梨酯80为佳；但若用振荡法浸出颠茄草，则聚山梨酯80又比聚山梨酯20的浸出效果好。表面活性剂虽有提高浸出效能的作用，但其对生产工艺、制剂的性质和疗效的影响，有待进一步研究。

第二节　浸出原理

一、浸出过程

浸出过程系指溶剂进入细胞组织，溶解其有效成分后形成浸出液的全部过程。它实质上就是溶质由药材固相转移到液相中的传质过程，浸出过程并非一个简单的溶解过程，而是以扩散原理为基础，一般包括下列相互联系的几个阶段。

（一）浸润阶段

当药材粉粒与浸出溶剂混合时，浸出溶剂首先附着于粉粒表面使之润湿，然后通过毛细管和细胞间隙进入细胞组织中。浸出溶剂是否能附着于粉粒表面取决于两者之间的界面情况。浸出溶剂和药材的性质是界面情况的决定因素，其中溶剂表面张力起着主导作用。溶剂与药粉间的表面张力愈大，药粉愈不易润湿，故浸出溶剂中加入适量的表面活性剂后，降低了表面张力，药粉易被润湿，浸出效果提高。而不能附着于粉粒表面的溶剂无法浸出其有效成分。一般药材组织中的组成物质大部分带有极性基团，如蛋白质、淀粉、纤维素等，故极性溶剂易于通过细胞壁进入药材内部。而非极性溶剂如石油醚、乙醚、氯仿等则较难湿润。当用非极性溶剂浸出时，药材应先干燥，因为潮湿的药材不易被非极性溶剂湿润。用醇、水等浸出时应先脱脂，因为油脂多的药材不易被极性溶剂润湿。

药材浸润过程的速度与溶剂性质、药材表面状态、比表面积、药材内毛细孔状况、大小、分布、浸取温度、压力等因素有关。

（二）溶解阶段

当溶剂进入细胞后，可溶性成分逐渐溶解，胶体物质由于胶溶作用，亦转入溶液中或膨胀成凝胶。浸出溶剂种类不同，溶解的成分也不同。水能溶解晶质及胶体，故其浸出液多含胶体物质而呈胶体液。乙醇浸出液中含有较少的胶体。非极性浸出溶剂的浸出液则不含胶体。

组织中溶液的形成促使细胞内渗透压升高，因而使更多的浸出溶剂渗入其中，并使细胞膨胀而破裂，而对浸出有利。但这一变化需要一定时间，其速度决定于药材与溶剂的特性。一般疏松的药材进行得比较快，但溶剂为水的速度则较慢。

（三）扩散阶段

浸出溶剂溶解有效成分后，在细胞内形成浓溶液，具有较高的渗透压。由于渗透压的作用细胞外的溶剂不断渗入细胞内，细胞内的溶质则不断透过细胞向外扩散，在药材表面附有一层很厚的溶液膜，称为扩散“边界层”，浓溶液中的溶质向块粒表面液膜扩散，并通过此边界膜向四周的稀溶液中扩散。浸出成分的扩散速度可根据 Fick's 第一扩散公式来说明：

$$\mathrm{d}M = -DF\frac{\mathrm{d}c}{\mathrm{d}x}\mathrm{d}t \tag{2-1}$$

式中，$\mathrm{d}M$ 为扩散物质量；t 为扩散时间；F 为扩散面，代表药材的粒度及表面状态；$\mathrm{d}c/\mathrm{d}x$ 为浓度梯度；D 为扩散系数；负号表示扩散趋向平衡时浓度降低。

由式(2-1) 可知，$\mathrm{d}M$ 值与药材的粉碎度、表面状态、扩散过程中的浓度梯度、扩散时间与扩散系数成正比关系。当 D、F 及 t 值一定时，$\mathrm{d}c/\mathrm{d}x$ 值如能在浸出时保持最大，浸出即能很好地进行，此与溶剂性质、药材与溶剂相对运动速度等有关。

扩散系数 D 值随药材而变化，与浸出溶剂的性质亦有关。可由实验按式(2-2) 求得：

$$D = RT/N6\pi r\eta \tag{2-2}$$

式中，R 为摩尔气体常数；T 为热力学温度；N 为阿伏加德罗常数；r 为扩散分子半径；η 为黏度。

式(2-2) 表明，溶剂黏度小，溶解物质的分子小，则 D 值大扩散快，增加温度可增加扩散速度。

（四）置换阶段

浸出的关键在于造成最大浓度梯度。如果没有浓度梯度，D 值、F 值和 t 值都将失去作用，浸出过程将终止。因此，在此过程中，用浸出溶剂或稀浸出液随时置换药材粉粒周围的浓浸出液，使浓度梯度最大，是掌握浸出过程和设计浸出器械的关键。

二、影响浸出的主要因素

药材成分的浸出，主要受下列因素影响。

（一）浸出溶剂

溶剂的质量、对有效成分的溶解性能及某些理化性质对浸出的影响较大，如选用不当，就不可能将有效成分完全浸出。水为最常用的浸出溶剂之一。它对极性物质如生物碱盐、苷、水溶性有机酸、鞣质、糖类、氨基酸等都有较好的溶解性能。但浸出效果与水的纯度有关。乙醇亦为常用的浸出溶剂。选用乙醇与水不同比例的混合物作溶剂时有利于选择成分的浸出。一般乙醇含量在 90%以上时，适于浸取挥发油、有机酸、内酯、树脂等。乙醇含量在50%～70%时，适于浸取生物碱、苷类等。乙醇含量在50%以下时，适于浸取蒽醌类化合物等。乙醇含量达40%时，能延缓某些苷、酯等的水解作用。

为了提高浸出效率，有时亦应用一些浸出辅助剂。如适当用酸可以促进生物碱的浸出，适当用碱可以促进某些有机酸的浸出。溶剂具有适宜的pH值也有助于增加制剂中某些成分的稳定性。

（二）药材粗细（粒度）

由扩散公式(2-1）可以看出，扩散面积愈大，扩散愈快，因此药材应予粉碎。粉碎需有适当的限度，细粉虽有较大的面积，但过细的粉末易结块并不利于浸出。如选用渗漉法时，粉粒过细溶剂流通阻力增大，甚至会引起堵塞或溶剂短路现象，致使浸出困难或降低浸出效率。药材粗细的选择，应考虑药材的性质、浸出溶剂和浸出方法。如以水为溶剂，药材易膨胀，应选粗粉；以乙醇为溶剂，药材不易膨胀，宜选中粉或细粉。

（三）浸出温度

由扩散公式(2-2）可知，温度升高，扩散系数加大，扩散速度加快，对加速浸出有利。一般药材的浸出在溶剂沸点温度下或接近于沸点温度下进行比较有利，因为沸腾状态时，固液两相具有较高的相对运动速度，这样扩散边界层更薄或边界层更新较快，有利于加速浸出过程。升高温度虽然可以增加浸出物的量、凝固蛋白质及破坏酶等，但温度必须控制在药材有效成分不被破坏的范围内。

（四）浓度梯度

浓度梯度系指药材组织内的浓溶液与外面周围溶液的浓度差。由扩散公式(2-1）可以看出，浓度梯度越大浸出速度越快。适当扩大浸出过程的浓度梯度，有助于提高浸出效率。在选择浸出工艺与浸出设备时应以能创造最大的浓度梯度为基础。如应用浸渍法时，搅拌或强制浸出液循环等有助于扩大浓度梯度。

（五）提取压力

对于药材组织坚实的药材，因浸出溶剂较难浸润，故提高浸取压力有利于增加浸润过程的速度，使药材组织内更快地充满溶剂和形成浓溶液，利于溶质扩散过程。同时在压力的作用下，渗透尚可能将药材组织内某些细胞壁破坏，亦有利于浸出成分的扩散过程。当药材组织内充满溶剂之后，加大压力对扩散速度则没有什么影响，对组织松软、容易湿润药材的浸出影响则不很显著。

（六）浸出时间

一般浸出量与浸出时间成正比，但当扩散达到平衡时，时间即不再起作用。在浸出过程中，分子量较小的物质，因扩散快，首先进入浸出液，随后其量逐渐减少，但同时高分子物质扩散到浸出液中的量逐渐增加，所以长时间浸出往往会浸出大量高分子物质。通常如欲浸出低分子成分，则浸出时间不宜太长，否则分子量较大、扩散速度较慢的高分子物质（如蛋白质、黏液质等）会带入浸出液中，影响成品质量。

（七）新技术的应用

近年来新技术的不断推广，不仅提高了浸出效果，加快浸出过程，而且有助于提高制剂质量。如利用超声波来加快浸出颠茄叶中的生物碱，使原来用渗漉法需48h缩短至3h。其他强化浸取的方法如流化强化浸取、电磁场强化浸出、电磁振动下浸出、脉冲浸出、超临界流体浸取等也都取得了较好的效果。

第三节　浸出方法

药材的浸出系指在一定条件下用一定的浸出溶剂，从药材中浸出有效成分的过程。浸出方法的不同，使得浸出效果和药效有所差异。因此，制备浸出制剂时必须注意浸出方法的选择，以保证浸出制剂的质量。常用的浸出方法主要有煎煮法、浸渍法、渗漉法、回流法、蒸馏法及使用新技术浸出等方法。药材在浸出前必须经过预处理与加工，即药材质量检查、预处理、粉碎、过筛等。

一、药材的预处理与加工

药材的预处理包括药材的筛选、清洗、来源与品种的鉴定、有效成分或总浸出物测定及药材含水量测定等，可根据具体品种的要求进行预处理。

（一）粉碎

粉碎主要是借机械力将大块固体物质碎成适宜程度的操作过程。药材粉碎的效果也可以粉碎细度即粉碎度来表示，常以未经粉碎药材的平均直径（D）与已粉碎药材的平均直径（D_1）的比值（n）来表示，即 $n=D/D_1$。显然粉碎度越大，药材粉碎得越小。

1. 粉碎的目的、原理

(1) 粉碎的目的

① 增加药材的表面积，加速药材中有效成分的浸出；

② 有利于与其他药材的混匀；

③ 促进药物的溶解与吸收，提高药物的生物利用度。

(2) 粉碎的原理

药物的粉碎过程，一般是利用外加机械力，部分地破坏物质分子间的内聚力使药物的块粒减小、表面积增加，即机械能转变成表面能的过程。

影响药材粉碎的主要因素有：①药材的结构和性质。极性晶形物质如生石膏、硼砂等均具有相当的脆性，粉碎时一般沿晶体的结合面碎裂成小晶体，较易粉碎；非极性的晶形物质如樟脑、冰片等则缺乏脆性，当施加一定的机械力时，容易产生变形而阻碍粉碎，因此，通常可以加入少量液体，当液体掺入固体分子间的裂隙时，由于能降低其分子间的内聚力，致使非极性晶形易从裂隙处分开而得以粉碎；非晶形药材如树脂（乳香、没药等）、树胶等具有一定的弹性，粉碎时致使一部分机械能用于引起弹性变形，最后变为热能，因而降低了粉碎效率，对此可采用降低温度增加非晶形药材的脆性，以达到粉碎的目的。②细粉量。为了使机械能尽可能有效地用于粉碎过程，应将已达到要求细度的粉末即时分离。若细粉始终保留在粉碎系统中，不但能在粗粒中间起缓冲作用，而且消耗大量机械能，同时，也产生了大量不需要的细粉末。所以，在粉碎操作中必须随时分离细粉。在粉碎机上装置筛子或利用空气将细粉吹出等，以使粉碎顺利进行。③水分。一般来说药材中水分愈少愈易于粉碎。药材中由于含有一定量水分（一般为 8%～16%），具有韧性，难以粉碎，因此在粉碎前应依其性质加以适当干燥。

2. 粉碎的方式

不同性质的药材可选用不同的粉碎方法。根据被粉碎物料的性质、产品粒度的要求以及粉碎设备的形式等不同条件可采用不同的粉碎方式。

（1）单独粉碎和混合粉碎　一般药材通常采用单独粉碎。一些氧化性与还原性药材必须单独粉碎，否则引起爆炸；贵重药材以及具有刺激性的药材为了减少损耗和便于劳动防护亦应单独粉碎；若处方中某些药材的性质及硬度相似，则可采用混合粉碎方法，这样既可避免一些黏性药材单独粉碎的困难，又可使粉碎与混合操作结合进行。含有共熔成分时由于混合后产生共熔或液化现象，给粉碎带来一定困难，这些药材能否混合粉碎取决于制剂的具体要求。另外，含糖量较高的黏性药材如熟地黄、龙眼肉、山茱萸、天冬、麦冬等，黏性大，吸湿性强，应先将处方中其他干燥药材粉碎，然后再取一部分粉末与此类药材掺研，使成不规则的碎块和颗粒，在60℃以下充分干燥后再粉碎（俗称串研法）。含脂肪油较多的药材如杏仁、桃仁、紫苏子、大风子等须先捣成稠糊状，再与已粉碎的其他药材掺合粉碎（俗称串油法）使药粉及时将油吸收，以便于粉碎与过筛。

（2）干法粉碎与湿法粉碎　一般药材通常采用干法粉碎。干法粉碎指药材经过适当的干燥，以降低水分、增加脆性的粉碎方法。干燥温度一般不宜超过80℃。当药材要求特别细度或有刺激性、毒性较大的药材，则宜用湿法粉碎。湿法粉碎指非组织、结晶性药材加适量水或其他液体进行研磨的粉碎方法，又称加液研磨法。湿法操作可避免粉碎时粉尘飞扬，减轻某些有毒物料或刺激性物料对人体的危害。通常选用的液体是以该药材遇湿不膨胀、不起变化、不影响药效为原则，如水、乙醇、乙醚等。用量以能湿润药材成糊状为宜。该药材借液体小分子渗入裂缝中，减少分子间引力以利于粉碎。如樟脑、冰片、薄荷脑等常加入挥发性液体磨细，某些刺激性较强或有毒的药材，为避免粉碎时粉尘飞扬也采用此法。有些难溶于水的药材如炉甘石、滑石、珍珠、朱砂等要求特别细的粉时可将药材与水共置于研钵中研磨，使细的粉混悬于水中，然后将混悬液倾出，余下的粗粒再加水反复操作，直至全部药材研磨完毕。所得混悬液合并、沉降，倾去上清波，将湿粉干燥，可得极细粉末，此法即为传统的“水飞”法。易燃易爆性药材，采用此法粉碎亦较安全。

（3）低温粉碎　低温粉碎是利用物料在低温时脆性增加、韧性与延伸率降低的性质以提高粉碎效果。低温粉碎可提高生产能力，降低能量消耗，并具有产品的粒度分布较窄、粉体的流动性好等优点。本法适用于软化点、熔点低的药材及热可塑性药材，如树胶、树脂或干浸膏等；也适用于含水、含油较多的药材；可获得更细的粉末，且可保留挥发性成分。还适合于纤维多的药材及贵重药材的粉碎。

3. 常用的粉碎器械

药材的粉碎需用粉碎机，粉碎机的粉碎作用力有截切、撞击、研磨、挤压、劈裂、锉削等。多数粉碎机的粉碎效果常是这些作用力的综合结果。以研磨作用为主的粉碎器械有乳钵和槌棒，以撞击作用为主的粉碎器械有锤击式粉碎机、万能粉碎机、振棒磨粉碎机、低温粉碎机，以挫削为主的粉碎器械有羚羊角粉碎机，此外还有球磨机、流能磨等（后两种将在第七章中介绍）。

（1）乳钵　适用于粉碎少量药物。乳钵有瓷制、玻璃制、金属制及玛瑙制等几种。瓷制乳钵内壁较粗糙，适宜于结晶性及脆性药物的粉碎，但由于吸附作用大，不宜用于粉碎小量的药物，对于毒、剧药或贵重药物的研磨与混合选用玻璃和玛瑙乳钵为宜。用乳钵进行粉碎时，每次所加的药料量不宜过多，一般不超过乳钵容积的1/4，以防研磨粉碎时溅出。

（2）万能磨粉机　为应用较广泛的粉碎机（图2-1）。主要结构由两个带有钢齿的圆盘和环状筛组成，其粉碎室转子及密封盖（定子）上装有若干相对交错的钢齿，转子上钢齿能围绕盖上钢齿旋转。当药材自加料斗经抖动装置从入料口进入粉碎室即被高速旋转转子产生的离心力抛向室壁，因而产生撞击作用，伴以钢齿间劈裂和研磨等作用而被粉碎。粉碎到一定粉碎度的粉末即通过环状筛板，自底部出粉口收集，粗粉继续被粉碎。筛板可根据需要更换

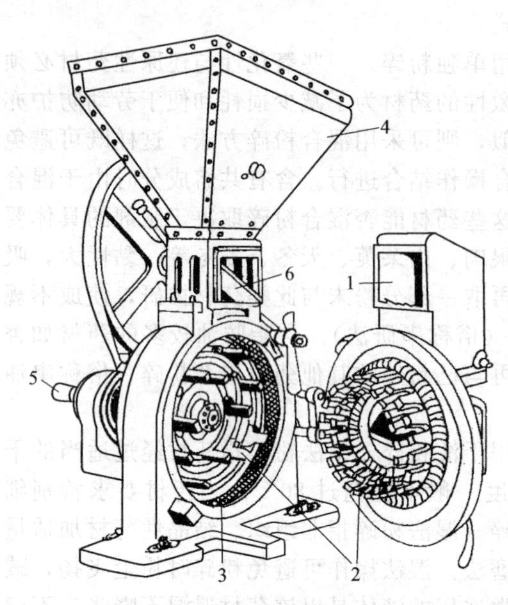

图 2-1 万能磨粉机

1—入料口；2—钢齿；3—环状筛板；4—加料斗；5—水平轴；6—抖动装置

不同的孔径。粉碎过程中会产生大量粉尘，故需安装捕尘排气装置，利于安全与收集粉末。

(3) 万能粉碎机（亦称柴油式粉碎机） 该机主要结构由机壳和安装在动力轴上的甩盘、挡板及风扇等部件组成。该机特点是细粉率高，粉碎后粗细粉经分离器分离不需过筛，可得130目细的粉。

① 机壳：系由外壳和内套两层构成。外壳为生铁铸成，分为两半圆筒形（厚度为2～3cm），内套俗称膛瓦。

② 甩盘：安装在动力轴上，固定位置不动。甩盘上有6块打板，主要起粉碎作用。打板由于粉碎时磨损，需及时更换。

③ 挡板：在甩盘和风扇之间，有6块挡板呈轮状附于主动轴上，挡板盘可以左右移动，主要用于控制药粉的粗细（挡板盘如向风扇方向移动，药粉则细；反之，如向打板方向移动药粉则粗）和粉碎速度，但也有部分粉碎作用。

④ 风扇：安装在靠出粉口一端，由3～6块风扇板组成附于主轴上，借转动产生风力，使药物细粉自出粉口经输粉管吹入药粉沉降器或风罗内。

⑤ 动力：常见的有10马力、15马力、25马力的三种规格。负荷转速为3000r/min。粉碎时机内温度增高，应控制在60℃以下。

(4) 低温粉碎机 该机主要由物料预冷筒、螺旋推进器、机械粉碎机、低温鼓风机、旋风分离器、粉尘过滤器、电控柜组成。该机工作原理是把橡胶、塑料、中西药等物质冷冻到脆化点以下，然后在粉碎机内粉碎到所需的细度，而且原成分不会破坏。有些在常温下易燃易爆的物质也能低温粉碎，效果更为显著。广泛用于制药、化工、食品、科研等行业的物料粉碎，特别是热敏性物质如橡胶、塑料、中西药、动植物等和在常温下呈韧性无法粉碎的物料。

(5) 振棒磨粉碎机 该机利用棒与棒的敲击将物料粉碎，尤其适用于韧性纤维性物料的粉碎，如孢子粉、松花粉等粉碎后破壁率达到97%以上。

(6) 球磨机及流能磨 详见第七章。

(二) 过筛

过筛系指粉碎后的物料通过一种网孔工具以使粗的粉与细的粉分离的操作过程。而药筛是筛选粉末粗细或匀化粉末的工具。

1. 过筛的目的

物料粉碎后，会得到细度不同的粉末。过筛的目的主要是将粉碎后的药料按细度大小加以分级，以适应医疗和制剂制备上的需要。不合要求的粗粉还可再粉碎。此外，通过筛析还可使粗细不匀的药粉混合均匀。但由于过筛时较细的粉末先通过筛孔，较粗的粉末后通过，所以过筛后的粉末应适当加以搅拌，以保证药粉的均匀度。

2. 药筛的种类

药筛系指按药典规定，用于制剂生产的筛，或称标准药筛。在实际生产中，也常使用工业用筛。药筛分为编织筛与冲制筛两种。编织筛的筛网由铜丝、铁丝、不锈钢丝、尼龙丝、绢丝编织而成。编织筛在使用时筛线易移位。冲制筛系在金属板上冲压出圆形或多角形的筛孔，常用于高速粉碎、过筛联动的机械上。《中国药典》2010 年版所用药筛，选用国家标准的 R40/3 系列，共规定了九种筛号。详见第七章表 7-1。

3. 粉末的分级

《中国药典》2010 年版规定的六种粉末规格如下：最粗粉指能全部通过一号筛，但混有能通过三号筛不超过 20%的粉末；粗粉指能全部通过二号筛，但混有能通过四号筛不超过 40%的粉末；中粉指能全部通过四号筛，但混有能通过五号筛不超过 60%的粉末；细粉指能全部通过五号筛，并含能通过六号筛不少于 95%的粉末；最细粉指能全部通过六号筛，并含能通过七号筛不少于 95%的粉末；极细粉指能全部通过八号筛，并含能通过九号筛不少于 95%的粉末。

4. 过筛器械及应用

过筛器械种类很多，一般根据对粉末粗细的要求、粉末的性质和数量来适当选用。大批量生产中，多选用粉碎、筛粉、空气离析、集尘等联动设备，如高速粉碎机械。在小量生产及实验中常用手摇筛、ZS 系列旋转振动筛粉机（摇动筛)、ZS 系列高效筛粉机、ZS 系列电磁筛粉机等。

(1) ZS 系列旋转振动筛粉机　该机由料斗、振荡室、联轴器、电机组成。振荡室内由偏心轮、橡胶软件、上轴、轴承等组成。可调节的偏心重锤经电机驱动传送到上轴中心线，在不平衡状态下，产生离心力，使物料强制改变，在筛内形成轨道旋涡，重锤调节器的振幅大小，可根据不同物料和筛网进行调节。可用于单层或多层分级使用。该机具有整机结构紧密、体积小、不扬尘、噪声低、产量高、能耗低、移动、维修方便的特点。

(2) ZS 系列高效筛粉机　该机由立式激振电机、筛底、网架、筛粉室、橡胶振荡碗等部件构成。该机具有运转平稳、噪声低、处理物料量大、细度小、适用性强等优点。

(3) ZS 系列电磁筛粉机　该机由机座、振动室、料斗、电磁激振器组成。机器激振器开动后，产生振力，带动振动室振动，使物料向下分层过滤（筛)，达到过筛的要求。

二、浸出方法与器械

(一) 煎煮法

1. 浸出特点

煎煮法系指将药材加水煎煮，去渣取汁的浸出方法。此法简便易行，成本低廉，至今仍为制备浸出制剂最常用的方法之一。经煎煮后，药材中的有效成分大部分可被提取。但用水煎煮时，很多无效成分也被浸出，特别是含淀粉、黏液质、糖类、蛋白质较多的药材，不但药液滤过较困难，而且容易发酵、生霉、变质。

2. 适用范围

煎煮法适用于有效成分能溶于水，且对湿、热均较稳定的药材。它除了用于制备煎膏剂或流浸膏剂、浸膏剂外，同时也是制备中药片剂、颗粒剂及注射剂的基本浸出方法。此外，对有效成分尚未完全明确的药材和方剂，进行剂型改革时，通常亦首先采取煎煮法提取，然后将煎出液进一步精制。

3. 操作方法及注意事项

(1) 操作方法　取药材，切片或粉碎成粗粉，置适宜煎器中，加水使浸没药材，加热至沸，保持微沸浸出一定时间，分离浸出液，药渣依法浸出数次（一般 2～3 次)，至浸液味淡为止，合并各次浸出液，浓缩至规定浓度，再制成各种制剂。

(2) 注意事项 为保证浸出效果，在操作中应注意以下几点。

① 煎煮器具：小剂量煎煮时常使用陶器或砂锅。这类煎煮器具不易与药材的化学成分发生化学反应，并有保暖、价廉和易得的优点，但不适于大量生产。大量煎煮时往往采用搪瓷玻璃或不锈钢器具。但切勿使用铁锅，因为药材中的某些化学成分如鞣质，可与铁起反应，使煎出液发生变化，药液外观呈深褐、墨绿或紫黑色，影响质量。铝器对多数药材适用，铝锅煎出的药液，其外观、味觉及金属离子分析结果均较稳定，仅在煎液 pH1～2 或 pH10 时，煎液中可检出铝离子。

为了提高煎煮效率和煎液质量，近年来对煎煮器具、煎煮方法进行了改进。设计了不锈钢、搪玻璃的煎药锅及多能提取罐（图 2-2），此类煎煮器具不仅具有抗酸耐碱的性能，而且可避免与药材成分发生化学变化。以上煎煮器具各有其特点，可视具体情况加以选用。

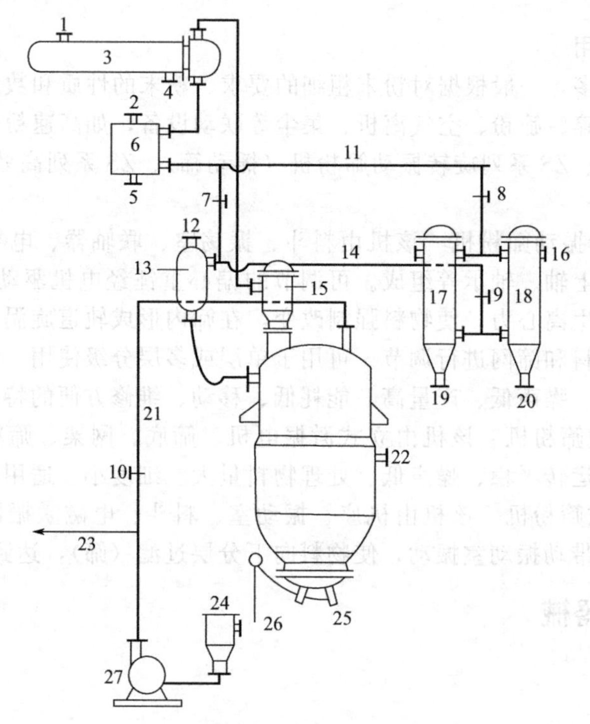

图 2-2 多能提取罐结构、原理示意图

1,2—水出口；3—热交换器；4,5—水进口；6—冷却器；7～10—阀门；11—油水液；12—放空口；13—气液分离器；14—芳香水回流（或芳香溶剂回流）；15—泡沫捕集器；16—芳香油出口；17,18—油水分离器；19,20—放水阀；21—强制循环；22—间接加热蒸汽进口；23—至浓缩工段；24—管道过滤器；25—排液口；26—直接加热蒸汽进口；27—水泵

② 药材的加工：为了使药材有效成分易于煎出，一般应选用经过切制的饮片或粗末。近代研究证明，药材煎出率比较，薄片高于厚片，对于质地坚实的药材切成薄片或粉碎成颗粒入煎是合理的，这样既能提高煎出率，又能节省药材；含黏液质较多的药材，采用饮片煎煮，其效果较好，因为用颗粒煎煮时大量黏液质的浸出，往往增加药液黏度，对扩散不利；对质地松软、结构疏松的药材切片应稍厚。总之，煎出率对粉碎度的要求，应视药材性质而定。

③ 水的选择：水的质量对煎出液有一定的影响。当水质硬度大时，能影响有效成分的煎出。水中含钙量大于 13.5mg/L 时，能与黄芩、金银花、大黄等药材中的某些成分显色并产生沉淀反应。水中镁盐含量为 0.05%时，可减少鞣质产量的 11.6%。水中重金属含量高

时，不仅能影响酚类等有效成分的煎出效果，而且能使产品的重金属含量超标。若煎出液经过精制供制备注射剂时，应选用纯化水，以减少杂质混入。水的用量也应适当，可根据药材吸水性能大小、煎煮时间长短、水分蒸发多少以及药液量等因素来确定，一般是第一次煎煮水的用量为药材量的5～8倍，或加水过药面2～10cm。第二次煎煮水的用量为药材量的4～6倍，但加水量仍以超过药面为宜。

④ 浸泡药材：药材煎煮前应加冷水浸泡一段时间（约30min），以利有效成分浸出。实践证明，浸泡过的药材的煎出率比未浸泡过的高7.24%。夏天气温较高，浸泡时间可稍短；冬天气温较低，浸泡时间可稍长，浸泡时不能用热水，否则药材表面蛋白质受热凝固，妨碍水分渗入药材细胞内部，影响有效成分浸出。

⑤ 煎煮火候：通常用直火煎煮时，其火力控制非常重要。火力过强水分蒸发过快，容易烧焦而破坏有效成分；火力过弱不易达到加热浸出的目的。一般沸前用武火，沸后用文火，以增加煎出效果与减少水分蒸发。

⑥ 煎煮时间及次数：煎煮时间对煎出液质量也有影响，时间过短，达不到应有的浸出目的；时间过长，挥发性成分损失大，煎出液中杂质也增多。煎煮时间的长短，应根据投料量多少和药材的性质适当增减。一般比较坚实及成分不易煎出的药材，可适当延长煎煮时间；含挥发性成分或质地疏松而有效成分易于煎出的药材，则可适当减少煎煮时间。一般第一次的煎煮时间为1.5～2h，第二次的煎煮时间为1～1.5h。煎煮的次数一般2～3次为宜。若仅煎煮一次，则有效成分不易完全浸出，如煎煮次数太多，煎出液中的杂质也会增多。因此，煎煮次数应视药材的性质而定，一般药材可煎2次；质地坚硬的药材和补益药可煎2次以上。

⑦ 入药顺序：几种药材合并煎煮时，应根据药材的性质适当处理。例如，有的需要先煎或后下，有的需要包煎或烊化。

（二）浸渍法

1. 浸出特点与应用范围

浸渍法是将药材用适当浸出溶剂在常温或温热下浸泡一定时间，使其所含有效成分浸出的一种常用方法。此法操作简便，设备简单。浸渍法的特点是药材用较多的浸出溶剂浸取，适用于黏性药材、无组织结构的药材、新鲜及易于膨胀的药材的浸取。但是，由于此法浸出效率较差，不能将药材中的有效成分完全浸出，故不适于贵重和有效成分含量低的药材浸出。热浸渍法也不适用于含挥发性成分及有效成分不耐热的药材浸出。另外，浸渍法操作时间长，耗用溶剂较多，浸出液体积大，浸出液与药渣分离也较麻烦，使其应用上受到一定的限制。

2. 操作方法及注意事项

药材性质不同，所需浸渍温度和次数也不同，故浸渍法的具体操作可分常温浸渍、加热浸渍和多次浸渍三种。

(1) 常温浸渍法　该法是在室温下进行操作的，所制得的成品在不低于浸渍温度的条件下，一般都能较好地保持澄清。具体操作过程是：取药材粗粉或碎块，置有盖容器中，加入定量的溶剂，密盖，时时振摇或搅拌，在室温暗处浸渍3～5日或规定的时间，使有效成分充分浸出，倾出上清液，滤过，压榨残渣，压出液与滤液合并，静置24h，滤过即得。本法的浸出是用定量的浸出溶剂进行的，所以浸液的浓度代表着一定量的药材。制备关键在于掌握浸出溶剂的量，对浸出液不应进行稀释或浓缩。浸出期间时时振摇或搅拌是为了造成固液两相有较大的浓度差，有利于浸出。3～5日的浸渍时限只是一个参考时间，浸出时限应由具体药材与实践来决定，以充分浸取其有效成分为原则。当扩散达到平衡时，药渣吸收一部分浸出液，应尽量压榨，回收利用。但是压榨易使药渣细胞破裂，并使部分不溶性成分进入浸出液内，故应静置一定时间后再过滤。制备酊剂常用此法，所制得的成品在不低于浸渍温度的条件下贮存能较好地保持其澄明度，但本法浸渍时间较长，甚至可长达数月之久。

(2) 加热浸渍法　该法与常温浸渍法基本相同，其差别主要在于浸渍温度较高，一般在40～60℃进行浸渍，以缩短浸渍时间，使之浸出较多的有效成分。但由于浸渍温度高于室温，故浸出液冷却后，在贮存过程中，常有沉淀析出。加热浸渍法一般用于酒剂的制备。

(3) 多次浸渍法　由于药材吸液所引起的成分损失，是浸渍法的一个缺点。为了提高浸出效果，减少成分损失，习惯上采用多次浸渍（即重浸渍法）。其操作方法是：将全部浸出溶剂分为几份，用其一份浸渍后，将药渣再用第二份浸出溶剂浸渍，如此重复2～3次，最后将各份浸渍液合并处理即得。

3. 浸渍设备

浸渍器所用的材料不应与浸出成分起作用，不被溶剂所腐蚀。常用搪瓷、陶瓷或不锈钢等制成。浸渍器一般为圆筒状，下部有出液口，为防止药渣堵塞出口，应设多孔假底，浸渍器应有盖，以防溶剂挥发和保持清洁，也有为了加速浸出增设搅拌装置。小量浸渍可用有盖的大口玻璃瓶或类似容器进行；大量生产时，浸渍器的设计应兼顾到常温及加热浸渍两种方法。用于热浸的浸渍器应有回流装置，以防止低沸点浸出溶剂的挥发损失。有时还在浸渍器上装搅拌器以加速浸出。若容量较大难以搅拌时，可于下端出口处装离心泵将下部浸出液通过离心泵反复抽至浸渍器上端，起到搅拌作用。

图2-3为普通冷热两用浸渍器。药材装入浸渍桶内的多孔假底上，浸出液可通过导管经泵及三通阀和回流管进行循环输送，以代替搅拌，或经浸出液排出管收集，假底下装有蒸汽盘管，故可供热浸之用。

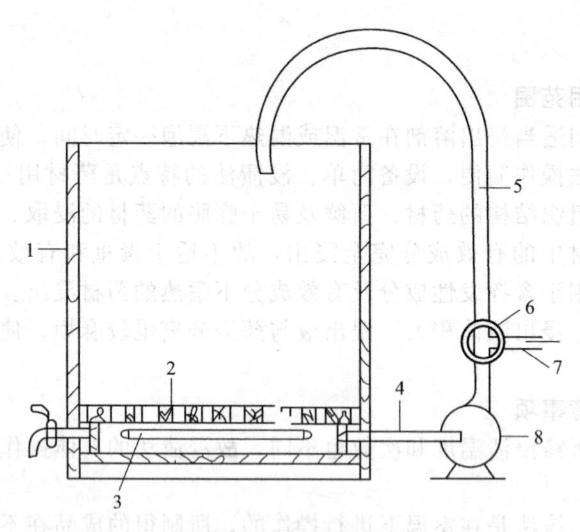

图2-3　冷热两用浸渍器

1—浸渍桶；2—多孔假底；3—蒸汽盘管；4—导管；5—回流管；6—三通阀；7—浸液排出管；8—泵

（三）渗漉法

渗漉法是将药材适当粉碎后，加规定的溶剂均匀润湿，密闭放置一定时间，再均匀装入渗漉器内，然后在药粉上添加浸出溶剂使其渗过药粉，自下部流出浸出液的一种动态浸出方法。

1. 浸出特点与应用范围

渗漉法也可认为是将浸出溶剂分成无限多的份数，一份一份地加入浸渍的过程，当溶剂渗过药粉时，由于浸出液密度大和重力作用而向下移动，上层溶剂或稀浸出液置换其位置，造成了良好的浓度差，使扩散能较好地连续进行。所以渗漉法的浸出效果较浸渍法好，溶剂的用量较浸渍法少，而且也省略了浸出液与药渣分离的时间和操作。渗漉法对药材的粒度及工艺技术条件要求较高，操作条件不当，可影响渗漉效率，甚至影响渗漉过程的正常进行。

渗漉法主要用于流浸膏剂、浸膏剂或酊剂的制备。它与浸渍法相比较，后者虽有简单易行的优点，但其浸出过程基本属于静态过程，浸出效果不如渗漉法，故对毒性药、成分含量低的药材或贵重药材的浸出，以及高浓度浸出制剂的制备等，多采用渗漉法。但是，对新鲜及易膨胀的药材，无组织结构的药材则不宜应用渗漉法。

2. 操作方法与注意事项

渗漉法是一种常用的浸出方法，下面将操作要点及有关注意事项分述如下。

(1) 渗漉器的选择 渗漉器一般有圆柱形和圆锥形两种。渗漉器的形状与药粉的膨胀性有关。易于膨胀的药粉以选用圆锥形渗漉器较好，不易膨胀的药粉以选用圆柱形渗漉器为宜。选用时也应注意浸出溶剂的特性。水易使药粉膨胀，应用圆锥形渗漉器，如为非极性溶剂或浓乙醇则以选用圆柱形渗漉器为宜。

小型渗漉器可用玻璃制备，大型渗漉器则可以用不锈钢、陶瓷、搪瓷或其他与中药材无作用的材料制成。为了保持粉柱有一定的高度，以提高浸出效率，渗漉器的直径应小于它的高度，一般渗漉器的高度应为直径的2～4倍。

(2) 药材粉碎 药材渗漉前应按规定适当粉碎。药材不宜太细，以免堵塞孔隙，妨碍溶剂通过；但也不宜太粗，否则不易压紧，减少了药粉与溶剂的接触面，降低浸出效果。一般用中等粉或粗粉即可。

(3) 药粉的润湿 药粉在装入渗漉器前应加适量的浸出溶剂均匀润湿，并密闭放置一定时间。药粉预先润湿的目的在于使粉粒于渗漉前完成吸液及充分膨胀，以免在渗漉器内膨胀，造成药材过紧或上浮，使渗漉不均匀。为此，切不可将干粉放入渗漉器内直接加浸出溶剂润湿或渗漉。

适当的润湿是以当湿粉在手中压紧后能结成团块，但表面不显过量的被压的浸出溶剂为度，一般每1kg药粉用600～800ml浸出溶剂。润湿的药粉还需密闭放置一定时间，以待粉粒充分润湿和膨胀，放置时间随药粉性质而定。致密坚硬的药材粉末润湿后，变异性小，可放置较短时间；疏松药材的粉末润湿后变异性较大，应放置较长时间。一般放置15min～6h即可。

(4) 装器 先取适量脱脂棉，用相同的浸出溶剂润湿后，轻轻垫在渗漉器的底部，然后分次将已润湿的药粉投入渗漉器中，每次投后用木锤均匀压平，力求松紧一致。所施的压力，随药材的性质和浸出溶剂种类有所不同。通常粉粒膨胀性强，浸出溶剂为水时，压力应小些，否则压力大些。投毕后，用滤纸或纱布将上面掩盖，再覆清洁的一层细石块，以免加入溶剂时液流冲破粉柱。

粉柱各部松紧应均匀。装得过松，使所占容积大，耗用溶剂多；装得过紧则使出口堵塞而无法进行渗漉；装得松紧不均匀，还能使溶剂沿着较松的一边渗下，使其他部分药粉浸出不完全。渗漉器内药粉所占容积不宜过多（一般不超过渗漉器容积的2/3），须留有一定的空间以使溶剂高出药粉面。

(5) 排气 药粉装入渗漉器后，打开渗漉器下部的出口，自上部加入适量浸出溶剂，使浸出溶剂逐渐渗入粉柱，置换其中的空气，并压迫所有的气体自下部出口排出，待气体排尽，漉液从下部出口处流出后，关闭出口即可。在添加浸出溶剂的全部过程中和渗漉期间内，应使粉柱面上保持一层过量的浸出溶剂，以保证粉柱内空气排除，并阻止空气重新进入粉柱。否则，既不利于浸渍药粉，也易造成粉柱干裂，使浸出溶剂由裂缝处流出而影响渗漉。此外，添加浸出溶剂排除空气时，均不可在出口处关闭的情况下操作，否则渗漉器内药粉间的空气必然克服压力而上冲，使粉柱原有的松紧度改变，妨碍渗漉。

（6）静置浸渍 空气除尽后，需静置一定时间，使成分溶解并充分扩散。渗漉前的浸渍是必要的，这样能使最初的漉液达到最高浓度，并能尽量发挥溶剂的使用效率。浸渍时间的长短，基本上以制剂的种类和药材的性质来确定。浓度高的制剂如浸膏剂，或质地坚硬的药材，浸出时间应长；浓度低的制剂如酊剂等，或疏松而成分易于浸出的药材，浸渍时间应短些。浸渍时间一般是 24～48h。

（7）渗漉 静置浸渍一定时间后，即可打开渗漉器出口而进行渗漉。渗漉速度是控制浸取效能的关键，流速太快，则有效成分来不及充分渗漉和扩散，浸出液浓度低，耗用溶剂多；流速太慢，则影响设备利用率和产量。当浸出 1000g 药材时，一般每分钟流出 1～3ml 为慢漉；流出 3～5ml 为快漉。当渗漉量较大时，可调整流速，使每小时流出量约相当于渗漉器使用容积的 1/48～1/24。新药的渗漉速度，应依药材性质、制剂种类和有效成分性质等，经过实验来决定。

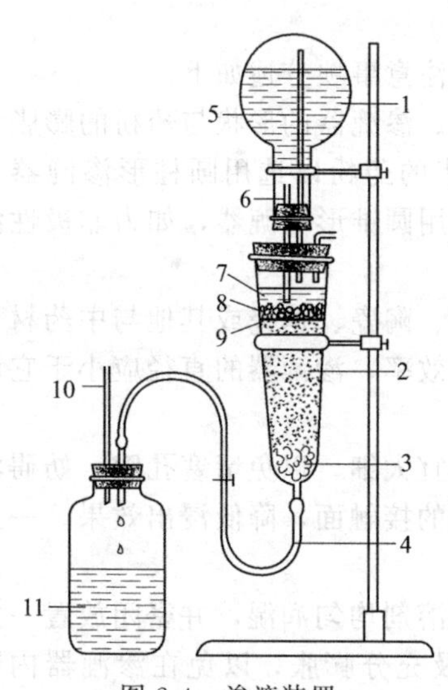

图 2-4 渗漉装置

1—浸出溶剂；2—药材粉末；3—脱脂棉；4—橡胶管；5—进气管；6—流液管；7—溶剂；8—碎石；9—滤纸；10—排气管；11—渗漉液

（8）漉液的收集与处理 制剂种类的不同，其渗漉液的收集与处理也不同。一般制备高浓度浸出制剂如流浸膏剂时，收集药材量 85%的初漉液另器保存，续漉液用低温浓缩后与初漉液合并，调整至规定标准，静置，取上清液分装，即得。

当制备浓度较低的浸出制剂如酊剂时，无须另器保存初漉液，而直接收集相当于欲制备漉液的 3/4 时，停止渗漉，压榨残渣，收集压出液并与漉液合并，添加乙醇至规定浓度与容量后，静置，滤过即得。

渗漉装置：进行渗漉时，渗漉器、漉液接受器、添加浸出溶剂的贮液器等构成了如图 2-4 所示的渗漉装置。该装置能向渗漉器内自动添加溶剂，使渗漉连续进行。当渗漉器内液面低于进气管的下端管口时，空气自进气管进入贮液器内，则浸出溶剂便从流液管流入渗漉器中，直至渗漉器内液面高于进气管的下端管口时，由于空气无法进入贮液器，故溶剂也就停止流入渗漉器中，从而达到自控加液的目的。

（四）回流法

回流法系指溶剂在浸出过程中受热气化，经冷凝后，成为液体流回浸出器内，至溶剂溶解成分饱和后，将回流液滤出，添加新溶剂，如此反复直至药材有效成分浸出完全为止。合并各次回流液，用蒸馏法回收溶剂，即得浓缩液。此法溶剂可以循环使用，减少损耗。一般用于有机溶剂如乙醇、乙醚、氯仿等在加热情况下浸出有效成分的药材，但受热易破坏的成分不宜用。药厂生产可用多能提取罐作回流操作。

（五）蒸馏法

蒸馏法系将药材经加热蒸馏使所含挥发性成分气化并冷凝为液体的浸出方法。此法适用于含挥发性成分的药材，如挥发油类，能随水蒸气蒸馏而不被破坏。其操作方法是将药材的粗粉或饮片，加水浸泡湿润后，用直火加热蒸馏或通入水蒸气蒸馏，也可在多能提取罐中对药材边煎煮边蒸馏，药材中的挥发性成分随水蒸气蒸馏而带出，经冷凝后收集馏出液。一般需重蒸馏一次，以提高馏出液的纯度或浓度，最后收集一定体积的蒸馏液。但蒸馏次数不宜过多，以免挥发油中某些成分氧化或分解。

（六）新技术浸出法

1. 临界提取法

在一定温度下，高压的超临界气体密度增大至几乎和液态相等，溶解能力显著增加，能将各种天然物质的某些组分溶解浸出，减压后溶解能力又极大地降低，利用超临界气体这种特性的提取方法称为临界提取法。本法费用高，适于低含量、高价值成分提取。

2. 强化浸出法

强化浸出法系指附加外力以加速浸出过程的方法。主要有强化渗漉浸出法、流化强化浸出法、电磁场强化浸出法、电磁振动强化浸出法、超声波浸出法等。强化浸出法可缩短浸出时间，提高浸出率。

第四节 浸出液的浓缩与干燥

一、蒸发

浸出液的浓缩是借蒸发来完成的。蒸发是用加热的方法，使溶液中部分溶剂气化并除去达到浓缩的过程。蒸发在制剂生产中应用广泛，如浸出液的浓缩与某些制剂进一步精制等。蒸发可分为在沸点温度下的沸腾蒸发和低于沸点温度下的自然蒸发，由于前者的蒸发效率远超过后者，故一般多采用沸腾蒸发。药材浸取完成后，一般可得到4～5倍量或更多的浸出液，这些浸出液浓度较低，不适宜直接用于临床或供作其他制剂的制备，必须适当浓缩、干燥后再制成一定的剂型使用。

（一）影响蒸发效率的因素

蒸发器的效率常以其生产强度即单位时间、单位传热面积上所蒸发的溶剂量来表示。影响蒸发的因素，可以用式(2-3）表示：

$$m \propto \frac{S(F-f)}{p} \tag{2-3}$$

式中，m 为单位时间内蒸发量；S 为液体暴露面积：p 为大气压力；F 为在一定温度时液体的饱和蒸汽压；f 为在一定温度下液面上的实际蒸汽压。

从式(2-3）中可知，m 与 p 成反比，与 S、$(F-f)$ 成正比。因此，如何保持 F 与 f 间的差距达到最大，是进行理想蒸发的关键。所以为了提高蒸发效率，必须注意下列因素。

（1）液体的温度　被蒸发液体的温度愈高，使溶剂分子获得足够的热能而不断气化，使蒸发加快。

（2）蒸发面积　从式(2-3）可知，在一定温度下，单位时间内一定量蒸汽蒸发速度与蒸发面积 S 的大小成正比，S 愈大蒸发愈快。故常压蒸发时应采用直径大、锅底浅的敞口蒸发锅。

（3）搅拌　液体的气化程度在液面总是最大，故液面浓度最高，黏度也增大，因而使液面产生结膜现象，结膜后不利于传热及蒸发。因此，应经常搅拌，使液体接触空气面积增大，并防止液面结膜。

(4) 蒸汽浓度　在温度、液面压力、蒸发面积等因素不变的情况下，蒸发速度与蒸发时液面上大气中的蒸汽浓度成反比。蒸汽浓度大，分子不易逸出，蒸发速度慢，反之则蒸发速度加快。故在浓缩蒸发的车间使用电扇、排风扇等通风设备及时排除液面的蒸汽，以加速蒸发的进行。

(5) 液体表面的压力　蒸发公式中 m 与 p 成反比，液体表面压力愈大，蒸发速度愈慢。因此可减小压力而采用减压蒸发提高蒸发效率。

（二）常用蒸发方法与器械

1. 常压蒸发

在一个大气压下的蒸发叫常压蒸发。此法适用于所含有效成分耐热，溶剂无燃烧性、无毒和无经济价值浸出液的浓缩。以水为溶剂的浸出液常用此法浓缩。常用的蒸发设备为敞口蒸发锅。目前应用的蒸发锅多为不锈钢和搪瓷制的夹层锅，其特点是直径大，锅底浅，可以转动，便于倾出浓缩液和清洗。但本法蒸发速度慢，且产生的蒸汽弥漫操作场所，故应注意生产环境的通风和排气。

2. 减压蒸发器

减压蒸发是使蒸发器内形成一定的真空度，使药液的沸点相应降低的蒸发操作。由于溶液沸点降低，有利于蒸发顺利进行，能防止或减少热敏物质的分解，特别适用于不耐热药物的浓缩。现在药厂生产中大量使用真空球形浓缩锅、双效浓缩器、三效浓缩器、真空浓缩锅来浓缩药液，减压蒸发得到广泛应用。图 2-5 为球形浓缩锅示意图。

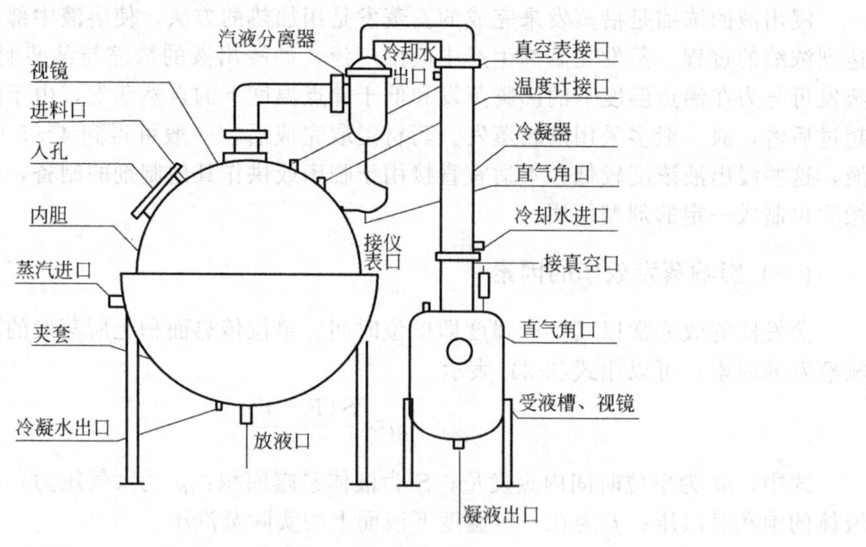

图 2-5　球形浓缩锅示意图

3. 薄膜蒸发

薄膜蒸发是使液体沿着加热管壁呈膜状流动而进行的传热和蒸发，是目前国内外广泛应用的较先进的蒸发方法。薄膜蒸发的特点是热的传播快而均匀，不受液体静压和过热影响，药液总受热时间短而且能连续操作，浓缩效率高，可在常压或减压下进行。特别适用于热敏性浸出液的蒸发。

薄膜蒸发器可分为升膜式薄膜蒸发器、降膜式薄膜蒸发器、刮板式薄膜蒸发器及离心式薄膜蒸发器等。

二、干燥

干燥是利用热能使湿物料中的水分或其他溶剂气化除去，从而获得干燥品的工艺过程。在制剂生产中，药物的除湿，新鲜的药材除水，浸膏、颗粒及药材提取物的干燥等均属干燥操作。干燥的物料大部分为固体，也有半固体，甚至还有液体，对于液体可选用喷雾干燥或冷冻干燥。干燥的目的在于提高物品稳定性，使成品或半成品有一定的规格标准，便于进一步处理。

（一）干燥原理

湿物料进行干燥时，同时进行着两个过程即：①热量由热空气传递给湿物料，物料表面上的水分立即气化，并通过物料表面处的气膜，向气流主体中扩散；②由于湿物料表面处水分气化的结果，使物料内部与表面之间产生水分浓度差，于是水分即由内部向表面扩散。所以，在干燥过程中同时进行着传热和传质两个相反的过程。干燥过程的必要条件是必须具备传质和传热的推动力，湿物料表面蒸汽压一定要大于干燥介质（空气）中蒸汽的分压，压差愈大，干燥过程进行得愈迅速。

（二）常用的干燥方法与器械

1. 常压下干燥与器械

浸出液浓缩后经常压下干燥，此法简单易行，其设备较简单，常用箱式干燥器（烘箱）详见第八章，本法的缺点是干燥时间长，可能因过热而使不耐热成分破坏，而且易结块。近年来应用的涂膜干燥方法，是将已蒸发到一定稠度的料液涂于加热面上使成薄层，借传导传热进行干燥，是接触干燥的一种。此法由于增大蒸发面及受热面，所以具有干燥快、受热时间短、干燥产品容易粉碎及可以连续生产等特点。滚筒式干燥器即是膜式干燥的一种。

2. 减压干燥与器械

减压干燥是在密闭容器中抽真空后进行干燥的方法。此法优点是温度较低，产品质松易粉碎。此外，减少了空气对产品的不良影响，利于保证产品质量。特别适于含热敏感成分的药材浸出物，也可干燥易受空气氧化、有燃烧危险或含有机溶剂等的物料。常用器械有国产YZG真空干燥器、SZG双锥回转真空干燥器。干燥效果决定于真空度的高低和被干燥物堆积的厚度。

SZG双锥回转真空干燥器机体为双锥形的回转罐体，内胆采用不锈钢或碳钢搪玻璃（工业陶瓷）制成。干燥原理为夹套通入蒸汽或热水，对内胆加温，热量通过内胆壁传导至湿物料，使湿物料中的水分气化，水汽不断通过抽气管被抽走，罐体内处于真空状态，加快了物料干燥速率。罐体低速回转，物料不断上下、内外翻动更换受热面，最终达到均匀干燥的目的。由于在真空状态下操作，在较低温度下有较高的干燥速率，节约能源、热利用率高。适用于有氧气条件下有危险的物料，对一般物料也可减少漏损和杂质混入的机会。尤其适用于热敏性物料的干燥，对含有溶剂或有毒气体的物料，在干燥时很方便收集这些气体，获得较高纯度的产品。图2-6为一种双锥回转真空干燥器结构示意图。

3. 喷雾干燥与器械

喷雾干燥是流化技术用于液态物料干燥的良好方法。喷雾干燥的原理是将待干燥的液体物料浓缩至一定程度，经喷嘴喷成细小雾滴，产生极大的表面积（当雾滴直径为10μm时，每升液体所成雾滴总面积可达400～600m^2），当与热空气相遇时进行热交换，水分迅速气化使产品得到干燥。喷雾干燥法适用于热敏性物料的干燥。大部分药材提取液浓缩至尚能流动的程度，都可采用本法干燥成粉。但含黏性成分较多的提取液，如黄柏提取液干燥时应适当

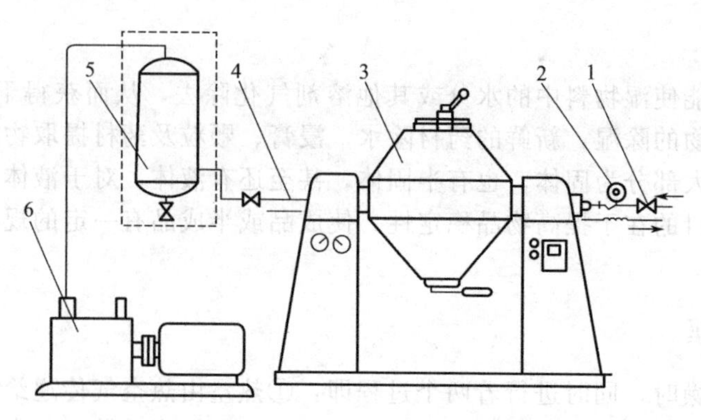

图 2-6 双锥回转真空干燥器结构示意图

1—蒸汽阀；2—蒸汽压力表；3—干燥器主体；4—真空管路；5—气体净化罐；6—真空泵

调节相对密度，适当降低进风与出风温度；含挥发性成分的药材，应先提取挥发性成分后，再制备提取液进行干燥；含糖类成分较多的提取液，较难喷雾干燥成粉。近年来新型喷雾干燥器尚附有速溶化装置、膨体化装置或在喷干粉粒上被覆其他物质的设计，具有广阔的应用前景。

图 2-7 为喷雾干燥流程示意图。主要包括空气加热系统和干粉收集系统。操作时，将药液输入贮液器内，开启鼓风机、预热器，空气经滤过器除尘和预热器加热至 280℃左右后，自干燥塔上部沿切线方向进入干燥室，干燥室温度一般控制在 120℃以下，待达到该温度数分钟后，将药液自贮液罐经导管、流量计至喷头后，在进入喷头的压缩空气（压力为 392.4～490.5kPa）作用下形成雾滴喷入干燥室，与热气流混合进行热交换即被干燥。已干燥的细粉进入收集桶中，部分干燥的粉末随热气流进入气粉分离室后捕集于收集桶中，热废气自排气口排出。气粉分离室可用其下部预热器预热，并在操作过程中维持排气温度不使其过度降低，以防发生冷凝，影响操作的进行。

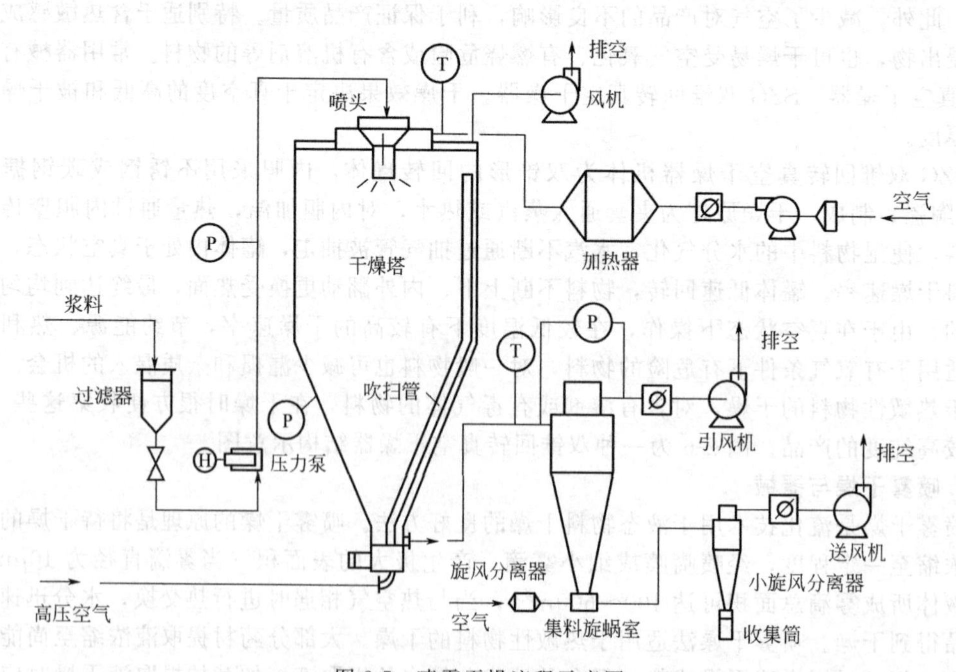

图 2-7 喷雾干燥流程示意图

4. 沸腾干燥与器械

沸腾干燥又名流化床干燥。主要用于湿粒性物料的干燥，如片剂、颗粒剂等颗粒的干燥。沸腾干燥具有干燥效率高，干燥均匀，产量大，适于同一品种的连续生产，而且有干燥温度较低、操作方便、占地面积小等优点。但干燥室内不易清除，尤其不宜使用于有色制剂颗粒的干燥，同时干燥后细颗粒的比例较大。具体内容详见第八章第二节。

5. 旋转闪蒸干燥与器械

旋转闪蒸干燥将旋流、流化、喷动及粉碎分级技术有机结合，是流化技术在药物干燥中的新应用。旋转闪蒸干燥机干燥的原理为热空气切线进入干燥器底部，在搅拌器带动下形成强有力的旋转风场。膏状物料由螺旋加料器进入干燥器内，在高速旋转搅拌桨的强烈作用下，物料在撞击、摩擦及剪切力的作用下得到分散，块状物料迅速粉碎，与热空气充分接触、受热、干燥。脱水后的干物料随热气流上升，分级环将大颗粒截留，小颗粒从环中心排出干燥器外，由旋风分离器和除尘器回收，未干透或大块物料受离心力作用甩向器壁，重新落到底部被粉碎干燥。该机械特别适合于膏状、滤饼状和触变性、热敏性粉粒状物料的干燥。图 2-8 为旋转闪蒸干燥机流程示意图。

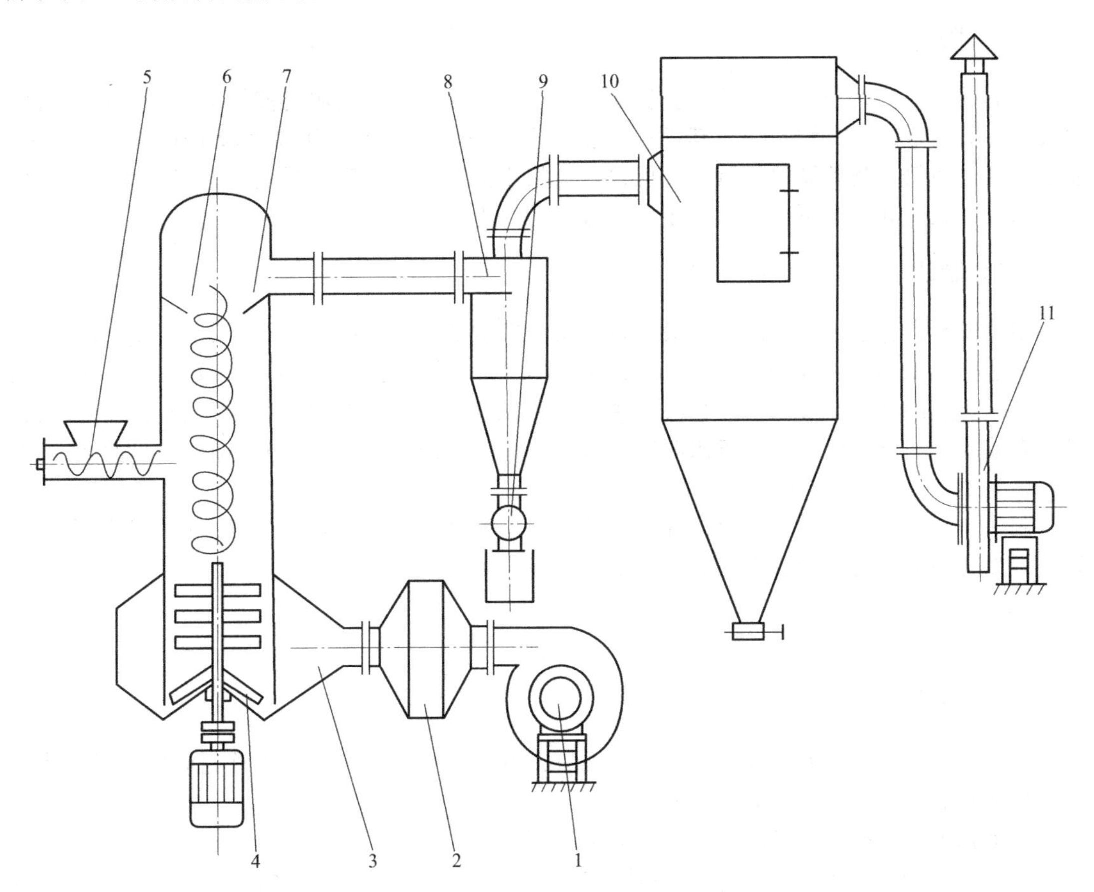

图 2-8　旋转闪蒸干燥机流程示意图

1—送风机；2—加热器；3—空气分配器；4—搅拌机；5—螺旋加料器；6—干燥器；7—分级器；8—旋风分离器；9—星形卸料器；10—布袋除尘器；11—引风机

6. 其他干燥方法

冷冻干燥，近年来在制剂上应用日渐广泛，在中药制剂上的应用也逐渐增多，如天花粉粉针剂。远红外（波长 5.6～1000μm）干燥为辐射干燥法，系利用远红外辐射元件发出的远红外线被加热物质吸收后，使其分子、原子产生振动，温度迅速升高，将水等液体分子从物料中驱出而达干燥目的。具有干燥速率高、节约能源、装置简便、干燥质量好等优点。此外，尚有微波（300MHz～300GHz）干燥。系利用磁控管产生的辐射波来干燥，具有高效利用能源、干燥温度低、时间短、不影响成品的性状、干燥的同时兼有灭菌以及改善工作卫生条件等优点。吸湿干燥系指将干燥剂置于干燥柜（或室）架盘下层，而将湿物料置于架盘上层进行干燥的方法。某些药品不能用较高的温度干燥，采用真空低温干燥亦会使挥发性成分损失，故含湿量较低及某些含有芳香成分的药材应用此法有实用意义。常用的干燥剂有无水氧化钙、无水氯化钙、硅胶等。

第五节　常用的浸出制剂

一、汤剂

（一）概述

汤剂系指将药材加水煎煮后，去渣取汁所得的一种主要供内服的液体剂型。它是我国使用最早、应用最广的一种剂型。其优点是能适应中医辨证施治、随症加减的原则；吸收快，能迅速发挥药效；制备简便易行等。但也存在临用前煎煮、不宜大量制备、容易霉变、用量大、味苦、服用和携带不便、不适于儿童服用等缺点。

（二）制法

制备汤剂的方法用煎煮法。一般小量制备，即取处方规定的药材饮片，置于砂锅中，加冷水浸过药面2～3cm，浸泡15～30min，缓缓加热，沸前用武火，沸后用文火。一般煎煮2次，第一次煮沸30～60min，第2次煮沸20～30min，如系滋补药，煮沸时间要适当延长，以利有效成分煎出。解表药，煮沸时间应适当缩短，以减少挥发性成分的损失。两次煎出液合并，为200～300ml，分2次服用。

制备汤剂时，除需根据药材的性质和效用，掌握煎煮时间外，必须根据药材的性质适当处理。如有的需要先煎或后下，有的需要包煎或烊化等。

二、合剂

（一）概述

合剂系指饮片用水或其他溶剂，采用适宜提取方法提取、纯化、浓缩制成的口服液体制剂（单剂量灌装者也称“口服液”）。

合剂在生产与贮藏期间应符合下列有关规定。

① 饮片应按各品种项下规定的方法提取、纯化、浓缩至一定体积。除另有规定外，含有挥发性成分的饮片宜先提取挥发性成分，再与余药共同煎煮。

② 根据需要可加适宜的附加剂。如加防腐剂，山梨酸和苯甲酸的用量不得超过0.3%（其钾盐、钠盐的用量分别按酸计），羟苯酯类的用量不得超过0.05%，如加其他附加剂，其品种与用量应符合国家标准的有关规定，不影响成品的稳定性，并应避免对检验产生干扰。必要时可加适量的乙醇。

③ 合剂若加蔗糖，除另有规定外，含蔗糖量应不高于20%（g/ml）。

④ 除另有规定外，合剂应澄清。在贮存期间不得有发霉、酸败、异物、变色、产生气体或其他变质现象，允许有少量摇之易散的沉淀。

⑤ 一般应检查相对密度、pH 值等。

⑥ 除另有规定外，合剂应密封，置阴凉处贮存。

合剂是在汤剂应用的基础上改进发展起来的一种新剂型，既是常用汤剂的浓缩制品，也常按药材成分的性质，综合运种多种浸出方法，故能综合浸出药材中多种有效成分，临床疗效可靠。有较为固定的制备工艺及质量控制标准，且可成批生产，省去临时煎煮的麻烦。同时，由于体积缩小，浓度高，用量小，便于服用、携带和贮存。但是，合剂不能随症加减，因而还不能完全代替汤剂。因含有糖类、蛋白质，不宜久贮，一般需加入防腐剂。

（二）制法

合剂的制法与汤剂的制法相似。一般包含浸提、纯化、浓缩、分装和灭菌等工序。一般将药材加溶剂煎煮2次，每次1～2h，过滤合并煎液，加热浓缩至每剂20～50ml，必要时加矫味剂与防腐剂，分装于灭菌的容器内，加盖，贴标签即得。

合剂的制备工艺流程一般为：浸提→纯化→浓缩→分装→灭菌→检验→成品。

(1) 浸提　一般按煎煮法操作，每次煎煮1～2h，煎煮2～3次。含有芳香挥发性成分的药材如薄荷、荆芥、菊花、柴胡等，可先用水蒸气蒸馏法提取挥发性成分，药渣再与处方中其他药材一起加水煎煮。亦可根据药材有效成分的特点，选用不同浓度的乙醇或其他溶剂，采用渗漉、回流提取等方法浸提。

(2) 纯化　含有淀粉、黏液质、蛋白质、果胶及泥沙、植物组织等杂质的药材煎煮液，经静置初滤后，尚需进一步纯化处理。

常用的纯化方法有高速离心法、乙醇沉淀法、吸附澄清法等。纯化方法及其参数的选择（如含醇量、澄清剂用量以及离心的转速等）应以不影响有效成分含量为指标。

(3) 浓缩　纯化后的水煎液要适当浓缩，浓缩应根据药物有效成分的热稳定性，选用适宜的方法，常用减压浓缩或薄膜浓缩等方法，浓缩程度一般以每次服用量在10～20ml为宜。醇沉纯化处理的药液应先回收乙醇再浓缩。药液浓缩至规定要求后，可酌情加入适当的矫味剂和防腐剂。

(4) 分装　配制好的药液应尽快灌装于洁净干燥灭菌的玻璃瓶中，盖好胶塞，轧盖封口。

(5) 灭菌　灭菌应在封口后立即进行。小包装常用流通蒸汽或煮沸灭菌，大包装可用热压灭菌，以确保灭菌效果。短期内使用且在严格避菌条件下配制的合剂，可加入适量的防腐剂而不必灭菌，但所用包装容器应洁净干燥。

合剂制备时应注意以下几点：①处方中如含有酊剂、醑剂、流浸膏，应以细流缓缓加入药液中，随加随搅拌，使析出物细腻，分散均匀；②制备过程中应减少污染，服时摇匀。

（三）举例

例 2-1：小建中合剂

处方：		
	桂枝	111g
	白芍	222g
	甘草（蜜炙）	74g
	生姜	111g
	大枣	111g
	制成	1000ml

制法：以上五味，桂枝提取挥发油，蒸馏后的水溶液另器收集；药渣与甘草、大枣加水煎煮2次，每次2h，合并煎液，滤过，滤液与蒸馏后的水溶液合并，浓缩至约560ml；白芍、生姜用渗漉法，用稀乙醇作溶剂，浸渍24h后进行渗漉，收集漉液，回收乙醇后与上述药液合并，静置，滤过，另加饴糖370g，再浓缩至近1000ml，加入苯甲酸钠3g与桂枝挥发油，调整总量至1000ml，搅匀，即得。

性状：本品为棕黄色的液体；气微香，味甜、微辛。

功能与主治：温中补虚，缓急止痛。用于脾胃虚寒，脘腹疼痛，嘈杂吞酸，食少；胃及二指肠溃疡见上述症状者。

用法与用量：口服，一次20～30ml，一日3次，用时摇匀。

贮藏：密封，遮光。

三、酒剂

（一）概述

酒剂系指饮片用蒸馏酒提取制成的澄清液体制剂，又称作药酒。酒剂是中药传统剂型之一。酒剂为了矫味有时加入适量糖或蜂蜜。多供内服，少数作外用，有些两者兼用。酒剂有温经散寒、活血通络的作用和容易吸收、易于发散的特点，可供内服或外用。多用于体虚补养、风湿痹痛或跌打扭伤等，如十全大补酒、风湿药酒等。酒剂不适用于小儿、孕妇和心脏病、高血压病及阴虚火旺患者或不会饮酒者。酒剂含醇量一般为35%～60%。

酒剂在生产与贮藏期间应符合下列有关规定。

① 生产酒剂所用的饮片，一般应适当粉碎。

② 生产内服酒剂应以谷类酒为原料。

③ 可用浸渍法、渗漉法或其他适宜方法制备。蒸馏酒的浓度及用量、浸渍温度和时间、渗漉速度，均应符合各品种制法项下的要求。

④ 可加适量的糖或蜂蜜调味。

⑤ 配制后的酒剂须静置澄清，滤过后分装于洁净的容器中。在贮存期间允许有少量摇之易散的沉淀。

⑥ 酒剂应检查乙醇量。

⑦ 除另有规定外，酒剂应密封，置阴凉处贮存。

除另有规定外，酒剂应检查总固体、甲醇量、装量、微生物限度。

（二）酒剂的辅料

1. 白酒

白酒既是溶剂，又是药酒的重要组成部分。白酒的含醇量一般在50%～70%。

2. 蜂蜜

蜂蜜应为白色或淡黄色稠厚液体，味纯甜，有花粉香，使用前应经炼制，除去杂质、破坏酵素和减少含水量。

3. 糖

糖为药酒的矫味剂，可用白砂糖、冰糖或红糖。

（三）制法

酒剂的制备方法有冷浸法、热浸法、渗漉法、回流法等。常用浸渍法和渗漉法。制备酒剂的药材一般切成片状或压碎，细末药材有时压成小块待用。有些药需先行炮制。酒剂除用石棉板滤器进行除菌过滤外，须经垂熔玻璃滤器或微孔滤膜过滤，阻截杂质以保证质量，要求色泽均匀、酒液澄清（参见本章第三节）。

四、酊剂

（一）概述

酊剂系指药物用规定浓度乙醇浸出或溶解而制成的澄明液体制剂，也可用流浸膏稀释制成。供口服或外用。中药酊剂系指饮片用规定浓度乙醇提取或溶解而制成的澄明液体制剂，也可用流浸膏稀释制成。供口服或外用。

酊剂的浓度随药物种类的不同而异，可分为中药材酊剂、化学药物酊剂和中药材与化学药物合制的酊剂三类。除另有规定外，含有毒性药的酊剂，每100ml应相当于原饮片10g；其有效成分明确者，应根据其半成品的含量加以调整，使符合各酊剂项下的规定。其他酊剂，每100ml相当于原饮片20g。

酊剂与水浸出制剂有一定差别。由于乙醇的溶解性能不同于水，酊剂用水稀释时，由于溶剂改变常有沉淀产生。酊剂久置产生沉淀时，在乙醇和有效成分含量符合该药品项下规定的情况下，可滤去沉淀再使用。按药典要求酊剂应制定乙醇量的项目检查。酊剂的疗效较水浸出制剂强而迅速，某些药材的酊剂疗效也不同于水浸出制剂，如黄芩水浸出液有抗菌解热效果，而其酊剂则有降压作用。

（二）制法

按药物不同，酊剂可用溶解法、稀释法、浸渍法或渗漉法制备。

1. 溶解法或稀释法

系指取药物粉末或流浸膏，加规定浓度的乙醇适量，溶解或稀释，静置，必要时滤过，即得。

2. 浸渍法

浸渍法系指取适当粉碎的药材，置入有盖容器中，加入溶剂适量，密盖，搅拌或振摇，浸渍3～5日或规定的时间，倾取上清液，再加入溶剂适量，依法浸渍至有效成分充分浸出，合并浸出液，加溶剂至规定量后，静置24h，滤过，即得。

3. 渗漉法

渗漉法为制备酊剂常用方法，毒、贵重药材及不易引起渗漉障碍的药材多采用此法制备。按渗漉法用适量溶剂渗漉，收集渗漉液至流出液达到规定量后，静置，滤过，即得。

（三）举例

例2-2：碘酊

处方：	
碘	20g
碘化钾	15g
乙醇	500ml
水	适量
制成	1000ml

制法：取碘化钾，加水20ml溶解后，加碘及乙醇，搅拌使溶解，再加水适量使成1000ml，即得。

性状：本品为红棕色的澄清液体；有碘与乙醇的特殊臭味。

类别：消毒防腐药。

注：本品含碘（I）应为1.80%～2.20%(g/ml)，含碘化钾（KI）应为1.35%～1.65%(g/ml)。

五、流浸膏剂

（一）概述

流浸膏剂系指饮片用适当的溶剂提取，蒸去部分溶剂，调整浓度至规定标准而制成的制剂。亦可用浸膏剂加规定溶剂稀释制成。除另有规定外，流浸膏剂每1ml相当于原药材1g。所用溶剂大多为不同浓度的乙醇。流浸膏和酊剂中均含醇，但流浸膏有效成分含量较酊剂高，因此服用剂量及乙醇产生的副作用都比酊剂小，不含乙醇的水制流浸膏则没有乙醇产生的副作用。流浸膏剂在除去部分溶剂时要经过加热浓缩处理，故对热不稳定的有效成分可能受到破坏，而酊剂一般不经加热处理，则不会出现这种情况。流浸膏剂除少数直接用于临床外，一般多用作配制合剂、糖浆剂、酊剂及其他制剂的原料。

（二）制法

流浸膏剂常采用渗漉法制备。也可选用半逆流多级浸出工艺、连续逆流浸出工艺等。若用沸水为溶剂，可用热回流法或多级浸出工艺。其制备过程主要包括渗漉（详见本章第四节）、浓缩及调整含量三个步骤。若有效成分已明确，需测定有效成分与乙醇的含量，根据测定结果将浓缩液加适量溶剂稀释，或低温浓缩调整至含量符合规定标准，静置24h，滤过即得。无含量测定方法的制品，一般调整至1ml相当于原药材1g即可。有时也用浸渍法、煎煮法、溶解法制备流浸膏。

（三）举例

例2-3：姜流浸膏

本品含醚溶性成分不得少于4.5%。

处方：干姜（最粗粉） 1000g

乙醇（90%） 适量

制法：取干姜，照浸膏剂与流浸膏项下的渗漉法，用乙醇（90%）作浸出溶剂，浸渍24h后，以每分钟1～3ml的速度缓缓渗漉，收集初漉液850ml，另器保存，继续渗漉至漉液近无色，且姜的香味和辣味已淡薄，收集续漉液，停止渗漉，加初漉液850ml，合并，滤过，全部漉液蒸馏回收乙醇后，在60℃以下蒸发至稠膏状，分取20ml，依法测定含量，余液加乙醇（90%）稀释，使含量和乙醇含量符合规定的标准，静置，俟澄清，滤过，即得。本品含醇量应为72%～80%，本品含醚溶性物质不得少于4.5%。

功能与主治：健胃驱风药。

用法与用量：口服，一次0.5～2ml，一日1.5～6ml。

例2-4：甘草流浸膏

制法：取甘草浸膏300～400g，加水适量，不断搅拌，并加热使溶化，滤过，在滤液中缓缓加入85%乙醇，随加随搅拌，直至溶液中含乙醇量达65%左右，静置过夜，仔细取出上清液，遗留沉淀再加 65%的乙醇，充分搅拌，静置过夜，取出上清液，沉淀再用 65%乙醇提取一次，合并3次提取液，滤过，回收乙醇，测定甘草酸含量后（不得少于7.0%），加水与乙醇适量，使甘草酸和乙醇量均符合规定，加浓氨试液适量调pH值，静置，使澄清，取出上清液，滤过，即得。

性状：本品为棕色或红褐色的液体；味甜、略苦、涩。

功能与主治：缓和药，常与化痰止咳药配伍应用，能减轻对咽部黏膜的刺激，并有缓解胃肠平滑肌痉挛与去氧皮质酮样作用。用于支气管炎、咽喉炎、支气管哮喘、慢性肾上腺皮质功能减退症。

用法与用量：口服，一次 2～5ml，一日 6～15ml。

贮藏：密封，置阴凉处。

六、浸膏剂

（一）概述

浸膏剂系指饮片用适当的溶剂提取，蒸去全部溶剂，调整浓度至规定标准而制成的制剂。除另有规定外，浸膏剂的浓度一般为每 1g 相当 2～5g 原药材。含有生物碱或其他有效成分的浸膏剂，皆需按指定的方法，测定其含量，并用适当的稀释剂调整至规定的含量标准。

浸膏剂有效成分含量高、体积小，制剂中不含或含极少量溶剂，故有效成分较稳定，可较久贮存不变质。但在制备过程中，全部浸出液要经过较长时间的浓缩和干燥，促使有效成分受热破坏或挥发损失的可能性较流浸膏大，但溶剂的副作用较流浸膏小。干浸膏易吸湿结块及受热软化，稠浸膏易失水硬结，故浸膏剂应密封贮存于阴凉处。浸膏剂除少数直接用于临床外，一般用于配制其他制剂。

由于浸膏剂有较强的吸湿性，故常加入稀释剂。选用稀释剂时，应注意水分的影响。如果选用不当，往往造成吸潮结块，使浸膏不易研细、混合不均匀。常用的稀释剂有干燥淀粉、蔗糖、乳糖、氧化镁、磷酸钙等，粉细的药渣也可应用。

浸膏剂按其干燥的程度分为稠浸膏剂和干浸膏剂两类。稠浸膏剂为半固体，具黏性，含水量为 15%～20%，可不另加赋形剂制备软膏等。干浸膏剂为干燥粉状制品，含水量约 5%，可用稠浸膏干燥制备，亦可采用喷雾干燥法、冷冻干燥法或其他适宜方法将药材浸出液直接干燥成细粉。可供制备散剂、丸剂、片剂、颗粒剂、栓剂等。

（二）制法

浸膏剂可用煎煮法或渗漉法制备，所得的煎液或漉液，用低温浓缩至稠膏状，加入适当的稀释剂或继续浓缩至规定标准。

浸膏剂的制备方法，一般分为浸出、精制、浓缩、干燥、调整浓度等几个步骤。

1. 浸出

一般都按渗漉法、煎煮法浸出，有时也采用浸渍法或回流法。应根据具体条件，选用浸出效果好、能制得较浓浸出液的方法，这样便于以后的蒸发浓缩。

2. 精制

一般应视药材中所含成分的特性及所用浸出溶剂的特点，而采取相应的精制方法。常用的精制方法有：①煮沸使蛋白质等物质凝固，放冷后滤除。②加适量乙醇使某些醇中不溶物沉淀而滤除。③石蜡脱脂，即将浸出液浓缩至适量后，于 60℃下加入适量石蜡，强力振摇或搅拌，放冷，石蜡吸附脂肪而凝固上浮，弃去石蜡即可。④或将浸出液浓缩至糖浆状后加入石油醚抽提 2～3 次以除去脂肪。

3. 浓缩和干燥

经纯化后的浸出液，需首先蒸馏回收溶剂，然后根据有效成分对热的稳定程度，选用常压或减压蒸发的方法浓缩到所需要的稠度。浸出浓缩至稠膏状后，有的可直接供制备其他剂型（如软膏剂），有的尚须干燥制成粉状制剂。其干燥方法可根据有效成分对热的稳定性，结合具体条件，加以选择。为了促进干燥，有的于浓缩至稠膏状后，加入适量干燥淀粉等吸收部分水分，并使成一薄层铺于盘中，置于适宜温度的干燥器中进行干燥。

4. 调整浓度

浸膏剂应将制品进行含量测定后，酌加稀释剂，使其含量符合标准；如不经含量测定，可直接加入稀释剂至需要量，研匀，过筛，混合，即得。

（三）举例

例 2-5：颠茄浸膏

本品为颠茄草经加工制成的浸膏。

制法：取颠茄草粗粉 1000g，照渗漉法，用 85％乙醇作溶剂，浸渍 48h 后，以每分钟 1～3ml 的速度缓缓渗漉，收集初漉液约 3000ml，另器保存，继续渗漉，待生物碱完全漉出，续漉液作下次渗漉的溶剂用。将初漉液在 60℃减压回收乙醇，放冷至室温，分离除去叶绿素，滤过，滤液在 60～70℃蒸发至稠膏状，加 10 倍量的乙醇，搅拌均匀，静置，俟沉淀完全，吸取上清液，在 60℃减压回收乙醇后，浓缩至稠膏状，取出约 3g，测定生物碱的含量，加稀释剂适量，使生物碱的含量符合规定，低温干燥，研细，过四号筛，即得。

性状：本品为灰绿色的粉末。

功能与主治：抗胆碱药，解除平滑肌痉挛，抑制腺体分泌。用于胃及十二指肠溃疡及胃肠道痉挛、肾绞痛、胆绞痛等。

用法与用量：口服，常用量，一次 10～30mg，一日 30～90mg；极量，一次 50mg，一日 150mg。

注意：青光眼患者忌服。

贮藏：密封，置阴凉处。

注：本品含生物碱以莨菪碱（$C_{17}H_{23}NO_3$）计，应为 0.95％～1.05％。

七、煎膏剂（膏滋）与胶剂

（一）概述

煎膏剂系指饮片用水煎煮，取煎煮液浓缩，加炼蜜或炼糖（或转化糖）制成的半流体制剂。胶剂系指动物皮、骨、甲或角用水煎取胶质，浓缩成稠胶状，经干燥后制成的固体块状内服制剂，如东阿阿胶。煎膏剂是中药的传统剂型之一，其效用以滋补为主，兼有缓慢的治疗作用，如活血通经、抗衰老等，故俗称膏滋。加入的炼糖或炼蜜具有矫味和防腐作用。炼糖或炼蜜的加入量除另有规定外，一般为清膏量的 1～3 倍。煎膏剂具有浓度高、体积小、味美适口、稳定性好等优点，患者乐于服用。因制备时加热时间较长，故对热不稳定的或含挥发性成分的药物，不宜制成煎膏。煎膏剂应无焦屑、异味，无糖的结晶析出。

（二）煎膏剂的制法

煎膏剂制备一般用煎煮法，其基本工序分为药材处理、煎煮、浓缩、收膏等。一般将药材饮片加水煎煮 2～3 次，每次煎煮 2～3h，合并滤液，静置，取上清液，浓缩至规定的相对密度，即得清膏。然后加入已炼制过的蜜或糖，边加热边搅拌至规定的相对密度，除沫，装入无菌瓶中密封即得。

炼糖：膏滋中常用的糖有冰糖、白砂糖或赤砂糖，使用前应经炼制，使其部分水解成为转化糖，防止制品在贮存时出现返砂、分层和发霉变质。炼糖方法是取糖 50kg，加 25kg 的水，加热煮沸 30min，加入 0.1％酒石酸，混匀，微沸 2h，待转化率不低于 20％和含水量达 22％左右即可。

（三）胶剂的制法

胶剂的制备，一般可分为原料和辅料的选择、原料的处理、煎取胶汁、滤过去渣、澄清、浓缩收胶、凝胶切块、干燥与包装等步骤。

1. 原辅料的选择

（1）原料的选择　原料的优劣，直接影响产品的质量和产量，故原料的选择极为重要。如皮、甲类原料的选择，应取自健康强壮的动物，以皮厚、板质结实（如龟板）为佳。各种原料可按下述经验选用。

① 皮类：如驴皮以张大毛色灰黑、质地肥厚、伤少无病、尤以冬季宰杀者为佳，名为“冬板”；其他张小皮薄色杂的“春秋板”次之；夏季剥取的驴皮为“伏板”，质最差。黄明胶所用的黄牛皮以毛色黄、皮张厚大、无病的北方黄牛为佳。制新阿胶的猪皮，以质地肥厚、新鲜者为宜。

② 角类：鹿角分砍角与脱角两种。“砍角”质重，表面呈灰黄色或灰褐色，质地坚硬有光泽，角中含有血质，角尖对光照视呈粉红色者为佳。春季鹿自脱之角称“脱角”，质轻，表面灰色，无光泽。以砍角为佳，脱角次之，野外自然脱落之角，经受风霜侵蚀，质白有裂纹者最次，称为“霜脱角”，不宜采用。

③ 龟甲、鳖甲：龟甲为龟的腹甲，以板大质厚、颜色鲜明者为佳，称“血板”，而以产于洞庭湖一带者最为著名，俗称“汉板”，对光照之微呈透明、色粉红，又称“血片”。鳖甲也以个大、质厚、未经水煮者为佳。

（2）辅料的选择　胶剂根据治疗需要，常加入糖、油、酒等辅料。辅料既有矫味及辅助成型作用，亦有一定的医疗辅助作用，辅料的优劣，也直接关系到胶剂的质量。

① 冰糖：以色白、洁净、无杂质者为佳。加入冰糖能矫味，且能增加胶剂的硬度和透明度。如无冰糖，也可以白糖代替。

② 酒：多用黄酒，以绍兴酒为佳，无黄酒时也可以白酒代替。胶剂加酒主要为矫臭矫味。绍兴酒气味芳香，能改善胶剂的气味。

③ 油类：制胶用油，常用花生油、豆油、麻油三种。以纯净新鲜者为佳，已酸败者不得使用。油类能降低胶之黏性，便于切胶，且在浓缩收胶时，锅内气泡也容易逸散。

④ 阿胶：某些胶剂在熬炼时，常掺和小量阿胶，可增加黏度，使之易于凝固成型，并协助发挥疗效。

⑤ 明矾：以白色纯净者为佳。用明矾主要是沉淀胶液中的泥土等杂质，以保证胶块成型后，具有洁净的澄明度。

⑥ 水：熬胶用水有一定选择。阿胶原出于山东“东平郡”，用阿井之水制胶而得名。现代生产胶剂，一般应选择纯净、硬度较低的淡水，或用离子交换树脂处理过的水来熬炼胶汁。

2. 胶剂的制备

（1）原料的处理　胶剂的原料如动物的皮、骨、角、甲、肉等，常附着一些毛、脂肪、筋、膜、血及其他不洁之物，必须经过处理，才能煎胶。如动物皮类，须经浸泡数日，每天换水一次，待皮质柔软后，用刀刮去腐肉、脂肪、筋膜及毛。工厂大量生产可用蛋白分解酶除毛。洗刷除去泥沙，也可用热碱水除去油脂，然后切成小块，置于锅内开水烫洗数分钟，待皮块膨胀卷缩后，再行熬胶。骨角类原料，可用清水浸洗除去腐肉、筋膜，每天换水一次，取出后可用碱水洗除油脂，再以水洗净，便可熬胶。角中常有血质，用清水反复冲洗干净，供熬胶用。

（2）煎取胶汁（熬胶）　原料经处理后，置锅中加水以直火加热，或置夹层蒸气锅中加热煎取胶汁。水量一般以浸没原料为度。如直火加热，锅中应有一层多孔的假底或竹帘，以免原料因锅底温度过高而焦化。煎胶所用火力，不宜太大，一般以保持锅内煎液微沸即可。夹层锅蒸汽加热，能使原料受热均匀，可避免焦化。无论直火加热或蒸汽加热，都应随时补充因蒸发所失去的水分，以免因水不足而影响胶汁的煎出。为了把原料中的胶汁尽可能煎出，除保持温度和足够水分外，煎煮时间也极为重要。煎煮时间随原料而异，除特殊规定外，一般以8～48h，反复3～7次，至煎出液中胶质甚少为止。每次煎出的胶汁，应趁热过滤，否则冷却后固胶凝黏度增大而过滤困难。胶液过滤并经澄清后，才能浓缩。由于胶汁黏性较大，其中所含杂质不易沉降，常常用沉降法或沉降、滤过两法合用。一般在胶液中加入适量明矾水（每100kg原料加入明矾60～90g，甚至120g），经搅拌静置数小时，待细小杂质沉降后，分取上层澄清胶液，或用细筛或丝棉滤过后，再置锅中以文火进行浓缩。

（3）浓缩收胶　如用直火时不宜过大，并应不断搅拌，如有泡沫产生，应及时除去。随着水分的蒸发，胶液黏度愈来愈大，这时应防止胶汁焦化。胶液浓缩至糖浆状后取出，静置24h，待沉淀下降后倾出上清液，再置锅中继续浓缩至一定程度，即可加入糖，搅拌至完全溶解后继续浓缩，使胶液浓缩至接近出胶，即开始“挂旗”时，搅拌加入黄酒。此时火力更要减弱，并强力搅拌，以促进水分蒸发并防止焦化。此时，锅底将产生较大气泡，如馒头状，俗称“发锅”。挑起胶液则黏附棒上呈片状，而不坠落（也叫“挂旗”），胶液浓缩至无水蒸气逸出为度。但各种胶剂浓缩程度不同，如鹿角胶应防止“过老”，否则成品色泽不够光亮，易碎裂；而龟甲胶浓缩稠度应大于驴皮胶、鹿角胶等，否则不易凝成胶块。因此，浓缩程度要适当，水分过多，成品在干燥过程中常出现四面高、中间低的塌顶现象。胶汁炼成后可加入油类，并强力搅拌使其分散均匀，以免出现小油泡。

（4）凝胶与切胶　胶剂熬成后，趁热倾入已涂有油的凝胶盘内使其胶凝，即将胶汁凝固成块状。胶凝前将胶盘洗净，揩干，涂少量麻油，倾入热胶汁后置于8～12℃的室中，经12～24h，即可凝成胶块。胶汁凝固后即可切成小片状，称为“开片”。手工操作时要求刀口平，一刀切成，以防出现重复刀口痕迹。大生产时可用机器切胶。

（5）干燥和包装　胶片切成后，置于有干燥防尘设备的晾胶室内，放在胶床上，也可用竹帘分层置于干燥室内，使其在微风阴凉的条件下干燥。一般每48h或3～5天将胶片翻动一次，使两面水分均匀散发，以免成品发生弯曲现象。数日之后，待胶面干燥至一定程度，便装入木箱内，密闭闷之，使胶片内部分水分向外扩散，称为“闷胶”，也有称之为“伏胶”的。2～3天后，将胶片取出并用布拭去表面水分，然后再放入竹帘上晾之。数日之后，又将胶片置于木箱中密闭2～3天，如此反复操作2～3次，即可达到干燥的目的。也可用纸包好置于石灰干燥箱中干燥，这样可以适当缩短干燥时间。另外，也可用烘房设备通风干燥。

胶片充分干燥后，用微湿毛巾拭其表面，使之光泽，用朱砂或金箔印上品名，装盒。胶剂应贮存于密闭容器，置于阴凉干燥处，防止受潮、受热、发霉、软化、黏结及变质等；但也不可过分干燥，以免胶片碎裂。

（四）举例

例2-6：夏枯草膏

本品为夏枯草经加工制成的煎膏。

制法：取夏枯草，加水煎煮3次，每次2h，合并煎液，滤过，滤液浓缩成相对密度为1.21～1.25（80～85℃）的清膏。每100g清膏加炼蜜200g或蔗糖200g，加热溶化，混匀，浓缩至规定的相对密度，即得。

性状：本品为黑褐色稠厚的半流体；味甜、微涩。

检查：相对密度应为1.42～1.46［《中国药典》（2010年版）附录Ⅰ F］。

功能与主治：清火，明目，散结，消肿。用于头痛，眩晕，瘰疬，瘿瘤，乳痈肿痛；甲状腺肿大，淋巴结结核，乳腺增生症。

用法与用量：口服，一次 9g，一日 2 次。

贮藏：密封，置阴凉处。

八、口服液

（一）概述

口服液系指合剂单剂量包装者，是在汤剂、注射剂基础上发展起来的新剂型，吸收了中药注射剂的工艺特点。口服液是将汤剂进一步精制、浓缩、灌封、灭菌。口服液最早是以保健品的形式出现于市场，如西洋参口服液、太太口服液等。最近，许多治疗性的口服液已在制剂中大量涌现，如双黄连口服液、柴胡口服液、玉屏风口服液、银黄口服液、抗病毒口服液、清热解毒口服液等。

口服液服用剂量小、吸收较快、质量稳定、携带和服用方便、易保存，尤其适合工业化生产，有些品种可适于中医急症用药，如四逆汤口服液、银黄口服液。故近几年来将片剂、颗粒剂、丸剂、汤剂、合剂、注射剂等改制成口服液，已成为药物制剂中发展较快的剂型之一；但口服液生产设备、工艺条件要求较高，成本昂贵。

（二）制法

口服液一般用煎煮法（方法同合剂），煎液适当浓缩后加入一定比例乙醇沉淀水溶性杂质，或以醇提水沉法除去脂溶性杂质，然后加入适宜附加剂（常用的有矫味剂、抑菌剂、抗氧剂、着色剂等）溶解混匀，滤过澄清，配制口服液，灌封于安瓿或易拉盖瓶中，灭菌即得。

口服液的工艺流程一般为：饮片→浸提→浓缩→（乙醇）纯化→回收乙醇→浓缩液→配制口服液→加入附加剂（矫味剂、抑菌剂等）→过滤澄清→分装→灭菌→检验→成品。

药液一般要求澄清，因此，将提取液浓缩后，一般都采用热处理冷藏等办法，滤过除去杂质。由于药液黏度较大，一般都用板框压滤机、微孔滤器或中空纤维超滤设备过滤，以保证澄明度。

（三）举例

例 2-7：小儿清热止咳口服液

处方：麻黄 90g
苦杏仁（炒） 120g
石膏 270g
甘草 90g
黄芩 180g
板蓝根 180g
北豆根 90g
蜂蜜 200g
蔗糖 100g
苯甲酸钠 3g
纯化水 加至 1000ml

制法：前七味，麻黄、石膏加水煎煮半小时，再加入苦杏仁等五味，煎煮 2 次，第一次

2h，第二次 1h，合并煎液，滤过，滤液减压浓缩至约 600ml，静置 24h，滤过，滤液加蜂蜜 200g、蔗糖 100g 及苯甲酸钠 3g，煮沸使溶解，加水至总量 1000ml，搅匀，冷藏 24～48h，滤过，灌封，灭菌，即得。

性状：本品为棕黄色的液体，久置有少量沉淀；味甘、微苦。

检查：相对密度应不低于 1.04［《中国药典》（2010 年版）附录Ⅶ A］，pH 值应为 3.5～55［《中国药典》（2010 年版）附录Ⅶ G］。

功能与主治：清热，宣肺，平喘，利咽。用于小儿外感，邪毒内盛，发热恶寒，咳嗽痰黄，气促喘息，口干音哑，咽喉肿痛。

用法与用量：口服，一岁至二岁一次 3～5ml，三岁至五岁一次 5～10ml，六岁至十四岁一次 10～15ml，一日 3 次，用时摇匀。

贮藏：密封。

例 2-8：生脉饮口服液

处方：	
党参	30g
麦冬	20g
五味子	10g
乙醇（95%）（体积分数）	60ml
单糖浆	30ml
苯甲酸钠	适量
纯化水	加至 100ml

制法：将党参、麦冬、五味子三味药，加水煎煮 2 次，第一次 2h，第二次 1.5h，合并煎液，过滤，滤液浓缩至 30ml，放冷，加乙醇 60ml（95%）（体积分数），放置 24h，过滤，滤液减压浓缩成稠膏状，加水适量稀释，过滤，加单糖浆 30ml 与苯甲酸钠适量，再加水至 100ml，搅匀，灌装，塞胶塞，轧易拉盖，灭菌，经质量检查，贴签即得。

功能与主治：本品可益气复脉、养阴生津，用于气阴两伤、心悸气短、脉微虚汗。

用法与用量：口服，一次 10ml，一日 3 次。

贮藏：密封，置阴凉处。

注：① 三味中药的质量应上好，无霉变、无虫蛀。煎煮前应浸泡一定时间，使药材组织、细胞软化、膨胀，利于有效成分溶出、扩散。

② 煎煮时，沸前小火、沸后文火，减少有效成分的破坏。煎煮器械以搪瓷、不锈钢的为宜。煎煮液以减压浓缩为好，这样可以降低浓缩温度，缩短浓缩时间。灌封时轧易拉盖要紧，防止松动，否则药液稳定性受影响。

③ 过滤困难时，可以在滤材上加适量活性炭或白陶土作助滤剂，以提高过滤速度和滤液的澄明度。

④ 浓缩液加乙醇的目的是使蛋白质、黏液质等杂质沉淀，为使沉淀完全，应放置 24h，以便过滤除去。醇沉淀浓缩后所得的稠膏，加适量水稀释，过滤，可除去醇溶性杂质（如色素等）。加入苯甲酸钠，溶液的 pH 值将略有变动，又会析出一些沉淀，最好冷藏，促使沉淀完全过滤除去。

例 2-9：抗病毒口服液

处方：板蓝根　石膏　芦根　地黄　郁金　知母　石菖蒲　广藿香　连翘

85%的乙醇	适量
橘子香精	适量
环拉酸钠	适量
蜂蜜、蔗糖	适量
羟丙基-β-环糊精	适量
纯化水	加至 1000ml

制法：以上九味，加水煎煮2次，第一次3h，收集挥发油，用羟丙基-β-环糊精包合，或第一次1.5h（同时收集挥发油及挥发油乳浊液）；第二次1.3h，滤过，滤液合并，浓缩至适量，加85%以上的乙醇使含醇量为70%，静置，滤过，滤液减压回收乙醇并浓缩至适量，加入挥发油包合物及适量蜂蜜、蔗糖、橘子香精、环拉酸钠或加入挥发油、挥发油乳液及适量蜂蜜、蔗糖；加水至1000ml，混匀，滤过，灌封，灭菌，即得。

性状：本品为棕红色的液体；味辛、微苦。

检查：相对密度应为1.10～1.16［《中国药典》（2010年版）附录Ⅶ A］。

功能与主治：清热祛湿，凉血解毒。用于风热感冒，温病发热及上呼吸道感染，流感、腮腺炎病毒感染疾患。

用法与用量：口服。一次10ml，一日2～3次（早饭前和午饭、晚饭后各服一次），小儿酌减。

注意：临床症状较重、病程较长或合并有细菌感染的患者，应加服其他治疗药物。

规格：每支装10ml。

贮藏：密封。

例2-10：健儿消食口服液

处方：黄芪 66.7g
炒白术 33.4g
陈皮 33.4g
麦冬 66.7g
黄芩 33.4g
炒山楂 33.4g
炒莱菔子 33.4g
炼蜜 300g
山梨酸钾 0.67g
纯化水 加至1000ml

制法：前七味，加水煎煮2次，每次2h，滤过，合并滤液并浓缩至相对密度为1.01～1.05（60℃）的清膏，冷藏48h，滤过，滤液加炼蜜300g、山梨酸钾0.67g（加适量水热溶），加水至1000ml，搅匀，静置48h，取上清液，滤过，灌封，灭菌，即得。

性状：本品为棕黄色至棕褐色的液体，久置有少量沉淀；味甜、微苦。

检查：相对密度应为1.10～1.12［《中国药典》（2010年版）附录Ⅶ A］

功能与主治：健脾益胃，理气消食。用于小儿饮食不节损伤脾胃引起的纳呆食少，脘胀腹满，手足心热，自汗乏力，大便不调，以至厌食、恶食。

用法与用量：口服。三岁以内一次5～10ml，三岁以上一次10～20ml；一日2次，用时摇匀。

规格：每支装10ml

贮藏：密封，置阴凉处。

第六节 浸出制剂的质量控制

浸出制剂一般由多味药材组成，而许多药材有效成分不明确或没有适宜的含量测定方法，故控制浸出制剂的质量是个复杂的问题。为了保证浸出制剂质量，要从以下几个方面进行控制。

一、药材的来源、品种、规格

药材的来源、品种与规格是浸出制剂质量控制的基础。中药材品种繁多，药典中收载的中药材加上各地民间药、地方习惯用药，供药用的品种达5000种之多。无疑由于地区和习惯的不同，存在药材品种混乱的问题，而品种又直接影响到有效成分的含量。加之产地、土壤、生态环境、采集季节的不同亦造成有效成分含量不同。因此，制备浸出制剂必须严格控制药材的质量，按照药典的要求选用药材。

二、制备方法

制备方法与制剂的质量密切相关。《中国药典》(2010年版)一部，在制剂通则以及个别制剂中则规定了明确的制备方法和半成品的质量指标（如相对密度）等。凡属药典收载的浸出制剂，应按药典法制备，其他制剂也必须严格按操作规程制作，以保证产品的质量和疗效稳定。

三、理化标准

1. 含量测定

(1) 药材比量法　指浸出制剂若干容量或重量相当于原药材多少重量的测定方法。在药材成分还不明确，且无其他适宜方法测定时，可以作为参考指标。酊剂、流浸膏剂、浸膏剂、酒剂等仍有部分制剂用此法控制质量。

(2) 化学测定法　本法用于成分已明确且能通过化学方法加以定量测定的药材。例如，含生物碱的颠茄、阿片等的浸出制剂都是用该法测定含量的。

(3) 生物测定法　本法利用药材浸出成分对动物机体或离体组织所发生的反应，来确定其含量标准的方法。该法测定方法复杂且结果差异性也大，常需多次试验。

2. 含醇量测定

多数浸出制剂是用不同浓度乙醇制备的，而乙醇含量变化影响有效成分的溶解度。因此，药典对酊剂、酒剂这类浸出制剂规定含醇量检查项目。

3. 鉴别

即对有效成分的定性检查，包括澄明度检查、异物检查、水分检查、不挥发性残渣检查等。具体要求见《中国药典》(2010年版)一部中对相关剂型的鉴别要求。

四、微生物限度检查

国际药物学联合会规定，植物药提取物，在大多数情况下，属于第三类药品（口服）。微生物的污染，必须限制在1000～10000个/g需氧菌。我国“药品卫生标准”规定，口服药品中，每克不得检出大肠杆菌、活螨及螨卵。

第七节　浸出制剂的包装

制剂包装关系到成品的质量。浸出制剂包装的目的是：①保持制剂在贮存期中的稳定性；②有利于正确使用制剂；③美观牢固。

浸出制剂包装要求如下。

(1) 液体浸出制剂的包装　液体浸出制剂制成后有一个不稳定期，慢慢地不断析出沉淀，所以制成后应放置一定时间后包装。另外，浸出溶剂的挥发损失，也是造成沉淀的原因之一，因此要密封包装。除特殊规定外，应装于密封的中性优质玻璃瓶或棕色瓶中，在阴凉处贮存。

（2）固体或半固体浸出制剂的包装　固体或半固体浸出制剂都有一定的引湿性，而致部分潮湿、结块甚至液化。因此，这类制剂仍以密封避光、在阴凉干燥处保存为宜。一般的塑料包装有透湿、透气性，通常不宜采用。

本章小结

学习主题结构		学习的主要内容	
大主题	小主题		
第一节 概述	浸出制剂的含义	系指用适当的浸出溶剂和方法，从药材（动植物）中浸出有效成分所制成的供内服或外用的药物制剂	
	浸出制剂的特点与类型	浸出制剂的特点	1. 浸出制剂成分复杂，具有药材各浸出成分的综合作用；2. 浸出制剂基本保持了原药材的疗效，通常作用较缓和持久，毒性较低；3. 浸出制剂同原药材相比，提高了有效成分的浓度，便于服用；4. 浸出制剂中存在稳定性差的缺点
		浸出制剂的类型	1. 水浸出制剂；2. 醇浸出制剂；3. 含糖浸出制剂；4. 精制浸出制剂
	浸出制剂的质量要求	1. 制剂中所含有效成分尽可能做到定量检查； 2. 无效成分和有害物质尽量除去； 3. 制剂稳定，在一定期限内其组成和治疗作用不变	
	浸出溶剂与浸出辅助剂	浸出溶剂	1. 水；2. 乙醇；3. 乙醚；4. 丙酮；5. 石油醚
		浸出辅助剂	1. 酸；2. 碱；3. 甘油；4. 石蜡；5. 表面活性剂
第二节 浸出原理	浸出过程	1. 浸润阶段；2. 溶解阶段；3. 扩散阶段；4. 置换阶段	
	影响浸出的主要因素	1. 浸出溶剂；2. 药材粗细；3. 浸出温度；4. 浓度梯度；5. 提取压力；6. 浸出时间；7. 新技术的应用	
第三节 浸出方法	药材的预处理与加工	1. 粉碎；2. 过筛	
	浸出方法与器械	煎煮法	煎煮法系指将药材加水煎煮，去渣取汁的浸出方法。适用于有效成分能溶于水，且对湿、热均较稳定的药材
		浸渍法	浸渍法是将药材用适当浸出溶剂在常温或温热下浸泡一定时间，使其所含有效成分浸出的一种常用方法。适用于黏性药材、无组织结构的药材、新鲜及易于膨胀的药材的浸取
		渗漉法	渗漉法是将药材适当粉碎后，加规定的溶剂均匀润湿，密闭放置一定时间，再均匀装入渗漉器内，然后在药粉上添加浸出溶剂使其渗过药粉，自下部流出浸出液的一种动态浸出方法。渗漉法主要用于流浸膏剂、浸膏剂或酊剂的制备。适用于毒性药、成分含量低的药材或贵重药材的浸出，以及高浓度浸出制剂的制备等
		回流法	回流法系指溶剂在浸出过程中受热气化，经冷凝后，成为液体流回浸出器内，至溶剂溶解成分饱和后，将回流液滤出，添加新溶剂，如此反复直至药材有效成分浸出完全为止。此法适用于有机溶剂如乙醇、乙醚、氯仿等在加热情况下浸出有效成分的药材
		蒸馏法	蒸馏法系将药材经加热蒸馏使所含挥发性成分气化并冷凝为液体的浸出方法。此法适用于含挥发性成分的药材
		新技术浸出法	1. 临界提取法；2. 强化浸出法

续表

学习主题结构		学习的主要内容	
大主题	小主题		
第四节 浸出液的浓缩与干燥	蒸发	影响蒸发效率的因素	1.液体的温度；2.蒸发面积；3.搅拌；4.蒸汽浓度；5.液体表面的压力
		常用蒸发方法	1.常压蒸发；2.减压蒸发器；3.薄膜蒸发
	干燥	概念	干燥是利用热能使湿物料中的水分或其他溶剂气化除去，从而获得干燥品的工艺过程
		常用的干燥方法与器械	1.常压下干燥；2.减压干燥；3.喷雾干燥；4.沸腾干燥；5.旋转闪蒸干燥；6.其他干燥(冷冻干燥、远红外干燥、微波干燥)
第五节 常用的浸出制剂	汤剂	汤剂系指将药材加水煎煮后，去渣取汁所得的一种主要供内服的液体剂型。制备汤剂的方法用煎煮法	
	合剂	系指药材用水或其他溶剂，采用适宜提取方法提取、纯化、浓缩制成的口服液体制剂。制备汤剂的方法用煎煮法、渗漉法	
	酒剂	系指饮片用蒸馏酒提取制成的澄清液体制剂	
	酊剂	酊剂系指药物(饮片)用规定浓度乙醇浸出(提取)或溶解而制成的澄明液体制剂，也可用流浸膏稀释制成。可供口服或外用	
	流浸膏剂	流浸膏剂系指饮片用适当的溶剂提取，蒸去部分溶剂，调整浓度至规定标准而制成的制剂。除另有规定外，流浸膏剂每1ml相当于原药材1g	
	浸膏剂	浸膏剂系指饮片用适当的溶剂提取，蒸去全部溶剂，调整浓度至规定标准而制成的制剂。除另有规定外，浸膏剂的浓度一般为每1g相当2～5g原药材	
	煎膏剂(膏滋)与胶剂	煎膏剂系指饮片用水煎煮，取煎煮液浓缩后，加炼蜜或炼糖(或转化糖)制成的半流体制剂。胶剂系指动物皮、骨、甲或角用水煎取胶质，浓缩成稠胶状，经干燥后制成的固体块状内服制剂	
	口服液	口服液系指合剂单剂量包装者 口服液的工艺流程一般为：饮片→浸提→浓缩→(乙醇)纯化→回收乙醇→浓缩液→配制口服液→加入附加剂(矫味剂、抑菌剂等)→过滤澄清→分装→灭菌→检验→成品	

基本训练题

一、名词解释

1.浸出制剂　2.酊剂　3.中药合剂　4.渗漉法　5.口服液

二、单项选择题

1.不是酒剂制备方法的是（　　）。

A.冷浸法　　B.热浸法　　C.渗漉法

D.煎煮法　　E.回流法

2.最常用的浸出溶剂是（　　）。

A.水和氯仿　　B.水和乙醇　　C.丙酮和乙酸乙酯

D.乙醇和乙醚　　E.乙醇和石油醚

3. 浸出制剂所含有效成分尽可能被（ ）检查。

A. 定量 B. 显微 C. 薄层鉴别

D. 显色 E. 定性

4. 渗漉法操作步骤（ ）。

①装器；②药材粉碎；③渗漉；④漉液收集与处理；⑤静置浸渍；⑥药粉润湿；⑦排气。

A. ①②③④⑤⑥⑦ B. ②⑥①⑦⑤③④ C. ②①⑤⑦⑥③④

D. ⑦⑤④②①⑥③ E. ②⑤③⑦④⑥①

5. 除另有规定外，毒性药酊剂的浓度一般每100ml酊剂相当于原药材（ ）。

A. 10g B. 20g C. 30g

D. 40g E. 50g

6. 常用的浸出辅助剂不包括（ ）。

A. 酸 B. 表面活性剂 C. 甘油

D. 石蜡 E. 乙醇

7. 不常用的干燥方法有（ ）。

A. 减压 B. 喷雾 C. 冷干

D. 沸腾 E. 高温

8. 浸出制剂的类型不包括（ ）。

A. 水浸出制剂 B. 醇浸出制剂 C. 无水浸出制剂

D. 含糖浸出制剂 E. 精制浸出制剂

9. 除另有规定外，流浸膏剂每1ml相当于原药材（ ）。

A. 0.5g B. 1.0g C. 1.5g

D. 2.0g E. 2.5g

10. 一般用于配制其他制剂的是（ ）。

A. 酒剂 B. 酊剂 C. 流浸膏剂

D. 浸膏剂 E. 煎膏剂

三、多项选择题

1. 浸出制剂的特点是（ ）。

A. 成分单一 B. 含有多种成分 C. 毒性作用较低

D. 提高有效成分浓度 E. 容易保存

2. 常用的植物药材粉碎机械有（ ）。

A. 球磨机 B. 柴田式粉碎机 C. 万能粉碎机

D. 流能磨 E. 研钵

3. 常用的浸出方法有（ ）。

A. 煎煮法 B. 浸渍法 C. 渗漉法

D. 加流法 E. 循环回流浸出法

4. 影响浸出的主要因素包括（ ）。

A. 浸出溶剂 B. 药材粗细 C. 提取压力

D. 浓度梯度 E. 浸出温度

5. 下列哪种药材提取适用于渗漉法（ ）。

A. 毒性药材 B. 成分含量低的药材 C. 无组织结构的药材

D. 新鲜及易膨胀药材 E. 贵重药材

6. 浸出过程的包括以下哪几个阶段（ ）。

A. 置换阶段　　　　B. 扩散阶段　　　　C. 溶解阶段
D. 吸附阶段　　　　E. 浸润阶段

四、简答题

1. 简述影响浸出的主要因素。
2. 浸出过程有哪些阶段？扩散与哪些因素有关？
3. 简述渗漉法的操作流程。
4. 简述口服液制备过程。

第三章 表面活性剂

学习与能力目标

通过本章的学习，学生应识记表面活性剂的概念。知晓表面活性剂的结构特点。熟记表面活性剂的分类及常用的表面活性剂。理解表面活性剂的基本性质。熟记表面活性剂在药剂中的应用。能正确选用和使用表面活性剂，会计算表面活性剂的 HLB 值。为今后在相关岗位工作打下坚实的基础。

知识要求

掌握表面活性剂的概念、结构特点。
掌握表面活性剂的基本性质。
熟悉表面活性剂的分类及常用的表面活性剂。
熟悉表面活性剂在药剂中的应用、HLB 值的计算和应用。
了解液体的铺展和固体的润湿。

在液体制剂乃至药物制剂的制备中表面活性剂被广泛应用，其作用是显著降低分散系统的表面张力，用作乳化剂、助悬剂、增溶剂、润湿剂、起泡剂与消泡剂、去污剂等，是药用乳剂、混悬剂、脂质体等的重要辅料。

第一节 表面现象

一、表面、界面与表面现象、界面现象的含义

物质的相与相之间的交界面称为界面。物质有气、液、固三相，同一相中的物理化学性质是一致的，相与相之间存在着界面，共有气-液（如气雾剂）、气-固（如散剂）、液-液（如乳剂）、液-固（如混悬剂）和固-固五种不同的相界面。习惯上把有气相组成的界面称为表面。

在物质相间表面（或界面）上所发生的一切物理化学现象统称为表面（或界面）现象。形成界面的物质分子具有与本相内部物质分子不同的特征，因此通常把形成界面的分子层称界面相或界面层。表面（或界面）现象普遍存在于药物生产与研究过程中。由于药物在另一相中高度分散，其物理化学性质发生了变化，在界面上出现各种表面（或界面）现象，如乳

剂、混悬剂、微型胶囊、膜剂、气雾剂的生产和稳定性问题，注射用混悬液及固体分散制剂的研制也要考虑表面（或界面）现象。皮肤用药的透皮吸收，难溶性药物的胃肠道释放、吸收等问题都与表面（或界面）现象理论研究有着密切的关系。

二、表面张力与表面自由能

从分子引力观点来看，液体表面层的分子与液体内部分子受力情况不同，内部分子所受到的相邻周围分子的作用力是对称的，相互抵消，但表面层分子由于四周受力不对称，受到垂直于表面而向内的吸引力较大，因此产生了一种力使表面分子有向内运动的趋势，使表面自动地收缩至最小面积，这种力即是所谓的表面张力。这也就是悬挂的水滴总是呈球形的原因，比如水银珠、植物叶片上的露珠等。一定条件下的任何液体都具有表面张力。

通过用一个三边金属丝框套着一根可以活动的金属棒的装置（图 3-1）可以观察表面张力现象。

如图 3-1，当往金属框上加一滴肥皂溶液后，金属框面上就有一层皂膜。在可自由活动的长为 l 的边，加上拉力 F，使皂膜面积拉长 dx 距离。当去掉 F 后，皂膜即收缩回原来的位置。这说明皂膜存在着一个能使表面缩小的张力。当拉力 F 增大到使皂膜开始破裂时的力 f，即对抗增大表面所需要的单位长度上的力（牛顿/米，N/m），就是该液体的表面张力（σ）。可用下式表示：

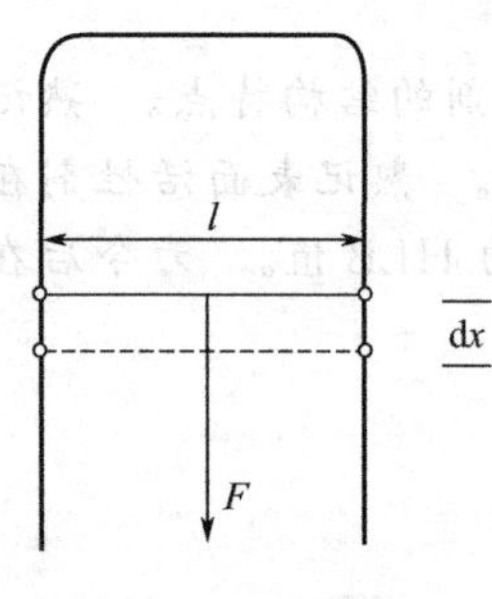

图 3-1 演示表面张力的金属框

$$\sigma = f/2l \tag{3-1}$$

因皂膜上下两面都是表面，即有两个表面，所以其总长度是 $2l$。故表面张力系指液体和空气相接触时，所测得的张力。两种不相溶的液体形成的两相之间也具有与形成液/气的表面张力一样的机理，由于界面分子受力不平衡而产生界面张力。界面张力一般介于两相液体的表面张力之间（表 3-1），并反映了两种液体化学结构的差别。化学结构愈相似，相互作用的倾向愈大，则界面张力愈小。当界面张力为零时，则两种液体完全互溶。

表 3-1 20℃时一些液体的表面张力及其与水的界面张力 单位：N/m

液　体	表面张力	与水的界面张力	液　体	表面张力	与水的界面张力
水	72	—	氯仿	27	33
四氯化碳	27	45	乙烷	18	57

从图 3-1 实例中可知，要使肥皂膜面积增大，必须克服分子间的吸引力，把分子拉开，就需要做一定量的功，才能把液体内部分子转移到表面上。就是说通过增大液体表面所消耗的功，变成了表面层分子的位能。这时，表面层分子比液体内部分子具有多余的能量，此多余的能量即称为表面能或表面自由能。

表面积愈大，表面自由能也愈大，分散体系就愈不稳定。要想减小表面自由能，可以通过降低表面张力、减小表面积或两者均减小来实现。

表面自由能也存在于固体表面。物质被分散成微粒，其总表面积显著增大，故表面自由能也相应增高，从而使物质的物理化学性质以及在机体内的释放、吸收和疗效发挥等，均能发生明显变化。

三、液体的铺展

在纯净的水面上滴入一滴不溶性油，可能产生下列三种情况。

① 油停留于水面上，形成双凸透镜的液滴，这种情况称为不铺展，如图 3-2(b) 所示。

② 铺展成为一薄膜，此薄膜在均匀分布于表面上形成“双重膜”之前会产生干涉色（“双重膜”是一厚至足以形成双界面的薄膜，每一界面互为独立并各具特征的表面张力），如图 3-2(a) 所示。

③ 铺展成为单分子层，过剩的油仍保持凸透镜状并维持着平衡，如图 3-3 所示。

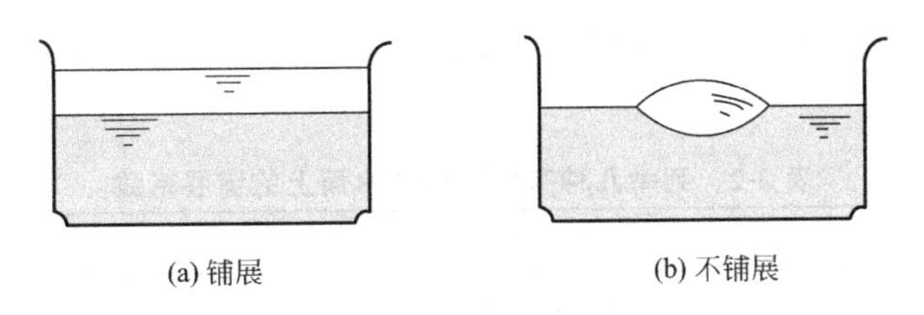

图 3-2　铺展与不铺展

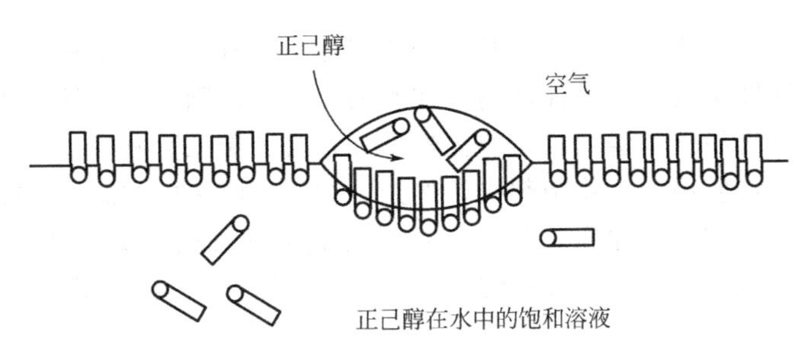

图 3-3　正己醇在水中的饱和铺展

这种一滴液体能在另一种不相溶的液体表面上自动形成一层薄膜的现象称为铺展。一滴油落在水面上究竟是呈球状，还是呈薄膜状，决定于该液体铺展系数 S 的大小。铺展系数的大小表示液体铺展的趋势，它与表面（界面）张力有下列关系：

$$S=\sigma_A-(\sigma_B+\sigma_{AB}) \tag{3-2}$$

式中，σ_A、σ_B 分别为液体 A 和液体 B 的表面张力；σ_{AB} 为液体 A 与液体 B 之间的界面张力。

当 $S\geqslant 0$ 时，液体 B 能在液体 A 表面铺展。由此可见，表面张力较小的液体容易在表面张力较大的液面铺展，而表面张力较大的液体不能在表面张力较小的液面铺展。$S<0$ 时，则不能铺展，即铺展液体呈小球状或凸透镜状，浮在底层液体的表面。铺展系数 S 愈大，铺展性能愈好，反之，则愈不能铺展。

式(3-2) 仅表示两液体刚开始接触时的情况，称为“初铺展系数”。一旦接触后，它们逐渐互相溶解至达到饱和为止，此时，铺展系数可能变为负值。也就是说，开始时油在水面上的初铺展现象是可能出现的，但当 S 变为负值时，油即凝结成小球或呈凸透镜状的液层。这是因为两种液体的表面张力分别变成被另一种液体所饱和的液体的表面张力，此时求得的铺展系数称为“终铺展系数”。

例 3-1：20℃时，一滴己醇滴在洁净的水面上，已知：

$\sigma_{水}=72.8\times10^{-3}\text{N/m}$，$\sigma_{己醇}=24.8\times10^{-3}\text{N/m}$，$\sigma_{醇,水}=6.8\times10^{-3}\text{N/m}$；

当己醇和水相互饱和后：

$\sigma'_{水}=28.5\times10^{-3}\text{N/m}$，$\sigma'_{己醇}=\sigma_{己醇}$，$\sigma'_{醇,水}=\sigma_{醇,水}$。

试问：己醇在水面上开始和终了的形状。

解：$S_{己醇,水}=\sigma_{水}-(\sigma_{己醇}+\sigma_{醇,水})$

$=(72.8-24.8-6.8)\times10^{-3}=41.2\times10^{-3}N/m>0$

则开始时己醇在水面上铺展成膜。

$S'_{己醇,水}=\sigma'_{水}-(\sigma'_{己醇}+\sigma'_{醇,水})$

$=(28.5-24.8-6.8)\times10^{-3}=-2.9\times10^{-3}N/m<0$

则已经在水面上铺展的己醇又缩回成凸透镜状液滴。表 3-2 为几种有机液体在水面上的铺展系数。

表 3-2 列举几种有机液体在水面上的铺展系数

液 体	$S_i/(N/m)$	结 论
正十六烷	0.0728－(0.0524＋0.0300)＝－0.0093	不能在水面上铺展
正辛烷	0.0728－(0.0508＋0.0218)＝＋0.0002	仅能在纯水面上铺展
正辛醇	0.0728－(0.0085＋0.0275)＝＋0.0368	能在污染水面上铺展

液体的铺展系数与液体分子结构以及分子相互作用力有关。结构相似，分子间作用力相似，则具有较高的铺展系数。若是油性物质在水面上铺展，则含有极性基团较多的物质具有较高的铺展系数；随物质碳氢链增长，非极性增加，其铺展系数减小。

液体的铺展理论常应用于药物制剂中，例如，在渗出液多的皮肤、黏膜患处应用凡士林为基质的软膏时，难以均匀地涂布，当加入适量的表面活性剂（如聚山梨酯 80）之后，通过增加基质的铺展系数，可改善其铺展性，使之能均匀涂布，提高疗效。

四、固体的润湿

固体表面的气体被液体取代，或一种液体被另一种液体取代称固体表面的润湿。比如用水取代固体表面的气体或其他液体。

液体在固体表面的润湿分为沾湿、浸湿、铺展三种情况。

沾湿是指液体与固体接触，将气-液界面与气-固界面转变为液-固界面的过程，如图 3-4(a) 所示。浸湿是指固体浸没在液体中，气-固界面转变为液-固界面的过程，在浸湿过程中，液体表面没有变化，如图 3-4(b) 所示。铺展是指液体在固体表面上扩展过程中，液-固界面取代气-固界面的同时，液体表面也扩展的过程，体系还增加了同样面积的气-液界面，如图 3-4(c) 所示。

液滴滴在平滑固体表面上，当液滴处于平衡状态时，以 A 表示气、液、固三相会合点，从 A 点出发沿着三个不同界面（或表面）的切线方向，存在着三个相互平衡的界面（或表面）张力，即 $\sigma_{固、气}$、$\sigma_{固、液}$、$\sigma_{液、气}$，A 点液面的切线和固-液界面间的夹角 θ 称为接触角，如图 3-5 所示。根据接触角的大小，可预测固体间润湿情况。

若 $\theta=0°$，为铺展润湿，也称为完全润湿（或理想润湿），即液滴在固体上铺展成薄膜。

若 $0°<\theta\leqslant90°$，为浸湿，即液滴在固体上呈凸透镜状。

若 $90°<\theta\leqslant180°$，为沾湿，即液滴在固体上呈滚珠状。

若 $\theta=180°$，为完全不润湿（实际上不存在），即液体在固体上呈完整的球状。

在讨论液体对固体的润湿性时，一般是把 90°的接触角作为是否润湿的标准：

$\theta\geqslant90°$，为不润湿；

$\theta<90°$，为润湿。

对于固体，液体表面张力愈低，则接触角愈小；对于液体，固体极性愈大，接触角愈小；液体在粗糙表面的接触角往往大于光滑表面的接触角。表面活性剂由于能降低液体的表面张力而减小其接触角。

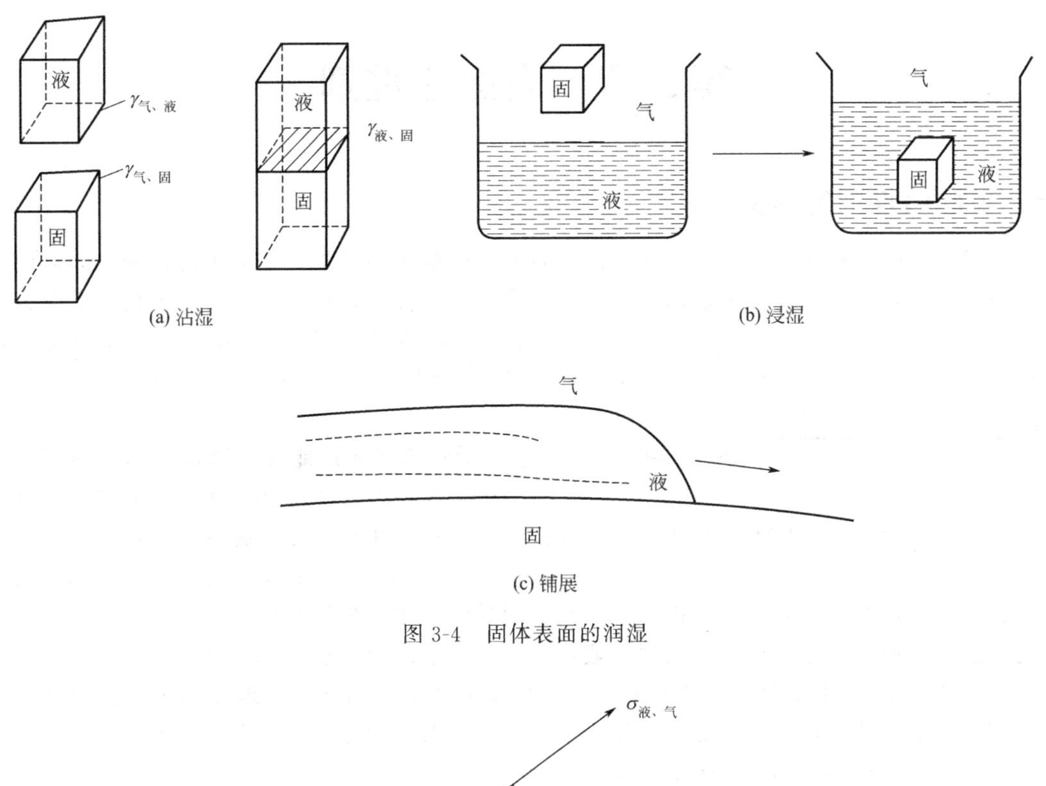

图 3-4　固体表面的润湿

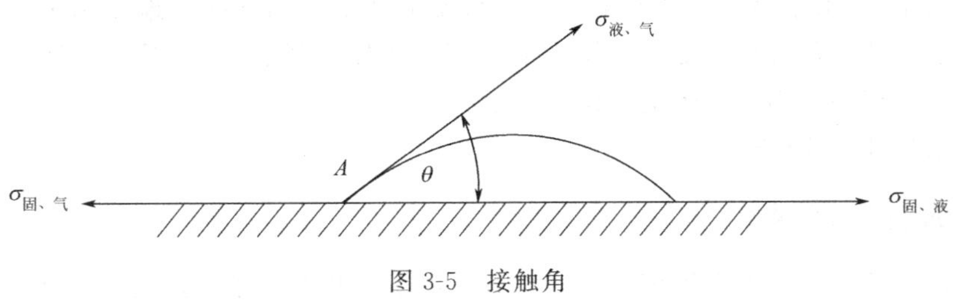

图 3-5　接触角

在制剂生产上，药物的接触角有着十分重要的意义。例如，压片前的制粒以及片剂的包衣，药物粉末与液体黏合剂，或药物片子与液体衣料间接触角的大小对制粒或包衣过程有着直接的影响。片剂的崩解与溶出以及混悬剂的制备及其物理稳定性等，也都与固体药物的接触角有着密切关系。目前，测定接触角的方法使用最广泛的是液滴法，即在试样面上滴加液滴，通过装在量角器上的显微镜读取放大了数十倍的接触角。表 3-3 为一些药物粉末与水的接触角。

表 3-3　一些药物粉末与水的接触角

药　物	接触角	药　物	接触角
阿司匹林	74°	硬脂酸镁	121°
乳糖	30°	苯巴比妥	70°
硬脂酸铝	121°	氨苄	21°
消炎痛	90°	保泰松	109°
氨基比林	60°	异戊巴比妥	102°
戊巴比妥	86°	水杨酸	103°
对氨基水杨酸	57°	咖啡因	43°
非那西丁	78°	茶碱	48°
安定(地西泮)	83°	硬脂酸	98°
无味氯霉素(B 型)	108°	氯霉素	59°

第二节 表面活性剂

一、表面活性剂的含义

分子中同时具有亲水基团和亲油基团，具有很强的表面活性，能显著降低两相间界面张力（表面张力）的物质，称为表面活性剂。作为表面活性剂还应具有增溶、乳化、润湿、去污、杀菌、消泡或起泡等应用性质，这是其与乙醇、甘油等低级醇和无机盐等表面活性物质的重要区别。

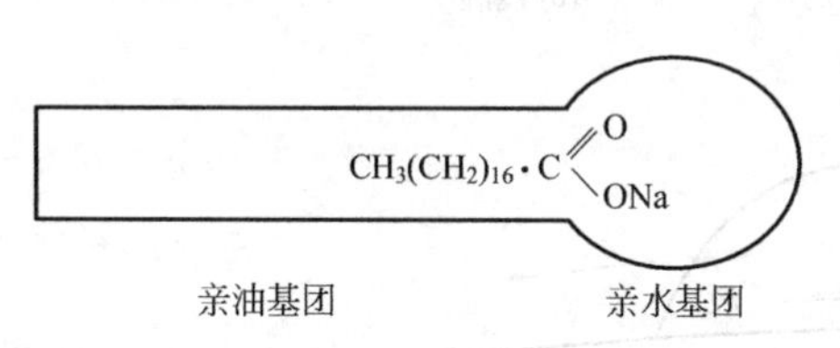

图 3-6 表面活性剂结构示意图

表面活性剂之所以能显著降低界面（表面）张力，主要取决于其结构上的特点，分子中同时具有亲水性和疏水性两种性质的基团。表面活性剂一端为亲水的极性基团，如羧酸、磺酸、氨基及它们的盐，也可以是羟基、酰胺基、醚键等，亲水基团易溶于水或易被水湿润，故称亲水基；另一端为亲油的非极性烃链，烃链的长度一般在 8 个碳原子以上，疏水基团具有亲油性，故称为亲油基（疏水基）。由于表面活性剂亲水基团和疏水基团分别选择性地作用于界面的两个极性不同的物质，从而显现出降低表面张力的作用。例如，肥皂是脂肪酸类（$R—COO^-$）表面活性剂，其结构中的脂肪酸碳链（R—）为亲油基团，解离的脂肪酸根（$—COO^-$）为亲水基团，其结构如图 3-6 所示。

二、表面活性剂的种类

表面活性剂按其分子能否解离成离子，分为离子型和非离子型两大类，其中离子型又分为阴离子型、阳离子型及两性离子型三类。

（一）阴离子型表面活性剂

本类表面活性剂起表面活性作用的是阴离子，即带负电荷。主要包括肥皂类、硫酸化物和磺酸化物。

1. 肥皂类

通式为 $(RCOO^-)_n M^{n+}$，为高级脂肪酸盐。脂肪酸烃链 R 一般在 $C_{11} \sim C_{18}$ 之间，以月桂酸、硬脂酸、油酸等较常见。M 为碱金属或碱土金属或有机胺。根据 M 的不同，又可分为一价碱金属皂如硬脂酸钠、油酸钠、油酸钾等；二价或多价金属皂如油酸钙、硬脂酸锌、单硬脂酸铝等；有机胺皂如三乙醇胺等。

本类表面活性剂的共同特点是具有良好的乳化能力和分散油的能力，但容易被酸所破坏，碱金属皂还可被钙、镁盐等破坏。常用作软膏剂的乳化剂，一般只用于外用制剂。

2. 硫酸化物

主要包括硫酸化油和高级脂肪醇硫酸酯类，通式为 $R \cdot O \cdot SO_3^- M^+$，其中脂肪烃链 R 在 $C_{12} \sim C_{18}$ 之间。如硫酸化蓖麻油，又称土耳其红油，为黄色或橘黄色黏稠液体，有微臭，可与水混合，为无刺激性的去污剂和润湿剂。可代替肥皂洗涤皮肤，也可用于挥发油或水不溶性杀菌剂的增溶。常用的还有十二烷基硫酸钠（月桂醇硫酸钠）、十六醇硫酸钠（鲸蜡醇硫酸钠）、十八醇硫酸钠（硬脂醇硫酸钠）等，都有较强的乳化能力，比肥皂类稳定，较能耐酸和钙，但能与一些大分子阳离子药物发生作用而产生沉淀，在低浓度时对黏膜也有一定的刺激性，主要用作外用软膏的乳化剂，有时也用于片剂等固体制剂的润滑剂或增溶剂，但不宜用于注射剂。

3. 磺酸化物

通式为 $R \cdot SO_3^- M^+$，为脂肪酸或脂肪醇磺酸化物、烷基芳基磺酸化物及烷基萘磺酸化物，如二辛基琥珀酸磺酸钠、十二烷基苯磺酸钠。由于磺酸盐不是酯，故在酸性介质中不水解，对热也较稳定，但其水溶性及耐钙、镁盐的性能不如硫酸酯盐。磺酸化物类表面活性剂有很好的保护胶体的性质，且渗透性强，有渗透剂之称。此外，黏度低，起泡性、去污力、油脂分散性都很强，为优良的洗涤剂。胆酸盐如甘胆酸钠、牛磺胆酸钠亦属此类，这两种物质在胃肠道中作脂肪的乳化剂和单脂肪酸甘油酯的增溶剂。

（二）阳离子型表面活性剂

这类化合物分子中起表面活性作用的是阳离子部分，带正电荷，亦称阳性皂。其分子结构的主要部分是一个五价的氮原子，因此也称为季铵盐型阳离子表面活性剂，通式为：

$$\left[\begin{array}{c} R^2 \\ | \\ R^1-N-R^3 \\ | \\ R^4 \end{array}\right]^+ \cdot X^-$$

如苯扎溴铵（新洁尔灭）、氯化苯甲烃铵、度米芬（消毒宁）及消毒净等。其特点是水溶性大，在酸性与碱性溶液中均较稳定；除具有良好的表面活性作用外，杀菌力很强，毒性大，临床主要用于皮肤、黏膜、手术器械的消毒，有的品种也可作为眼用溶液的抑菌剂。

（三）两性离子型表面活性剂

两性离子型表面活性剂系指分子中同时具有正、负电荷基团的表面活性剂。这类表面活性剂随介质的 pH 值改变而表现出阳离子型或阴离子型表面活性剂的性质。在酸性介质中呈阳离子表面活性剂的性质，具有良好的杀菌力；在碱性介质中则呈阴离子表面活性剂的性质，具有很好的起泡、去污作用。根据来源不同分为天然的两性离子型表面活性剂和人工合成的两性离子型表面活性剂。

蛋黄和大豆中的卵磷脂和豆磷脂就是天然的两性离子型表面活性剂，对油脂的乳化能力很强，可制成油滴很小、不易破裂的乳剂。常用于注射用乳剂及脂质体的制备。

合成的两性离子型表面活性剂主要有两种类型，即氨基酸型和甜菜碱型。阴离子部分均为羧酸盐，其阳离子部分为胺盐的即为氨基酸型，这一类在等电点（一般微酸性）时亲水性减弱，可能产生沉淀；其阳离子部分为季铵盐的则为甜菜碱型，此类不管在酸性、碱性或中性溶液中均易溶解，在等电点时也无沉淀，适用于任何 pH 环境。常用的 Tego MHG（十二烷基双氨乙基甘氨酸盐）就是氨基酸型，有很强的杀菌作用，其 1%溶液的喷雾消毒能力比相同浓度的苯扎溴铵强，且毒性小。

（四）非离子型表面活性剂

其在溶液中不呈解离状态，故称为非离子型表面活性剂。这类表面活性剂的亲水基一般为甘油、山梨醇和聚乙二醇等多元醇；亲油基则为脂肪酸或脂肪醇等碳氢长链。在合成时可通过调节亲水基与亲油基的比例而获得各种不同亲水、亲油性质的表面活性剂。因其毒性及溶血作用较小，化学性质稳定，不易受溶液 pH 值影响，能与大多数药物配伍，故较广泛应用于外用制剂、口服制剂和注射剂，个别品种也可用于静脉注射剂。

1. 脂肪酸山梨坦（司盘，Span）

脂肪酸山梨坦是脱水山梨醇脂肪酸酯类，由脱水山梨醇与各种不同的脂肪酸所组成的酯类化合物。脱水山梨醇是一次脱水物和二次脱水物的混合物，所生成的酯也是混合物，一般可用下列通式表示：

CH_2OOCR

HO　OH　OH

$RCOO^-$为脂肪酸根

山梨醇为六元醇，因脱水而环合

根据所结合的脂肪酸种类和数量不同，又有如下产品：

司盘 20（月桂酸山梨坦）；

司盘 40（棕榈酸山梨坦）；

司盘 60（硬脂酸山梨坦）；

司盘 65（三硬脂酸山梨坦）；

司盘 80（油酸山梨坦）；

司盘 85（三油酸山梨坦）。

该类表面活性剂由于亲油性较强，一般用作 W/O 型乳剂的乳化剂或 O/W 型乳剂的辅助乳化剂，多用于乳剂、搽剂和乳膏剂中，亦可用作注射用乳剂的辅助乳化剂。其中司盘 80 较为常用。

2. 聚山梨酯（吐温，Tween）

聚山梨酯是聚氧乙烯脱水山梨醇脂肪酸酯类，这类表面活性剂是在司盘类的剩余—OH 基上，再结合聚氧乙烯基而制得的醚类化合物，和司盘类一样，也是一种混合物，其通式为：

CH_2OOCR

$H(C_2H_4O)_XO$　$O(C_2H_4O)_YH$

$O(C_2H_4O)_ZH$

$RCOO^-$为脂肪酸酯

X，Y，Z 为聚氧乙烯基聚合度

根据脂肪酸种类和数量不同，以及聚氧乙烯基聚合度的差异，又有如下产品：

聚山梨酯 20（吐温 20）；

聚山梨酯 40（吐温 40）；

聚山梨酯 60（吐温 60）；

聚山梨酯 61（吐温 61）；

聚山梨酯 65（吐温 65）；

聚山梨酯 80（吐温 80）；

聚山梨酯 85（吐温 85）。

本类分子中增加了亲水性的聚氧乙烯基，因此大大增强了亲水性，成为水溶性的表面活性剂，目前常用作增溶剂、分散剂、润湿剂和 O/W 型乳化剂，其增溶作用不受溶液 pH 值影响。

3. 聚氧乙烯脂肪酸酯（卖泽，Myrij）

聚氧乙烯脂肪酸酯系由聚乙二醇与长链脂肪酸缩合而成的酯，其通式为：

$$R \cdot COO \cdot CH_2(CH_2OCH_2)_nCH_2OH$$

根据聚氧乙烯基聚合度 n 的不同和所采用的脂肪酸不同而有不同的品种，如卖泽 45、卖泽 49、卖泽 51、卖泽 52、卖泽 53 等。具有水溶性强、乳化能力强的特点，主要用作增溶剂和 O/W 型乳化剂。

4. 聚氧乙烯脂肪醇醚（苄泽，Brij）

聚氧乙烯脂肪醇醚系由聚乙二醇与脂肪醇缩合而成的醚类，通式为：

$$R \cdot O(CH_2OCH_2)_nH$$

根据聚氧乙烯基聚合度和脂肪醇的不同，产品有苄泽 30、苄泽 35 等。n 为 10～20 时，可用作 O/W 型乳化剂；$n>20$ 时，可用作增溶剂。

5. 聚氧乙烯-聚氧丙烯共聚物（普朗尼克，Phiuonic）

聚氧乙烯-聚氧丙烯共聚物又称泊洛沙姆，根据共聚比例的不同，相对分子质量可在 1000～14000，随分子量增加，泊洛沙姆从液体变为固体。聚合物结构中，聚氧丙烯为亲油基，聚氧乙烯为亲水基，随着聚氧丙烯比例增加，亲油性增强；反之，亲水性增强。本品具有乳化、润湿、分散和消泡等多种优良性能，但增溶能力较弱。泊洛沙姆 188 为少数可静脉注射用的 O/W 型乳化剂之一。

6. 其他

还有脂肪酸蔗糖酯与蔗糖醚、烷基酚基聚醇醚类等。国产的乳化剂 OP，是壬烷基酚与聚氧乙烯基的醚类产品，为黄棕色水溶性膏状物，HLB 值约 15，易溶于水，乳化力很强，多用作 O/W 型乳膏基质的乳化剂。

三、表面活性剂的基本特性

（一）胶束的形成

表面活性剂溶于水中，在低浓度时，呈单分子分散并吸附在溶液的表面上，亲水基团插入水相中，亲油基团朝向空气或油相中，在表面定向排列。表面活性剂溶于水形成正吸附达到饱和后，溶液表面不能再吸附，此时当增加表面活性剂在溶液中的溶度时，表面活性剂分子即开始转入溶液内部。由于表面活性剂分子的疏水部分与水的亲和力较小，而疏水部分之间的吸引力较大，导致表面活性剂分子自身依赖范德华力相互聚集，形成亲水基向外、疏水基向内的多分子聚合体，这种聚合体称为胶束。

表面活性剂分子缔合形成胶束的最低浓度即为临界胶束浓度（*cmc*）。每一种表面活性剂都有它自己的临界胶束浓度，并会随外部条件而改变，如受温度、溶液的 pH 值及电解质种类和浓度的影响。当表面活性剂的溶液浓度达到临界胶束浓度时，溶液的一些理化性质便发生突变，如表面张力显著降低、增溶作用增强、起泡性能及去污力增大，出现丁达尔效应，还有渗透压、黏度等都以此浓度为转折点而发生突变，如图 3-7 所示。此时分散系统由真溶液转变成胶体溶液。

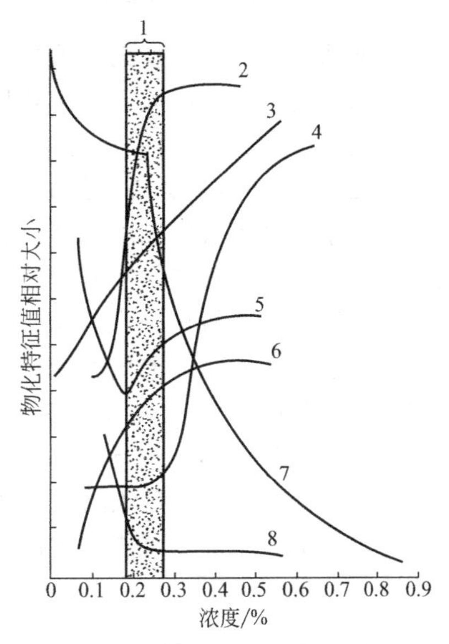

图 3-7　溶液物化性质与表面活性剂浓度的关系

1—临界胶团浓度；2—去污力；3—密度；4—导电性；5,8—表面张力；6—渗透压；7—电导

在一定浓度范围的表面活性剂水溶液中，胶束呈球状结构，亲水基团分布在球状胶束的表面，亲油基团上一些与亲水基团相邻的次甲基形成整齐排列的栅状层，而亲油基团则紊乱缠绕形成内核，具非极性液态性质。若在非极性溶剂中则形成相反向胶束。随着表面活性剂浓度增加及类型不同，胶束结构逐渐从球状至棒状、束状，直至板状、层状等，如图 3-8 所示。

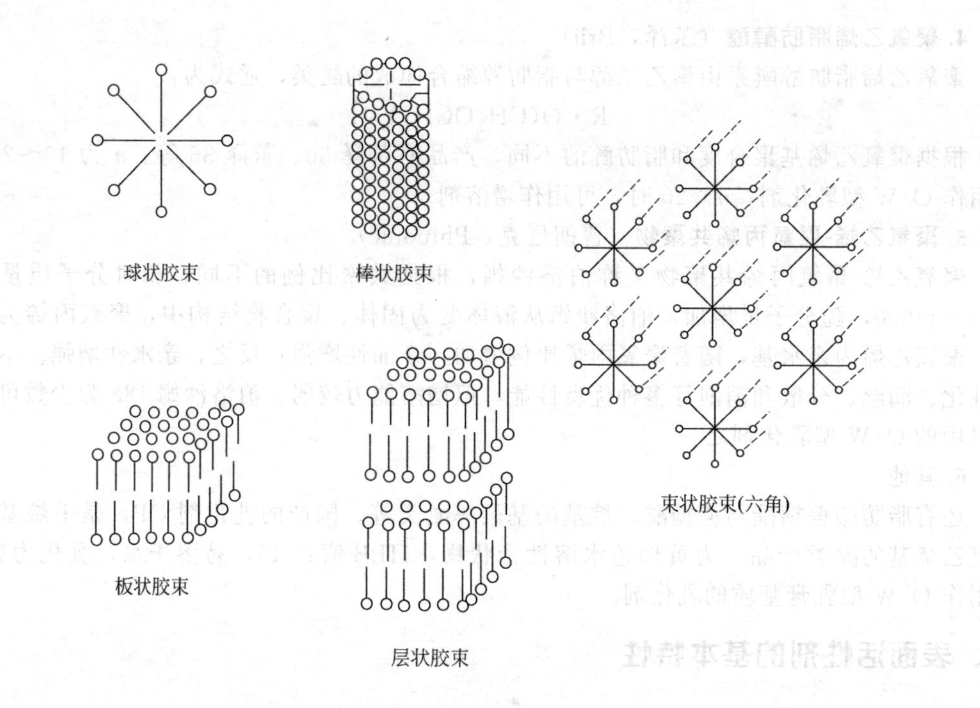

图 3-8 胶束的结构

（二）表面活性剂的昙点

表面活性剂的溶解度也与温度有关。某些含聚氧乙烯基的非离子型表面活性剂的溶解度，随温度的升高而增大，当达到某一温度后，其溶解度急剧下降，溶液变浑浊或分层，但冷却后又恢复澄明，这种溶液由澄明变浑浊的现象称为起昙现象，起昙现象发生的温度称为昙点（浊点）。产生起昙现象的原因，主要是由于含聚氧乙烯基的表面活性剂（如聚山梨酯）在水中其亲水基团（聚氧乙烯基）能与水发生氢键缔合而呈溶解状态，但这种氢键缔合在一般情况下相对比较稳定，当温度升高到昙点时，聚氧乙烯链与水的氢键断裂，使表面活性剂溶解度急剧下降并析出，导致溶液出现浑浊。在聚氧乙烯链相同时，碳氢链越长，昙点越低；在碳氢链相同时，聚氧乙烯链越长，昙点越高。大多数此类表面活性剂的昙点在70～100℃，但有的含聚氧乙烯基的表面活性剂没有昙点，如泊洛沙姆188，极易溶于水，在达到沸腾点时也没有起昙现象。

含有可能产生起昙现象的表面活性剂的制剂，由于加热灭菌等影响而导致表面活性剂的增溶或乳化能力下降，可能会使被增溶物质析出。因此，含此类表面活性剂的制剂应注意加热灭菌温度的影响。

（三）亲水亲油平衡值

表面活性分子中亲水基团和亲油基团对油或水的综合亲和力称为亲水亲油平衡值（HLB）。目前将表面活性剂的HLB值范围限定在0～40，其中非离子型表面活性剂的HLB值范围为0～20，完全由疏水碳氢基团组成的石蜡分子的HLB值为0，而完全由亲水性的氧乙烯基组成的聚氧乙烯HLB值为20，其他的则介于两者之间。HLB值越低表面活性剂亲油性越大，HLB值越高表面活性剂亲水性越大。一些常用表面活性剂的HLB值见表3-4。

表 3-4　常用表面活性剂的 HLB 值

品　　名	HLB 值	品　　名	HLB 值
司盘 85	1.8	西黄芪胶	13.2
司盘 65	2.1	聚山梨酯 21	13.3
单硬脂酸甘油酸	3.8	聚山梨酯 60	14.9
司盘 80	4.3	聚山梨酯 80	15.0
司盘 60	4.7	乳化剂 OP	15.0
司盘 40	6.7	卖泽 49	15.0
阿拉伯胶	8.0	聚山梨酯 40	15.6
司盘 20	8.6	平平加 0	15.9
苄泽 30	9.5	卖泽 51	16.0
聚山梨酯 61	9.6	普朗尼克 F68	16.0
明胶	9.8	西土马哥	16.4
聚山梨酯 81	10.0	聚山梨酯 20	16.7
聚山梨酯 65	10.5	卖泽 52	16.9
聚山梨酯 85	11.0	苄泽 35	16.9
卖泽 45	11.1	油酸钠	18.0
烷基芳基磺酸盐(Atlas G-3300)	11.7	油酸钾(软皂)	20.0
油酸三乙醇胺	12.0	月桂醇硫酸钠	40.0
乳百灵 A	13.0		

在实际工作中，通常是两种或两种以上表面活性剂合并使用，以提高制剂的质量。混合后的 HLB 值，一般可按如下公式求得：

$$HLB_{AB}=(HLB_A \times W_A + HLB_B \times W_B)/(W_A + W_B) \qquad (3\text{-}3)$$

式中，HLB_A、HLB_B 分别代表 A、B 两种表面活性剂的 HLB 值；W_A、W_B 分别代表 A、B 表面活性剂的量。

例 3-2：将司盘 80（HLB 值为 4.3）与聚山梨酯 80（HLB 值为 15.0）等量混合，问混合物的 HLB 值应为多少？

解：$HLB_{AB}=(4.3\times1+15\times1)/(1+1)=9.65$

例 3-3：用聚山梨酯 20（HLB 值为 16.7）和司盘 80（HLB 值为 4.3）制备 HLB 值为 9.5 的混合乳化剂 100g，问两者应各用多少克？

解：设聚山梨酯 20 为 A、司盘 80 为 B，则

$$9.5=[16.7\times W_A+4.3\times(100-W_A)]/100$$

$$W_A=42\text{g} \qquad W_B=100-42=58\text{g}$$

表面活性剂分子是由亲水基团和亲油基团所组成，所以他们能在水一油界面上进行定向排列。如果分子过分亲水或过分亲油，表面活性剂就会完全溶解在水相或油相中，很少存在于界面上，就难以降低界面张力。因此，表面活性剂分子的亲水基团和亲油基团的适当平衡就很重要。表面活性剂在制剂上的各种用途有一大致的最适 HLB 值范围。图 3-9 为各种表面活性剂最适 HLB 值范围。

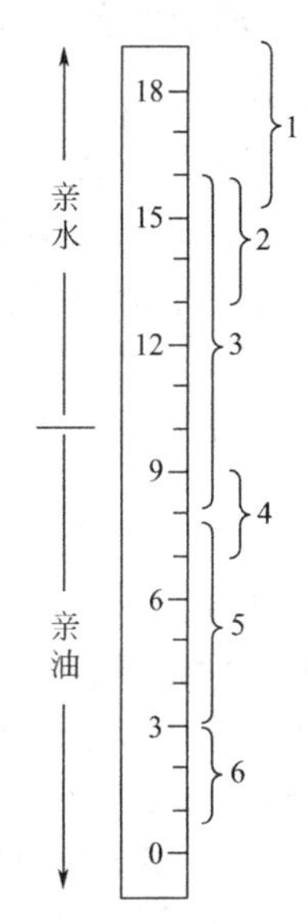

图 3-9　表面活性剂最适 HLB 值的范围

1—增溶剂；2—去污剂；3—油/水乳化剂；4—润湿剂与铺展剂；5—水/油乳化剂；6—大部分消泡剂

(四) 表面活性剂的毒性

表面活性剂的毒性，一般是阳离子型＞阴离子型＞非离子型。故阳离子型表面活性剂常用作消毒杀菌剂，阴离子型

表面活性剂常用于外用制剂，而非离子型表面活性剂可用于口服制剂，少数品种可用于静脉注射剂。

阳离子和阴离子型表面活性剂，不但毒性大，而且还有较强的溶血作用。聚山梨酯类的溶血作用通常比其他含聚氧乙烯基的表面活性剂小，其溶血作用的顺序是：聚氧乙烯烷基醚＞聚氧乙烯烷芳基醚＞聚氧乙烯脂肪酸酯＞聚山梨酯类；而聚山梨酯类溶血作用的顺序为：聚山梨酯 20＞聚山梨酯 60＞聚山梨酯 40＞聚山梨酯 80。

长期应用含表面活性剂的外用制剂，可能出现皮肤或黏膜损害。阳离子型表面活性剂对皮肤的刺激最大，1%的浓度即可对皮肤产生损伤。阴离子型表面活性剂对皮肤的刺激明显小于阳离子型表面活性剂，而非离子型表面活性剂的刺激性与其浓度及品种有关。在同类品种中，浓度越大，刺激性越强。而在相同浓度时，聚氧乙烯基的聚合度越大，亲水性越强，其刺激性越小。

第三节　表面活性剂的应用

随着物理化学知识不断向药剂学领域的渗透，表面活性剂在制剂中的应用也在不断扩大。例如，利用表面活性剂形成胶束的原理，用它作增溶剂；利用表面活性剂界面吸附及降低表面张力的作用，用它作乳化剂；以及利用表面活性剂降低表面张力的作用，用它作湿润剂等。

一、增溶剂

（一）增溶的含义

表面活性剂在水溶液中达到 *cmc* 后，一些水不溶性或微溶性物质在胶束溶液中的溶解度可显著增加，形成透明胶体溶液，这种作用称为增溶。起增溶作用的表面活性剂称为增溶剂，被增溶的物质称为增溶质。对于以水为溶剂的药物，增溶剂的最适 HLB 值为 15～18。常用的增溶剂有肥皂类、聚山梨酯类和聚氧乙烯脂肪酸酯类等表面活性剂。例如，甲酚在水中的溶解度仅为 2%左右，但在肥皂溶液中，却能增大到 50%左右。在药剂中，一些挥发油、脂溶性维生素、甾体激素等许多难溶性药物常可借此增溶，形成澄明溶液及提高浓度。

（二）增溶机理

表面活性剂之所以能增大难溶性药物在水中的溶解度，一般认为是由于表面活性剂在水中形成胶束的结果。

胶束是由表面活性剂的亲油基团向内形成一极小油滴（非极性中心区），而亲水基团则向外（非离子型的亲水基团则从油滴表面以波状向四周伸入水相中）而成的球状体，如图 3-10 所示。整个胶束内部是非极性的，外部为极性的。由于胶束是微小的胶体粒子，其分散体系属于胶体溶液，肉眼观察为澄明溶液，难溶性药物被胶束包藏或吸附后而使溶解量增大。根据被增溶药物性质不同，增溶形式主要有以下几种。

1. 非极性药物的增溶

溶解在胶束的烃核内部（非极性中心区）。例如，苯、甲苯等非极性分子，其亲油性强，与增溶剂的亲油基团有较强的亲和能力，可完全进入胶团的中心区内而被增溶。

2. 极性药物的增溶

完全分布在胶束的栅状层（亲水基之间）中。例如，对羟基苯甲酸等，由于分子两端都

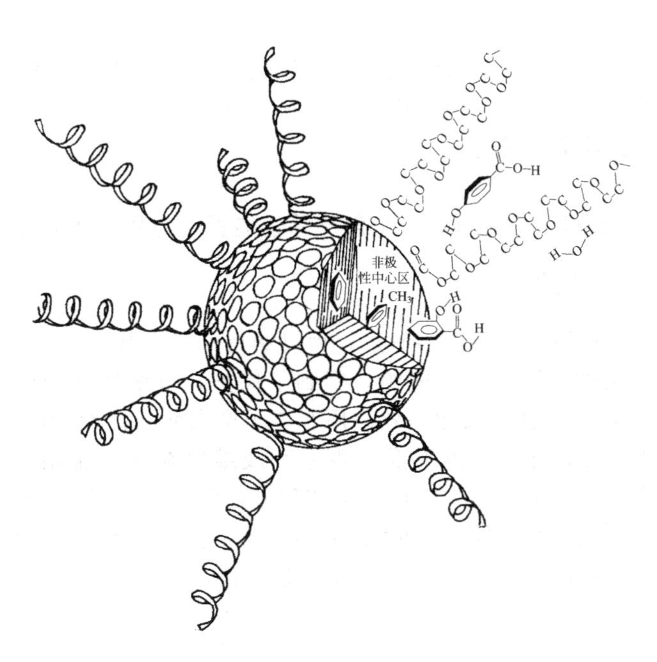

图 3-10　表面活性剂的球形胶束及其增溶模型

有极性基团，亲水性强，能与增溶剂的亲水基团（如聚氧乙烯基）络合，即被吸附在增溶剂胶束的栅状层中而被增溶。

3. 半极性药物的增溶

非极性基团插入胶束的非极性中心区，极性基团则伸入胶束的亲水基团方向，在胶束中作定向排列。例如，水杨酸、甲酚、脂肪酸等增溶时，其分子中非极性部分（如苯环）插入胶团的油滴非极性中心区中，其极性部分（如酚羟基、羟基）则伸入到表面活性剂的亲水基之间而被增溶。

（三）影响增溶作用的因素

难溶性药物的增溶量在一定增溶剂及温度下，是有一定限度的，影响增溶量的因素主要有以下几方面。

1. 增溶剂的性质

增溶作用的大小与增溶剂的种类或同系物增溶剂的分子质量有关。对于强极性或极性药物，非离子型增溶剂的 HLB 值越大，其增溶效果就越好，但对于极性低的药物，结果恰好相反；同系物的碳链越长，其 *cmc* 越低，增溶量就越大。

2. 被增溶药物的性质

增溶剂的种类和浓度一定时，同系物药物的分子质量越大，增溶量越小。分子质量越大，体积也越大，胶束所能容纳的药物量越少。一般而论，药物的极性愈小，碳氢链愈长，则增溶程度愈低。

3. 加入顺序

一般认为，将增溶剂与被增溶药物先行混合要比增溶剂先与水混合效果好。例如，用聚山梨酯类或聚乙烯脂肪酸酯等作为增溶剂对棕榈酸维生素 A 的增溶，如将增溶剂先溶于水，再加入药物则几乎不溶；如先将药物与增溶剂混合，最好是完全溶解，然后再加水稀释，则能很好地溶解。

4. 增溶剂的用量

温度一定时，增溶剂的用量超过其临界胶束浓度，才能将药物增溶，可制得澄清溶液，稀释后仍能保持澄清。但若配比不当，则不能得到澄清溶液或在稀释时由澄清变为浑浊。增溶剂的用量一般是通过实验来确定。

5. 其他

如温度、pH 值、有机物添加剂以及电解质等也能影响药物被增溶的效果。

(四) 增溶制剂的稳定性

增溶剂不仅可增加难溶性药物的溶解度，而且制得的增溶制剂稳定性较好。被增溶药物若被包藏在增溶剂胶束内，因与外界隔绝，得到了保护，可增加制剂稳定性，防止药物氧化、水解。例如，维生素 A 极易氧化失效，用非离子型表面活性剂增溶，则能防止其氧化，在室温下其失效速度很慢，比醋酸维生素 A 混悬剂或维生素 A 的油溶液还稳定得多。这是增溶制剂中的维生素仅亲水部分向水，而不饱和部分在胶束内与氧隔绝而受到保护，此时金属离子的催化作用也影响很小的缘故。但有些胶束上的电荷能吸引溶液中的 H^+ 或 OH^- 离子，反而能促进某些药物的降解（特殊酸、碱催化作用）。

二、乳化剂

两种或两种以上不相混溶或部分混溶液体组成的体系，由于第三种成分的存在，使其中一种液体得以细小液滴稳定地分散在另一液体中，这一过程称乳化。具有乳化作用的物质，称为乳化剂。如聚山梨酯 80、司盘 80、阿拉伯胶等均可作乳化剂。

乳化剂的作用是降低两种不相混溶液体的界面张力，同时，它在分散相液滴的周围形成一层保护膜，防止液滴碰撞时聚合，使乳剂易于形成并保持稳定。

表面活性剂的 HLB 值，可决定乳浊液的类型。通常 HLB 值在 3～8 的表面活性剂作为 W/O 型乳化剂；HLB 值在 8～18 的表面活性剂作为 O/W 型乳化剂。在实践中，乳化剂的选择，除了以 HLB 值为依据外，主要通过实验筛选，得到理化性质理想、稳定性好的乳化剂。

三、润湿剂

在“固体的润湿”中已提到，润湿系指液体在固体表面上的黏附现象。促进液体在固体表面铺展或渗透的表面活性剂称为润湿剂。表面活性剂可降低疏水性固体药物和润湿液体之间的界面张力，使液体能黏附在固体表面，并在固-液界面上定向吸附，排除固体表面上所吸附的空气，降低了润湿液体与固体表面间的接触角，使固体被润湿。

作为润湿剂的表面活性剂，其 HLB 值一般在 7～11，并应有适宜的溶解度方可起润湿作用。直链脂肪族表面活性剂以碳原子数在 8～12 为宜。其分子结构特征应具有支链，且亲水基团在分子的中部者最佳。一般有支链者降低界面张力作用大。

软膏基质中加入少量表面活性剂，能使药物与皮肤更加紧密地接触，增加基质的吸水性，并可乳化皮肤的分泌物，增加药物的分散性，有利于药物的释放和穿透，同时还可增加基质的可洗性。在片剂颗粒成分中加入适当润湿剂，由于表面活性剂的两亲性，增加了制剂或颗粒表面与胃肠液的亲和性，加速了片剂的润湿、崩解和溶出过程。

四、起泡剂与消泡剂

泡沫是一层很薄的液膜包围着气体，属于气体分散在液体中的分散系统。一些含表面活性剂的溶液，如中草药的乙醇或水浸出液，是含有皂苷、蛋白质、树胶及其他高分子物质的溶液，当剧烈搅拌或蒸发浓缩时，可产生稳定的泡沫。这些表面活性剂通常具有较强的亲水性和较高的HLB值，降低了液体的表面张力，而使泡沫稳定，这些表面活性剂即称为“起泡剂”。为了破坏泡沫，可加入少量的戊醇、辛醇、醚类、硅酮或一些HLB值为1～3的亲油性较强的表面活性剂，使其与泡沫液层的起泡剂争夺液膜表面且可吸附在泡沫表面上，取代原来的起泡剂，而其本身碳链短不能形成坚固的液膜，从而使泡沫破坏，这些用来消除泡沫的物质通常称为“消泡剂”。

表面活性剂作为起泡剂主要应用于腔道及皮肤用药，可使泡腾产生的气泡持久充满腔道，增加治疗效果。消泡剂常用于微生物发酵生产和中药提取液的浓缩，比用机械破泡的效率高。

五、去污剂

去污剂或称洗涤剂，是用于除去污垢的表面活性剂，HLB值一般在13～16。常用的去污剂有钠皂、钾皂、十二烷基苯磺酸钠等阴离子型表面活性剂。去污的机制比较复杂，包括对污物表面的润湿、分散、乳化、增溶、起泡等多个过程。

六、其他

表面活性剂的应用日益广泛。除上述用途外，在医药上还有许多用途。例如，阳离子表面活性剂是很好的杀菌剂，常用于器械消毒、外科手术前消毒以及眼用溶液的抑菌剂。不少阴离子型表面活性剂以及非离子型表面活性剂可用于经皮吸收的促进剂。在片剂中亦有应用表面活性剂促进片子的崩解、药物的溶出以改善药物的吸收。近年来，表面活性剂还应用在靶向给药系统中。

本章小结

<table>
<tr><th colspan="2">学习主题结构</th><th colspan="2" rowspan="2">学习的主要内容</th></tr>
<tr><th>大主题</th><th>小主题</th></tr>
<tr><td rowspan="11">第一节
表面现象</td><td rowspan="3">表面、界面与表面现象、界面现象的含义</td><td colspan="2">物质的相与相之间的交界面称为界面</td></tr>
<tr><td colspan="2">习惯上把有气相组成的界面称为表面</td></tr>
<tr><td colspan="2">在物质相间表面(或界面)上所发生的一切物理化学现象统称为表面(或界面)现象</td></tr>
<tr><td rowspan="2">表面张力与表面自由能</td><td colspan="2">一种使表面分子有向内运动的趋势，使表面自动地收缩至最小面积的力即是所谓的表面张力</td></tr>
<tr><td colspan="2">通过增大液体表面所消耗的功，变成了表面层分子的位能。这时，表面层分子比液体内部分子具有多余的能量，此多余的能量即称为表面能或表面自由能</td></tr>
<tr><td rowspan="3">液体的铺展</td><td>含义</td><td>这种一滴液体能在另一种不相溶的液体表面上自动形成一层薄膜的现象称为铺展</td></tr>
<tr><td>铺展系数的计算</td><td>$S=\sigma_A-(\sigma_B+\sigma_{AB})$</td></tr>
<tr><td>判断铺展的条件</td><td>当$S\geqslant 0$时，液体B能在液体A表面铺展；$S<0$时，则不能铺展</td></tr>
<tr><td rowspan="3">固体的润湿</td><td>含义</td><td>固体表面的气体被液体取代，或一种液体被另一种液体取代称固体表面的润湿</td></tr>
<tr><td>分类</td><td>分为沾湿、浸湿、铺展三种情况</td></tr>
<tr><td>判断润湿的条件</td><td>$\theta\geqslant 90°$，不润湿；$\theta<90°$，润湿</td></tr>
</table>

续表

学习主题结构		学习的主要内容	
大主题	小主题		
第二节 表面活性剂	表面活性剂的含义	含义	分子中同时具有亲水基团和亲油基团，具有很强的表面活性，能显著降低两相间界面张力（表面张力）的物质，称为表面活性剂
		结构特征	分子中同时具有亲水性和疏水性两种性质的基团
	表面活性剂的种类	阴离子型表面活性剂、阳离子型表面活性剂、两性离子型表面活性剂、非离子型表面活性剂	
		各种类型表面活性剂常用品种、结构、特点、适用范围	
	表面活性剂的基本特性	胶束的形成	胶束、临界胶束浓度的含义、意义，胶束的结构，表面活性剂浓度对溶液理化性质的影响
		表面活性剂的昙点	昙点的含义，产生起昙现象的原因，影响昙点的因素
		亲水亲油平衡值	亲水亲油平衡值的含义、限定范围及其相关计算，各种表面活性剂最适 HLB 值的范围
		表面活性剂的毒性	各种表面活性剂的毒性比较，根据其毒性大小判定它的应用
第三节 表面活性剂的应用	增溶剂	增溶的含义、机理，影响增溶的因素，增溶制剂的稳定性	
	乳化剂	乳化剂的含义、作用、选用原则及常用类型	
	润湿剂	润湿剂的含义、作用机理及应用	
	起泡剂与消泡剂	起泡剂与消泡剂的含义、作用机理及应用	
	去污剂	去污剂的含义、作用机理及常用品种	
	其他	杀菌、消毒、促进吸收、促进崩解等作用	

基本训练题

一、名词解释

1. 表面活性剂　2. 临界胶束浓度　3. 昙点　4. 亲水亲油平衡值

二、单项选择题

1. Span 80（HLB＝4.3）60％与 Tween 80（HLB＝15.0）40％混合，混合物的 HLB 值与下述数值最接近的是哪一个（　　）。

A. 4.3　　B. 6.5　　C. 8.6
D. 10.0　　E. 12.6

2. 关于表面活性剂的叙述中哪一项是正确的（　　）。

A. 能使溶液表面张力降低的物质
B. 能使溶液表面张力增加的物质
C. 能使溶液表面张力不改变的物质
D. 能使溶液表面张力急剧下降的物质
E. 能使溶液表面张力急剧上升的物质

3. 聚氧乙烯脱水山梨醇单油酸酯的商品名称是（　　）。

A. 吐温 20　　B. 吐温 40　　C. 吐温 80
D. 司盘 60　　E. 司盘 85

4. 最适于作疏水性药物润湿剂的 HLB 值是（　　）。
A. HLB 值在 5～20 之间　B. HLB 值在 7～11 之间　C. HLB 值在 8～16 之间
D. HLB 值在 7～13 之间　E. HLB 值在 3～8 之间
5. 有关表面活性剂的表述正确的是（　　）。
A. 表面活性剂的浓度要在临界胶束浓度以下，才有增溶作用
B. 表面活性剂用作乳化剂时，其浓度必须达到临界胶束浓度
C. 非离子型表面活性剂的 HLB 值越小，亲水性越大
D. 表面活性剂均有很大毒性
E. 阳离子型表面活性剂具有很强的杀菌作用，故常用作杀菌和防腐剂
6. 有关 HLB 值的表述错误的是（　　）。
A. 表面活性分子中亲水基团和亲油基团对油或水的综合亲和力称为亲水亲油平衡值
B. HLB 值在 8～18 的表面活性剂，适合用作 O/W 型乳化剂
C. 亲水性表面活性剂有较低的 HLB 值，亲油性表面活性剂有较高的 HLB 值
D. 非离子型表面活性剂的 HLB 值有加和性
E. 根据经验，一般将表面活性剂的 HLB 值限定在 0～20 之间
7. 对吐温 80 说法不正确的是（　　）。
A. 吐温 80 于碱性溶液中易水解
B. 吐温 80 为水包油型乳剂的乳化剂
C. 吐温 80 属于非离子型表面活性剂
D. 吐温 80 能与抑菌剂尼泊金形成络合物
E. 吐温 80 的溶血性最强
8. 下列属于非离子型表面活性剂的是（　　）。
A. 吐温 80　B. 胆酸钠　C. 软磷脂
D. 油酸三乙醇胺　E. 十二烷基硫酸钠
9. 对表面活性剂的 HLB 值表述正确的是（　　）。
A. 表面活性剂的 HLB 值反映其在油相或水相中的溶解能力
B. 表面活性剂的 *cmc* 越大其 HLB 值越小
C. 离子型表面活性剂的 HLB 值具有加和性
D. 表面活性剂的亲油性越强其 HLB 值越大
E. 表面活性剂的亲水性越强其 HLB 值越大
10. 与表面活性剂能够增溶难溶性药物相关的性质为（　　）。
A. 具有昙点　B. 在溶液中形成胶束
C. HLB 值　D. 表面活性
E. 在溶液表面定向排列

三、多项选择题

1. 与表面活性剂应用有关的作用是（　　）。
A. 助溶作用　B. 吸附作用　C. 润湿作用
D. 乳化作用　E. 增溶作用
2. 属于非离子型的表面活性剂有（　　）。
A. 司盘 80　B. 月桂醇硫酸钠　C. 乳化剂 OP
D. 普朗罗尼 F-68　E. 甘胆酸钠
3. 可用于注射乳剂生产的表面活性剂有（　　）。

A. 新洁尔灭　　B. 司盘-80　　C. 豆磷脂
D. 普朗罗尼 F-68　　E. 苯扎溴铵

4. 有关表面活性剂叙述正确的是（　　）。
A. 阴阳离子表面活性剂不能配合使用
B. 制剂中应用适量表面活性剂可利于药物吸收
C. 表面活性剂可作消泡剂，也可作起泡剂
D. 起昙现象是非离子型表面活性剂的一种特性
E. 表面活性剂均有很大毒性和溶血性

5. 对表面活性剂的叙述错误的是（　　）。
A. 非离子型表面活性剂的毒性大于离子型表面活性剂
B. HLB 值越小，亲水性越强
C. 作乳化剂使用时，浓度应大于 *cmc*
D. 做 O/W 型乳化剂使用，HLB 值应大于 *S*
E. 表面活性剂在水中达到 *cmc* 后，形成真溶液

四、简答题

1. 表面活性剂的结构有何特点？分为哪几类？
2. 表面活性剂在药剂中有哪些应用？举例说明。

第四章 液体制剂

学习与能力目标

通过本章的学习，学生应识记液体制剂的含义、知道液体制剂常用溶剂。能说出溶剂的溶解特性与用途。能说出液体制剂的质量要求。能解释影响药物溶解度与溶解速度的因素。能按分散体系对液体制剂分类。理解并运用增加药物溶解度的方法。能说出溶液型液体制剂、溶液剂、芳香水剂、酊剂、糖浆剂的概念。能理解并表述溶液剂、芳香水剂、糖浆剂的制备方法与糖浆剂的制备方法的适用范围、单糖浆的制备方法与工艺流程。能记住单糖浆的处方与有关参数。能按单糖浆的制备方法制备单糖浆。能解释糖浆剂的质量要求。知道酊剂、甘油剂、胶体型液体制剂、混悬剂、乳剂的制备方法，混悬剂的稳定剂、乳剂的稳定性。能解释影响乳化的因素。知道按给药途径和应用方法分类的液体制剂。知道液体制剂矫味剂的分类、常用的矫味剂与着色剂。知道并能说出液体制剂常用的防腐剂及用法与用量。

知识要求

掌握液体制剂的含义、液体制剂常用溶剂。

掌握溶解度的有关概念、增加药物溶解度的方法。

掌握糖浆剂的制备方法、处方与有关参数，乳剂的制备方法。

掌握液体制剂常用的防腐剂及用法与用量。

熟悉液体制剂的特点、影响药物溶解度与溶解速度的因素。

熟悉按分散体系对液体制剂分类。

熟悉酊剂、甘油剂、胶体型液体制剂、混悬剂的制备方法，混悬剂的稳定剂、乳剂的稳定性。

熟悉糖浆剂制备方法的适用范围，溶液剂、芳香水剂的制备方法。

熟悉液体制剂矫味剂的分类、常用的矫味剂与着色剂。

了解溶解速度的概念、影响乳化的因素。

了解溶液型液体制剂的概念。

了解糖浆剂的质量要求。

了解胶体型液体制剂、混悬剂的制备方法。

了解按给药途径和应用方法分类的液体制剂。

第一节 概 述

一、液体制剂的含义

液体制剂系指药物分散在液体分散介质中形成的液态制剂，可供内服或外用。采用浸出方法制备的浸出制剂和经灭菌方法制备的注射剂、滴眼剂等液体制剂将在其他章节中论述。

二、液体制剂的特点与质量要求

(一) 液体制剂的特点

液体制剂与固体剂型相比较有以下特点。

① 由于液体制剂中的药物分散度比固体制剂大，因此吸收快，显效快。

② 液体制剂可用于内服，也可用于皮肤、腔道给药，因此给药途径较广泛。

③ 由于是液体制剂，便于分取剂量，特别适于儿童与老年患者。

④ 液体制剂可以减少某些药物的刺激性。如对胃肠道有刺激性的溴化物、碘化物等药物，制成液体制剂后便于控制用药浓度，减轻服用固体剂型在胃肠道造成局部浓度太高而产生的刺激性。

⑤ 液体制剂化学稳定性差，不便贮存与携带，水性制剂易霉变，非水溶剂具有一定药理作用，成本高等。

(二) 液体制剂的一般质量要求

由于液体制剂药物分散度以及给药途径不同，对其质量要求亦不尽相同。一般应符合以下条件。

① 药物的浓度应准确、稳定，久贮不变。

② 溶液型的液体制剂应澄清，乳浊型和混悬型的分散度大且均匀，经振摇易均匀分散。

③ 液体制剂的分散介质最好用水，依据药物性质及用药方法和目的适当选择毒性小的有机分散介质，如乙醇、甘油和植物油。

④ 经胃肠道给药的液体制剂应适口、无刺激性。

⑤ 液体制剂应具有一定的防腐能力。

⑥ 包装容器大小合适，便于病人服用。

三、液体制剂的分类

液体制剂种类较多，目前常用的分类方法有两种，一种是按分散体系分类，另一种是按给药途径和应用方法分类。

(一) 按分散体系分类

这种分类方法是根据药物的分散粒子大小和形成的体系是否为均相，将液体制剂分为以下两种。

1. 均相液体制剂

在均相液体制剂中，药物均以分子、离子形式分散在液体分散介质中，没有相界面存在，称为溶液剂（真溶液），其中分散相分子量小的称为低分子溶液剂，分散相分子量大的称为高分子溶液剂，均属于热力学稳定体系。

2. 非均相液体制剂

在非均相液体制剂中，药物以微粒（多分子聚集体）为分散相分散在液体分散介质中，分散相与液体之间存在相界面，在一定程度上属于热力学不稳定体系。按分散相大小将分散体系分为溶胶分散体系和粗分散体系（图 4-1）。

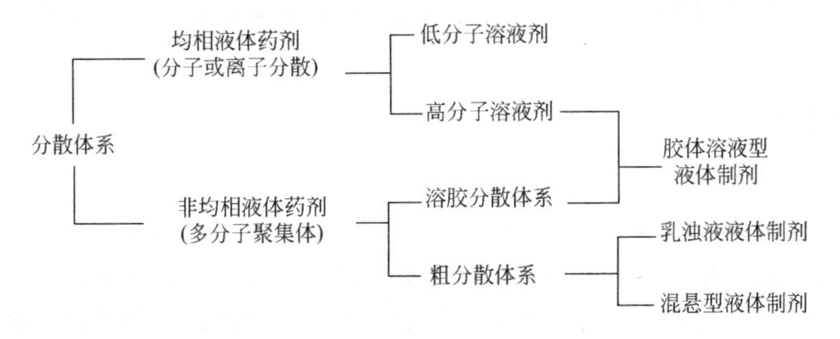

图 4-1 液体制剂按分散体系分类

高分子溶液剂和溶胶分散体系的分散粒子的大小均在 1～100nm 范围内，具有胶体溶液性质，因此，在药剂学中一般统称为胶体溶液型液体制剂。但前者属于均相溶液体系，而后者属于非均相溶液体系（表 4-1）。

表 4-1 分散体系分类及特征

类型		分散粒子大小	特征	举例
分子分散系		<1nm	无界面，均相，热力学稳定体系，扩散快，能透过滤纸或半透膜，形成真溶液	氯化钠、葡萄糖等水溶液
胶体分散系	高分子溶液	1～100nm	无界面，均相，热力学稳定体系，形成真溶液，扩散慢，能透过滤纸，不能透过半透膜	明胶、蛋白质等水溶液
	溶胶		有界面，非均相，热力学不稳定体系，扩散慢，能透过滤纸，不能透过半透膜	胶体硫、氢氧化铁等溶液
粗分散体系		>100nm	有界面，非均相，热力学不稳定体系，形成浑浊剂或乳剂，扩散很慢或不扩散，显微镜下可见	无味氯霉素混悬剂、鱼肝油乳剂等

（二）按给药途径和应用方法分类

1. 内服的液体制剂

包括滴剂、合剂、芳香水剂、糖浆剂、部分溶液剂等。

2. 外用的液体制剂

（1）皮肤科用液体制剂　如洗剂、搽剂等。

（2）五官科用液体制剂　如洗耳剂与滴耳剂、洗鼻剂与滴鼻剂等。

（3）口腔科用液体制剂　如含漱剂、滴牙剂等。

（4）直肠、阴道、尿道用液体制剂　如灌肠剂、灌洗剂等。

四、液体制剂的常用溶剂

在液体制剂制备中，根据药物的分散度、药物吸收速度和药物疗效等不同的要求，选用不同的溶剂。一般药物在液体分散介质中的分散度越大，吸收越快，显效也越快。但分散度越大，表面能越大，制剂也越不稳定。因而选择的溶剂是否适宜直接关系到药物的质量和疗效。优良的溶剂应化学性质稳定，毒性小，溶解范围广，无臭味且具防腐性，成本低，不妨碍主药作用和含量测定。但能同时符合这些条件的溶剂很少，应根据药物及溶剂的性质适当选用。

常用的溶剂可按其极性分为极性溶剂和非极性溶剂。极性溶剂是由于分子中正电荷重心和负电荷重心不重合而使分子具有极性。其极性大小可用偶极矩或介电常数来表示，其偶极矩或介电常数大则分子的极性大。非极性溶剂的分子介电常数很低，主要靠分子间的范德华力结合在一起。

（一）极性溶剂

1. 水（water）

水为最常用的溶剂，本身无药效。能与乙醇、甘油、丙二醇等溶剂以任意比例混合。水能溶解大多数无机盐，并能溶解生物碱盐、苷类、糖类、树胶、黏液质、鞣质、蛋白质及某些合成药物、酸类、色素等极性有机物质。但水的化学活性强，许多药物在水中不稳定，特别是易水解的药物；水性制剂易霉变，不易久贮，与其他药物配伍时也容易产生配伍变化。配制水性液体制剂宜用纯化水。

2. 乙醇（alcohol）

乙醇的溶解范围很广，能与水、甘油、丙二醇以任意比例混溶。能溶解大部分有机物质和植物中的成分，如生物碱、苷类、挥发油、树脂、鞣质、有机酸及色素等有机物。20%乙醇具有防腐作用，40%以上的乙醇可延缓某些药物的水解作用。乙醇有生理活性、成本高、易挥发和燃烧等缺点，其制剂应密闭贮存。乙醇与水混合因生成水合物产生热并使体积缩小，故在稀释乙醇时应冷却至标准温度（20℃），再调至所需用量。

3. 甘油（glycerol）

甘油能与乙醇、丙二醇、水以任意比例混合，而不与氯仿、乙酸、脂肪油混溶。黏度大，相对密度1.256，可内服，也可外用。易溶于甘油的药物有硼酸、鞣酸、苯酚等。无水甘油有吸水性且对皮肤黏膜有刺激性，但含水10%的甘油无刺激性，且能对一些刺激性药物起到缓和作用。本品可作为黏膜用药物的溶剂如酚甘油、硼酸甘油、碘甘油等。在外用液体制剂中，甘油还有防止干燥（作保湿剂）、滋润皮肤、延长药物局部疗效等作用。在内服溶液中，含甘油12%以上者能防止鞣质析出。此外，30%以上的甘油有防腐性，但成本高。

4. 丙二醇（propylene glycol，PG）

药用丙二醇系指1,2-丙二醇，其性质与甘油相似，黏度较甘油小，可与水、乙醇、甘油以任意比例混合，还能溶解于乙醚、氯仿中，而不与脂肪油相混溶。能溶解许多有机药物如磺胺药、局麻药、维生素A、维生素D及性激素等。与水的等量混合液能延缓某些药物的水解，增加制剂的稳定性。可作为内服及注射用药的溶剂。但其价格较贵，有辛辣味，一般较少应用。

5. 聚乙二醇（polyethylene glycol，PEG）

聚乙二醇的通式为 $HOH_2C(CH_2OCH_2)_nCH_2OH$。低聚合度的聚乙二醇，如相对分子质量200～600的聚乙二醇为澄清液体。能与水以任意比例混溶，能溶解许多水溶性的无机盐和水不溶性的有机物。对一些易水解药物有一定稳定作用。在外用制剂中能增加皮肤的柔润性。

6. 二甲亚砜（dimethyl sulfoxide，DMSO）

二甲亚砜分子式为（$(CH_3)_2SO$），为无色黏稠液体，微有苦味，引湿性强。相对密度1.08～1.13，凝固点16.5～19℃，其60%水溶液的冰点为－80℃，故有良好的防冻作用。能与水、乙醇、甘油、丙二醇、氯仿、乙醚、丙酮、苯等相混合。可以溶解许多难溶于水、甘油、乙醇、丙二醇的药物，故有“万能溶剂”之称。本品对皮肤、黏膜的穿透力很强，尚有一定的消炎、止痒与治疗风湿症的作用，用于某些外用制剂，可收到良好的治疗效果。一般用其40%～60%水溶液为溶剂。但本品价格较高，对皮肤有轻度刺激性，目前临床较少使用。

（二）非极性溶剂

1. 脂肪油（fatty oils）

脂肪油为常用的一类非极性溶剂，包括麻油、豆油、花生油、棉籽油、玉米油、椰子油及茶油等植物油。能溶解油溶性药物如激素、挥发油、游离生物碱及许多芳香族化合物等。本品不能与水、乙醇、甘油相混合。多用于洗剂、搽剂、滴鼻剂等外用制剂。脂肪油易酸败，也易与碱性物质起皂化反应而变质。

2. 液状石蜡（liquid paraffin）

液状石蜡为饱和烃类混合物，为无色、透明的液体，相对密度为0.845～0.890g/ml。本品化学性质稳定，能溶解生物碱、挥发油等非极性物质，与水不能混溶。多用于外用液体制剂、软膏剂及糊剂等。

3. 油酸乙酯（ethyl oleate）

油酸乙酯为淡黄色或几乎无色、易流动、有似橄榄油香味的油状液体，属脂肪油的代用品。本品密度（20℃）为0.866～0.874g/ml，黏度≥0.52×10^{-3}Pa・s，酸值<0.5，碘值75～85，皂化值177～188。本品在空气中暴露易氧化、变色，故常加入抗氧剂使用。

4. 肉豆蔻酸异丙酯（isopropyl myristate）

肉豆蔻酸异丙酯为无色、透明、几乎无臭的油状液体，化学性质稳定，不酸败，对皮肤刺激性小，常用作外用制剂的溶剂，特别是当药物需要与患部直接接触或渗透时更为理想。类似物有棕榈酸异丙酯。

第二节　溶解度、溶解速度及影响因素

一、溶解度及溶解速度

（一）溶解度

溶解度系指在一定温度下（气体要求在一定压力下），在一定量溶剂的饱和溶液中溶解溶质的量。《中国药典》（2010年版）二部对药品的近似溶解度用以下名词表示。

极易溶解：系指溶质1g（ml）能在溶剂不到1ml中溶解；

易溶：系指溶质1g（ml）能在溶剂1～不到10ml中溶解；

溶解：系指溶质1g（ml）能在溶剂10～不到30ml中溶解；

略溶：系指溶质1g（ml）能在溶剂30～不到100ml中溶解；

微溶：系指溶质1g（ml）能在溶剂100～不到1000ml中溶解；

极微溶解：系指溶质1g（ml）能在溶剂1000～不到10000ml中溶解；

几乎不溶或不溶：系指溶质1g（ml）在溶剂10000ml中不能完全溶解。

这些名词表示了药物的大致溶解性能。药典中记载了药品可溶于各种溶剂溶解性能。检验药物溶解性能的方法是称取研细的药粉或量取液体药物，在置于（25±2）℃一定容量的溶剂中，每隔5min强力振摇30s，观察30min内的溶解情况，如果看不见溶质颗粒或液滴时，即视为完全溶解。

（二）溶解速度

溶解速度系指在某一溶剂中单位时间内溶解溶质的量。溶解速度的快慢，取决于溶剂与溶质间的吸引力大于溶质间结合力以及溶质的扩散速度。而溶解速度的大小与药物的吸收和疗效有着直接关系。有些药物虽然有较大的溶解度，但要达到溶解平衡却需要很长时间，需要设法增加其溶解速度。

二、溶剂与溶质的溶解关系

药物作为溶质以分子或离子分散在溶剂中的过程称为溶解。这一过程可以看做是溶剂和溶质（药物）分子间的引力大于溶质本身分子间的引力，使溶质分散在溶剂中形成溶液。一般可根据“相似者相溶”的规律来预测溶解的可能性。这里的相似主要系指溶质与溶剂极性程度的相似。按极性程度不同可分为极性溶剂和非极性溶剂两大类，介于两者之间的为半极性溶剂。

（一）极性溶剂

极性溶剂能溶解离子型物质及其他极性物质，如水能溶解氯化钠、糖类及多羟基化合物等。水分子并不带电荷，其分子中二个氢原子与一个氧原子形成一个 V 形结构，由于氧原子周围的电子云密度高，氢原子周围的电子云密度低，存在着正电荷中心和负电荷中心，且不重合，使水成为一个偶极分子（又称永久偶极分子）。

1. 极性溶剂对离子型药物的溶解

极性溶剂的介电常数（表示溶剂将溶液中相反电荷彼此分开的能力）大，能减弱电解质中带相反电荷的离子间的吸引力，产生“离子-偶极子结合”，使离子溶剂化（或水化）而分散进入溶剂中。氯仿、苯、植物油、矿物油、石油醚、四氯化碳等非极性溶剂介电常数小（在 5～0 之间），不能将离子从离子化合物的晶格上拆下来，所以离子型物质在这些溶剂中几乎不溶解。

2. 极性溶剂对极性药物的溶解

极性溶剂通过偶极和氢键的作用，使溶剂的偶极与药物的偶极子之间形成“永久偶极-永久偶极结合”使极性药物的分子溶剂化（或水化）而溶解。在偶极结合过程中，氢键起着重要作用。如水能溶解低级醇、醛、酮等（非极性部分不大）物质，是由于这些物质的极性基团与水偶极分子形成了氢键络合，使之水化而溶解。即：

```
    H      H                    H          H
    |      |                    |          |
R—O···H—O               R—C═O···H—O
（醇、水氢键络合）          （醛、水氢键络合）
```

3. 极性溶剂对极性较弱药物的溶解

极性溶剂如水能与分子中含有的极性基团发生氢键结合形成缔合物，而使分子中非极性部分不太大的药物溶于水中。如苯甲酸与水的结合即属于此类。

（二）非极性溶剂

非极性溶剂的介电常数很低，不能减弱电解质离子的引力，也不能与其他极性分子形成氢键。但非极性分子中原子核和电子在不断运动，常发生瞬时相对位移，使分子的正负电荷重心发生暂时的不重合，而产生瞬时偶极。这样相邻两分子间由于瞬时偶极相互作用而产生吸引力。当某一瞬时其吸引力超过溶质本身分子间的内聚力时，即发生溶解。因此非极性溶剂能溶解非极性物质，如油、脂肪能溶于四氯化碳和苯中。而离子型及极性物质不溶于或微溶于非极性溶剂中。

（三）半极性溶剂

半极性溶剂可作为中间溶剂，如酮、乙醇、丙二醇等。对非极性物质分子能进行诱导，使之产生一定程度的极性，致使极性与非极性液体混溶。例如，丙酮能增大乙醚和酯在水中的溶解度；乙醇能作为水和蓖麻油的中间溶剂；丙二醇能增大薄荷油在水中的溶解度。对固体药物，中间溶剂也能增大其溶解度。如丙二醇能增大利血平在水中的溶解度；乙醇能增大氢化可的松在水中的溶解度。

三、影响药物溶解度与溶解速度的因素

（一）药物的极性

由于各种药物都具有一定的化学结构，因而其极性大小及晶型亦不同。一般结构相似的药物易溶于结构相似的溶剂中。即极性药物易溶于极性溶剂中，非极性药物易溶于非极性溶剂中。许多结晶性药物具有多晶现象，因为晶格排列不同，分子间的吸引力也不相同，致使溶解度有所差别。晶格排列紧密稳定分子，分子间吸引力较大，则表现为熔点高、化学稳定性好、溶解度小。

（二）溶剂

溶剂在溶解过程中起主要作用的是其极性。表示极性大小的指标之一是介电常数（ε），根据介电常数的大小，将溶剂分为三类。介电常数比较大的如水（$\varepsilon=81.1$）、甘油（$\varepsilon=56.2$）等称为极性溶剂，介电常数非常小的如氯仿（$\varepsilon=5.05$）、苯（$\varepsilon=2.3$）等称为非极性溶剂，介电常数介于中间的如乙醇（$\varepsilon=26.8$）、丙酮（$\varepsilon=21.4$）等称为半极性溶剂。

（三）温度

温度对溶解度的影响主要取决于药物溶解时是吸热还是放热。当溶解过程吸热时，则其溶解度随温度升高而加快，反之则随温度升高而减慢。气体溶解在液体中通常是放热过程，因此，气体的溶解度通常随温度升高而下降。

（四）粒子大小

一般情况下药物的溶解度与药物粒子大小无关。但是，对难溶性药物来说，在一定温度下，固体药物的溶解度和溶解速度与其表面积成正比。这是因为微小颗粒表面的质点受微粒本身的吸引力降低，而受到溶剂分子吸引力增大的缘故而溶解。因此，对难溶性药物通常先粉碎后溶解。

（五）第三种物质的加入

对于电解质药物，当水溶液中含有的离子与其解离的离子相同时，可使其溶解度降低，例如，盐酸盐类药物在生理盐水中的溶解度比在纯水中溶解度低。另外当溶液中除药物和溶剂外，还有其他溶质时，也往往使难溶性药物的溶解度和溶解速度受到影响。因此，在溶解过程中，常常先溶解难溶性药物。

（六）搅拌

搅拌可加速溶质饱和层的扩散，从而提高溶解速度。

第三节　增加药物溶解度的方法

各种药物在一定的温度下都有一定的溶解度。但有些药物由于溶解度较小，即使制成饱和溶液也达不到医疗有效浓度。例如，碘在水中溶解度为 1：2950，而制成复方碘口服溶液中需含碘 5%。又如氯霉素在水中溶解度为 0.25%，而临床上使用的是含氯霉素 12.5% 的注射液。因此，在要将难溶性药物制成符合治疗浓度的液体制剂，就必须增加其溶解度。增加药物溶解度的方法主要有以下几种。

一、制成盐类

某些不溶或难溶的有机药物的分子中若有酸性或碱性基团，可分别用碱或酸将其制成盐类，以增大其在水中的溶解度，这是增加溶解度的常用方法。其增加溶解度的原理是：有机酸和有机碱或者酸性（或碱性）有机药物，多为分子量较大而极性不大的药物，在水中溶解度当然很小或根本不溶，当制成盐类后，变为离子型极性化合物，所以在极性溶剂如水中的溶解度增大了，即相似者相溶的原理。

对含羧酸类、巴比妥类、磺胺类、多数黄酮苷类等酸性有机药物，可用碱（常用氢氧化钠、碳酸钠、氢氧化铵、碳酸氢钠等）制成盐，增大其在水中的溶解度。

对天然及合成的有机碱，如生物碱类、普鲁卡因等有机碱类药物，可用酸（常用盐酸、硫酸、磷酸、氢溴酸、硝酸等无机酸和枸橼酸、水杨酸、马来酸、酒石酸、醋酸等有机酸）制成盐，增大其在水中的溶解度。

此外，一些酸性或碱性有机药物，往往可与许多不同的碱或酸生成不同的盐类，其溶解度、稳定性、刺激性、毒性、疗效等也常常不一样。如用于治疗心律失常的奎尼丁，其硫酸盐刺激性较大，而葡萄糖酸盐刺激性较小；苯海拉明的盐类中，以琥珀酸盐的毒性最低。因此，在制成盐类时，除考虑增加溶解度外，还要考虑稳定性、刺激性、毒性、疗效等多种因素。

二、更换溶剂或选用混合溶剂

某些药物因分子量较大、极性较小，在水中的溶解度很小，如果更换成半极性或非极性溶剂，就会使其溶解度增大。例如，樟脑不溶于水，而能溶于醇、脂肪油等，故不宜制成樟脑水溶液，可制成樟脑醑或樟脑搽剂。

在液体制剂中常采用混合溶剂，改变溶剂的极性，使难溶性的药物或制成盐类在水中不稳定的药物得以溶解。常用作混合溶剂的有水、乙醇、甘油、丙二醇、二甲亚砜等。在水中加入甘油、乙醇、丙二醇等，可增大某些难溶于水的有机药物（如含羟基、酮基的有机药物）的溶解度。如氯霉素在水中溶解度仅 0.25%，若用水中含有 25%乙醇、55%甘油的混合溶剂，即可制成 12.5%氯霉素溶液（供注射用），本品尚有一定的防冻性能。

药物在混合溶剂中的溶解度通常是在各溶剂中溶解度相加的平均值。药物在混合溶剂中的溶解度不但与混合溶剂的种类有关，还与混合溶剂中各溶剂的比例有关。这些均要通过实验加以确定。药物在单一溶剂中溶解能力差，在混合溶剂中比在单一溶剂中更易溶解的现象称为潜溶，这种混合溶剂称为潜溶剂。这种现象可认为是由于两种溶剂对药物分子不同部位作用的结果。

在选用溶剂的种类时，除了考虑增大药物的溶解度外，还要考虑溶剂对人体的毒性、副作用、刺激性、吸收与疗效等因素。

三、添加助溶剂

在一些难溶于水的药物中，当加入某种物质时，能增加其在水中的溶解度而不降低活性的现象称为助溶。所加入的物质称为助溶剂。

助溶的机理至今尚不清楚，但一般认为主要是形成可溶性配合物、形成可溶性有机分子复合物、缔合物以及通过复分解而形成可溶性复盐等的结果。例如，碘可在10%碘化钾溶液中制成含碘达5%的水溶液，这是利用形成可溶性配合物（$I_2+KI=KI_3$）增大碘在水中溶解度；咖啡因在水中溶解度为1∶50，用苯甲酸钠助溶，形成分子复合物，溶解度增大到1∶1.2；阿司匹林与枸橼酸钠经复分解生成溶解度大的阿司匹林钠和枸橼酸等。

常用的助溶剂分为三类：第一类是无机化合物，如碘化钾、氯化钠等；第二类是有机酸及其钠盐，如苯甲酸钠、水杨酸钠、对氨基苯甲酸钠等；第三类是酰胺化合物，如乌拉坦、尿素、烟酰胺、乙酸胺等。

经研究证明：助溶剂的浓度与难溶性药物的溶解度（摩尔浓度）之间呈直线关系。由于一般助溶剂的用量都较大，故宜选用没有生理活性的助溶剂，且在低浓度下即能使溶解度增大，无刺激性和毒性，价廉易得。

四、使用增溶剂

详见第三章第三节。

五、分子结构修饰

对难溶性药物进行结构修饰，在分子中引入亲水基团，如磺酸钠基（$—SO_3Na$）、羧酸钠基（—COONa）、羟基（—OH）、氨基（$—NH_2$）以及多元醇或糖基等，以增加其在水中的溶解度。如樟脑在水中微溶（1∶800），但制成樟脑磺酸钠后，则易溶于水，且毒性低。维生素 K_3（甲萘醌）在水中不溶，但与亚硫酸氢钠加成制成亚硫酸氢钠甲萘醌后，其水溶性大增（1∶2）。

但应注意，有些药物被引入某些亲水基团后，除了溶解度有所增加，其药理作用也可能有所改变，属于药物化学的内容。

第四节　溶液型液体制剂

溶液型液体制剂系指药物以分子或离子（直径在1nm以下）状态分散在溶剂中的液体制剂，可供内服或外用。溶液中的药物分散均匀、澄明，并能通过半透膜。药物的分散度以在溶液中为最大，其总表面积最大，与机体的接触面也最大，故其作用和疗效比同一药物的混悬剂或乳剂快而强。

药物在溶液中的分散度越大，其化学活性越高，在水中越不稳定，易发生水解而失效。如青霉素等干燥粉末很稳定，其水溶液则极易水解失效。多数药物水溶液在贮存过程中易发生变质，所以在调制溶液型制剂时，除了要考虑溶剂、浓度、剂量和用法外，应注意其化学稳定性与防腐等问题。

溶液型液体制剂包括溶液剂、芳香水剂、糖浆剂、醑剂和甘油剂等。

一、溶液剂

（一）概述

溶液剂（solution）系指化学药物的内服或外用的均相澄清溶液。溶液剂的溶质一般为不挥发性的化学药物，其溶剂多为水，少数为乙醇或油等其他溶剂，如硝酸甘油溶液用醇作溶剂、维生素 D_2 溶液用油作溶剂等。口服溶液剂系指药物溶解于适宜溶剂中制成供口服澄清液体制剂。除作为制剂原料药的溶液剂外，凡口服药均在“溶液”二字前，加“口服”二字，如复方甘草口服溶液。外用药在正文项下注明，名称写法不变。

溶液剂应保持澄清，不得有沉淀、浑浊、异物等。药物制成溶液剂可以用量取代替称取，使剂量准确，服用方便，特别是对小剂量药物或毒性大的药物更为重要。对内服药应注意其剂量准确，并适当改善其色、香、味，对外用药应注意其浓度和使用部位。很多有机药物的溶液剂稳定性不高，有的容易增殖微生物，所以对包装材料和操作技术的质量要求比固体剂型高。有些性质稳定的常用药物，为了便于调配处方，可制成高浓度的贮备液，供临时调配用。

（二）制法

溶液剂的制备方法有三种，即溶解法、稀释法和化学反应法。

1. 溶解法

溶液剂的制备主要是用溶解法，适用于较稳定的化学药物。一般可分为：称量、溶解、滤过、检查、包装等几个步骤。其操作要点及注意事项如下。

（1）取处方总量 1/2～4/5 的溶剂，加入固体药物，搅拌溶解。

（2）处方中如有附加剂或溶解度较小的药物，宜先溶解后再加其他药物。

（3）根据药物性质，可将固体药物先行粉碎或加热助溶；不耐热的药物，宜在冷却后加入；某些难溶药物，可加适当的助溶剂。

（4）溶液剂一般应滤过。常用的滤器有普通漏斗、垂熔玻璃滤球（或滤棒）及微孔滤膜滤器等。滤毕后自滤器上添加溶剂至所需量。

（5）如处方中含有糖浆、甘油等黏稠液体时，用量杯量取后，应加少量水稀释，搅匀后再倾出。

（6）溶剂如为油、液状石蜡时，容器与用具等所用器材均应干燥，以免制品中混入水而浑浊。

（7）将制得的溶液剂及时分装于干燥的灭菌容器中，加塞后用布擦净，粘贴瓶签，即得。

2. 稀释法

本法是以浓溶液或易溶性药物的浓贮备液等为原料进行稀释而得。如浓氨水含量为 25%～28%（g/g），而医疗上常用的氨溶液的一般浓度为 9.5%～10.5%（g/ml），因而只能用稀释法制备；工厂生产的过氧化氢溶液含量为 30%（g/ml），而常用浓度为 2.5%～3.5%（g/ml）。此外，50%溴化钾或溴化钠、50%硫酸镁及甲酚皂溶液等，一般均需用稀释法调至所需浓度后方可使用。

用稀释法制备溶液剂时，一定要清楚原料浓度和所需稀释溶液的浓度及浓度单位，认真计算并复核。对有较大挥发性和腐蚀性的浓溶液如浓氨水，稀释操作要迅速，操作完毕应立即密塞，以免过多挥散损失，影响浓度的准确性。

3. 化学反应法

本法适用于原料药物缺乏或不符合医疗要求的情况，即将2种或2种以上的药物配伍在一起，经过化学反应生成所需药物的溶液。

（三）举例

例4-1：复方碘口服溶液（卢戈液）

处方：碘　　50g

　　碘化钾　　100g

　　纯化水加至　　1000ml

制法：取碘化钾加纯化水100ml溶解后，加入碘搅拌溶解，再加适量的纯化水至全量1000ml，搅匀即得。

注：① 本品俗称卢戈氏液，应含碘4.4%～5.5%（g/ml）；应含碘化钾9.5%～10.5%（g/ml），作助溶剂。待碘全部溶解在KI的浓溶液后再加水稀释，以利助溶。

② 称取碘时应选用蜡纸或玻璃纸且快速操作，以免造成碘的挥发。

③ 容器所用的软木塞应加一层蜡纸或玻璃纸，以防软木塞中的鞣酸与碘发生化学反应。

④ 本品具有调节甲状腺的功能，主要用于甲状腺功能亢进的辅助治疗，外用作黏膜消毒药。

例4-2：复方甘草口服溶液

处方：甘草流浸膏　　120ml

　　复方樟脑酊　　180ml

　　甘油　　120ml

　　愈创甘油醚　　5g

　　浓氨溶液　　适量

　　纯化水加至　　1000ml

制法：取甘草流浸膏，加甘油混匀，加水500ml稀释后，缓缓加浓氨溶液适量，调节pH至8～9，再加愈创甘油醚的水溶液（取愈创甘油醚，加适量热水溶解制成），不断搅拌，最后加复方樟脑酊，再加适量的水使成1000ml，摇匀，即得。

本品中需加适量的稳定剂。

类别：祛痰镇咳药。

规格：①10ml；②100ml；③120ml；④180ml；⑤500ml；⑥2000ml；⑦2500ml。

贮藏：遮光、密封，在阴凉干燥处保存。

注：① 本品为棕色或棕黑色液体；有香气，味甜，久置偶有沉淀。

② 本品每1ml中含无水吗啡（$C_{17}H_{19}NO_3$）应为0.0765～0.104mg；愈创甘油醚（$C_{10}H_{14}O_4$）应为4.50～5.50mg。

③ pH值应为6.0～9.0［《中国药典》（2010年版）二部附录Ⅵ H］。

④ 除澄清度外，本品应符合口服溶液剂项下有关的各项规定［《中国药典》（2010年版）附录Ⅰ O］。

例4-3：稀甲醛溶液

处方：甲醛溶液36%（g/g）以上　　103ml

　　纯化水加至　　1000ml

制法：取甲醛溶液加纯化水制成1000ml，置密闭容器内摇匀即得。

注：① 甲醛溶液久贮或冷处（9℃以下）贮放易聚合成多聚甲醛，呈白色浑浊和产生白色沉淀。取用时可倾取上清液，测定含量后折算使用。

② 本品主要用作消毒、防腐、保存标本。

例4-4：复方硼砂溶液（多贝尔溶液）

处方：硼砂　　20g

碳酸氢钠　　15g
甘油　　35ml
液化苯酚　　3ml
纯化水加至　　1000ml

制法：取硼砂加入约500ml热纯化水中，溶解，放冷，加入碳酸氢钠溶解。另取液化苯酚加甘油搅拌，缓缓加入上述溶液中，随加随搅拌，待气泡停止后，加纯化水至1000ml，必要时滤过，即得。含量测定后，加着色剂曙红钠，以示外用。

注：① 本品经化学反应制得，其化学反应如下：

$$Na_2B_4O_7 \cdot 10H_2O + 4C_3H_5(OH)_3 \longrightarrow 2C_3H_5(OH)NaBO_3 + 2C_3H_5(OH)HBO_3 + 13H_2O$$

$$C_3H_5(OH)HBO_3 + NaHCO_3 \longrightarrow C_3H_5(OH)NaBO_3 + CO_2\uparrow + H_2O$$

② 硼砂在水中溶解度为1∶20，沸水中为1∶1，所以用热水溶解。冷却至50℃左右再加碳酸氢钠，可防止其在热水中分解。

③ 反应生成的甘油硼酸钠呈碱性，有除去酸性分泌物的作用，少量的苯酚有轻度局部麻醉作用和抑菌作用。

④ 本品为含漱剂，用于口腔炎、咽喉炎及扁桃体炎。

二、芳香水剂

（一）概述

芳香水剂（aromatic waters）系指挥发性药物（多为挥发油）的饱和或近饱和澄明水溶液。用水和乙醇的混合液作溶剂可制成挥发油含量较高的溶液，称浓芳香水剂。芳香性植物药材用水蒸气蒸馏法制成的含芳香性成分的澄明馏出液，在中药中常称为药露或露剂。

芳香水剂应具有与原药物相同的气味，不得有异臭、沉淀或杂质。一般供作矫味剂、矫臭剂，也有用于治疗疾病。因挥发油或挥发性物质在水中溶解度很小（约为0.05%），故芳香水剂的浓度低，一般服用量较大。多数芳香水剂中挥发物易分解或变质而失去了原味，并且易霉败，不宜大量配制和久贮。

用芳香水剂为溶剂配制液体制剂时，常因挥发性物质的盐析而微浑浊，若其气味未变者，可加适量乙醇或增溶剂，或经滤过至澄清后应用。

（二）制法

芳香水剂的制法因原料不同而异。纯净的挥发油或化学药物，多用溶解法或稀释法；含挥发性成分的植物药材多用水蒸气蒸馏法。

1. 水蒸气蒸馏法

由于植物药材中多数挥发油的沸点较高（一般在200℃左右），在接近其沸点温度时容易变质，甚至因植物组织的焦化而使馏液产生焦臭，故应采用水蒸气蒸馏法。其原理是：两种互不相溶的液体混合后，其混合液沸点较任一纯成分的沸点均低。因此，当中药材通入水蒸气蒸馏时，药材中所含的挥发油和水的混合液，可在低于100℃（水的沸点）的温度被蒸馏出来，使芳香性成分不至于受热被破坏。制法是：取一定量的含有挥发性成分的植物药材，拣去杂质，洗净，适当粉碎后，置蒸馏器中，加适量的纯化水后通入水蒸气蒸馏，至馏液达到规定量。一般为药材重的6～10倍，除去过量未溶解的挥发油，必要时滤过，使成澄明溶液。收集馏液装满后，随即加塞密封，即得。

2. 溶解法

由于挥发油或挥发性物质在水中溶解度很小，采取与水增大接触面的措施，使之加快溶解速度制成芳香水剂的方法称为溶解法。一般采用以下两种方法。

(1) 振摇溶解法 取挥发油 2ml (或挥发性物质细粉 2g) 置大玻璃瓶中，加纯化水 1000ml，用力振摇约 15min 后放置，随时振摇使溶解成饱和溶液，用纯化水润湿的滤纸滤过，自滤器上添加适量纯化水至 1000ml，即得。

(2) 加分散剂溶解法 取挥发油 2ml (或挥发性物质 2g) 加精制的滑石粉 15g (或适量的滤纸浆)，在乳钵中混研均匀，移至玻璃瓶中，加纯化水 1000ml，振摇约 10min，用纯化水润湿的滤纸滤过。初滤液如浑浊，应重滤至澄清，再自滤器上添加纯化水至 1000ml，即得。

加分散剂的目的是将挥发性物质吸附在分散剂颗粒周围，使之分散得更细，易于溶解，滤过时分散剂在滤器上形成滤床吸附剩余的溶质及杂质，利于溶液澄清，有助于过滤，故又称为助滤剂。所用的滑石粉不宜过细，以免通过滤材使滤出的溶液不澄清。

3. 稀释法

取浓芳香水剂 1 份，加纯化水 39 份稀释而成。浓芳香水剂制法：取挥发油 20ml，加乙醇 600ml 混匀后分次加入纯化水使成 1000ml，剧烈振摇后，再加入滑石粉振摇，放置数小时后滤过。此法因加了乙醇，故浓芳香水剂能久贮不变质，但嗅味稍比新鲜配制者差些，如浓薄荷水、浓桂皮水、浓茴香水等。

(三) 举例

例 4-5：金银花露

处方：金银花　　500g

制法：将金银花用水蒸气蒸馏法蒸取馏液，至金银花气味较淡为度 (约 2000ml)。取馏液分装于玻璃瓶 (装满) 中，瓶口密闭，蜡封，即得。

注：本品具有清热解毒作用。每次服用 60～120ml，每日 2～5 次。

例 4-6：薄荷水

处方：薄荷油　　2ml

纯化水加至　　1000ml

制法：取薄荷油加精制滑石粉 15g，在乳钵中研匀。加少量纯化水移至有盖的玻璃瓶中，加纯化水 1000ml，振摇 10min 后用润湿的滤纸滤过，初滤液如浑浊，应重滤至滤液澄清，再自滤器上加适量纯化水使成 1000ml，即得。

注：① 薄荷油中含薄荷脑及薄荷酮等成分，为无色或淡黄色澄明的液体，味辛凉，有薄荷香气，久贮易氧化变质，色泽加深，产生异臭则不能供药用。

② 本品为芳香调味药与驱风药。

③ 若用 95%乙醇 600ml，可配制含 20ml 薄荷油的 1000ml 浓薄荷水。可供作矫味剂、驱风、防腐及制薄荷水用。

三、糖浆剂

(一) 概述

糖浆剂 (syrups) 系指含有药物 (含有提取物) 的浓蔗糖水溶液。糖浆剂 (中药) 系指含有提取物的浓蔗糖水溶液。糖浆剂根据所含成分和用途的不同分为单糖浆、药用糖浆和芳香糖浆。单糖浆为蔗糖的近饱和水溶液，其浓度为 85% (g/ml)，不含任何药物，用作制备药用糖浆的原料以及矫味剂、助悬剂；药用糖浆为含药物或药材提取物的浓蔗糖水溶液，具有一定治疗作用，其含糖量一般应不低于 45% (g/ml)；芳香糖浆为含芳香性物质或果汁的浓蔗糖水溶液，主要用作液体制剂的矫味剂。

蔗糖是一种营养物质，易污染微生物致使糖浆酸败、浑浊、变质。若糖浓度高，渗透压大，可抑制微生物生长繁殖，具有防腐作用。但较浓的糖浆可因贮存温度的降低而逐渐析出蔗糖结晶，致使糖浆变成糊状或甚至变成硬块，导致糖浆溶液浓度降低，容易繁殖微生物。为此，应加适当防腐剂以阻止或延缓微生物的繁殖。但《中国药典》(2010 年版）二部对糖浆剂中加入的防腐剂用量有规定：羟苯甲酯类的用量不得超过 0.05%，苯甲酸或苯甲酸钠用量不得超过 0.3%。

糖浆剂的质量要求是应澄清，含糖量准确，在贮藏中不得有酸败、异臭、产生气体、析出蔗糖结晶及变质变色等现象。由于有的蔗糖质量差，含有大量可溶性高分子杂质，在贮藏过程中高分子杂质逐渐聚集而呈现浑浊或沉淀。为使糖浆剂澄清，在过滤单糖浆前可加少量的澄清剂，如蛋清、滑石粉等，吸附高分子和其他杂质。高浓度的糖浆剂在贮藏中可因温度降低而析出蔗糖结晶，适量加入甘油或山梨醇等多元醇可改善。由于原料（糖和药物）不洁净、容器处理不当及生产环境卫生差，导致糖浆剂特别是低浓度的糖浆剂，很容易被微生物污染，使糖浆生霉和发酵导致酸败，药物变质。另外，蔗糖长时间加热可生成转化糖使糖浆颜色变深。用某些色素着色的糖浆剂，在光线或还原性物质等的作用下也会逐渐退色。

（二）制法

糖浆剂制法通常有溶解法和混合法，溶解法又分为热溶法和冷溶法。根据药物性质选择不同制法。

1. 溶解法

蔗糖在水中溶解度随温度升高而增加，将蔗糖溶于一定量沸水中，继续加热，在适当的温度时（根据药物耐热性）加入药物，搅拌使溶，过滤，再通过滤器加水至全量，分装于灭菌的洁净干燥容器中，密封，在 30℃以下贮存。此法称“热溶法”。

该法的特点是：蔗糖溶解速度快，生长期的微生物容易被杀死，糖内含有的某些高分子物质可凝聚滤除，过滤速度快。但加热过久或超过 100℃，特别在酸性条件下蔗糖易水解转化成等分子的葡萄糖和果糖，俗称转化糖，转化糖含量过多时，易发酵变质；加热时间过长也会使颜色变深。因此，要注意掌握加热时间和温度，最好在水浴和蒸汽浴上进行。溶解后应趁热保温滤过。难以滤清的糖浆，可用蛋白凝固法澄清，如在 900kg 糖浆中加入 24g 蛋白粉即可。此法适于对热稳定的药物和有色糖浆的制备，如单糖浆等。不同温度下蔗糖在水中的溶解度详见表 4-2。

表 4-2 不同温度下蔗糖在 100℃水中的溶解度

温度/℃	蔗糖量/g	温度/℃	蔗糖量/g
0	179	60	287
10	191	70	320
20	204	80	362
30	220	90	416
40	238	100	487
50	260		

“冷溶法”是将蔗糖搅拌下溶于冷纯化水中，过滤即得。此法生产周期长，制备过程中容易污染微生物，适用于对热不稳定或挥发性药物糖浆剂的制备。

2. 混合法

本法是将药物或液体药物与糖浆直接混合而成。如药物为固体，先用纯化水或其他适宜的溶剂溶解后加入糖浆中，搅匀；药物为可溶性液体或液体制剂时，可直接加入糖浆中，搅匀，必要时过滤；如药物为含乙醇的制剂，与糖浆混合时往往发生浑浊，可先将含醇制剂置乳钵中，加滑石粉适量研磨，缓缓加适量纯化水，搅匀，并反复过滤至澄清，再加蔗糖搅拌使溶解，过滤，添加纯化水至全量，搅匀，必要时应测定药物含量。

（三）举例

例 4-7：单糖浆

处方：		
处方：	蔗糖	850g
	纯化水加至	1000ml

制法：取纯化水 450ml 煮沸，加蔗糖搅拌溶解后，继续加热至 100℃，趁热用几层纱布或薄层脱脂棉保温滤过，自滤器上添加适量热纯化水，使其冷至室温成 1000ml，搅匀，即得。

注：① 糖浆的浓度是依据相对密度来控制的，所以在煮沸时应随时抽样测定相对密度，一般刚取出的热糖浆温度在 90℃以上，相对密度在 1.280 时即为合格，冷至 25℃时相对密度应为 1.313。

② 本品可用热溶法和冷溶法制备。

例 4-8：橙皮糖浆

处方：	橙皮酊	50ml
	枸橼酸	5g
	蔗糖	820g
	纯化水加至	1000ml

制法：取橙皮酊、枸橼酸与滑石粉 15g，置乳钵内，缓缓加纯化水 400ml。研匀后反复滤过至滤液澄清为止。将乳钵用纯化水洗净，洗液与滤液合并使成约 450ml，加蔗糖搅拌溶解后（不能加热）滤过，自滤器上添加纯化水制成 1000ml，摇匀即得。

注：① 滑石粉为分散剂和助滤剂；枸橼酸为矫味剂，还能防止果胶在贮存期间析出沉淀，但能促进蔗糖的水解。

② 本品亦可用橙皮酊与单糖浆直接混合调制。

③ 本品因含乙醇 2%～5%（ml/ml），故蔗糖含量最高能达 82%（g/ml）。

例 4-9：硫酸亚铁糖浆剂

处方：	硫酸亚铁	40g
	枸橼酸	2.1g
	蔗糖	825g
	薄荷醑	2.0ml
	纯化水加至	1000ml

制法：取硫酸亚铁、枸橼酸用热纯化水溶解，过滤，制得溶液。另取沸纯化水，加入蔗糖煮沸制成糖浆，反复过滤至澄清，在搅拌下将上述溶液加入糖浆内，然后将薄荷醑在搅拌下缓缓加入上述混合液中，加纯化水至 1000ml，搅匀，过滤，分装，即得。

注：① 硫酸亚铁在水溶液中很容易氧化，加入枸橼酸使溶液呈酸性，蔗糖在酸性下水解成转化糖，防止硫酸亚铁氧化。

② 薄荷醑为薄荷油的乙醇液，缓缓加入混合液中，以免溶液浑浊不易滤清。

例 4-10：磺胺嘧啶糖浆

处方：	磺胺嘧啶	100g
	枸橼酸钠	60g
	琼脂糖浆	700ml
	香精	适量
	尼泊金乙酯	3g
	纯化水	1000ml

制法：取磺胺嘧啶加琼脂糖浆研匀；另取枸橼酸钠加适量的沸纯化水溶解，加入尼泊金乙酯溶解后，加入上述药液中，加香精适量，加纯化水至1000ml，即得。

四、酊剂

（一）概述

酊剂（spirits）一般系指挥发性药物的乙醇溶液。凡用于制备芳香水剂的药物一般都可以制成酊剂供外用或内服。由于挥发性药物多为挥发油等有机药物，在乙醇中的溶解度一般均比在水中大，所以酊剂中所含的药物浓度比芳香水剂中大得多，常为5%～20%。酊剂中的乙醇浓度一般为60%～90%，当酊剂与水性制剂混合时或制备过程中与水接触，因乙醇浓度的降低而发生浑浊，应避免。

酊剂可作芳香矫味剂用，如复方橙皮酊、薄荷酊等。也有的用于治疗，如亚硝酸乙酯酊、樟脑酊及芳香氨酊等。由于酊剂中的挥发油易发生氧化、酯化、聚合反应而变黄或黄棕色，所以应贮于密闭容器，置冷暗处保存。

（二）制法

酊剂的制法分溶解法和蒸馏法两种。

1. 溶解法

本法是将挥发性物质直接溶解于乙醇中制得，如樟脑酊、氯仿酊等。

2. 蒸馏法

本法是将挥发性物质溶解于乙醇后进行蒸馏，或将经过化学反应所得的挥发性物质加以蒸馏制得，如芳香氨酊。

（三）举例

例 4-11： 薄荷酊

处方：	薄荷油	100ml
	90%乙醇加至	1000ml

制法：取薄荷油，加90%乙醇800ml使其溶解，如不澄明，可加适量滑石粉，搅拌、滤过，自滤器上添加90%乙醇至1000ml，即得。

注：① 本品遇水易析出薄荷油，故所用容器应干燥。

② 本品为芳香调味剂与驱风药，用于胃肠充气和制剂的矫味。

例 4-12： 芳香氨酊

处方：	碳酸铵	30g
	浓氨溶液	60ml
	枸橼油	5ml
	八角茴香油	3ml
	90%乙醇	750ml
	纯化水加至	1000ml

制法：将两种挥发油与乙醇共置蒸馏瓶中，加纯化水375ml，加热蒸馏，收集馏出液约875ml。更换接收器继续收集馏出液55ml，置150ml磨口锥形瓶中，加碳酸铵与浓氨溶液，密塞，置60℃水浴中加热，时时振摇，待溶解、放冷、过滤，滤液并入初馏液中，添加纯化水使成1000ml，摇匀，即得。

注：①碳酸铵为碳酸氢铵（NH_4HCO_3）与氨基甲酸铵（NH_2COONH_4）的混合物，一般为白色半透

明状固体块状物。碳酸氢铵难溶于乙醇，须在后期收集的馏出液中加浓氨溶液并于水浴上加热，使之反应生成碳酸铵，以获得较高浓度的乙醇溶液。而氨基甲酸铵在加热时能与水作用生成碳酸铵。

$$NH_4HCO_3 + NH_3 \longrightarrow (NH_4)_2CO_3$$
$$NH_2COONH_4 + H_2O \longrightarrow (NH_4)_2CO_3$$

② 在常温下上述反应需12h后完成。

③ 枸橼油和八角茴香油为芳香成分。因其不纯，往往含有少量树脂性物质，与氨混合后使成品变黄甚至呈黄棕色，故先蒸馏以除去部分杂质，然后将碳酸铵溶液加入，则成品不致很快变色。

④ 本品为祛痰、驱风剂，外用涂于虫咬处，可中和酸毒。

五、甘油剂

（一）概述

甘油剂（glycerites）是药物的甘油溶液，专供外用。甘油具有黏稠性、防腐性、吸湿性，对皮肤、黏膜有滋润作用，能使药物滞留于患处而起延长药物局部疗效的作用，常用于耳鼻喉科疾患。甘油对硼酸、鞣质、苯酚和碘有较大的溶解度，并对某些有刺激性的药物有一定的缓和作用，故可用于黏膜。甘油剂引湿性较大，应密闭保存。

近年来，医疗上应用的甘油剂也有甘油的混悬剂和胶状液，如抗口炎甘油等。

（二）制法

1. 化学反应法

即药物与甘油发生化学反应而制成的甘油剂，如硼酸甘油。

2. 溶解法

即将药物加甘油（必要时加热）溶解即得，如苯酚甘油等。

（三）举例

例 4-13：硼酸甘油

处方：	硼酸（粉）	310g
	甘油加至	1000g

制法：取甘油460g置称定重量的蒸发皿中，在砂浴上加热至140～150℃后，分次加入硼酸粉，随加随搅拌，溶解后继续用同温加热，并不断搅拌，破开液面上结成的薄膜，待重量减至520g时，再搅拌下缓缓加入甘油至1000g，趁热倾入适宜的干燥瓶中，密闭即得。

注：① 本品为甘油与硼酸经化学反应生成的硼酸甘油酯溶于甘油中的溶液。含硼酸甘油酯（$C_3H_5BO_3$）应为47.5%～52.5%（g/g）。其反应原理为：

$$C_3H_5(OH)_3 + H_3BO_3 = C_3H_5BO_3 + 3H_2O$$

反应产生的水应加热除去，在较高温度下搅拌除水能使反应顺利进行。

② 硼酸甘油酯易水解析出硼酸，故反应过程中必须加热将反应生成的水除尽，加热不宜超过150℃，以免甘油分解成丙烯醛而使成品呈淡黄色或棕黄色并增加刺激性。

$$C_3H_5(OH)_3 \xrightarrow[>150℃]{\triangle} CH_2=CHCHO + 2H_2O$$

例 4-14：抗口炎甘油

处方：	硫酸新霉素	2g
	醋酸可的松	0.6g
	鞣酸	2.5g
	维生素 B_1	1g

维生素 B_2　　　0.5g
淀粉　　　40g
甘油加至　　　1000g

制法：取甘油、淀粉置一容器内搅匀，加热至130～135℃，不断搅拌后，放冷。另将5种药物研成细粉，过80目筛后，加至淀粉甘油中，搅匀即得。

注：醋酸可的松可用其注射剂代替，也可用泼尼松粉代替。

例4-15： 碘甘油

处方：碘　　　10g
碘化钾　　　10g
纯化水　　　10ml
甘油加至　　　1000ml

制法：取碘和碘化钾加纯化水溶解后，再加甘油成1000ml，摇匀即得。

第五节　胶体溶液型液体制剂

一、概述

胶体溶液型液体制剂分为两类，即高分子溶液和溶胶。它们均以直径在1～100nm之间的质点分散在溶剂中，外观与溶液相似，全部能通过滤纸，分散相比溶液中的溶质（分子或离子）大，其可用电子显微镜观察到。两者都属于胶体分散体系，但存在本质的区别。高分子溶液是以高分子化合物单分子状态分散在溶剂中形成均相的分散体系，属于热力学稳定分散体系。溶胶是以固体微粒（系多分子聚集体）作为分散相质点，分散在液体介质中所形成的非均相分散体系，属于热力学不稳定分散体系。

高分子溶液在制剂中应用相当广泛，几乎所有剂型都与高分子溶液有关。溶胶在制剂中现应用较少，通常是使用经亲水胶体保护的溶胶制剂。

（一）高分子溶液的性质

1. 带电性

高分子溶液中高分子溶质的质点带有电荷。这些电荷主要是由于分子结构中某些基团的解离而带电荷，由于种类不同，所带电荷也不相同。如纤维素及其衍生物、阿拉伯胶、海藻酸钠等高分子化合物的水溶液都带负电荷；血红蛋白则带正电荷；蛋白质分子的溶液则随体系的pH值不同而带不同电荷，若用等电点判断，当溶液pH值＞等电点，则—COO^-数目＞—NH_3^+数目，蛋白质带负电荷；反之，溶液的pH值＜等电点，则—NH_3^+数目＞—COO^-数目，蛋白质带正电荷。在等电点时，高分子溶液的黏度、渗透压、溶解度、导电性等都变得最小。由于高分子溶液的带电性，所以具有电泳现象。

2. 稳定性

高分子溶液的稳定性主要由水化作用决定，即在水中高分子周围可形成一层较坚固的水化膜。如果向高分子溶液中加入少量电解质，质点不会由于反离子作用而聚集。但若破坏水化膜，则会发生聚集而引起沉淀。所以在高分子溶液中，其带电性对稳定性并不重要，而水化膜具有阻碍高分子质点聚集的作用，使高分子溶液稳定。

破坏水化膜的方法之一是加入脱水剂乙醇、丙酮等。在药剂学中制备高分子代血浆如右旋糖酐、羧甲基淀粉钠等，都是利用加入大量乙醇的方法，使它们失去水化膜而沉淀。控制乙醇的浓度，可将不同分子量的产品分离出来。破坏水化膜的另一方法是加入大量电解质。由于电解质的强烈水化作用，夺去了高分子质点水化膜的水分而使其沉淀，这一过程称为盐析。在制备生化制品时经常应用。起盐析作用的主要是电解质中的阴离子。不同电解质阴离子盐析能力的大小顺序是：

$Cit^{3-} > C_4H_4O_6^{2-} > SO_4^{2-} > CH_3COO^- > CL^- > NO_3^- > I^- > CNS^-$。

另外，高分子溶液在放置过程中也会自发地聚集而沉淀，称为陈化现象。陈化速度受许多因素影响，如光线、空气、盐类、pH值、絮凝剂、射线等，这些因素使高分子的质点聚集成大粒子而产生沉淀，称为絮凝。这在中药材提取物的制剂放置过程中以及处方调配中经常发生。带相反电荷的两种高分子溶液混合时，可因电荷中和而发生絮凝，这时两种高分子均失去原有的性质，如表面活性、水化性等。

3. 渗透压

高分子溶液与低分子溶液、疏水胶体溶液一样，具有渗透压。但高分子溶液的渗透压反常地增大，以至于不能用van't-Hoff公式计算。

4. 胶凝化

如明胶水溶液、琼脂水溶液等一些高分子溶液，在温热条件下为黏稠性流动液体，但当温度降低时，链状的高分子聚集形成网状结构，把分散介质水全部包含在网状结构中，形成不流动的半固体状物，称为凝胶。形成凝胶的过程称为胶凝。凝胶有脆性和弹性两种。当胶凝继续失去网状结构中的水分后，形成固体，称为干胶。脆性干胶变脆，易研磨成粉末，如硅胶；弹性干胶不脆，但体积缩小有弹性，如琼脂和明胶。有些高分子溶液，当温度升高时，高分子化合物中的亲水基团与水形成的氢键被破坏而降低其水化作用，形成凝胶析出。当温度下降至原来温度时，又重新胶溶成高分子溶液，如甲基纤维素、聚山梨酯类等属于此类。

（二）溶胶的性质

1. 布朗运动

溶胶粒子有很大的分散度，所以在水中呈现布朗运动。由于这种布朗运动而不致使胶粒沉降。因此，溶胶剂属动力学稳定体系。

2. 丁达尔（Tyndall）现象

溶胶剂中胶粒大小比自然光的波长小，当光线通过溶胶剂时，有部分光被散射，在溶胶剂的侧面可以见到亮的光束，称为丁达尔现象。这种特性有助于鉴别分散体系是否属溶胶。

3. 胶粒荷电

在水中的溶胶质点可以解离带电，也可以吸附溶液中某种离子而带电，在其周围散布着反离子，这样在胶粒上的离子与部分反离子形成了带电层，称为吸附层。部分反离子散布在胶粒周围，离胶粒越近，反离子越浓，反之则稀，形成与吸附层电荷相反的扩散层。这种由吸附层和扩散层构成的电性相反的电层称为双电层，双电层之间存在着电位差，称为ξ电位。胶粒带电有利于溶胶剂的稳定性。

4. 稳定性

溶胶剂中胶粒质点具有布朗运动，使质点不易下沉，这是溶胶剂的动力学稳定因素。但是，胶粒质点分散度很大，又有聚结的趋势，这是其热力学不稳定因素。胶粒的荷电，当带相同电荷胶粒碰撞时，产生互相排斥作用，从而阻碍了胶粒的合并，这是其稳定的主要因素。由于胶粒荷电而在胶粒周围形成水化膜，对溶胶剂稳定性而言则处于次要地位。

溶胶剂的稳定性，可因加入一定量电解质而遭到破坏。这是因为较多的与溶胶粒子带相反电荷的离子进入了胶粒的吸附层，吸附层有较多的电荷被中和了，使胶粒的电荷减少，使扩散层变薄，水化膜也随之变薄，胶粒容易合并聚集。各种电解质的聚集能力有差别。起作用的主要是电解质中的反离子。反离子价数越高，聚集能力越强。三价离子比一价离子大数百倍，二价离子比一价离子大数十倍。

另外，带有相反电荷的溶胶互相混合，也会发生沉淀。与电解质的作用不同之处在于两种溶胶用量应恰能使其所带的总电荷量相等时，才会完全沉淀。溶胶剂也可因加入少量非电解质如乙醇、丙酮、糖类而发生凝结。

二、胶体型液体制剂的制备

（一）高分子溶液的制备

制备高分子溶液，首先要经过溶胀过程。溶胀系指水分子钻到高分子化合物分子间的空隙中去，与高分子中的极性基团发生水化作用使体积胀大，这个过程称为有限溶胀。由于高分子化合物的分子间隙充满了水分子，降低了高分子化合物的分子间力（范德华力），使溶胀过程继续进行，最后使高分子化合物完全分散在水中而形成高分子溶液，此过程称为无限溶胀。无限溶胀过程一般进行得相当慢，往往需要搅拌或加热才能完成。因此，制备高分子化合物溶液时首先是将其撒在液面上，待自然溶胀后才能搅拌形成高分子溶液。若将其撒在液面立即搅拌，则易形成团块，团块周围形成水凝胶层，从而阻碍了水分子渗入，影响溶胀过程。

（二）溶胶剂的制备

溶胶剂的制备方法分为分散法和凝聚法两种。

1. 分散法

分散法是把粗分散物质分散成胶体微粒的方法。由于分散微粒分散度增加，必然出现微粒合并现象，因此需加稳定剂。

常用的分散方法有机械分散法、胶溶分散法和超声分散法。机械分散法常用胶体磨，其粉碎能力因构造和转速不同而异，其结构见图 4-2。分散相、分散介质及稳定剂由入口管进入旋转体与固定体之间的狭小且可调节的研磨面，粉碎物由出口流出。其转可达 10000r/min。

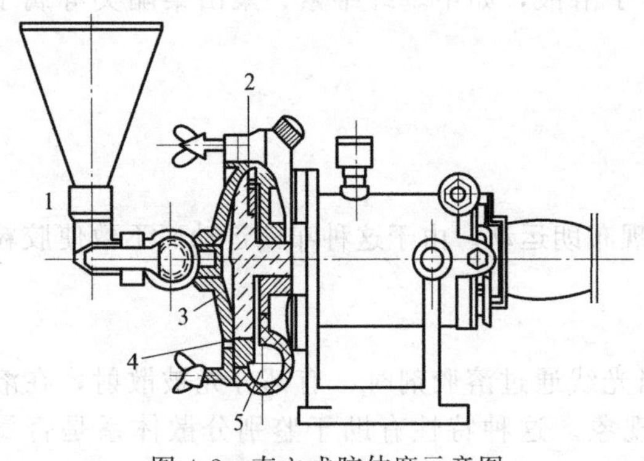

图 4-2　直立式胶体磨示意图

1—入口管；2—旋转体；3—固定体；4—研磨面；5—出口

胶溶分散法不是将粗粉分散成溶胶，而是在细小的（胶体范围）沉淀中加入电解质，使沉淀粒子吸附电荷后逐渐分散的方法。如：

$$Fe(OH)_3(\text{新鲜沉淀}) \xrightarrow{\text{加 } FeCl_3} Fe(OH)_3(\text{溶胶})$$

$FeCl_3$ 是稳定剂，起作用的是其中的 Fe^{3+} 离子。

$$AgCl(\text{新鲜沉淀}) \xrightarrow{AgNO_3} AgCl(\text{溶胶})$$

$AgNO_3$ 是稳定剂，起作用的是 Ag^+。

超声分散法是用 100～1000kHz 的高频电流通过转换器，将电能转变为超声波，在溶液中产生相同频率疏密交替的振动波，使粗分散相离子分散为胶体粒子。

2. 凝聚法

凝聚法是利用物理条件的改变或化学反应使分子或离子分散的物质结合成胶体粒子的方法。

物理凝聚法常用的有更换溶剂法。如将硫黄溶于乙醇中制成饱和溶液，过滤，取5ml滤液加20ml纯化水，因硫黄在水中溶解度小，迅速析出硫黄，凝聚形成胶粒而分散于水中。

化学凝聚法系借助于氧化、还原、水解、复分解等化学反应，制备溶胶。如硫代硫酸钠溶液与稀盐酸作用，产生新生态硫分散于水中，形成溶胶，且具有很强的杀菌作用。

凝聚法制备胶体溶液，控制胶粒的大小是关键。为此，除了加稳定剂外，还应控制凝聚过程，即在稀溶液中进行。

三、胶体型液体制剂的制备举例

例 4-16：胃蛋白酶合剂

处方：胃蛋白酶　　20g
　　单糖浆　　100ml
　　稀盐酸　　200ml
　　5%羟苯乙酯醇液　　10ml
　　橙皮酊　　20ml
　　纯化水加至　　1000ml

制法：将稀盐酸、单糖浆加入约800ml纯化水中，搅匀，再将胃蛋白酶撒在液面上，待自然溶胀、溶解。将橙皮酊缓缓加入溶液中，另取约100ml纯化水溶解羟苯乙酯醇液后，将其缓缓加入上述溶液中，再加纯化水至全量，搅匀，即得。

注：① pH是影响胃蛋白酶活性的主要因素，活性最大的pH范围是1.5～2.5。如果盐酸含量超过0.5%，将使胃蛋白酶失去活性，所以在配制时先将稀盐酸用适量纯化水稀释。

② 胃蛋白酶撒在液面上要静止溶胀后，再缓缓搅匀，并且不能加热以免失去活性。

③ 本品一般不宜过滤。因胃蛋白酶等电点为2.75～3.00，在该液中胃蛋白酶是带正电荷，而润湿的滤纸或棉花是带负电荷，因此在过滤时要吸附胃蛋白酶。必须过滤时，可将滤材润湿后，用稀盐酸少许冲洗以中和滤材表面电荷，消除吸附现象。

④ 胃蛋白酶消化力应为1∶3000，即1g胃蛋白酶应能消化凝固的卵蛋白3000g。

⑤ 本品不宜与胰酶、氯化钠、碘、鞣酸、浓乙醇、碱以及重金属配伍。因为能降低活性。

例 4-17：甲基纤维素钠胶浆剂

处方：羧甲基纤维素钠　　5g
　　糖精钠　　0.5g
　　琼脂　　5g
　　纯化水加至　　1000ml

制法：取羧甲基纤维素钠分次加入400ml热纯化水中，轻轻搅拌使溶解；另取剪碎的琼脂及糖精钠加入热纯化水400ml，煮沸数分钟，使琼脂溶解；两液合并，趁热过滤，加热纯化水至1000ml，搅匀，即得。

注：① 羧甲基纤维素钠若先用少量乙醇润湿，再按上法溶解，更易溶解。

② 本品在pH3.0～11.5之间均稳定。氯化钠等盐类可降低其黏度。

③ 本品用于助悬剂、矫味剂。外用时则不加糖精钠。

例 4-18：心电图导电胶

处方：氯化钠　　180g
　　淀粉　　200g

甘油　　　　　　　　　200g

5%羟苯乙酯溶液　　　　6ml

纯化水加至　　　　　　1000ml

制法：取氯化钠溶于适量纯化水中，加入5%羟苯乙酯溶液，加热至沸；另取淀粉用少量冷纯化水调匀，将上述氯化钠溶液趁热缓缓加入制成糊状，加入甘油，再加纯化水制成1000ml，搅匀，即得。

注：① 氯化钠导电性能良好，可供心电图、脑电图检查时电极导电用。

② 如用薯类淀粉则不易成糊。

③ 本品为无色的黏稠液体，密闭保存。

例 4-19：盐酸利多卡因胶浆

处方：盐酸利多卡因　　　　35g

羧甲基纤维素钠　　　　250g

5%羟苯乙酯溶液　　　　6ml

纯化水加至　　　　　　1000ml

制法：取羧甲基纤维素钠溶于适量的热纯化水中；另以适量的纯化水将盐酸利多卡因溶解后加入5%羟苯乙酯溶液；将两液合并，加纯化水制成1000ml，搅匀，用100℃热压灭菌30min，即得。

注：① 本品为无色透明的黏稠液。

② 盐酸利多卡因为局麻药，个别人对本品过敏，症状为心动过速、肤色苍白、出冷汗、血压波动等，应注意。

③ 本品作为润滑剂、表面麻醉剂，用于胃镜及供气管插入用。

第六节　混悬剂

一、概述

混悬剂（suspensions）系指难溶性固体药物的微粒分散在液体分散介质中制成的混悬状液体制剂，也包括口服干混悬剂，口服干混悬剂系指难溶性固体药物分散在液体介质中，制成供口服混悬液体制剂，如硫酸钡混悬剂。混悬剂分散相质点大小在0.1～10μm，凝聚体的粒子可达50μm或更大。因此，混悬剂为非均相粗分散体系。混悬剂的分散剂大多为水，也有用植物油制备的。混悬剂可供口服或外用。混悬剂在制剂中与许多剂型有关，如液体制剂中的合剂、洗剂、搽剂、注射剂、滴眼剂、气雾剂等。

在药物制剂中，有下列情况可以考虑制成混悬剂：

① 液体制剂中含不溶性固体药物；

② 两种溶液混合发生化学反应产生沉淀或药物溶解度降低；

③ 药物用量超过了溶解度而不能制成溶液；

④ 为了产生长效作用或提高药物在水中的稳定性等。

由于混悬剂中的分散相颗粒较大，受重力作用易沉降，影响了剂量的准确性。尽管可以采取措施延缓颗粒沉降的速度，但不能完全防止沉降，所以毒剧药不得制成混悬剂，以确保用药安全。一般药物的混悬剂，应保证固体分散相颗粒细腻均匀，在一定时间内分布均匀，以维持其分散体系的均匀性，保证在分取剂量时准确，用药时必须加贴“用前摇匀”或“服前摇匀”标签。

混悬型液体制剂的一般质量要求是：

① 混悬微粒细微均匀、沉降缓慢、剂量准确；

② 微粒沉降后不结块，稍加振摇又能均匀分散；

③ 黏稠度适宜，便于倾倒且不沾瓶壁；

④ 外用者应易于涂展，不易流散，干后能形成保护膜；

⑤ 色、香、味适宜，贮存时不霉败、不分解、药效稳定。

药典规定口服混悬剂可加入适宜的助悬剂、防腐剂等附加剂，其品种与用量应不影响制品的稳定性，并注意避免对检验产生干扰，必要时亦可含有适量乙醇。

二、混悬剂的稳定性

由于混悬剂分散相微粒大于胶粒，微粒的布朗运动不显著，易受重力作用而沉降，所以，混悬剂属动力学不稳定体系。另外，混悬剂微粒仍然具有较大的界面能，容易聚集，所以，又是热力学不稳定体系。混悬剂的稳定性主要与下列因素有关。

（一）混悬微粒的沉降

混悬剂在放置过程中，由于微粒与液体分散介质之间存在密度差，以及微粒受到重力的作用，静止时会发生沉降。若微粒为球体，其间无静电干扰，不受器壁影响，且体系中不发生湍流条件下，微粒沉降速度符合斯托克斯（Stokes）公式：

$$V=\frac{2r^2(\rho_1-\rho_2)g}{9\eta} \tag{4-1}$$

式中，V 为微粒沉降速度，cm/s；r 为微粒半径，cm，ρ_1、ρ_2 分别为微粒和分散介质的密度，g/ml；η 为分散介质的黏度，P（即泊，1P＝0.1Pa・s）；g 为重力加速度常数，cm/s^2。

根据上述定律，混悬微粒的沉降速度主要与混悬微粒的半径平方及混悬微粒与分散介质的密度差成正比，与分散介质的黏度成反比。所以，为延缓混悬微粒的沉降速度即增加混悬剂的稳定性，可采用减小混悬微粒的半径，或降低微粒与分散介质之间的密度差，或增大分散介质的黏度等方法。其中以减小混悬微粒半径最为有效，在条件一定时，半径减少 1 倍，沉降速度可降低 4 倍；减小颗粒半径不但沉降速度慢、分散均匀，而且疗效也好。药物分散得越细，分剂量越准确，应用时越容易在黏膜或皮肤上均匀地分散，越容易被吸收，其疗效则越好。

混悬微粒的沉降有两种情况。一种是自由沉降，即大的微粒先沉降，小的微粒后沉降，小微粒填于大微粒之间，结成较坚实不易再分散的饼状物。为克服该混悬剂再分散性差的问题，要求分散微粒粒径均匀一致。另一种是絮凝沉降，即数个微粒聚集到一起沉降，沉降物较疏松，因此，经振摇可恢复其均匀分散状态。显然，絮凝沉降是混悬剂的理想沉降方式。

（二）混悬微粒的电荷与水化

与胶粒相似，混悬剂中混悬微粒表面也由于游离基团的存在，或由于吸附介质中的离子而带电。因同电相斥，能阻止微粒合并。

微粒表面的电荷与介质中相反离子之间可构成双电层，产生 ξ 电位。又因微粒表面带电，水分子在微粒周围定向排列形成水化层，这种水化作用随双电层的厚薄而改变。微粒的电荷与水化，均能阻碍微粒合并，增加混悬剂的稳定性。

当向混悬剂中加入电解质，能使双电层的扩散层变薄，ξ 电位降低。当加入适量电解质致使混悬微粒开始絮凝时，此时的 ξ 电位叫临界 ξ 电位。每种药物都有其一定的临界 ξ 电位范围，在此范围内，混悬微粒呈絮状凝聚而不结块。因此，在制备混悬剂时，可用加电解质调节ξ电位的方法来调节微粒絮凝程度，以制备易分散、沉降容积大、不结块、易倾倒的优良混悬剂。

（三）絮凝作用

由于混悬剂中的微粒分散度较大，因而具有较大的表面自由能，体系处于热力学不稳定状态，易发生粒子间的合并。表面自由能与表面积有如下关系：

$$\Delta F=\sigma_{S,L}\times\Delta A \tag{4-2}$$

式中，ΔF 为粒子的总表面自由能的改变值；ΔA 为粒子的总表面积的改变值；$\sigma_{S,L}$ 为固-液间的界面张力。

由式(4-2) 可见，ΔF 的降低，取决于 $\sigma_{S,L}$ 和 ΔA 的降低。当加入表面活性剂或助悬剂可降低表面张力 $\sigma_{S,L}$，而有利于混悬剂稳定。当加入适量电解质，使ξ电位降低到一定程度，混悬微粒就会变成疏松的絮状聚集体而沉降，使 ΔA 降低。这个现象称为絮凝，加入的电解质称为絮凝剂。若电解质应用不当，使ξ电位降低至零，微粒便因吸附作用而结合成大粒子沉降并形成饼状，不易再分散。为此，一般控制ξ电位在 20～25mA 为宜。

（四）微粒的增长与晶型的转变

在混悬剂中，结晶性药物的微粒大小往往不一致，这种不一致性不仅会带来沉降速度不同，还会发生结晶增长，从而影响混悬剂的稳定性。当粒径不同的微粒共存于混悬剂中时，不同粒径的微粒溶解度不同。微粒半径和溶解度关系用下式表示：

$$\lg\frac{S_{小}}{S_{大}}=2\sigma V\frac{1}{RT}\times\left(\frac{1}{r_{小}}-\frac{1}{r_{大}}\right) \tag{4-3}$$

式中，$r_{小}$、$r_{大}$分别表示小微粒和稍大微粒的半径；$S_{小}$和 $S_{大}$分别表示小微粒和稍大微粒的溶解度；σ 为固-液两相间的界面张力；V 为固体微粒的摩尔体积；R 为理想气体常数；T 为绝对温度。由式(4-3) 可知，微粒的半径差越大，溶解度差异越大。由于小微粒溶解度大于大粒子的溶解度，混悬剂中小粒子逐渐溶解变得越来越小，而大粒子变得越来越大，使沉降速度加快，混悬剂稳定性降低。因此，制备混悬剂时，不仅要考虑微粒的粒度，还要考虑其大小的一致性。

许多结晶性药物如巴比妥、黄体酮、氯霉素、四环素等都具有同质多晶性即多晶型。但在多晶型中，只有一种晶型是最稳定的，称为稳定型，而其他晶型都不稳定，在一定条件下能转化为稳定型。这种热力学不稳定的晶型一般称为亚稳定型。但亚稳定型比稳定型溶解度大，溶出速度快，吸收好，在药剂学中常选用亚稳定型。在贮存和制备过程中，亚稳定型有向稳定型转变的趋势，但这种转变的速度有快有慢。如果混悬剂从制备到使用期间，不会引起晶型转变，则不会影响混悬剂的稳定性。多晶型药物可以通过液体分散介质转型，因此，可以考虑制成干混悬剂，防止晶型转变。

（五）分散相的浓度与温度

在同一分散介质中，分散相的浓度增加，微粒相互接触凝聚的机会增大，混悬剂的稳定性降低。温度变化可以改变药物的溶解度和溶解速度，温度升高微粒碰撞加剧，促进凝集，也使分散介质黏度降低，从而降低混悬剂的稳定性。冷冻可以破坏混悬剂的网状结构，致使稳定性降低。

三、混悬剂的稳定剂

混悬剂是不稳定的分散体系，为增加其稳定性，可加入适当的稳定剂。常用的稳定剂有助悬剂、润湿剂、絮凝剂与反絮凝剂。

（一）助悬剂

助悬剂的作用是增加混悬剂中分散介质的黏度，从而降低药物微粒的沉降速度；同时也能被吸附在药物微粒的表面，形成保护膜，阻碍微粒之间相互聚集或晶型的转变；个别的还使混悬剂具有触变性。这些均能增加混悬剂的稳定性。

目前常用的助悬剂有以下几种。

1. 低分子助悬剂

如甘油、糖浆等。甘油可以在微粒周围形成保护膜，并能增加分散介质黏度。糖浆可用于内服制剂兼有矫味作用，这类助悬剂现已少用。

2. 高分子助悬剂

分为天然的高分子助悬剂与合成的高分子助悬剂两类。天然的高分子助悬剂有：阿拉伯胶，一般用量5%～15%；西黄蓍胶，因黏度较大，用量为0.5%～1%；琼脂，用量0.35%～0.5%；此外，海藻酸钠、白及胶或果胶、2%淀粉浆等亦可使用。在使用天然高分子助悬剂时应加入防腐剂（如苯甲酸类、羟苯酯类或酚等）。

合成的高分子助悬剂常用的有纤维素及其衍生物，如聚乙烯吡咯烷酮、聚乙烯醇等，一般用量0.1%～1%。该类助悬剂性质稳定，受pH影响小，但与某些药物有配伍变化。如甲基纤维素与鞣质或盐酸有配伍变化，羧甲基纤维素钠与三氯化铁或硫酸铝也有配伍变化。

3. 硅酸类

常用的有胶体二氧化硅、硅酸铝、硅藻土等。硅藻土是胶体水合硅酸铝，无臭，有泥土味，分散于水中带负电荷，能吸附大量的水形成高黏度液体，能防止微粒聚集；其配伍禁忌少，不需加防腐剂；有润湿性、可塑性和触变性；成品不黏瓶；可作内服或外用混悬剂的助悬剂。常用量2%，当溶液含5%时才有触变性。

4. 触变胶

触变胶具有触变性，可以看做是凝胶（在适宜的浓度与温度条件下，有些胶体絮凝而成的固体或半固体）和溶胶的等温互变体系。只用机械力（振摇等）不需加热就可使凝胶变成溶胶；不需冷却，只需静置一定时间，又由溶胶变为凝胶。触变胶可以使混悬剂中的微粒稳定地分散于介质中而不易聚集沉降。2%硬脂酸铝在植物油中形成的触变胶，常作混悬型注射剂、滴眼剂的助悬剂。

（二）润湿剂

润湿是由固-气两相结合状态转变成固-液两相的结合状态。润湿剂能增加疏水性药物微粒与分散介质的润湿性，降低药物微粒与分散介质之间的界面张力，使其亲水性增强，产生较好的分散效果。常用的润湿剂多为表面活性剂，一般HLB值在7～9。具有合适的溶解度。如洗剂、搽剂中常用肥皂类及月桂醇硫酸钠等；内服混悬剂中常用聚山梨酯类等。

此外，甘油、乙醇等也有一定的润湿作用。离子型表面活性剂能影响混悬微粒的ξ电位，故对混悬剂中沉淀物的（疏松或结块）状态也有一定的影响。

（三）絮凝剂与反絮凝剂

加入电解质使混悬微粒ξ电位降低，以致混悬剂中部分微粒发生絮凝，起这种作用的电解质称为絮凝剂。絮凝后形成疏松的沉降物不结块，一经振摇又可重新均匀分散。

当混悬剂中含有大量固体微粒时，往往容易凝聚成稠厚的糊状物而不易倾倒，影响应用。当加入适量电解质使混悬微粒ξ电位增加时，即可防止微粒絮凝，并能增加其流动性，使之便于倾倒，起这种作用的电解质称为反絮凝剂。同一电解质可因用量不同，可由絮凝剂转化为反絮凝剂。

常用作絮凝剂与反絮凝剂的电解质有枸橼酸盐、枸橼酸氢盐、酒石酸盐、酒石酸氢盐、磷酸盐及一些氯化物（如 $AlCl_3$）等。如炉甘石洗剂中可加入适量的酸式酒石酸盐或酸式枸橼酸盐作反絮凝剂，使洗剂便于倾倒。

内服混悬剂中在添加稳定剂特别是表面活性剂时，应注意其毒性，需经试验证实无毒后，方能使用。

四、混悬剂的制法

混悬液的制法有两种：分散法与凝聚法。

（一）分散法

分散法是将固体药物粉碎成符合要求的粒径后，再混悬于分散介质中的方法。分散法制备混悬液与药物的亲水性有关。亲水性药物如碳酸镁、氧化锌、碱式硝酸锡、氧化锌、磺胺类等，由于能被水润湿，故可用加液研磨法制备。而如樟脑、薄荷脑、硫等，不易被水润湿，需要加助悬剂才能制得较为稳定的混悬液。

亲水性混悬剂的药物制法是先将药物干研磨到一定程度后，再加水或与水极性相近的分散介质进行加液研磨，至适宜的分散度，然后加入其余液体至全量。加液研磨可以使药物易于粉碎，从而得到较细的微粒，其大小可达 1～5μm，而干法研磨所得的粉末微粒直径只能达到 5～50μm。加入液体的量对研磨效果有很大影响，如果液体量过少，混合物就会过于黏稠；反之，液体量过多时，混合物则过于稀薄，均不能制得分散良好的混悬液。通常 1 份药物加 0.4～0.6 份液体即能产生最大的研磨分散效果。加入的液体通常是处方中所含有的成分，如水、芳香水、糖浆、甘油等。

另外，也可以采用先将药物加适量水，使其慢慢吸水膨胀，最后添加适量助悬剂，搅匀即得。这是由于水分子通过毛细管作用进入药物粒子之间，减弱了粒子间吸引力的原因，所以，用此法配制的成品没有结块现象，容易再分散。需要注意的是在“膨胀”期间不得搅拌，因为，如果搅拌反而可能破坏粒子间的毛细管作用，使药物凝聚成团。炉甘石洗剂等均可采用这种方法。

为使药物有足够的分散度，对一些质重的药物可采用“水飞法”，即在加水研磨后，加入大量水（或分散介质）搅拌，静置，倾出上层液，将残留在容器底部的粗粒再加水研磨，如此反复直至达到所需粒度。

有些亲水性药物虽能均匀分散，但大量制备时为了控制其沉降速度，保证服用剂量准确，也常常加入适当助悬剂。

疏水性药物制备混悬剂时，是将固体药物先与助悬剂混合，加少量液体仔细研磨，然后再逐渐加入余量液体，或先将助悬剂制成溶液，再分次逐渐地加入固体药物中研匀。

小量制备混悬剂可以用乳钵研磨，大量生产时用乳匀机、胶体磨等。

（二）凝聚法

凝聚法是将分子或离子状态的药物借助物理和化学方法，在分散介质中聚集成新相的方法。

1. 物理凝聚法

本法是将药物制成热饱和溶液，在急速搅拌下，加到另一种冷溶剂中，使之快速结晶，可以得到 10μm 以下的微粒沉降物，再将微粒混悬于分散介质中即得到混悬剂。如醋酸氢化泼尼松微粒的制备：将醋酸氢化泼尼松 1 份，溶于 60℃左右的二甲基甲酰胺 3 份中，迅速保温抽滤，滤液一次倾入10℃以下的纯化水20份中，随之剧烈搅拌（200～250r/min）30min，过滤，微晶用纯化水反复洗涤，120℃左右真空干燥，可以得到粒径10μm以下约95%的微晶。可用于制备混悬液。

2. 化学凝聚法

本法是由两种或两种以上化合物经化学反应生成不溶性的药物悬浮于液体中制成混悬剂。为了使反应生成的不溶性药物颗粒均匀细微，反应一般在稀溶液中进行，并急速搅拌。如氢氧化铝凝胶、氧化镁合剂、白色洗剂等均用化学反应法制得。如果溶液浓度较高，混合时温度又较高则生成的颗粒较大，产品质量较差。

五、举例

例4-20：炉甘石洗剂（异极石洗剂）

处方：	
炉甘石	150g
氧化锌	50g
甘油	50ml
羧甲基纤维素钠	2.5g
纯化水加至	1000ml

制法：取炉甘石、氧化锌研细，过100目筛，再加甘油及少量纯化水研成糊状。另取羧甲基纤维素钠加纯化水溶胀后，分次加入上述糊状液中，随加随搅拌，加纯化水至全量，搅匀，即得。

注：① 炉甘石系含0.5%～1%氧化铁（着色剂）的碱式碳酸锌（$5ZnO \cdot 2CO_2 \cdot 4H_2O$）或氧化锌。略带微红色，其作用与氧化锌相似。

② 羧甲基纤维素钠作助悬剂，亦可选用海藻酸盐、皂土等作助悬剂。

③ 炉甘石、氧化锌均不溶于水，但能被水和甘油润湿，所以先加入甘油和水研磨成糊状，再与羧甲基纤维素钠溶液混合，使粉末周围形成水的保护膜，以阻碍微粒的凝聚和振摇时出现悬浮现象。

④ 氧化锌和炉甘石在水中带负电荷，可因相互排斥而不易聚集，但在放置时因颗粒下沉而形成结块不易分散。

⑤ 可加入少量带相反电荷的三氯化铝降低体系ξ电位发生絮凝，或加入带相同电荷的枸橼酸钠，增加体系ξ电位而发生反絮凝，从而避免结块致密再分散性差的现象。

⑥ 本品具有收敛、杀菌作用，用于各种皮肤炎症，如丘疹、红疹、亚急性皮炎等。

例4-21：复方硫黄洗剂

处方：	
沉降硫	30g
硫酸锌	30g
樟脑醑	250ml
甘油	100ml
甲基纤维素	5g
纯化水加至	1000ml

制法：取甲基纤维素加适量纯化水制成胶浆；另取沉降硫分次加甘油研至细腻后，与上液混合；取硫酸锌溶于200ml纯化水中过滤，将滤液缓缓加入混合液中，再缓缓加入樟脑醑，随加随研至混悬状，添加纯化水至全量，搅匀，即得。

注：① 硫黄是强疏水性物质，颗粒表面易吸附空气形成气膜而浮于液面，所以加甘油作润湿剂，研磨，以破坏气膜利于硫黄分散。

② 樟脑醑中含有乙醇，能润湿硫黄；甲基纤维素作助悬剂。

③ 本品可加聚山梨酯80作润湿剂，使成品质量更佳。但不宜用软肥皂，因为软肥皂能与硫酸锌生成不溶性的二价锌皂。

④ 本品具有保护皮肤、抑制皮脂分泌、轻度杀菌与收敛作用。用于干性皮脂溢出症、痤疮等。

例 4-22： 磺胺嘧啶混悬剂

处方：		
	磺胺嘧啶	100g
	枸橼酸钠	50g
	氢氧化钠	16g
	枸橼酸	29g
	单糖浆	400ml
	4%尼泊金乙酯醇液	10ml
	纯化水加至	1000ml

制法：将磺胺嘧啶混悬于 200ml 纯化水中；将氢氧化钠加适量纯化水溶解，并缓缓加入磺胺嘧啶混悬液中，边加边搅拌，使磺胺嘧啶成钠盐溶解；另将枸橼酸钠与枸橼酸加适量纯化水溶解，过滤，滤液慢慢加入上述钠盐溶液中，不断搅拌，析出细微磺胺嘧啶，最后加入单糖浆和尼泊金乙酯醇液，并加纯化水至 1000ml，即得。

注：本法所制磺胺嘧啶粒子均在 30μm 以下，若直接将磺胺嘧啶分散制成混悬剂，其粒子在 30～100μm 的占 90%，大于 100μm 的占 10%。两者在家兔体内相对生物利用度有显著差异，前者明显高于后者。

例 4-23： 氢氧化铝凝胶

处方：		
	明矾	4000g
	碳酸钠	1800g

制法：取明矾、碳酸钠分别溶于热水中制成 10%和 12%的水溶液，分别滤过，然后将明矾溶液缓缓加到碳酸钠溶液中，在剧烈搅拌下，控制反应温度在 50℃左右，最后反应液 pH 为 7.0～8.5。反应完毕用布袋过滤，水洗至无硫酸根离子，经含量测定后，将其混悬于纯化水中，加薄荷油 0.02%、糖精 0.04%、苯甲酸钠 0.5%。其化学反应式如下：

$$2KAl(SO_4)_2+3Na_2CO_3+3H_2O \longrightarrow 3Na_2SO_4+K_2SO_4+2Al(OH)_3\downarrow+3CO_2\uparrow$$

注：① 明矾与碳酸钠反应生成 $Al(OH)_3$，在体系中不溶而呈混悬状态。

② 溶液浓度、反应温度（<70℃）、反应液 pH 及加液顺序（不可将碳酸钠加入明矾液中）等，都对成品质量有影响。

六、混悬剂的质量评价

混悬剂属于不稳定体系，其质量评价指标主要考虑其物理稳定性，目前有以下几种方法。

（一）沉降体积比的测定

沉降体积比的测定，可以评价混悬剂沉降稳定性及所使用稳定剂的效果。将 100ml 混悬剂置于刻度量筒内，摇匀。混悬剂在沉降前原始高度为 H_0，静置一定时间后观察沉降面不再改变时沉降物的高度为 H，沉降体积比用 F 表示，则 $F=H/H_0\times100\%$。F 值越大，表示沉降物的高度越接近混悬液的原始高度，则混悬剂就越稳定。

（二）重新分散试验

混悬剂属于动力学和热力学不稳定体系，沉降是其固有的特性。但作为一种优良的混悬剂应具有在沉降后经过振摇，沉降物能够很快均匀分散的特性，以确保剂量的均匀性。重新分散试验就是考察混悬剂沉降后重新分散的性能。具体试验方法是将混悬剂放在 100ml 刻度量筒内，放置沉降，然后在 20r/min 转速下，经一定时间，量筒底部的沉降物应消失。

（三）絮凝度的测定

絮凝度是比较混悬剂絮凝程度的重要参数，用 $\beta=F/F_{\infty}$ 表示。式中，F 及 F_{∞} 分别为含絮凝剂的混悬剂与不含絮凝剂的混悬剂沉降体积比；β 表示由絮凝剂所引起的沉降物体积增加的程度即絮凝度。例如，F_{∞} 值为 0.15，F 值为 0.75，则 $\beta=0.75/0.15=5$，说明絮凝混悬剂沉降体积比是无絮凝剂的混悬剂沉降体积比的 5 倍。因此，β 越大，絮凝效果越好，混悬剂越稳定，同时，说明絮凝剂的絮凝效果好。

（四）微粒大小的测定

混悬剂中微粒大小直接关系到混悬剂的稳定性，所以测定微粒大小及其分布情况，可粗略地预测混悬剂的稳定性，对评价混悬剂的质量是一个重要指标。混悬剂中微粒大小的测定方法可以用显微镜法、沉降天平法等，具体操作方法见有关章节。微粒大小的分布可以通过微粒分布曲线说明。国产 TZC-2 型或 KCY 型自动记录粒度测定仪，就是应用沉降天平的原理，可以自动测绘沉降曲线的仪器，其测定微粒的范围为 1～100μm。

第七节　乳　剂

一、概述

乳剂（emulsions）也称乳浊液，系两种互不相溶的液相经乳化剂乳化后组成的非均相分散体系，其中一种液体往往是水或水溶液，统称为“水相”，另一种则是与水不相溶的有机液体，统称为“油相”。口服乳剂系指两种互不相溶的液体，制成供口服的稳定的水包油型乳液制剂。乳化剂系指能使乳剂易于形成并能阻止分散相聚集而使乳剂稳定的第三种物质。这两种互不相溶的液体借助乳化剂将其乳化，使一种液体以微小液滴（液滴直径一般在 0.1～50μm）分散在另一种液体中，形成粗分散体系。在该分散体系中，分散的液滴称为分散相、内相或不连续相，包在液滴外面的液相称为分散介质、外相或连续相。由于乳剂分散相液滴表面积大，表面自由能大，属于热力学不稳定体系。

由于两种液相可以相互分散，所以乳剂有两种类型，其中油为分散相，水为分散介质的称为水包油（O/W）型乳剂；若水为分散相，油为分散介质称为油包水（W/O）型乳剂。乳剂的类型主要取决于乳化剂的种类及两相的比例体（即相体积比或相体积分数，用 Φ 表示）。理论上，乳剂中分散相的最大体积为 75%，实际上一般为 25%～50%。若分散相的体积过大，乳剂均不稳定。

由于乳剂两相的折射率不同，界面产生反射而使乳剂呈乳白色。若乳剂内外相的折射率和色散率差别甚大时，则乳剂可呈现彩色。

乳滴直径在 100nm 以下时称为微乳。因其乳滴约为光波长的 1/4，故产生散射，即丁达尔现象。一般乳滴在 50nm 以下的微乳是透明的，100nm 以上则呈现白色。

乳剂可供内服，也可外用及注射；口服后药物比较容易吸收；具有可以掩盖药物不良臭味或味道，改善药物对皮肤、黏膜的渗透性及刺激性，易于分剂量，静脉乳不但作用快、疗效高，且有一定靶向性等特点。

水包油或油包水乳剂两者性质上的区别见表 4-3。

表 4-3 区别乳剂类型的方法

项 目		O/W 型乳剂	W/O 型乳剂
颜色		通常为乳白色	接近油的颜色
皮肤上的感觉		开始无油腻感	有油腻感
稀释		可用水稀释	可用油稀释
导电性		导电	几乎不导电
染色效果	油性染料	油相染色(内相)	油相染色(外相)
	水性染料	水相染色(外相)	水相染色(内相)
滴在滤纸上现象		水很快扩散	油扩散慢内相不能扩散

有关形成乳剂的理论至今已提出了很多学说，但各有其片面性，均不能普遍概括乳剂形成的机制。不过这些学说相互间也有一定的联系，结合起来对学习和了解乳剂形成的理论有很大帮助，通常有下面几种。

（一）分子定向排列学说

乳化剂分子中有两种基团，即一种是极性或亲水性基团（如—NH_2、—OH、—COOH、—SO_3H）；另一种是非极性或亲油性基团（如脂肪族或芳香族的烃基）。当将乳化剂加至油水混合液中时，其亲水基团转向水层，亲油基团转向油层。即分子中并存的这两种基团定向排列在两相界面上而起乳化作用。

（二）界面张力学说

当将互不相溶的两种液体同置一容器内，必然分层，如果加以搅拌，一相以液滴分散于另一液相中形成乳剂。如将少量油和多量水加以振摇，油以小液滴分散在水中形成乳剂。由于油-水间界面增大，油滴的表面自由能也增大，使已分散的油滴又趋向于重新聚集合并，致使乳剂破坏。当加入能降低油-水界面张力的物质（乳化剂）时，可使分散了的油滴不至于重新聚集合并，使乳剂易于形成和稳定。这就是界面张力学说。乳化剂均有不同程度的界面活性，能显著降低油-水界面张力。实验证明，肥皂能降低油-水的界面张力，可使油相以细滴形式分散在水相中，形成 O/W 型乳剂。

该学说能部分解释乳剂的形成和原因，却不能用界面张力降低来说明乳剂稳定存在的原因，更不能解释像树胶、固体粉末等这些无界面活性的物质，也可以形成稳定乳剂的原因。

（三）界面吸附膜学说

当液滴的分散度很大时，具有很大的吸附能力，乳化剂能被吸附于液滴周围，有规律地排列在液滴的表面形成界面吸附膜。由于乳化剂结构上的特点，这层膜的两面分别为水和油所吸附，形成了油-膜间、水-膜间两个界面。每个界面间都存在着界面张力，而且两个界面间的界面张力是不相等的，所以界面吸附膜必然向界面张力较大的一侧弯曲形成乳剂的内相，而界面张力较小的一侧则形成乳剂的外相（图 4-3）。

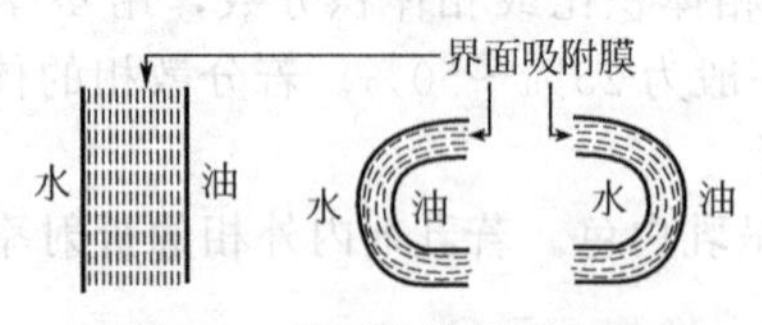

图 4-3 界面吸附膜示意图

O/W 型乳剂中，水膜的界面张力小于油膜的界面张力；W/O 型乳剂中，油膜的界面张力小于水膜的界面张力。亲水性的乳化剂由于降低了水膜的界面张力，水成为连续相即乳剂的外相；疏水性乳化剂由于降低了油膜的界面张力，油成为连续相。因此，乳剂的类型主要取决于乳化剂在两液相中的相对润湿性与溶解度。界面吸附膜由于屏障作用阻碍了液滴合并，所以，乳剂的稳定性取决于形成界面膜的附着性和牢固性。

因乳剂的种类不同，在 O/W 型乳剂中可形成单分子膜、多分子膜、固体粉末膜的界面吸附膜。

综上所述，乳剂形成的理论可做如下解释：乳化剂是既有亲水性又有亲油性的两亲物质，即其分子中具有极性（亲水）基团和非极性（亲油）基团，其亲水性与亲油性强弱不同。当乳化剂与油、水混合时，乳化剂被吸附在油-水界面上，乳化剂分子定向排列起来，亲水基团转向水层，亲油基团转向油层，形成了吸附薄膜。由于乳化剂分子两端的亲液性不同，使薄膜两侧的界面张力也不相等。如果乳化剂具有较大的亲水性时，可强烈地降低水的界面张力，而对油的界面张力则降低不多，此时油呈球形，因而得 O/W 型乳剂。反之，如果乳化剂有较大的亲油性时，可强烈地降低油的界面张力，而对水的界面张力则降低得不多，此时水呈球形，因而得 W/O 型的乳剂。

二、乳化剂

为了得到稳定的乳剂，必须有另一种物质即乳化剂的存在。乳化剂种类很多，主要有以下种类。

（一）天然乳化剂

一般为复杂的高分子化合物，多属于 O/W 型乳化剂。此类乳化剂乳化能力较弱，但亲水性很强，在水中黏度较大。除阿拉伯胶、杏树胶、皂苷等外，一般均作为增稠剂，起辅助乳化剂作用。天然乳化剂易被微生物污染而变质，故应新鲜配制并注意防腐。

1. 阿拉伯胶

主要含阿拉伯酸的钾、钙、镁盐，常用浓度为10%～15%。在油-水界面形成多分子膜。因阿拉伯胶羧基解离，膜带负电，可形成物理障碍和静电斥力而阻止乳滴聚集。含阿拉伯胶的乳剂在 pH2～10 均较稳定。阿拉伯胶内含有氧化酶，易使胶腐败或与一些药物有配伍禁忌，故使用前应于 80℃温度下加热 30min 加以破坏氧化酶。另外，由于本品黏性较低，单独使用制成的乳剂容易分层故常与西黄蓍胶、果胶、琼脂等合用。阿拉伯胶适宜于乳化植物油或挥发油，广泛用于内服乳剂。

2. 西黄蓍胶

含有西黄蓍胶素和巴索林等成分，常用浓度为 1%～2%。水溶液的黏度较高，但乳化能力较差，常与阿拉伯胶合用以改善乳剂的黏度。

3. 磷脂

是从卵黄或大豆中提取得到的卵磷脂或豆磷脂，常用浓度为 1%～3%。乳化作用较强，可形成 O/W 型乳剂。可供内服、外用和注射用。

4. 明胶

在油水界面产生黏性的多分子膜，用量为油的 1%～2%。可形成 O/W 型乳剂，但易腐败，需加防腐剂。另外，明胶为两性化合物，使用时应注意体系 pH 值变化及其他乳化剂的电荷，防止产生配伍禁忌。

5. 其他天然乳化剂

卵黄（一个卵黄重 10～15g，其中含 7%的卵磷脂，可乳化脂肪油 120ml、挥发油 60ml）、胆固醇、白及胶（常用浓度为 2%～3%）、杏胶（浓度为 2%～4%）、桃胶、果胶、海藻酸钠（浓度为 0.5%）、琼脂（浓度为 0.5%）、鲸蜡等均可作乳化剂应用，但很少单独使用。

（二）合成乳化剂

合成乳化剂种类多，其中大部分为合成的表面活性剂，少数为半合成的高分子化合物详见有关章节。

（三）固体粉末乳化剂

不溶性的固体粉末不能被油水两相所溶解，而是聚集在两相间形成固体粉末膜，阻止分散相液滴合并，且不受电解质影响。常用的有：氢氧化镁、氢氧化铝、二氧化硅、硅藻土、白陶土等亲水性固体粉末，可作 O/W 型乳剂的乳化剂；氢氧化钙、氢氧化锌、硬脂酸镁等亲油性粉末，可作 W/O 型乳剂的乳化剂。

（四）乳化剂的要求与选择

1. 乳化剂的要求

乳化剂的作用是降低界面张力，并在分散相周围形成坚固的界面膜或形成双电层。因此，理想的乳化剂应具有下列条件。①乳化能力强，可乳化多种药物，制得的乳剂分散度大。②稳定性好，对处方中所含的酸、碱、盐等电解质药物稳定；对温度稳定，既能耐热又能耐寒；不受微生物分解、破坏；分散相浓度大时不转型。③无毒、刺激性小，对人体无害。④来源广、价格便宜。

2. 乳化剂的选择

选择适宜的乳化剂是配制稳定乳剂的重要因素。乳化剂的选择应依据药物性质、电解质是否存在、乳剂的类型、应用途径等因素而定。

（1）口服乳剂　作为口服乳剂的乳化剂必须无毒、无刺激性。可以选择天然的高分子物质，如阿拉伯胶、西黄蓍胶、白及胶、卵磷脂、琼脂等。

（2）外用乳剂　可以选用无刺激性的表面活性剂。如肥皂类及各种非离子型表面活性剂。高分子溶液作外用乳剂的乳化剂，因易于结成膜，故不宜采用。

（3）注射用乳剂　必须选用注射用乳化剂，如 Pluronic188、卵磷脂等。

（4）混合乳化剂　制备乳剂时，为了增加乳剂的稳定性，选择两种乳化剂混合使用。但必须选择得当。一般阴、阳离子型乳化剂不能混合使用，而非离子型乳化剂可以混合使用；非离子型乳化剂可与离子型乳化剂混合使用。

在选用单独乳化剂或混合乳化剂时，乳化剂的 HLB 值必须符合乳剂中各种油相对 HLB 值的要求，以提高乳剂的稳定性。各种可作为油相使用的油类物质所需 HLB 值见表 4-4。

表 4-4　乳化不同油相所需的 HLB 值

油相物质	所需 HLB 值	
	W/O 型	O/W 型
硬脂酸	—	15～18
鲸蜡醇	—	13～16
无水羊毛脂	8	10～12
液状石蜡（重质）	4	10～12
液状石蜡（轻质）	4	10.5
有机硅化合物	—	10.5
棉籽油	5	10
植物油	—	7～12
芳香挥发油	—	9～16
凡士林	4	12
蜂蜡	5	10～16
石蜡	4	9
蓖麻油	—	14
亚麻油	—	16
油酸	—	17

乳化剂 HLB 值在 3～8 之间，可以形成 W/O 型乳剂，在 8～16 之间形成 O/W 型乳剂，混合乳化剂的 HLB 值可由第三章式(3-4) 计算。

(5) 辅助乳化剂　阿拉伯胶、西黄蓍胶、明胶、海藻酸钠、甲基纤维素等作为乳化剂使用时，乳化作用较弱，但因它们制成的乳剂黏度很大，可防止乳剂的分层或合并，对乳剂稳定性有一定作用，因此，将这一类乳化剂统称为辅助乳化剂。选择辅助乳化剂时应注意对乳化剂或药物的影响。

三、乳剂的制备及影响乳化的因素

(一) 乳剂的制备方法

1. 干胶法

即水相加到含乳化剂的油相中。制备时先将胶粉（乳化剂）与油置于乳钵中混合均匀，再加入一定量的水，用力沿一个方向研磨乳化成初乳，逐渐加水研磨稀释至全量，即得。在初乳中，油、水、胶有一定比例，若用植物油，其比例为 4∶2∶1；若为挥发油，其比例为 2∶2∶1；若用液状石蜡，其比例为 3∶2∶1。所用胶粉通常为阿拉伯胶、西黄蓍胶或两者的混合物。

2. 湿胶法

即油相加到含乳化剂的水相中。制备时将乳化剂先溶于水中，制成胶浆作为水相，再将油相分次加入水相中，用力沿同一个方向研磨制初乳，再加水至全量。湿胶法制备乳剂时油、水、胶的比例与干胶法相同。

3. 油相水相混合加至乳化剂中

将油相、水相混合后加到乳化剂中，迅速研磨而形成初乳，再加水稀释。如阿拉伯胶作乳化剂时，其初乳的油、水、胶的比例为 4∶3∶1。

4. 机械法

制备小量乳剂多用研钵，但手工制备的乳剂分散相的乳滴较大。在大量生产乳剂时，多采用机械法制备，制得的乳剂分散相细小而均匀。常用的机械有搅拌器、胶体磨、乳匀机以及超声波乳化器。现分述如下。

(1) 简单搅拌器　是在容器内安装高速螺旋搅拌桨或一系列螺旋桨、刮刀、混合叶片等搅拌器，以提供分散液体的能量，容器外有保温套以维持恒定温度。通过控制搅拌速度来满足分散度的要求。工业生产乳剂时先用搅拌器制成初产品（粗乳），然后通过乳匀机或胶体磨再进一步乳化而成。

(2) 乳匀机　将粗乳在强压下，高速通过匀化阀的细孔，借助强大的挤压、剪切作用等使粗品变成很细的乳剂。乳匀机可以是一级或二级的。在二级乳匀机中，液体由一个高压泵压入，经过两个串联的匀化阀。目前国内使用的二级乳匀机用于制备营养性脂肪乳。

(3) 胶体磨　含有不溶性固体药物的乳剂常选用胶体磨制备，以保证固体颗粒磨细。胶体磨工作机理是利用高速旋转的细齿形转子和定子之间产生高速剪切力把粗乳研磨成均匀的小液滴状乳剂（细乳）。为了得到均匀的细乳剂，一般需反复研磨几次，对质量要求不高的乳剂可用此机械。

(4) 超声波乳化器　由于超声波发生器的不同而有不同的乳化器。较常用的是哨笛式乳化器。其原理系将乳化的粗制品细流在高压喷射下，冲击在金属薄片（共振刀）刀刃上，使刀刃激发而产生共振频率振动，液流也受激动而上下振动。当此超声波频率足够高时，液体受到激烈振荡，从而乳化成细的乳剂。

5. 乳剂中加入药物的方法

(1) 水溶性药物，先制成水溶液，在初乳剂制成后加入。

(2) 油溶性药物，先溶于油，乳化时尚需适当补充乳化剂用量。

(3) 在油、水中均不溶解的药物，研成细粉后加入乳剂中。

(4) 大量生产时，药物能溶于油的先溶于油，能溶于水的先溶于水，然后将油、水两相混合进行乳化。

（二）举例

例 4-24：鱼肝油乳剂（干胶法）

处方：	
鱼肝油	500ml
阿拉伯胶	12.5g
西黄蓍胶	7g
杏仁油	1ml
糖精钠	0.1g
氯仿	2ml
纯化水加至	1000ml

制法：将阿拉伯胶与鱼肝油研匀，一次加入 250ml 纯化水，用力沿一个方向研磨制成初乳，加入糖精钠水溶液、杏仁油、氯仿，缓缓加入西黄蓍胶浆，加纯化水至 1000ml，搅匀，即得。

注：① 处方中鱼肝油为药物、油相；阿拉伯胶为乳化剂；西黄蓍胶为稳定剂（增加连续相黏度）；糖精钠、杏仁油为矫味剂；氯仿为防腐剂。

② 本品采用干胶法制备，因此，研钵须干燥。

③ 研磨时应用力且沿同一个方向研磨。

④ 本品口服，用于维生素 AD 缺乏症。

例 4-25：鱼肝油乳剂（湿胶法）

处方：	
鱼肝油	400g
羧甲基纤维素钠	10g
月桂酸甘油酯	10g
羟苯乙酯（溶于适量乙醇中）	1g
纯化水	加至 1000ml

制法：将月桂酸甘油酯和羧甲基纤维素钠与纯化水约 350ml 搅拌，使溶解成黏稠液（必要时可加热）置乳钵中，加入鱼肝油，用力沿同一方向研磨制初乳，取羟苯乙酯溶于 10ml 乙醇中，加入初乳中，然后加适量纯化水至全量，搅拌均匀，即得。

例 4-26：松节油搽剂

处方：	
松节油	650ml
软肥皂	75g
樟脑	50g
纯化水加至	1000ml

制法：取樟脑溶于松节油中，软肥皂溶于适量水中，将油相缓缓加入到软皂水溶液中，随加随搅拌，添加纯化水至 1000ml，密塞，强力振摇或用力搅拌使成乳，即得。

注：① 软皂为乳化剂，使松节油乳化成 O/W 型乳剂。

② 因松节油相对密度（0.852～0.870）较一般脂肪油的相对密度（一般在 0.912～0.935 之间）小，且具挥发性、流动性大，同时，本品松节油与樟脑的总量达 70%，因此，制成的乳剂比一般脂肪油乳剂容易分层，所以成品包装容器上加贴“用前振摇”标签。

③ 松节油宜用新鲜蒸馏的，应无色澄明。

④ 本品为皮肤刺激剂。外用局部涂擦，治疗肌肉痛、关节痛和扭伤。

（三）影响乳化的因素

1. 温度

在制备乳剂时加热是对体系施加能量，当温度升高时，能降低黏度，研磨剪切力更易经过体系传递，有利于乳剂形成；但温度升高的同时也使表面张力降低，界面膜扩展，乳滴动能增加，促使乳滴聚集，甚至破裂。因此，制备乳剂的最佳温度应根据实验情况而定。一般实验证明，最适宜的乳化温度为70℃左右。在工艺研究中，以此温度为出发点，进行工艺考查。

2. 振摇及搅拌强度

某些情况下振摇可以增大乳滴直径。通常乳剂可用高速搅拌器，而较稠厚的乳膏则需用慢速桨叶搅拌器。

3. 时间

在乳化开始时搅拌可使液滴形成乳滴，但继续搅拌乳化可增加乳滴间的碰撞机会，即增加了乳滴聚集的机会，所以并非是乳化时间越长越好。具体乳化所需要的时间主要由下列具体情况来决定：①乳化剂的乳化力越强，乳剂形成得越快；②所需制备的乳剂量越大，时间越长；③制备的乳剂越均匀，分散度越高，则所需乳化的时间就越长；④乳化时所用的器械效率越高，则所需时间就越短。

4. 乳化剂的用量

乳化剂的用量不足，所形成的界面膜的密度过小，甚至不能包裹小液滴，形成不了稳定的乳剂。乳化剂用量越多，乳剂越易形成而且稳定。但用量过多，往往使乳剂过于黏稠而不易倾倒。一般乳化剂的用量为乳剂的0.5%～10%。

5. 其他

水质，如硬水中，因含有较多的Ca^{2+}、Mg^{2+}等离子，对乳化剂尤其是用脂肪酸皂时，对其稳定性可能产生不利影响。另外，制备乳剂所用的方法、器械，也能影响成品的分散度、均匀性与稳定性等。

四、乳剂的稳定性

乳剂属于粗分散热力学不稳定体系。影响乳剂稳定性的因素有许多，如乳化剂种类、内外相的相对密度差、液滴大小、分散介质的黏度、温度（过热、过冷）、外加物质如电解质、反型乳化剂、pH值、脱水剂等，都能影响乳剂的稳定性。乳剂的不稳定主要表现在分层、絮凝、转相、破裂及酸败等现象。

（一）分层

乳剂在放置过程中，有时会出现分散相逐渐集中上浮或下沉的现象，这种现象称为分层或乳析。乳剂的分层一般是可逆的，即分层后的乳剂经过振摇后，乳剂仍能很快均匀分散。产生分层的主要原因是分散相与连续相密度不同所造成的。O/W型乳剂往往出现分散相液滴上浮，因为油的相对密度通常小于1。W/O型乳剂则相反。

乳剂的分层速度可由Stokes公式说明（参见本章第六节）。减小分散相与分散介质的密度差、减小粒子半径、增加分散介质黏度都可以降低乳剂分层速度。其中，减小分散相粒子半径、增加连续相的黏度是克服或减小分层的有效措施。此外，乳剂分层速度与分散相的相体积有关，当相体积低于25%时，乳剂很快分层。相体积达50%时就能明显减小分层。

（二）絮凝

在混悬剂中讨论到絮凝，即ξ电位降低会促使粒子的聚集。对于乳剂而言，乳液虽然能聚集成团（絮凝）但不合并，即仍保持各乳滴个体的完整分散。絮凝时乳滴的聚集和分散是可逆的。但絮凝的出现说明乳剂稳定性已降低，通常是乳剂破裂的前奏。

（三）破裂

乳剂中分散相液滴合并进而分成油、水两层的现象称为乳剂的破裂。破裂后经振摇亦不能恢复到原来的分散状态。通常乳剂破裂的原因有：温度过高可引起乳化剂水解、凝聚、黏度下降以促进分层；过冷可引起乳化剂失去水化作用，使乳剂破坏；加入相反类型的乳化剂；添加油水两相均能溶解的溶剂（如丙酮）；添加电解质；离心力的作用；微生物的增殖、油的酸败等均可引起乳剂破裂。

（四）转相

O/W 型乳剂转变成 W/O 型乳剂或相反的变化称为转相（又称变型）。这种转相通常是由于外加物质使乳化剂的性质改变而引起的。例如，钠皂可以形成 O/W 型乳剂，但加入足量的氯化钙溶液后，生成的钙肥皂可使 O/W 型乳剂转变成 W/O 型。当所生成的或加入性质相反的乳化剂量很少时，不会改变乳剂的类型，若用量比较接近，则两类型相反的乳化剂同时起相反的效应，会使乳剂破坏。因此，转相过程中有一个转相的临界点。另外，乳剂转相速度受到相体积影响。通常 W/O 型乳剂，相体积达到 50%～60%时发生转相，O/W 型乳剂则需达到 90%时才容易转相。

（五）酸败

乳剂受外界因素（光、热、空气等）及微生物的作用使体系中油或乳化剂发生变质的现象称为酸败。可以通过加入抗氧剂、防腐剂及适宜的包装和贮存条件等方法加以解决。

五、复合型乳剂

（一）概述

复合型乳剂（简称复乳）是具有两种乳剂类型（O/W 及 W/O）的复合非均相液体制剂。复乳是以 O/W 或 W/O 的简单乳剂（亦称一级乳）为分散相，再进一步分散在油或水性连续相中而形成的乳剂（亦称二级乳），用 O/W/O 或 W/O/W 型表示。复乳乳滴直径通常在 10μm 以下。目前复乳研究较多的是 W/O/W 型二级乳，各相依次叫内水相、油相和外水相。当内、外水相成分相同时称二组分二级乳，不同时称三组分二级乳。由于复乳具有液体乳膜的结构，能够控制药物的渗透和扩散速度，因此，复乳可以作为药物的“控制释放体系”；在体内复乳具有对淋巴系统的靶向性，可选择分布于肝、肾、脾等脏器组织中，可用作癌症化学治疗的良好载体；还可避免在胃肠道中失活，增加药物稳定性、提高药效等。因此，复乳在药剂学上是有发展前途的新剂型。

（二）复乳的制备

通常采用二步乳化法：第一步先将水、油、乳化剂制成一级乳，然后将一级乳作为分散相，加入乳化剂、水（或油）再经乳化制得二级乳。复乳的制备中应注意的是选用的乳化剂应由复乳的类型来决定。对于O/W/O型复乳，由于一级乳的分散相为油，连续相为水，故应选择亲水性乳化剂形成O/W型一级乳。第二步，分散相为O/W型一级乳、连续相为油，则应选择亲油性乳化剂形成复乳。反之，若需制成W/O/W型复乳，一级乳应选亲油性乳化剂，而二级乳应选亲水性乳化剂。另外，一般将药物加入内水相。但根据释药要求也可在内、外水相中加入同一药物或不同的药物，脂溶性药物加入到油相中。

（三）复乳的稳定性

复乳比一级乳更复杂、更不稳定。对于W/O/W型复乳，其主要不稳定性表现在油膜破裂及内水相外溢。具体地讲，其稳定性受下列因素的影响。

1. 内水相液滴的大小

大的内水相液滴比小的内水相液滴更易穿透油膜而外溢。一般，内水相液滴小，形成的一级乳的乳滴较小时，该复乳较稳定。

2. 内、外水相之间的渗透性

W/O/W型复乳中存在着分隔内、外水相的半透性油膜。由于内、外水相溶质含量可能不同，其间存在着渗透压，使水分子可以透过油膜，造成复乳中一级乳滴的膨胀或皱缩。因此，渗透性对复乳的稳定性影响很大。

3. 油膜的性质与厚度

油膜的性质是决定复乳稳定性的主要因素之一。而油膜黏度尤为重要。膜的黏度越低，膜越不稳定。在复乳中需要考虑水-油与油-水两种不同的界面膜的黏度。每种膜的黏度取决于制备一级乳和二级乳时所选用的乳化剂，以及内相和连续相中药物的性质。此外，膜的厚度也很重要，一般膜越厚则越稳定。

4. 内、外水相中加入高分子稳定剂

一方面在复乳内水相中加入适量0.5%明胶溶液，这种高分子可吸附在油水界面形成具有一定机械强度的连续性界面膜，避免乳滴破坏；另一方面，在复乳外水相中加入1%PVP溶液作增稠剂，由于外水相黏度增加，乳滴的流动性降低，从而使复乳的稳定性提高。

（四）举例

例4-27：氯化钠复乳的制备。

处方：W/O型初乳

液状石蜡	4ml
司盘80	1.0g
明胶溶液（5g/L）	0.25ml
氯化钠（1g/L）	4.75ml

W/O/W复乳

W/O型初乳	10ml
聚山梨酯80	1g
纯化水	9ml

制法：本品用二步乳化法制备。

① 取25ml干燥具塞量筒，精密加入液状石蜡4ml和司盘80 1g，摇匀。然后加入5g/L明胶溶液0.25ml和1g/L氯化钠溶液4.75ml，盖上玻璃塞，用手振摇数分钟，至形成稠厚的W/O型初乳。

② 将聚山梨酯 80 1g 溶解于蒸馏水 9ml 中，缓缓加入上述初乳中，稍加振摇即得 W/O/W 型复乳。

第八节 按给药途径和应用方法分类的液体制剂

前几节是按分散系统分类方法对液体制剂进行叙述，这种分类方法虽然有利于制剂的调制，但同一类剂型的制剂往往在医疗上的作用和目的不同，使其处方组成和制法等也不同。因此在临床工作中，常常按给药途径和应用方法命名。现主要介绍如下。

一、合剂

（一）概述

合剂（mixtures）系指主要以水为分散介质，含两种或两种以上药物的内服液体制剂。按分散系统合剂分为溶液型、胶体型、混悬型和乳浊型。依据分散系统的不同，为了确保其安全、有效、稳定，其分散介质中（常用水）允许加入助悬剂、乳化剂、防腐剂。必要时，可含有适量的乙醇和矫味剂。

（二）调配合剂的操作要点

调配合剂时，将固体药物溶于 1/2～3/4 量的溶剂中，之后加入其他药物，并将溶剂通过滤器加至全量。装瓶，贴标签。在调配过程中，若溶液不清可进行过滤，但要注意因带电荷不同而被滤纸吸附问题。除振摇时产生大量泡沫的溶液型合剂外，在标签上均应有“服用时振摇”字样。

在调配时要注意的要点如下。

（1）可溶性固体药物，应加适量溶剂溶解后，再与其他液体药物混合。

（2）不易溶解的药物，应先研细、搅拌或加热加速其溶解。遇热易分解的药物如碳酸氢钠、水合氯醛等不宜加热溶解。挥发性药物或芳香水剂等宜最后加入。

（3）不溶性药物如为亲水性或质地疏松者，可不加助悬剂；如为疏水性药物或质地较重者，因不易分散均匀，应加适宜的助悬剂。

（4）两种药物配伍产生沉淀者，可分别溶解、稀释后再混合，并可酌加糖浆或甘油等以避免或延缓沉淀的产生。若合剂中含有酊剂、醑剂、流浸膏剂时，应以细流将其缓缓加入，随加随搅拌，以使析出物细腻并均匀分散。高浓度盐类溶液与含醇量高的溶液配伍时，宜分别稀释后再混合，以免产生沉淀。含树脂性物质的醇溶液，可酌加助悬剂混匀后，再缓缓加水稀释。

（5）凡水溶性药物应先溶于水，醇溶性药物先溶于醇或醇溶液，然后混合以防止或减少沉淀。

（6）合剂宜新鲜配制，如需大量贮备时，可酌加防腐剂。合剂中如含有易氧化变质的药物时，可酌加稳定剂（如依地酸钠、硫代硫酸钠、焦亚硫酸钠、亚硫酸氢钠等）。必要时合剂内可酌加矫味剂、着色剂，用于矫正制剂的色、香、味。

例 4-28：水杨酸钠合剂

处方：	水杨酸钠	100g
	橙皮酊	50ml
	氯仿醑	50ml

硫代硫酸钠 1g
2%EDTA-2Na 10ml
纯化水加至 1000ml

制法：取水杨酸钠溶于适量纯化水中，过滤，依次加入硫代硫酸钠、2%EDTA-2Na、橙皮酊及氯仿醑，边加边搅拌，添加纯化水至全量，搅匀、滤过，即得。

注：① 水杨酸钠水溶液不稳定，尤其在碱性溶液中极易氧化变色，故加入硫代硫酸钠作抗氧剂。
② EDTA-2Na为金属离子络合剂；橙皮酊、氯仿醑作矫味剂。氯仿醑亦有防腐作用。
③ 本品口服，用于治疗活动性风湿病及类风湿关节炎。

例4-29：枸橼酸铁铵合剂

处方：枸橼酸铁铵 100g
单糖浆 50ml
纯化水加至 1000ml

制法：取枸橼酸铁铵，缓缓撒在水面上，任其自然溶胀，再加入单糖浆，加纯化水至1000ml，搅匀，即得。

注：① 本品为胶体溶液，不宜过滤，且需先将药物撒在液面上进行有限溶胀。
② 单糖浆作为矫味剂。
③ 本品口服，用于缺铁性贫血。

例4-30：颠茄合剂

处方：颠茄酊 50ml
5%羟苯乙酯溶液 6ml
纯化水加至 1000ml

制法：取颠茄酊、5%羟苯乙酯溶液混合后，缓缓加入约800ml纯化水中，随加随搅拌，再加纯化水至1000ml，搅匀，即得。

注：① 本品服用后，可出现口干等副作用，是颠茄抑制腺体分泌所致，应多饮水。
② 青光眼患者禁用。
③ 本品忌与拟胆碱药物同时服用。
④ 本品亦可添加适量橙皮酊等矫味。

二、洗剂

（一）概述

洗剂（lotions）系指含药物的澄清溶液、混悬液、乳状液，供涂敷于皮肤或冲洗用的制剂。应用时涂于皮肤患处或先将其涂于敷料上再施于患处，具有清洁、消毒、消炎、止痒、收敛及保护等局部作用。

根据分散系统不同，洗剂分为溶液型、乳浊型、混悬型及几种分散系统的混合液，以混悬型洗剂为多。混悬型洗剂用于皮肤后，因水分蒸发产生冷却效应致使血管收缩以减轻急性炎症，残留在皮肤上的干品则有皮肤保护作用。洗剂中加乙醇，可促进水分蒸发，增强冷却作用，且能增加药物的穿透性；若加甘油，其目的是待水分蒸干后，剩余的甘油能使药物粉末不易脱落。为了提高洗剂的稳定性，可以加无毒性或无局部刺激性的助悬剂、表面活性剂等。

洗剂的容器应无毒并清洗干净，不应与药物或辅料发生理化作用，容器壁面有一定的厚度且均匀。

（二）制法与举例

例4-31：白色洗剂

处方：含硫钾　　40g

硫酸锌　　40g

纯化水加至　　1000ml

制法：取以上两种成分，分别溶于450ml纯化水中，滤过，将含硫钾溶液缓缓加入到硫酸锌液中，加纯化水至1000ml，搅匀，即得。

注：① 将含硫钾液加入到硫酸锌液中以避免碱式锌盐和氢氧化锌的产生。

② 本品有抑制皮脂分泌及杀疥虫作用，用于治疗痤疮、疥疮等。

例 4-32：苯甲酸苄酯洗剂

处方：苯甲酸苄酯　　250ml

三乙醇胺　　2～5g

硬脂酸　　20g

纯化水加至　　1000ml

制法：取硬脂酸加适量纯化水加热溶化，趁热缓缓加入三乙醇胺搅匀，再缓缓加入苯甲酸苄酯，随加随搅拌，加纯化水至1000ml，搅匀，即得。

注：① 三乙醇胺与硬脂酸作用生成胺肥皂，将苯甲酸苄酯乳化成O/W型乳剂，其反应式如下：

$$CH_3(CH_2)_{16}COOH+N(C_2H_4OH)_3 \longrightarrow CH_3(CH_2)_{16}COONH(C_2H_4OH)_3$$

② 由于疥虫多寄生于表皮中角质层内，乳剂则有利于药物穿透角质层。

③ 本品用于治疗疥疮、灭头虱。

例 4-33：腋臭洗剂

处方：硫酸新霉素　　0.5g

三氯化铝　　20g

纯化水加至　　1000ml

制法：取硫酸新霉素、三氯化铝溶于适量纯化水中，再加纯化水使成1000ml，搅匀，即得。

注：① 腋臭病机制是腋窝的细菌利用大汗腺汗液的分泌物繁殖分解所致。三氯化铝具有抑制大汗腺分泌的作用，新霉素用于杀菌，故可治疗腋臭。

② 本品为无色澄明液体。含三氯化铝（$AlCl_3 \cdot 6H_2O$）应为1.8%～2.2%（g/ml）。

③ 硫酸新霉素应按干燥品计算，每1mg的效价不得少于650新霉素单位。

三、搽剂

（一）概述

搽剂（liniment）系指药物用乙醇、油或适宜的溶剂制成的澄清溶液、混悬剂或乳状液，供无破损皮肤揉搽用。搽剂常用的分散介质有水、乙醇、液状石蜡、甘油或植物油等。乳剂型搽剂多用肥皂为乳化剂，搽用时润滑，且有乳化皮脂而有利于药物的穿透。

凡起镇痛、发赤、抗刺激作用的搽剂多用乙醇或二甲亚砜稀释液为分散介质，使用时用力搓揉，可增加药物的穿透性。凡起保护作用的搽剂多用油或液状石蜡为分散介质，搽用时润滑、无刺激性，并有清除鳞屑痂皮的作用。

使用时涂于皮肤后搓揉或涂于敷料上后贴于患处，一般不用于破损的皮肤。盛装搽剂的容器须经灭菌，容器外应贴“不可内服”的标签以示与内服制剂的区别。

（二）制法与举例

例 4-34：氧化锌搽剂

处方：氧化锌　　200g

蓖麻油　　　　　　　　1000g

制法：取氧化锌细粉，加适量蓖麻油研匀，再加蓖麻油至1000g，混匀，即得。

注：① 氧化锌搽剂有两种规格，即20%和50%。

② 本品外用，具有保护皮肤、收敛和促进伤口愈合的功效。用于无明显渗出液的亚急性皮炎、湿疹、烫伤。

例4-35：樟脑搽剂

处方：樟脑　　　　　　20g

花生油　　　　　　80g

制法：取花生油置干燥烧瓶中，在水浴上加热至60℃后，加樟脑粉末密塞振摇至樟脑溶解，即得。

注：本品为局部刺激剂，适用于神经痛、肌肉痛或关节痛。外用，局部涂搽。

例4-36：炉甘石搽剂（异极石搽剂）

处方：炉甘石　　　　　　80g

氧化锌　　　　　　80g

花生油　　　　　　500ml

氢氧化钙溶液加至　　1000ml

制法：取炉甘石、氧化锌研细过筛后与花生油混合，逐渐加入氢氧化钙溶液至全量达1000ml，研匀即得。

注：① 本品系W/O型乳浊液为分散介质组成的混悬液。

② 花生油可用其他植物油代替。

③ 本品为润滑、收敛、抗酸性保护剂，常用于湿疹、晒斑等症。

例4-37：止汗搽剂

处方：甲醛溶液　　　　　　50ml

苯酚　　　　　　20g

乙醇（75%）　　　　50ml

纯化水加至　　　　1000ml

制法：取苯酚溶于乙醇（75%），加甲醛溶液混匀后，再加纯化水使成1000ml，搅匀、即得。

注：① 本品为无色或近无色透明液体，具有甲醛、苯酚特臭。

② 本品应密闭，避光保存，温度不宜低于15℃。

③ 甲醛能与蛋白质中的氨基结合，使蛋白质沉淀（或凝固），故有杀菌作用，对芽孢、真菌及病毒均有效。使用本品后，可使皮肤小汗腺在角质层处被阻塞，故有止汗作用。

④ 用于治疗手足多汗症。

四、涂剂

（一）概述

涂剂（paints）系指涂于局部患处的外用液体制剂。一般以乙醇、丙酮、二甲亚砜等为溶剂；内含药物多具有抑制真菌、腐蚀或软化角质等作用。常用于赘疣、灰指甲、癣症及脱色、除臭等。用时以棉签或软毛刷蘸取药液少许，涂于患处。一般因刺激性较强，在使用时应注意对正常皮肤或黏膜的保护。

（二）制法与举例

例4-38：甲醛水杨酸涂剂

处方：甲醛溶液　　　　50ml
　　　水杨酸　　　　　15g
　　　樟脑　　　　　　15g
　　　乙醇（95%）　　500ml
　　　纯化水加至　　　1000ml

制法：取水杨酸与樟脑加乙醇溶解，缓缓加甲醛溶液，过滤，加纯化水至全量，搅匀，即得。

注：① 水杨酸在水中溶解度为1∶460，樟脑为1∶800，但两者易溶于乙醇，前者溶解度为1∶3，后者1∶1。

② 向水杨酸与樟脑的乙醇溶液加水时，要缓慢且不断搅拌，否则，易析出结晶。

③ 本品含水杨酸，制备时不能与金属接触，以免变色。

④ 本品具有减少汗腺分泌、止痒、抑菌的作用，用于多汗、汗疱疹、腋臭等。

例4-39：甲癣涂剂

处方：水杨酸　　　　50g
　　　丙酮　　　　　50ml
　　　冰醋酸　　　　300ml
　　　碘　　　　　　45g
　　　碘化钾　　　　27g
　　　纯化水　　　　27ml
　　　乙醇加至　　　1000ml

制法：水杨酸溶于适量乙醇后，加丙酮、冰醋酸混匀；另取碘化钾溶于27ml纯化水中，加碘使之全部溶解后，加适量乙醇混匀，再与上述溶液混合，最后加乙醇制成1000ml，搅匀，即得。

注：① 水杨酸与碘能结合成不溶物，故配制时不宜用碘酊直接溶解水杨酸。

② 本品腐蚀性强，应用时只涂于病甲，注意不要涂在周围健康皮肤组织。

③ 本品有溶解角质、抑制真菌作用，用于手、足甲癣。刮薄病甲板后，涂于患处。

五、滴耳剂

（一）概述

滴耳剂（ear drops）系指药物制成供滴耳用的澄清溶液、混悬液。亦可以固态药物形式包装，另备溶剂，在临用前配成澄清溶液或混悬液的制剂。一般以水、乙醇、甘油为溶剂，也有以丙二醇、聚乙二醇、已烯二醇为溶剂的。溶剂不应对耳膜产生不利的压迫。以乙醇为溶剂的溶液，穿透性及杀菌作用较强，但有刺激性，用于鼓膜穿孔时常能引起疼痛。以甘油为溶剂的制剂，作用和缓，药效持久，并有吸湿性，但其穿透性较差，且易使患处堵塞。以水为溶剂者，作用和缓，但穿透性差，因此往往用混合溶剂。

甘油溶液的制法，根据药物性质不同可直接混合或溶解，也可加热助溶。因甘油溶液滤过比较困难，因此要求原料药的纯度较高，所用器具应清洁、干燥，以免因吸水析出药物而影响澄清度及浓度。

滴耳剂如为混悬剂，其颗粒应易于摇匀并有足够的稳定性，其最大颗粒不得超过50μm。

滴耳剂一般有消毒、止痒、收敛、消炎及润滑作用。患慢性中耳炎时，由于黏稠分泌物的存在，使药物很难达到中耳部。但若与溶菌酶、透明质酸酶等酶类并用时，能液化分泌物，促进药物的分散，加速肉芽组织再生。外耳道发炎时，其pH值多在7.1～7.8。所以，外耳道所用的制剂最好呈弱酸性。

常用滴耳剂有2%醋酸溶液、2%硼酸溶液（含20%乙醇）、1%～2%氯化钠（以1.5%～3%过氧化氢溶液为溶剂）、75%乙醇溶液、2%苯酚甘油、3%硼酸甘油、2.5%～5%氯霉素甘油、2.5%春雷霉素甘油、皮质甾醇类在丙二醇或聚乙二醇中的溶液（或混悬液）等。

（二）举例

例4-40：复方硼酸滴耳剂

处方：硼酸　　90g
　　冰片　　9g
　　乙醇　　250ml
　　甘油加至　　1000ml

制法：取甘油适量加热至约100℃，缓缓加入研细的硼酸粉，随加随搅拌使溶解后放冷。再取冰片加乙醇搅拌溶解。将两液合并，再加甘油至1000ml，即得。

注：① 硼酸易溶于热甘油中，但温度不能超过150℃，以免甘油分解产生刺激性的丙烯醛。

② 冰片与乙醇均易挥发，应将硼酸甘油溶液放冷后再混合，以免挥发损失。

③ 本品有消炎、止痛作用，用于治疗中耳炎。

例4-41：碳酸氢钠甘油滴耳剂（耵聍水）

处方：碳酸氢钠　　40～60g
　　甘油　　350ml
　　纯化水　　适量
　　共制　　1000ml

制法：取碳酸氢钠溶于适量纯化水中使成650ml，滤过，加甘油混匀（共制1000ml），即得。

注：本品中碳酸氢钠易分解释出CO_2增强碱性，故不宜久贮。本品用于软化耵聍及冲洗耳道。用量较一般滴耳剂大。

例4-42：氯霉素滴耳剂

处方：氯霉素　　20g
　　乙醇　　160ml
　　甘油加至　　1000ml

制法：取氯霉素溶于乙醇，过滤，加甘油制成1000ml，混匀，即得。

注：① 氯霉素在甘油中溶解较慢，加乙醇可增加其溶解度，并可使成品黏度适当降低，便于分装和使用。

② 制备和贮存本品所用的容器均应干燥，以免氯霉素遇水析出。

六、滴鼻剂

（一）概述

滴鼻剂（nose drops）系指将药物制成供鼻腔用的澄清溶液、混悬液或乳状液。亦可以固态药物形式包装，另备溶剂，在临用前配成溶液或混悬液的制剂。滴鼻剂能产生全身或局部效应。一般以纯化水、丙二醇、液状石蜡、植物油为溶剂。水溶液易与鼻黏膜分泌液相混合，易分散于鼻黏膜表面，但药效维持时间较短。为促进吸收并防止黏膜水肿，应适当调节其渗透压、pH 值及黏稠度。油溶液与液状石蜡溶液刺激性小，作用持久，但不易与鼻腔黏液混合，且使用过多，易被吸入肺部而引起肺炎。

正常人鼻腔液的 pH 值一般为 5.5～6.5，炎症或病变时呈碱性，甚至高达 pH9，有利于细菌增殖，影响鼻腔分泌物的溶菌作用及纤毛正常活动。所以有些滴鼻剂如蛋白银溶液呈强碱性，不宜久用。

滴鼻剂的要求是：主药应该全溶，避免有沉淀堵塞鼻孔毛囊而引起呼吸不畅。如制成乳剂有可能油与水相分离，但经振摇后则可能重新形成乳状液体；如制成混悬剂时，要求微粒必须细腻均匀；如有沉淀物，应在振摇后能分散，并具足够稳定性，以确保剂量的准确。滴鼻剂 pH 值应为 5.5～7.5，应与鼻黏液等渗（亦相当于 0.9%NaCl）或略高渗；应不改变鼻黏液的正常黏度；不影响正常纤毛活动及分泌液的离子成分；药液有一定的稳定性和足够的疗效；毒性小，吸收后不至于发生全身性毒性反应。

配制滴鼻剂所用的器具，必须经过消毒。制备油性制剂时，器材及包装材料应干燥。必要时滴鼻剂内可加入适当抑菌剂。一般使用量不超过 10ml，每次用 2～3 滴，间隔时间 4～6h。

（二）举例

例 4-43：复方薄荷脑滴鼻剂

处方：	
薄荷脑	1g
麝香草酚	0.2g
樟脑	1g
苯酚	2g
液状石蜡加至	1000ml

制法：将薄荷脑、麝香草酚、樟脑及苯酚置干燥乳钵中，研磨液化，再缓缓加入液状石蜡研匀溶解，最后加液状石蜡至 1000ml，即得。

注：分别溶解各组分很慢，而采用共熔原理可以加速溶解。苯酚刺激性大，若溶解不完全对鼻黏膜有腐蚀作用。本品不能用液化苯酚代替苯酚，因为液化苯酚含水能使成品浑浊。

例 4-44：盐酸麻黄碱滴鼻剂

处方：	
盐酸麻黄碱	10g
氯化钠	5.7g
纯化水加至	1000ml

制法：取盐酸麻黄碱、氯化钠溶于纯化水 900ml 中，滤过，自滤器上添加纯化水制成 1000ml，即得。

注：① 本处方可加 0.2%三氯叔丁醇或适量羟苯酯类作为防腐剂。

② 氯化钠在本方中为调节渗透压的附加剂。

③ 本品用于治疗感冒引起的急性鼻炎、鼻窦炎、慢性肥大性鼻炎。

七、含漱剂

（一）概述

含漱剂（gargles）为应用于口腔的液体制剂。一般为药物的水溶液，也有含少量甘油或乙醇的溶液（如复方硼酸钠溶液）。溶液中常加适量着色剂，以示外用漱口，不可咽下。因一般发出量较大（多为 200～600ml），有时配成浓溶液，用前稀释。

若为浓溶液应在标签上注明。个别品种亦可发给患者固体粉末，临用前溶解，以简化包装，便于携带。含漱剂的 pH 值应为微碱性，以利于除去微酸性的分泌物与溶解黏液蛋白。

常用的含漱剂，按临床应用可分为：中和酸（常用 1%碳酸氢钠溶液，用于口炎、雪口、地图舌等）；除臭（2%～3%过氧化氢溶液、1%氯胺 T 溶液、2%过硼酸钠溶液）；收敛（0.1%明矾溶液）；消毒、杀菌（0.02%呋喃西林溶液）等。

（二）举例

复方硼酸钠溶液（多贝尔溶液），见本章第四节。

八、灌肠剂

灌肠剂（enema，clyster）系指借助灌肠器从肛门将药液灌注于直肠的一类液体制剂。根据其应用目的可分为三类。

1. 泻下灌肠剂

该类制剂是以排便或灌洗为目的，又称清除灌肠剂。主要为清除粪便，减低肠压，使肠恢复正常功能，这类制剂施用后必须排出。常用的制剂有：生理盐水、5%软肥皂溶液、1%碳酸氢钠溶液等。一次用量为 250～1000ml，使用时必须温热并缓缓灌入。甘油对肠黏膜有刺激性，故有时用 30%～50%甘油水溶液灌肠，用量为 15～30ml。

2. 含药灌肠剂

该类制剂是以吸收、收敛、兴奋和镇静等为目的，需要保留在肠中以缓缓发挥局部作用，或由直肠吸收发挥全身疗效。很多药物为了避免在胃中破坏，或因对胃黏膜有刺激不宜服用，有的即使服下也往往因恶心呕吐使药物不能发挥其应有的疗效；或避免药物的肝首过效应；有的病人不能口服给药，则应采用灌肠给药。此类灌肠剂需较长时间地保留在肠中，故又称保留灌肠剂。可加入适量附加剂以增加其黏度。常用的制剂有：10%水合氯醛溶液，一次 10～20ml，加水稀释 1～2 倍后灌入。

3. 营养灌肠剂

当患者不能经口摄取食物时而应用的灌肠剂，也属于保留灌肠剂。常用的有葡萄糖、鱼肝油及蛋白质等液体制剂。

九、灌洗剂

灌洗剂（irrigations）主要系指灌洗阴道、尿道的液体制剂。当药物或食物中毒初期，洗胃用的液体制剂亦属灌洗剂。灌洗剂多为具有防腐、收敛、清洁等作用的药物低浓度水溶液。用量一般在 1000～2000ml，通常为临用前新鲜配制或用浓溶液稀释，施用时应加热至体温。其主要目的是清洗或洗除黏膜部位某些病理异物。

正常情况下，阴道内寄生着一种革兰阳性杆菌，能使阴道上皮细胞的糖原分解为乳酸与二氧化碳，致使 pH 值维持在 3.8～4.7，此酸度有抵抗外来细菌的作用。患阴道滴虫症等病变的阴道 pH 值多在 5.5～7。因此，阴道用灌洗剂要求 pH 值一般为 3.3～3.4。

常用的阴道灌洗剂有：0.5%～3%乳酸溶液（降低 pH 值）；过氧化氢溶液、过硼酸钠溶液（除臭）；鞣酸溶液、明矾溶液等（起到收敛作用）；生理盐水、2%硼酸溶液等（清洁）；0.02%～0.1%高锰酸钾溶液、0.02%呋喃西林溶液（消毒杀菌）。

第九节　液体制剂的附加剂

一、液体制剂的矫味剂与着色剂

许多液体制剂具有不良臭味，在下咽时易引起患者恶心、呕吐等，特别是儿童患者往往拒绝服用。因此加入一定量的适宜矫味剂和着色剂，在一定程度上可以掩盖、矫正药物的臭味与美化制剂的外观，使病人易于服用，提高服药的依从性。

（一）常用的矫味剂

1. 甜味剂

常用的甜味剂有蔗糖、单糖浆及芳香糖浆等，能够掩盖咸味、涩味和苦味。从甜叶菊中提取而得到的天然甜菊苷可作为无糖型甜味剂，本品为微黄白色粉末，无臭，有清凉甜味，其甜度比蔗糖约大300倍，在水中的溶解度为1∶10。pH4～10时加热也不被水解，常用量为0.025%～0.05%。

人工甜剂常用的是糖精钠，可用于糖尿病患者，水中易溶，醇中微溶。其甜度比蔗糖大200～700倍，常用量为0.03%。在水溶液中长时间放置，甜味可减低。本品在体内不被吸收，无营养价值，常与其他甜味剂合用。

2. 芳香剂

常用的芳香剂有天然芳香性挥发油，如薄荷油、橙皮油、桂皮油、茴香油和其他制剂如桂皮水等。根据天然芳香剂的组成由人工合成制得的芳香性物质一般称为香精。常用的食用香精有香蕉香精、苹果香精、橘子香精、柠檬香精、杨梅香精、樱桃香精等。液体制剂中通常用0.06%浓度即能达到要求。

3. 胶浆剂

胶浆剂由于黏稠，可以干扰味蕾的味觉而矫味，故对刺激性药物可以降低刺激性，另外，对涩酸味亦可矫正。常用的胶浆有西黄蓍胶浆、琼脂胶浆、纤维素胶浆、淀粉浆等。若与甜味剂合用则更理想。

4. 泡腾剂

利用酸式碳酸盐与有机酸反应生成二氧化碳麻痹味蕾而矫味。

（二）常用的着色剂

着色剂即色素，分为天然色素与人工合成色素两大类。

1. 天然色素

植物性的天然色素有苋菜汁、焦糖及叶绿素；矿物性的天然色素有氧化铁等。药用焦糖是将蔗糖加热至180～220℃使糖熔化，继续加热1～1.5h，熔化的糖液逐渐增稠、变色，失去两分子水而变为稠厚且流动性好的暗红棕色、略有气味的液体。可与水任意混合并得到澄清液。焦糖并非是烧焦的糖。

2. 人工合成色素

目前我国允许使用的人工合成色素有苋菜红、胭脂红、柠檬黄、靛蓝、日落黄、姜黄以及亮蓝。液体制剂中一般用量为百万分之五至十万分之一。常配成1%贮备液使用。

市售食用着色剂，一般含有稀释剂食盐，在使用前应先脱盐（常用透析法）。外用液体制剂中常用的着色剂有伊红（或称曙红，适用于中性或弱碱性溶液）、品红（适用于中性、弱酸性液）以及美蓝（或称亚甲蓝，适用于中性溶液）等。

二、液体制剂的防腐

（一）防腐的重要性

液体制剂容易被微生物污染，如制剂中含有营养物质如蛋白质、糖类等，就更容易滋生与繁殖微生物。即使含有抗生素和一些化学合成的消毒防腐药的液体制剂，有时也会染菌、生霉，这是因为各种抗菌药物对抗菌谱以外的微生物不易起作用所致。液体制剂一旦长霉，就不能供临床应用。《中国药典》（2010 年版）规定口服给药制剂微生物限度为：细菌数每 1g 不得过 1000cfu，每 1ml 不得过 100cfu，不得检出大肠埃希菌、沙门菌、痢疾杆菌、金黄色葡萄球菌、铜绿假单胞菌、活螨；霉菌和酵母每 1g 或每 1ml 不得过 100cfu；外用药品 1g 或 1ml 不得检出铜绿假单胞菌和金黄色葡萄球菌。

（二）防腐措施

1. 防止污染

防止微生物污染是防腐的重要措施。为了防止微生物污染，在制剂的整个配制过程中，要尽量减少微生物污染机会，如缩短生产周期和暴露时间，缩小与空气的接触面积，避免空气中微生物的污染；加防腐剂前不宜久存；所用容器最好进行灭菌处理，瓶盖、瓶塞可用水煮沸 15min 后烘干或临用前取出淋干；灌装时瓶口内少留空气并密闭；加强制剂室的环境卫生和操作者的个人卫生；成品应在阴凉、干燥处贮存，以防长霉变质。

2. 添加防腐剂

尽管在配制液体制剂过程中采取防腐措施，但不能完全保证没有细菌污染，必须加适当的防腐剂用于抑制微生物的繁殖，甚至可以杀灭存在的微生物。防腐剂应具备用量小、无毒、无刺激性；可溶解，性质稳定，贮存时不发生变化，也不与制剂中成分发生反应；不影响药液 pH 值和含量测定，不影响制剂的色、香、味；对大部分微生物有较强的杀灭能力等作用。常用的防腐剂有以下几种。

（1）苯甲酸与苯甲酸钠　为一类有效的防腐剂，其防腐作用是靠未解离的分子，而离子则几乎无抑菌作用。pH 对其抑菌作用影响很大，降低 pH 对防腐作用有利，在 pH4 以下作用较好。pH 增高其解离度增大，防腐作用降低。一般用量为 0.1%～0.3%。其在水中的溶解度为 0.29%，乙醇中约 43%，通常配 20%醇溶液备用。

苯甲酸钠必须转变成苯甲酸后，才有抑菌作用，其防腐能力比苯甲酸弱，但在水中溶解度较大（25℃时 1∶1.8），其常用量为 0.2%～0.5%。

（2）羟苯酯类（尼泊金类）　这是一类优良的防腐剂。无毒、无味、无嗅、不挥发，化学性质稳定，在酸性、中性溶液中均有效。在酸性溶液中作用较强。在微碱性溶液中作用减弱，这是因为酚羟基解离所致。本类的抗菌作用随烃基碳数增加而增强，其溶解度则随烃基碳数增加而减小。常用的有甲、乙、丙、丁四种酯，丁酯抗菌力最强，溶解度最小。几种酯合并有协同作用。以乙酯和丙酯或丁酯合用最多。使用浓度均为 0.01%～0.25%。

各种酯类在不同溶剂中的溶解度以及在水中的抑菌浓度见表 4-5。

聚山梨酯 20、聚山梨酯 60 以及 PEG6000 等都能增加对羟基苯甲酸酯类在水中的溶解度，但不能相应增大其抑菌力，因为能与防腐剂之间发生络合作用，仅有小部分游离的防腐剂保持其防腐力。

本类防腐剂遇铁变色，遇弱碱或弱酸均易水解，丁酯较甲酯易被塑料吸附。

表 4-5 羟苯酯类的溶解度及抑菌浓度

酯类	溶解度(25℃)/(g/100ml)					水溶液中	
	水	乙醇	甘油	丙二醇	脂肪油	酚系数	抑菌浓度
甲酯	0.25	52	1.3	22	2.5	3	0.05～0.25
乙酯	0.16	70	—	25	0.50	8	0.05～0.15
丙酯	0.04	95	0.35	26	2.5	17	0.02～0.075
丁酯	0.02	210	—	110	0.16	32	0.01

(3) 乙醇 含乙醇20%(ml/ml)以上的制剂均具防腐作用。若同时含有甘油、挥发油等抑菌物质时，低于20%的乙醇也可起到防腐作用。在中性或碱性溶液中其含量需在25%以上才具防腐作用。

(4) 季铵盐类 如新洁尔灭（苯扎溴铵）为淡黄色澄明液体，有特臭、无刺激性，对金属、橡胶、塑料无腐蚀作用，在酸性和碱性水溶性中均稳定，耐热压；度米芬为白色或微黄色片状结晶，味极苦，能溶于水、乙醇（1∶2）、丙醇（1∶30）。

(5) 山梨酸 山梨酸微溶于水，可溶于乙醇、甘油、丙二醇。常用浓度为0.05%～0.2%。水中最低抑菌浓度为0.07%～0.08%。本品对霉菌、酵母菌的抑制力较好。与其他抗菌剂或乙醇能产生协同作用。聚山梨酯类与本品合用因络合作用而降低其防腐力。但在山梨酸浓度较大时（0.2%），仍有相当大的抑菌力。山梨酸的防腐作用基于未解离分子，故在酸性水溶液中效果较好，以pH4.5最适宜。本品在水溶液中易氧化，可加苯酚保护。用于混悬剂如氢氧化铝，可被吸附而减弱其防腐能力，在塑料容器中其活性也会降低。

(6) 其他 30%以上的甘油溶液具有防腐力；薄荷油用量为0.05%也有一定的防腐作用；0.01%桂皮油即可防腐；醋酸氯己啶（醋酸洗必泰）是一种广谱杀菌剂，常用量为0.02%～0.05%；邻苯基苯酚微溶于水，具有杀真菌的作用，用量为0.005%～0.2%。此外，苯甲醇（0.5%）、三氯叔丁醇（0.5%）、呋喃西林（0.005%～0.01%）、氯仿醑等均可作为液体制剂的防腐剂。

第十节 液体制剂的包装与贮存

一、液体制剂的包装

液体制剂的包装关系到成品质量，也关系到运输与贮藏。如果包装不当，虽然调制的成品当时符合质量标准，但在贮藏过程中很快就会发生变质。因此选择适宜的包装材料是非常重要的。

包装材料应符合下列要求：

(1) 不与药物发生作用，不改变药物的理化性质及疗效；

(2) 能防止与杜绝外界不利因素的影响；

(3) 坚固耐用、体轻、形状适宜，便于携带、运输；

(4) 不吸附、不沾留药物；

(5) 来源广，价格便宜。

液体制剂的包装材料包括：容器（如玻璃瓶、塑料瓶等）、瓶塞（如软木塞、橡胶塞、塑料塞等)、瓶盖(如金属盖、电木盖等)、标签、硬纸盒、塑料盒、说明书、纸箱、木箱等。

标签至少应有下列内容:生产单位、注册商标、批准文号、批号、品名、规格、生产日期或失效期等。标签应色调鲜明、字迹清楚、易于辨别、防止混淆。

说明书上应印有药品的主要成分、药理作用、毒副反应、适应证、用法、用量、禁忌、药物相互作用、注意事项、贮存条件、商标及批准文号等。

二、液体制剂的贮藏

液体制剂特别是以水为分散剂者,在贮藏期间因极易水解和污染微生物而沉淀、发霉、变质,故宜临时调配。大量生产除应注意有关防污染措施外,尚需添加适当的防腐剂,选择适宜的包装材料。一般应密闭,贮藏于阴凉、干燥处。贮藏期不宜过长。

本章小结

<table>
<tr><th colspan="2">学习主题结构</th><th colspan="2" rowspan="2">学习的主要内容</th></tr>
<tr><th>大主题</th><th>小主题</th></tr>
<tr><td rowspan="7">第一节 概述</td><td>液体制剂的含义</td><td colspan="2">液体制剂系指药物分散在液体分散介质中形成的液态制剂,可供内服或外用</td></tr>
<tr><td rowspan="2">液体制剂的特点与质量要求</td><td>特点</td><td>1. 吸收快,显效快;2. 液体制剂可用于内服,也可用于皮肤、腔道给药,给药途径较广泛;3. 便于分取剂量,特别适于儿童与老年患者;4. 液体制剂可以减少某些药物的刺激性;5. 液体制剂化学稳定性差,贮存与携带不便</td></tr>
<tr><td>质量要求</td><td>1. 药物的浓度应准确、稳定,久贮不变;2. 溶液型的液体制剂应澄清,乳浊型和混悬型的分散度大且均匀,经振摇易均匀分散;3. 液体制剂的分散介质最好用水;4. 经胃肠道给药的液体制剂应适口、无刺激性;5. 液体制剂应具有一定的防腐能力</td></tr>
<tr><td rowspan="2">液体制剂的分类</td><td>按分散体系分类</td><td>1. 均相液体制剂;2. 非均相液体制剂</td></tr>
<tr><td>按给药途径和应用方法分类</td><td>1. 内服的液体制剂;2. 外用的液体制剂</td></tr>
<tr><td rowspan="2">液体制剂的常用溶剂</td><td>极性溶剂</td><td>1. 水;2. 乙醇;3. 甘油;4. 丙二醇;5. 聚乙二醇;6. 二甲亚砜</td></tr>
<tr><td>非极性溶剂</td><td>1. 脂肪油;2. 液体石蜡;3. 油酸乙酯;4. 肉豆蔻酸异丙酯</td></tr>
<tr><td rowspan="2">第二节 溶解度、溶解速度及影响因素</td><td>溶解度</td><td colspan="2">极易溶解:系指溶质 1g(ml)能在溶剂不到 1ml 中溶解;
易溶:系指溶质 1g(ml)能在溶剂 1～不到 10ml 中溶解;
溶解:系指溶质 1g(ml)能在溶剂 10～不到 30ml 中溶解;
略溶:系指溶质 1g(ml)能在溶剂 30～不到 100ml 中溶解;
微溶:系指溶质 1g(ml)能在溶剂 100～不到 1000ml 中溶解;
极微溶解:系指溶质 1g(ml)能在溶剂 1000～不到 10000ml 中溶解;
几乎不溶或不溶:系指溶质 1g(ml)在溶剂 10000ml 中不能完全溶解</td></tr>
<tr><td>影响药物溶解度与溶解速度的因素</td><td colspan="2">1. 药物的极性;2. 溶剂;3. 温度;4. 粒子大小;5. 第三种物质的加入;6. 搅拌</td></tr>
<tr><td>第三节 增加药物溶解度的方法</td><td colspan="3">1. 制成盐类;2. 更换溶剂或选用混合溶剂;3. 添加助溶剂;4. 使用增溶剂;5. 分子结构修饰</td></tr>
</table>

续表

学习主题结构		学习的主要内容	
大主题	小主题		
第四节 溶液型液体制剂	溶液型液体制剂的含义	溶液型液体制剂系指药物以分子或离子(直径在1nm以下)状态分散在溶剂中的液体制剂,可供内服或外用	
	溶液剂	概念	溶液剂系指化学药物的内服或外用的均相澄清溶液
		制备方法	1.溶解法;2.稀释法;3.化学反应法
	芳香水剂	概念	芳香水剂系指挥发性药物(多为挥发油)的饱和或近饱和澄明水溶液。 芳香性植物药材用水蒸气蒸馏法制成的含芳香性成分的澄明馏出液,在中药中常称为药露或露剂
		制备方法	1.水蒸气蒸馏法;2.溶解法;3.稀释法
	糖浆剂	概念	糖浆剂(syrups)系指含有药物(含有提取物)的浓蔗糖水溶液。糖浆剂(中药)系指含有提取物的浓蔗糖水溶液。 单糖浆为蔗糖的近饱和水溶液,其浓度为85%(g/ml)
		制备方法	1.溶解法(热溶法、冷溶法);2.混合法
	酊剂	概念	酊剂一般系指挥发性药物的乙醇溶液
		制备方法	1.溶解法;2.蒸馏法
	甘油剂	概念	甘油剂是药物的甘油溶液,专供外用
		制备方法	1.化学反应法;2.溶解法
第五节 胶体溶液型液体制剂	分类	高分子溶液和溶胶	
	胶体型液体制剂的制备	高分子溶液的制备	溶解法
		溶胶剂的制备	1.分散法;2.凝聚法
第六节 混悬剂	概念	混悬剂(suspensions)系指难溶性固体药物的微粒分散在液体分散介质中制成的混悬状液体制剂,也包括口服干混悬剂,口服干混剂系指难溶性固体药物,分散在液体介质中,制成供口服混悬液体制剂	
	制备方法	分散法与凝聚法(①物理凝聚法;②化学凝聚法)	
第七节 乳剂	概念	乳剂也称乳浊液,系两种互不相溶的液相经乳化剂乳化后组成的非均相分散体系。口服乳剂系指两种互不相溶的液体,制成供口服的稳定的水包油型乳液制剂	
	乳化剂	天然乳化剂	1.阿拉伯胶;2.西黄蓍胶;3.磷脂;4.明胶;5.其他天然乳化剂
		合成乳化剂	合成的表面活性剂、高分子化合物
		固体粉末乳化剂	氢氧化镁、氢氧化铝、二氧化硅、硅藻土、白陶土等
	乳剂的制备方法	1.干胶法;2.湿胶法;3.油相水相混合加至乳化剂中;4.机械法	
第八节 按给药途径和应用方法分类的液体制剂	合剂、洗剂、搽剂、涂剂、滴耳剂、滴鼻剂、含漱剂、灌肠剂、洗剂		
第九节 液体制剂的附加剂	矫味剂	1.甜味剂;2.芳香剂;3.胶浆剂;4.泡腾剂	
	着色剂	天然着色剂与人工合成着色剂	
	防腐剂	1.苯甲酸与苯甲酸钠;2.羟苯酯类(尼泊金类);3.乙醇;4.季铵盐类,如新洁尔灭(苯扎溴铵);5.山梨酸;6.其他:30%以上的甘油溶液、薄荷油、桂皮油、醋酸氯己啶、苯甲醇(0.5%)、三氯叔丁醇(0.5%)、呋喃西林(0.005%~0.01%)、氯仿醋	

基本训练题

一、名词解释

1.液体制剂　2.溶液剂　3.糖浆剂　4.乳剂　5.芳香水剂

二、单项选择题

1. 关于液体制剂的特点叙述错误的是（　　）。
   A.制剂携带、运输、贮存方便
   B.同相应固体剂型比较能迅速发挥药效
   C.易于分剂量，服用方便，特别适用于儿童和老年患者
   D.液体制剂若使用非水溶剂具有一定药理作用，成本高
   E.给药途径广泛，可内服，也可外用
2. 关节液体制剂特点的正确表述是（　　）。
   A.不能用于皮肤、黏膜和人体腔道
   B.药物分散度大，吸收快，药效发挥迅速
   C.液体制剂药物分散度大，不易引起化学降解
   D.液体制剂给药途径广泛，易于分剂量，但不适用于婴幼儿和老年人
   E.某些固体制剂制成液体制剂后，生物利用度降低
3. 关于液体制剂的质量要求不包括（　　）。
   A.均相液体制剂应是澄明溶液
   B.非均相液体制剂分散相粒子应小而均匀
   C.口服液体制剂应口感好
   D.贮藏和使用过程中不应发生霉变
   E.泄露和爆破应符合规定
4. 非极性溶剂是（　　）。
   A.水　B.液状石蜡　C.甘油
   D.聚乙二醇　E. DMSO
5. 关于液体制剂的溶剂叙述错误的是（　　）。
   A.水性制剂易霉变，不宜长期贮存
   B. 20%以上的稀乙醇即有防腐作用
   C.一定浓度的丙二醇尚可作为药物经皮肤或黏膜吸收的渗透促进剂
   D.液体制剂中常用的为聚乙二醇1000～4000
   E.聚乙二醇对一些易水解的药物有一定的稳定作用
6. 单糖浆含糖量为多少（g/ml）（　　）。
   A. 85%　B. 64.7%　C. 67%
   D. 100%　E. 50%
7. 混悬剂的质量评价不包括（　　）。
   A.粒子大小的测定　B.絮凝度的测定　C.溶出度的测定
   D.沉降体积比的测定　E.重新分散试验
8. 乳剂中分散的乳滴聚集形成疏松的聚集体，经振摇即能恢复成均匀乳剂的现象称为乳剂的（　　）。
   A.分层　B.破裂　C.转相
   D.合并　E.絮凝
9. 乳剂的制备方法中水相加至含乳化剂的油相中的方法（　　）。

A. 干胶法　B. 溶解法　C. 湿胶法
D. 直接混合法　E. 机械法

10. 下列哪种物质不是防腐剂（　）。
A. 乙醇　B. 吐温　C. 山梨酸
D. 苯甲酸　E. 对羟基苯甲酸酯

11. 关于液体制剂的防腐剂叙述错误的是（　）。
A. 对羟基苯甲酸酯类在酸性溶液中作用最强，而在弱碱性溶液中作用减弱
B. 对羟基苯甲酸酯类几种酯联合应用可产生协同作用，防腐效果更好
C. 苯甲酸和苯甲酸钠对霉菌和细菌均有抑制作用，可内服也可外用
D. 苯甲酸其防腐作用是靠解离的分子
E. 山梨酸对霉菌和酵母菌作用强

12. 下列哪项是常用防腐剂（　）。
A. 氯化钠　B. 苯甲酸钠　C. 氢氧化钠
D. 亚硫酸钠　E. 硫酸钠

13. 关于溶液剂的制法叙述错误的是（　）。
A. 制备工艺过程中先取处方中全部溶剂加药物溶解
B. 处方中如有附加剂或溶解度较小的药物，应先将其溶解于溶剂中
C. 药物在溶解过程中应采用粉碎、加热、搅拌等措施
D. 易氧化的药物溶解时宜将溶剂加热放冷后再溶解药物
E. 对易挥发性药物应在最后加入

14. 溶解是指（　）。
A. 系指溶质 1g（ml）能在溶剂不到 1ml 中溶解
B. 系指溶质 1g（ml）能在溶剂 1～不到 10ml 中溶解
C. 系指溶质 1g（ml）能在溶剂 10～不到 30ml 中溶解
D. 系指溶质 1g（ml）能在溶剂 30～不到 100ml 中溶解
E. 系指溶质 1g（ml）能在溶剂 100～不到 1000ml 中溶解

15. 溶液剂制备工艺过程为（　）。
A. 附加剂、药物的称量→溶解→滤过→灌封→灭菌→质量检查→包装
B. 附加剂、药物的称量→溶解→滤过→灭菌→质量检查→包装
C. 附加剂、药物的称量→溶解→滤过→质量检查→包装
D. 附加剂、药物的称量→溶解→灭菌→滤过→质量检查→包装
E. 附加剂、药物的称量→溶解→滤过→质量检查→灭菌→包装

16. 关于糖浆剂的说法错误的是（　）。
A. 可作矫味剂、助悬剂、片剂包糖衣材料
B. 蔗糖浓度高时渗透压大，微生物的繁殖受到抑制
C. 糖浆剂为高分子溶液
D. 冷溶法适用于对热不稳定或挥发性药物制备糖浆剂，制备的糖浆剂颜色较浅
E. 热溶法制备有溶解快、滤速快、可以杀死微生物等优点

17. 单糖浆含糖量为多少（g/ml）（　）。
A. 64.7%　B. 67%　C. 70%
D. 80%　E. 85%

18. 增加药物溶解度的方法不包括（　）。

A. 制成盐类 B. 分子结构修饰
C. 更换溶剂或选用混合溶剂
D. 使用絮凝剂 E. 添加助溶剂

19. 影响药物溶解度与溶解速度的因素不包括（ ）。
A. 药物的极性 B. 溶剂 C. 乳化剂
D. 粒子大小 E. 搅拌

20. 溶液型液体制剂不包括（ ）。
A. 溶液剂 B. 芳香水剂 C. 糖浆剂
D. 酊剂 E. 乳剂

三、多项选择题

1. 液体制剂按分散系统分类属于均相液体制剂的是（ ）。
A. 低分子溶液剂 B. 溶胶剂 C. 高分子溶液剂
D. 乳剂 E. 混悬剂

2. 液体制剂按分散系统分类属于非均相液体制剂的是（ ）。
A. 低分子溶液剂 B. 乳剂 C. 溶胶剂
D. 高分子溶液剂 E. 混悬剂

3. 关于液体制剂的特点叙述正确的是（ ）。
A. 药物的分散度大，吸收快，同相应固体剂型比较能迅速发挥药效
B. 能减少某些固体药物由于局部浓度过高产生的刺激性
C. 易于分剂量，服用方便，特别适用于儿童与老年患者
D. 化学性质稳定
E. 液体制剂能够深入腔道，适于腔道用药

4. 液体制剂的质量要求包括（ ）。
A. 均相液体制剂应是澄明溶液
B. 非均相液体制剂分散相粒子应小而均匀
C. 口服液体制剂应口感好
D. 所有液体制剂应浓度准确
E. 渗透压应符合要求

5. 关于液体制剂的溶剂叙述正确的是（ ）。
A. 乙醇能与水、甘油、丙二醇等溶剂任意比例混合
B. 5%以上的稀乙醇即有防腐作用
C. 无水甘油对皮肤和黏膜无刺激性
D. 液体制剂中可用聚乙二醇 300～600
E. 聚乙二醇对一些易水解药物有一定的稳定作用

6. 关于芳香水剂的表述错误的是（ ）。
A. 芳香水剂系指芳香挥发性药物的饱和或近饱和水溶液
B. 芳香水剂系指芳香挥发性药物的稀水溶液
C. 芳香水剂系指芳香挥发性药物的稀乙醇的溶液
D. 芳香水剂不宜大量配制和久贮
E. 芳香水剂应澄明

7. 属于极性溶剂的是（ ）。
A. 水 B. 聚乙二醇 C. 丙二醇
D. 甘油 E. DMSO

8. 属于非极性溶剂的是（　　）。
A. 植物油　　B. 聚乙二醇　　C. 甘油
D. 液状石蜡　　E. 醋酸乙酯
9. 关于液体制剂的防腐剂叙述正确的是（　　）。
A. 对羟基苯甲酸酯类在弱碱性溶液中防腐效果增加
B. 对羟基苯甲酸酯类广泛应用于内服液体制剂中
C. 醋酸氯己定为广谱杀菌剂
D. 苯甲酸其防腐作用是靠解离的分子
E. 山梨酸对霉菌和酵母菌作用强
10. 下列哪种是常用防腐剂（　　）。
A. 尼泊金类　　B. 苯甲酸钠　　C. 氢氧化钠
D. 苯扎溴铵　　E. 山梨酸
11. 关于溶液剂的制法叙述正确的是（　　）。
A. 溶液剂可采用将药物制成高浓度溶液，使用时再用溶剂稀释至需要浓度的方法制备
B. 处方中如有附加剂或溶解度较小的药物，应最后加入
C. 药物在溶解过程中应采用粉碎、加热、搅拌等措施
D. 易氧化的药物溶解时宜将溶剂加热放冷后再溶解药物
E. 对易挥发性药物应首先加入
12. 溶液剂的制备方法有（　　）。
A. 物理凝聚法　　B. 溶解法　　C. 稀释法
D. 分解法　　E. 熔合法
13. 关于糖浆剂的叙述正确的是（　　）。
A. 低浓度的糖浆剂特别容易污染和繁殖微生物，必须加防腐剂
B. 蔗糖浓度高时渗透压大，微生物的繁殖受到抑制
C. 糖浆剂是单纯蔗糖的饱和水溶液，简称糖浆
D. 冷溶法生产周期长，制备过程中容易污染微生物
E. 热溶法有溶解快、滤速快、可以杀死微生物等优点
14. 糖浆可作为（　　）。
A. 矫味剂　　B. 黏合剂　　C. 助悬剂
D. 片剂包糖衣材料　　E. 乳化剂
15. 糖浆剂的制备方法有（　　）。
A. 化学反应法　　B. 热溶法　　C. 凝聚法
D. 冷溶法　　E. 混合法

四、简答题

1. 举例说明增加药物溶解度的方法。
2. 如何制备单糖浆？
3. 制备乳剂的方法有哪些？
4. 影响乳化的因素有哪些？
5. 液体制剂有哪些特点？
6. 溶液剂制备方法有哪些？

灭菌技术及空气净化技术

学习与能力目标

通过本章的学习，学生应识记灭菌法、物理灭菌法、化学灭菌法、洁净室的概念。能说出灭菌法的分类。能说出常用的物理灭菌法，如加热（干热、湿热）灭菌法、紫外线灭菌法、过滤除菌法、辐射灭菌法、超声波灭菌法等。能解释干热灭菌法、湿热灭菌法、紫外线灭菌法、辐射灭菌法、环氧乙烷灭菌法、甲醛蒸气灭菌法的原理。知道加热（干热、湿热）灭菌法、紫外线灭菌法、过滤除菌法、辐射灭菌法、超声波灭菌法、环氧乙烷灭菌法的适用范围。知晓湿热灭菌法、紫外线灭菌法应注意的问题。知道洁净区洁净度的级别，能理解灭菌产品生产操作工序对应的洁净度级别。能简单描述空调净化系统的净化组成及净化过程。为今后在灭菌法学习与灭菌岗位工作上打下扎实的基础。

知识要求

掌握灭菌法的概念、灭菌法的分类。

熟悉物理灭菌法与化学灭菌法的主要方法。

熟悉洁净室的概念。

熟悉洁净区洁净度的级别的划分。

熟悉干热和湿热灭菌法、紫外线灭菌法、过滤除菌法、辐射灭菌法、环氧乙烷灭菌法的原理与应用范围。

了解空调净化系统的净化组成及净化过程。

灭菌系指用物理或化学方法将所有微生物的繁殖体和芽孢全部杀灭。灭菌技术系指杀灭或除去物料中所有微生物的繁殖体和芽孢的技术。微生物包括细菌、真菌、病毒等，微生物的种类不同，灭菌方法不同，灭菌效果也不同。细菌的芽孢具有较强的抗热能力，因此灭菌效果常以杀灭芽孢为准。灭菌是制剂制备中一项重要的操作，对于注射剂、眼用制剂等无菌制剂更是不可缺少的环节。

药物制剂中灭菌措施的基本目的是：既要除去或杀灭微生物，又要保证药物的稳定性、治疗作用及用药安全。灭菌效果首先取决于灭菌方法的选择，同时受灭菌设备的性能、污染菌的特性、被灭菌品的性质、受污染的程度、灭菌过程的控制等因素的影响。每种灭菌方法在实际应用前需经过验证，以确保达到预期的灭菌效果。

第一节 物理灭菌法

物理灭菌法包括加热（干热、湿热）灭菌法、紫外线灭菌法、过滤除菌法、辐射灭菌法、超声波灭菌法等。

一、干热灭菌法

加热可以破坏蛋白质与核酸中的氢键，导致蛋白质变性或凝固，核酸被破坏，酶失去活性，使微生物死亡。干热灭菌是利用干热空气进行灭菌的方法。干热灭菌温度较高，可有效杀死细菌芽孢与繁殖体。一般 100℃以上干热 1h 可杀死全部细菌繁殖体。140℃以上干热 3h，可杀死大多数耐热的细菌芽孢，并破坏热原。干热灭菌设备比较简单，有烘箱、干热炉、干热隧道等。该法适用于耐高温的玻璃、金属、陶瓷制品、药物粉末、药用植物油等的灭菌。但干热空气比热低、穿透力弱、温度不均匀。有实验证明干热 160℃、60min 的热效力相当于湿热 121℃、10～15min 的热效力。为使温度分布均匀，一些干热设备中常装有鼓风机，可加强热空气的对流，减少灭菌器内的温差。除上述干热灭菌外，还可以利用高速热风灭菌法进行灭菌，是应用风速 30～80m/s、风温最高 190℃以杀灭细菌的方法。高速热风加热装置是从安瓿侧面吹入高速热风，由于吹入的风既是热的又是高速的，因此打破了安瓿表面阻碍热传导的空气膜，可使安瓿内药液的温度能在短时间内迅速上升至灭菌所需温度，收到与热压灭菌法同样的效果。

二、湿热灭菌法

湿热灭菌法是利用饱和水蒸气或沸水或流通水蒸气进行灭菌的方法。水蒸气的比热远较干热空气大，且穿透力强，能使微生物中蛋白质较快地变性或凝固，故为无菌制剂生产中使用最广泛、最可靠且操作简便的一种灭菌方法。

（一）热压灭菌法（又称高压蒸汽灭菌法）

热压灭菌法是最常用的灭菌法，系在密闭的热压灭菌器内，利用高压的饱和水蒸气进行灭菌。此法灭菌效果好，在 115.5℃即表压 68.6kPa 时加热 30min，即能杀死所有微生物的增殖体和芽孢。通常热压灭菌所需温度与温度相当的压力和时间见表 5-1。

表 5-1 热压灭菌所需温度与温度相当的压力和时间表

温度/℃	表压			灭菌需要时间/min
	kPa	kg/cm^2	lbf/in^2	
105	19.6	0.2	3	30
110	39.2	0.4	6	30
115	68.6	0.7	10	30
121.5	98.1	1.0	15	20
126.5	137.3	1.4	20	15

热压灭菌器的种类很多，但基本结构大同小异。热压灭菌器应密闭耐压及有排气口、安全阀门、压力表和温度计等部件。可用蒸汽、煤气或电热、煤等加热。现介绍常用的手提式热压灭菌器与卧式热压灭菌柜两种。

（1）手提式热压灭菌器　结构如图 5-1 所示，锅盖上装有压力表、放气阀门和安全阀门。放气阀门下接一放气软管，用于放出较蒸汽重的冷空气。当锅内压力高至此种灭菌器不能耐受的压力时（即高于 137.3kPa 时），锅内蒸汽会推动安全阀门弹簧，使阀门开放，放出蒸汽，以避免发生事故。在锅盖上与压力表相对位置上有一小接头，上有两个小孔内装有特制合金，当压力超过 137.3kPa 时，合金即被熔融，从而放出蒸汽，可防止爆炸。锅内有一铝桶（即内桶），供放置灭菌物品，桶内壁上装一方管，供插入放气软管用。灭菌完毕后可连同铝桶一起取出。

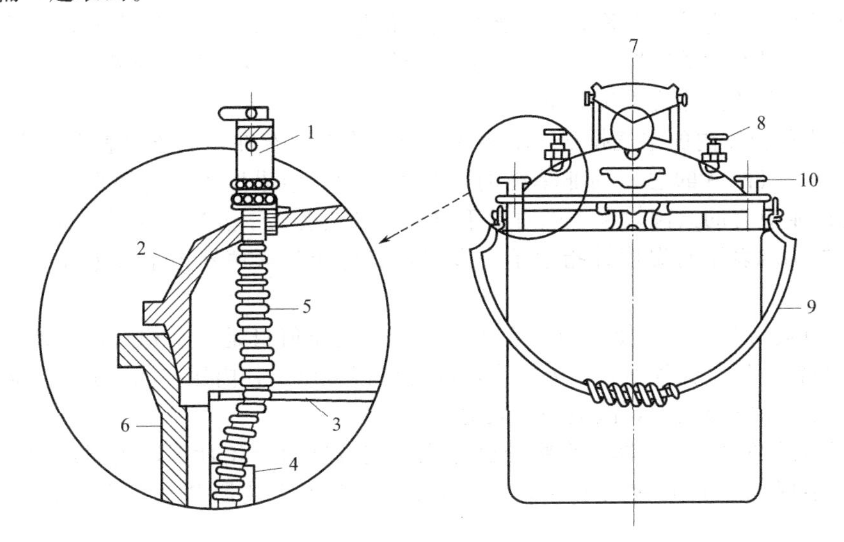

图 5-1 手提式热压灭菌器示意图

1—放气阀门；2—锅盖；3—内桶；4—方管；5—放气软管；6—锅身；7—压力表；8—安全阀门；9—手柄；10—固定螺钉

（2）卧式热压灭菌柜 构造如图 5-2 所示，是一种大型实用的灭菌器。灭菌柜内，有带

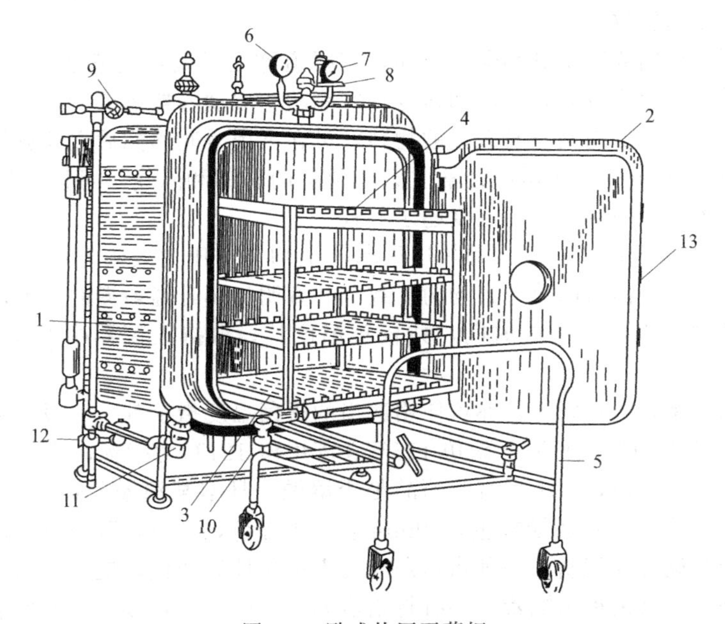

图 5-2 卧式热压灭菌柜

1—灭菌柜外壳；2—柜门；3—活动格车；4—铁丝网格架；5—搬运车；6—柜室压力计；7—夹层压力计；8—蒸汽控制阀门；9—蒸汽旋塞；10—排气口；11—温度计；12—夹套回气装置；13—门闩

轨道的格车，车上有活动的铁丝网格架。另附有可推动的搬运车，可将格车推至搬运车上送至装卸地点。灭菌柜顶部装有压力表 2 只，分别指示蒸汽夹套与柜室的压力。两压力表中间为蒸汽控制阀门。灭菌柜底部装有排气口，在排气管上装有温度计和夹套回气装置。

使用方法：先开蒸汽旋塞，使蒸汽通入夹套中加热，同时将待灭菌物品放置柜内，关闭柜门，旋紧门闩。待夹套压力表上升至灭菌所需压强时，将蒸汽控制阀门上刻线对准“消毒”二字线上。当温度达 115.5℃时，即为灭菌开始时间，柜室压力表应固定在 68.6kPa，待灭菌时间到达后，先关闭蒸汽，再开始排气，待柜室压力降至“0”点时，可将蒸汽控制阀门的刻线转至对准“关闭”二字线上，并逐渐打开柜门，取出灭菌物品。

使用热压灭菌器的注意事项如下。

① 必须将灭菌器内的空气排尽：如果灭菌器内有空气存在，则压力表上所指示的压力，是器内蒸汽和空气两者的总压而非单纯的水蒸气压力，结果压力虽达要求，但温度却未达到，故不能产生应有的灭菌效果。同时由于空气携带热能低于蒸汽，穿透力亦差，致使灭菌效能降低。如出现表压与温度计指示不一致时，有可能是灭菌器内空气未除尽，或是仪表失灵。

② 不同海拔高度，不应使用同一表压值：因为表压值只是一个相对数，即锅内压（饱和蒸汽压）与锅外压（大气压）之差，高海拔地区锅外压小，内压亦相应减小，温度亦相对降低，达不到灭菌需要温度，故应提高表值。

③ 灭菌时间必须是从全部内容物均已达到规定温度时开始计算，故测定和尽量缩短预热时间（升温时间）具有重要意义。例如，250～500ml 玻瓶装输液剂，预热时间一般为 15min。

④ 避免压力骤然下降：灭菌完毕后，停止加热，使灭菌器内的温度和压力逐渐下降，一般须待压力表所指示的压力逐渐降至零时，方可打开放气阀门。待锅内压力与大气压相等后，开始可稍打开灭菌锅，须经 10～15min 后再全部打开。这样可避免锅内压力骤然下降时，而密封容器内溶液的温度仍在 100℃以上，以至轻微震动即可使药液冲出容器或使玻瓶炸裂，甚至造成工伤事故。

为了缩短灭菌周期或减少制剂受热时间，有报道称往灭菌器内盛装容器上喷雾冷却水，只要水温不过低、雾滴不过大，可以加速冷却并能防止玻璃容器爆破。

对于灭菌后要求干燥而又不易破损的物料，可在灭菌时间达到后立即放气，以利干燥。

⑤ 注意灭菌柜的防锈和除锈：经常注意灭菌柜的防锈和除锈，可以保持阻气器能排除柜内积水，可使灭菌柜底层与上层温度趋于一致。

⑥ 保证灭菌温度准确：一般大型热压灭菌器上均装有压力表和温度计。使用前应对灭菌器进行验证，要求灭菌器内热分布均匀一致。并查明加热升温最慢的位置，测定在该处的容器内药液达到规定灭菌温度的时间，并校正温度计，保持灭菌器中温度波动在±0.5℃以内。

为确保灭菌效果，防止漏灭，亦可使用适当的灭菌温度指示剂。一般可利用某些化学药品的熔点，如升华硫 115～117℃、碘仿 115℃、苯甲酸 121℃为指标，将药品封装于安瓿中与灭菌物同放入灭菌器内，灭菌后观察药品是否熔融。日本某油墨公司研制的变色指示剂，经 120℃、5min 后由白色变为淡棕色，10min 后变为棕色，20min 后变为棕黑色。此变色指示剂是由醋酸铅与硫脲等配制。这种指示剂经过灭菌条件后变色，更易于判断。国外尚有用聚丙烯酸酯为基质的灭菌指示贴膏，亦有将指示剂制成油墨，直接印在容器上，可经灭菌后变色。此外，国内生产时亦常有将留点温度计与灭菌物同置于灭菌器底部或温度最低处。留点温度计与体温计结构原理相似，当温度下降时，可使水银断开，毛细管中水银因表面张力关系仍留在上面，指示着灭菌时所达到的最高温度。但灭菌指示剂和留点温度计都只能表示是否曾达到需要的温度，并不能表示保持该温度的确切时间。

有些生产单位设计灭菌自动控制系统，用自动记录调节仪表监视和调节灭菌过程中的温度，并用数控装置准确地显示和控制灭菌时间，为提高输液剂质量和管理水平提供了有利条件。

（二）流通蒸汽灭菌法与煮沸灭菌法

流通蒸汽灭菌法是在不密封的容器内用蒸汽灭菌，此时压力与大气压相等，蒸汽温度为100℃，该法亦称为无压力蒸汽灭菌。煮沸灭菌是把灭菌物放至水中煮沸，温度也是100℃。两种方法的灭菌时间一般为30～60min。此类方法不需特殊设备，操作简单，但不能保证杀死所有的耐热芽孢，故药液中还应考虑加抑菌剂。在生产制备过程中要采取措施，防止细菌污染。

（三）低温间歇灭菌法

低温间歇灭菌法系将待灭菌物品先用60～80℃加热1h，则其中细菌繁殖体完全被杀灭，然后在20～25℃保持24h，使其芽孢发育成繁殖体，再用60～80℃加热1h予以杀灭。如此连续操作三次以上，至全部杀灭所有芽孢为止。采用本法灭菌的制剂或药品一般须加适量抑菌剂，以增强灭菌效果。此法适用于必须热法灭菌但又不耐高温的制剂或药品，由于此法灭菌时间长，效果差，现已少用。

（四）影响湿热灭菌的因素

湿热灭菌时间、温度、压力的设计，一般应考虑微生物的种类与数量、药物耐热稳定性、药液的性质以及灭菌蒸汽的性质等。

1. 微生物种类与数量

微生物种类不同，其芽孢的耐热性质不同。微生物污染的数量越少，达到可靠灭菌效果所需的灭菌时间越短，这已被生物 F_0 值等研究证明，且微生物污染越严重，热原反应越强烈，故生产过程应尽量避免微生物污染。

2. 药物耐热稳定性

灭菌一方面要保证灭菌效果，又要保证药物稳定性符合规定标准。在保证灭菌效果的前提下，应尽量缩短灭菌时间，降低灭菌温度。如维生素C注射液采用100℃、灭菌15min，也可保证各项指标符合规定。灭菌时间与温度的改变均应由实验充分验证。

3. 药液的性质

药液的pH值影响微生物活性，一般细菌在中性药液中活性最强，在碱性药液中次之，在酸性药液中则不利于微生物生长。有许多药液偏酸性，此时可以考虑适当降低灭菌温度，如一些偏酸性的小容量注射液常采用流通蒸汽方法灭菌。溶液介质不同，微生物的生长活性不同。一般认为：注射液中若含有营养性物质如糖类、蛋白质类能增强微生物的抗热性。

三、紫外线灭菌法

紫外线灭菌法是指用紫外线照射杀灭微生物的方法。波长为200～300nm的紫外线可用于灭菌，灭菌力最强的波长是254nm，紫外线灭菌主要是由辐射能剂量所定，对不同微生物所需要的剂量亦不同。对杆菌的作用强于球菌，对真菌、酵母菌的作用更弱。繁殖型细菌对紫外线最敏感，芽孢则对紫外线的耐受比繁殖型菌大100～1000倍。

紫外线作用于核酸蛋白质，使蛋白质变性而起杀菌作用。同时空气受紫外线照射后可产生微量臭氧，亦有协同杀菌作用。紫外线进行直线传播，其强度与距离的平方成正比减弱，并可被不同的表面反射，穿透力弱，作用仅限于被照射物的表面，不能透入溶液或固体深部，故一般用作室内空气灭菌、纯化水或物体表面灭菌。紫外线的强度、照射时间与距离对灭菌效果亦有很大影响，一般 6～15m^3 的空间装置 30W 紫外线灯 1 只，灯距地面以 2.5～3m 为宜。室内相对湿度以 45%～60%较宜，湿度过大亦可降低灭菌效果。温度宜在 10～55℃。人体如照射紫外线时间过长，易产生结膜炎、红斑及皮肤烧灼等现象。使用时一般在操作前开启 1～2h，如必须在操作时继续照射，应有劳动保护措施。

紫外灯管应保持无尘、无油垢，否则辐射强度将大为降低。空气中的灰尘、烟雾等亦易吸收紫外线。各种规格的紫外线灯，均有规定的有效使用时限，一般为 3000h，故应登记开启时间并定时测定其灭菌效果。

四、过滤除菌法

过滤除菌法系指用过滤方法除去活的或死的微生物的方法，是一种机械除菌方法。这种机械称为除菌过滤器，主要适用于对热不稳定的药物溶液、气体、水等的灭菌。供灭菌用的滤器，要求能有效地从溶液中除净微生物，溶液顺畅地由滤器通过，滤液中不落入任何不需要的物质，滤器容易清洗，操作简便。

滤器的孔径必须小到足以阻止细菌和芽孢进入滤孔之内，大小约为 0.2μm。灭菌过滤一般选用孔径 0.22μm 或 0.3μm 的微孔薄膜滤器或 G6 号垂熔玻璃漏斗。

五、其他物理灭菌法

（一）微波加热灭菌法

微波一般系指频率在 300MHz～300KMHz 之间的电磁波，其灭菌原理主要是由于极性水分子可强烈吸收微波，在交变电场中，因电场时间的变化使极性分子发生旋转振动，致使分子间互相摩擦而生热，从而产生灭菌效果。另外，微波的波动也能增强灭菌效果。微波加热从本质上说是水分子加热，它的显著特点是加热均匀，所需时间短，升温快，穿透介质较深，是一种新的灭菌方法。但存在安瓿破损率高、灭菌不完全、劳动保护等问题。

（二）辐射灭菌法

辐射灭菌法是应用 β 射线、γ 射线杀菌的方法。其特点是不升高产品的温度，适用于某些不耐热药物的灭菌，穿透性强。辐射的杀菌机理是其作用于水分子，使 H_2O 电离为 H^+ 和 OH^-，这些游离基是强烈的还原剂和氧化剂，它们直接作用于细菌细胞本身，使之失去活性。γ 射线通常由放射性同位素 ^{60}Co 产生，β 射线由电子加速器产生，γ 射线适用于较厚样品的灭菌，β 射线仅适用于非常薄和密度低的物质灭菌。本法已应用于某些抗生素、激素、肝素、羊肠线、医疗器械等物质的灭菌。此类方法设备昂贵，尚不能普及。同时辐射对药物稳定性的影响，尚待全面考察。

此外，还有超声波灭菌法，已在疫苗制品的灭菌中应用。安瓿的清洗、灭菌也已引入超声波法，可将清洗与灭菌过程一并完成。

以上灭菌方法尚未在药物生产的灭菌中广泛使用。

第二节　化学灭菌法

化学灭菌法，系借助于某些化学药品的作用抑制或杀灭细菌的方法。用于抑制细菌生长的药品称为抑菌剂，用于杀灭细菌的药品称为杀菌剂，同一物质由于使用时条件不同，可以是抑菌剂，也可以是杀菌剂。以气体或蒸汽状态杀灭细菌的化学药品称为气体杀菌剂，常用于无菌操作室、医疗器械、设备以及少量注射用灭菌固体原料药物的灭菌。这种方法，又称气体灭菌或冷法灭菌。

一、固体原料药物的气体杀菌剂

目前主要有环氧乙烷和β-丙内酯，环氧乙烷较常用。

（一）环氧乙烷

本品沸点为10.9℃，室温下为气体，具可燃性，故应置冷处存放。在密闭的状况下，含有3%的空气就会爆炸，与二氧化碳以1∶9相混合的气体，即不致发生爆炸。环氧乙烷气体穿透性强、作用快，易穿透塑料、纸板及固体粉末，暴露于空气中的环氧乙烷可从这些物质中消散，环氧乙烷对多数固体呈惰性。对细菌、病毒及孢子均有很强的杀灭作用，常用于普鲁卡因青霉素的灭菌。

环氧乙烷的杀菌作用，具有烷化剂的性质，能使细菌蛋白质分子中的氨基、羟基、酚羟基或巯基上的氢原子被环氧乙烷的羟乙团所取代，而使菌体细胞的代谢产生不可逆性的破坏，达到杀菌的效能。

使用环氧乙烷灭菌，一般先将待灭菌物品（如普鲁卡因青霉素），按无菌操作放入特制的灭菌箱中，密闭，抽真空至760mmHg，通入二氧化碳使恢复至0，如此连续三次，以使箱内空气除尽，在第三次抽真空到760mmHg时，由特制的专用设备，使一定量（10%）的液态环氧乙烷迅速变为气体，由管道输入灭菌箱内，接着通二氧化碳（90%），使真空度恢复至“0”，保持6h灭菌，然后抽掉残余的环氧乙烷及其分解产物，连续抽2小时，使残留物除尽，最后通入无菌过滤空气，使真空度恢复至0即得。经灭菌的物品须放置一定时间后再使用。

（二）β-丙内酯

室温下为液体，可加热用其蒸气，用于器具、橡胶制品等的灭菌，湿度在75%以上作用最强，本品不爆炸、不燃烧，水解产物无毒性。灭菌机理与环氧乙烷相同。

二、室内空气杀菌剂

（一）甲醛蒸气

用甲醛溶液加热熏蒸，每立方米空间用40%甲醛溶液30ml。室内温度宜高，以增强灭菌效果。灭菌后剩余的甲醛气体通过氨气吸收。甲醛蒸气灭菌机理主要是与细菌蛋白质分子中的氨基结合使其变性。

（二）丙二醇蒸气

将丙二醇置蒸发器中加热，使其蒸气弥漫全室，待丙二醇气体下沉即可。用量为每立方米空间1.0ml，丙二醇具有不挥发性和无引火性等优点，灭菌机理是由于脱水作用，使菌体蛋白质变性或凝固。

（三）乳酸蒸气

用量为每立方米空间2.0ml，应用方法与丙二醇类似。

此外，还可用三甘醇、臭氧、醋酸等。

三、外用杀菌剂

(一) 苯酚

其浓度为0.3%～0.5%，用于黏膜消毒或制剂的防腐；1.5%～3%，用于揩擦室内门窗墙壁、桌椅用具等及空气喷雾灭菌。灭菌机理为低浓度能破坏细胞膜，使胞浆内容物漏出；高浓度使菌体蛋白质变性凝固，而杀灭细菌。此外，也有抑制某些酶系统的作用，如脱氢酶和氧化酶等。

(二) 煤酚皂溶液

其浓度为1%～2%，常用于洗手、消毒皮肤；2%～3%，用途同苯酚溶液。灭菌机理与苯酚相同。

(三) 乙醇

70%～75%乙醇用于皮肤、器具等的灭菌。灭菌机理为醇类具有脱水作用，其分子透入蛋白质肽链的空隙内而使菌体蛋白质变性或凝固，还能溶解皮肤上的脂类分泌物，故又有机械除菌作用。浓度过高，脱水太快，细菌表面迅速凝固，影响继续透入，致使杀菌作用反而降低，无水乙醇杀菌作用小，就是因透膜作用弱而有所影响，但浓度低于70%，也同样导致杀菌作用的减弱。

(四) 新洁尔灭

新洁尔灭为阳离子型表面活性剂，兼有杀菌和去污作用。其作用强而快，毒性低，应用较广。0.1%～0.2%的溶液常用于洗手、擦门窗和桌椅及消毒器具等。

其他作用类似和常用的外用杀菌剂有度灭芬、消毒净、洗必泰、漂白粉、双氧水、高锰酸钾等。

第三节　空气净化技术

一、药品生产对洁净生产厂房的要求

制剂生产时必须按生产工序、生产要求划分区域，即一般生产区、控制区、洁净区、无菌区。生产车间必须按生产工艺流程及所要求的洁净级别进行合理布局。GMP将生产区域空气的洁净级别分为A级、B级、C级与D级。不同级别的洁净度要求对空气悬浮粒子的基本要求和对微生物限度的基本要求见表5-2、表5-3。从表中可见：所谓洁净室（区），系指需要对空气中尘粒及微生物含量进行控制的房间（区）。

表5-2 GMP洁净室（区）对空气悬浮粒子的基本要求

洁净度级别	悬浮粒子最大允许数/m^3			
	静态		动态	
	≥0.5μm	≥5.0μm	≥0.5μm	≥5.0μm
A级	3520	20	3520	20
B级	3520	29	352000	2900
C级	352000	2900	3520000	29000
D级	3520000	29000	不作规定	不作规定

表 5-3　GMP 洁净室（区）对微生物限度的基本要求

洁净度级别	浮游菌 /(cfu/m³)	沉降菌(ϕ90mm) /(cfu/碟)	表面微生物	
			接触(ϕ55mm) /(cfu/碟)	5 指手套 /(cfu/手套)
A 级	<1	<1	<1	<1
B 级	10	5	5	5
C 级	100	50	25	—
D 级	200	100	50	—

二、洁净室

洁净室是指将一定空间范围内空气中的微粒子、有害空气、细菌等污染物排除，并将室内温度、洁净度、室内压力、气流速度与气流分布、噪声振动及照明、静电控制在某一需求范围内，而所给予特别设计的房间。洁净室按其气流状态来区分，主要分为乱流（非单向流）洁净室、单向流洁净室和辐流洁净室。

洁净室内部状态分为以下三种。

① 空态：已经建造完成并可以投入使用的洁净室（设施）。它具备所有有关的服务和功能。但是，在设施内没有操作人员操作的设备。

② 静态：各种功能完备、设备安装妥当，可以按照设定使用或正在使用的洁净室（设施），但是设施内没有操作人员。

③ 动态：处于正常使用的洁净室，服务功能完善，有设备和人员；如果需要，可从事正常的工作。

药品品种不同、生产工艺不同，对其环境的洁净度有不同的要求。

无菌药品的生产操作环境可参照表 5-4、表 5-5 中的示例进行选择。

表 5-4　最终灭菌产品生产操作工序对应的洁净度级别

洁净度级别	最终灭菌产品生产操作示例
C 级背景下的局部 A 级	高污染风险①的产品灌装(或灌封)
C 级	1. 产品灌装(或灌封)； 2. 高污染风险②产品的配制和过滤； 3. 眼用制剂、无菌软膏剂、无菌混悬剂等的配制、灌装(或灌封)； 4. 直接接触药品的包装材料和器具最终清洗后的处理
D 级	1. 轧盖； 2. 灌装前物料的准备； 3. 产品配制(指浓配或采用密闭系统的配制)和过滤直接接触药品的包装材料和器具的最终清洗

① 此处的高污染风险是指产品容易长菌、灌装速度慢、灌装用容器为广口瓶、容器须暴露数秒后方可密封等状况。

② 此处的高污染风险是指产品容易长菌、配制后需等待较长时间方可灭菌或不在密闭系统中配制等状况。

表 5-5　非最终灭菌产品的无菌生产操作工序对应的洁净度级别

洁净度级别	非最终灭菌产品的无菌生产操作示例
B 级背景下的 A 级	1. 处于未完全密封①状态下产品的操作和转运，如产品灌装(或灌封)、分装、压塞、轧盖②等； 2. 灌装前无法除菌过滤的药液或产品的配制； 3. 直接接触药品的包装材料、器具灭菌后的装配以及处于未完全密封状态下的转运和存放； 4. 无菌原料药的粉碎、过筛、混合、分装

续表

洁净度级别	非最终灭菌产品的无菌生产操作示例
B级	1. 处于未完全密封①状态下的产品置于完全密封容器内的转运； 2. 直接接触药品的包装材料、器具灭菌后处于密闭容器内的转运和存放
C级	1. 灌装前可除菌过滤的药液或产品的配制； 2. 产品的过滤
D级	直接接触药品的包装材料、器具的最终清洗、装配或包装、灭菌

① 轧盖前产品视为处于未完全密封状态。

② 根据已压塞产品的密封性、轧盖设备的设计、铝盖的特性等因素，轧盖操作可选择在C级或D级背景下的A级送风环境中进行。A级送风环境应当至少符合A级区的静态要求。

在GMP中，对洁净厂房等设施还有许多要求，如洁净厂房的墙壁与天花板、墙壁与地面交界处宜成弧形。洁净厂房的窗户、天花板、管线、风口等连接部位需密封。空气洁净度级别不同的相邻洁净室（区）之间的静压差应大于10Pa。洁净室（区）与非洁净室（区）之间的静压差应大于10Pa。青霉素分装室、有毒有害的生产车间应保持相对负压。洁净厂房应恒温恒湿，并与生产工艺要求相适应，一般温度控制在18～26℃、相对湿度在45%～65%为宜。

三、空气净化系统

空气净化系统也称为采暖通风与空气调节系统（HVAC系统），是指能对空气滤尘净化，并进行冷却或加热、加湿或除湿等各种处理的系统。这是制药企业的一个关键系统，直接影响制药企业能否提供安全有效的产品，对制药工厂能否实现向患者提供安全有效产品的目标具有重要影响。如果药品生产环境得到妥善设计、建造、调试、运转和维护，有助于确保产品质量，提高产品质量的可靠性，同时降低工厂初期的投资成本和后期的运转成本。

洁净室是一个密封的空间，其中的空气、温度、湿度、压力和噪声的控制均通过空气净化系统来完成。该系统是目前药品生产中普遍采用的一门新技术。该系统由车间、管道和一系列设备组成，包括初效滤过器、加热盘管、风机、冷却盘管、中效过滤器、湿度调节装置、高效滤过器、回风扇与控制回风装置。该净化系统有以下功能：①净化滤过空气，通过空气滤过器实现；②调节温度与湿度，通过加热、冷却盘管、湿度调节装置、挡水板来实现；③保持洁净室的压差，一般洁净室均需维持正压差，通过送风量大于排风量的方法达到；④控制换气次数，通过空压机及回风扇调节送风量并达到不同洁净级别所需的换气次数。

空气净化系统中最主要的设备是空气过滤装置。空气过滤器分为初效、中效、高效三种。初、中效过滤器可以滤除空气中的大、中粒子，高效过滤器可滤除微小粒子，三级连用时可将大于0.3μm的微粒滤除99.97%。10万级洁净要求必须配有初效与中效过滤器，B级与A级的洁净要求必须配置初、中、高效三级过滤器。过滤器根据需要可多个串连组合。要达到高洁净度不仅需要增加过滤器数量，还应增加换气次数。

层流技术的应用使洁净区域能达到A级水平。层流指沿平行线以单一通路、单一方向通过洁净室、洁净单元或洁净台的气流。层流有水平层流与垂直层流两种类型。常规净化室空气的流动属于紊流，该状态使空气中夹带的微粒互相碰撞聚结，并使原静止的尘粒重新飞扬，室内局部空气还出现死角，因此，它只能除去部分粒子，而不易使微粒除净。紊流只能净化空气至B级。层流洁净室（见图5-3）使用一面墙体单向送风，另一平行墙体单向回风，可以克服紊流的缺点，很快排除微粒。

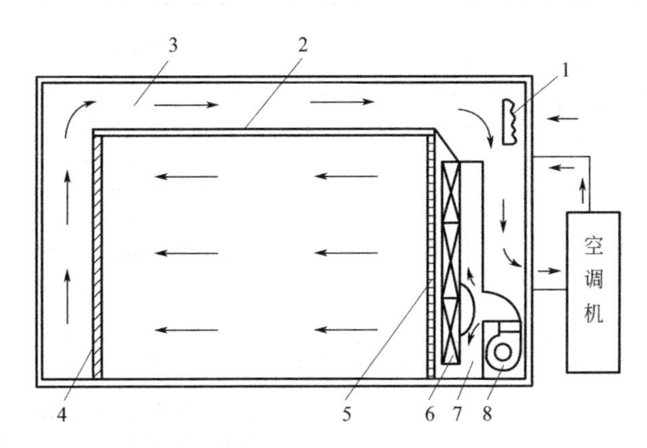

图 5-3　水平层流洁净室结构示意图

1—新鲜空气滤过器；2—夹板顶板；3—回风夹层风道；4—回风墙；
5—送风墙；6—高效空气滤过器；7—静化单元静压箱体；8—送风机

本章小结

学习主题结构		学习的主要内容	
大主题	小主题		
第一节　物理灭菌法	灭菌技术的概念	灭菌技术系指杀灭或除去物料中所有微生物的繁殖体和芽孢的技术	
	干热灭菌法	概念	利用干热空气进行灭菌的方法
	湿热灭菌法	概念	是用饱和水蒸气或沸水或流通水蒸气进行灭菌的方法
		特点	热穿透能力强，灭菌温度均匀，效果可靠，操作简单方便
		适用范围	容器、培养基、无菌衣、胶塞等对湿热不敏感的物品
		热压灭菌器使用注意问题	1.饱和蒸汽；2.排尽空气；3.灭菌时间的计算；4.避免压力骤降；5.压力和温度准确
		影响湿热灭菌的因素	1.微生物种类与数量； 2.药物耐热稳定性； 3.药液的性质； 4.灭菌蒸汽的性质
	紫外线灭菌法	概念	是指用紫外线照射杀灭微生物的方法。灭菌力最强的波长是254nm
		适用范围	室内空气灭菌、纯化水或物体表面灭菌
	过滤除菌法	概念	过滤除菌法系指用过滤方法除去活的或死的微生物的方法，是一种机械除菌方法
		适用范围	对热不稳定的药物溶液、气体、水等的灭菌
第二节　化学灭菌法	固体原料药物的气体杀菌剂	环氧乙烷和β-丙内酯	
	室内空气杀菌剂	甲醛蒸气、丙二醇蒸气、乳酸蒸气。此外，还可用三甘醇、臭氧、醋酸等	
	外用杀菌剂	苯酚、煤酚皂溶液、乙醇、新洁尔灭、度灭芬、消毒净、洗必泰、漂白粉、双氧水、高锰酸钾等	

续表

学习主题结构		学习的主要内容	
大主题	小主题		
第三节　空气净化技术	药品生产对洁净生产厂房的要求	GMP将生产区域空气的洁净级别分为A级、B级、C级与D级	
	洁净室	概念	洁净室是指将一定空间范围内空气中的微粒子、有害空气、细菌等污染物排除，并将室内温度、洁净度、室内压力、气流速度与气流分布、噪声振动及照明、静电控制在某一需求范围内，而所给予特别设计的房间
		洁净室内部状态	空态、静态、动态
	空气净化系统	概念	空气净化系统也称为采暖通风与空气调节系统（HVAC系统），是指能对空气滤尘净化，并进行冷却或加热、加湿或除湿等各种处理的系统
		组成	空气净化系统由车间、管道和一系列设备组成，它包括初效滤过器、加热盘管、风机、冷却盘管、中效过滤器、湿度调节装置、高效滤过器、回风扇与控制回风装置

基本训练题

一、名词解释

1. 灭菌技术　2. 湿热灭菌法　3. 过滤除菌法　4. 紫外线灭菌法　5. 洁净室

二、单项选择题

1. 中药材的灭菌，一般采用的方法是（　　）。
   A. 过滤灭菌法　B. 环氧乙烷灭菌法　C. 煮沸灭菌法
   D. 辐射灭菌法　E. 干热灭菌法
2. 紫外线灭菌法灭菌力最强的波长是（　　）。
   A. 200nm　B. 220nm　C. 250nm
   D. 254nm　E. 258nm
3. 灭菌效果应以杀死（　　）为准。
   A. 细菌芽孢　B. 霉菌的有性孢子　C. 放线菌无性孢子
   D. 病毒　E. 细菌繁殖体
4. 高压蒸汽灭菌时，应注意在（　　）后方可关闭排气阀，进行升压。
   A. 预热5min后　B. 排尽水汽后　C. 排尽空气后
   D. 温度升到100℃　E. 加热开始后
5. 干热灭菌法是利用灭菌器中的热空气灭菌，通常可用于（　　）的灭菌。
   A. 片剂　B. 口服液　C. 抗体
   D. 培养基　E. 玻璃器皿
6. 过滤除菌所用的滤板或滤膜的孔径一般为（　　）。
   A. 0.1～0.2μm　B. 0.2～0.3μm　C. 0.5～0.8μm
   D. 0.8～1.0μm　E. 1.0～1.5μm
7. 室内空气杀菌剂不包括（　　）。
   A. 甲醛蒸气　B. 丙二醇蒸气　C. 乳酸蒸气
   D. 臭氧　E. 水蒸气

8. 液状石蜡的灭菌应采用（　　）。

A. 干热灭菌法　B. 湿热灭菌法　C. 气体灭菌法
D. 环氧乙烷灭菌法　E. 过滤除菌法

9. 洁净区的洁净级别不包括（　　）。

A. A级　B. B级　C. C级
D. D级　E. E级

10. A级洁净区对微生物限度的基本要求中浮游菌应低于（　　）cfu/m^3。

A. 1　B. 10　C. 20
D. 100　E. 200

三、多项选择题

1. 物理灭菌法包括（　　）。

A. 干热灭菌法　B. 湿热灭菌法　C. 紫外线灭菌法
D. 过滤除菌法　E. 甲醛蒸气灭菌法

2. 湿热灭菌法包括（　　）。

A. 微波加热灭菌法　B. 高压蒸汽灭菌法　C. 流通蒸汽灭菌法
D. 煮沸灭菌法　E. 低温间歇灭菌法

3. 影响湿热灭菌的因素包括（　　）。

A. 微生物种类　B. 微生物数量　C. 灭菌蒸汽的性质
D. 药物耐热稳定性　E. 药液的性质

4. 外用杀菌剂不包括（　　）。

A. 煤酚皂溶液　B. 苯酚　C. 新洁尔灭
D. 甲醛蒸气　E. 乙醇

5. 最终灭菌产品生产操作工序对应C级洁净度级别的是（　　）。

A. 产品灌装　B. 高污染风险产品的配制和过滤
C. 高污染风险的产品灌装　D. 灌装前物料的准备　E. 轧盖

四、简答题

1. 简述热压灭菌器使用中应注意的问题。
2. 影响湿热灭菌的因素有哪些？
3. 简述干热灭菌法的适用范围。
4. 非最终灭菌产品的无菌产品的生产对应B级背景下的A级的工序有哪些？

注射剂与滴眼剂

学习与能力目标

通过本章的学习，学生应识记注射剂、热原、滴眼剂概念、注射剂的分类及特点。熟知注射剂的溶剂，注射剂、滴眼剂附加剂及其选用原则。熟知注射剂的常用灭菌方法。熟知等渗调节剂的概念及计算方法。能说出热原的性质与除去方法，污染热原的途径。能说出注射剂、滴眼剂的质量要求。能说出注射剂的制备步骤、工艺流程及操作要求。能说出注射剂的质量检查要求。能表述注射剂的注射用水的质量要求及常用的制备方法。知道注射剂的容器及其处理方法。知道中药注射剂的制备方法。知道输液制备中存在的问题及解决方法。知道滴眼剂的制备方法。为今后在相关岗位工作上打下扎实的基础。

知识要求

掌握注射剂分类及特点，注射剂、滴眼剂附加剂的分类，热原的性质与除去方法。

熟悉注射剂的概念、注射剂的质量检查要求，污染热原的途径，等渗调节剂的概念及计算方法。

熟悉注射剂的制备步骤、工艺流程及操作要求，中药注射剂的制备步骤。

熟悉输液制备中存在的问题及解决方法，滴眼剂的制备方法。

熟悉注射剂的注射用水的质量要求及常用的制备方法。

了解注射剂的容器及其处理方法。

了解中药注射剂存在的问题与解决方法。

了解注射用混悬液的质量要求与制备。

第一节　注射剂的概述

一、注射剂的定义和分类

注射剂系指药物与适宜的溶剂或分散介质制成的供注入体内的溶液、乳状液或混悬液及供临用前配制或稀释成溶液或混悬液的粉末或浓溶液的无菌制剂。注射剂可分为注射液、注射用无菌粉末、注射用浓溶液。注射剂按分散系统可分为四类。

1. 溶液型注射剂

包括水溶液和油溶液（非水溶剂）两类。溶液型注射剂以水作溶剂最为常用。对于易溶于水而且在水溶液中稳定的药物，则制成水溶液注射剂，如盐酸普鲁卡因注射液。不溶于水而溶于油的药物可制成油溶液注射剂，如二巯基丙醇注射液、黄体酮注射液等。也有用其他非水溶剂或复合溶剂制成的溶液型注射剂，如洋地黄毒苷注射液。

2. 注射用无菌粉末

注射用无菌粉剂亦称粉针剂，系将供注射用的无菌粉末状药物装入安瓿或其他适宜容器中，临用前用适当的溶剂溶解或使混悬而成的制剂。凡在水中不稳定的药物，如青霉素、阿糖胞苷等均可制成这类注射剂。

3. 注射用混悬液

水难溶性药物或注射后要求延长药效作用的药物及无适宜溶剂的药物，可制成水或油的混悬液，如醋酸可的松注射液、普鲁卡因注射液等。这类注射剂一般仅供肌内注射。

4. 乳剂型注射剂

油类或油溶性的液体药物，可制成乳剂型注射剂，如胶丁钙注射液和静脉注射用脂肪乳等。

二、注射剂的特点

注射剂是当前应用最广泛的剂型之一，因为它具有许多优点。

（1）起效迅速而且疗效可靠　由于药液直接注入人体组织或血管，无吸收过程或吸收过程短，因而血药浓度可迅速达到高峰而发挥作用。且药物不经过胃肠道，不受消化液及食物的影响，无首过效应。因此，疗效可靠，易于控制，适用于抢救危重病人。

（2）适用于不宜口服的药物　易被消化液破坏，或首过效应显著的药物，以及口服不易吸收或对消化道刺激较大的药物，均可设计制成注射剂。

（3）适用于不能口服给药的病人　如不能吞咽或昏迷或手术后需禁食的患者，可以注射给药。

（4）可以产生局部定位作用　如局部麻醉药和用于封闭疗法、穴位注射的药物。

但注射剂也存在一些缺点。

（1）安全性不如口服给药　由于注射剂一经注入体内即无法收回，因此不如口服给药安全。

（2）使用不便且注射疼痛　注射剂一般不能自己使用，应根据医嘱由技术熟练的人注射，以保证安全。另外，注射时可产生刺激疼痛。

（3）制造过程复杂，成本高　注射剂生产要求一定的生产环境及设备条件，所以生产费用较高，价格也较高。

三、注射剂的给药途径

根据医疗上的需要，注射剂的给药途径可分为皮内注射、皮下注射、肌内注射、静脉注射、动脉内注射、脊椎腔注射等几种。给药途径不同，注射剂的要求亦不同，作用特点也不一样。

1. 皮内注射

皮内注射系注射于表皮和真皮之间，该部位吸收缓慢，一次注射量在0.2ml以下，常用于过敏性试验或疾病诊断，如青霉素皮试和旧结核菌素稀释液。

2. 皮下注射

注射于真皮和肌肉之间，药物吸收速度比皮内注射稍快，注射剂量通常为1～2ml。由于皮下感受器较多，故具有刺激性的药物应尽量避免皮下注射。皮下注射剂主要是水溶液。

3. 肌内注射

肌内注射一次剂量一般在5ml以下，因肌内有丰富的血管网，作用速度仅次于静脉注射。水溶液、油溶液、混悬液和中药注射剂均可作肌内注射。

4. 静脉注射

静脉注射分静脉推注和静脉滴注，前者用量小，一般为5～50ml，后者用量大，多至数千毫升。静脉注射药效快，常作急救、补充体液和供营养之用。多为水溶液和O/W型乳剂。油溶液和一般混悬型注射液不能作静脉注射。凡能导致红细胞溶解或使蛋白质沉淀的药物，均不宜静脉给药。

5. 动脉内注射

将药物注入靶区动脉末端，如一些抗肿瘤药物采用动脉内注入，直接进入靶组织，提高了药物疗效。

6. 脊椎腔注射

即注入脊椎四周蛛网膜下腔内。由于神经组织比较敏感，脊髓液量少且循环较慢，渗透压的紊乱能很快引起头痛和呕吐，所以脊椎腔注射剂质量应严格控制。其pH、渗透压应与脊椎液相等，而且只能制成水溶液，每次注射量在10ml以下。

还有不太常用的关节腔内注射、滑膜腔内注射、鞘内注射等。

四、注射剂的质量要求

由于注射剂直接进入人体内部，作用迅速而又无法收回，故对注射剂的质量要求特别高。总的来说，要求用药安全有效、产品质量稳定。对注射剂的质量要求主要有以下几个方面。

（1）无菌　照《中国药典》（2010年版）无菌检查法（附录Ⅺ H）检查，应符合规定。

（2）无热原　无热原是注射剂的重要指标，特别是用量大的供静脉注射及脊椎腔注射的注射剂，均需进行热原检查，合格后方能使用。

（3）渗透压　静脉输液及椎管注射用注射液，照《中国药典》（2010年版）渗透压摩尔浓度测定法（附录Ⅸ G）检查，应符合规定。

（4）可见异物　照《中国药典》（2010年版）可见异物检查法（附录Ⅸ H）检查，应符合规定。

（5）不溶性微粒　溶液型静脉用注射液、注射用无菌粉末及注射用浓溶液，照《中国药典》（2010年版）不溶性微粒检查法（附录Ⅸ C）检查，均应符合规定。

（6）pH值　应尽量与血液的pH值（7.4）接近。但由于药物本身的性质和稳定性的要求，机体本身又有一定的缓冲能力，可允许pH值在4～9范围内。pH值过高或过低都可能影响组织对药物的吸收或引起局部刺激等不良反应。大剂量的静脉注射液原则上要求尽可能接近正常血液的pH值，以防引起酸、碱中毒的危险。脊椎管注射时，要求注射液的pH值应接近7.4，因脊髓液仅60～80ml，循环亦慢，易受酸碱影响，故应严格控制。

（7）安全性　注射剂不应对组织产生刺激或发生毒性反应，以及不应有致癌、致畸、致突变等作用。凡配制新产品或使用新的附加剂和非水溶剂时，必须经过必要的动物实验，确保使用安全。

（8）稳定性　注射剂多系水溶液，所以其稳定性问题比其他固体剂型突出，为确保产品在贮存期内安全有效，故要求注射剂具有必要的物理、化学和生物稳定性。

第二节 热 原

一、概述

热原系指引起恒温动物和人体体温异常升高的致热物质的总称。它是一种细菌内毒素。大多数细菌都能产生热原，致热能力最强的是革兰阴性杆菌所产生的热原，霉菌甚至病毒也能产生热原。含有热原的输液注入人体，大约半小时以后，可使人体产生发冷、寒战、体温升高、出汗、恶心呕吐等不良反应，有时体温可升至40℃，严重者出现昏迷、虚脱，甚至有生命危险。热原反应的温度变化曲线，因热原种类不同而有差异。一般先经过一个短的潜伏期后，温度略微上升，然后又略微下降，接着又很快上升，并出现一个高峰。根据这种现象而导致一个假设，即细菌性热原本身不引起发热，但热原使中性粒细胞及其他细胞释放一种内源性物质，它作用于视丘下部体温调节中枢，引起5-羟色胺的升高而导致发热。虽然有人提出内源性热原可能是由蛋白质或脂蛋白组成，但其确切组成尚未肯定。热原的致热量因菌种而异。由于注射途径不同，引起发热反应的程度也有差异。

二、热原的组成与性质

（一）热原的组成

热原是微生物产生的一种内毒素，它存在于细菌的细胞壁外层。内毒素是由磷脂、脂多糖和蛋白质所组成的高分子复合物，其中磷脂多糖是内毒素的主要成分，具有特别强的热原活性。磷脂多糖的化学组成因菌种不同而异，从大肠杆菌分出来的磷脂多糖中有68%～69%的多糖（葡萄糖、半乳糖、氨基葡萄糖、鼠李糖等）、12%～13%的类脂化合物、7%的有机磷和其他一些成分。热原的相对分子质量在7×10^5～1×10^7，分子质量越大，致热作用越强。

（二）热原的性质

热原除致热性外，尚有以下共性。

（1）耐热性　一般说来，热原在60℃加热1h不受影响，100℃也不会发生热解，在180℃ 3～4h，200℃ 60min，或250℃ 30～40min可使热原彻底破坏。虽然已经发现某些热原具有热不稳定性，但在通常注射剂灭菌条件下，往往不足以使热原破坏，这点必须引起注意。

（2）滤过性　热原体积小，在1～5μm，故一般滤器均可通过，即使微孔滤膜，也不能截留。但活性炭可以吸附热原。

（3）水溶性　由于磷脂结构上连接有多糖，因此热原能溶于水。

（4）不挥发性　热原本身不挥发，但在蒸馏时，往往可随水蒸气雾滴带入纯化水，故应设法防止及去除。

（5）致热性　热原有致热性，能使人的体温升高，有的人体温能升高到40℃。

（6）其他　热原能被强酸、强碱所破坏，也能被强氧化剂如高锰酸钾或过氧化氢所钝化，超声波也能破坏热原。

三、污染热原的途径

1. 从溶剂中带入

这是注射剂出现热原的主要原因。蒸馏器与接收容器结构不合理，操作不当，注射用水贮藏时间过长都会污染热原。故应使用新鲜注射用水，最好随蒸随用。

2. 从原辅料中带入

容易滋长微生物的药物，如葡萄糖因贮存年久，包装损坏常致污染热原。用生物方法制造的药品如右旋糖酐、水解蛋白或抗生素等常因致热物质未除尽而引起发热反应。

3. 从容器、用具、管道和装置等带入

用前如未认真清洗处理，常会导致污染。因此在生产中对这些容器、用具等物要认真处理，合格后方能使用。

4. 制备过程中的污染

制备过程中，由于室内卫生条件差，操作人员不注意个人卫生，操作时间长，装置不密闭，均增加污染细菌的机会，而可能产生热原。

5. 从输液器带入

有时输液本身不含热原，但仍发现热原反应。这往往是由于输液器具（如输液瓶、胶皮管、针头与针筒等）污染所致。

四、除去热原的方法

1. 高温法

凡能经受高温加热处理的容器与用具，如针头、针筒或其他玻璃器皿，在洗涤干燥后，于 250℃加热 30min 以上，可以破坏热原。

2. 酸碱法

玻璃容器、用具还可用重铬酸钾硫酸清洁液或 2%氢氧化钠处理，可将热原破坏。热原亦能被强氧化剂破坏。

3. 吸附法

常用的吸附剂有活性炭，活性炭对热原有较强的吸附作用，同时有助滤脱色作用，所以在注射剂制备中使用较广。常用量为 0.1%～0.5%（质量浓度）。此外，还可用活性炭与白陶土合用除去热原。

4. 超滤法

超滤膜的膜孔仅为 3.0～15nm，因而也能除去热原。

5. 凝胶滤过法

国内有用二乙氨基乙基葡聚糖凝胶（分子筛）制备无热原纯化水。生物制品多不稳定又易污染，如处理不当会降低其活性或含量，用此法除去热原，不影响其活性。

6. 离子交换法

国内有用 10% 301 弱碱性阴离子交换树脂与 8% 122 弱酸性阳离子交换树脂成功地除去丙种胎盘球蛋白注射液中的热原。

7. 反渗透法

反渗透法制备纯化水常用三醋酸纤维膜或聚酰胺膜，该膜的表层具有一定大小的空隙（1～2nm），由于机械过筛作用，能除去热原，这是近几年发展起来的有实用价值的新方法。

五、热原检查法及细菌内毒素检查法

1. 热原检查法（家兔法）

热原检查法系指将一定剂量的供试品，由静脉注入家兔体内，在规定的时间内，观察家兔体温升高的情况，以判定供试品所含热原的限度是否符合规定。

规定检查热原的产品，按《中国药典》（2010 年版）二部附录Ⅺ D的方法检查，应符合规定。

2. 细菌内毒素检查法

细菌内毒素检查法系指利用鲎试剂来检测或量化由革兰阴性菌产生的细菌内毒素，以判断供试品中细菌内毒素的限量是否符合规定的一种方法。

细菌内毒素检查法也称之为鲎实验法，其原理是利用鲎的血细胞溶解物制得鲎试剂与微量的细菌内毒素发生凝集反应，从而测验内毒素的一种实验技术。凝集反应对内毒素极为敏感，极微量的内毒素即 0.1ng/ml 即可形成牢固的凝胶。

细菌内毒素检查法是在 1964 年由美国 Levin 和 Bang 所发现，并在 1968 年建立的一种定性或定量检测微量细菌内毒素的一种体外分析方法。与传统的家兔检查法相比较，具有检测灵敏度高、特异性强、操作简便、快捷等优点，目前在许多领域得到发展和推广应用。1973 年美国 FDA 将 LAL 试剂作为一种生物制品。1977 年 FDA 允许 LAL 试剂用于最终产品的内毒素检查，1980 年 USP20 版首先正式收载了细菌内毒素检查法。到目前为止，USP24 版收载具体品种数量已高达 650 种以上。我国卫生部 1988 年颁布了细菌内毒素检查法，同时允许 4 种大输液用于替代热原的内毒素初试。1995 年《中国药典》1995 年版才正式收载了细菌内毒素检查法，并规定了 13 个品种的细菌内毒素检查，2000 年版《中国药典》品种增加至 69 种。如对注射用水、氯化钠注射液、葡萄糖注射液等用细菌内毒素检查法检查内毒素的含量，并规定了内毒素的限量。

细菌内毒素检查法具体操作和结果判断应符合《中国药典》(2010 年版）二部附录Ⅺ E 的规定。

第三节　注射剂的溶剂

一、注射剂溶剂的作用和要求

注射剂所用的溶剂包括水性溶剂、植物油及其他非水性溶剂等。最常用的水性溶剂为注射用水，亦可用 0.9%氯化钠溶液或其他适宜的水溶液。非水性溶剂有乙醇、丙二醇、聚乙二醇的水溶液。常用的油溶剂为注射用大豆油。注射用的溶剂应对机体安全无害、不引起任何不良反应；其本身应无菌、无热原、性质稳定、溶解范围较广；不应与主药发生反应，在注射用量内应不影响疗效且能被组织吸收。

二、注射用水

（一）注射用水的质量要求

注射用水的质量要求在《中国药典》(2010 年版）中有严格规定。检查项目包括 pH 值、氨、氯化物、硫酸盐、钙盐、硝酸盐及亚硝酸盐、二氧化碳、易氧化物、不挥发物及重金属、细菌内毒素等，应符合规定。还必须通过热原检查，应符合细菌内毒素实验要求。注射用水必须在防止热原污染条件下生产、贮藏及分装。

（二）注射用水的制备

《中国药典》(2010 年版）规定："注射用水为纯化水经蒸馏所得。"因此，蒸馏法是我国药典法定的制备注射用水的方法，而供制备注射用水的原水为纯化水。药典中又规定："纯化水为蒸馏法、离子交换法、反渗透法或其他适宜的方法制得供药用的水，不含任何附加剂。"

注射用水可作为配制注射剂用的溶剂，而纯化水不得用于注射剂的配制，可作为配制普通药物制剂用的溶剂或试验用水。

1. 工艺流程

（1）纯化水的工艺流程

① 蒸馏法

原水——→软化——→蒸馏——→纯化水

② 离子交换法

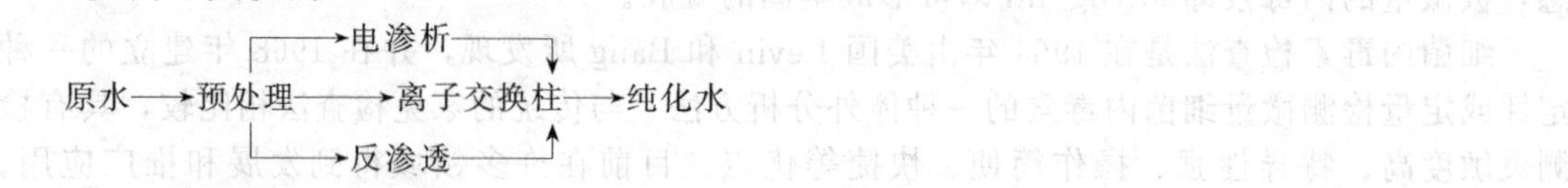

③ 反渗透法

原水——→预处理——→一级反渗透——→二级反渗透——→纯化水

（2）注射用水工艺流程

① 传统蒸馏法

（锅炉）蒸汽——→冷凝——→塔式蒸馏——→冷凝、冷却——→注射用水

② 现代蒸馏法

纯化水——→超滤——→多效（或汽压）式蒸馏——→注射用水

③ 反渗透法（美国药典 19 版开始收载）

二级反渗透纯化水——→微孔过滤或超滤——→注射用水

2. 工艺过程及设备

（1）原水预处理　预处理的工艺设施：用机械过滤器（砂滤）粗滤，活性炭吸附器（炭滤）或大孔树脂吸附器吸附，蜂房式过滤器或陶瓷烧结滤棒等深度过滤装置精密过滤。预处理通常用来减少进水的悬浮杂质、有机物质、细菌及含氯量等。

如果预处理后，细菌和大肠菌群仍不符合要求，可增设紫外线消毒器灭菌。若自来水受海水倒灌影响，可采用电渗析或反渗透膜淡化器来降低水中的含盐量。

（2）离子交换法　本法是原水处理的基本方法之一。其优点是所得的水化学纯度高，设备简单，节约燃料和冷却水，成本低。离子交换法制得的纯化水主要供蒸馏法制备注射用水使用，也可用于洗瓶。但不得用于配制注射液，因其去热原作用不及蒸馏法可靠，而且有时去离子水还带有乳光。

① 交换原理。本法是利用离子交换树脂对原水进行钝化处理。常用的离子交换树脂有阳离子交换树脂和阴离子交换树脂两种，阳离子交换树脂如 732 型苯乙烯强酸性阳离子交换树脂，其极性基团为磺酸基，可用简式 $RSO_3^- H^+$ 或 $RSO_3^- Na^+$ 表示，前者叫氢型，后者叫钠型。阴离子交换树脂如 717 型苯乙烯强碱性阴离子交换树脂，其极性基团为季铵基团，可用简式 $RN^+(CH_3)_3OH^-$ 或 $RN^+(CH_3)_3Cl^-$ 表示，前者叫羟型，后者叫氯型。钠型与氯型比较稳定，便于保存，故市售品需用酸碱转化成氢型和羟型后才能使用。

阴阳离子交换树脂在水中是解离的，阳离子交换树脂 $RSO_3^- H^+$ 解离成 $RSO_3^- + H^+$，阴离子交换树脂 $RN^+(CH_3)_3OH^-$ 解离成 $RN^+(CH_3)_3 + OH^-$。假定原水中含 Na^+、K^+、Ca^{2+}、Mg^{2+} 等阳离子和 SO_4^{2-}、Cl^-、HCO_3^-、$HSiO_3^-$ 等阴离子，当含有阳离子的原水通过阳离子交换树脂层时，水中阳离子被树脂吸附，树脂上的阳离子 H^+ 被置换到水中，并和水中的阴离子组成相应的无机酸。当含无机酸的原水通过阴离子交换树脂层时，水中阴离子被阴离子交换树脂吸附，树脂上的阴离子 OH^- 被置换到水中，并和水中 H^+ 结合成水。

② 树脂的处理与转型。新树脂往往混有其他杂质，且阳离子交换树脂、阴离子交换树脂出厂型式多为钠型和氯型，故常采用溶胀与洗涤，酸、碱处理与转型。

a. 溶胀与洗涤：将阳、阴离子交换树脂分别放在适宜的容器内，阳离子交换树脂用热水、阴离子交换树脂用低于40℃的温水浸泡数小时或更多的时间，使树脂充分膨胀，倒去洗涤水，反复用饮用水洗至洗液无色澄明为止。

b.酸、碱处理与转型：将阳离子交换树脂中的水沥干，加入约3倍体积的7%盐酸（2mol/L）浸泡约1h，倒出酸液，用澄清的饮用水洗至洗出液pH为3，再用约3倍体积的8%氢氧化钠（2mol/L）溶液浸泡2h。倒去碱液，用离子交换水洗至洗出液pH为9。最后，用3倍体积的7%盐酸转成氢型，用饮用水洗至洗出液pH为3，备用。

阴离子交换树脂则用约3倍体积的8%氢氧化钠溶液浸泡2h，倒出碱液，用通过阳离子交换树脂的水或去离子水洗至洗出液pH为9（不宜用饮用水洗，因为饮用水中的钙、镁离子遇碱液生成不溶性的氢氧化钙、氢氧化镁沉淀，滞留在树脂内，难以洗净，需用稀酸处理方可恢复）。再用3倍体积的7%盐酸浸泡1h，用饮用水洗至洗出液pH为3。最后，用3倍体积8%氢氧化钠溶液转成氢氧型，用通过阳离子交换树脂的水或去离子水洗至洗出液pH为9，备用。

新树脂也可不用交替法，而用酸、碱单程处理，即阳离子交换树脂用5倍体积7%盐酸处理、阴离子交换树脂用5倍体积8%氢氧化钠溶液处理1h，如上法分别洗涤即可。

③ 离子交换法处理原水的工艺。一般可采用阳床、阴床、混合床的组合形式进行处理。混合床为阳、阴离子交换树脂以一定比例混合而成。大生产时，为了减轻阴离子交换树脂的负担，常在阳床后加一脱气塔，除去二氧化碳，当交换一段时间后，出水质量不合格时，则需将树脂再生。

④ 树脂的再生。氢型阳离子交换树脂和氢氧型阴离子交换树脂与原水中的阳、阴离子进行交换，至出水质量不合格时，通常称为树脂老化，需再生。再生的方法多采用酸、碱再生法和氯化钠再生法。酸、碱再生法与新树脂转型相同，一般采用2mol/L的盐酸或氢氧化钠单程法，动、静态结合处理约1h，然后淋洗至合格即可供用。

混合床树脂再生时，多用饱和食盐水分离。因阳离子交换树脂的湿真密度大而下沉，阴离子交换树脂湿真密度小而上浮，如量大时，亦可在柱内通水反冲而分离.然后再分别用酸、碱进行处理，洗涤合格后混匀。

一般自来水通过上述离子交换系统，可以除去绝大部分阴、阳离子。对于热原和细菌也有一定的清除作用。关于交换水的质量，目前生产上多通过其比电阻的测定来控制，一般要求比电阻在$10^6\Omega\cdot cm$以上。处理500～4000mg/L的高含盐量原水时，离子交换柱再生频繁，不能保证正常供水，可在离子交换器前加设电渗析器做预脱盐处理。电渗透析能除去原水中80%左右的盐类，出水的纯度不高，但不需酸碱再生。将电渗透析和离子交换组合在一起使用，可获得高纯度的离子水，又可以减轻离子交换柱的负荷，延长使用周期，降低再生剂耗量和保证供用量；另一方法是加反渗透装置做预处理，在一次纯化水系统中，其除盐作用使离子交换柱负荷减至1/10，相应再生费用大大降低，且可除去一般方法不易去除的胶体物质、有机物质等，明显延长过滤器的寿命，并使纯化水系统能较适应原水水质的变化，起缓冲作用，保证纯化水系统制水水质稳定。

（3）电渗析　电渗析是利用电渗析膜只允许与膜同电荷的离子透过，不允许异电荷的离子透过的原理，在电场作用下，以电位差为推动力，使电介质溶液中的电介质迁移，达到浓缩分离的效果。电渗析法较离子交换法经济，但制得的水比电阻低，一般在50000～100000$\Omega\cdot cm$。

（4）反渗透法　反渗透法与一般蒸馏法比较具有设备简单、节省能源和冷却水的优点。美国药典从19版开始收载此法为制备注射用水的法定方法。反渗透法是利用溶质在机械压力的推动下能透过半透膜（反渗透膜）的原理，使溶质从溶液中分离出来，达到分离溶质、浓缩溶液的效果。其过程与自然渗透相反，自然渗透是溶质与溶液在相同外压下，溶质自然透过半透膜，使溶液变稀的过程。

① 反渗透装置。目前超纯水系统中普遍采用反渗透装置，虽然设备投资高，但从总体技术、经济效果来衡量，其优越性显著，特别是对提高整个纯水系统的水质起着重要作用。若在二次纯化水系统中使用，能充分截留纯化水中的微粒和细菌。

滤膜品种主要有醋酸纤维膜（CA膜）、芳香聚酰胺膜（PA膜）、复合膜（TFC膜）。

反渗透装置的组成见图6-1。

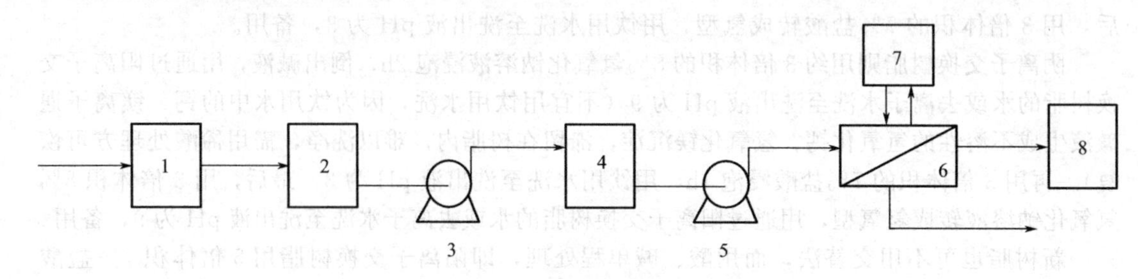

图6-1 反渗透装置图

1—预处理设备；2—贮水箱；3—水泵；4—保安过滤器；
5—高压泵；6—反渗透组件；7—膜清洗设备；8—淡水箱

反渗透组件的组合方式主要有：a. 单级单段式，只适用于少量除盐；b. 多级式，提高装置脱盐率，适用于海水淡化［图6-2(a)］；c. 多段式，提高装置的水回收率［图6-2(b)］。

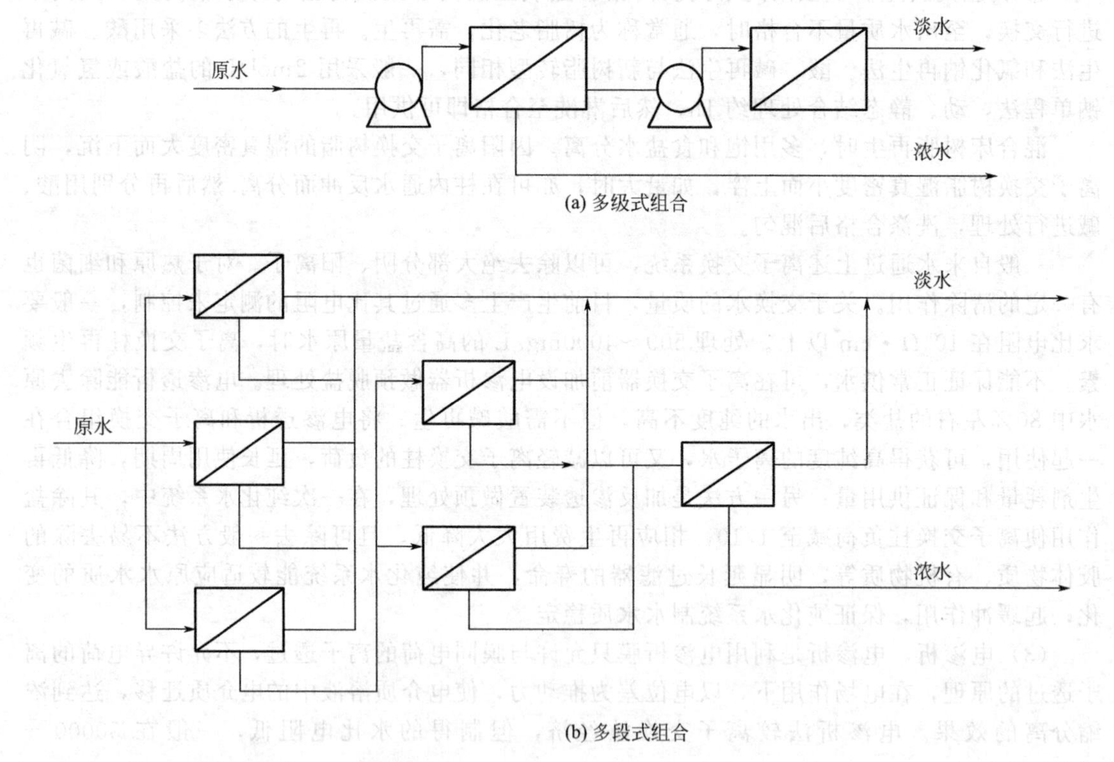

(a) 多级式组合

(b) 多段式组合

图6-2 反渗透组件的组合方式

② 影响反渗透性能的主要因素

a. 操作压力：操作压力与膜透水率成正比，在一定范围内操作压力变低，脱盐率会急剧下降。

b. 原水含盐量：原水含盐量高，渗透压大，需要较高的操作压力。如海水淡化压力需要 5～10MPa 压力，一般天然水渗透压都在 0.1MPa 以下，可以不考虑渗透压。

c. 水温：水温变化引起溶液黏滞系数变化，导致产水量变化，这个因素影响较大，以 25℃为基准，水温变化 1℃产水量约变化 3%。

d. 回收率：运行回收率决定了浓缩水的含盐量。膜面盐浓缩的浓度大，超过离子的溶度积即产生极化，一般说回收率过高反而使产水量降低，透盐率增加。

e. 运转周期：在高压下膜被压实，随着运转周期的增加，产水量会逐渐减少，一般 3 年运转周期产水量减低 20%～30%。

当系统正常运行一段时间后，反渗透膜元件会受到给水中可能存在的悬浮物质或难溶性物质的污染，这时需采用化学清洗法去除膜面上的积垢，如金属氧化物、有机物及胶体物质等。由于污染物的性质及污染速度与给水条件是慢慢发展的，如果不在早期采取措施，污染会在相对短的时间内损坏膜元件的性能。因此，应定期检测系统整体性能。

(5) 超滤法　超滤与反渗透都是在压力推动下进行分离，有相同的膜材料、相仿的制造方法、相似的功能和相近的应用，很难以一条明确的界限把两者区分。超滤主要是去除水中的细菌、病毒、胶体和高分子有机物等相对分子质量大于 600～50000 的杂质，对离子和低分子有机物也有很小的去除作用。超滤的分离不受渗透压的阻碍，故操作压力很低，超滤膜的截留能力一般以切割分子量大小为准，而反渗透则主要以脱盐率为准。

用于制取纯化水的超滤材料主要有醋酸纤维素膜和聚砜膜。

(6) 微孔过滤法　即微米及亚微米的膜过滤。在超纯化水系统中，主要用于除菌、除微量的悬浮颗粒及较大颗粒的胶团。常用于精处理系统的最终过滤，可有效截留树脂碎粒、活细胞及其残核，也可做最后处理的超过滤和反渗透器的最终保安过滤器。微孔滤膜是具有对称微孔毛细管结构的薄膜，微孔密度约为 10^8 个/cm^2。膜的截留效率高、操作压力低、透水率高，但易堵塞。

超纯化水系统中常用的微孔滤膜种类有混合膜(醋酸纤维素与硝化纤维素孔径 0.10～1.2μm)、聚偏氟乙烯膜（孔径 0.22～0.45μm)、聚碳酸酯膜(孔径 0.22μm)。

(7) 蒸馏法　蒸馏法是制备注射用水最可靠的方法，目前仍广泛应用，也是我国药典法定制备注射用水的方法。制备注射用水的纯化水器，其设计原理是热交换管中的高压蒸汽在热交换时，作为蒸发进料原水的能源，而本身同时冷凝成为一次纯化水，将此一次纯化水导入蒸发锅中作为进料原水，然后又被热交换管中的高压蒸气加热气化再冷凝成为二次纯化水。因此看似蒸馏器中只有一次蒸馏，实际所出之水已是二次纯化水。

蒸馏法能除去水中大于 1μm 的所有不挥发物质和大部分 0.09～1μm 的可溶性小分子无机盐，因而能有效除去水中细菌、热原和其他大部分有机物质，方法简单可靠。热原具有不挥发性，用蒸馏的办法可以除去，但热原又具有水溶性，可随水蒸气的雾滴夹带入纯化水中，故蒸馏器均有隔沫装置。

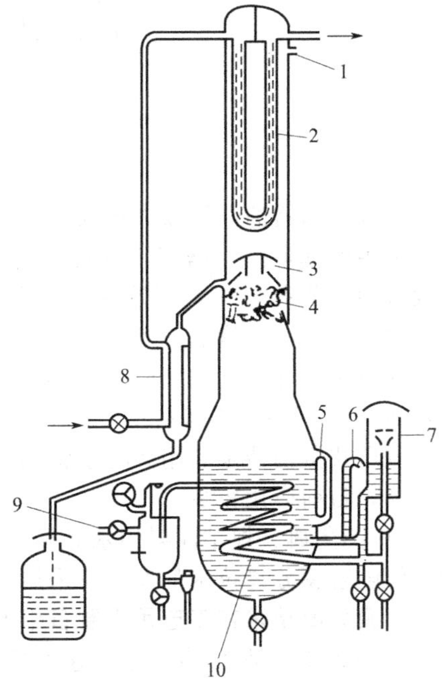

图 6-3　塔式蒸馏器

1—排气孔；2—第一冷凝器；3—收集器；4—隔沫装置；5—水位管；6—溢流管；7—废气排出器；8—第二冷凝器；9—蒸汽选择器；10—加热蛇管

以前小量生产一般用塔式蒸馏器，如图 6-3 所示。但结构简单的塔式蒸馏器生产的注射用水质量不够稳定，现已淘汰。现代的多效或汽压式蒸馏器分多段蒸馏、冷凝、蒸馏、冷凝，因而能有效去除热原等杂质，获得优质注射用水。

多效蒸馏器是近年发展起来的用于制备注射用水的重要设备。它通过多效蒸发、冷凝的办法分段截留去除各种杂质，既可获得高质量的注射用水，而且热量得到充分利用，大大节省蒸汽和冷凝水。其主要特点是耗能低、产量高、质量优。多效蒸馏器由圆柱形蒸馏塔、冷凝器及一些控制元件组成，如图 6-4 所示。纯化水先进入冷凝器预热后，再进入各效塔内，一效塔内纯化水经高压蒸汽加热（达 130℃）而蒸发，蒸汽经拉西环填料（隔膜装置）进入二效塔内，热交换后汇集于冷凝器，冷却成纯化水，二效塔内的纯化水经加热蒸发成蒸汽，进入三效塔，同样进行热交换与蒸发，蒸汽经拉西环填料后汇集于冷凝器（废气由冷凝器废气排出管排出），冷却成纯化水。效数更多的蒸馏器的原理类同。

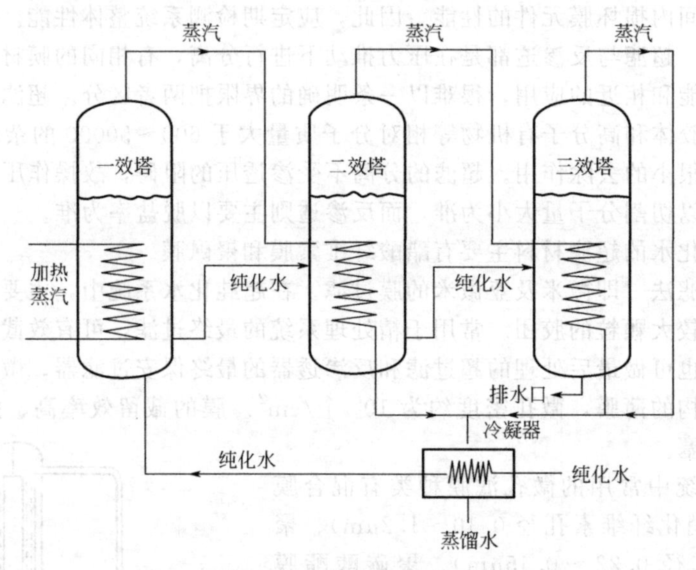

图 6-4　多效蒸馏器示意图

多效蒸馏器的性能取决于加热蒸汽的压力和效数，压力越大，则产量愈大，效数愈多，热的利用效率愈高。据资料介绍，与传统塔式蒸馏器相比，两效蒸馏器可节省蒸汽 43%，三效蒸馏器节省 65%，四效蒸馏器节省 70%，五效蒸馏器节省 80%。从出水质量、能源消耗、占地面积、维修能力等因素考虑，选用四效以上的蒸馏器较为合适。"SM" 型四效蒸馏器，加热蒸汽压力为 490kPa（$5kg/cm^2$），温度 158℃，每小时产水量为 13500L，国产有 LD-500/4A 型多效蒸馏水器。

汽压式蒸馏器是利用离心泵将蒸汽加压，以提高蒸汽利用率，而且无需冷却水，但因耗电较大，目前应用较少。

《中国药典》规定注射用水必须是蒸馏法制备，其主要目的是保证注射用水无菌、无热原。但随着膜分离技术的发展，采用反渗透、微滤、超滤等设备制备注射用水已成为可能。

3. 膜分离技术在工艺用水制备中的应用

膜分离技术是 20 世纪末迅速发展的先进技术，在医药、生物工程领域中得到广泛应用。现代的药品工艺用水的制备已离不开膜分离技术。

水处理常用的半透膜有电渗析膜、反渗透膜、微孔滤膜、超滤膜等。电渗析膜只允许与膜同电荷的离子透过，而不允许异电荷离子透过。反渗透膜只允许水透过，而不允许大部分离子透过。反渗透过程与电渗析、自然渗析的过程刚相反。

微孔滤膜的孔径为 0.025～14μm，超滤膜的孔径为 1～20nm，反渗透膜的孔径为 0.1～

1nm，毫微米过滤器平均孔径 2nm。这些高分子分离膜化学、物理性能稳定，强度高，表面光洁，开孔率高，孔径比较均匀，孔内表面光洁，分离膜很薄，介质透过的路径很短，因而对透过的介质阻力特别小，过滤快速流畅，透过量大，节约能源。适用于药品工艺用水制备中除去微粒、细菌和热原。微孔过滤器能除去介质中 0.05～5μm 的浑浊物质；超滤法可除去 1.2～50nm 的溶质分子（相对分子质量为 10^3～10^7），主要为高分子化合物、大分子化合物、胶体、病毒等；反渗透法可除去 0.3～1.2nm 的溶质分子，主要为有机低分子和除氢离子、氢氧根离子外的无机离子。表 6-1 为反渗透、超滤、微孔过滤、电渗析等膜分离技术对比。

表 6-1　几种膜分离技术比较表

项目 \ 类别	反渗透	超滤	微孔过滤	电渗析
作用机理	—	—	—	电场作用下离子迁移
薄膜孔径	0.1～1nm	1～20nm	0.025～14μm	—
截留粒子尺寸	<1nm	1～100nm	≥0.1μm	—
工作压力/MPa	1～10	0.2～0.7	<0.3	—
水回收率/%	50～75	90	100	—

注：1μm＝1000nm。

以上对几种制水工艺及设备作了简单介绍。为了提高注射用水的质量，应根据原水水质情况，合理地选用不同装置及配套设备，具体组合工艺流程有多种，比较有代表性的有：

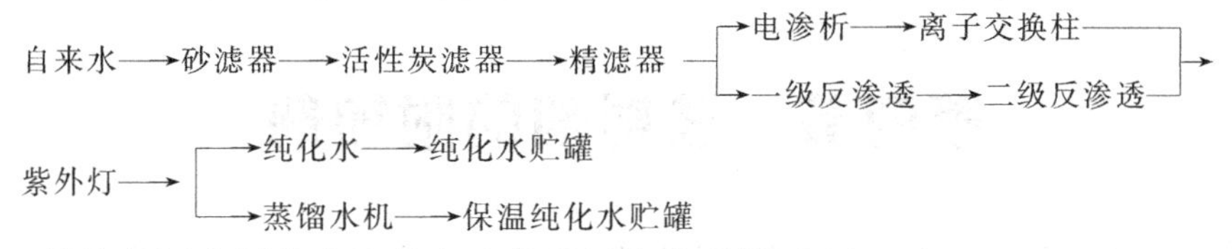

表 6-2 是注射用水制备中五种方法截留污染物质的对比。

表 6-2　五种方法截留污染物质的对比

项目 \ 方法	蒸馏	离子交换	超滤	微孔过滤	反渗透
截留的污染物	盐、胶体、热原、细菌、微粒	盐	胶体、热原、细菌、微粒	细菌、微粒	盐、胶体、热原、细菌、微粒
可通过污染物	—	胶体、热原、细菌、微粒	盐	盐、胶体、热原	—

由于各种方法存在不同污染的可能性，因此对各生产装置要特别注意是否有微生物污染。对其各个部位及其流出的水应经常监测，尤其是当这些部位停用几小时后再使用时。注射用水应于 80℃以上保温、65℃以上保温循环或 4℃以下条件下贮存。

三、注射用油

一些水不溶性药物常溶于可被机体代谢的油中，如激素、脂溶性维生素，常溶于植物油中供用。我国药典规定常用的注射用油为精制大豆油，其他植物油如麻油、茶油等，经精制符合要求后也能供注射用。注射用大豆油质量标准，《中国药典》（2010 年版）二部有明确规定，其性状应无臭或几乎无臭；碘值、皂化值、酸值应符合规定。酸值、碘值、皂化值是评定注射用油的重要指标。酸值说明油中游离脂肪酸的多少，酸值高质量差，也可以看出酸败的程度。碘值说明油中不饱和键的多少，碘值高，则不饱和键多，油易氧化，不适合注射用。皂化值表示油中游离脂肪酸和结合成酯的脂肪酸的总量多少，可看出油的种类和纯度。另外，对过氧化物、不皂化物、重金属、微生物限度均有质量指标。

植物油是由各种脂肪酸的甘油酯所组成的。在贮存时与空气、光线长时间接触后，往往发生复杂的化学变化，产生特异的刺激性臭味，称为酸败，酸败的油脂产生低分子分解产物如醛类、酮类和脂肪酸。这样的油，不可能符合上述注射用油的标准。凡不符合药典规定的油，均须加以精制，才能供注射使用。

注射用油应遮光、密闭、在凉暗处保存。

四、其他注射用溶剂

对需要增加溶解度或稳定性的药物，采取复合溶剂改变溶解性是解决问题的手段之一，常用的有以下几种。

1. 水溶性非水溶剂

乙醇、甘油、1,2-丙二醇、聚乙二醇 300、聚乙二醇 400 等较常用，其中丙二醇必须用 1,2-丙二醇。一般使用浓度均在 50%以下，特别是乙醇，10%肌内注射时已产生疼痛。而甘油与丙二醇达 50%时，黏稠度已使生产与使用感到不便。

2. 油溶性非水溶剂

常用的有苯甲酸苄酯，与注射用油制成复合溶剂可增加二巯基丙醇在油中的溶解度及稳定性。油酸乙酯可被组织迅速吸收，常在激素类药物中使用。其他尚有乳酸乙酯等。

以上各非水溶剂均应符合注射用或药用规格，不能用化学试剂代替。

第四节　注射剂的附加剂

为了提高注射剂的有效性、安全性与稳定性，配制注射剂时，除加入主药外，还可按药物的性质添加其他物质，这些物质统称为"附加剂"。各国药典对注射剂所有附加剂的类型和用量往往有明确规定，而且亦有差异。附加剂一般有抗氧剂、抑菌剂、局部止痛剂、pH 值调节剂、等渗调节剂、增溶剂等。附加剂在注射剂中的作用有：①增加药物的理化稳定性；②增加主药的溶解度；③抑制微生物生长；④减轻疼痛或对组织的刺激性等。现分别进行介绍。

一、防止主药氧化的附加剂

注射剂中药物的化学稳定性以氧化变质多见，如含酚羟基药物（肾上腺素、水杨酸钠等）、芳胺类药物（磺胺类钠盐、盐酸普鲁卡因胺等）及烯醇类药物（维生素 C）等，在氧、金属离子、光线与温度的影响下均易氧化变质。在注射剂制备过程中，常加抗氧剂、金属络合剂及惰性气体等方法解决。

（一）抗氧剂

抗氧剂一般为本身极易氧化的还原性物质，当其与易氧化药物同时存在时，空气中的氧首先与抗氧剂（还原性物质）发生反应，从而保护药物不被氧化。另外，有些抗氧剂如卵磷脂等则是游离基阻化剂，能与游离基结合以中断氧化、分解的连锁反应（游离基系指用来配对的原子或基团，具有很强的化合力，可以从其他物质中取得电子而使之氧化）。选择抗氧剂应首先根据主药的化学结构和理化性质来决定，同时还必须选择抗氧性能强、用量小、对机体安全无害的还原性物质，且不影响主药的疗效、稳定性和含量测定，其氧化产物亦应无毒性。

1. 水溶性抗氧剂

(1) 亚硫酸盐　亚硫酸盐是广泛应用的一类抗氧剂，化学活性相当强，可与某些烯烃、卤代烷烃以及芳香硝基和胺基化合物发生化学反应，甚至与某些药物反应生成无效的物质，本身也可产生酸性硫酸盐使药液 pH 值下降。常用的有以下几种。

① 亚硫酸氢钠：为白色颗粒或结晶性粉末，有二氧化硫的微臭。本品在空气中易失去二氧化硫，并被氧化成硫酸盐。遇无机酸被分解产生二氧化硫，遇高温易分解，故应避酸及遮光、密封保存。常用作酸性药液的抗氧剂，使用浓度为 0.05%～0.2%。本品不应与钙盐配伍，以免产生沉淀，与肾上腺素、氯霉素亦不可配伍，可生成无生理活性的肾上腺素磺酸盐，可使氯霉素失去化学活性。

② 亚硫酸钠：为无色透明或白色结晶，具有亚硫酸气味，其味清凉而咸。常用作偏碱性药液的抗氧剂，常用浓度为 0.01%～0.2%。

③ 焦亚硫酸钠：为无色棱柱状结晶或白色粉末，有二氧化硫臭味，味酸、咸。本品具强还原性，常用作酸性药液的抗氧剂，使用浓度为 0.025%～0.1%。其余配伍禁忌同亚硫酸氢钠。

(2) 硫代硫酸钠　为无色、透明的结晶或结晶性细粒，无臭，味咸。一般用于偏碱性溶液，常用浓度为 0.1%～0.5%。本品在酸性条件下迅速分解产生二氧化硫和游离硫，析出小白点，使液体浑浊，故不可用于酸性药液。本品不可与重金属配伍，与氯酸盐、硝酸盐、高锰酸盐一起研磨，即产生爆炸。

(3) 硫脲（硫代尿素）　为白色具有光泽的斜方或针状结晶，味苦。本品具还原性，使用浓度为 0.01%～0.05%。但本品易与金属盐类形成化合物。

(4) 维生素 C（抗坏血酸）　为白色或略带淡黄色的结晶或粉末，无臭，味酸。本品为维生素类药物，可用于防治坏血病，亦是一个强还原剂，其适于作偏酸性制剂的抗氧剂，其常用量为 0.02%～0.5%。本品不宜与氧化剂、重金属（特别是 Fe^{3+}、Cu^{2+}）配伍，应避光、密闭贮存。

2. 油溶性抗氧剂

(1) 叔丁基对羟基茴香醚（叔丁基-4-羟基茴香醚，丁基大茴香醚）　本品简称 BHA，为无色或稍带黄褐色的结晶或白色结晶性粉末，具有特异的芳香气味和刺激性。几乎不溶于水，可溶于丙二醇、丙酮、氯仿、乙醇等溶剂。本品对热相当稳定，有相当强的抗菌力，见光色泽变深。本品具还原性，可用作脂溶性药物的抗氧剂，使用浓度为 0.05%～0.02%，其 0.02%用量比 0.01%用量的抗氧效果增加 10%，但用量超过 0.02%，则效果反而下降。本品也可用作食品添加剂，但本品不宜与氧化剂、Fe^{3+} 等配伍，应避光密闭保存。

(2) 二丁甲苯酚（简称 BHT）　为白色或淡黄色结晶或结晶粉末，无味、无臭，不溶于水、甘油、丙二醇，但易溶于乙醇、石油醚、矿物油等。本品对热较稳定，与金属离子反应不会变色，具还原性，抗氧作用较强，没有 BHA 的特异臭味，但毒性比 BHA 高，在制剂产品中主要用作脂溶性药物及脂肪乳剂等的抗氧剂，使用浓度为 0.005%～0.02%。

(3) 没食子酸丙酯（三羟基苯甲酸丙酯）　为白色或淡褐色结晶性粉末或乳白色针状结晶，无臭，稍有苦味，水溶液无味。对热较稳定，有吸湿性。光线能促进其分解。本品易溶于乙醇、丙酮、乙醚；难溶于氯仿、脂肪和水。本品为油溶性抗氧剂，其抗氧化作用比 BHA 及 BHT 强，与枸橼酸合用能增强其抗氧作用，使用浓度为 0.05%～0.01%。但本品与碱以及铁盐有配伍禁忌，应避光密闭贮存。

（二）金属络合剂

许多药物的氧化降解可被微量的重金属离子（铜、铁、锌）催化加速，配制注射液可用金属络合剂掩蔽，以增加药物的稳定性。金属络合剂与抗氧剂联合使用，有协同作用。

(1) 乙二胺四乙酸二钠（依地酸二钠，即 EDTA 钠盐） 本品为结晶性粉末，带有轻微酸味，溶于水，微溶于醇，不溶于氯仿、乙醚等一般有机溶剂。2%水溶液 pH 值约为 4.7。本品是最常用的金属离子络合剂，在制剂上用作掩蔽剂，它能与碱金属以外的绝大多数金属如碱土金属、重金属和黑色金属等离子生成稳固的络合物以消除金属离子的催化氧化作用，从而提高药物制剂的稳定性。制剂中常用浓度为 0.01%～0.075%。

(2) 枸橼酸与酒石酸

① 枸橼酸（柠檬酸）：为白色结晶性粉末，无臭，味酸，极易溶于水（1∶0.5），易溶于乙醇（1∶2），可溶于乙醚（1∶30）。制剂中常用于糖浆剂或用作泡腾剂、pH 调节剂。本品可与钙、钡等金属离子络合，生成难溶性的枸橼酸盐，因此有时可用作金属离子络合剂。

② 酒石酸（二羟基琥珀酸）：为无色结晶或白色结晶性粉末，无臭，带有强烈酸味，能溶于水、乙醇（1∶25）、甘油（1∶4），不溶于氯仿。本品可与若干盐类作用生成可溶性络合物，可作为金属离子络合剂，以防止药物氧化变质，亦可作为泡腾剂、pH 调节剂。

（三）惰性气体

对一些易氧化的不稳定产品，生产中常用高纯度的惰性气体来取代药液和容器中的空气。常用的惰性气体有氮气和二氧化碳两种，可根据主药的理化性质选择。一般凡能用氮气时尽量选用氮气，因为二氧化碳能改变某些药液的 pH 值。但二氧化碳具有相对密度大(1.53)、覆盖性好的特点，故与二氧化碳不反应的药物在配液时通入二氧化碳抗氧效果好。二氧化碳在水中溶解度大，安瓿熔封时易发生破裂。氮气几乎可用于所有易氧化的药物，其相对密度为 0.97，在水中溶解度小，故不像通二氧化碳的安瓿在熔封时易发生破裂。

采用高纯度的惰性气体，可避免增加药液中不必要的杂质。工业用品中常含有少量气体杂质以及水分、细菌、热原等，必须经过洗气瓶处理后再通入。如氮气可经过浓硫酸洗气瓶除去水分，再经过碱性没食子酸洗气瓶和 1%高锰酸钾洗气瓶以除去氧气及还原性有机物，最后经过注射用水洗气瓶即可得较纯净的氮气。如用二氧化碳可通过浓硫酸、硫酸银、高锰酸钾、注射用水等洗气瓶以除去各种杂质。

一般是在配液前先将惰性气体通入注射用水中使饱和，配液时再直接通入药液中，灌注时通入容器空间以置换液面的空气。生产 1～2ml 安瓿常先灌药后通气，5～10ml 安瓿则先通气、灌药、再通气。氮气比空气轻，通气后应尽快熔封或加塞。

二、抑菌剂

为防止注射剂在制造过程中或在使用过程中污染微生物，往往加入抑制细菌增殖的抑菌剂。因此，对多剂量注射剂、采用滤过除菌或无菌操作法制备的单剂量注射剂、采用低温间歇灭菌的注射剂，以及许多生物制品中均可加入适量抑菌剂。抑菌剂必须对人体无毒害；保持主药及其他附加剂的稳定与有效；不易受温度、pH 等影响而降低抑菌效果，亦不应与胶塞起作用。

常用的抑菌剂及其浓度（g/ml）为苯酚 0.5%、甲酚 0.3%、三氯叔丁醇 0.5%等。抑菌剂的用量应能抑制注射液内微生物的生长。加有抑菌剂的注射液，仍应用适宜的方法灭菌。注射量超过 5ml 的注射液，添加的抑菌剂必须特别慎重选择。供静脉（除另有规定外）或脊椎腔注射用的注射液，均不得添加抑菌剂。

三、局部止痛剂

有些注射液由于药物本身或其他原因，对组织产生刺激或引起疼痛，故应酌加局部止痛剂。常用的有苯甲醇（1%～2%）、三氯叔丁醇（0.3%～0.5%）或其他局麻药，其中苯甲醇和三氯叔丁醇具有抑菌作用。如四环素和多黏菌素E加1%利多卡因或普鲁卡因，以减少肌内注射时的疼痛。有时在两性霉素B中加少量氢化可的松与肝素，以降低对脉管的刺激性。奎宁乌拉坦注射液含6.25%乌拉坦，除作助溶剂外尚具止痛作用。还应指出，对肌内注射有刺激性的注射液，当缓慢地进行静脉输注时，因被血液迅速稀释而极少有刺激性，这就不需再加止痛剂了。

四、pH值调节剂

注射剂均应有适宜的pH值，以保证产品的稳定性，防止在贮存期间发生药物的降解、药物与容器（玻璃或橡胶塞）的相互作用，保证注射时对机体的安全性及无刺激性。通常的小剂量静脉注射液的pH值一般控制在4～9，而其他脊椎腔注射或大剂量的静脉注射的产品，其pH值应接近血液的pH，以防发生组织坏死以及局部刺激，或大量静脉注射易引起酸、碱中毒的危险。

常用酸、碱以及弱碱和弱碱盐或弱酸和弱酸盐组成的缓冲液调节注射液的pH值，如醋酸及其盐（pH3.5～5.7，用量1%～2%）、枸橼酸及其盐（pH2.5～6，用量1%～3%）、谷氨酸（pH8.2～10.2，用量1%～2%）、磷酸盐（pH6～8.2，用量0.8%～2%）。其他如盐酸、氢氧化钠和碳酸氢钠等亦常用于调节注射液的pH。

五、等渗调节剂

（一）等渗溶液及等张溶液的含义

等渗溶液系指与血浆、泪液等液体具有相等渗透压的溶液。临床上常用的渗透压单位是毫渗量，血浆的渗透压为290～300mmol/L。维持血浆的渗透压关系到红细胞的生存和体内水分的平衡，故注射液的渗透压最好与血浆相等。如果血液中注入大量低渗溶液时，由于红细胞外膜是一半透膜，水分子可以迅速进入红细胞内，使之膨胀乃至破裂，就有溶血现象发生，甚至可危及生命。反之，如注入大量高渗溶液时，红细胞内的水分就会大量渗出而使红细胞皱缩，引起原生质分离，有形成血栓的可能。但机体对渗透压具有一定的调整能力，临床上根据治疗需要，常注入高渗溶液如20%～25%甘露醇注射液、25%～50%葡萄糖注射液等，只要注入量不太大，注入速度不太快，机体可以自行调整，不致产生不良反应。对皮下或肌内用的注射液调整为等渗或接近等渗，凡注入脊椎腔的注射液必须等渗。因此设计输液处方时，若为低渗溶液，则必须加入渗透压调节剂。

（二）调整等渗的计算方法

制剂工作中不仅注射剂需调整为等渗或等张，凡用于黏膜组织的溶液如滴眼剂、洗眼液、滴鼻剂等亦均需调整为等渗，以减少刺激性。调整等渗溶液时，用直接测定渗透压的方法是准确无误的，但实际测定十分不便。常用的计算方法有冰点降低数据法、氯化钠等渗当量法和临床简便配制法。

1. 冰点降低数据法

冰点相同的稀溶液都具有相等的渗透压。人的血浆和泪液的冰点均为－0.52℃，因此，任何溶液只要将其冰点调整为－0.52℃时，即成等渗溶液。根据表6-3所列举的一些药物的1%水溶液冰点降低数据，可以计算出各该药物配成等渗溶液时的浓度。低渗溶液可以加入适量氯化钠、葡萄糖或其他适宜物质调整。需要加入的量，可按下列公式计算：

$$W=\frac{0.52-a}{b} \tag{6-1}$$

式中，W 为配制等渗溶液 100ml 需加调整物质的克数；a 为未经调整的药物溶液冰点降低值，若溶液中含有两种或两种以上药物，或含有其他附加剂时，则 a 为各药物及附加剂冰点降低值的总和；b 为 1%（g/ml）等渗调整剂的冰点降低值。

表 6-3　一些药物水溶液的冰点降低与氯化钠等渗当量

药物名称	1%(g/ml)水溶液冰点降低度/℃	1g 药物的氯化钠等渗当量(E)	药物名称	1%(g/ml)水溶液冰点降低度/℃	1g 药物的氯化钠等渗当量(E)
维生素 C	0.105	0.18	氯化钾	0.439	0.76
硼酸	0.28	0.47	甘露醇	0.10	0.18
盐酸乙吗啡	0.19	0.15	盐酸吗啡	0.086	0.15
盐酸肾上腺素	0.165	0.26	碳酸氢钠	0.381	0.65
枸橼酸	0.098	0.16	氯化钠	0.578	
硫酸阿托品	0.08	0.10	枸橼酸钠	0.185	0.3
苯甲醇	0.095	0.17	水杨酸毒扁豆碱	0.09	0.16
盐酸可卡因	0.09	0.14	硝酸毛果芸香碱	0.133	0.23
苯甲酸钠咖啡因	0.15	0.27	盐酸普鲁卡因	0.122	0.18
依地酸钙钠	0.12	0.20	山梨醇(1/2H_2O)	0.094	0.16
盐酸麻黄碱	0.16	0.28	聚山梨酯 80	0.01	0.020
无水葡萄糖	0.10	0.18	聚乙二醇 400	0.047	0.11
葡萄糖(H_2O)	0.091	0.16	尿素	0.0341	0.55
氢溴酸后马托品	0.096	0.16	硫酸锌(7H_2O)	0.085	0.12

例 6-1：欲配制 1%盐酸普鲁卡因注射液 100ml，应加入氯化钠多克，可调整为等渗透溶液？

查表后代入公式：

$$W=\frac{0.52-0.122}{0.578}=0.688\text{g}$$

即配制 1%盐酸普鲁卡因注射液 100ml，加入氯化钠 0.688g 即成等渗溶液。

2. 氯化钠等渗当量法

氯化钠等渗当量系指与该药物 1g 呈现等渗效应的氯化钠的量。通常以 E 表示。如从表 6-3 查出硼酸的氯化钠等渗当量为 0.47，即 1g 硼酸在溶液中能产生与 0.47g 氯化钠相等的质点，即同等渗效应。因此，查出药物的氯化钠等渗当量后，即可计算出等渗调整剂的用量。公式：

$$X=0.009V-EW \tag{6-2}$$

式中，X 为配成 Vml 等渗溶液需加入的氯化钠克数；E 为药物的氯化钠等渗当量；W 为药物的克数；0.009 为每毫升等渗氯化钠溶液中所含氯化钠的克数。

例 6-2：配制 2%盐酸普鲁卡因注射液 150ml，应加入氯化钠多少克，可调整为等渗透溶液？

代入公式：

$$X=0.009\times150-0.18\times3=0.81\text{g}$$

即配制 2%盐酸普鲁卡因注射液 150ml，应加入氯化钠 0.81g 即成等渗溶液。

由于溶液的渗透压、冰点、蒸汽压降低值均取决于溶液中溶质的质点数的总量，因此用 1%药物水溶液冰点降低值计算较浓溶液的冰点降低值时，就会出现一定偏差，这种偏差对一般注射剂和滴眼剂是允许的。对脊椎腔注射用的注射剂应加以注意。

3. 临床简便配制法

偏高渗溶液对机体影响不大，为了方便，有时小容量药物注射剂可直接用等渗溶液配制，也有用高渗溶液配制的，一般用于滴注或缓慢注射。如注射用细胞色素 C 粉针剂，可用 25%葡萄糖注射液 20ml 溶解后缓慢注射，或 5%葡萄糖溶解后滴注。

由于细胞膜并非典型的半透膜，因此，按物化原理，有些与血浆渗透压相同的等渗药液，如盐酸普鲁卡因、乌拉坦、丙二醇、聚乙二醇300等，在使用时可以发生不同程度的溶血，因而有人提出了等张的概念，即凡对红细胞膜不产生破坏而仍能保持其原有大小的溶液称为等张溶液。所以，对新产品一定要进行体外溶血试验，以确保用药安全。

常用等渗调节剂有5.0%葡萄糖、0.9%氯化钠、1.6%硫酸钠（不能用于钡料安瓿）、2.25%甘油（用于静脉脂肪乳）等。

第五节 注射剂的容器及其处理方法

注射剂用容器有玻璃容器、塑料容器等，容器除另有规定外，应符合国家标准中有关药用玻璃容器和塑料容器的规定，容器胶塞亦应符合规定。玻璃容器为盛装注射液或药粉应用最多的容器，它有盛装单剂量的安瓿，盛装单剂量及多剂量的玻璃瓶，即抗生素玻璃瓶，俗称青霉素瓶或西林瓶，以及盛装大剂量的输液瓶，俗称盐水瓶。本节将重点讨论玻璃安瓿及橡胶瓶塞。

一、玻璃安瓿

（一）安瓿的种类

常用安瓿有1ml、2ml、5ml、10ml、20ml等几种规格。安瓿的外形分有颈安瓿与粉末安瓿。有颈安瓿分直颈与曲颈，曲颈安瓿装入药液后安瓿空间小，颈细，易于切割，适于盛装易氧化的药物。粉末安瓿的瓶身与瓶颈同粗，常带喇叭口，便于装药；颈与身的连接处吹有沟槽以便用时割锯。即便如此，仍常有难割锯、玻屑落下的情况。安瓿的色泽有无色安瓿与棕色（琥珀色）安瓿，后者适用于对光敏感的药物。但颜色是由氧化铁（国外用氧化锰制成有色安瓿）组成，它可能被浸提而进入药液中，影响产品质量。此外，安瓿带色不便于澄明度检查，因而实际应用较少。

安瓿临用前割锯开口时，易发生玻屑脱落，污染药液。现有两种解决办法：①将膨胀系数高于安瓿玻璃2倍的低熔点玻璃粉末，熔融固着在安瓿颈部成环状，冷却后产生一圈强烈的永久应力，用时一折即平整断裂，无玻屑落下；②用预先划痕的办法或用陶瓷油漆在颈部刻划成环，再烧结在玻璃上，漆可减弱玻璃的强度，易于折断。在使用时用过滤针头以防玻屑等杂质注入体内。安瓿按玻璃的化学组成不同有中性玻璃、含钡玻璃及含锆玻璃三种。

（二）安瓿玻璃的化学组成与产品质量的关系

安瓿玻璃由各种元素的氧化物组成，以二氧化硅四面体为基本骨架，其他如硼、钠、钾、钙、镁、铝等元素的氧化物可改善其理化性能。

安瓿用来灌装各种性质不同的注射剂，不仅在制造过程中需经高温灭菌，并且要在各种不同的环境下长期贮藏。因此，药液与玻璃表面在长期接触过程中可能互相影响，往往影响注射剂稳定性，如pH值改变、沉淀、变色、脱片等。

若玻璃容器含有过多的游离碱将增高注射剂的pH值，可使酒石酸锑钾、胰岛素、肾上腺素、生物碱盐等对pH敏感的药物变质，如酒石酸锑钾由于pH升高而分解产生三氧化二锑沉淀，使产品毒性增加。玻璃容器若不耐水腐蚀，则在盛装注射用水时产生“脱片”现象。不耐碱或不耐侵蚀的容器，在装入磺胺嘧啶钠等碱性较大的或枸橼酸钠、碳酸氢钠、乳酸钠、氯化钙等钙钠盐类的注射液时，往往灭菌后或长期贮存时发生“小白点”、“脱片”，甚至产生浑浊现象。如耐热性能差则在熔封或加热灭菌后往往发生爆裂、漏气等现象。玻璃安瓿的清洁度不良，特别是黏着于瓶壁的麻点或玻屑等不易洗净，而在灌封及热压灭菌后往往脱落而成废品。此外，外形规格差别大的安瓿，不利于自动化生产，如颈丝粗细相差过大，在灌封机上灌封时就会产生玻屑或封口不严、产生毛细孔或出现爆头现象。

（三）安瓿的质量要求与检查

安瓿的质量除与玻璃的化学组成直接有关外，安瓿的制法、贮藏、退火等条件也有一定的影响，其要求主要有：①安瓿玻璃应无色透明，以便于检查澄明度和药液变质情况；②膨胀系数小，耐热性好，生产和贮存期间不易冷爆破裂；③有足够的物理强度，能耐受热压灭菌时产生的压力差，并避免在生产、装运中的破损；④化学稳定性高，不改变药液 pH，不易被药液侵蚀；⑤熔点较低，易于熔封；⑥不得有气泡、麻点及砂粒。

为保证注射剂质量，安瓿要按照国家标准 GB 2637—1995 经过下列各项目检查。

（1）物理检查　安瓿外观（身长、颈丝粗等尺寸，外观缺隙，色泽、麻点与砂粒等）、清洁度、耐热性、应力等检查。

（2）化学检查　玻璃容器的耐酸、耐碱性和中性检查，内表面耐水性试验。必要时（特别是当安瓿料变更时），除理化性能检查合格外，尚需做装药试验，确保产品质量合格后，方能采用。

（四）安瓿的处理

安瓿必须经过处理才能盛装药液，处理流程如下。

1. 安瓿的割圆

空安瓿的颈丝必须切割成一定的长度，以利后工序的顺利进行。所割安瓿，必须瓶口整齐，无缺口、裂口、双线等废品，长短符合要求。切口不好，玻屑易掉入安瓿，增加洗涤困难。切割后，口截面粗糙，在搬运与洗涤时玻屑易落入安瓿内，因此需要圆口，可利用强火焰喷烘颈口截面，使熔融光滑。

大生产中常采用安瓿自动割圆机，切割与圆口在同一台机器上同时进行，生产效率大大提高。

2. 安瓿的洗涤

割圆的安瓿先经热处理（质优安瓿可省去热处理）后再进行洗涤。热处理常采用灌水机将纯化水或 0.5%～1% 盐酸水溶液灌入安瓿，以 100℃、30min 加热蒸煮，使内壁附着的尘埃、砂粒等杂质脱落除去，同时使玻璃表面的硅酸盐水解，微量游离碱和金属离子溶解除去，提高安瓿的化学稳定性。安瓿的洗涤方法有甩水洗涤法与加压气水交替喷射洗涤法两种。

（1）甩水洗涤法　安瓿经灌满滤净的水，再用甩水机将水甩出。如此反复 3 次，以达清洗之目的。此法也适用于大生产，但洗涤质量不如加压气水交替喷射洗涤法好，一般适用于 5ml 以下的安瓿。

（2）加压气水交替喷射洗涤法　此法特别适用于大安瓿与曲颈安瓿的洗涤。它是利用滤净的纯化水和压缩空气由针头交替喷入安瓿进行清洗。水、气压力一般为 294.2～392.3kPa 交替冲洗 4～8 次，最后用气将安瓿内水分吹尽即可。此法所用的洗涤水和压缩空气的处理至关重要，特别是压缩空气中若有油雾及尘埃，未过滤除去，则会污染安瓿，出现“油瓶”等问题。因此压缩空气必须经过除油、除湿处理才能使用。最后一次洗涤用水应是新鲜注射用水。

新型清洗机采用超声波洗涤原理及雾化水冲洗手段完成安瓿的清洗过程，对降低安瓿破损率和保证安瓿澄明度具有重要意义。此外，还有报道，在高速生产线上，安瓿只用洁净空气吹洗的方法，但要求空安瓿洁净并严密包装，不得污染。另有一种密封安瓿，使用时在净化空气下，用火焰开口后直接灌封，这样可免去洗瓶干燥、灭菌等工序。国内目前生产的安瓿均需经洗涤处理后使用。

3. 安瓿的干燥与灭菌

安瓿洗涤后，一般可用烘箱 120～140℃干燥，盛装无菌操作或低温灭菌的安瓿需用 160～170℃、2～4h 或 350℃、15min 干热灭菌。大生产多采用隧道式烘箱，此设备主要由红外线发射装置与安瓿自动传送装置组成，全长约 5m，隧道内温度 200℃左右，有利于安瓿的烘干、灭菌连续化。近年来，药厂广泛采用远红外线加热技术对安瓿进行干燥与灭菌。一般在碳化硅电热板的辐射源表面涂上红外线涂料，如氧化钛、氧化锆等氧化物，即可辐射远红外线。现已有安瓿烘干灭菌机，其具有高效、快速的特点，由预热吹干区、高温灭菌区及冷却输出区所组成。预热吹干区的垂直向下的层流净化气体将已洗净的安瓿与外界空气隔绝，高温灭菌区采用远红外石英加热管作为加热元件，温度可达 300～350℃，安瓿在该区内停留达 4min，可实现有效的消毒和灭菌，安瓿在冷却输出区通过冷却层流可以迅速冷却至室温。

安瓿干燥后要及时使用，注意防止污染。灭菌好的安瓿存放应有净化空气保护，存放时间不应超过 24h。

大生产多实现了联动化，洗、灌、封在一台机器上完成，大大提高了生产效率。

二、玻璃瓶

玻璃瓶包括抗生素玻璃瓶和输液瓶，国家标准对其材质、理化性质均有规定，应符合要求。

1. 抗生素玻璃瓶

抗生素玻璃瓶（西林瓶）适用于单剂量及多剂量的小体积注射剂，瓶口用橡胶塞、铝盖密封，用时注射针头穿过胶塞取用，因此仍可保持密封状态。该瓶一般灌装固体粉末。洗涤方法：可用洗瓶机刷洗（先用纯化水，最后用注射用水冲洗）后，于 160～170℃、2～4h 干热灭菌或采用超声波洗涤，经隧道式红外线传送管道干燥灭菌后，直接输入无菌室放冷备用。

2. 输液瓶

输液瓶常用容积为 100ml、250ml、500ml。输液由于一次用量大，并注入静脉，除符合注射剂要求外，还必须符合无热原的要求。为了避免容器不被污染热原，对输液瓶的处理十分严格。其清洁方法一般有直接水洗、酸洗、碱洗等方法。国内有些药厂，自己生产输液瓶，其制瓶车间洁净度较高，瓶子出炉后，立即密封，这种情况，只要用过滤注射用水冲洗即可。其他情况一般认为用重铬酸钾浓硫酸清洁液洗涤效果较好，因为它既有强力的杀灭微生物及热原的作用，还能对瓶壁游离碱起中和作用，主要缺点是对设备腐蚀性大、操作不便、劳动保护要求高、组织生产流水线需要周密考虑。碱洗法操作方便，易组织生产流水线，也能消除细菌与热原，但洗涤效果比酸洗法弱。

大量生产可采用洗瓶机洗涤，即将瓶内、外壁先用纯化水冲洗后，倒插在碱水喷头上，用 2%氢氧化钠溶液（60～70℃）或 1%～3%碳酸钠溶液，间歇喷冲 4～5 次，再送至热水刷洗槽中，边刷边喷热水，最后用注射用水冲洗 4～5 次，至洁净要求即可供用。由于碱对玻璃有腐蚀作用，故碱液与玻璃接触时间不宜过长（数秒钟内）。

三、塑料容器

塑料容器的主要成分为塑性多聚物，常用的有聚乙烯与聚丙烯，它们的性质各异，前者吸水性小，可耐受大多数溶剂的侵蚀，但耐热性差，因而不能热压灭菌。而后者可耐受大多数溶剂的侵蚀并可热压灭菌。此外，塑料制品中常加有其他添加剂，以改善其物理性状，如改善可塑性的增塑剂，防止塑料见光变色的稳定剂，增加树脂聚合速率的催化剂，抗氧剂，改善物理性状，如强度、着色、润滑压模等作用的填充剂等，这些添加剂常可从塑料容器中渗漏至药液中，药液中的成分也可被塑料吸附。塑料还具透湿、透气性，致使药液体积缩小、药物浓度改变等。因此，小针剂中塑料容器目前应用较少。而国内已有采用无毒聚乙烯塑料袋作输液容器，袋装输液剂生产工艺简单，设备、人员、能源、三废污染等均较玻璃瓶装者为少，同时免去对输液瓶、橡胶塞及衬垫薄膜的处理。其体积小，重量轻，不易破损，便于运输与使用。用前需经热原试验、毒性试验、抗原试验，还要经变形和透气试验，合格后方能使用。

塑料袋的处理：先用饮用水、再用过滤的注射用水洗至澄明。其连接管、塑料输液管、针头、护针帽等均应分别反复冲洗洁净，经100～110℃灭菌干燥后配套包装，保持无菌备用。

四、橡胶制品

抗生素玻璃瓶和大输液玻璃瓶均需用橡胶瓶塞密封。橡胶瓶塞因橡胶种类不同而分为天然胶塞和丁基橡胶塞。天然胶塞由于天然橡胶材料成分不纯、化学稳定性差、易老化，屏蔽性能、密封性能差，含有对人体有害的杂质等，以及胶塞生产工艺的问题，影响药品质量并对人体健康存在隐患。因此，国家正有计划地逐步淘汰天然胶塞。如注射用柱晶白霉素、头孢拉定、头孢哌酮钠、头孢曲松钠、羧苄青霉素钠、头孢唑林钠等13种抗生素以及生物制品、血液制品、冷冻干燥注射用抗生素粉针剂已经停止使用普通天然胶塞作为包装。而其他抗生素粉针剂及其他剂型产品于2004年年底已停止使用普通天然胶塞。下面着重介绍丁基橡胶塞的质量要求与处理方法。

1. 质量要求及检查

橡胶塞的主要成分为天然橡胶，为了便于形成并赋予橡胶塞一定的理化性质，加有大量的附加剂。这些附加剂主要有：填充剂，如氧化锌、碳酸钙；硫化剂，如硫黄；塑化剂，如硬脂酸；还有促进剂、防老剂、润滑剂、着色剂等。总之，胶塞的组成比较复杂，用于注射剂的橡胶塞应符合国家标准。总体来讲，橡胶塞应符合下列要求：①富于弹性及柔软性，使针头易于刺入，拔出后能立即闭合；②针头穿刺过程中无碎屑脱落；③可耐受热压灭菌的温度和压力而不变形；④能与所包装的药物配伍，不致增加药液中的杂质；⑤有高度化学稳定性，对药物或附加剂的吸附作用应达最低限度；⑥不易老化；⑦无毒性，无溶血作用；⑧外观清洁，尺寸符合要求。

现在，越来越多的人认识到橡胶塞对药物的质量有很大的影响，国家对橡胶塞的检验标准也不断提高。目前，对橡胶塞的检验项目包括外观、尺寸、硬度、穿刺落屑、穿刺力、瓶塞/容器密封性、化学要求（溶出液色泽、酸碱度、紫外吸收度、易挥发物）、生物性能（急性毒性试验、热原试验、溶血试验）等。

2. 清洁方法

胶塞的处理一般包括酸碱预处理、清洗、灭菌三个过程。一般是先用饮用水洗净，再用0.5%～2.0%氢氧化钠煮沸胶塞（约1h），用水洗净表面露出的硫黄、氧化锌等杂质，再用1%～5%盐酸煮沸（约1h），用水洗净表面黏附的填料（如碳酸钙）等杂质，再反复用纯化水洗净，并用注射用水漂洗，临用前用注射用水冲洗或漂洗。粉针剂用的胶塞必须经过灭菌后（一般蒸汽灭菌121℃、30min）才可使用。现在已有的胶塞灭菌柜是一种对胶塞进行清洗和灭菌专用设备，胶塞的清洗、硅化、灭菌、干燥在同一个设备内进行，已灭菌的胶塞在无菌室取出后使用。

胶塞清洗机工作原理（图6-5）：需要清洗的胶塞由真空装置（或人工）加入清洗桶中，加料完结后，启动主传动轴，清洗桶按顺时针方向慢速转动，胶塞在清洗桶内翻滚搅拌。这时先开通中心喷淋管进行喷淋粗洗，然后开启进水阀，使清洗箱内的水充满至上水位，再开启循环水泵、超声波，胶塞处于强力喷淋、慢速翻滚和超声波清洗等多种功能作用下被清洗干净。被清洗下来的污物一部分从溢流槽溢流排出，一部分经循环水泵、粗精水过滤器过滤后截流下来，清洗后清洗液从放水管排放干净。硅化处理时自动加入硅油，加热硅化处理后再排水，清洗液排放干净后，则可向清洗箱内喷洒热压蒸汽，进行灭菌。灭菌处理后，再抽真空干燥，并以热风加热，再真空干燥，重复数次，使胶塞的含水量合格后，便可进行常压化处理和出料。

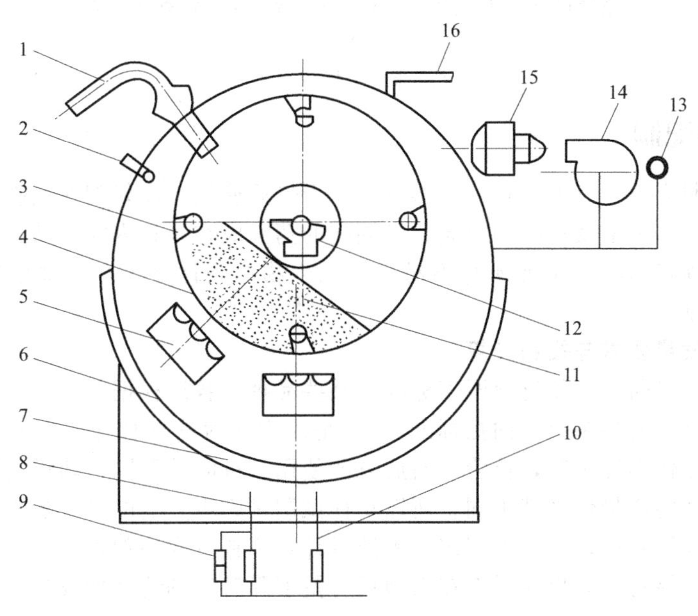

图 6-5 胶塞清洗机工作原理图

1—进料管；2—蒸汽管；3—搅拌筋；4—清洗桶；5—超声波；6—清洗箱；7—溢流槽；8—放水管；9—疏水阀；10—溢流管；11—胶塞；12—出料管；13—呼吸阀；14—风机；15—热风器；16—真空管

五、其他附件

1. 衬垫薄膜

药粉及注射液与橡胶塞接触后，有些物质能进入药液，使药液出现异物或浑浊，有些抑菌剂因与橡胶塞的相互作用而降低抑菌效果。因此，为了减少橡胶塞对药液的污染，一方面要加强橡胶塞的处理，另外，输液瓶口胶塞下还要衬垫薄膜隔离。国内目前主要使用涤纶薄膜，因其理化性能稳定，对电解质无通透性，用稀酸（0.001mol/L HCl）或水煮，甚至用稀醇（70%）洗涤均无溶解物脱落，耐热性好（软化点 230℃以上），并有一定的机械强度，灭菌后不易破碎，但有静电性，容易吸附空气中的纤维和灰尘，故在贮存过程中应妥善包装。

处理时将薄膜放入注射用水，于 115℃加热 30min 或煮沸 30min，再用过滤的注射用水反复漂洗至澄明而无异物，再用过滤的注射用水动态漂洗后备用。也可用 70%乙醇洗涤，再用过滤的注射用水漂洗洁净，并经动态漂洗后，置于已装满药液的瓶口上，立即加塞。

2. 铝盖

通常铝盖不必清洗，只需用压缩空气吹净尘埃。

第六节 注射剂的制备

注射剂由于使用的原料和成品的性质不同或因注入剂量大小不等，因而生产工艺亦各异。中药注射剂、输液、注射用无菌粉末、注射用混悬液将分别在第七、第八、第九、第十节中介绍。本节主要介绍小容量溶液型注射剂（俗称安瓿剂、水针剂）的制备。

安瓿剂（水针剂）系指将药物溶液灌封于特制的单剂量装的安瓿中的经灭菌而成的制剂。根据生产设备条件，安瓿剂可采用自动化、半自动化和手工操作等方式制备。生产过程包括原辅料的准备、配制、灌封、灭菌、质量检查、包装等步骤，工艺流程如下：

原辅料→配液→滤过→灌封→灭菌→质量检查→包装

↑

空安瓿→割圆→洗涤→干燥或灭菌

一、注射剂的配制

注射剂的配制应遵守有关规程，容器应洁净干燥后使用。注射剂在配制过程中，应严密防止微生物与热原的污染及药物的变质。已调配的药液应在当日内完成灌封、灭菌，如不能在当日完成，必须将药液在不变质与不易繁殖微生物的条件下保存；供静脉及脊椎腔注射者，更应严格控制。

1. 原辅料的质量要求与投料计算

供注射用的原料药，必须符合国家标准。某些品种，各厂根据具体情况和要求，除按国家标准规定检查外。另再制定“内控标准”。这是因为注射液有特殊要求的缘故。注射用原辅料，生产前还需作小样试制，检验合格后方能使用。有时甚至同一药厂的原料，由于批号不同，制成注射液的质量优劣就不同。所以小样试制是大生产前的必要步骤，否则将使生产造成重大损失。在配制前，按处方规定及配液量计算原料及附加剂投入量，然后分别准确称量，称量时应两人核对。如果注射剂在灭菌后含量下降时应酌情增加投料量，如原料含有结晶水应注意换算。

2. 配制用具的选择与处理

大生产用夹层配液锅，同时应装配轻便式搅拌器，夹层锅可以通蒸汽加热也可通冷水冷却。此外，还可用不锈钢配液缸、搪瓷桶等容器。配制药液容器的材料，应是化学性质稳定且耐腐蚀的材料，如玻璃、搪瓷、不锈钢、耐酸耐碱陶瓷及无毒聚氯乙烯、聚乙烯塑料等。塑料不能耐热，高温易变形软化，需加热的药液，不宜选用。铝质容器，不宜使用。调配器具使用前，要用洗涤剂或硫酸洗液处理洗净。临用前用新鲜注射用水荡洗或灭菌后备用。容器用毕一定要立即刷洗干净后放置。

3. 配制方法

配液方式有两种：一种是将原料加入所需的溶剂中一次配成所需的浓度，即所谓稀配法，原料质量好的可用此法；另外一种将全部原料药物加入部分溶剂中配成浓溶液，加热过滤，必要时也可冷藏后再过滤，然后稀释成所需浓度，此法叫浓配法，溶解度小的杂质在浓配时可以滤过除去。

配制应在洁净的环境中进行，一般不要求无菌，但所用器具及原料、附加剂尽可能进行灭菌，以减少污染。处方中有两种或两种以上药物时，难溶性药物应先溶。如需添加抗氧剂时，一般先将抗氧剂溶解后再加入药物。对不稳定的药物，有时要控制温度与避光操作。配制用水必须是新鲜注射用水。

一般小剂量注射液，尽可能不使用活性炭处理，以防某些有效成分被吸附，如澄明度不好而必须使用时，可加0.01%～0.3%注射用活性炭处理。由于活性炭在酸性溶液中吸附作用较强，在碱性溶液中有时出现“胶溶”或脱吸附，反而使溶液中的杂质增加，故活性炭最好用酸碱处理并活化后使用。

配制油性注射液一般先将注射用油在150～160℃、1～2h干热灭菌，冷却后进行配制。

药液配好后，要进行半成品的测定，一般主要包括pH、含量等项，合格后才能进行灌封。

二、注射剂的滤过

滤过是保证注射液澄明度的关键操作，必须严加控制。

（一）滤过机理及影响滤过的因素

1. 滤过机理

滤过是借多孔性材料把固体微粒阻留而使液体通过，将固体微粒与液体分离的过程。滤过机理有两种：一种是机械的过筛作用，即大于滤器孔隙的微粒全部被截留在滤过介质的表面，如用尼龙筛和微孔滤膜为滤材时的情况；另一种是颗粒截留在滤器的深层，如砂滤棒、垂熔玻璃漏斗等深层滤器，而深层滤器所截留的颗粒往往小于过滤介质孔隙的平均大小。例如，有些砂滤棒最大孔径为 2.5μm，但能除去直径 1μm 的细菌（黏质沙雷菌），有人认为深层滤器除过筛作用外，在过滤介质表面存在范德华力，并且在滤器上有静电吸引或吸附作用。通过显微照相，发现在石棉滤器纤维上确有酵母菌吸附。另外，由于这些滤器具有不规则的多孔结构，孔隙错综迂回，每 1cm 厚度，约有 2000 个弯弯曲曲的孔道，微粒被截留在这些弯弯曲曲的袋形孔道中而不易通过。但在加大压力或长时间的过滤过程中，小的微生物或微粒有可能“漏下”而污染药液。在操作过程中，颗粒沉积在过滤介质的孔隙上而形成所谓“架桥现象”。而架桥现象和颗粒形状及压缩性有关，针状或粒状坚固颗粒可集成具有间隙的致密滤层，滤液可通过流下。但扁平状软的以及可压缩的颗粒，则易于发生堵塞现象，而造成过滤困难。

同时由于深层滤器孔径大小不可能完全一致，较大的滤孔还能允许部分细小固体通过，因此，初滤液常常不合要求，过滤开始时，将滤液回流至配液缸，这种操作，叫作回滤。随着过滤的进行，固体物质沉积在滤材表面，通过架桥现象形成滤层，此时药液就易于过滤干净，直至药液澄明度达到要求时方可进行灌封。

2. 影响滤过的因素

药物过滤一段时间后，由于架桥作用而形成致密滤渣层，滤液从滤层间隙滤过。影响滤过的因素有：①滤过速度与滤器的面积成正比；②滤液黏度愈大，流速愈慢；③改变滤器上下压力差增加流速，但絮状可压缩的沉淀，在加压或减压时常可堵塞孔道，使滤速反而减慢；④沉淀滤渣的厚度和滤渣颗粒的大小都能影响流速。因此，为了达到加速过滤的目的，可以加压或减压滤过以提高压力差；升高药液温度以降低药液的黏度（如右旋糖酐注射液需 75～85℃保温过滤）；先进行预过滤，以减少滤饼厚度；设法使颗粒变粗以减少滤饼对流速的阻力等办法来提高过滤速度。

根据上述影响因素，还可以说明助滤剂的作用。因为黏性或胶凝性沉淀物或高度可压缩性物质可形成不可渗透的滤饼，对液体的流动具有很大的阻力，甚至过滤介质被聚积的杂质堵塞或变黏而使滤液的流动停止。助滤剂的作用就是减少这种阻力。因为助滤剂是一种多孔性物质，可在过滤介质表面形成微细的表面沉积物，是一种不可压缩的滤层，它能挡住杂质，阻止它们接触和堵塞过滤介质，从而起到助滤的作用。

（二）滤器的种类与选择

常用滤器有垂熔玻璃滤器、砂滤棒、板框压滤器、膜滤器等多种。由于各种滤器用途不完全相同，故须了解它们的性能，合理选用，才能达到理想的过滤效果。

1. 垂熔玻璃滤器

这种滤器系用硬质中性玻璃细粉烧结而成均匀孔径的滤板，再黏接于不同规格的漏斗中制成的。通常有漏斗形、球形、棒形三种。根据滤板孔径大小制成 1～6 号，由于生产厂家不同，代号亦有差异。

垂熔玻璃滤器在注射剂生产中常作精滤或膜滤器前的预滤。型号的选择，以上海玻璃厂生产的为例，3号多用于常压滤过，4号应用减压或加压滤过，6号作无菌滤过。

垂熔玻璃滤器的优点：化学性质稳定，除强碱与氢氟酸外，一般药品无影响；过滤时无碎渣脱落；吸附性低；一般不影响药液pH；滤器吸留药液少且易于洗净；使用中不易出现裂漏现象。但价格较贵，脆而易破。使用时可在垂熔漏斗内垫以绸布滤纸，这样可防止污物堵塞滤孔，以利清洗，同时可提高滤液质量。这种滤器，操作压力不能超过98.06kPa，可以热压灭菌。垂熔玻璃滤器每次用毕要用纯化水反向冲干净，并1%～2%硝酸钠硫酸液浸泡12～24h，再用热注射用水抽洗至中性且澄明。

2. 砂滤棒

国内生产的砂滤棒主要有两种。一种是硅藻土，系由糠灰、黏土、白陶土等材料在1000℃高温烧制而成，主要成分为SiO_4、Al_2O_3。按孔径分为三种规格：粗号（孔径8～12μm）、中号（孔径5～7μm）、细号（孔径3～4μm）。此种滤器质地较松散，一般适用于黏度高、浓度大的药液滤过，注射剂生产中常用中号。另一种是多孔素瓷滤棒，系白陶土、细砂烧结而成。此种滤器质地致密，特别适用于低黏度液体的滤过。

砂滤棒易于脱砂，对药液吸附性强，难于清洗，且有改变药液pH的情况，滤器吸留药液多。但本品价廉易得，滤速快，适用于大生产作粗滤之用。砂滤棒用后可先用自来水反向冲洗，用毛刷刷洗表面，用纯化水煮沸30min，再用注射用水抽洗至滤液澄明。

3. 板框压滤器

板框压滤器是由中空的框和支撑过滤介质的实心板组装而成。此种过滤器，可以用来粗滤，注射剂生产中一般作预滤之用。其优点是过滤面积大、截留固体量多，经济耐用，滤材也可以任意选择，适于大生产使用。主要缺点是装配和清洁较为麻烦，如果装配不好，容易滴漏。

4. 微孔滤膜过滤器

微孔滤膜是一种高分子薄膜过滤材料，在薄膜上分布有很多穿透性、孔径均匀的微孔，空隙率达80%，孔径从0.025～14μm，分成多种规格。其种类有醋酸纤维膜、硝酸纤维膜、醋酸纤维与硝酸纤维混合酯膜、聚酰胺膜、聚四氟乙烯膜、聚碳酸酯膜、聚砜膜等。近年来还发展一种核微孔滤膜，它是用聚酯（涤纶）膜作基膜，用核技术制作而成，膜厚6～12μm，孔径规格0.01～12.0μm，有良好的生物相容性与化学稳定性，一般有机溶剂均可使用，而且韧性好、强度高，是一种理想的微孔滤膜材料，国内已有生产。

（1）微孔滤膜的特点　微孔滤膜的滤过机制主要是过筛作用，用于注射液滤过的滤膜，一般孔径0.45～0.8μm，对肉眼不可见的、大于孔径的微粒能被100%截流。滤速与滤膜面积、压力和膜孔大小成正比，与滤液黏度成反比。微孔滤膜具有孔隙率高、滤速快、吸附力小、不污染药液、不影响药液的pH值和药物含量、无滤过介质（如纤维）的迁移、设备简单、拆装方便等特点。由于微孔滤膜具有以上这些优点，因此在注射剂生产中已广泛使用。缺点主要是易于堵塞，有些滤膜（如纤维素类滤膜）化学稳定性较差。

（2）微孔滤膜过滤器（简称膜滤器）　常用的微孔滤膜过滤器有两种：一种叫圆盘形膜滤器（又叫板式压滤器），如图6-6所示；另一种叫圆筒形膜滤器。圆盘形膜滤器由底盘、底盘垫圈、多孔筛板（或支撑网）、微孔滤膜、盖板垫圈及盖板等部件所组成。安装前，滤膜应放在注射用水中浸润12h（70℃）以上。滤膜安放时，反面朝向被滤液体，有利于防止膜的堵塞。安装好后，滤膜上还可加2～3层滤纸，以提高滤过效果。滤膜使用一次即弃去，防止产品污染。关于圆筒形膜滤器，最简单的是将微孔滤筒直接装在过滤器内，微孔过滤筒有一只的，也有三只的，多的达10～20只，此种滤器滤过面积大，适于大量生产。

（3）微孔滤膜的应用　注射剂生产中，一般注射液的滤过，均可将膜滤器串联在常规滤器后作为末端过滤之用（具体组合见滤过装置），通常使用 0.4～0.8μm 的滤膜，由于滤留的粒子聚集在微孔滤膜的表面，容易堵塞滤膜，故一般应先将药液用常规滤器如砂滤棒或板框压滤器或在滤膜前加一预滤膜等办法进行预滤后才能使用微孔滤膜滤过。

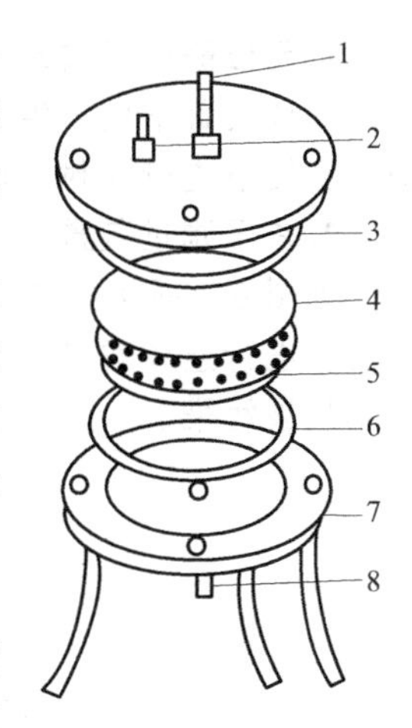

图 6-6　圆盘形膜滤器

1—药液入口；2—放气阀；3—盖板垫圈；4—微孔滤膜；5—多孔筛板；6—底盘垫圈；7—滤器底盘；8—药液出口

除菌过滤也是微孔滤膜应用的一个重要方面，特别对于一些不耐热的产品，可用 0.22μm 的滤膜作无菌过滤。目前，美国颇尔（PALL）公司已用聚砜、聚丙烯腈为滤材，制成可截留相对分子质量为 3000、5000、6000、10000 及 13000 物质的超滤装置，是已经认证的美国独家除热原超滤器，由多个管（棒）状膜滤器并联组成，处理量大，效率高。另外，瑞士、意大利也有超滤除热原设备。

(4) 微孔滤膜的性能测定　为了保证微孔滤膜的质量，必须对制好的膜进行必要的质量检查，通常主要测定孔径大小、孔径分布、流速等。孔径大小测定一般用起泡点法。由于每种膜都有特定的起泡点，即当压力增加到能克服滤膜上孔中液体的表面张力时，则液体即从膜孔中排出，使起泡出来，这个压力值就是该膜起泡点。通过实验测定起泡点，可以算出薄膜孔径的大小。现已总结出一些起泡点与孔径大小的经验数据，如纤维素混合酯膜孔径 0.8μm 的起泡点是 103.9kPa。故测定滤膜的起泡点，就能知道该膜的孔径大小。测试方法：将微孔滤膜湿润后装在过滤器中，并在滤膜上覆盖一层水，从过滤器下端通入氮气，以每分钟压力升高 34.3kPa 的速度加压，水从微孔中逐渐被排出。当压力升高至一定值，开始有连续气泡逸出时，此压力值即为该滤膜起泡点。微孔滤膜在使用前要做起泡点试验。流速的测定：常以一定面积的滤膜滤过一定体积的水求得。各种不同纤维素混合酯膜性能见表 6-4。

表 6-4　纤维素混合酯膜相应的性能

孔径/μm	水流量/(ml/cm^2·min)	孔隙率/%	起泡点压力/kPa
5.0	400	84	41.18
3.0	300	83	68.19
1.2	200	82	76.49
0.8	200	81	112.78
0.65	150	80	137.20
0.45	50	79	225.55
0.30	40	77	294.20
0.22	20	80	377.30
0.15	10	73	470.72

5. 钛滤器

有钛滤棒与钛滤片，是用粉末冶金工艺将钛粉末加工制成的过滤元件。钛滤器抗热震性能好、强度大、重量轻、不易破碎、过滤阻力小、滤速大。钛滤器在注射剂生产中是一种较好的预滤材料，国内有些制剂生产厂家采用由钛滤棒-钦滤片-微孔滤膜组成的滤过系统，可克服砂滤棒易脱砂、对药液有吸附性、难于清洗等缺点。

（三）滤过装置

注射剂的滤过通常有高位静压滤过、减压滤过及加压滤过等方法，可因地制宜设计使用。

1. 高位静压滤过装置

此种装置常用于生产量不大、缺乏加压或减压设备的情况。药液在楼上配制，通过管道滤过到楼下进行灌封。此法装置简单、压力稳定、滤过质量好，但滤速较慢。

2. 减压滤过装置

如图 6-7 所示滤过装置，药液先经砂滤棒和垂熔玻璃滤器预滤，再经膜滤器精滤，此装置可以进行连续滤过，整个系统都处在密闭状态，进入过滤系统中的空气必须经过滤过，药液不易被污染。

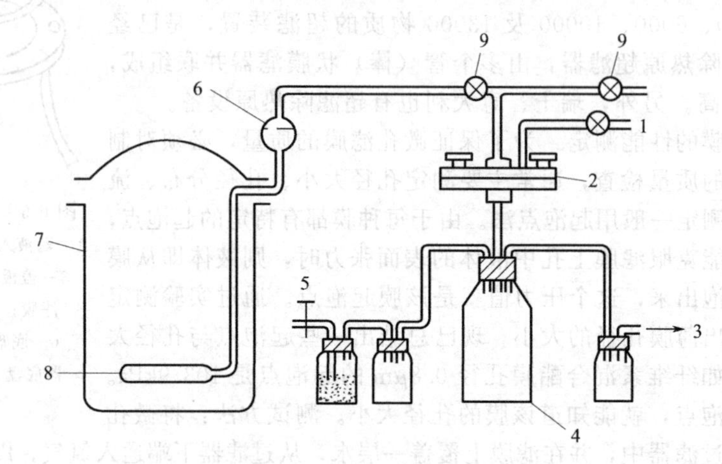

图 6-7 减压滤过装置

1—排气阀；2—膜滤器；3—抽气口；4—贮液瓶；5—进气口；6—滤球；7—配液缸；8—砂滤棒；9—阀

3. 加压滤过装置

如图 6-8 所示滤过装置，药液先经砂滤棒与垂熔玻璃滤球预滤后，再经微孔滤膜精滤。工作压力一般为 98.6～147.0kPa，滤液质量良好。全部装置保持正压，外界空气不易透入滤过系统，滤过压力稳定，滤速快，质量好，产量高，适用于药厂大量生产。

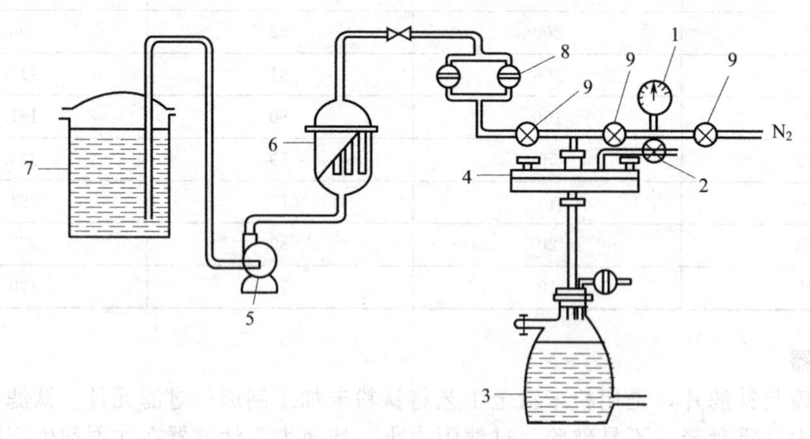

图 6-8 加压滤过装置

1—压力表；2—放气阀；3—贮液瓶；4—膜滤器；5—离心泵；6—滤器；7—配液缸；8—滤球；9—阀

该装置还可检查滤过系统的严密性。检查方法如下：先让药液少量通过滤膜，使膜全部润湿后停止进入药液，打开通氮气的两个阀，通入氮气或压缩空气，使压力在该滤膜起泡点以下约 32.4kPa，关闭右侧阀，保持 15min，如压力表指示的压力不变时，则表示膜滤器不漏气或滤膜完整，如压力下降则表示装置不严或膜破裂。

三、注射液的灌封

过滤的药液经检查合格后，进行灌装和封口，俗称灌封。接触空气易变质的药物，在灌装过程中，容器内应排除空气，填充二氧化碳或氮气等气体后熔封或严封。灌封应在同一室内进行，灌装有药液的安瓿应及时封口，以免污染或惰性气体泄漏。灌封是灭菌制剂制备的关键，其环境应严格控制，要求达到 10000 级的洁净度（局部 100 级），该区工艺布局、人流、物流均有严格要求，否则对产品质量影响甚大。

药液灌封要求做到：①剂量准确。注入容器的量要比标示量稍多，以抵偿在给药时由于瓶壁黏附和注射器及针头的吸留而造成的损失，保证用制剂量。黏稠性药液增加量比易流动药液稍多，注射剂增加装量表可在《中国药典》（2010 年版）二部附录Ⅰ B中查到。为使灌注容量准确，在每次灌注以前，必须用精确的小量筒校正注射器的吸取量，然后试灌若干支安瓿后，按药典规定检查，合乎规定时再行灌注。②药液不粘瓶。为防止灌注器针头“挂水”，活塞中心常有毛细孔，可使针头挂的水滴缩回；调节灌装速度，过快时药液易溅至瓶壁而粘瓶。③通气问题。一些不稳定产品，安瓿内要通入惰性气体以置换安瓿中的空气，常用的有氮气和二氧化碳。通惰性气体时要通到既不使药液溅至瓶颈，又使安瓿空间空气除尽。一般采用空安瓿先冲一次惰性气体，灌装药液后再冲一次，这样效果较好。若灌封室内多台机器均需充气，应先将气体通入缓冲缸，使压力均衡，再分别通入各机组，以保证产品充气一致。有些药厂，在通气管路上装有报警器。充气效果，可用测氧仪进行残余氧气的测定。二氧化碳气体易使安瓿爆破，可以考虑预热，并在熔封上方加一保温挡板。实验证明，只要火焰控制适当，可减少缩头和爆破。惰性气体的选择，要根据品种决定。例如，一些碱性药液或钙制剂则不能使用二氧化碳。

安瓿封口要严密不漏气，顶端圆整光滑，无尖头和小泡。封口方法分拉封和顶封两种。由于拉封封口严密，不会像顶封那样易出现毛细孔，故目前多主张拉封。粉末安瓿或具有广口的其他类型安瓿，都必须蜡封。灌封操作分手工灌封和机械灌封。

1. 手工灌封

实验室试制新产品时采用手工灌封。手工单针灌注器有竖式和横式两种，图 6-9 为竖式安瓿灌注器。此外，还有多种灌注器，原理是一样的。单向活塞是控制药液向一个方向流动的活塞，当唧筒向上提时，筒内压力减少，下面活塞开放，将注射液吸入，同时上面的活塞关闭。唧筒下压时，压力增大，上面活塞开放，将注射液注入，而下面活塞关闭。一吸一往，反复操作，进行灌注。容量调节螺丝可上下移动，以控制唧筒拉出的距离，决定抽取药液的容量。灌注针头一般是用拉尖的玻璃管或不锈钢针头。灌注时应不使针头与安瓿颈内壁碰撞，以防玻屑落入安瓿或药液粘瓶，避免产生焦头或爆裂，影响澄明度。手工封口多采用双火焰拉封法。该法速度快，操作容易掌握，封口安瓿长短一致，质量较高。火焰可用煤气、气化汽油产生，同时吹压缩空气或氧气助燃。熔封时火焰要调节好，防止鼓泡、封口不严等现象。

2. 机械灌封

药厂多采用机械灌封，机械灌封主要由自动灌封机来完成。灌封机上的灌注药液由四个动作协调进行：①移动齿档送安瓿入轨道；②灌注针头下降；③灌注药液入安瓿；④灌注针头上升后，安瓿离开，同时灌注器吸入药液。四个动作顺序进行。药液容量调节，是由容量调节螺旋上下移动而完成的。灌液部分还有自动止灌装置，自动止灌器的作用是防止在机器运转过程中，遇到个别缺瓶或安瓿用完尚未关车的情况下，不使药液注出而污损机器和浪

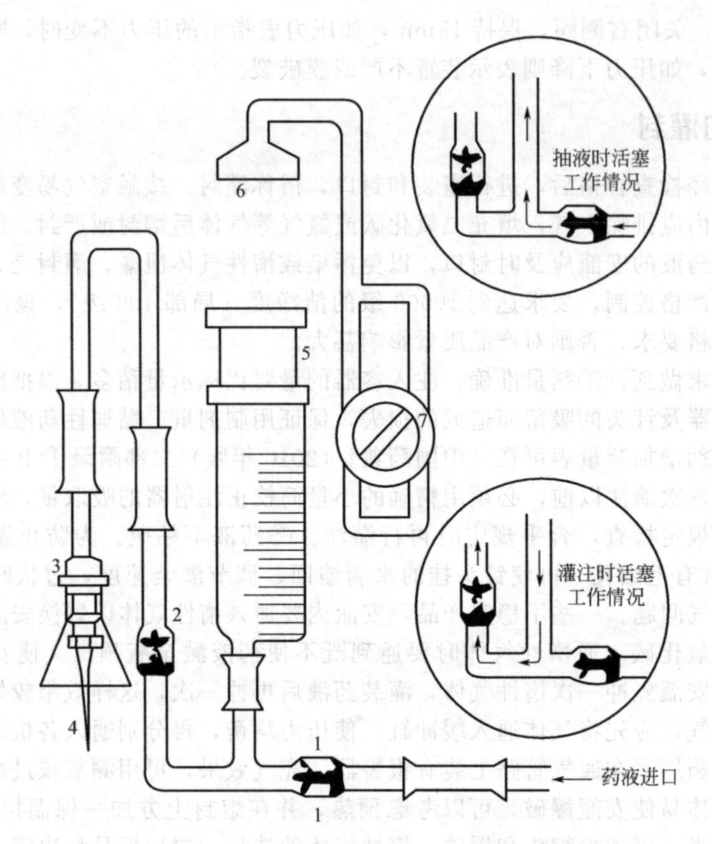

图 6-9 竖式安瓿灌注器

1—下活塞；2—上活塞；3—防尘罩；4—针头；5—灌注器内栓；6—容量调节挡杆；7—固定螺钉

费。灌封中可能出现的问题主要有剂量不准确、封口不严、出现大头（鼓泡）、瘪头、焦头等。焦头是经常遇到的问题，产生焦头的原因有：灌药时给药太急，溅起药液在安瓿壁上，封时形成炭化点；针头往安瓿里注药后，针头不能立即缩水回药，针尖带有的药液水珠也易产生焦头；针头安装不正，尤其安瓿往往粗细不匀，给药时药液粘瓶；压药与针头打药的行程配合不好，造成针头刚进瓶口就注药或针头临出瓶口时才注完药液；或者是针头升降轴不够润滑、针头起落迟缓等，也会造成焦头。应分析原因，加以解决。

3. 注射剂生产的联动化问题

我国现已制成洗、灌、封联动机和割、洗、灌、封联动机，该设备主要由安瓿清洗机、安瓿烘干灭菌机和安瓿灌封机等机械组成，生产效率有很大提高。目前有些联动机在洗涤、干燥灭菌、灌封各部分装上局部层流装置，可以用于生产无菌产品，有利于提高产品质量。

四、注射剂的灭菌

除采用无菌操作生产的注射剂外，一般注射液在灌封后必须尽快进行灭菌，以保证产品无菌。

注射剂的灭菌要求是：既杀灭微生物，以保证用药安全，又要避免药物的降解，以免影响药效。灭菌方法可根据药物的性质选择，选择适宜的灭菌法对保证产品质量甚为重要。

一般注射剂生产污染较少，故常用流通蒸汽灭菌，1～5ml 安瓿多采用流通蒸汽 100℃、30min 灭菌；10～20ml 安瓿常用 100℃、45min 灭菌。对热不稳定的产品可适当缩短灭菌时间或降低灭菌温度。如维生素 C、地塞米松磷酸钠等采用 100℃、15min 灭菌，麦角碱采用 80℃、1h 灭菌。凡对热稳定的产品或大输液常用热压灭菌。以油为溶剂的注射剂，选用干热灭菌，具体温度与时间可根据主药性质选定。必要时以无菌操作法制备。如有条件，可采用微波灭菌和高速热风灭菌。

为确保灭菌的可靠性，在灭菌锅内放置化学指示剂（随温度升高而发生颜色变化）或生物指示剂。环氧乙烷或干热灭菌最常用的试验菌为枯草杆菌（ATCC9273）；湿热灭菌常用的试验菌为嗜热嗜脂肪杆菌（ATCC7953）；辐射灭菌常用的试验菌为短小芽孢杆菌（E601）。另外，灭菌效果要求以 F_0 值大于 8 进行验证。

工业生产还采用自动控制仪，可定时、自动记录灭菌过程中主要阶段的情况。

灭菌后的安瓿立即进行漏气检查。若安瓿未严密熔合，有毛细孔或微小裂缝存在，则药液易被微生物污染或药物泄漏，污损包装，应检查剔除。采用灭菌检漏两用灭菌锅可将灭菌、检漏结合进行。灭菌后稍开锅门，同时放进冷水淋洗安瓿使温度降低，然后关紧锅门并抽气，漏气安瓿内气体亦被抽出，当真空度达 85.3～90.6kPa 时，停止抽气，开色水阀，使颜色溶液（0.05％曙红或亚甲蓝）盖没安瓿时止，开放气阀，再将色液抽回贮器中，开启锅门，用热水淋洗安瓿后，剔除带色的漏气安瓿。

深色注射液的检漏，可将安瓿倒置于灭菌器内，灭菌时安瓿内气体膨胀，将药液从漏气的细孔挤出，使药液减少或成空安瓿而剔除，还可用仪器检查安瓿隙裂。

五、注射剂的质量检查

（1）含量　主药含量应符合各品种项下的规定。

（2）装量或装量差异　为保证注射用量不少于标示量，注射液的装量应按规定适当增加装量（标示装量为 50ml 与 50ml 以下的注射液），或按最低装量检查法检查（标示装量为 50ml 以上至 500ml 的注射液），应符合规定。注射用无菌粉末也应做装量差异检查，其装量差异限度为 5％～15％。

（3）澄明度及不溶性微粒的检查　国家标准规定，注射溶液要在规定条件下检查，不得含有异物，并对可能存在的微粒大小及允许限度作了规定。注射剂各品种除另有规定外，照原卫生部标准《澄明度检查细则和判断标准》的规定检查，必须符合要求。静脉滴注用注射液（装量为 100ml 以上者），在澄明度检查符合规定后，还必须检查不溶性微粒，并应符合规定。

（4）热原或内毒素检查　详细内容见本章第二节相关内容。

（5）无菌检查　任何注射剂在灭菌后，均应抽取一定数量的样品进行无菌检查，通过无菌操作制备的成品更应检查无菌状况，具体方法参阅《中国药典》（2010 年版）附录Ⅺ H。

（6）其他　视品种不同，有的尚需进行降压物质检查、异常毒性检查、杂质检查、pH 值、过敏试验、溶液澄清度及颜色检查等。

六、注射剂举例

例 6-3： 氢化可的松注射液

处方：氢化可的松　5g
　　　95％乙醇　558ml
　　　注射用水　适量
　　　制成　1000ml

制法：称取氢化可的松溶于 95％乙醇中，在不断搅拌下，添加注射用水至全量，冷却降温至 20℃以下，过滤，滤液灌装于安瓿中，熔封，流通蒸汽灭菌 30min 即得。

类别：本品为激素类药，具有抗炎、抗过敏等作用，调节糖、盐代谢，适用于红斑狼疮、帕金森病、支气管哮喘、急慢性风湿病等。

用法与用量：静脉滴注，一次100mg，稀释后滴注。将它混于其他输液中，脱敏疗效显著。

规格：①2ml∶10mg；②2ml∶25mg；③20ml∶100mg。

注：① 氢化可的松不溶于水，而溶于乙醇（1∶40），故本品的含醇量应为47%～55%。

② 滴注时，速度要缓慢。

③ 操作室应控制室温在20℃以下，避免乙醇挥发引起火灾，以及溶液中含醇量降低。

④ 熔封安瓿时，注意调节火焰，减少冒泡或出现大头现象。

例6-4：甲硝唑注射液

处方：	甲硝唑	5g
	氯化钠	8g
	注射用水	适量
	制成	1000ml

制法：分别称取甲硝唑、氯化钠，溶于适量加热的注射用水中，加入0.3%的活性炭，浓配炭脱，添加注射用水至全量，搅匀，测定甲硝唑的含量，并调整使之合格，然后经微孔滤膜过滤装置过滤，滤液灌装于安瓿或输液瓶中，熔封或密封，110℃高压蒸汽灭菌30min即得。

类别：本品为抗阿米巴药、抗滴虫药、抗厌氧菌药。主要用于厌氧菌感染造成的各种症状。

用法与用量：静脉滴注，一次500mg，20～30mm滴完，8h一次，7日为1个疗程。孕妇及哺乳期妇女禁用。

规格：① 10ml∶50mg；②20ml∶100mg；③100ml∶500mg。

注：① 活性炭能吸附甲硝唑，配制时，必须把吸附量算入，才能保证含量符合规定。

② 活性炭用量以0.2%～0.3%为宜。

③ 先加热注射用水后，加入甲硝唑使之溶解略快些，全溶后再加入活性炭吸附炭脱。

例6-5：三合激素注射液

处方：	苯甲酸雌二醇	1.5g
	丙酸睾酮	25g
	黄体酮	12.5g
	注射用油	适量
	制成	1000ml

制法：分别称取苯甲酸雌二醇、黄体酮、丙酸睾酮，置干燥洁净容器中，加入已加热到100℃的注射用油至全量，搅拌溶解后过滤，滤液灌装于预先处理洁净干燥的安瓿中，熔封，于100℃流通蒸汽灭菌30min即得。

类别：本品为激素类药。主要用于月经不调、绝经期综合征，还能减少乳腺分泌。

用法与用量：肌内注射，1日1次或隔日1次，1次1ml。

规格：1ml。

贮藏：密闭避光保存。

例6-6：丙酸睾酮注射液

处方：	丙酸睾酮	10g（25g，50g）
	注射用油	适量
	制成	1000ml

制法：取注射用油，置洁净干燥容器内，加热至150℃ 1h后，放凉至90～100℃，加入

丙酸睾酮，搅拌溶解后过滤，滤液灌装于安瓿中，熔封，于100℃流通蒸汽灭菌30min即得。

类别：本品为雄性激素类药，可促进男性性器官的发育，并维持男性性功能的正常，主要治疗男性性功能低下、阳痿等症。

用法与用量：肌内注射，一次25～100mg，前列腺癌患者禁用。

规格：①1ml∶10mg；②1ml∶25mg；③1ml∶50mg。

贮藏：密闭避光保存。

第七节　中药注射剂

一、概述

中药注射剂系指从中药材中提取的有效物质制成的可供注入人体内的灭菌溶液或乳状液，以及供临用前配成溶液的无菌粉末或浓溶液。

中药注射剂是在中医传统用药或民间单方、验方的基础上，通过口服剂型证明疗效确切，进而在剂型改革中发展起来的一种剂型。由于中药的化学成分和药理机制都比较复杂，有的有效成分已经明确，有的尚未明确或未完全明确。处方组成有单味亦有复方，单味药比较简单而易于处理，复方组成必须遵循中医组方理论，根据临床辨证施治原则，使药物起到相互协同作用以提高疗效，或相互抑制以减少不良反应。所以中药注射剂既要符合中医理论，又要掌握处方中各味药的化学成分，以及在同一溶液系统和相同pH条件下的相互作用或相互影响，且要根据临床疗效观察，证明其安全有效，才能对某一中药注射剂给予肯定评价。

二、中药注射剂的制备

中药注射剂的制备，除中药原料需进行预处理、提取和精制外，其他步骤与一般注射剂生产工艺基本相同。

（一）中药原料的预处理

中药原料经品种鉴定无误后，应进行挑选，处方规定需炮制的应依法炮制，且应根据需要分别进行冲洗、干燥、切片、粉碎等预处理。

（二）提取和精制

这一步是制备中药注射剂的关键，其目的是提取药材中的有效成分、除去无效或有毒物质，以确保用药安全有效和制剂在贮藏期间的稳定性。提取用溶剂，一般用纯化水和乙醇，根据有效成分的性质亦可用酸性水、酸性醇、碱性水或其他有机溶剂。选用溶剂应符合有效成分提取率高、使用安全、操作简便等原则。

如果处方中所用中药的有效成分已经明确，而且比较单一，则可根据此种有效成分及药材中同时存在的其他成分的性质设计适当的提取与精制方法，提纯有效成分，供配制注射液用。

有些中药的有效成分尚未明确，有效成分不一定是单一的，特别是复方制剂，应以中医理论为指导，并对其中药材进行交叉配伍实验以保证原方疗效，还应根据各药材所含有效成分的基本特性来设计适宜的工艺，但必须考虑保留药材中的有效部分和功效。

中药注射剂常用的提取和精制方法如下。

1. 蒸馏法

本法是提取挥发性成分的一种简便而常用的方法。水蒸气蒸馏系利用挥发性物质难溶于水的特点，当它与水一起受热而达沸腾时，蒸汽中即含有水蒸气与部分易挥发性物质。药材的粗粉或碎片，加水蒸馏或通水蒸气蒸馏时，药材中的挥发性成分随水蒸气蒸出，收集馏出液。必要时可以进行二次蒸馏（重蒸馏），即把第一次收集的馏出液再次蒸馏，以提高馏出液的纯度或浓度。但蒸馏次数不宜过多，以免挥发油中某些成分氧化或分解。

蒸馏法制得的药液一般不含或只含少量的电解质，所以可加入适量氯化钠以调节渗透压。

2. 水醇法

水醇法是利用中药所含有效成分在水中或乙醇中溶解度不同而进行纯化的方法。水醇法又分水提醇沉淀法与醇提水沉淀法。

（1）水提醇沉淀法　操作方法：药材先用水煮提，中药中的水溶性有效成分如生物碱盐、苷类、有机酸盐、氨基酸类被提取，许多杂质如淀粉、多糖类、蛋白质、黏液质、鞣质、色素、树胶、无机盐类等也被提取。浓缩提取液并加入适当浓度的乙醇，沉淀除去不溶性杂质，过滤，回收乙醇，浓缩液再冷藏、过滤，滤液供配注射液用。

本法适用于所含有效成分对热稳定，能溶于水亦能溶于一定浓度乙醇的中药。例如，丹参、板蓝根等中药均可用水醇法提取。

操作中应注意事项如下。

① 用乙醇处理时，为使浸出液达到一定的含醇量，可按下列公式计算需要加入乙醇的体积：

$$X = V\frac{c_2}{c_1 - c_2} \tag{6-3}$$

式中，X 为需加入乙醇体积，ml；V 为水浸出液的体积，ml；c_1 为加入的乙醇浓度，%；c_2 为水浸出液需要达到的含醇量，%。

例 6-7：现有已浓缩的水浸出药液 1000ml，加入乙醇使药液含醇量达 75%，问需加入 95%乙醇多少毫升？

解：

$$X = \frac{75\% \times 1000}{95\% - 75\%} = 3000\text{ml}$$

② 为防止有效成分损失，药液应采取低温、减压浓缩并尽量缩短浓缩时间。最后所得滤液必须除尽乙醇，在经过必要精制后可供配置注射剂用。

③ 如果药液中含有较多量的鞣质，可分次、少量加入 2%～5%明胶溶液，边加边搅拌，使明胶与鞣质结合和产生沉淀，冷藏后滤除，滤液再用乙醇处理以除去多余明胶。

（2）醇提水沉淀法　操作方法：取中药粗粉按渗漉法或回流提取法，用 70%～90%乙醇提取，提取液回收乙醇后加入 2 倍量注射用水搅拌，冷藏 12h 以上，滤过。沉淀为苷元、树脂、色素等脂溶性成分，药液中则为水溶性成分如苷、生物碱、氨基酸、水溶性有机酸及部分鞣质等。由于用乙醇提取可减少药材中的黏液质、淀粉、蛋白质等杂质浸出，故适用于含这类成分较多的中药。用乙醇提取时根据药材不同成分的需要，选用不同浓度的乙醇。例如，提取挥发油、树脂、油树脂、树香胶等可用 95%以上的乙醇；提取生物碱时可用 70%～80%乙醇；提取苷类可选用 60%～70%乙醇等。

3. 超滤法与反渗透法

超滤是应用特殊的高分子膜，将中药浸出液中不同分子量物质加以分离的新技术。用此法制备中药注射剂，工艺流程简单，生产周期短，可在常温下操作，有阻留热原、细菌的作用。复方丹参注射液即用此法制备。

反渗透技术可用于中药水提液的浓缩，可避免药物受热变质，有利于提高产品质量。

4. 其他提取精制方法

除上述几个方法外，还有酸碱沉淀法、有机溶剂萃取法、透析法、离子交换法等。

（三）配液与滤过

药材经过提取和精制后，可按一般注射剂生产工艺进行配制，由于某些中药提取液中含有树脂、黏液质等胶体杂质较多，采用一般滤过方法不易得到澄明的溶液，而且滤速慢，故常借助于助滤剂。

1. 纸浆

本品有助滤及脱色作用，常用于处理某些难以滤清的药液。

2. 滑石粉

本品吸附性小，但对胶质分散作用好，能吸附水溶液中过量的不溶解的挥发油和一些色素，故凡有效成分易被活性炭吸附者或含树胶黏液质多的、用蒸馏法收集的挥发油溶液等均可选用滑石粉，常用量为0.2%～2%，滑石粉应经处理精制，一般加20%盐酸，加热煮沸，冷后去酸，并洗至无氯离子后，250℃干热灭菌备用。

3. 活性炭

本品有助滤、吸附脱色和除热原作用，但对黄酮、生物碱、挥发油等也有较强吸附作用，故选用活性炭作助滤剂，要特别慎重。

此外，对一些难滤的中药注射剂还可用纤维布为滤材，用板框压滤机滤过，或经适宜滤器滤过后，再用微孔薄膜过滤。

（四）灌封与灭菌

药液滤清后，应立即灌封以减少污染机会。一般均选用100℃流通蒸汽灭菌30min。

三、中药注射剂存在的问题与解决方法

（一）澄明度问题

澄明度问题是整个中药注射剂质量中较突出的问题。中药注射剂往往在灭菌后或在贮藏中产生浑浊或沉淀，产生这些问题的原因及解决方法如下。

1. 除尽杂质

对于成分不明的中药注射剂，按常规方法制备，澄明度往往不易合格。这是因为注射液中含有未彻底清除的淀粉、树胶、蛋白质、鞣质、树脂、色素等杂质，以胶体状态存在，当温度、pH等因素改变后，胶体老化而呈现浑浊或沉淀。其中尤以鞣质与树脂对澄明度影响较大。除去鞣质的方法很多，最常用的主要有以下几种。

（1）明胶沉淀法　是利用蛋白质与鞣质在水溶液中形成不溶性鞣质蛋白质沉淀后将其除去的办法。在中药水煎液的浓缩液中，加入2%～5%的明胶溶液，至不产生沉淀为止。静置后过滤除去鞣质蛋白沉淀，滤液浓缩后加乙醇使含醇量达75%以上，以除去过量的明胶。蛋白质与鞣质的反应条件通常在pH4～5，所以最好在此条件下进行。也有在加明胶后，不过滤而直接加入乙醇处理，这种方法叫改良明胶法。实验证明此法可减少明胶对有效成分的吸附。

（2）醇溶液调pH法　在水煎的药材浓缩液中，加入约4倍量的乙醇（含醇量在80%以上），放置滤除沉淀后，用40%氢氧化钠溶液调至pH8.0，则鞣质成盐不溶于醇而析出，放置过滤。经此法处理能除去大部分鞣质。一般醇浓度和pH愈高，则鞣质除去量越多。

（3）聚酰胺除鞣质法　鞣质是一种多元酚的化合物，很易被聚酰胺吸附，故可用聚酰胺除去中药注射剂中的鞣质。

2. 调节 pH 值

中药某些成分的溶解性与溶液的 pH 有关，如果 pH 不适，则会产生沉淀。为保证有效成分溶解，使注射剂稳定，应选择适宜的 pH 值，一般有效成分是碱性的（如生物碱），药液宜调至偏酸性（pH4～5），有效成分是酸性（如有机酸）或弱酸性的（如蒽醌类），药液宜调至偏碱性（pH7.5～8.5）。此外，在加热灭菌或贮存过程中，由于一些成分水解（酯、苷类）、氧化（醛类）产生酸性物质，使溶液的 pH 下降，使一些原来能溶解的成分也析出了沉淀，可在配制时将 pH 稍调高些或加入缓冲剂，以防止 pH 变化而产生沉淀。

3. 热处理冷藏法

中药注射液中，如果所含高分子杂质呈胶体分散时，高温或低温均可破坏胶体，使之凝结析出，故可将药液封入安瓿之前，先装入适当容器中（如输液瓶）密塞，100℃流通蒸汽或热压处理 30min，再冷藏放置一定时间后过滤，除去沉淀杂质。

4. 合理使用增溶剂

中药成分复杂，杂质往往不易除净，有些有效成分在水中溶解度较低。溶液虽然暂时处于稳定状态，但在灭菌和放置过程中，由于条件变化而产生浑浊或沉淀，可加入适量增溶剂，如聚山梨酯 80、胆汁等以改善澄明度。如牛西西注射液，不加聚山梨酯 80，灭菌后产生浑浊，加入 2％聚山梨酯 80，则溶液澄明。

（二）刺激性问题

1. 有效成分本身具有刺激性

黄芩中所含的黄芩素、白头翁中的原白头翁脑以及药材中的挥发油，都可对局部产生刺激作用，而引起疼痛。遇此情况，可在不影响疗效的前提下，降低药物浓度，调节 pH，酌加止痛剂来解决。有些刺激反应严重的则不宜制成注射剂。

2. 含杂质较多

如鞣质、树脂等，可使注射局部产生硬结和肿痛。且由于形成鞣酸蛋白吸收困难，因此多次注射，局部组织就有可能由于硬结而坏死，造成无菌性炎症。对这些杂质应尽量设法除去。

（三）复方配伍问题

复方注射剂中，往往各种中药所含的有效成分性质不同，如果一律按一种方法提取纯化，就可能影响提取效果而使某些有效成分损失，或者由于配伍上的问题，使提取成分之间产生作用，而影响到成品的质量和疗效。例如，复方黄芩注射液处方由黄芩、黄柏、蒲公英、大黄四种中药组成，都具有清热解毒功能，从中医用药来看互相配合作用应该更好。但用水提醇沉淀法制成注射液，疗效不理想。注射液经分析，没有生物碱反应，黄芩苷含量也低，经调整处方，去掉黄柏，将蒲公英、大黄用水醇法提取纯化，再加入提取出的黄芩苷制成注射液，体外抑菌作用明显，质量稳定，疗效也较好。

（四）中药中有效成分的溶解问题

中药材中有些有效成分在水中溶解度甚低，这不仅给制备注射液带来困难，而且影响该药的临床疗效。目前已通过制成可溶性盐、采用非水溶剂、加增溶剂等方法解决了一些有效成分的溶解度问题。如黄芩素制成其磷酸酯二钠盐、鹤草酚与精氨酸制成可溶性盐、穿心莲内酯制成亚硫酸钠穿心莲内酯、莪术油用聚山梨酯 80 制成乳剂注射液、黄花蒿素制成油注射液等。

（五）剂量与疗效问题

中药注射剂往往按药材量的100%～300%制成。而肌内注射每次2ml即相当于药材2～6g。通常中药汤剂，每剂常有八九味药，而每味药又往往用6～9g，因此，中药注射剂一次剂量才相当几克药材，剂量往往太小，而且在除杂质过程中，反复处理，也损失不少有效成分，这可能是某些中药注射剂疗效不够显著的原因之一。

（六）质量标准问题

中药注射剂除有效成分明确，可以通过定性定量控制其质量外，大多数中药注射剂缺乏明确的质量控制标准。而且由于药材的来源、产地、采集时间、用药部位及加工炮制等各方面差异，以及制备工艺和设备条件不同，这可能是其疗效不稳定的原因之一。因此，除对药材规范炮制外，要不断总结经验，逐步建立中药注射剂的质量标准，除应符合一般注射剂的质量要求即澄明度、无菌、无热原、适当的pH等项目外，应着重控制以下几个项目。

（1）控制杂质限度　要重点检查蛋白质、草酸盐、鞣质、钾离子浓度、重金属及炽灼残渣等项目。具体要求应符合国家标准有关规定。

（2）安全性试验　为了确保用药安全，要进行溶血试验、刺激性试验、急性毒性试验、过敏试验。

（3）有效成分的检测　对于有效成分比较明确的，应尽量设法测定其含量。对有效成分尚未明确的中药注射剂，可测定其中具有生理活性的成分如生物碱、黄酮苷、蒽醌、挥发油等的相对含量，制订出间接指标，或采用色谱技术，分析其中的成分，作为质量控制方法。

（4）加强药理试验及疗效观察　为了保证疗效可靠，有条件时应进行疗效或药理试验。如抗菌消炎药可做抑菌试验，镇痛药可做止痛试验等。

对于新试制的中药注射剂，应根据以上各项要求做全面检查。已用于临床常规生产的中药注射剂，可根据具体情况规定检查项目。总之，中药注射剂必须有严格的质量标准，保证原料纯度，工艺合理，成品稳定。

四、中药注射剂的举例

例6-8：复方丹参注射液

本品系从唇形科植物丹参的干燥根和豆科植物降香檀的干燥根部药材中提取制成的灭菌水溶液。

处方：丹参　　1000g
　　　降香　　1000g
　　　注射用水　　适量
　　　制成　　1000ml

制法：取丹参加水煎煮3次，合并煎液，滤过，滤液减压浓缩至每1ml相当于丹参1.5～2.0g。用乙醇沉淀处理2次，第一次使药液含醇量为75%，第二次为85%，每次均经冷藏处理后滤过，滤液浓缩至每1ml相当于丹参3～5g，加注射用水稀释至400ml，冷藏，滤过，用10%氢氧化钠溶液调整pH至6.8，加热煮沸30min，冷后滤过，加注射用水至500ml。另取降香用纯化水浸没，通水蒸气蒸馏，收集馏液约500ml，冷藏24h，分离上层油层，取水层500ml备用。

合并上述两药材的提取液，调整至规定浓度，精滤，灌封，于100℃流通蒸汽灭菌30min，即得。

功能与主治：具有活血化瘀、理气开窍的功能，有扩张冠状动脉并增加血流量的作用。主要用于心绞痛、心肌梗死等症。

用法与用量：肌内注射，每次2ml，每日1～2次；静脉滴注，每次4～10ml，用5%葡萄糖注射液250～500ml稀释后滴入。

注：① 本品不可与盐酸普萘洛尔混合，因易产生浑浊或沉淀。

② 本品系用降香挥发油的饱和水溶液配制。

③ 避光保存，使用期1年，如发现有沉淀析出，应立即停止使用。

第八节　输　液

一、概述

（一）输液的含义

输液系指供静脉滴注输入人体血液中的大容量注射液。通常包装在玻璃（或塑料）输液瓶（或袋）中，不含防腐剂或抑菌剂。使用时通过输液器调整滴速，持续而稳定地进入静脉，以补充体液、电解质或提供药物和营养物。由于其用量大而直接进入血液，故质量要求较高，生产工艺亦与小容量注射剂不同。本节就这方面的有关问题加以讨论。

（二）输液的种类

1. 电解质输液

用于补充体内水分、电解质，纠正体内酸碱平衡等，如氯化钠注射液、复方氯化钠注射液、乳酸钠注射液等。

2. 营养输液

对较长时期不能经口服吸收营养时采用营养输液，有糖类输液、氨基酸输液、维生素输液、脂肪乳输液等。糖类输液最常用的为葡萄糖注射液。此外，还有果糖、木糖醇等。氨基酸输液主要提供合成蛋白质及其他生物活性物质的氮源。脂肪乳输液是胃肠道外的一种高能输液剂。

3. 胶体输液

胶体输液为一类代血浆输液剂，具有与血细胞近似的渗透压和黏度。当外伤引起大量失血时，常由于全血来源及输血前的配血试验等均需一定时间，因此在抢救时可先输给代血浆，由于这些高分子化合物的分子较大，不易透过血管壁，输入后可以在血管内停留较长时间，故有维持血容量和提高血压的作用，但应注意胶体输液不能代替血浆。

（三）输液的质量要求

输液的质量要求与注射剂基本上是一致的，但因其直接进入血液而且剂量又大，因而对其无菌、无热原及澄明度的要求更应特别注意。静脉滴注用注射液水溶液除符合注射剂一般要求外，应无热原，不溶性微粒应符合规定，并尽可能与血液等渗。静脉滴注用乳剂，分散相球粒的粒度大多数（80%）应在1μm以下，不得有大于5μm的微粒，应无热原，能耐热压灭菌，贮存期间稳定，不得用于脊椎腔注射。此外，有些输液要求不能有产生过敏反应的异性蛋白及降压物质。

二、输液的制备

（一）工艺流程

输液瓶（袋）→洗涤→洁净输液瓶（袋）　洗涤←胶塞
↓　↓
原辅料→配液→滤过→灌封→盖隔离膜→盖胶塞→轧盖→灭菌→包装
↑
隔离膜→洗涤

（二）工艺过程与设备

1. 输液容器的处理

见本章第五节注射剂的容器及其处理方法。

2. 输液的配制

原辅料的质量好坏，对输液质量影响较大。原料应选用优质注射用原料。配液必须用新鲜注射用水，要注意控制注射用水的质量，特别是热原、pH与铵盐。

配制用具与安瓿基本相同，药厂多用带夹层的不锈钢或搪玻璃罐，可以加热。用具的处理要特别注意，避免污染热原，特别是管道阀门等部位，不得遗留死角。

药液配制方法，多用浓配法，即先配成较高浓度的溶液，经滤过处理后再行稀释，有利于除去杂质。输液配制，通常加入0.01%～0.5%的针用活性炭，具体用量，视品种而异，活性炭有吸附热原、杂质和色素的作用，并可作助滤剂。根据经验，活性炭分次吸附较一次吸附好。原料质量好的，也可采用稀配法。其配置操作注意事项与安瓿剂相同。

3. 输液的滤过

输液滤过方法及滤过装置与安瓿剂基本相同，滤过多采用加压滤过法，并在密闭的连通管道中进行，效果较好。滤过材料一般用陶瓷滤棒、玻璃滤棒或板框式压滤机进行预滤，也可用微孔钛滤棒或滤片，还可用预滤膜，此膜系用超细玻璃纤维或超细聚丙烯纤维在特殊工艺条件下加工制成。在预滤时，滤棒上应先吸附一层炭层，并在滤过开始，反复进行回滤至滤液澄明合格为止。过滤过程中，不要随便中断，以免冲动滤层，影响滤过质量。精滤目前多采用微孔滤膜，常用滤膜孔径为0.65μm或0.8μm。目前生产多采用加压三级（砂棒—G3滤球—微孔滤膜）过滤装置，也可用双层微孔滤膜过滤，上层为3μm微孔膜，下层为0.8μm微孔膜，这些装置可大大提高产品质量。

4. 输液的灌封

输液灌封由药液灌注、加膜、塞胶塞和轧铝盖四步组成。灌封是制备输液的重要环节，必须按照操作规程，四步连续完成。要严格控制室内的洁净度，应达到万级、局部层流百级的要求，防止细菌粉尘的污染。滤过和灌装都应在持续保温条件下进行。灌封完成后，应进行检查，对于轧口不紧松动的输液，应剔出处理，以免灭菌时冒塞或贮存时变质。

目前药厂生产多用旋转式自动灌封机、自动翻塞机、自动落盖轧口机完成整个灌封过程，实现了联动机械化生产，提高了工作效率和产品质量。图6-10为大输液灌装成套设备机组流程图。

5. 输液的灭菌

为了减少微生物污染繁殖的机会，输液从配制到灭菌，一般以不超过4h为宜。目前输液灭菌广泛采用蒸汽灭菌柜。根据输液的质量要求及输液容器大且厚的特点，输液灭菌开始应逐渐升温，一般预热20～30min，以保证瓶的内外均达到灭菌所需温度，也不致因骤然升

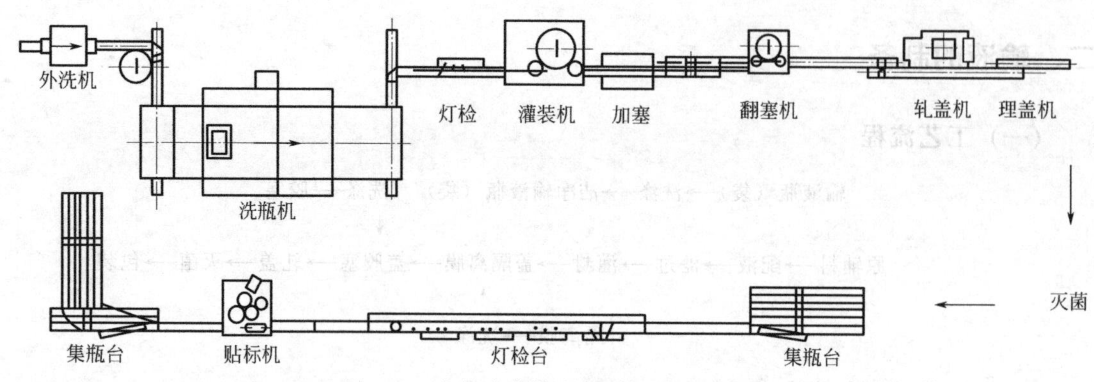

图 6-10 大输液灌装成套设备机组流程图

温而引起输液瓶爆炸。待达到灭菌温度 115℃、68.64kPa，维持 30min，然后停止升温，待锅内压力下降到零，放出锅内蒸汽，使锅内压力与大气相等后，才缓慢（约 15min）打开灭菌锅门，绝对不能带压操作，否则将产生严重的人身安全事故。为了减少爆破和漏气，也有在灭菌时间达到后用不同温度的无盐热水喷淋逐渐降温，以减少输液瓶内外压力差，保证产品密封完整。对于塑料输液袋的灭菌，国内一些药厂采用 109℃、45min 灭菌。由于灭菌温度较低，生产过程应注意防止污染。为了防止灭菌时输液袋膨胀破裂，有些采用外加布袋，或在灭菌时间达到后，通过压缩空气驱逐锅内蒸汽，待冷却后，再打开灭菌器取出。

由于蒸汽灭菌柜存在较多不足之处，如加热（冷却）速度慢、耗时长、生产效率低；温度不均匀，导致灭菌不完全；易发生事故等。现已发明水浴式灭菌柜。水浴式灭菌柜是在分析蒸汽灭菌柜缺点的基础上设计制造的。其灭菌原理是：采用去离子水为加热介质，对输液瓶内的药液进行加热灭菌。去离子水的加热和冷却在柜体外板式热交换器中进行，其加热、冷却循环线路见图 6-11。该机由柜体、热水循环泵、热交换器及微机控制系统组成。其灭菌方式为加热循环软水、水浴式（即水喷淋）灭菌。目前国内有 SR2540/90、SR1200/90 和 SR600/90 等多种型号。水浴式灭菌柜最大的特点是采用了国际上通用的 F_0 值监控灭菌质量。F_0 值监控仪是为显示灭菌指数 F_0 值而专门设计的计算装置，F_0 值的计算是将在不同受热温度下的微生物致死效果折算成药品完全暴露在 121℃湿热灭菌时的致死效果。当温度达到 F_0 值预定范围内，监控仪间歇式记录和显示柜内温度及对应 F_0 值，灭菌温度范围 0～150℃，分辨率为 0.1℃，F_0 值的计算范围为 90～125℃，显示范围 0～65min。F_0 值可根据灭菌产品所需灭菌指数调定。该机还有柜内温度均匀、耗能低、采用微机控制系统等优点。

关于灭菌条件，近年来，有些国家规定，对于大容器要求 F_0 值大于 8min，常用 12min。

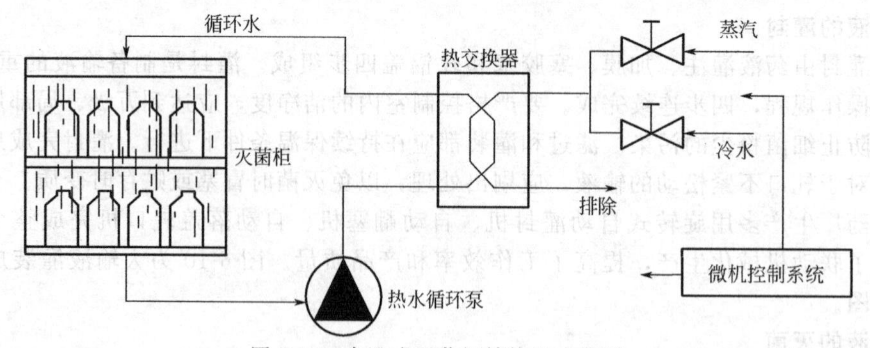

图 6-11 水浴式灭菌柜结构组成简图

6. 输液的质量检查

与安瓿剂基本相同。检查内容包括含量、装量、澄明度、不溶性微粒、pH 值、无菌、热原等。由于肉眼只能检出 50μm 以上的粒子，为了提高输液产品的质量，《中国药典》（2010 年版）规定了输液中不溶性微粒检查法。具体方法参看《中国药典》（2010 年版）附录Ⅸ C。

7. 输液的包装

经检查合格的产品，贴上印有品名、规格、批号的标签，装箱后入库。装箱时注意装严装紧，便于运输。

三、输液存在的问题及解决方法

输液生产中主要存在三个问题，即细菌污染、热原反应和澄明度问题。

（一）细菌污染

有些输液染菌后出现霉团、云雾状、浑浊、产气等现象，也有些即使细菌数很多，但外观上没有变化。如果使用这种输液，将会造成严重后果，能引起脓毒症、败血症、内毒素中毒甚至死亡。输液染菌的原因，主要是由于生产过程中严重污染、灭菌不彻底、瓶塞不严松动、漏气等造成的。输液制备过程要特别注意防止污染，因为有些芽孢菌需经 120℃、30～40min，而某些放线菌要经过 140℃、15～20min 才能被杀死。染菌越严重，这些耐热芽孢菌类污染的可能性就越大。同时，输液多为营养物质，细菌易于滋长繁殖，即使最后经过灭菌，但大量细菌尸体存在，也能引起发热反应。因此，根本办法是尽量减少制备过程中的污染，同时还要严格灭菌、严密包装。

（二）热原反应

输液的热原反应，临床上时有发生，关于热原污染的途径及防止办法，本章第二节已有详细叙述，但使用过程中的污染必须引起注意。有人统计，在 25 例热原反应中 84%由输液器和输液管道引起。因此，一方面要加强生产过程的控制，同时更应重视使用过程中的污染。国内现已生产并使用全套输液器，包括插管、导管、调速、加药装置、末端过滤、排除气泡及针头等，并在输液器出厂前进行灭菌，为使用过程中解决热原问题创造了有利的条件。

（三）澄明度问题

1. 异物与微粒的危害

影响澄明度的主要因素是异物与微粒的污染。目前人们对输液中不溶性微粒引起广泛注意。实验证明，输液中存在的异物与微粒进入人体后，较大的微粒可造成局部循环障碍，引起血管栓塞；微粒过多，造成局部堵塞和供血不足，组织缺氧而产生水肿和静脉炎；异物侵入组织，由于巨噬细胞的包围和增殖引起肉芽肿。此外，微粒还可引起过敏反应、热原样反应。因此，输液中含有大量肉眼看不见的微粒、异物，其危害是潜在的、长期的。注射液中的微粒已经鉴别出来的有炭黑、碳酸钙、氧化锌、纤维素、纸屑、黏土、玻璃屑、细菌、真菌、真菌芽孢和结晶体等。为了保证产品质量，我国药典对微粒大小及允许限度作了规定。

2. 微粒产生的原因及解决的办法

微粒产生的原因是多方面的，主要包括以下几个方面。

（1）工艺操作中的问题　如车间空气洁净度差；输液瓶、塞、膜洗涤不干净；工作衣质量差；滤器选择不当，滤过方法不合理；灌封操作不合要求等。解决办法除：采用层流净化技术外，选择优质的容器及符合要求的工作衣，加强工艺操作管理，使用微孔薄膜过滤或超滤技术及生产联动化等措施，可提高输液的澄明度。

（2）橡胶塞与输液容器质量不好　有人曾对输液中的“小白点”进行分析，发现有钙、锌、硅酸盐与铁等物质，还有人在贮存 11 年的氯化钠输液中检出钙、镁，这些物质主要来自橡胶塞和玻璃输液容器。还有人对聚氯乙烯袋装输液与玻璃瓶装输液进行对比试验，将检品不断振摇 2h，发现前者产生的微粒（2.3～5μm）比后者多 5 倍。要解决这类问题，主要提高输液容器及胶塞质量。

（3）原辅料质量对澄明度有显著影响　如注射用葡萄糖有时可能含有少量蛋白质、水解不完全糊精、钙等杂质；氯化钠、碳酸氢钠中含有较高的钙盐、镁盐和硫酸盐；氯化钙中含有较多的碱性物质［如 $Ca(OH)_2$、$CaCl_2$、CaO］，这些杂质的存在，可使输液产生乳光、小白点、浑浊。若活性炭中的杂质多，就会影响输液的澄明度及其稳定性。因此，原辅料的质量必须严格控制，国内已制定了输液用的原辅料质量。

（4）临床输液时污染　主要是由于静脉滴注法装置不净、无菌操作不严及不适当的输液配伍等引起。故输液时安置终端滤过器（0.8μm 孔径的薄膜）是解决使用过程中微粒污染的重要措施。

四、输液举例

例 6-9：葡萄糖注射液　5%　10%

处方：	注射用葡萄糖	50g	100g
	1%盐酸	适量	适量
	注射用水加至	1000ml	1000ml

制法：按处方量将葡萄糖分次投入煮沸的注射用水内，使成 50%～70%的浓溶液，加盐酸适量，同时加 0.1%（g/ml）的注射用活性炭，混匀，加热煮沸约 15min，趁热过滤脱炭。滤液加注射用水稀释至所需量，测定 pH 及含量，反复滤过至澄明即可灌装封口，115℃、30min 热压灭菌，检漏，包装。

类别：营养药。5%、10%葡萄糖注射液，具补充体液、营养、强心、利尿、解毒作用，用于大量失水、血糖过低等症。25%、50%溶液，因其渗透压高，能将组织内体液引到循环系统内由肾排出，用于降低眼压及因颅压增加引起的各种病症。

用法与用量：静脉注射或滴注，一次 5～50g，一日 10～100g。高渗液应缓慢滴注。

规格：①10ml∶2g；②20ml∶5mg；③20ml∶10mg。

贮藏：密闭保存。

注：① 葡萄糖注射液有时产生云雾状沉淀，一般是由于原料不纯或滤过时漏炭等原因造成。解决办法一般采用浓配法，滤膜过滤，并加入适量盐酸，中和胶粒上的电荷，使电荷减少而聚集，易于沉淀除去。加热煮沸使糊精水解，蛋白质凝聚，同时加入活性炭吸附滤过除去。

② 葡萄糖注射液另一个不稳定的表现为：颜色变黄和 pH 下降。有人认为葡萄糖在酸性溶液中，首先脱水形成 5-羟甲呋喃甲醛，5-羟甲呋喃甲醛再分解为乙酰丙酸和蚁酸，同时形成一种有色物质。由于酸性物质的生成，所以灭菌后 pH 下降。影响稳定性的因素，主要是灭菌温度和溶液的 pH。因此，为避免溶液变色，一方面要严格控制灭菌温度与时间，同时调节溶液的 pH 在 3.8～4.0。

第九节　注射用无菌粉末

一、概述

注射用无菌粉末系指药物制成的供临用前用适宜的无菌溶液配制成澄清溶液或均匀混悬液的无菌粉末或无菌块状物。可用适宜的注射溶剂配制后注射，也可用静脉输液配制后静脉滴注。

凡是遇热或在水溶液中不稳定的药物，如某些抗生素（青霉素 G、头孢霉素等）及一些医用酶制剂（胰蛋白酶、辅酶 A）及血浆等生物制品，用一般药剂学稳定化技术尚难得到满意的注射剂产品时，可制成固态形式的注射剂，临用前以灭菌注射用水或其他适当的溶剂溶解后注射。这类注射剂，也称粉针剂。

根据生产工艺条件和药物性质不同，为便于讨论，将无菌药物溶液灌装于无菌容器中，通过冷冻干燥法制得的粉针剂，称为注射用冻干制品。而用其他方法如溶剂结晶法、喷雾干燥法制得的粉末，经无菌分装于灭菌容器中制得的粉针剂称为注射用无菌分装产品。

二、注射用冻干制品

（一）冷冻干燥的原理及特点

注射用冻干制品是将药物和必要时加入的附加剂，先用适当的方法制成无菌药液，在无菌操作条件下分装入灭菌容器中，降温冻结成固体，然后低温抽真空使溶剂水从冰冻的固态直接升华成气体而使药物干燥成疏松的块状或粉末状产品。

冷冻干燥的原理是当温度低于水的冰点以下，同时体系的蒸汽压降到一定程度时，水的存在状态只有固态与气态，此时减压抽气，并给予适当的热量，可将水从固体状态直接升华成水蒸气除去。

生产制剂时，体系中有药物溶质存在，因此当温度降到水和药物溶质的低共熔点（或称共凝固点）以下时，水和溶质同时析出结晶混合物固体，此时减压真空并给予一定热量，则作为支持结构的冰被升华除去，留下疏松的药物溶质，即为冻干制品。

有不少溶质在冷冻过程中不是形成结晶，而是无定形状态，如乳糖、葡萄糖、山梨醇等。温度下降时，冷冻浓缩液黏度变大，其中的水形成的冰逐渐生长。温度继续下降，黏度明显增加，冰的结晶停止，整个体系以玻璃状态存在。此时的温度称玻璃化温度。冷冻干燥时，冷冻温度应在低共熔点（或称共凝固点）以下 10～20℃。

冷冻干燥法的优点是：①可避免药品因高热而分解变质，如产品中的蛋白质则不致变性；②所得产品质地疏松，加水后迅速溶解恢复药液原有特性；③含水量低，一般在 1%～3%范围内，同时干燥在真空中进行，故不易氧化，有利于产品长期贮存；④产品中的微粒物质比用其他方法生产少，因而污染机会相对减少；⑤产品剂量准确，外观优良。因此，本方法近年来有了较大发展，生产品种越来越多。但这生产工艺也有一些缺点，如溶剂不能随意选择，故要求制备某种特殊的晶型，实有困难；有些产品重新配制溶液出现浑浊。此外，本法需特殊设备，成本较高。

冷冻干燥法不仅在制剂工业生产上非常重要，而且在医学上也得到广泛应用。

（二）冻干制品的制备

制品在冻干之前的处理，基本上与水性注射剂相同，药液配制后进行无菌过滤与无菌分装（但分装时溶液厚度要薄些，需采取各种措施增加蒸发表面），送入冻干机的干燥箱中，进行预冻、升华、干燥，最后取出封口即得。

1. 工艺流程

已灭菌的胶塞
↓
药物→配液→无菌过滤→无菌灌装→冷冻干燥→盖胶塞（或熔封）→轧盖→包装
↑
已灭菌的玻璃瓶或安瓿

2. 工艺过程与设备

（1）预冻　制品在干燥之前必须进行预冻，如果不经过预冻而直接抽真空，当压力降低到一定程度时，溶于溶液中的气体迅速逸出而引起类似“沸腾”现象，部分药液可能冒出瓶外。通常预冻温度应低于产品最低共熔点 10～20℃。如果预冻温度不在共熔点以下，抽真空时则有少量液体“沸腾”而使制品表面凹凸不平。预冻方法有速冻法和慢冻法。速冻法就是在产品进箱之前，先把冻干箱温度降到－45℃以下，再将制品放入箱内，因急速冷冻而形成细微冰晶，制得的产品疏松易溶。特别对于生物制品，此法引起蛋白质变性的概率也小，故对于酶类或活菌活病毒的保存有利。慢冻法形成的结晶粗，但冻干效率高。实际工作中根据情况选用。预冻时间一般 2～3h，有些品种需要更长时间。

（2）升华干燥　升华干燥法有两种，一种是一次升华法，另一种是反复冷冻升华法。一次升华法适用于共熔点为－10～－20℃的制品，而且溶液浓度、黏度不大，装量厚度在 10～15mm 厚的情况。具体方法如下：先将处理好的制品溶液在干燥箱内预冻至共熔点以下 10～20℃，同时将冷凝器内温度下降至－45℃以下，启动真空泵，待真空度达一定数值后，缓缓打开蝶阀，当干燥箱内真空度达 13.33Pa 以下关闭冷冻机，通过搁置板下的加热系统缓缓加温，供给制品在升华过程中所需的热量，使冻结产品的温度逐渐升高至约－20℃，药液中的水分就可升华，最后可基本除尽，然后转入再干燥阶段。

反复冷冻升华法适用于某些熔点较低，或结构比较复杂而黏稠，难于冻干的制品，如蜂蜜、蜂王浆等产品，这些产品在升华过程中，往往冻块软化，产生气泡，并在制品表面形成黏稠状的网状结构，从而影响升华干燥与产品外观。为了保证产品干燥顺利进行，可用反复预冻升华法，如某制品共熔点为－25℃，可速冻到－45℃左右，然后将制品升温（回升）到共熔点附近（如－27℃左右），维持 30～40min，再将温度降至－40℃左右。如此反复处理，使制品晶体结构改变，制品表层外壳由致密变为疏松，有利于水分升华。此法可缩短冷冻干燥周期，处理一些难于冻干的产品。

（3）再干燥　当升华干燥阶段完成后，为尽可能除去残余的水，需要进一步干燥。再干燥温度，根据制品性质确定，如 0℃、25℃等。制品在保温干燥一段时间后，整个冻干过程即告结束。

国内现有 LGJ-11 医用冷冻干燥机设备（图 6-12）可满足一般生产需要。近年，国外发展连续冷冻干燥机，适用于大规模生产，但设备比较复杂。

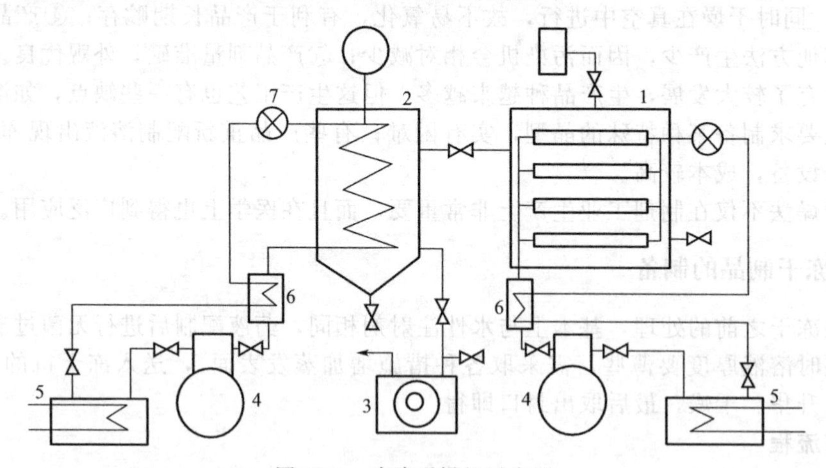

图 6-12　冷冻干燥机示意图

1—冻干箱；2—冷凝器；3—真空泵；4—制冷压缩机；5—水冷却器；6—热交换器；7—膨胀阀

3. 冷冻干燥制品生产中常遇到的问题及处理方法

（1）含水量偏高　药液装量过厚、热量不足、真空度不够、冷却温度偏高、冷冻结束放入干燥箱的空气潮湿、出箱时制品温度低于室温等原因均可造成含水量偏高，可采用旋转冻干机提高冻干效率或用其他相应措施解决。

（2）喷瓶　预冻温度偏高，产品冻结不实，升温时供热过快，局部过热，部分制品溶化为液体，在高真空条件下，少量液体从已干燥的固体界面下喷出而形成喷瓶。为了防止喷瓶，必须控制预冻温度在共熔点以下10～20℃，同时加热升华，温度不超过共熔点。

（3）产品外形不饱满或萎缩成团块　药液浓度太高，冻干开始形成的干燥外壳结构致密，升华的水蒸气穿透阻力增大，水蒸气滞留在已干的外壳，使部分潮解，致使体积收缩，外形不饱满或成团块。黏度较大的样品更易出现这种现象。解决办法主要从配制处方和冷干工艺两方面考虑，可以加入适量甘露醇、氯化钠等填充剂，或采用反复预冻升华法，改善结晶状态与制品的通气性，使水蒸气顺利逸出，产品外观就可得到改善。

（三）冻干制品举例

例6-10：注射用阿糖胞苷

处方：盐酸阿糖胞苷　　500g

5%氢氧化钠　　适量

注射用水加至　　1000ml

制法：在无菌操作室内称阿糖胞苷500g，置于适当无菌容器中，加无菌注射用水至约950ml，搅拌使其溶解，加50%氢氧化钠溶液调节pH至6.3～6.7范围内，补加无菌注射用水至足量，然后加配制量0.02%的活性炭，搅拌5～10min，用无菌抽滤漏斗铺两层灭菌滤纸过滤，再用经灭菌的G6垂熔漏斗精滤，滤液检查合格后，分装于2ml安瓿中，低温冷冻干燥约26h后无菌熔封即得。

三、注射用无菌分装产品

（一）注射用无菌粉末的质量要求

注射用无菌分装产品是将符合注射用要求的药物粉末在无菌操作条件下直接灌封而成。供直接分装成注射用无菌粉末的原料药除应无菌、无热原，符合药典对注射用原料药物的各项规定外，粉末的细度或结晶应适宜，便于分装。

（二）注射用无菌分装产品的制备

1. 工艺过程

（1）无菌原料可用溶剂结晶法、喷雾干燥法制备，必要时需进行粉碎、过筛等操作，在无菌条件下制得符合注射用的灭菌粉末。

（2）瓶及胶塞的处理均按本章第五节所述方法进行。灭菌好的空瓶、胶塞应有净化气保护，且存放时间不超过24h。

（3）分装必须在高度洁净的无菌室中按照无菌操作法进行。用人工或机器分装，目前使用的分装机械有插管分装机、螺旋自动分装机、真空吸粉分装机等。分装后小瓶立即加塞并用铝盖密封。分装机宜有局部层流装置，保证无菌无尘。

（4）异物检查　一般在传送带上，使用灯检机，用目检视。

（5）印字包装　目前生产上均实现机械化印字、贴签、包装。

大生产使用粉针自动生产线。无菌分装工艺流程：

胶塞→洗涤→灭菌　　铝盖
↓　　↓
无菌粉末→无菌分装→盖胶塞→轧盖→半成品→包装
↑
干热灭菌←洗瓶←理瓶←玻璃瓶

2. 无菌分装工艺中存在的问题

（1）装量差异　药粉因吸潮而黏性增加，导致流动性下降，药粉的物理性质如晶型、粒度、比容及机械设备性能等因素均能影响装量差异。应根据具体情况采取相应措施。

（2）澄明度问题　采用此种工艺，由于药物粉末经过一系列处理，以致污染机会增多，往往使粉末溶解后出现毛点，导致澄明度不合要求。因此，应从原料的处理开始，注意环境及人员控制，严格防止污染。

（3）无菌问题　成品无菌检查合格，只能说明抽查部分产品是无菌的而不能代表全部产品完全无菌。由于产品系无菌操作法制备，稍有不慎就有可能使局部受到污染，而微生物在固体粉末中繁殖较慢，不易为肉眼所见，危险性更大。为了保证用药安全，解决无菌分装过程中的污染问题，国内外现采用层流净化装置，为高度无菌提供了可靠的保证。

第十节　注射用混悬液

混悬液是一种固体分散于液体的分散体系。对于无合适溶剂或采取增溶、助溶所不能溶解的药物以及在水溶液中不稳定而需制成水不溶性衍生物的药物，常设法制成注射用混悬液。

一、注射用混悬液的质量要求

注射用混悬液的质量要求，除无菌、无热原、澄明度、pH、安全性、稳定性等与溶液型注射剂相同外，还有其特殊要求，即注射用混悬液的流动性质，主要包括“适针性”（syringeability）与“可注射性”（又称“通针性”，injectability）。“适针性”系指产品从容器抽入针筒时不易堵塞与发泡，保证剂量正确的特性。“可注射性”系指注射时能顺利进入体内，这包括所用之力、流动均匀性及防堵塞等情况，混悬型注射剂的“适针性”与“可注射性”与其黏度及粒子特性密切相关。

二、注射用混悬液的制备

注射用混悬液的生产工艺包括将药物微晶混悬于溶有分散稳定剂的溶液中、滤过、调pH值、灌封、灭菌、印包等工序。

注射用混悬液的处方组成比溶液型复杂，因此，其制备与灭菌比较困难。注射用混悬液的处方组成可包括主药、抑菌剂、表面活性剂（有利于主药的润湿及防止结晶长大）、稳定剂（或助悬剂），以及缓冲剂（或盐类）等。

首先，将固体药物分散成粒度大小适宜、分散性良好的颗粒是制备注射用混悬液的关键。目前常用微粒结晶法和机械粉碎法解决固体药物的微晶化问题，前法应用较多。其次，使微粒分散均匀，防止沉淀结块或黏瓶，常借分散稳定剂解决，常用的有右旋糖酐、山梨醇、聚乙烯吡咯烷酮、羧甲基纤维素钠及磷脂、去氧胆酸钠、聚山梨酯80等，应根据药物性质，通过试制后选用。

在制备注射用混悬液时必须防止晶型的转变，如醋酸可的松有五种晶型，Ⅰ、Ⅲ型在干燥状态下很稳定，但在温热的混悬液中，能迅速转变为含水的晶型Ⅴ，若静止不动，则可结成饼块，影响通针性。故本品常采用旋转式灭菌工艺解决（旋转灭菌锅）。有时研磨也会促使晶型的转变，一般认为表面活性剂能阻碍晶粒的转型。

有机化合物熔点较低且遇热敏感，故混悬产品通常不宜用热压灭菌。药物在水中溶解往往随温度升高而增加，溶解的固体在冷却时重结晶，重结晶的形态、晶型及粒度大小往往发生改变而影响注射用混悬液的制备。粉末的灭菌也可用环氧乙烷处理，但其有害气体或副产品（与药物反应形成新的化合物或引起药物的降解产物）将残留在粉末中。也曾研究辐射作为粉末灭菌的一种方法，但易使化学键断裂或形成新的物质，因而，大多数的药物分子经不起辐射灭菌的剂量，所以混悬液型注射剂往往不用热压灭菌、气体灭菌与辐射灭菌，而常用流通蒸汽灭菌。

三、注射用混悬液举例

例 6-11： 醋酸可的松混悬注射液

处方：醋酸可的松（微晶）　250g
　　　氯化钠　90g
　　　聚山梨酯 80　35g
　　　羧甲基纤维素钠　45～55g
　　　硫柳汞　0.1g
　　　注射用水加至　10000ml

制法：①取总量 30%的注射用水，加硫柳汞、羧甲基纤维素钠溶液，用布氏漏斗垫以 200 目筛网抽滤，置密闭容器备用。②取适量的注射用水溶解氯化钠，用 G_3 垂熔玻璃漏斗过滤，装于密闭玻璃容器。另取上述①溶液的 1/2，置水浴加热，同时加氯化钠溶液及聚山梨酯 80 搅匀，俟水浴煮沸，加入醋酸氢化可的松微晶搅匀，继续加热 30min，取出冷至室温，放置过夜。③将①、②的全部溶液分别经 200～220 目尼龙筛在搅拌下过筛一次，筛入适宜容器内，用过滤的注射用水反复冲洗筛子等，并加至总量，搅匀后，再经 200～220 目尼龙筛过筛一次，筛入灌装桶内，边搅边装 5ml 瓶内，盖塞轧口密封，经 100℃流通蒸汽灭菌 30min 即得。

第十一节　滴眼剂

一、概述

眼用制剂系指直接用于眼部发挥治疗作用的无菌制剂。分为眼用液体制剂、眼用半固体制剂、眼用固体制剂等。

眼用液体制剂系指供洗眼、滴眼或眼内注射用以治疗或诊断眼部疾病的液体制剂。分为滴眼剂、洗眼剂和眼内注射溶液。

滴眼剂系指由药物与适宜辅料制成的供滴入眼内的无菌液体制剂。分为水性或油性溶液、混悬液或乳状液。

工业生产只有滴眼剂，少数洗眼剂如生理氯化钠溶液、2%硼酸溶液一般由医院药房配制，供临床眼部冲洗清洁用，不发给病人自用。滴眼剂滴入眼部常用于杀菌、消炎、收敛、缩瞳、麻醉或诊断，有的还可作润滑或代替泪液之用。近年来，为了延长药物的作用时间，减少给药次数，提高疗效，已开发出一些新的眼用剂型，如眼用膜剂、眼胶等。

二、滴眼剂的质量要求

眼睛是机体中最娇嫩而重要的器官之一，因而滴眼剂虽属外用剂型，但其质量要求类似注射剂，对 pH 值、渗透压、无菌、澄明度等都有相应的要求。

1. 无菌

照无菌检查法［《中国药典》（2010 年版）附录Ⅺ H］检查，应符合规定。

2. pH值

pH值对滴眼剂有重要影响，正常的眼睛可耐受pH值为5.0～9.0，pH值为6～8时无不适感，小于5.0或大于11.4对眼产生较大刺激性，且增加泪液的分泌，导致药物迅速流失，甚至损伤角膜。眼对碱比较敏感，较强酸更能损伤眼睛。但滴眼剂的用量不大，由于泪液的稀释与缓冲作用，刺激时间较短，因而滴眼剂的pH值应综合考虑药物的疗效、稳定性和溶解度的要求，往往选用适宜的缓冲液配制，以使药液滴入眼内，可被泪液迅速中和至生理pH值范围，发挥其最大的治疗作用。

3. 渗透压

眼球能适应的渗透压范围相当于浓度为0.5%～1.6%的氯化钠溶液，超过2%时有明显的不适感。除另有规定外，滴眼剂应与泪液等渗。低渗溶液可选用氯化钠、硼酸、硝酸钾、葡萄糖等调成等渗。眼球对渗透压的感觉不如对pH值敏感。

4. 可见异物及粒度

除另有规定外，滴眼剂照可见异物检查法［《中国药典》（2010年版）附录Ⅺ H］中滴眼剂项下的方法检查，应符合规定；眼内注射溶液照可见异物检查法［《中国药典》（2010年版）附录Ⅺ H］中注射液项下的方法检查，应符合规定。除另有规定外，混悬型眼用制剂照《中国药典》（2010年版）附录Ⅰ G方法检查，粒度应符合规定。

5. 黏度

滴眼剂的黏度适当增大可使药物在眼内的停留时间延长，从而增强药物的作用。同时黏度增加后可减少刺激作用，也能增加疗效。合适的黏度在4.0～5.0cPa·s之间。

6. 稳定性

眼用溶液类似注射剂，也要注意稳定性问题，很多眼用药物是不稳定的，如毒扁豆碱、后马托品、乙基吗啡等。因此，应考虑药物的稳定性，必要时可加入适宜的稳定剂，以保证在使用期限内的稳定性。

三、滴眼剂的附加剂

为了增加药物的稳定性，减少刺激性以及发挥药物的最佳疗效，滴眼剂中可加入调节张力、黏度、渗透压、pH值以及提高药物溶解度、使制剂稳定的附加剂，并可加适宜浓度的抑菌剂。但选用的附加剂应符合国家标准，其品种与用量以安全无害、不影响药物疗效为准。

（一）pH值调节剂

如前所述，眼用溶液的pH值要综合考虑药物的疗效、刺激性、溶解度及稳定性而定。为避免刺激并使药物稳定，提高药效，通常选用适当的缓冲液作眼用溶剂，常用的缓冲液有下列几种。

1. 沙氏磷酸盐缓冲液

系由0.8%磷酸二氢钠溶液与0.944%磷酸氢二钠溶液混合组成。临用时将两液按不同比例混合可得各种pH（5.91～8.04）的缓冲液（表6-5）。其等量配合的pH为6.8，最为常用。适用于抗生素、阿托品、麻黄碱、毛果芸香碱、后马托品、东莨菪碱等，但与锌盐有配伍禁忌。

2. 巴氏硼酸盐缓冲液

系由1.24%硼酸溶液与1.91%硼砂溶液混合组成，将两液按不同比例混合后，可得pH6.77～9.11的缓冲液，并可加入适当抑菌剂或适量氯化钠以调整为等渗溶液（表6-6），适用于磺胺类药物的钠盐，使溶液稳定而不析晶。

表 6-5 沙氏磷酸盐缓冲液

pH 值	0.8% NaH_2PO_4/ml	0.944% Na_2HPO_4/ml	使 100ml 溶液等渗应加 NaCl 克数
5.91	90	10	0.479
6.24	80	20	0.472
6.47	70	30	0.465
6.64	60	40	0.459
6.81	50	50	0.452
6.98	40	60	0.446
7.17	30	70	0.439
7.38	20	80	0.432
7.73	10	90	0.425
8.04	5	95	0.422

表 6-6 巴氏硼酸盐缓冲液

pH 值	1.24% H_3BO_3/ml	1.91% $Na_2B_4O_7 \cdot 10H_2O$/ml	使 100ml 溶液等渗应加 NaCl 克数
6.77	97.0	3.0	0.22
7.09	94.0	6.0	0.22
7.36	90.0	10.0	0.22
7.60	85.0	15.0	0.23
7.87	80.0	20.0	0.24
7.94	75.0	25.0	0.24
8.08	70.0	30.0	0.25
8.20	65.0	35.0	0.25
8.41	55.0	45.0	0.26
8.60	45.0	55.0	0.27
8.69	40.0	60.0	0.27
8.84	30.0	70.0	0.28
8.98	20.0	80.0	0.29
9.11	10.0	90.0	0.30

3. 吉斐缓冲液

系由含 1.24%硼酸和 0.74%氯化钾的酸性溶液与含 2.12%无水碳酸钠的碱性溶液混合组成，该缓冲液有一定杀菌力。将两液按不同比例配成所需的缓冲液，其 pH 在 4.66～8.47 范围内（表 6-7）；其渗透压与 1.16%～1.20%氯化钠溶液相当，属高渗，但眼睛能耐受而无刺激性。适用于丁卡因、非那卡因、盐酸可卡因、硫酸锌、盐酸肾上腺素、阿托品、水杨酸毒扁豆碱、毛果芸香碱、东莨菪碱等药物。

表 6-7 吉斐缓冲液

pH(25～50℃)	酸性溶液用量/ml	碱性溶液用量/ml
4.66	30	0.00
5.90	30	0.05
6.24	30	0.10
6.62	30	0.25
6.91	30	0.50
7.23	30	1.00
7.42	30	1.50
7.58	30	2.00
7.81	30	3.00
7.97	30	4.00
8.47	30	8.00

4. 硼酸缓冲液

1.9%硼酸溶液，可加入适宜的抑菌剂，其 pH 值为 5，除一些弱酸的碱性盐如荧光素钠、磺胺钠盐外，许多药物用其配成眼用溶液均较稳定。适用于盐酸可卡因、盐酸普鲁卡因、盐酸丁卡因、新福林、盐酸乙吗啡、甲基硫酸新斯的明、水杨酸毒扁豆碱、肾上腺素、硫酸锌等。

（二）渗透压调节剂

由于眼球对渗透压有一定的耐受范围，故滴眼剂的渗透压一般不需精密调整，低渗溶液最好调至等渗，高渗溶液如30％磺胺醋酸钠滴眼剂属治疗需要，可不加调整。泪液能使滴眼剂浓度下降，所以刺激感觉是短暂的。其等渗的计算法可按照注射剂调整等渗的计算方法进行计算，用氯化钠、硼酸、硼砂、葡萄糖、硝酸钠等调整。

（三）抑菌剂

滴眼剂一般为多剂量剂型，虽在配制时采用无菌操作或经过灭菌，但在使用过程中无法始终保持无菌。被污染的药液不仅会变质、失效，更严重的是如果受到铜绿假单胞菌、金黄色葡萄球菌或某些真菌污染后继续使用时，可能引起病人眼部继发性感染，甚至丧失视力，因此选用抑菌剂十分重要，不仅要求抑菌效果好，还要求作用迅速，即在病人两次使用的间隔时间内杀灭污染菌（试验是以1h内能将铜绿假单胞菌及金黄色葡萄球菌杀死为准），而且要求对眼无刺激。常用抑菌剂有以下几种。

1. 有机汞类

如硝酸苯汞，其使用最大浓度为0.004％，在pH6～7.5时作用最强，与氯化钠、碘化物、溴化物等有配伍禁忌；硫柳汞，其使用最大浓度为0.01％，在弱酸或弱碱溶液中抑菌效果较好，其稳定性较差，日久会变质。若长期使用含汞的滴眼剂，有产生汞沉积于晶体的病例，故对长期使用的滴眼剂不宜使用有机汞类。

2. 季铵盐类

如洁尔灭、新洁尔灭、度米芬、洗必泰等阳离子型表面活性剂的抑菌力都很强，但这类化合物的配伍禁忌多，遇阴离子型表面活性剂或阴离子胶体化合物即失效。对硝酸根离子、蛋白银、硝酸银、水杨酸盐、磺胺类钠盐、荧光素钠、氯霉素等有配伍禁忌。最常用的是洁尔灭，浓度为0.002％～0.01％，pH小于5时作用减弱。

3. 醇类

如三氯叔丁醇，常用浓度为0.35％～0.5％，适用于微酸性溶液，与碱有配伍禁忌；苯乙醇，常用浓度为0.25％～0.5％，但单独使用效果差，常与其他抑菌剂合用有协同作用；苯氧乙醇，常用浓度为0.3％～0.6％，对铜绿假单胞菌有特殊抑菌力。

4. 酯类

如尼泊金甲酯、乙酯、丙酯、丁酯，尼泊金乙酯单用浓度为0.03％～0.06％；尼泊金甲酯与尼泊金丙酯合用，浓度分别为0.16％（尼泊金甲酯）及0.02％（尼泊金丙酯），在弱酸中作用强，但某些患者感觉有刺激性。

5. 酸类

如山梨酸，常用浓度为0.15％～0.2％，对霉菌有较好的抑菌力，适用于含有聚山梨酯的眼用溶液。

单一抑菌剂，经常因为处方的pH值不适应和与其他成分的配伍禁忌，效果不理想。特别是铜绿假单胞菌对眼的危害较大，往往单一抑菌剂对其杀灭效果不佳，常采用复合抑菌剂发挥协同作用，使其效果明显增强。例如，依地酸钠或苯乙醇可使一些抑菌剂对铜绿假单胞菌的作用增强。复合抑菌剂有：①洁尔灭＋依地酸钠；②洁尔灭＋三氯叔丁醇＋依地酸钠或尼泊金；③苯乙醇＋尼泊金。

（四）抗氧剂

对某些易氧化药物配制的滴眼剂，可根据药物的理化性质选用适当的抗氧剂。常用的有0.05%～0.1%焦亚硫酸钠或亚硫酸氢钠。亦常用0.03%～0.05%乙二胺四乙酸二钠以防止微量金属离子对药物氧化的催化作用。

（五）增稠剂

为提高药效，适当增加滴眼剂的黏度，有助于药物与组织的接触，延长了作用时间，还可降低刺激性，合适的黏度是4.0～5.0cPa·s。滴眼剂中最常用的增稠剂为甲基纤维素，其黏度为4000cPa·s者浓度为0.25%，黏度为25cPa·s者浓度为1%。甲基纤维素与羟苯酯类、氯化十六烷基吡啶等抑菌剂有配伍禁忌，但与酚类、有机汞类、新洁尔灭无禁忌。HPMC与PVA也可用作眼用溶液的增稠剂。

（六）其他

稳定剂、增溶剂、助溶剂等附加剂可根据需要添加，通过小试确定处方。

近年来研究报道采用滴眼剂发挥全身治疗作用的药物主要有多肽类药物。眼吸收良好，但大分子药物（如胰岛素相对分子质量在6000以上时）吸收不良，常需加促吸剂，有报道1%皂苷有助于胰岛素的眼吸收，这类药物的滴眼剂处方设计时要选择适宜的促吸剂。

四、滴眼剂的制备

滴眼剂一般应在无菌环境下配制，各种器具均需用适当方法清洗干净，必要时进行灭菌。

（一）工艺流程

原辅料→配液→过滤→灭菌→无菌灌装→质量检查→印字→包装

↑

滴眼瓶、帽塞→洗涤→灭菌

（二）工艺过程及设备

1. 容器及附件的要求及处理

滴眼剂的包装容器应无毒，并清洗干净及灭菌，不应与药物或辅料发生理化作用；容器壁要有一定的厚度且均匀，其透明度应不影响澄明度检查。包装滴眼剂用容器及附件有滴眼瓶和橡胶帽塞。

（1）滴眼瓶　滴眼瓶通常是玻璃制的，也有用塑料制的，两种瓶子的清洗方法不一样。中性玻璃瓶，贮存药液稳定，配有滴管并封以铝盖的小瓶，可使滴眼剂经久不坏。配以橡胶帽塞的滴眼瓶简便实用。玻璃质量要求与输液瓶相同，遇光不稳定者，可选用琥珀色瓶。玻璃滴眼瓶可先用饮用水淋洗后，装于耐酸尼龙丝网袋内浸泡于重铬酸钾加浓硫酸清洁液中4～8h后捞出，先用饮用水冲洗除去清洁液后，再用纯化水和注射用水冲洗干净，塞上洗净的小头（或大头）橡胶塞，置洁净盒内进行热压灭菌和干热灭菌后备用。

塑料瓶包装价廉、不碎、轻便，亦常应用，应选用无毒塑料瓶。塑料会吸附主药和抑菌剂，塑料中的增塑剂或其他成分也会溶入药液，使药液不纯。所以塑料瓶应通过试验后才能确定是否选用。塑料滴眼瓶可按下法清洗处理：切开封口，应用真空灌装器将滤过灭菌的纯化水灌入滴眼瓶中，然后用甩水机将瓶中水甩干，如此反复3次，洗涤液经抽样检查符合澄明度要求后，甩干后需要时再在密闭容器内用环氧乙烷灭菌，然后避菌通风数天备用。

(2) 橡胶帽、塞　与大输液不同的是，无隔离膜相隔，它直接与药液接触，所以亦有吸附药物和抑菌剂的问题，常采用吸附饱和的办法解决。处理方法：先用0.5%～1.0%碳酸钠煮沸15min，放冷、刷搓，再用饮用水冲洗干净，继用0.3%盐酸煮沸15min，放冷、刷搓，再用饮用水冲洗干净，继用0.3%盐酸煮沸15min，饮用水冲洗干净，最后用过滤的纯化水洗净，煮沸灭菌后备用。

2. 药液的配滤

滴眼剂的配制与注射剂工艺过程几乎相同。所用仪器应洗净后干热灭菌或用杀菌剂（用75%乙醇配制的0.5%度米芬溶液）浸泡灭菌，使用前用新鲜纯化水洗净。操作者的手宜用75%乙醇消毒或戴灭菌橡胶手套，以避免细菌污染。

根据容器不同，器械设备亦有差异。一般配液有以下三种情况。

(1) 凡供角膜创伤或手术用的滴眼剂，按照无菌操作法配制后，分装于单剂量灭菌容器内密封，或用适当方法进行灭菌，应保证无菌，但不应加抑菌剂或缓冲剂。

(2) 主药不耐热的品种，全部按照无菌操作法配制，所用溶剂、容器、用具均应预先灭菌，并应添加适宜的抑菌剂。

(3) 主药性质比较稳定的滴眼剂，按照一般注射剂要求配液后，精滤、灭菌，然后无菌分装或灌装。

眼用混悬液的配制，先将微粉化药物灭菌。另取润湿剂（如聚山梨酯80）、助悬剂（如甲基纤维素、羧甲基纤维素钠等）加适量灭菌纯化水配成黏稠液，加主药后用乳匀机搅匀，添加无菌纯化水至全量。

3. 无菌灌装

滴眼剂灌装应在洁净无菌环境中进行。目前生产上均采用减压灌装法（图6-13），即将已

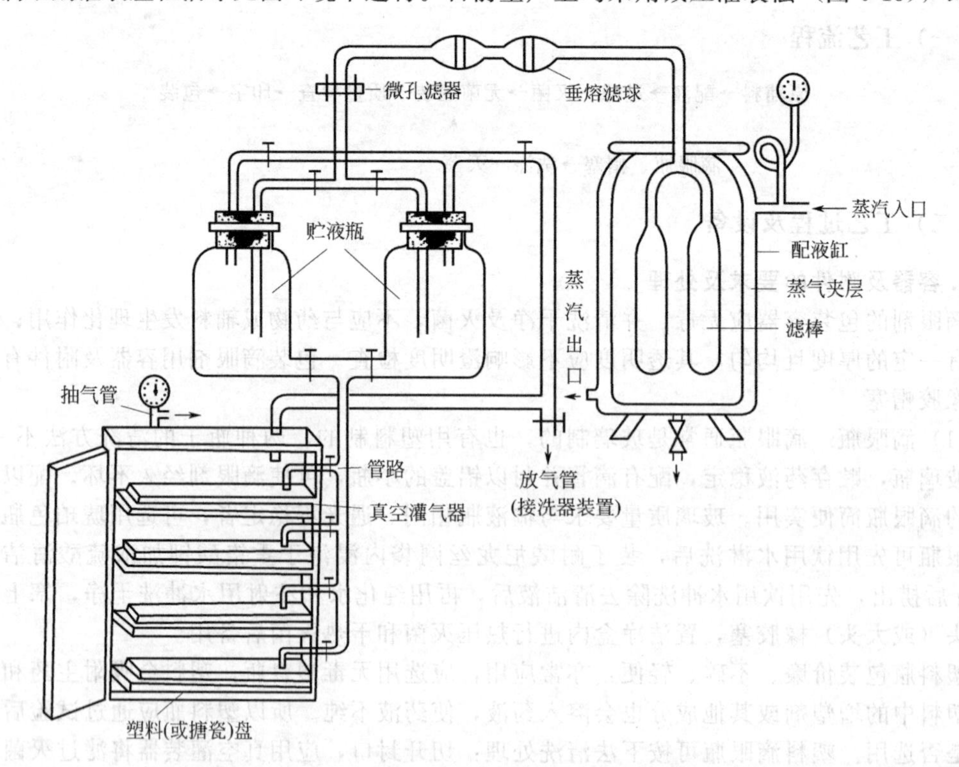

图6-13　滴眼剂配液、过滤及减压灌装示意图

清洗并干燥灭菌塞好橡胶帽的玻璃滴眼瓶，或经洗净灭菌的塑料瓶，小口向下排列在平底盘中，将盘放入真空灌装箱内，由管道将药液从贮液瓶中定量地放入盘中（稍多于实际灌装量），密闭箱门，抽气使成负压，瓶中空气从液面下的小口逸出，然后通入滤净的空气，恢复常压，药液即灌入滴眼瓶中，取出盘子，立刻套上灭菌的小橡胶帽，塑料瓶则应立即封口。

4. 质量检查

质量检查包括主药含量、装量、澄明度、混悬液粒度、无菌、微生物限度等，均应符合《中国药典》(2010年版）规定。

五、滴眼剂举例

例6-12：氯霉素滴眼液

处方：	
氯霉素	0.25g
硼酸	1.9g
硼砂	0.038g
硫柳汞	0.004g
灭菌纯化水	加至100ml

制法：取灭菌纯化水约90ml，加热至沸，加入硼酸、硼砂使溶，待冷至约40℃，加入氯霉素、硫柳汞搅拌使溶，加灭菌纯化水至100ml，精滤，检查澄明度合格后，无菌分装。

类别：酰胺醇类抗生素。

规格：①5ml∶12.5mg；②8ml∶20mg；③10ml∶25mg。

贮藏：避光，密封，在阴凉处保存。

注：① 氯霉素在水中的溶解度为1∶400，处方中的用量已达饱和，故添加硼砂助溶，并需加热溶解。若配高浓度时可加入适量的聚山梨酯80作增溶剂。

② 氯霉素在中性或弱酸溶液中对热较稳定，在纯化水中煮沸5h，不影响抗菌作用，但在强碱或强酸性溶液中则迅速破坏而失效。本处方选用硼酸缓冲液是调整pH在5.8～6.5。我国药典规定本品pH为6.0～7.0。氯霉素滴眼液不可使用磷酸盐缓冲剂，因磷酸盐、枸橼酸盐和醋酸盐都可催化氯霉素水解。

③ 氯霉素滴眼液在贮藏过程中，效价常逐渐降低，故配液时适当提高投料量，使在有效贮藏期间，效价能保持在规定含量以内。

例6-13：醋酸可的松滴眼液

处方：	
醋酸可的松（微晶）	5.0g
硝酸苯汞	0.02g
聚山梨酯80	0.8g
羧甲基纤维素钠（300～600cP·s）	2.0g
硼酸	20.0g
纯化水	加至1000ml

制法：取硝酸苯汞溶于50%量的纯化水中，加热至40～50℃，加入硼酸、聚山梨酯80使溶解，3号垂溶漏斗滤过待用。另将羧甲基纤维素钠溶于约300ml纯化水中，用垫有200目尼龙布的布氏漏斗过滤，加热至80～90℃，加醋酸可的松微晶搅匀，保温30min，冷至40～50℃，与硝酸苯汞等溶液合并，加纯化水至足量，经200目尼龙筛过滤两次，在搅拌下分装瓶内，封口，100℃流通蒸汽灭菌30min。

注：① 醋酸可的松微晶应在5～20μm之间，过粗有刺激性，疗效也降低，甚至会损伤角膜。

② 羧甲基纤维素钠为助悬剂，其精制法为：取50g羧甲基纤维素钠，加纯化水约500ml，搅匀，置冰箱中24h，加入95%乙醇使含醇量超过70%，再以10%盐酸调节pH值至1，放置1h。倾去上清液布氏漏斗抽滤，抽干后，以70%乙醇湿润，加10%氢氧化钠调至pH 13～14，放置2～3h，倾去上清液，用布氏漏斗抽干，再以70%乙醇湿润，并以10%盐酸调节pH 7～8，放置1h，用布氏漏斗抽干，用70%乙醇洗涤，至洗液

用硝酸银试液检查不呈显著浑浊。再以95%乙醇洗涤一次，抽干，在无水氯化钙干燥器中干燥，即得。

③ 为防止结块，灭菌过程中也要振摇，灭菌前后均应检查有无结块。

④ 本滴眼液不能用阳离子型表面活性剂类抑菌剂，因为羧甲基纤维素钠有配伍禁忌。

⑤ 硼酸为等渗调节剂，因氯化钠能使羧甲基纤维素钠黏度显著下降，促使结块沉降，改用2%硼酸后，不仅改善了降低黏度的缺点，且能减轻药液对眼黏膜的刺激。本品 pH 值应为 4.5～7.0。

六、滴眼剂的包装

对于创伤和手术用滴眼剂，一般用安瓿熔封严密包装，一次用后弃去，保证无污染。一般滴眼剂用玻璃或塑料制滴眼瓶，中性玻璃对药液影响较小，是较好的包装材料。配有滴管的玻璃滴眼瓶，贮放时不与胶塞接触，是较好的包装方式。塑料制滴眼瓶价廉、不易破碎、轻便，并可以熔封，用时剪去顶端即可滴药，使用较普遍。但塑料可吸收或吸附某些药物或附加剂使含量下降影响疗效，或使抑菌剂浓度降低影响抑菌效果，对低浓度的药物溶液应予重视。另外，空气中的氧等气体可透过塑料，而且其中增塑剂等成分也可溶入药液中，因此采用塑料滴眼瓶包装时，必须经过试验、合格后方可使用。

本章小结

学习主题结构		学习的主要内容
大主题	小主题	
第一节　注射剂的概述	注射剂的概念	注射剂系指药物与适宜的溶剂或分散介质制成的供注入体内的溶液、乳状液或混悬液及供临用前配制或稀释成溶液或混悬液的粉末或浓溶液的无菌制剂
	注射剂的特点	优点： 1.起效迅速而且疗效可靠； 2.适用于不宜口服的药物； 3.适用于不能口服给药的病人； 4.可以产生局部定位作用
		缺点： 1.安全性不如口服给药； 2.使用不便且注射疼痛； 3.制造过程复杂，成本高
	注射剂的质量要求	1.无菌；2.无热原；3.澄明度；4. pH 值；5.渗透压；6.安全性；7.稳定性
第二节　热原	热原的概念	系指引起恒温动物和人体体温异常升高的致热物质的总称。它是一种细菌内毒素
	热原的组成	(磷脂＋脂多糖＋蛋白质)复合物
	热原的性质	1.耐热性；2.滤过性；3.水溶性；4.不挥发性；5.致热性；6.其他，如热原能被强酸、强碱所破坏，也能被强氧化剂如高锰酸钾或过氧化氢所钝化，超声波也能破坏热原
	污染热原的途径	1.从溶剂中带入； 2.从原辅料中带入； 3.从容器、用具、管道和装置等带入； 4.制备过程中的污染； 5.从输液器带入
	除去热原的方法	1.高温法；2.酸碱法；3.吸附法；4.超滤法；5.凝胶滤过法；6.离子交换法；7.反渗透法
	热原的检查方法	1.热原检查法(家兔法)； 2.细菌内毒素检查法

续表

<table>
<tr><th colspan="2">学习主题结构</th><th colspan="2" rowspan="2">学习的主要内容</th></tr>
<tr><th>大主题</th><th>小主题</th></tr>
<tr><td rowspan="4">第三节　注射剂的溶剂</td><td>注射剂的溶剂</td><td colspan="2">水性溶剂、植物油及其他非水性溶剂等</td></tr>
<tr><td rowspan="3">注射用水</td><td colspan="2">注射用水为纯化水经蒸馏所得的水</td></tr>
<tr><td colspan="2">注射用水的质量要求</td></tr>
<tr><td colspan="2">注射用水的制备</td></tr>
<tr><td rowspan="2">第四节　注射剂的附加剂</td><td rowspan="2">注射剂的附加剂</td><td colspan="2">1. 防止主药氧化的附加剂；2. 抑菌剂；3. 局部止痛剂；4. pH 值调节剂；5. 等渗调节剂</td></tr>
<tr><td>等渗调节剂的计算方法</td><td>1. 冰点降低数据法；
2. 氯化钠等渗当量法；
3. 临床简便配制法</td></tr>
<tr><td rowspan="5">第五节　注射剂的容器及其处理方法</td><td rowspan="2">玻璃安瓿</td><td>安瓿规格</td><td>1ml、2ml、5ml、10ml、20ml</td></tr>
<tr><td>安瓿的处理</td><td>1. 安瓿的割圆
2. 安瓿的洗涤
(1)甩水洗涤法
(2)加压气水交替喷射洗涤法
3. 安瓿的干燥与灭菌</td></tr>
<tr><td>玻璃瓶</td><td colspan="2">1. 抗生素玻璃瓶；
2. 输液瓶</td></tr>
<tr><td>塑料容器</td><td colspan="2">聚乙烯塑料与聚丙烯塑料</td></tr>
<tr><td>橡胶制品</td><td colspan="2">天然胶塞和丁基橡胶塞</td></tr>
<tr><td rowspan="5">第六节　注射剂的制备</td><td>工艺流程</td><td colspan="2">原辅料→配液→滤过→灌封→灭菌→质量检查→包装
↑
空安瓿→割圆→洗涤→干燥或灭菌</td></tr>
<tr><td>注射剂的配制</td><td colspan="2">1. 原辅料的质量要求与投料计算
2. 配制用具的选择与处理
3. 配制方法(稀配法和浓配法)</td></tr>
<tr><td>注射剂的滤过</td><td colspan="2">滤过机理及影响滤过的因素
滤器的种类与选择
滤过装置</td></tr>
<tr><td>注射液的灌封</td><td colspan="2">药液灌封要求：①剂量准确；②药液不粘瓶；③通气问题</td></tr>
<tr><td>注射剂的灭菌</td><td colspan="2">注射剂的灭菌要求是：既杀灭微生物，以保证用药安全，又要避免药物的降解，以免影响药效</td></tr>
<tr><td rowspan="3">第七节　中药注射剂</td><td>概念</td><td colspan="2">中药注射剂系指从中药材中提取的有效物质制成的可供注入人体内的灭菌溶液或乳状液，以及供临用前配成溶液的无菌粉末或浓溶液</td></tr>
<tr><td>中药注射剂的制备</td><td colspan="2">1. 中药原料的预处理；
2. 提取和精制(①蒸馏法；②水醇法；③超滤法与反渗透法酸碱沉淀法；④有机溶剂萃取法、透析法、离子交换法等)；
3. 配液与滤过；
4. 灌封与灭菌</td></tr>
<tr><td>中药注射剂存在的问题与解决方法</td><td colspan="2">1. 澄明度问题；
2. 刺激性问题；
3. 复方配伍问题；
4. 中药中有效成分的溶解问题；
5. 剂量与疗效问题；
6. 质量标准问题</td></tr>
</table>

续表

<table>
<tr><th colspan="2">学习主题结构</th><th colspan="2" rowspan="2">学习的主要内容</th></tr>
<tr><th>大主题</th><th>小主题</th></tr>
<tr><td rowspan="4">第八节　输液</td><td rowspan="2">概述</td><td>输液的含义</td><td>输液系指供静脉滴注输入人体血液中的大容量注射液。通常包装在玻璃（或塑料）输液瓶（或袋）中，不含防腐剂或抑菌剂</td></tr>
<tr><td>输液的种类</td><td>1. 电解质输液；
2. 营养输液；
3. 胶体输液</td></tr>
<tr><td>输液的制备</td><td>工艺流程</td><td>输液瓶（袋）→洗涤→洁净输液瓶（袋）
↓
原辅料→配液→滤过→灌封→盖隔离膜→盖胶塞→
↑　↑
隔离膜→洗涤　洗涤←胶塞
轧盖→灭菌→包装</td></tr>
<tr><td>输液存在的问题及解决方法</td><td colspan="2">1. 细菌污染；
2. 热原反应；
3. 澄明度问题</td></tr>
<tr><td>第九节　注射用无菌粉末</td><td>概述</td><td colspan="2">注射用无菌粉末系指药物制成的供临用前用适宜的无菌溶液配制成澄清溶液或均匀混悬液的无菌粉末或无菌块状物。可用适宜的注射溶剂配制后注射，也可用静脉输液配制后静脉滴注</td></tr>
<tr><td>第十节　注射用混悬液</td><td>注射用混悬液的制备</td><td colspan="2">生产工艺包括将药物微晶混悬于溶有分散稳定剂的溶液中，滤过，调 pH 值，灌封，灭菌、印包等工序</td></tr>
<tr><td rowspan="4">第十一节　滴眼剂</td><td>概述</td><td colspan="2">滴眼剂系指由药物与适宜辅料制成的供滴入眼内的无菌液体制剂。分为水性或油性溶液、混悬液或乳状液</td></tr>
<tr><td>滴眼剂的质量要求</td><td colspan="2">1. 无菌；
2. pH 值；
3. 渗透压；
4. 澄明度与混悬液颗粒细度；
5. 黏度；
6. 稳定性</td></tr>
<tr><td>滴眼剂的附加剂</td><td colspan="2">1. pH 值调节剂；
2. 渗透压调节剂；
3. 抑菌剂；
4. 抗氧剂；
5. 增稠剂；
6. 其他，如稳定剂、增溶剂、助溶剂等</td></tr>
<tr><td>滴眼剂的制备方法</td><td colspan="2">工艺流程：
原辅料→配液→过滤→灭菌→无菌灌装→质量检查→印字→包装
↑
滴眼瓶、帽塞→洗涤→灭菌</td></tr>
</table>

基本训练题

一、名词解释

1. 注射剂　2. 注射用水　3. 热原　4. 输液　5. 滴眼剂

二、单项选择题

1. 制剂通则对注射剂没有规定检查的项目是（　　）。
   A. 热原或内毒素　　B. 可见异物　　C. 无菌
   D. 金属性异物　　E. pH
2. 关于注射剂的质量要求叙述正确的是（　　）。
   A. 允许 pH 值范围在 3～11
   B. 溶液型注射剂不得有肉眼可见的浑浊或异物
   C. 脊椎腔内注射的药液因为用量小可不进行热原检查
   D. 大量输入体内的注射剂可以低渗
   E. 输液可以不检查热原
3. 热原是微生物产生的一种内毒素，其主要成分是（　　）。
   A. 脂多糖　　B. 磷脂　　C. 核糖核酸
   D. 蛋白质　　E. 微生物
4. 关于注射液的配制方法叙述正确的是（　　）。
   A. 原料质量不好时宜采用稀配法
   B. 溶解度小的杂质在稀配时容易滤过除去
   C. 活性炭吸附杂质常用浓度为 0.1%～0.3%
   D. 微孔滤膜是一种高分子薄膜过滤材料，在薄膜上分布有很多穿透性、孔径均匀的微孔，空隙率达 95%
   E. 原料质量好时宜采用浓配法
5. 关于注射剂的灭菌叙述错误的是（　　）。
   A. 选择灭菌法时应考虑灭菌效果与制剂的稳定性
   B. 凡对热稳定的产品应该采用湿热灭菌法
   C. 凡对热不稳定的产品应该采用过滤除菌法
   D. 对于一些不耐热的产品，可用 0.22μm 的微孔滤膜作无菌过滤
   E. 相同品种、不同批号的产品可在同一灭菌器内灭菌
6. 关于注射剂的叙述哪一项是错误的（　　）。
   A. 注射剂均为澄明液体，须进行湿热灭菌
   B. 适用于不能口服药物的病人
   C. 疗效确切可靠，起效迅速
   D. 可产生局部定位及靶向给药作用
   E. 肌内注射一次剂量一般在 5ml 以下
7. 关于热原的性质错误的是（　　）。
   A. 能被强酸、强碱破坏　　B. 可被吸附　　C. 滤过性
   D. 热原能溶于水　　E. 挥发性
8. 有关滴眼剂的描述错误的是（　　）。
   A. 滴眼剂是直接用于眼部的外用液体制剂
   B. 正常眼可耐受的 pH 值为 5.0～9.0
   C. 滴眼剂中可加入调节张力、黏度、渗透压、pH 值以及提高药物溶解度、使制剂稳定的附加剂，也可加适宜浓度的抑菌剂
   D. 增加滴眼剂的黏度，使药物扩散速度减小，不利于药物的吸收
   E. 对于眼部有外伤的患者，所用的滴眼剂必须无菌
9. 下列哪一种输液不属于营养输液（　　）。

A. 糖类输液　　B. 电解质输液　　C. 氨基酸输液
D. 脂肪乳输液　　E. 维生素输液

10. 下列注射剂的处方中，苯甲酸钠的作用是（　　）。

处方：苯甲酸钠　　1300g
咖啡因　　1301g
EDTA-2Na　　2g
注射用水加至　　10000ml

A. 止痛剂　　B. 助悬剂　　C. 助溶剂
D. pH 值调节剂　　E. 抑菌剂

11. 注射剂的附加剂类型不包括下列哪种（　　）。
A. 氧化剂　　B. 等渗调节剂　　C. 抑菌剂
D. 螯合剂　　E. pH 值调节剂

12. 关于注射用无菌分装产品生产工艺中应控制的事项不正确的说法是（　　）。
A. 在无菌条件下进行分装
B. 所用物料灭菌后应存放 3 天后使用
C. 洗涤西林瓶最后一次用注射用水精洗
D. 采用的原料应符合注射用要求
E. 灭菌好的空瓶、胶塞应有净化气保护，且存放时间不超过 24h

13. 渗透压调节方法是（　　）。
A. 冰点降低法　　B. 冰点升高法　　C. 熔点降低法
D. 凝固点降低法　　E. 熔点升高法

14. 不是等渗调节剂的是（　　）。
A. 葡萄糖　　B. 氯化钠　　C. 硫酸钠
D. 甘油　　E. 乙醇

15. 丙酸睾酮注射液属于（　　）。
A. 乳剂型注射液　　B. 水溶液型注射液　　C. 油溶液型注射液
D. 混悬型注射液　　E. 注射用无菌粉末

三、多项选择题

1. 关于注射剂的质量要求包括（　　）。
A. 无菌　　B. 无热原　　C. 澄明度
D. 渗透　　E. pH 值

2. 注射剂的附加剂包括（　　）。
A. 抑菌剂　　B. 填充剂　　C. 局部止痛剂
D. pH 值调节剂　　E. 矫味剂

3. 污染热原的途径包括（　　）。
A. 从溶剂中带入　　B. 从原辅料中带入
C. 从容器、用具、管道和装置等带入
D. 制备过程中的污染　　E. 从输液器带入

4. 除去热原的方法有（　　）。
A. 蒸馏法　　B. 高温法　　C. 酸碱法
D. 吸附法　　E. 超滤法

5. 中药注射剂存在的问题有（　　）。
A. 澄明度问题　　B. 刺激性问题　　C. 剂量与疗效问题

D. 质量标准问题　　E. 有效期问题

6. 常用的等渗调节剂有（　　）。

A. 碳酸氢钠　　B. 氯化钠　　C. 苯甲酸钠

D. 葡萄糖　　E. 苯甲醇

7. 关于安瓿的叙述正确的有（　　）。

A. 应具有大的膨胀系数

B. 应具有高度的化学稳定性

C. 要具有足够的物理强度

D. 对光敏感的药物，可选各种颜色的安瓿

E. 有较高的熔点

8. 注射剂包括（　　）。

A. 溶液型　　B. 乳剂型　　C. 混悬型

D. 半固体　　E. 注射用无菌粉末

9. 关于热原叙述正确的是（　　）。

A. 热原是一种微生物的代谢产物

B. 热原致热活性中心是磷脂.

C. 灭菌过程中不能完全破坏热原.

D. 一般滤器不能截留热原

E. 蒸馏法制备注射用水除热原是依据热原的水溶性

10. 制备易氧化药物注射剂应加入的金属离子螯合剂为（　　）。

A. 碳酸氢钠　　B. 氯化钠　　C. 焦亚硫酸钠

D. 枸橼酸　　E. 依地酸二钠

四、简答题

1. 注射剂有哪些质量要求?

2. 除去热原的方法有哪些?

3. 输液存在的问题与解决办法有哪些?

4. 简述溶液型注射剂的生产流程。

5. 简述中药注射剂存在的问题与解决办法。

散剂、颗粒剂与胶囊剂

学习与能力目标

通过本章的学习，学生应识记颗粒剂、胶囊剂和散剂的含义、分类，知晓质量要求。熟记颗粒剂的制备方法与生产工艺流程。熟练掌握颗粒剂与胶囊剂的质量检查项目。能设计简单的颗粒剂处方和生产工艺流程。能知道干燥、粉碎的目的与方法，能解决颗粒制备过程中可能出现的问题和解决办法。知晓粉碎与干燥常用的生产设备及操作要求。为今后在相应岗位工作打下坚实的基础。

知识要求

掌握散剂、颗粒剂和胶囊剂的含义、分类、处方的一般组成，常用辅料的种类、性质、特点、用途。

掌握颗粒剂、胶囊剂的制备工艺过程。

掌握颗粒剂与胶囊剂的质量要求及质量检查方法。

熟悉干燥与粉碎的方法和设备。

熟悉颗粒剂制备过程出现的问题及解决办法。

了解胶囊自动充填机的构造与使用方法。

第一节　散　剂

一、概述

散剂系指药物或与适宜的辅料经粉碎、均匀混合制成的干燥粉末状制剂，分为口服散剂和局部用散剂。中药散剂系指饮片或提取物经粉碎、均匀混合制成的粉末状制剂，分为内用散剂和外用散剂。

口服散剂一般溶于或分散于水或其他液体中服用，也可直接用水送服。局部用散剂可供皮肤、口腔、咽喉、腔道等处应用；专供治疗、预防和润滑皮肤的散剂也可称为撒布剂或撒粉。

散剂在生产与贮藏期间应符合下列有关规定。

① 供制散剂的成分均应粉碎成细粉。除另有规定外，口服散剂应为细粉，局部用散剂

应为最细粉。

② 散剂应干燥、疏松、混合均匀、色泽一致。制备含有毒性药物或药物剂量小的散剂时，应采用配研法混匀并过筛。

③ 散剂中可含有或不含辅料，根据需要可加入矫味剂、芳香剂和着色剂等。

④ 散剂可单剂量包装，也可多剂量包（分）装，多剂量包装者应附分剂量的用具。

⑤ 另有规定外，散剂应密闭贮存，含挥发性药物或易吸潮药物的散剂应密封贮存。

散剂应为细粉或极细粉，干燥、松散、混合均匀、色泽一致。散剂的比表面积较大，药物溶出速度较快，因而具有易分散、起效快的特点。散剂是最为古老的剂型之一，但现在已较少应用，尤其是化学药散剂，已逐渐改成胶囊剂或片剂等。

二、散剂的制备

制备散剂，一般包括粉碎、过筛、混合、分剂量、质量检查以及包装等工序。用于深部组织创伤及溃疡面的外用散剂，应在清洁避菌环境下配制。

（一）粉碎

用于制备散剂的原料药一般都需要进行适当的粉碎，其目的是：①增加药物的有效表面积，促进药物的溶解与吸收；②调节药物粉末的流动性，以利于制备多种剂型；③改善不同药物混合的均匀性，适应多种给药途径的应用。

粉碎的方法取决于药物的性质、使用要求和设备等条件，较常用的方法是干法粉碎和湿法粉碎（详见第二章相关内容）。常用的粉碎机械还包括以下几种。

1. 球磨机

球磨机系由不锈钢或瓷制的圆柱筒内装一定数量、大小不同的钢球或玛瑙球构成。使用时将药物装入圆柱筒密盖后，用电动机转动，使筒中圆球在一定速度下滚动，转速应控制在使圆球获得一定的高度后呈抛物线落下而产生撞击与研磨作用，以保证获得良好的粉碎效果。球磨机的转速应避免太慢或太快，通常以达到临界转速的60%～80%为宜。临界转速系指恰能使圆球作圆周运动而不下落的速度。圆球应有足够的重量，以使其在下落时能粉碎药物中最大的物块为度，欲粉碎的药物直径以不大于圆球直径为宜。圆球在筒内应占圆柱筒容积的30%～35%，药物占圆柱筒总容积50%以下时，球磨机的效率随欲粉碎药物的量增加而增加。当药物的量超过50%时，则效率反而会降低。使用球磨机时，药物的含湿量如不超过2%时，可得很细的粉末。若以湿法粉碎时，一般固体药物占30%～60%，水占70%～40%，可获得通过200目筛的极细粉末。球磨机结构简单，密闭操作，粉尘少，常用于毒、剧或贵重药物以及吸湿性或刺激性药物的粉碎，对于结晶性药物的粉碎效果更好。易氧化药物，可在惰性气体条件下密闭粉碎。利用球磨机亦可方便地在无菌条件下粉碎或混合药物，以制备无菌产品。

2. 流能磨

流能磨亦称气流粉碎机，系利用高压气流（空气、蒸汽或惰性气体）使药物的颗粒之间以及颗粒与室壁之间碰撞或摩擦而产生强烈的粉碎作用。图7-1为流能磨示意图，该机无活动部

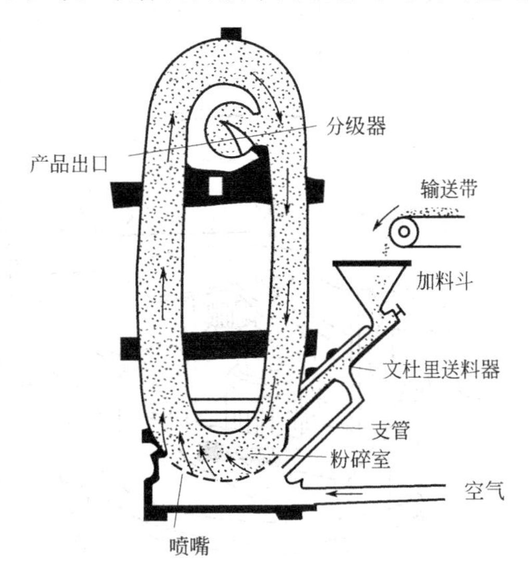

图7-1　流能磨示意图

件，似空心轮胎，高压气流自底部喷嘴引入后，在下部膨胀为音速或超音速气流在机内高速循环，欲粉碎物料由加料斗经送料器进入机内高速气流中，在粉碎室相互碰撞而被粉碎，并随气流上升至分级器，微粉由气流带出并进入收集袋中。粉碎室顶部的离心力使大而重的颗粒向下返回粉碎室继续粉碎，可以制得5μm以下的均匀微粉。

用流能磨粉碎的过程中，由于气流在粉碎室中膨胀时的冷却效应，故被粉碎物料的温度并不升高，因此本法适用于抗生素、酶、低熔点或其他对热敏感药物的粉碎。

（二）过筛

固体物料粉碎后的粉末粒度总是不均匀的，必须经过筛选才能得到粒度比较均匀的粉末，以适应制剂生产和临床用药需要。过筛是将物料用适当筛号的药筛筛过的方法。药筛可分为编织筛与冲制筛两种，编织筛在使用时容易移位，冲制筛常用于高速粉碎过筛联动的机械上。《中国药典》（2010年版）把药筛规格分为一号筛至九号筛，其中一号筛的筛孔内径最大，为2000μm，九号筛的筛孔内径最小，仅为75μm，同时把粉末分为最粗粉、粗粉、中粉、细粉、最细粉及极细粉六个等级。但目前制药工业上习惯于采用《美国药典》的目数来表示筛号及粉末的粗细。一般以每英寸（2.54cm）长度上有多少孔来表示工业筛的目数。目数越多，孔径越小，粉末越细。譬如，每英寸有120个孔的筛号称120目筛，能通过120目筛的粉末称120目粉。《中国药典》药筛规格对照见表7-1。

表7-1 《中国药典》药筛规格对照

《中国药典》(2010年版)	筛孔内径/μm	目 号
一号筛	2000±70	10目
二号筛	850±29	24目
三号筛	355±13	50目
四号筛	250±9.9	65目
五号筛	180±7.6	80目
六号筛	150±6.6	100目
七号筛	125±5.8	120目
八号筛	90±4.6	150目
九号筛	75±4.1	200目

除另有规定外，一般散剂应通过七号筛（120目）。在小批量生产及科学试验中，常用摇动筛、旋动筛或振动筛等（见第二章）。在过筛时，每次放入药筛中的药粉量不宜过多，以利于分散粉粒，使其在筛上作往复运动或振动即可顺利过筛。在大批量生产中，多采用粉碎、过筛、空气离析及集尘联动装置，以提高粉碎与过筛效率，确保产品质量。

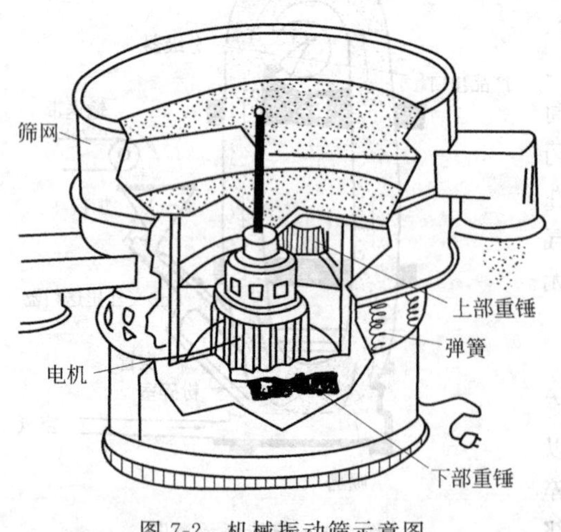

图7-2 机械振动筛示意图

振动筛是利用机械或电磁方法使筛网产生振动，可分为机械振动筛和电磁振动筛。图7-2为机械振动筛示意图，在电机的上下两轴各装有不平衡重锤，上轴穿过筛网并与其相连，筛框以弹簧支承于底座上，上部重锤使筛网产生水平圆周运动，下部重锤使筛网产生垂直方向运动，从而使筛网产生三维振动。振动筛由1～3层筛网组成，密闭操作，可避免粉尘飞扬，且筛分效率高，处理能力大。

（三）混合

混合的目的是使物料各组分分散均匀、色泽一致，以保证含量准确。对含有毒剧药或贵重药物的散剂，则混合均匀度显得更为重要。

当药粉等量混合时，一般容易混合均匀；若组分的比例相差悬殊，则应采用等量递加法混合，即将量大的组分先取出一部分，与量小的组分等量混合均匀，如此倍量增加量大的组分，直至全部混合均匀。毒剧药或微量药物应取120～150目的细粉，先与部分辅料混合或溶于适宜溶剂中用少量辅料吸收后，再用等量递加法进行混合，亦称倍散。处方中若含有少量的液体成分，如挥发油、流浸膏等，可利用处方中的其他成分吸收或另加适宜的吸收剂（如磷酸钙、白陶土等）进行处理。当两种或两种以上的组分经混合后出现低共熔现象时，应用其他组分或辅料稀释处理。

目前常用的混合方法有搅拌混合、研磨混合与过筛混合。不论采用上述何种方法，均可包含有一种或多种的混合机理，即扩散、对流或剪切。例如：①混合筒以扩散混合为主，如图7-3(a)所示，有V形、双圆锥形和正立方体形，将轴不对称地固定在筒的两面，由传动装置带动，进行混合操作。常用的为V形混合筒，适用于密度相近的粉末的混合。②双螺旋锥形混合机以对流和剪切混合为主，如图7-3(b)所示，主要由锥体、螺旋杆、转臂、传动部分等组成。操作时由电动机经轴输出公转和自转两种速度，使两根螺旋杆带动转臂作公转，同时快速自转将料自下而上提升，锥体内的物料在较短时间内混合均匀。该机在混合时，锥体底部易形成死角，造成混合不均匀，应注意。③槽形混合机以剪切混合为主，不锈钢槽内轴上装有“∽”形的搅拌桨，用于混合物料。槽可以绕固定轴转动，以便混合完成后卸出物料。适用于各种药粉的混合及片剂等软材的捏合。该机在混合时，物料易进入搅拌轴的两端缝隙中，造成污染，应注意及时清洗。④三维运动混合机以扩散和对流混合为主，是目前制药工业上较先进的一种粉体混合设备，运行时其料筒可作三维空间自由陀螺式运动，使其内物料产生三向涡流混合运动，混合效率及混合均匀度较高，且不易出现离析现象。

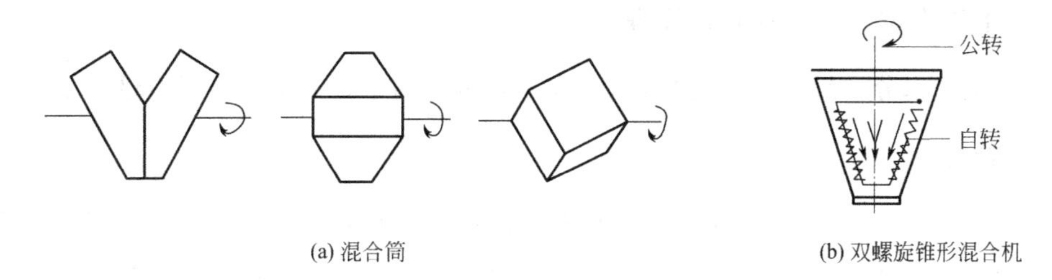

(a) 混合筒　　(b) 双螺旋锥形混合机

图7-3　不同类型的混合机示意图

（四）分剂量

分剂量是将混合均匀的散剂，按需要的剂量分成等重的份数的过程。

分剂量常用的方法有重量法和容量法。

（1）重量法　是用天平进行准确称量，将所称出的每个剂量进行单独包装。此法的特点是分剂量准确，适用于含有毒剧药物的散剂的分剂量，但操作较麻烦，效率低，不适合大生产。

（2）容量法　是将制得的散剂填入一定容积的容器中进行分剂量，容器的容积相当于一个剂量散剂的体积。此法的优点是操作快捷，可以实现连续操作。生产上常用的散剂自动分量机、散剂定量分包机等，均系利用容量法分剂量的原理设计而成。但药物的物理性质（如吸湿性、堆密度、流动性等），以及分剂量的速度等均能影响其准确性。

三、散剂的质量检查

质量检查是保证散剂质量的重要环节，主要是检查其含量、外观及装量差异限度等。

（一）外观检查

散剂应干燥、疏松、无吸潮和结块现象，并不得有异臭、霉变等。包装不得有破漏，纸袋包装不得有印迹。取散剂适量，置光滑纸上，平铺约 $5cm^2$，将其表面压平，在亮处观察，应色泽均匀，无花纹与色斑。

（二）装量差异检查

单剂量包装的散剂，装量差异限度应符合表 7-2 中的规定。检查方法：取散剂 10 包（瓶），除去包装，分别精密称定每包（瓶）内容物的重量，求出内容物的装量与平均装量。每包装量与平均装量（凡无含量测定的散剂，每包装量应与标示装量比较）相比应符合规定，超出装量差异限度的散剂不得多于 2 包（瓶），并不得有 1 包（瓶）超出装量差异限度 1 倍。

表 7-2 散剂的装量差异限度［《中国药典》（2010 年版）］

中药散剂标示装量	装量差异限度	化学药散剂标示装量	装量差异限度
0.10g 或 0.10g 以下	±15%	0.10g 及 0.10g 以下	±15%
0.10g 以上至 0.50g	±10%	0.10g 以上至 0.50g	±10%
0.50g 以上至 1.50g	±8%	0.50g 以上至 1.50g	±8%
1.50g 以上至 6.0g	±7%	1.50g 以上至 6.00g	±7%
6.0g 以上	±5%	6.00g 以上	±5%

凡规定检查含量均匀度的散剂，一般不再进行装量差异的检查。

（三）干燥失重、粒度及其他检查

中药散剂的水分一般不得超过 9.0%，化学药散剂的干燥失重一般不得超过 2.0%。

（四）粒度

除另有规定外，局部用散剂照下述方法检查粒度应符合规定。取供试品 10g，精密称定，置 7 号筛，照粒度和粒度分布测定法［《中国药典》（2010 年版）附录Ⅸ E 第二法 单筛分法］检查，精密称定通过筛网的粉末重量，应不低于 95%。

（五）其他

散剂应作外观均匀度检查、微生物限度检查，应符合规定。此外，用于烧伤或创伤的局部用散剂还应作无菌检查，并应符合规定。

四、散剂的吸湿、包装与贮藏

（一）散剂的吸湿

固体药物大部分都带有结晶水，其固体表面也能吸附一些水汽分子，这种现象称为吸湿。当空气中的水蒸气分压大于药物粉末中水分（结晶水或吸附水）所产生的饱和水蒸气压时，则发生吸湿或潮解；反之，如果空气中的水蒸气分压小于药物粉末中水分所产生的饱和水蒸气压时，则药物要失去全部或部分结晶水，即发生风化。药物的吸湿、潮解或风化性取决于药物粉末的性质。如药物粉末具有水溶性，在较低的相对湿度时一般不吸湿，但当提高相对湿度到某一定值时，能迅速增加吸湿量，此时的相对湿度称为临界相对湿度（CRH）。水溶性药物均有固有的临界相对湿度，因此可用 CRH 作为散剂吸湿性大小的指标。CRH 愈大则愈不易吸湿，反之，则易吸湿。水溶性药物的临界相对湿度见表 7-3。

表 7-3　水溶性药物的临界相对湿度（37℃）

药物名称	临界相对湿度/%	药物名称	临界相对湿度/%
果糖	53.5	水杨酸钠	78.0
蔗糖	84.5	硫代硫酸钠	65.0
葡萄糖	82.0	氯化钠	75.1
半乳糖	95.5	氯化钾	82.3
尿素	69.0	硫酸镁	86.6
烟酸	99.5	氨茶碱	82.0
酒石酸	74.0	安替匹林	94.8
枸橼酸	70.0	烟酰胺	92.8
枸橼酸钠	84.0	烟酸	99.5
苯甲酸钠	88.0	安乃近	87.0
维生素 C	96.0	盐酸苯海拉明	77.0
维生素 C 钠	71.0	对氨基水杨酸钠	88.0

散剂一般多为两种或两种以上药物或辅料的混合物，因此散剂的吸湿是多种药物与辅料共同作用的结果。由水不溶性药物组成且互不发生作用的混合物，其吸湿量具有加合性，即散剂的吸湿量等于各组分的含量与其吸湿量乘积的总和。水溶性药物一般 CRH 均较低，而水溶性药物的混合物的 CRH 则比其中任何一个药物的 CRH 为低。根据 Elder 假设："混合物的临界相对湿度大约等于各药物的临界相对湿度的乘积，而与各组分的比例无关。"此假设对大部分水溶性药物的混合物是适用的，但不适用于相互能起作用或受共同离子影响的药物。

在生产散剂时，分装室的相对湿度应控制在药物混合物的 CRH 以下，以免吸湿而降低药物粉末的流动性，影响分剂量与产品质量。

（二）散剂的包装与贮藏

散剂的比表面积一般较大，故其吸湿性或风化性均较显著。散剂吸湿后通常可发生很多变化，如润湿、失去流动性、结块等物理变化；有的发生变色、分解或效价降低等化学变化；有的发生微生物污染等。所以选择适当的包装材料与适宜的贮藏条件是保证散剂质量的重要措施。

常用的包装材料有包装纸、塑料袋、玻璃瓶或聚酯瓶等。包装纸又分为光纸、玻璃纸及蜡纸等，应根据药物的性质来选用。光纸价廉，表面光滑，适用于包装不易吸湿、不易挥发、性质较稳定的散剂；玻璃纸不易透过油脂，适用于包装挥发性及油脂类散剂；蜡纸适用于包装易引湿、风化及易变质的散剂。包装单剂量的散剂可用包装纸或塑料袋等。未规定用量的外用散剂或多剂量散剂，大规格的可用塑料袋、玻璃瓶或聚酯瓶包装。用塑料袋包装，应热封严密。易吸湿的散剂有时在包装中可装入干燥剂（如硅胶等）。复方散剂用瓶装时，瓶内药物应填满、压紧。否则，在运输过程中往往由于组分密度不同，密度较大的成分下沉而发生分层现象，以致破坏了散剂的均匀性。

一般散剂应避光密闭贮藏，含挥发性或易吸湿性药物的散剂以及泡腾散剂应密封贮藏。

五、散剂的制备举例

例 7-1：七厘散

处方：血竭　500g
　　乳香（制）　75g
　　没药（制）　75g
　　红花　75g
　　儿茶　120g
　　冰片　6g
　　麝香　6g
　　朱砂　60g

制法：以上八味，除冰片、麝香外，朱砂水飞或粉碎成极细粉，将冰片、麝香研细，与上述粉末配研，过筛，混匀，即得。

性状：本品为朱红色至紫红色的粉末或易松散的块；气香，味辛、苦，有清凉感。

功能与主治：本品化瘀消肿、止痛止血，用于跌打损伤、血瘀疼痛、外伤出血。

例 7-2：蛇胆川贝散

处方：蛇胆汁　100g
　　川贝母　600g

制法：以上两味，川贝母粉碎成细粉，与蛇胆汁混匀，干燥，粉碎，过筛，即得。

性状：本品为浅黄色至浅棕黄色的粉末；味甘、微苦。

功能与主治：清肺，止咳，除痰。用于肺热咳嗽、痰多。

用法与用量：口服。一次 2～4 粒，一日 2～3 次。

规格：每粒装 0.3g。

贮藏：密封。

例 7-3：口服补液盐散

处方：氯化钠　3.5g
　　氯化钾　1.5g
　　碳酸氢钠　2.5g
　　无水葡萄糖　20.0g

制法：以上四种药物分别粉碎，过 80 目筛后，按等量递加法混合均匀，分装，即得。

适应证：本品为口服补液，用于小儿腹泻、脱水等时维持体内水和电解质平衡及治疗酸中毒等。

第二节　颗粒剂

一、概述

颗粒剂（granules）系指将药物与适宜的辅料制成具有一定粒度的干燥颗粒状的制剂。颗粒剂分为可溶颗粒（通称为颗粒）、混悬颗粒、泡腾颗粒、肠溶颗粒、缓释颗粒及控释颗粒等。供口服用。颗粒剂可分散或溶解在水中或其他适宜的液体中服用。中药颗粒剂系指药材提取物与适宜的辅料或药材细粉制成的颗粒状制剂，分为可溶性颗粒剂、混悬性颗粒剂和泡腾性颗粒剂。

颗粒剂在生产与贮藏期间应符合下列有关规定。

① 药物与辅料应均匀混合；凡属挥发性药物或遇热不稳定的药物在制备过程中应注意控制适宜的温度条件，凡遇光不稳定的药物应遮光操作。

② 颗粒剂应干燥，颗粒均匀，色泽一致，无吸潮、结块、潮解等现象。

③ 根据需要可加入适宜的矫味剂、芳香剂、着色剂、分散剂和防腐剂等添加剂。

④ 颗粒剂的溶出度、释放度、含量均匀度、微生物限度等应符合要求。必要时，包衣颗粒剂应检查残留溶剂。

⑤ 除另有规定外，颗粒剂应密封，置干燥处贮存，防止受潮。

⑥ 单剂量包装的颗粒剂在标签上要标明每个袋（瓶）中活性成分的名称及含量。多剂量包装的颗粒剂除应有确切的分剂量方法外，在标签上要标明颗粒中活性成分的名称和重量。

颗粒剂是在中药汤剂、散剂和糖浆剂的基础上发展起来的。它既保持了汤剂的特色，又可克服汤剂服用前临时煎煮、体积大、易霉变等缺点，并可加适宜矫味剂掩盖中药的苦味。近年来发展较快的中药无糖型颗粒剂是以中药材浸出液经低温浓缩、喷雾干燥制成原药粉，以适量辅料及非糖甜味剂制成颗粒剂，大大减少了服用量，单剂量一般仅为2～5g，对于禁糖患者尤为适用。

二、颗粒剂的制备

颗粒剂的制备，一般包括原辅料的粉碎、过筛、混合、制粒、干燥、整粒与分级、质量检查以及包装等工序。其中粉碎、过筛及混合操作与散剂制备时相似，下面不再赘述。

（一）制粒

制粒是把粉末、溶液等状态的物料进行处理，制成具有一定形态和大小的颗粒的操作。制粒方法通常分为湿法制粒和干法制粒。

1. 湿法制粒

湿法制粒是在原、辅料混合粉末中加入润湿剂或黏合剂，依靠润湿剂或黏合剂的黏结作用使粉末聚结在一起而制备颗粒的方法，包括挤压制粒、搅拌制粒及流化床制粒等。

（1）挤压制粒法　即先将原、辅料细粉置混合机中混合均匀，加适量的润湿剂或黏合剂制软材，然后挤压软材，使其通过筛网而成颗粒。在挤压制粒过程中，制软材是关键步骤。由于影响黏合剂用量的因素较多，所以，在生产时须灵活掌握。黏合剂用量过多时，被挤压成条状并易重新黏结在一起；黏合剂用量过少时，不能制成完整的颗粒并易成粉状。软材的质量，由于原、辅料性质的不同很难定出统一规格，一般软材的干湿程度，生产中多凭经验掌握，以用手紧握能成团而不粘手，用手指轻压能裂开为度。制成的湿颗粒一般要求置于手掌中簸动应有沉重感，细粉少、粒径均一、色泽均匀，无长条者为宜。

挤压制粒设备有摇摆式制粒机、挤压制粒机及旋转挤压制粒机等，目前药厂生产中应用较多的是摇摆式颗粒机（图8-1）。摇摆式颗粒机的主要结构是在加料斗的底部安装六角棱柱形滚轴，借机械动力作摇摆式往复转动，使加料斗内的软材受挤压而通过装于滚轴下的筛网而形成颗粒。滚轴摇摆的速度约每分钟45次，形成的颗粒落于接受容器中。制粒时筛网的目数应根据所需颗粒的大小来选择。此外，筛网应具有弹性，与滚轴接触的松紧程度可能影响所制颗粒的松紧或粗细等，应适当掌握。

（2）高速搅拌制粒法　这是近年来发展较快的一种新型制粒技术。它的主要特点是集混合和制粒于一体，一般在十数分钟之内即可完成混合、制粒操作，所得颗粒硬度大、圆整度高、流动性好。高速搅拌制粒机主要由容器、搅拌桨、切碎刀、出料口组成。搅拌桨的主要作用是把物料混合均匀，并使颗粒被压实，防止与器壁黏附等；切碎刀的主要作用是破碎大块粒状物，并和搅拌桨的作用相呼应，使粒子受到强大的挤压与滚动作用而形成密实的球形颗粒。操作时，将原、辅料加入容器内先搅拌混合均匀，再加入黏合剂，在高速旋转的搅拌桨和切碎刀的作用下将物料翻动、混合，同时在切碎刀的作用下将物料绞碎切割成颗粒，制粒完成后，由气动阀打开容器底部的出料阀，湿颗粒自动放出，再进入干燥器进行干燥。

高速搅拌制粒机有卧式和立式两种，德国 Glatt 公司主要生产卧式机型，而比利时 Collete 公司则生产立式机型，如图 7-4 所示。立式机型为上旋式搅拌，搅拌桨轴与切碎刀轴平行，安装在锅盖下。物料放入锅内后，锅体沿垂直导轨上升，搅拌桨和切碎刀旋转运动，产生涡流，在交汇处混合、翻腾和碰撞。卧式机型为下旋式搅拌，搅拌桨安装在物料锅下面伸出的主轴上，与锅底的间隙较小，能把物料充分地翻腾起来，没有死角。切碎刀安装在穿过锅壁的水平轴上，也就是搅拌桨和切碎刀垂直，旋转时会产生两个方向的涡流，交汇处使物料更充分地混合、翻腾和碰撞。

（3）流化床制粒法　流化床制粒法是采用流化床技术，将固体粉末流化，再喷黏合剂，使粉末凝结成颗粒的方法，简称流化制粒或沸腾制粒。采用此法可将混合、制粒、干燥等工序合并在一台设备中完成，故又称一步制粒（详见第八章）。

2. 干法制粒

干法制粒是在原、辅料混合粉末中不添加任何液体，只依靠压缩力的作用将粉末压成片状物后再破碎成大小适宜的颗粒的方法，包括重压法和滚压法。在操作过程中，不需要水或乙醇等润湿剂，不需要二次加热干燥，工序少，工效高，成本低，适用于对湿热敏感药物的制粒。

（1）重压法　又称大片法，系指药物和辅料混匀后，用较强压力的压片机压成大片，然后再粉碎成颗粒。本法设备操作简单，但由于压片机需用巨大压力，冲模等机械损耗率较大，物料也有损耗，细粉多，目前已很少应用。

（2）滚压法　将药物和辅料混匀后，通过特制的压块设备挤压成硬度适宜的薄片，再碾碎、整粒，既简化了工艺又提高了颗粒的质量。图 7-5 为干挤颗粒机示意图，其工作原理为：加入料斗中的粉料通过双锥形、不等螺距的螺杆的输送和压缩（粉料密度成倍增加）后，被推送到两挤压轮上部，这时粉料处于三面受压的条件下，随着挤压轮的转动，粉料被送向两挤压轮之间的空隙进行强烈的挤压成为硬条片，然后转入下部打碎、整粒、筛分即可得到需要的粒状产品。

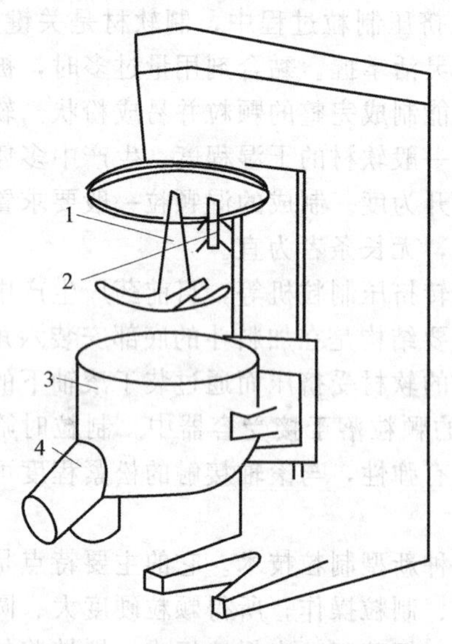

图 7-4　立式高速搅拌制粒机

1—搅拌桨；2—切碎刀；3—容器；4—出料口

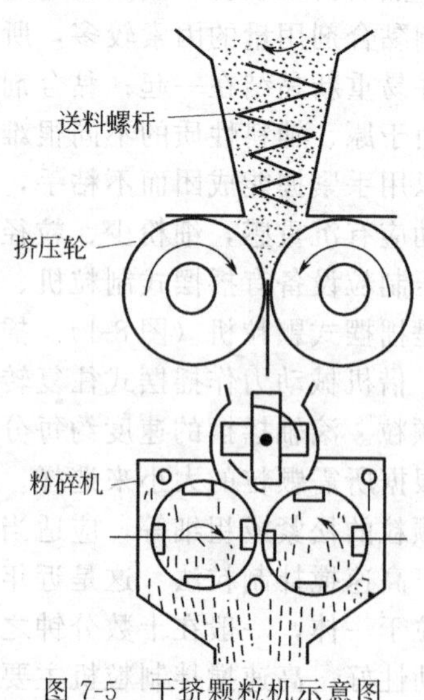

图 7-5　干挤颗粒机示意图

（二）干燥

湿颗粒制成后，应尽可能迅速干燥，放置过久易结块或变形。干燥是利用热能使湿颗粒中的水分气化，并利用气流将气化了的水分带走，从而获得干燥颗粒的过程。干燥的方法很多，譬如接触干燥、气流干燥、减压干燥、远红外干燥及微波干燥等。湿颗粒的干燥常采用厢式干燥器或沸腾干燥器，两者都属于气流干燥，其原理是通过控制气流的温度、湿度和流速来达到干燥的目的。

1. 厢式干燥器

烘房、烘箱等为一间歇操作常压厢式干燥器（见第八章图 8-2）。物料放在干燥盘内，置于干燥室内的固定支架或小车的支架上。热风经加热器加热后进入干燥室，然后以水平方向通过物料表面将物料进行干燥。为提高物料干燥的均匀性，常可采用空气中间再加热和废气再循环方式。空气中间再加热系在干燥室内装有加热器，使热空气每通过一次物料后得到再次加热，然后再通入下一层物料，以保证干燥室内上下层干燥盘内物料干燥均匀。废气再循环系将从干燥室内排出的废气中的一部分与新鲜空气混合重新进入干燥室。

厢式干燥器的优点是构造简单，制造较容易，适应性较强。缺点则是干燥不均匀，由于物料层是静止的，水蒸气散失慢，干燥效率低，且大生产时装卸物料的劳动强度大，操作条件差。

厢式干燥器属于静态干燥法，干燥时温度宜由低到高缓缓升温，若一开始干燥温度过高，则颗粒表面水分很快蒸发，在表面结成坚硬的外壳，内部水分几乎无法通过此层硬壳，干燥难以继续进行，造成“外干内湿”的现象。在适当的范围内提高空气的温度，可加快蒸发速度，加大蒸发量，对干燥有利，但应考虑物料的稳定性，以防止某些成分被破坏。

2. 沸腾干燥器

沸腾干燥又称为流化床干燥，它是流态化技术在干燥中的应用，当开动鼓风机后，自下而上的热空气使颗粒翻滚如沸腾状态，热空气在颗粒间通过，进行热交换，带走水汽，以达到湿颗粒干燥的目的。沸腾干燥属于流化操作，被干燥颗粒在动态情况下彼此分开，不停地跳动，与干燥介质接触面大，干燥效率高。影响干燥的因素主要有颗粒的形状、大小及干燥介质的温度、湿度和流速等。

沸腾干燥器是一种新型的干燥设备（详见图 8-3、图 8-4），具有干燥速率大、物料停留时间短、产量大、干燥温度低、操作方便、占地面积小以及干燥均匀等优点，适于连续性生产同一品种。

（三）整粒与分级

湿颗粒干燥后，因湿颗粒在干燥过程中相互粘连而结块，故干颗粒需通过解碎或整粒制成符合药典规定的具有一定粒度的颗粒。

颗粒剂中的芳香挥发性成分或香料一般宜溶于适量乙醇中，雾化喷洒在干燥的颗粒上，混匀后密闭，放置一定时间后再进行分装。小量制备时，可用手工分装；大量生产时，可采用颗粒分装机。颗粒分装机一般采用容量法来控制装量。

三、颗粒剂的质量检查

颗粒剂应干燥，颗粒均一，色泽一致，无吸潮、结块、潮解等现象。颗粒剂的质量检查项目除含量测定外，主要有外观、干燥失重（或水分）、粒度、溶化性或溶出度、释放度、含量均匀度、装量差异及微生物限度等检查项目。

（一）外观检查

取颗粒剂5包，封口应严密，不得有破裂、漏药，内容物应色泽一致，无吸潮、结块、潮解等现象。

（二）干燥失重

颗粒剂的含水量对产品质量有很大影响。中药颗粒剂的水分一般不得超过6.0%；化学药颗粒剂的干燥失重一般不得超过2.0%。

（三）粒度检查

除另有规定外，照粒度和粒度分布测定法［《中国药典》（2010年版）附录Ⅸ E第二法双筛分法］检查，不能通过一号筛与能通过五号筛的总和不得超过供试量的15%。

（四）溶化性检查

除另有规定外，可溶颗粒和泡腾颗粒照下述方法检查，溶化性应符合规定。

可溶颗粒检查法：取供试品10g，加热水200ml，搅拌5min，可溶颗粒应全部溶化或轻微浑浊，但不得有异物。

泡腾颗粒检查法：取单剂量包装的泡腾颗粒3袋，分别置盛有200ml水的烧杯中，水温为15～25℃，应迅速产生气体而成泡腾状，5min内颗粒均应完全分散或溶解在水中。

混悬颗粒或已规定检查溶出度或释放度的颗粒剂，可不进行溶化性检查。

（五）装量差异检查

单剂量包装的颗粒剂的装量差异限度应符合表7-4中的规定；多剂量包装的颗粒剂的最低装量应符合表7-5中的规定［《中国药典》（2010年版）附录Ⅹ F最低装量检查法］。单剂量包装的颗粒剂的检查方法：取颗粒剂10包，除去包装，分别精密称定每包内容物的重量，求出每包内容物的装量与平均装量。每包装量与平均装量（或标示装量）相比较应符合规定，超出装量差异限度的单剂量包装颗粒剂不得多于2包，并不得有1包超出限度的1倍。多剂量包装的颗粒剂的最低装量检查方法与此类似。

表7-4　单剂量包装的颗粒剂的装量差异限度［《中国药典》（2010年版）］

平均装量(或标示装量)	装量差异限度
1.0g或1.0g以下	±10%
1.0g以上至1.50g	±8%
1.50g以上至6.0g	±7%
6.0g以上	±5%

表7-5　多剂量包装的颗粒剂的最低装量规定［《中国药典》（2010年版）］

标 示 装 量	平 均 装 量	每个包装的装量
20g以下	不少于标示装量	不少于标示装量的93%
20g至50g	不少于标示装量	不少于标示装量的95%
50g以上	不少于标示装量	不少于标示装量的97%

四、颗粒剂的包装与贮藏

颗粒剂可分单剂量包装和多剂量包装。由于颗粒剂吸湿性较强，一般宜采用铝塑密封包装，置干燥处保存。一般塑料包装有透湿透气性，故不能长期较好地保持颗粒干燥和防止空气影响，通常不宜采用。

五、颗粒剂的制备举例

例 7-4：醋酸麦迪霉素颗粒剂（规格：0.1g，装量：0.5g/包）

处方：		
醋酸麦迪霉素	100g	（主药）
甘露醇	394g	（填充剂）
司盘 80	适量	（润湿剂）
羟丙基甲基纤维素	适量	（黏合剂）
糖精钠	适量	（矫味剂）
日落黄	适量	（着色剂）
香橙香精	适量	（芳香剂）

制法：将处方量的醋酸麦迪霉素、甘露醇、糖精钠及日落黄置于高速搅拌制粒机中，混合 6min 后，缓缓加入 5%羟丙基甲基纤维素水溶液（含司盘 80）适量，开启高速搅拌制粒机，按适当参数制备湿颗粒，在 40℃的热空气中干燥后喷入香橙香精适量，混匀，用 18 目筛整粒，经检验合格后，分装颗粒，包装，即得成品。

适应证：本品为大环内酯类抗生素，主要用于金黄色葡萄球菌、溶血性链球菌、肺炎球菌等敏感菌所致的呼吸道感染及皮肤、软组织感染，也可用于支原体肺炎。

例 7-5：三九胃泰颗粒

处方：	
三叉苦	九里香
两面针	木香
黄芩	茯苓
地黄	白芍

制法：以上八味，加水煎煮 2 次，煎液滤过，滤液合并，静置，取上清液，浓缩至适量，加蔗糖约 900g，制成颗粒，干燥，制成 1000g [规格（1）]；或加蔗糖 400g，制成颗粒，干燥，制成 500g [规格（2）]；或加乳糖适量，制成颗粒，干燥，制成 125g [规格（3）]，即得。

性状：本品为棕色至深棕色的颗粒，味甜、微苦；或为灰棕色至棕褐色的颗粒，味苦 [规格（3）]。

功能与主治：清热燥湿，行气活血，柔肝止痛。用于湿热内蕴、气滞血瘀所致的胃痛，症见脘腹隐痛、饱胀反酸、恶心呕吐、嘈杂纳减；浅表性胃炎、糜烂性胃炎、萎缩性胃炎见上述证候者。

用法与用量：开水冲服。一次 1 袋，一日 2 次。

注意：胃寒患者慎用；忌油腻、生冷、难消化食物。

规格：①每袋装 20g；②每袋装 10g；③每袋装 2.5g。

贮藏：密封。

第三节　胶囊剂

一、概述

胶囊剂系指将药物或加有辅料充填于空心胶囊或密封于软质囊材中的固体制剂。胶囊剂分为硬胶囊、软胶囊（胶丸）、缓释胶囊、控释胶囊和肠溶胶囊。主要供口服用。

中药胶囊剂系指饮片用适宜的方法加工后，加入适宜的辅料充填于空心胶囊或密封于软质囊材中的制剂。可分为硬胶囊、软胶囊（胶丸）和肠溶胶囊。主要供口服用。

胶囊剂在生产与贮藏期间应符合下列有关规定。

(1) 胶囊剂内容物不论其活性成分或辅料，均不应造成胶囊壳的变质。

(2) 硬胶囊可根据下列制剂技术制备不同形式内容物充填于空心胶囊中。

① 将药物加适宜的辅料如稀释剂、助流剂、崩解剂等制成均匀的粉末、颗粒或小片。

② 将普通小丸、速释小丸、缓释小丸、控释小丸或肠溶小丸单独填充或混合后填充，必要时加入适量空白小丸作填充剂。

③ 将药物粉末直接填充。

④ 将药物制成包合物、固体分散体、微囊或微球。

⑤ 溶液、混悬液、乳状液等也可采用特制灌囊机填充于空心胶囊中，必要时密封。

(3) 小剂量药物，应先用适宜的稀释剂稀释，并混合均匀。

(4) 胶囊剂应整洁，不得有黏结、变形、渗漏或囊壳破裂现象，并应无异臭。

(5) 胶囊剂的溶出度、释放度、含量均匀度、微生物限度等应符合要求。必要时，内容物包衣的胶囊剂应检查残留溶剂。

(6) 除另有规定外，胶囊剂应密封贮存，其存放环境温度不高于30℃，湿度应适宜，防止受潮、发霉、变质。

胶囊剂具有以下特点。

(1) 可掩盖药物的苦味及臭味，利于服用，有各种颜色或印字，美观实用。

(2) 在胃肠道中分散较快，生物利用度较高。

(3) 对光敏感或遇湿热不稳定的药物可提高其稳定性，如维生素、抗生素等可装入不透光的胶囊中，免受光线或湿热的影响。

(4) 可弥补其他固体剂型的不足。如对服用剂量小、难溶于水、胃肠道内不易吸收的药物，可使其溶于适当的油中，再制成软胶囊剂，以利吸收。当含油量高或液态的药物难以制成片剂时，也可制成胶囊剂。

但是下列情况不宜做成胶囊剂：药物的水溶液或稀乙醇溶液；易溶性药物如溴化物、碘化物、氯化物等以及小剂量的刺激性药物；风化性药物；吸湿性药物等。以上部分药物若加以改善，也有可能做成胶囊剂，如加入少量惰性油与吸湿性药物混匀后，即可延缓或预防胶囊壳变脆。

二、硬胶剂囊剂的制备

硬胶囊系指采用适宜的制剂技术，将药物或加适宜的辅料制成粉末、颗粒、小片、小丸、半固体或液体等，充填于空心胶囊中的胶囊剂。如诺氟沙星胶囊、达那唑胶囊、氟康唑胶囊、克拉霉素胶囊、红霉素肠溶胶囊等。又如：酮基布洛芬缓释胶囊，先制成微丸，包上一层缓释衣膜后再装入胶囊中即得。服用后，胶囊首先崩解，然后水分透过衣膜扩散至丸芯，酮基布洛芬从丸芯中缓慢溶解释放出来，即可达到缓释长效的作用。

（一）空心胶囊的制备

空心胶囊是由质硬而具有弹性的圆筒状囊帽和囊体两节紧密套合而成。通常有三种规格：透明（不含色素及二氧化钛）、半透明（含色素但不含二氧化钛）以及不透明（含二氧化钛）。制备空心胶囊的主要材料是明胶，可适当加入少量附加剂，如羧甲基纤维素钠、羟丙基纤维素、山梨醇或甘油等。为了增加美观、便于鉴别，也可加入各种食用染料着色。对光敏感的药物，可加遮光剂（如二氧化钛）制成不透光的空心胶囊。为了防止胶囊在贮存中发生霉变，可加入羟苯酯类作防腐剂。空心胶囊的制备过程大致可分为溶胶、蘸胶、干燥、脱模、截割及套合六个工序，可由自动化专业生产线来完成。空心胶囊可以实现轴向或环向印字，以使产品更易辨认。目前市场上的空心胶囊规格由大到小分为000号、00号、0号、1号、2号、3号、4号、5号共八种，一般常用的为0～3号。

由于明胶原料的特性，空心胶囊的水分一般为13%～16%。为防止胶囊因含水量变化而发黏、变形，空心胶囊不可贮存在高温、高湿条件下，也不宜存放在太冷或太干燥的环境下，否则空心胶囊会发脆，从而影响胶囊质量，造成充填故障。空心胶囊最好存放在暗处，温度保持在15～25℃，相对湿度为35%～65%。

（二）药物的充填

由于药物充填多用容积计量控制，当药物剂量和胶囊型号确定以后，其充填量靠计量盘的粉面高度和冲杆压力来进行调节。药物的密度、晶态、颗粒大小不同，所占的容积亦不同，故应按药物剂量所占容积来选用合适的空心胶囊。一般多凭经验或试装后选用适当号码的空心胶囊。

一般小量制备时，可用手工填充药物，大量生产时，则采用全自动胶囊填充机，如图7-6所示。它是一种间歇运转、多站孔塞计量的全自动胶囊充填机，基本可以符合GMP规范要求。间歇运转、多站孔塞计量原理使药柱在间歇旋转的计量盘内通过多次充填、压实最终送入胶囊下体，保证了剂量的准确。装量调节仅需旋转调节螺栓，改变冲杆高度，从而改变药柱的密度。硬胶囊壳由料斗经顺序叉、导槽自动排序，进入模块，并由真空自动将其拨开。典型机器为德国BOSCH产品，可准确地完成胶囊分布、帽体分离、药物充填、废品剔除、帽体锁合、成品推出等机械动作。

使用胶囊充填机生产时，先在胶囊漏斗中加入空心胶囊，在料斗中加入充填药粉，点动试车，根据装量调整好药物粉面高度与冲杆高低，直至合格后方可正式充填。充填物料的流动性和吸湿性会影响胶囊剂的装量差异。物料流动性好，则装量准确；吸湿量大，则物料黏滞性加强，容易发生“塞粉”现象。充填间的温度一般应控制在20～24℃，相对湿度为45%～55%。在充填过程中，混匀的药粉由于各成分的物理性质不同，可能出现分层现象，可加适量的润滑剂如聚乙二醇、微粉硅胶、硬脂酸镁、硬脂酸、滑石粉及淀粉等，以改善其流动性，增加堆密度，以减少分层。如阿司匹林加玉米淀粉、盐酸奎宁加硬脂酸镁、氯化钠加滑石粉均可减少分层，且形成自由流动的粉末。此外，在充填过程中，应注意检查胶囊外观、装量及机器运转情况等。

目前国内的充填机制造厂家，多为沿用德国BOSCH公司20世纪70年代末和80年代初的GKF系列充填机的工作原理（如GKF400、GKF800、GKF1500），其优点是：每粒胶囊内的药物是经过5次充填完成的，药物充填精度较高。但是国内充填机的制造厂家，由于受市场销售价格、技术设计水平、加工工艺水平、机械加工精度以及元器件、原材料和外购辅助设备的限制，使得国产全自动胶囊充填机的技术水平多数仍未达到理想的设计水平。在生产使用中比较集中地存在下列几个问题：①在充填室内，设备运行时药物的摔粉量大，粉尘污染比较严重；②设备运行时震动、噪声较大，部分零配件磨损较快；③电控系统可靠性不高，机器的调整、清理繁琐；④产品型号单一、各项功能不完善，外观质量尚待提高。令人欣慰的是，许多充填机制造厂家已经开始着手解决上述问题。

空心胶囊的囊体、囊帽两节套合方式有平口与锁口两种。例如，苏州胶囊有限公司生产的Coni-Snap^{TM}胶囊即为锁口型空心胶囊，药物填充后，囊体和囊帽会立即咬合锁口，药物不易泄漏，空气也不易在缝间流通。此外，还有一种安全型胶囊，当胶囊的帽体一旦锁定

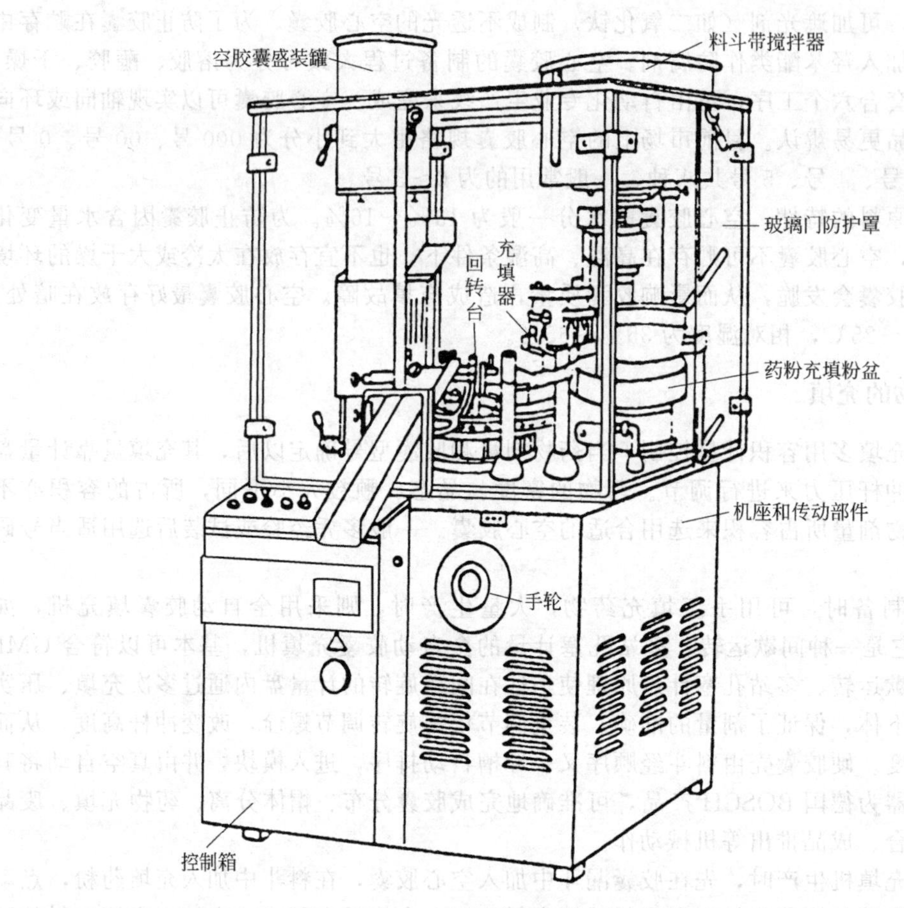

图 7-6 全自动胶囊填充机示意图

后，就很难不经破坏而把胶囊打开，从而非常有效地防止胶囊中的药物被替换，故具有良好的防伪性和安全性。

三、软胶囊剂的制备

软胶囊剂系指将一定量的液体药物直接包封，或将固体药物溶解或分散在适宜的赋形剂中制成溶液、混悬液、乳状液或半固体，密封于球形或椭圆形的软质囊材中的胶囊剂。软胶囊剂可用滴制法或压制法制备。软质囊材是由胶囊用明胶、甘油或其他适宜的药用材料单独或混合制成。在软胶囊内药物释放快，生物利用度高，并有明显的可塑性和弹性，经唾液润湿后可方便吞服。

（一）软胶囊剂的性质

软胶囊剂的主要特点是可塑性强、弹性大。软质囊材的弹性与明胶、增塑剂及水之间的比例有关。在选择软质囊材硬度时，应考虑到欲充填药物的性质以及药物与软质囊材之间的相互影响，在选择增塑剂时亦应考虑药物的性质，常用的增塑剂为甘油、山梨醇或甘油与山梨醇的混合物。

软质囊材中可以充填各种油类或对明胶无溶解作用的液体药物、药物溶液或固体分散于液体中的混悬液，也可充填固体药物或固体分散体。若药物可能吸水时，软质囊材本身含有的水可能转移到药物中，可考虑在药物中保留约 5% 的水分。充填药物后的软质囊材太干时，药物中含有的水也可能会转移到胶囊壳中，通常可考虑用油作为药物的溶剂或混悬液的介质，然后再充填于软质囊材中。

（二）软胶囊大小的选择

软胶囊的形状有球形（亦称胶丸）、椭圆形等多种。软胶囊容积一般要求应尽可能小，充填的药物一般为一个剂量。混悬液做成软胶囊剂时，所需软胶囊的大小，可用“基质吸附率”来决定。基质吸附率系指将1g固体药物制成填充胶囊的混悬液时所需液体基质的克数。影响固体药物基质吸附率的因素有固体药物的粒子大小、形状、物理状态（纤维状、无定形、结晶状）、密度、含湿量以及亲油性或亲水性等。

通常口服或局部应用的软胶囊剂中填充混悬液时，混悬液的分散介质常用植物油或PEG400。混悬液中还应含有助悬剂。对于油状基质，通常使用的助悬剂是10%～30%油蜡混合物，其组成为：氢化大豆油1份，黄蜡1份，熔点为33～38℃的短链植物油4份；对于非油状基质，则常用1%～15%PEG4000或PEG6000。有时可加入抗氧剂、表面活性剂来提高软胶囊剂的稳定性与生物利用度。

（三）软胶囊剂的制备

软胶囊剂的制备方法可分为滴制法与压制法两种。生产软胶囊时，成型与填充药物都是同时进行的。

1.滴制法

利用明胶与油状药物为两相，通过滴制机的喷头使两相按不同速度喷出，使一定量的明胶液将定量的油状液包裹后，滴入另一种不相混溶的冷却液中，明胶液在冷却液中因表面张力作用而形成球形，并逐渐凝固而成软胶囊剂（图7-7）。如亚油酸、浓缩鱼肝油和安妥明等胶丸都属于这类。

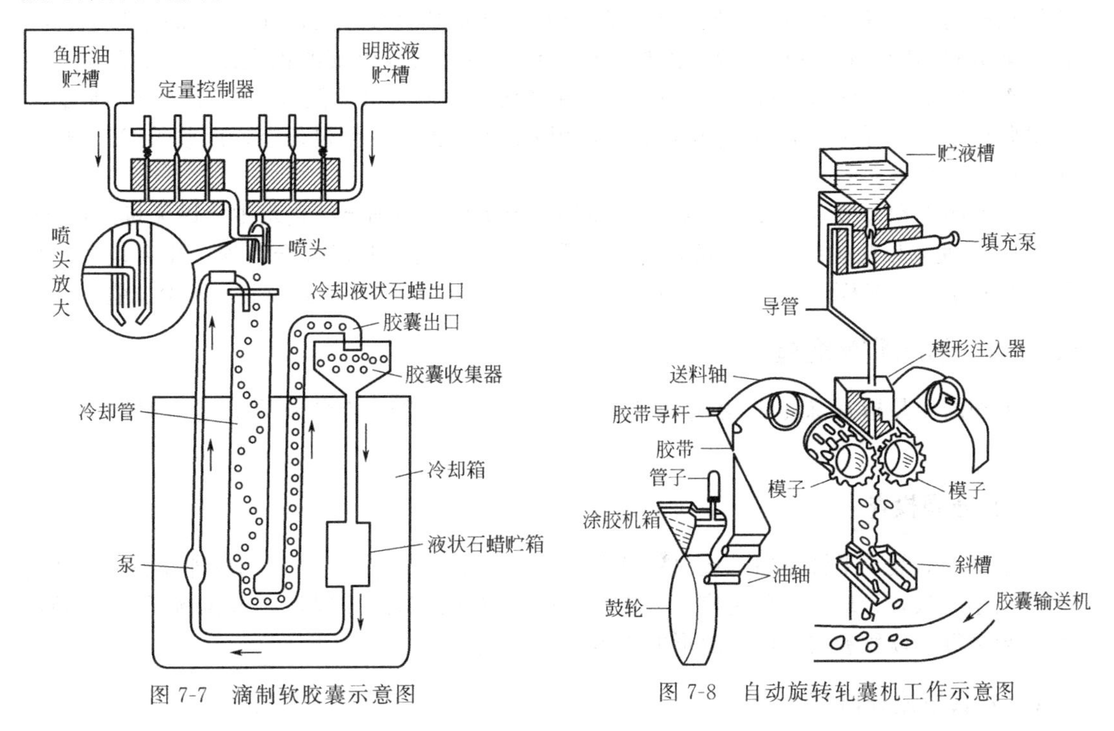

图7-7　滴制软胶囊示意图　　图7-8　自动旋转轧囊机工作示意图

影响滴制软胶囊质量的因素主要有：胶液的组成与黏度，药液、胶液及冷却液三者的密度与温度等。其中胶液的组成以明胶：甘油：水＝1：(0.3～0.4)：(0.7～1.4) 为宜，否则胶囊壳过软或过硬。药液、胶液及冷却液三者密度应能保证软胶囊在冷却液中有一定的沉降速度，又有足够时间使之冷却成型。以鱼肝油软胶囊为例，液状石蜡冷却液的密度为0.86g/ml，药液为0.9g/ml，胶液为1.12g/ml。胶液、药液应保持60℃，喷头处应为75～80℃，冷却液应为13～17℃，软胶囊干燥温度应为20～30℃，且配合鼓风条件。

2. 压制法

压制法系用明胶与甘油、水等溶解后制成胶板（或胶带），再将药物置于两块胶板之间，用钢模压制成型。在连续生产时，可采用自动旋转轧囊机，如图7-8所示。它是制备软胶囊的自动生产线，采用变频调速技术可使主机的滚模在一定范围内无级变速；同时采用温控装置按需要温度任意调节。由机器自动制出的两条胶带以连续不断的形式，向相反方向移动，到达旋转模之前逐渐接近，一部分经加压结合，此时药液从填充泵经导管由楔形注入管压入两胶带之间。由于旋转模不停地转动，遂将胶带与药液压入模的凹槽中，使胶带全部轧压结合，将药物包于其中而成软胶囊剂，剩余的胶带自动切断分离，药液的数量可由填充泵准确控制。

四、肠溶胶囊剂的制备

肠溶胶囊剂系指硬胶囊或软胶囊是用适宜的肠溶材料制备而得，或用经肠溶材料包衣的颗粒或小丸充填胶囊而制成的胶囊剂。肠溶胶囊不溶于胃液，但能在肠液中崩解而释放活性成分。除另有规定外，照释放度检查法［《中国药典》(2010年版) 附录Ⅹ D］检查，应符合规定。

以前肠溶胶囊的制备多采用甲醛浸渍法处理，使甲醛与明胶起缩合反应，形成甲醛明胶，由于明胶分子中的氨基已被缩合，所以其失去与酸结合的能力而不溶于胃液，但由于仍含有羧基，故能在肠液等碱性介质中溶解而释药。但这类产品的肠溶性与甲醛的浓度、甲醛与胶囊接触的时间以及制成肠溶胶囊剂成品的贮存时间等因素有关，导致产品质量不稳定，现已逐渐被CAP及丙烯酸树脂等肠溶材料所替代。用明胶或海藻酸钠先制成空心胶囊，再涂上肠溶材料如CAP等，然后充填药物，再用肠溶性胶液封口。但由于CAP对光滑胶囊表面的黏附性较差，可先用PVP包底衣层，再用CAP等肠溶材料包外层，以改善CAP包衣后的“脱壳”缺点。

中国发明专利公报（1988年）报道，将肠溶丙烯酸树脂加至纯化水中，以无机碱调pH值至7～8，使丙烯酸树脂完全溶解，再加入明胶，水浴熔化制成混合胶液，用囊模蘸制成肠溶胶囊；也可用囊模蘸取混合胶液制成毛坯，再包一次丙烯酸树脂而制成肠溶胶囊。

五、胶囊剂的质量检查

胶囊剂的质量检查除主药含量测定外，还应检查外观、装量差异及崩解时限、溶出度等。

（一）外观检查

取胶囊100粒，平铺于白纸或白瓷盘上，于自然光亮处检视。胶囊剂应外观整洁，颜色均匀，大小一致，无斑点。胶囊应无粘连、变形、破裂、漏药等现象，内容物不应有结块、霉变、异臭等。软胶囊的气泡和畸形丸不得超过5%。

（二）装量差异检查

除另有规定外，取胶囊20粒，分别精密称定重量后，倾出内容物（不得损失囊壳），硬胶囊用小刷或其他适宜用具拭净，软胶囊用乙醚等易挥发性溶剂洗净，置通风处使溶剂自然挥尽，再分别精密称定囊壳重量，求出每粒内容物的装量与平均装量。每粒的装量与平均装量（或标示装量）相比较，超出装量差异限度的胶囊不得多于2粒，并不得有1粒超出限度的1倍。《中国药典》（2010年版）对胶囊的装量差异限度规定如下：平均装量为0.30g以下的，其装量差异限度为±10%；平均装量为0.30g或0.30g以上的，其装量差异限度为±7.5%。中药胶囊剂的装量差异限度均为±10%以内。

（三）崩解时限检查

除另有规定外，照《中国药典》（2010年版）附录Ⅹ A崩解时限检查法检查：硬胶囊剂应在30min内全部崩解；软胶囊剂应在1h内全部崩解。如有一粒不能完全崩解，应另取6粒，按上述方法复试，均应符合规定。软胶囊剂可在人工胃液中进行检查。肠溶胶囊剂的崩解时限，应先在0.1mol/L盐酸溶液中检查2h，然后再在人工肠液中进行检查，应在1h内全部崩解。

凡检查溶出度或释放度的胶囊剂可不再检查崩解时限。

六、胶囊剂的包装与贮藏

胶囊剂易受温度与湿度的影响，常采用密封性能好、透湿系数小的铝塑包装或铝铝包装，大量生产时可应用铝塑或铝铝泡罩包装机。该机可完成吹泡、热封、压痕、冲截等操作，要求铝箔与PVC硬片或硬铝复合严密、平整、网纹清晰、不起皱，泡罩应完整、光洁。因高湿度易使包装不良的胶囊剂变软、发黏、膨胀或发霉、变质等，所以胶囊剂应贮存在阴凉干燥处。此外，水分易使胶囊壳本身原有的结构发生变化，若长期贮藏于高湿度环境中，崩解时间明显延长，溶出速率也会发生较大变化。

七、胶囊剂的制备举例

例7-6：麦迪霉素胶囊（规格：0.1g）

处方：麦迪霉素　　100g　　（主药）
　　干淀粉　　25g　　（填充剂）
　　乳糖　　15g　　（填充剂）
　　滑石粉　　10g　　（助流剂）
　　十二烷基硫酸钠　　1g　　（润湿剂）

制法：将处方量的十二烷基硫酸钠采用倍量稀释法与滑石粉、乳糖、干淀粉混合均匀后，再与麦迪霉素一起置于混合机中混合均匀，经检验合格后，将粉末直接充填胶囊，包装，即得成品。

适应证：本品为大环内酯类抗生素，主要用于金黄色葡萄球菌、溶血性链球菌、肺炎球菌等敏感菌所致的呼吸道感染及皮肤、软组织感染，也可用于支原体肺炎。

例7-7：蛇胆川贝胶囊

处方：胆汁　　49g
　　川贝母　　295g

制法：以上两味，川贝母粉碎成细粉，与蛇胆汁混匀，干燥，粉碎，过筛，装入胶囊，制成1000粒，即得。

性状：本品为硬胶囊，内容物为浅黄色至浅棕色的粉末；味甘、微苦。

功能与主治：清肺，止咳，除痰。用于肺热咳嗽，痰多。

用法与用量：口服。一次1～2粒，一日2～3次。

规格：每粒装 0.3g。

贮藏：密封。

例 7-8：月见草油软胶囊（规格：0.5g）

处方：月见草油　　　　5000g

　　　维生素 E　　　　500g

制法：① 称取处方量的各组分，置球磨机中混合均匀；

② 将明胶液熔化后，于 68℃保温 1h；

③ 用自动旋转轧囊机制备软胶囊；

④ 于 38℃干燥后包装，即得成品。

适应证：本品用于防止动脉粥样硬化、高脂血症等。

基本训练题

一、名词解释

1. 散剂　2. 颗粒剂　3. 胶囊剂

二、单项选择题

1. 下列哪一条不符合散剂制备方法的一般规律（　　）。

A. 组分数量差异大者，采用等量递加混合法

B. 组分堆密度差异大时，堆密度小者先放入混合器中，再放入堆密度大者

C. 含低共熔组分时，应避免共熔

D. 剂量小的毒剧药，应制成倍散

E. 含液体组分，可用处方中其他组分或吸收剂吸收

2. 密度不同的药物在制备散剂时，采用何种混合方法最佳（　　）。

A. 等量递加法　　B. 多次过筛　　C. 将轻者加在重者之上

D. 将重者加在轻者之上　　E. 搅拌

3. 颗粒剂质量检查不包括（　　）。

A. 干燥失重　　B. 粒度　　C. 溶化性

D. 热原检查　　E. 装量差异

4. 对散剂特点的错误表述是（　　）。

A. 比表面积大、易分散、奏效快

B. 便于小儿服用　　C. 制备简单、剂量易控制

D. 外用覆盖面大，但不具保护、收敛作用

E. 贮存、运输、携带方便

5. 胶囊剂不检查的项目是（　　）。

A. 装量差异　　B. 崩解时限　　C. 硬度

D. 水分　　E. 外观

6. 工业筛筛孔数目即目数习惯上指（　　）。

A. 每厘米长度上筛孔数目

B. 每平方米面积上筛孔数目

C. 每英寸长度上筛孔的数目

D. 每平方英寸面积上筛孔数目

E. 每市寸长度上筛孔数目

三、多项选择题

1. 有关硬胶囊剂的正确表述是（　　）。

A. 药物的水溶液盛装于明胶胶囊内，以提高其生物利用度
B. 可掩盖药物的苦味及臭味
C. 只能将药物粉末填充于空胶囊中
D. 空胶囊常用规格为0～3号
E. 胶囊可用CAP等材料包衣制成肠溶胶囊

2. 粉碎的目的是（　　）。
A. 便于提取　　B. 为制备药物剂型奠定基础
C. 便于调剂　　D. 便于服用
E. 有利于药物溶解与吸收

3. 下列所述混合操作应掌握的原则，哪些是对的（　　）。
A. 组成比例相似者直接混合
B. 组成比例差异较大者应采用等量递加法加以混合，以求量少者能均匀分布
C. 堆密度差异较大者，混合时堆密度小的在上，大的在下，用力宜轻
D. 粉碎度差异较大者，需适当延长混合时间
E. 色泽差异较大者，应采用打底套色法

4. 易风化药物可使胶囊壳（　　）。
A. 变脆破裂　　B. 溶化　　C. 变软
D. 相互粘连　　E. 变色

5. 下列关于药材粉碎度原则的叙述，哪些是正确的（　　）。
A. 不同质地药材选用不同粉碎方法，即施予不同机械力
B. 不得因粉碎改变药物组成和药理作用，药用部位应全部粉碎备用，不得弃去不易粉碎部位
C. 只需粉碎到需要的粉碎度，以免浪费人力、物力和时间，影响后处理
D. 适宜粉碎，不时筛分，提高粉碎效率，保证均匀度
E. 粉碎毒物或刺激性较强的药物时，应严格注意劳动保护和安全技术

四、简答题

1. 颗粒剂的质量检查项目有哪些？
2. 软胶囊剂的制备方法有几种？并简述其制备原理。
3. 简述颗粒剂的制备工艺流程。

第八章 片剂

学习与能力目标

通过本章的学习，学生应识记片剂的含义、分类，知晓质量要求。熟记片剂四大主要类别的辅料。理解各常用辅料的性质、特点、用途、使用范围与用量范围。熟记片剂的制备方法与生产工艺流程。能熟练操作单冲压片机。能正确分析片剂处方中各辅料的作用，能设计简单的片剂处方和生产工艺流程。能知道包衣的目的，包糖衣与薄膜衣的生产工艺流程。能解决压片及包衣过程中可能出现的问题和解决办法。知晓片剂的常用的生产设备及操作要求。为今后在片剂各个岗位工作打下坚实的基础。

知识要求

掌握片剂含义、处方的一般组成，片剂辅料的分类及常用辅料的种类、性质、特点、用途。

掌握湿法制粒压片的一般过程，掌握单冲压片机的操作方法。

熟悉片剂的制备工艺过程。

熟悉片剂的质量要求及质量检查方法。

熟悉片剂的包衣种类、一般过程及包衣目的。

熟悉压片过程出现的问题及解决办法。

了解片剂的种类、特点、应用，了解旋转压片机、包衣机的构造与使用方法。

第一节 概 述

片剂（tablets）系指药物与适宜的辅料混匀压制而成的圆片状或异形片状的固体制剂。中药片剂系指提取物、提取物加饮片细粉或饮片细粉与适宜辅料混匀压制或用其他适宜方法制成的圆片状或异形片状的制剂，有浸膏片、半浸膏片和全粉片等。片剂以口服普通片为主，另有含片、舌下片、口腔贴片、咀嚼片、分散片、可溶片、泡腾片、阴道片、阴道泡腾片、缓释片、控释片与肠溶片等。

片剂主要供口服应用，也可供外用。由于片剂具有使用方便、质量稳定、生产机械化程度高等优点，片剂已成为目前临床上应用最广泛的药物制剂之一。许多散剂、丸剂以及汤剂、浸膏剂等也改制成片剂应用。

片剂是在丸剂的基础上发展起来的，它创始于19世纪40年代，到19世纪末，由于压片机的出现和不断改进，片剂的生产和应用已得到了迅速发展。近几十年来，随着近代科学技术的发展，片剂生产的新技术与新设备不断涌现，如流化喷雾制粒和球形制粒、粉末直接压片、铝塑热封复合包装及生产工序联动化等，特别是许多新型辅料和新剂型的研制和使用(如缓释片、控释片、微囊片、渗透泵片等)，使得片剂在临床上应用更加广泛。

片剂在生产与贮藏期间应符合下列规定。

(1) 药与辅料混合均匀。含药量小或含毒、剧药物的片剂，应采用适宜方法使药物分散均匀。

(2) 挥发性或对光、热不稳定的药物，在制片过程中应遮光、避热，以避免成分损失或失效。

(3) 压片前的物料或颗粒应控制水分，以适应制片工艺的需要，防止片剂在贮存期间发霉、变质。

(4) 口腔贴片、咀嚼片、分散片、泡腾片等根据需要可加入矫味剂、芳香剂和着色剂等附加剂。

(5) 为增加稳定性、掩盖药物不良嗅味、改善片剂外观等，可对片剂进行包衣。必要时，薄膜包衣片剂应检查残留溶剂。

(6) 外观应完整光洁，色泽均匀，有适宜的硬度和耐磨性，以免包装、运输过程中发生磨损或破碎，除另有规定外，对于非包衣片，应符合片剂脆碎度检查法的要求。

(7) 溶出度、释放度、含量均匀度、微生物限度等应符合要求。

(8) 除另有规定外，片剂应密封贮存。

一、片剂的分类

片剂以口服普通片为主，也有含片、舌下片、口腔贴片、咀嚼片、分散片、泡腾片、阴道片、速释片、缓释片、控释片与肠溶片等。按其制备和使用方法分类如下。

（一）按制备方法不同分类

1. 单压片

单压片系指药物与适宜的辅料均匀混合后，通过制粒（或不制粒）再用压片机压制而成的片剂。常用的未包衣的片剂多属于此类，如葡萄糖酸钙片、硫酸阿托品片等。

2. 层压片

层压片系指药物与适宜的辅料均匀混合后，通过一次以上压制而成的片剂，也称复压片。此类片剂又有两种：一种是上下两层或多层；另一种是将一种物料压制成片芯，再将另一种物料包在片芯外，形成片中有片的结构。因各层中所含的药物不同，可呈现多种疗效，也可延长疗效。如由速释和缓释两种颗粒压制的双层复方茶碱片等。

3. 包衣片

包衣片系指在压制片（片芯或素片）外面包上保护薄膜的片剂。按包衣物料不同可分为糖衣片、薄膜衣片、肠溶衣片等。如红霉素肠溶片、盐酸小檗碱薄膜衣片等。

4. 纸型片

纸型片系指药物均匀地吸附于可溶性滤纸上而制成的一种专供口服的纸质片状制剂。因存在吸附不均匀及每片主药含量过小等缺点，现已少用。

（二）按使用方法不同分类

1. 内服片

内服片系指供口服，通过胃肠道吸收而发挥作用的片剂。此类片剂应用最广泛，如普通的压制片、包衣片等。

2. 含片

含片系指含于口腔中缓慢溶化产生局部或全身作用的片剂。含片中的药物应是易溶性的，主要起局部消炎、杀菌、收敛、止痛或局部麻醉作用。

含片的溶化性照崩解时限检查法［《中国药典》（2010 年版）附录Ⅹ A］检查，除另有规定外，10min 内不应全部崩解或溶化。

3. 舌下片

舌下片系指置于舌下能迅速溶化，药物经舌下黏膜吸收发挥全身作用的片剂。舌下片中的药物和辅料应是易溶的，主要用于急症的治疗。

舌下片照崩解时限检查法［《中国药典》（2010 年版）附录Ⅹ A］检查，除另有规定外，应在 5min 内全部溶化。

4. 口腔贴片

口腔贴片系指粘贴于口腔，经黏膜吸收后起局部作用或全身作用的速释或缓释片剂。

口腔贴片应进行溶出度或释放度检查。

5. 咀嚼片

咀嚼片系指于口腔中咀嚼后吞服的片剂。咀嚼片一般应选择甘露醇、山梨醇、蔗糖等水溶性辅料作填充剂和黏合剂。咀嚼片的硬度应适宜。

6. 分散片

分散片系指在水中能迅速崩解并均匀分散的片剂。分散片中的药物应是难溶性的。分散片可加水分散后口服，也可将分散片含于口中吮服或吞服。

分散片应进行溶出度和分散均匀性检查。

7. 可溶片

可溶片系指临用前能溶解于水的非包衣片或薄膜包衣片剂。可溶片应溶解于水中，溶液可呈轻微乳光。可供口服、外用、含漱等用。

8. 泡腾片

泡腾片系指含有碳酸氢钠和有机酸，遇水可产生气体而呈泡腾状的片剂。

泡腾片中的药物应是易溶性的，加水产生气泡后应能溶解。有机酸一般用枸橼酸、酒石酸、富马酸等。

9. 阴道片与阴道泡腾片

阴道片与阴道泡腾片系指置于阴道内应用的片剂。阴道片和阴道泡腾片的形状应易置于阴道内，可借助器具将阴道片送入阴道。阴道片为普通片，在阴道内应易溶化、溶散或融化、崩解并释放药物，主要起局部消炎杀菌作用，也可给予性激素类药物。具有局部刺激性的药物，不得制成阴道片。

阴道片照融变时限检查法［《中国药典》（2010 年版）附录Ⅹ B］检查，应符合规定。

阴道泡腾片照发泡量检查，应符合规定。

10. 缓释片

缓释片系指在规定的释放介质中缓慢地非恒速释放药物的片剂。缓释片应符合缓释制剂的有关要求［《中国药典》（2010 年版）附录ⅪⅩ D］并应进行释放度检查。如氨茶碱缓释片等。

11. 控释片

控释片系指在规定的释放介质中缓慢地恒速释放药物的片剂。控释片应符合控释制剂的有关要求［《中国药典》（2010 年版）附录ⅪⅩ D］并应进行释放度检查。

12. 肠溶片

肠溶片系指用肠溶性包衣材料进行包衣的片剂。为防止药物在胃内分解失效、对胃的刺激或控制药物在肠道内定位释放，可对片剂包肠溶衣；为治疗结肠部位疾病等，可对片剂包结肠定位肠溶衣。

肠溶片除另有规定外，应进行释放度检查。

13. 其他

尚有植入片、皮下注射用片等。

二、片剂的特点

片剂的特点是：①能用机械化设备大量生产，产量高，成本低，卫生条件易于控制，易达到 GMP 的要求；②分剂量准确，每片含量差异较小，病人可按片服用，剂量准确；③受空气、湿气影响小，理化性质稳定，能较长时间贮存不易变质；④体积小，便于携带、运输、贮存、服用；⑤可通过包衣等方法来改善药物的恶臭、异味及易氧化、易引湿、有刺激性等缺点；⑥可在片面上压出主药名称或上不同色泽以区别，避免差错等；⑦可采用特殊的技术制成缓释、控释等新制剂。但片剂尚存在一些不足之处，如溶出度较低、生物利用度较差、婴幼儿和昏迷病人不易吞服、长时间贮存往往易变硬、不易崩解而影响疗效等缺点。

三、片剂的质量要求

根据《中国药典》（2010 年版）二部制剂通则附录Ⅰ A 片剂规定，片剂的质量要求是：①一般要求含量准确，硬度适宜，色泽均匀，完整光洁，在规定贮藏期内不得变质；②重量差异、崩解时限、溶出度或释放度、含量均匀度等应符合规定；③应符合微生物限度检查的要求。

第二节　片剂的辅料

片剂的辅料系指片剂中除主要药物以外的附加物料，也称赋形剂。在片剂的制备过程中，要求物料具有一定的流动性、黏着性和润滑性，以便药物能定量地填充到膜圈中去，压制成型，并最终能顺利地脱离冲膜，不黏冲头。此外，片剂的外表应光洁美观，且具有一定的崩解性及硬度等，遇体液迅速崩解、溶解、吸收而发挥疗效。然而，药物本身实际上很少具备以上性能，因此，在制备片剂时，必须添加适宜的辅料，以便压制合格的片剂。

片剂主要辅料根据其在片剂制备过程中所起作用不同，可分为稀释剂和吸收剂、润湿剂和黏合剂、崩解剂、润滑剂四大类。有些辅料往往兼有几种作用，如淀粉可作稀释剂和吸收剂、崩解剂，故应掌握各种辅料的特点，灵活选用。

一、稀释剂和吸收剂

稀释剂系指用于增加片剂重量与体积，有利于成型和分剂量的辅料。吸收剂系指用于吸收物料中液体成分的辅料。两者统称填充剂。凡主制剂量过小，压片有困难者，常需加入一定量的稀释剂以增加片重。凡原料中含有较多的油类或其他液体，则需加入一定量的吸收剂。选择的填充剂应能增进处方组分的黏结性和流动性。常用的稀释剂和吸收剂有以下几种。

1. 淀粉

为白色细腻的粉末，不溶于水与乙醇，在空气中很稳定，吸湿而不潮解，与大多数药物不起作用，是片剂中最常用的稀释剂、吸收剂及崩解剂。单独使用作稀释剂时，黏性较差，制成的片剂较疏松，若与糖粉、糊精合用，可增加其黏着性，并可增加片剂的硬度。淀粉的种类较多，其中主要有玉米淀粉，其杂质少，色泽好，吸湿性小，价廉易得。

2. 糊精

糊精是淀粉的水解产物，为白色或微黄色粉末。在冷水中溶解较慢，较易溶于热水，不溶于乙醇。用作某些不宜用淀粉制粒时的填充剂。糊精具有较强的黏结性，用量过多时，可用乙醇作润湿剂，并应严格控制润湿剂用量，否则会使颗粒过硬而致片剂崩解迟缓，并造成片面出现麻点、水印等。

3. 糖粉

糖粉为蔗糖结晶粉碎而制成的细微粉末，色白、味甜。常用作稀释剂，兼有矫味和黏合作用。以糖粉作稀释剂时，可减少贮存时的麻点、松散等现象，但其有一定的吸湿性，用量不宜过多，否则片剂在贮存期间逐渐变硬，影响片剂中药物的溶出度。

4. 乳糖

乳糖为白色结晶粉末，性质稳定，与大多数药物不起作用。常用含1分子结晶水的结晶乳糖，是片剂中较为理想的填充剂。但由于我国乳糖产量少、价格贵，故少用。一般可用淀粉、糊精、糖粉三者以7：1：1的比例混合代替乳糖。

5. 硫酸钙

硫酸钙为白色或微黄色细粉，性质稳定，与大多数药物不起作用。制成的片剂外表光洁，硬度、崩解度均好，常作片剂的稀释剂和挥发油的吸收剂。但主药在胃肠道吸收有干扰时，不宜使用。

6. 甘露醇

甘露醇为白色结晶性粉末，无臭，味甜。与蔗糖配合应用，在口中有凉爽甜味感，常作咀嚼片的稀释剂。

7. 可压性淀粉

可压性淀粉亦称为预胶化淀粉，是新型的药用辅料。本品是多功能辅料，作为填充剂，既具有良好的流动性、可压性、自身润滑性和干燥黏合性，又有较好的崩解作用。

8. 微晶纤维素

微晶纤维素是纤维素部分水解而制得的聚合度较小的结晶性纤维素。为白色或类白色的多孔性微晶状颗粒或粉末，具高度变形性，无臭、无味，不溶于水和酸，微溶于碱液中。具有良好的可压性、流动性，为片剂良好填充剂和可作为粉末直接压片的“干燥黏合剂”。片剂中含20%微晶纤维素时崩解较好。

9. 其他

如白陶土、碳酸镁、碳酸氢钙、氢氧化铝等均可作稀释剂和吸收剂。

二、润湿剂和黏合剂

润湿剂系指可使物料润湿以产生足够强度的黏性液体，如纯化水、乙醇等。润湿剂本身无黏性，但可润湿压片用的物料并诱发物料本身的黏性，使其聚结成软材并制成颗粒。黏合剂是指能使无黏性或黏性不足的物料聚结成颗粒或压缩成型的具有一定黏结力的固体粉末或溶液，如淀粉浆、糖浆、胶浆等。常用的润湿剂和黏合剂有以下几种。

1. 纯化水

适用于遇水稳定、具有潜在黏性的物料。

2. 乙醇

本品无黏性。凡药物具有潜在黏性但遇水易变质、润湿后黏性过强使制粒困难，以及湿粒干燥后颗粒过硬不易崩解，均应选用适宜浓度的乙醇作润湿剂。一般常用30%～90%乙醇。如药物的水溶性较大或室温较高时，宜用高浓度乙醇作润湿剂，反之则用低浓度乙醇。用乙醇作润湿剂，制粒时宜迅速搅拌混合，立即进行制粒，并迅速干燥，以减少乙醇的挥发损失。

3. 淀粉浆

淀粉不溶于水，但加水后加热至70℃能糊化而成黏稠状液体，即淀粉浆，俗称淀粉糊。常用的浓度为5%～15%，通常用10%。淀粉浆的调制方法有两种：一种为煮浆法，即将淀粉混悬于全部水中，在蒸汽夹层锅内，边搅拌边加热，使呈半透明的糊状（不宜直火加热，以免焦化而在压片时形成色点），此法适用于大量生产；另一种为冲浆法，即取淀粉加入少量水（1～1.5倍量），搅匀，然后根据浓度要求冲入一定量的沸水，随加随搅拌，使呈半透明的糊状，此法适用于大量制浆。淀粉浆放冷后黏性增加，故加浆时要视药物和辅料对热的稳定性，一般淀粉浆温度在85℃左右加入较适宜，在搅拌过程中逐渐冷却，黏性增大，使各组分黏合成软材，便于压片。

4. 糊精

糊精能溶于沸水中成胶状溶液。常作干燥黏合剂，润湿后可产生一定的黏性。也可配成10%糊精浆与10%淀粉浆合用。糊精浆的黏性较弱，其作用主要是使药粉表面黏合，故不适用于纤维性或弹性大的药物。

5. 糖粉和糖浆

常用作填充剂和黏合剂。糖粉不仅在润湿时有黏合作用，干燥情况下也有黏合作用，故可作干燥黏合剂。糖粉黏性较强，适用于质地疏松、纤维素较多的中药材和易失去结晶水药物的片剂制粒，但不宜用于强酸强碱性药物，以免加速蔗糖水解后生成转化糖，导致其引湿性增加，不利于制粒和压片，并且制成的片剂在贮存时易变质。糖浆浓度愈高，制成片剂的硬度愈大，常用糖浆的浓度一般为10%～70%，糖浆的黏合力较淀粉浆强，且能渗入粉末组织内部。一般常和淀粉混合使用。

6. 纤维素衍生物

主要用作片剂的黏合剂和崩解剂。主要品种有甲基纤维素（MC）、羧甲基纤维素钠（CMC-Na)、乙基纤维素（EC）、羟丙基甲基纤维素（HPMC）等。既可用其干燥的粉末，又可用其溶液，应根据药物性质选择恰当黏性的溶液作黏合剂。常用的浓度为2%～10%。用纤维素衍生物作黏合剂时，需注意片剂崩解度的问题，避免由于黏性过强而使片剂不易崩解。乙基纤维素的醇溶液，可用于对水敏感的药物作黏合剂，但对片剂的崩解和药物的释放有阻碍作用，有时也可用作缓释制剂的辅料。

7. 微晶纤维素

微晶纤维素系指纤维素部分水解而成的聚合度较小的结晶纤维素，是一良好的填充剂和干燥黏合剂，并具有较好的流动性和崩解作用，常作粉末直接压片的助流剂。

8. 胶浆类

胶浆类黏性强，制成的片剂硬度大，适用于容易松片以及不能用淀粉浆制粒的药物。常用的有10%～20%明胶溶液、10%～25%阿拉伯胶溶液等。

9. 其他

如海藻酸钠、聚乙二醇、聚乙烯吡咯烷酮（PVP）、硅酸镁铝等也可作黏合剂。

三、崩解剂

崩解剂系指能促进片剂在胃肠道中迅速崩解成小粒子或粉末的辅料。因为即使是很容易在水中溶解的药物，由于受到较大压力压成片剂后，孔隙率很小，结合力较强，故在水中溶解或崩解需要一定的时间。为了使片剂能发挥良好的疗效，除需要药物缓慢释放的含片、舌下含片、长效片等外，一般均需加入崩解剂。

崩解剂多为亲水性物质，有良好的吸水性和膨胀性。其崩解机制，一般认为：当口服片剂后，药片在胃肠道中与胃肠液接触时，首先片剂表面被湿润，接着通过毛细管作用，使水分进入片剂内部，导致崩解剂吸水并膨胀，促使片剂崩裂成碎片，从而增加了片剂的总表面积，因此加速了片剂中药物的溶出度，有利于药物的吸收。

崩解剂的加入方法有四种：①将崩解剂与主药混合后共同制粒，常称为内加法；②将崩解剂加入到干颗粒中，混匀后再压片，常称为外加法；③将部分崩解剂与主药混合制粒，部分崩解剂在压片前加到干颗粒中混匀再压片，常称为混合加入法；④将崩解剂单独制粒后，在压片前与主药颗粒混匀再压片。

常用的崩解剂有以下几种。

1. 干淀粉

淀粉在片剂颗粒间形成毛细管，由于毛细管的吸水作用和其本身的吸水膨胀作用，可加速片剂的崩解，是最常用的崩解剂。在使用前，一般需将淀粉在100～105℃干燥1h，使水分控制在8%～10%，以增加崩解效果。

2. 羧甲基淀粉钠（CMS-Na）

羧甲基淀粉钠为白色无定形粉末，具有良好的吸水性和膨胀性，充分膨胀后体积可增大200～300倍，一般用量为1%～8%。由于其流动性好，可用于粉末直接压片，是一种优良的崩解剂（国外产品的商品名为“Primojel”）。

3. 预胶化淀粉

可代替淀粉制备淀粉浆用。其黏性较一般淀粉浆略强。其优点是溶于温水中即可成浆，不需煮沸。

4. 羟丙基淀粉

可作崩解剂或黏合剂。本品在水中溶胀性好，糊化温度比淀粉低，压缩性、崩解性均较好。

5. 低取代羟丙基纤维素（L-HPC）

低取代羟丙基纤维素为白色或类白色结晶性粉末，在水中不溶，但可吸水溶胀。由于其表面积和孔隙率都很大，故具有较大的吸湿速度和吸水量，其吸水膨胀度为500%～700%，用量一般为2%～5%。

6. 交联聚乙烯吡咯烷酮（PVP或CPUP）

为白色粉末，流动性良好。在水、有机溶剂及强酸强碱溶液中均不溶解，但在水中迅速溶胀并且不会出现高黏度的凝胶层，因而其崩解性能很好，已为英、美等国药典所收载。

7. 交联羧甲基纤维素钠

为交联化的纤维素羧甲基醚（大约有70%的羧基为钠盐型），由于交联键的存在，故不溶于水，但能吸收数倍于本身重量的水而膨胀，具有较好的崩解作用；当与羧甲基淀粉钠合用时，崩解效果更好，但与干淀粉合用时崩解作用会降低。

8. 泡腾崩解剂

泡腾崩解剂为枸橼酸与碳酸氢钠组成的崩解剂，遇水产生二氧化碳气泡而使片剂迅速崩解。一般在压片时临时加入或将两种成分分别加入两种颗粒中，临压片时混匀。

9. 表面活性剂

表面活性剂能增加片剂的润湿性，使水分借毛细管作用迅速渗透到片心起崩解作用。一般疏水性或不溶性药物中加入适量表面活性剂效果较好。常用的表面活性剂有聚山梨酯80、月桂醇硫酸钠、硬脂醇磺酸钠等。但单独应用效果欠佳，常与其他崩解剂合用，起到辅助崩解的作用。

10. 其他

微晶纤维素、海藻酸（钠）、海绵粉等也可作崩解剂。

四、润滑剂

润滑剂是指压片前须加入具有润滑作用的物料，以增加颗粒的流动性，减少颗粒与冲模之间的摩擦力，以利于将片剂推出模孔，使片剂剂量准确。

按其作用不同，润滑剂可分为以下三类：①主要用于增加颗粒流动性，改善颗粒填充状态者，称为助流剂；②主要用于减轻物料对冲模的黏附性者，称为抗黏着（附）剂；③主要用于降低颗粒间以及颗粒与冲头和模孔壁间的摩擦力，改善力的传递和分布者，称为润滑剂。一般将具有上述任何一种作用的辅料都称为润滑剂。润滑剂必须是极细粉（至少要通过100目以上的筛），才能均匀分布在颗粒表面，起到上述三种作用。常用的润滑剂有以下几种。

1. 硬脂酸镁

硬脂酸镁为白色、细腻、质轻的粉末，润滑性强，并具有良好的附着性，易与颗粒混匀而不易分离，压片后片面光滑美观，为广泛应用的润滑剂。一般用量为0.3%～1%。由于其为疏水性物质，若用量过大，会使片剂崩解迟缓而影响疗效。

2. 滑石粉

其成分为含水硅酸镁（$3MgO \cdot 4SiO_2 \cdot H_2O$）。为白色结晶性粉末，具有较好的流动性和润滑性，用后可减少压片物料黏附于冲头表面的倾向，且能增加颗粒的流动性和润滑性。但其附着力差且密度大，在压片过程中因机械性振动易与颗粒相分离。滑石粉具有亲水性，常与疏水性润滑剂联合应用。

3. 微粉硅胶

微粉硅胶为轻质的白色粉末，无嗅无味，不溶于水及酸，化学性质稳定，具有良好的流动性，对药物有较大的吸附力，亲水性强，用量在1%以上时可加速片剂的崩解，且崩解成细粉，有利于药物的吸收。作助流剂的用量一般仅为0.15%～3%，但因价格昂贵，尚未普遍使用。

4. 氢化植物油

本品为喷雾法制得的粉末，润滑性能良好，为优良的润滑剂。

5. 十二烷基硫酸镁（钠）

本品为水溶性表面活性剂，具有良好的润滑作用，能增强片剂的机械强度，并能促进片剂的崩解和药物的溶出。

6. 聚乙二醇

常用的有PEG4000和PEG6000，因其具有水溶性和润滑性，溶解后可得澄明溶液。可作水溶性片剂的润滑剂，也可作粉末直接压片的干燥黏合剂及注射用片的黏合剂。

7. 氢氧化铝

可作片剂助流剂和黏合剂。用量为1%～3%。本品的细粉尚可作挥发油类的吸收剂。

8. 硼酸

可作水溶性外用片剂的润滑剂，用量约为1%，较少用。

第三节 片剂的制备

片剂的制备应根据药物性质、临床用药的要求和设备条件等选择辅料和具体制备方法。片剂的制备有制粒压片法和直接压片法两种方法，制粒压片法根据制粒的方法不同，又可分为湿法制粒压片法和干法制粒压片法，其中应用较广泛的是湿法制粒压片法。

一、湿法制粒压片法

湿法制粒压片法是最古老的方法，至今仍普遍采用，其原因是：①因加入了黏合剂而后增加了粉末的黏合性和可压性，压片时仅需要较低的压力，从而可减少压片时的设备损耗，延长设备的寿命；②可使流动性差、剂量大、可压性差的药物获得适宜的流动性；③可使剂量小的药物达到含量准确；④可防止已混匀的物料在压片过程中分层；⑤可选择适宜的润湿剂或黏合剂制粒。湿法制粒压片法存在劳力、能源消耗大，生产周期长、生产效率低，要求大面积生产场所等缺点。目前，随着科学技术的不断发展，其生产工艺也不断改进和完善。

湿法制粒压片法适用于对湿、热稳定的药物。一般生产工艺流程如下：

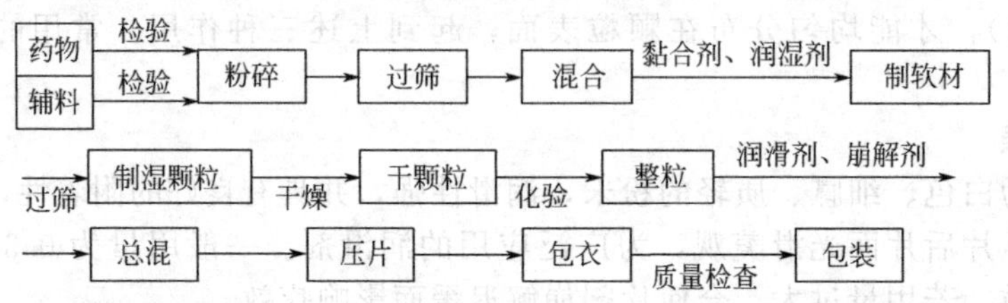

（一）药物、辅料的处理

药物及辅料在混合前均需粉碎、过筛或干燥等加工处理，其细度以通过80～100目筛为宜。毒剧药、贵重药及有色药物及辅料应更细些，以便于混合均匀、含量准确，并可避免压片时产生裂片、黏冲和花斑等现象。贮藏时易受潮结块的药物及辅料，必须经过干燥后再经粉碎过筛，但对热不稳定的药物不应干燥。

（二）制粒

除某些结晶性或可供直接压片的药物外，一般粉末状药物需先制成颗粒后才能压片。原因是：①粉末流动性差，不能由饲粉器（加料斗）顺利流入模孔，易导致松片或片重差异大；②粉末内含有较多的空气，压片时粉末中的空气不能及时逸出而被压缩在片剂内，当压力移去后，片剂内部空气膨胀导致松片、顶裂等现象；③由于片剂各成分的密度不同，粉末因机器振动而分层，易导致主药含量不均匀，若药物色泽不同，还易出现花斑；④粉末压片时易造成细粉飞扬，黏性的细粉易黏附于冲头表面产生黏冲现象。因此，必须根据药物的不同性质、设备条件等情况合理选择辅料，制成一定粗细、松紧的颗粒。

1. 普通湿法制粒

普通湿法制粒系指先制成软材，过筛制湿粒，干燥后经整粒而得的制粒方法，为传统制粒方法。

（1）制软材　在混合均匀的药粉中加入适宜的润湿剂或黏合剂混合均匀而制得。小量生产时用手工拌和，大量生产时用槽式混合机混合。

软材的干湿程度凭生产经验掌握，一般以用手紧握能成团而不粘手、用手指轻压能分散为度。

润湿剂和黏合剂的用量视物料的性质而定，如粉末细、质地疏松、干燥及黏性差的粉末，应酌量多加，反之用量减少。黏合剂的用量及加入黏合剂后的混合条件等对所制得颗粒的密度和硬度有一定的影响，一般黏合剂用量多、混合时的强度大、混合时间长，制得颗粒的硬度大。

（2）制湿颗粒　将制得的软材通过筛网即成湿颗粒。小生产时可用手将软材握成团块，用手掌将软材搓过筛网；大量生产时多用颗粒机制粒，最常用的是摇摆式颗粒机（图 8-1），将软材置于不锈钢制的加料斗中，借助钝六角形棱柱状转动轴的转动，软材即被挤压通过筛网而成湿颗粒。

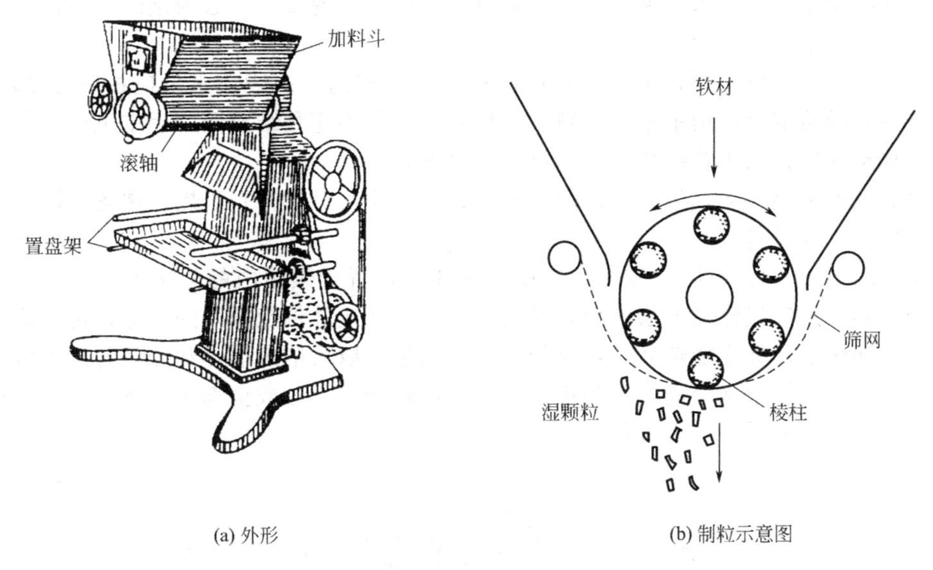

图 8-1 摇摆式颗粒机

湿颗粒的质量也多凭生产经验掌握，一般将湿颗粒置于手掌上簸动，应有沉重感，少细粉，湿粒完整整齐，无长条为宜。影响湿粒质量的因素很多，见表 8-1。

表 8-1 影响湿颗粒质量的因素

湿粒中细粉状态	湿颗粒性状	黏合剂		软材情况		过筛条件		
		黏性	用量	搅拌时间	形状	筛网	加料量	压力
细粉少紧附颗粒	坚实完整	强	过多	长	成团状	松	多	大
相互黏合	完整	适中	适当	适中	翻滚成浪	适中	中等	适当
尚未黏合	松细	弱	过少	短	尚有干粉	紧	少	小

筛网常用尼龙筛、镀锌筛和不锈钢筛。尼龙筛不影响药物的稳定性，有弹性，但当软材较黏时，过筛慢，软材经反复搓、拌，制得的颗粒硬度较大。镀锌筛无上述缺点，但易将金属屑带入颗粒中，还可能影响某些药物的稳定性。相比而言，不锈钢筛网较好。

筛网的孔径可根据片剂的直径选择，可参考片重及片径与筛网的关系（见表 8-2）而定。

表 8-2 片重及片径与筛网的关系

片重/mg	冲头直径/mm	筛目数/目	
		湿　粒	干　粒
50	5～6.5	20	24
100	7	18	20
150	8	16	18
200	8.5	16	18
300	10.5	12	14
500	12	10	12
1000	16	8	10

（3）湿颗粒干燥　湿粒制成后，应迅速干燥，以防放置过久，湿粒受压变形或结块。干燥温度应视药物及辅料性质而定，一般以 50～80℃为宜。干燥操作中应注意：①温度应慢慢升高，以免湿颗粒中的淀粉或糖类物质，因受骤热而产生糊化或熔化，导致表面上先干燥结成一层硬膜而影响内部水分继续蒸发，造成外干内湿的现象；②必须定时翻料，并互换上下烘盘，以使湿粒受热均匀。

颗粒干燥的程度应适当，可通过测定含水量进行控制，一般含水量应控制在 2%以内。生产中也多凭经验掌握，用手紧握干粒，放松后，颗粒不应黏结成团，手掌也不应有细粉黏附；或以食指和拇指取干粒捻搓时应粉碎，无潮湿感即可。

干燥的设备种类很多，生产中常用的有箱式（如烘房、烘箱）干燥、沸腾干燥、微波或红外线等加热干燥设备。

① 烘箱（图 8-2）：将湿颗粒在托盘中铺成薄层，置于烘箱内的架子上，空气由鼓风机输入，经加热，热空气流经上层隔板，对上层湿颗粒加热并带走蒸发的水分，再沿箭头所示的方向流经加热器，补充加热后，再流经第二层隔板，以后依次加热和经过各层隔板，最后由出口排出。如空气中水分尚未达到饱和，为节约热能可部分或全部进入下一循环，可通过气流调节器调节下一循环的空气量。

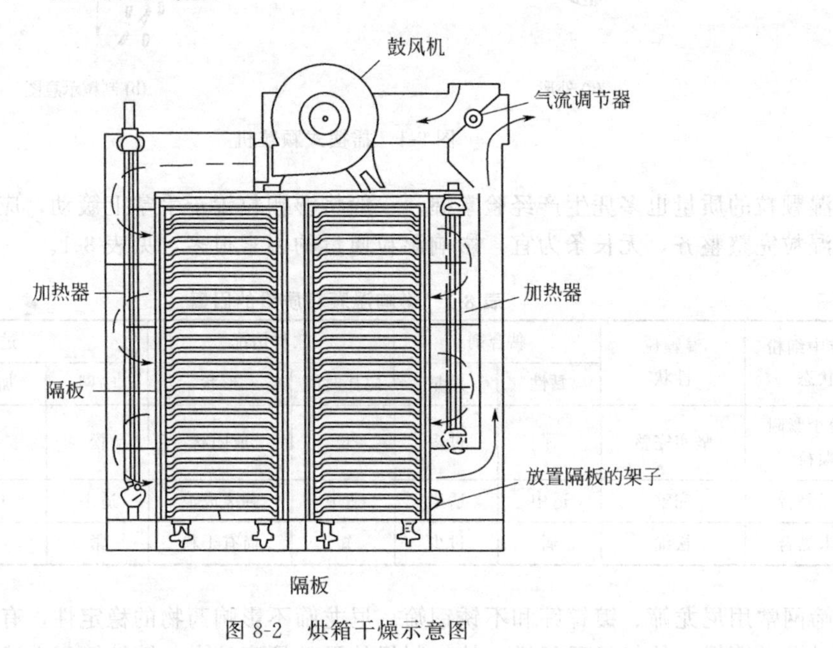

图 8-2　烘箱干燥示意图

大生产采用烘房干燥，原理同烘箱。

② 沸腾干燥：是用热空气流将湿颗粒处于流化状态（沸腾状态）下进行热交换并干燥的方法。如图 8-3 为沸腾干燥器示意图。其流化室下部直径较小，上部较宽，底部有筛网。将湿颗粒置筛网上，当干燥的热空气以较快的速度经过筛网进入流化室时，因风速较大，可使颗粒随气流向上浮动，当颗粒浮动到流化室上部时，由于该处直径较大，空气流速降低，颗粒下沉而处于流化状态，与此同时进行热交换和干燥。流化床干燥法可用于间歇及连续生产。药厂常将制粒和干燥联合起来，其设备见图 8-4。

2. 流化喷雾制粒

流化喷雾制粒又称一步制粒法，是将沸腾混合、喷雾制粒和气流干燥等工序合并在一套设备中完成，其设备（图 8-5）的原理与流化床干燥设备相似。方法是将制粒的物料置于流化室内，流化室的底部筛网为 60～100 目不锈钢筛网，外界空气经过滤净化并加热后，经过

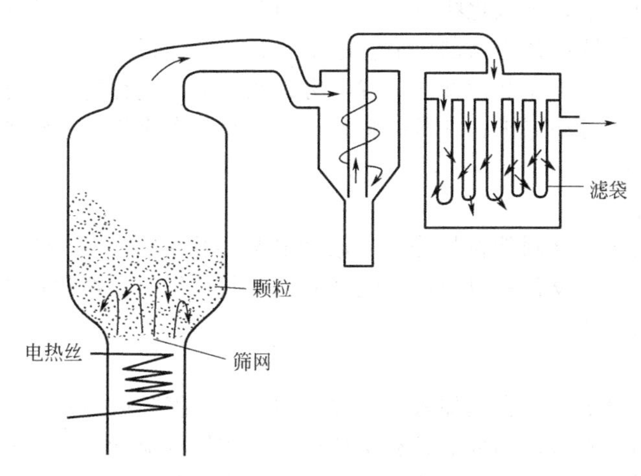

图 8-3　流化床干燥设备示意图

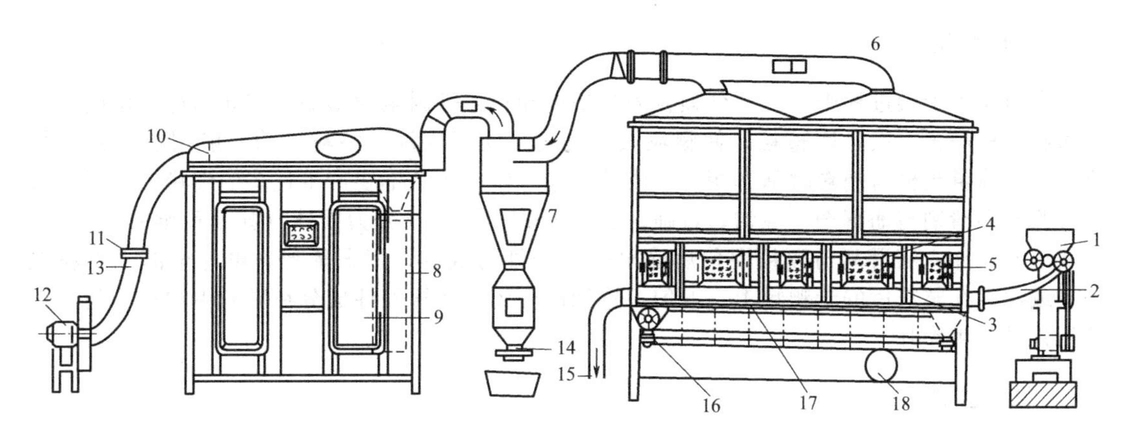

图 8-4　流化床干燥设备示意图

1—颗粒机；2—颗粒进口；3,10—挡板；4—沸腾室；5—观察窗；6,13—拨风管；7—旋风分离器；8—布袋；9—细粉捕集室；11—风量调节器；12—排风机；14—粗粉出口；15—干颗粒出口；16—冷风进口；17—隔板；18—热风进口

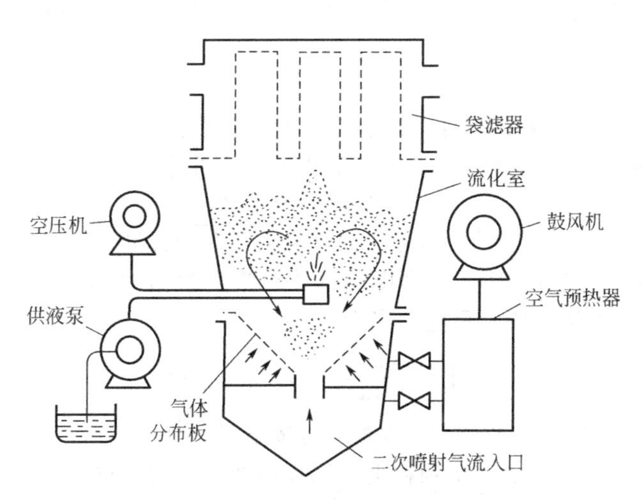

图 8-5　流化喷雾制粒设备示意图

筛网进入流化室，使粉末处于流化状态，将黏合剂溶液输入流化室并喷成小的雾滴，粉末被润湿而聚结成颗粒，继续流化干燥制成适宜的干燥颗粒，即得。

流化喷雾制粒减少了工序和设备，节省厂房；便于生产过程的自动化，生产效率高；减少了粉尘飞扬，有利于劳动保护；制得的颗粒外形圆滑、大小均匀、流动性好、压出的片剂质量好。

3. 湿法混合制粒

湿法混合制粒是将混合制软材与分粒、滚圆制粒一次完成。目前国内已有 SHK-220 型高效湿法混合颗粒机。该设备密封制粒、混合充分、制粒均匀、颗粒较圆、流动性好，可提高片剂质量及压片的效率。

4. 转动制粒

转动制粒是将润滑剂、黏合剂加入粉体原料中，利用振动或旋转运动，使凝集成一定粒径的颗粒。设备可用糖衣锅。制成的颗粒呈球形，有较好的流动性。

另外，尚有球形整粒机，可使由普通湿法制粒、喷雾制粒等方法所制成的柱形颗粒经过旋转运动成为球形颗粒，以增加颗粒的流动性。

（三）整粒

在制粒和干燥过程中，一部分颗粒因受挤压和粘连等因素的影响，彼此粘连结块或部分呈条状，故需再一次过筛整粒，使颗粒大小均匀，便于压片。整粒过筛一般用摇摆式制粒机，所用筛目规格与制粒时基本相同，或稍大些，但应注意不要产生过多的细粉。然后加入已过筛的润滑剂与崩解剂，混匀，过筛。若所加的挥发性成分为固体（如薄荷脑），则需先配成溶液，加入润滑剂与颗粒混匀后筛出的部分细粉混匀，逐渐稀释，再与全部干颗粒混匀；或喷雾在整粒后的干颗粒上，混匀，置桶内密闭，使挥发性成分在颗粒中渗透均匀，以防压片时产生裂片。

（四）总混

总混的目的是使处方中的所有成分均匀一致，以保证片剂的质量。量小时用手工总混，量大时采用混合器混合。

（五）压片

压片系指将总混合的干燥粒在压片机中加压制片剂的过程。压片前需进行片重计算，然后选择适宜的冲模安装于压片机上进行压片。

1. 片重计算

由于制粒时需经过一系列的操作，原、辅料有一定的损失，故压片前必须对干颗粒进行含量测定，然后根据颗粒中所含主药的量按下式进行片重计算。

$$片重=\frac{每片应含主药量}{测得干颗粒中主药百分含量}$$

例 8-1：欲制备维生素 B_1 片，药典规定每片含维生素 B_1 0.01g，经测定干颗粒中含维生素 B_1 为 14.12%，求每片的片重应为多少？

解：
$$片重=\frac{0.01}{0.1412}=0.07\ (g/片)$$

大量生产时，原、辅料损失较少，片重也可按下式计算：

$$片重=\frac{干颗粒重+压片前加入的辅料重}{应压总片数}$$

例 8-2：欲制备氯霉素片 10 万片，药典规定每片含氯霉素 0.25g，共制得干颗 35.8kg，在压片前，又加入润滑剂硬脂酸酸镁 0.5kg，求片重应为多少？

解：

$$片重=\frac{35.8+0.5}{100000}\times 1000=0.36\ (g/片)$$

2. 压片机和压片过程

(1) 单冲撞击压片机（图 8-6）　单冲撞击压片机一般为手动和电动兼用。这种压片机由主轴连接着三个偏心轮：主轴右装有飞轮，在飞轮上附有活动的摇手柄，可作调整压片机各部件工作状态和手摇压片用。主轴左装有与电动机相连接的齿轮，启动电动机后，可作电动压片用。右边的偏心轮连接饲粉器的连杆，以带动饲粉器在冲模平台上做平移、往复摆动，起着向模孔填料、刮粉和出片的作用。中间的偏心轮连接上冲连杆，起上下升降上冲头的作用。出片调节器用于调节下冲上升的高度，使恰与模圈的上缘相平，以使饲粉器推片。片重调节器用于调节下冲在模孔中下降的深度，以变动模孔的容积而调节片重。连接在上冲杆上的压力调节器用于调节上冲下降的程度，上冲下降多，上、下冲在冲模中的距离近，颗粒受压大，压出的片剂薄而硬，反之，则受压小，片剂厚而松。

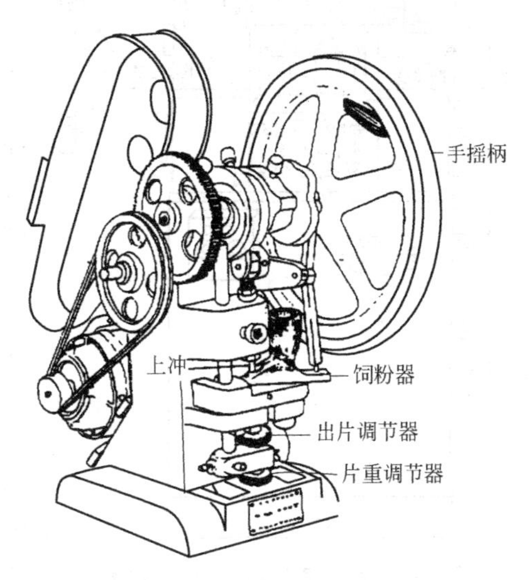

图 8-6　单冲撞击压片机示意图

单冲压片机的工作过程（图 8-7）：①上冲升起，饲粉器移动到模孔之上；②下冲下降到适宜的深度（利用片重调节器使容纳颗粒重恰等于片重），饲粉器在模上面摆动，颗粒填满模孔；③饲粉器由模孔上移开，使模孔中的颗粒与模孔的上缘相平；④上冲下降并将颗粒压成片剂；⑤上冲升起，下冲随之上升到与模孔上缘相平时，饲粉器再移到模孔之上，将药片推开，并进行第二次饲粉，如此反复进行。

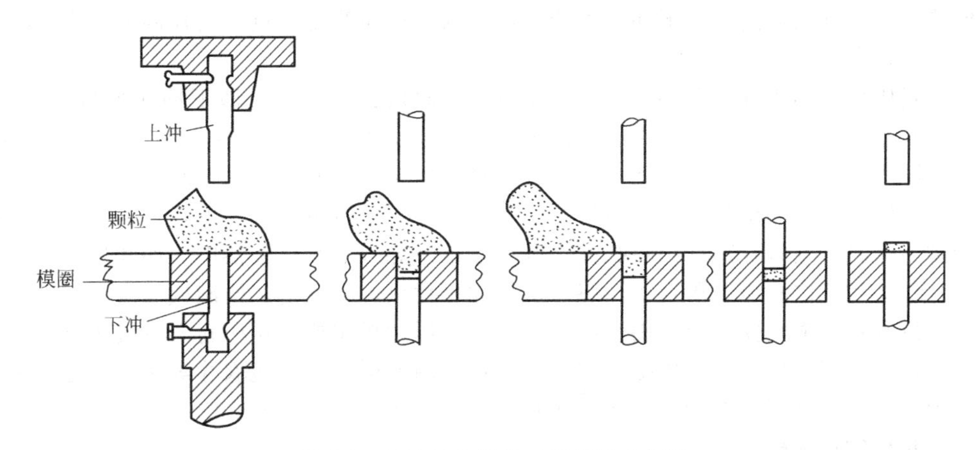

图 8-7　单冲压片机的工作过程示意图

单冲压片机的生产能力为 80～100 片/min，适用于小量生产或实验室试制。由于压片时单侧受压，受压时间短，压力分布不均匀，易出现松片、裂片及片重差异大等问题，且噪声较大。

(2) 多冲旋转式压片机　多冲旋转式压片机是目前生产中广泛使用的一类压片机，常用

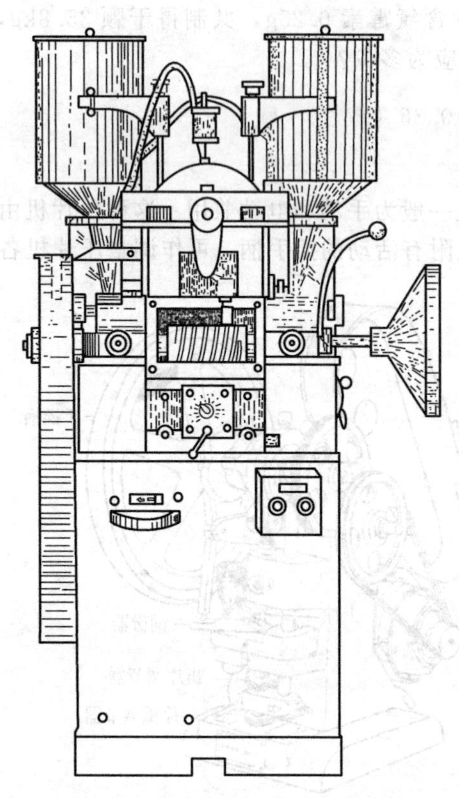

图 8-8 多冲旋转式压片机示意图

的有16冲、19冲、25冲、33冲和55冲等多冲压片机。以33冲压片机（图8-8）为例，主要由三大部分组成：①动力部分，用电动机作动力；②传动部分，由涡轮、涡杆带动压片机的机台旋转；③工作部分，由装有冲头和模圈的机台、压轮、片重调节器、压力调节器、刮粉器、加料斗、吸尘器和保护装置等组成。

机台安装于机座的中轴上并绕轴而转动。机台上部为上冲转盘，上冲可随着上冲轨道有规律地上下运动；中间为固定冲模的模盘，形成一个有许多冲模的转盘；下层是下冲转盘，下冲可随下冲轨道有规律地上下运动。上冲盘的上方有一个与其垂直的上压轮，在下冲盘下方的相对应部位有一个可以调节高低的下压轮，当机台旋转时，上冲行至上压轮下面，下冲也行至下压轮上面，此时上、下冲头在模孔中的距离最近，压力最大，故可将颗粒加压成型，制成片剂。当下冲向前继续运行至出片斜板上，因下冲头上升至最高点并与冲模相平，将片剂顶出冲模，并被推入出片轨道，落入片剂收集器中。在模盘上方连接着加料斗和刮粉器，前者向模孔中填充颗粒，后者将多余的颗粒和粉末刮去。当机台旋转一次，即加料一次，出片一次，如此反复，连续出片。25冲以上的旋转式压片机装有两个加料斗，当机台旋转一次，即出2片。

多冲旋转式压片机的压力调节器在下压轮下方，用于调节下压轮的高度，以改变上、下冲间的相对距离，下压轮的位置高，上、下冲间的相对距离短，压力增加，反之则压力减小。片重调节器和出片调节器也装于下冲盘下方，用于调节斜板的相对位置，使下冲头下降至最低位置和上升至最高位置不同，以调节模孔的容积而改变片重。出片调节器用于将片剂顶出模孔，以利出片。

旋转式压片机的工作过程（图8-9）分为三个阶段：①充填，即下冲在加料斗下方时，颗粒填入模孔中，当下冲行至片重调节器上方时略有上升，经刮粉器，将多余的颗粒刮去；②压片，即当下冲行至下压轮的上面，上冲行至上压轮的下面时，两者间距离最小，使模孔内的颗粒挤压成型；③出片，即压片后，上、下冲分别沿轨道上升和下降，当下冲行至片重调节器的上方时，则将片剂推出模孔并被刮粉器推开导入片剂收集器中。如此反复进行。

（3）二次（三次）压缩压片机　将一次压缩压片机进行改造，研制成二次、三次压缩的压片机，以及将压缩轮安装成倾斜型的压片机，此压片机主要适用于粉末直接压片。

此外，还有多层压片机和压缩包衣机等，可供制备缓释片和包衣片等使用。近年来，国外已发展出电子自动程序控制的封闭式压片机，最高产量达每小时300万片。

3. 压片机的冲和模

压片机的冲和模由上冲、下冲和模圈构成。冲和模是压片机的重要部件，需用优质钢材制成，应耐磨并有足够的强度，冲和模的直径差距应小于0.06mm，冲头长短差距小于0.1mm。

冲头一般都是圆形的，但有各种不同的凹形弧度。此外，还有方形、三角形、环形和条形等异形冲（图8-10）。冲头上可刻上药品的名称、重量，使压成的片剂便于识别，或刻上通过直径的线条，以便折成两份或四份。片剂不宜过大或过小，一般选用冲头的直径由片重而定。

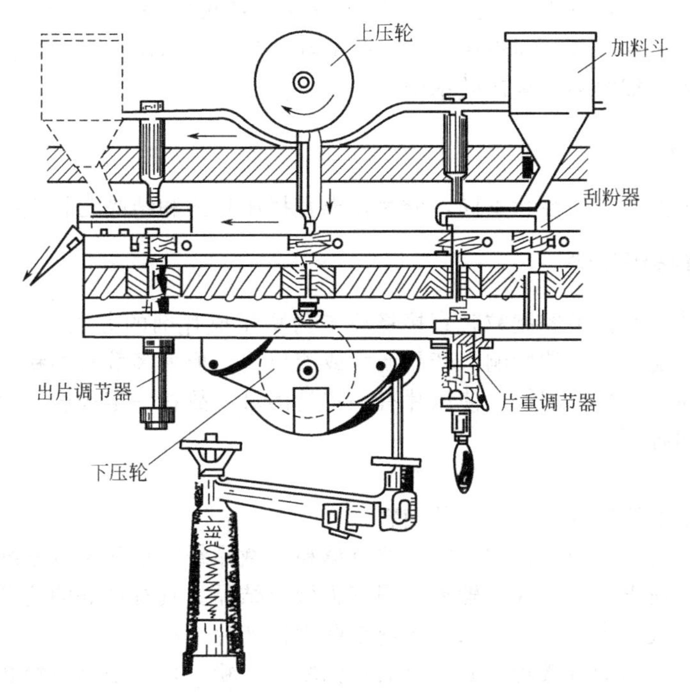

图 8-9 多冲转式压片机的工作过程示意图

冲模为压片机中最重要的部件，直接影响片剂的质量，应注意保护。使用时应十分小心，不得与硬物碰撞，如发现裂痕、裂缝、卷边、变形等，应及时更换，检查合格后方可使用。

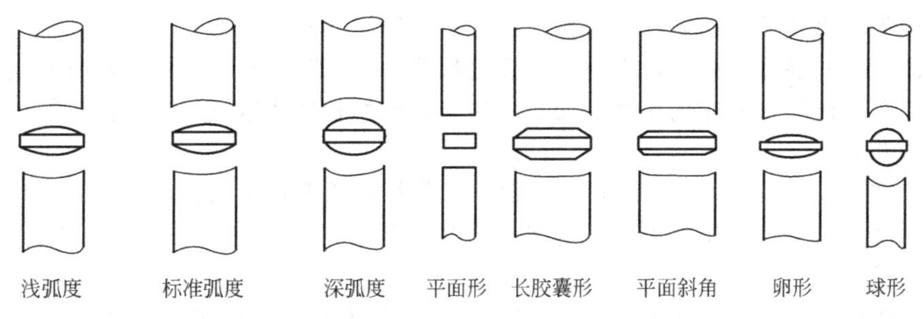

图 8-10 不同弧度的冲头与不同形状的片剂

二、干法制粒压片法

干法制粒系指物料粉末的混合物通过加压，而不需加热和加溶剂的一种制粒方法，适用于对热、湿不稳定易变质的药物。本法具有设备少、工时短、片剂易崩解的优点，但存在着粉尘飞扬严重、设备特殊等不足之处。

干法制粒压片法可分为滚压法和重压法两种。

1. 滚压法

滚压法是将药物与辅料混匀后，通过滚压机或炼胶机加压滚轧至所需厚度的薄片，再通过摇摆式颗粒机粉碎并制粒，然后加入润滑剂总混后压片即得。目前国内已有滚压、碾碎、整粒的整体设备，如干挤-30B 型颗粒，可直接干挤压成颗粒，既简化了工艺，又提高了颗粒的质量。

2. 重压法

重压法系指将药物与辅料混合后，在较大压力的压片机上，用直径大于 19mm 的冲模预先加压，得到大片，片重为5～20g，然后经摇摆颗粒机粉碎成适宜的颗粒，再在颗粒中加入润滑剂总混后压片即得，因先压大片，故又称大片法。本法工序少，操作简单，但冲模等机械部件损耗大、细粉多、生产效率低。

三、直接压片法

直接压片法根据药物的性状不同，分为粉末直接压片法和结晶药物直接压片法。

（一）粉末直接压片法

粉末直接压片法系指不经制粒，直接将粉末药物压成片剂的方法。特点是工艺流程短，节能节时，药物不受热、湿的影响，产品崩解或溶出快。但大多数药物粉末或辅料的流动性和可压性均比颗粒差、易分离等，使压片有一定的困难，故在一定程度上限制了其应用。改进的方法有如下两种。

1. 添加辅料

应加入具有良好流动性和可压性的辅料。

（1）黏合剂　均为干燥黏合剂，常用的有糖粉、微晶纤维素和羧甲基纤维素等。其中微晶纤维素更适宜作粉末直接压片的辅料，因其为微小结晶，具有良好的流动性、黏合性和可压性，对主药有较大的容纳量，吸水后迅速膨胀而促使片剂崩解。

（2）助流剂　常用的有微粉硅胶和氢氧化铝凝胶干粉。均为细小颗粒状物，具有良好的流动性。微粉硅胶有较强的亲水性，可加速片剂的崩解。

粉末直接压片的辅料除上述辅料外，还有无水乳糖、喷雾干燥乳糖、甘露醇、蔗糖、葡萄糖、磷酸氢钙二水物等。

2. 改进压片机

为适应粉末直接压片的需要，对普通压片机需作如下改进。

（1）改善饲粉装置　由于粉末的流动性比颗粒差，为防止粉末在饲粉器内形成空洞或时快时慢不能顺利流动，常在饲粉器上加装振摇装置或加装其他适宜的强制饲粉装置，使粉末均匀流入模孔。

（2）增加预压机构　改为二次压缩，第一次先初步压缩，第二步最终压制成片剂。因延长了压缩时间，可克服可压性不够好的缺点，并有利于粉末间空气的逸出，减少裂片现象，增加片剂的硬度。

（3）改善除尘机构　粉末直接压片时，产生的粉末较多，加装除尘装置，减少粉尘飞扬。若有漏粉现象，可安装吸粉器加以回收。

（二）结晶药物直接压片法

结晶药物直接压片法系指某些结晶性或颗粒状药物具有适当的流动性和可压性，如氯化钾、溴化钠等无机盐及维生素C等药物，只需经过筛网，筛出颗粒大小一致的晶体，加入适量辅料混合均匀后，直接压片的方法。

第四节　片剂的包衣

片剂的包衣系指片剂压制成型后，在其表面上包上一层适当的物质，使片内的药物与外界隔离，而制成包衣片剂的工艺操作。这一层物质称为“衣”或“衣料”，被包的压制片称为“片芯”，包衣的片剂称为“包衣片”。

一、概述

（一）包衣的目的

包衣的目的主要是为了保证片剂的疗效和质量稳定。

（1）改善药物的稳定性，防止某些药物与空气、光线等接触引起氧化、水解、挥发等。

（2）掩盖药物不良味道，如盐酸小檗碱片等。

（3）控制药物的释放部位，如在胃酸中易遇酸或胃酶破坏，或对胃有刺激性的药物可包肠溶衣，如红霉素片、多酶片、阿司匹林片等。

（4）控制药物的释放速度，利用不同厚薄的包衣控制药物释放的速度，以达到缓释和长效的目的。

（5）防止复方成分发生配伍禁忌，如将两种可发生相互作用的药物分别制成颗粒，包衣后混合压片，以减少接触机会，防止发生反应。

（6）改善片剂的外观和便于识别。

（二）包衣的种类

根据包衣材料不同，片剂的包衣可分为糖衣、薄膜衣、肠溶衣和控释衣等种类。

（三）包衣的要求

（1）衣层厚薄均匀、牢固。

（2）“衣料”与“片芯”不起任何作用。

（3）崩解时限或溶出度符合规定。

（4）不影响药物吸收。

（5）在长期贮藏中，仍能保持光洁、美观、色泽一致和无裂片等现象出现。

二、包衣方法与设备

常用的包衣方法有滚转包衣法、流化包衣法和其他包衣方法等。目前生产上主要采用滚转包衣法。

（一）滚转包衣法

滚转包衣法又称包衣锅包衣法，是最常用、最经典的包衣方法，包括普通滚转包衣法、高效包衣法及埋管包衣法。常用的设备为包衣机（图 8-11），其设备由包衣锅、动力部分、加热器、鼓风吸尘设备组成。

1. 包衣锅

包衣锅一般用紫铜或不锈钢等性质稳定并有良好导热性的材料制成。生产上一般用荸荠形锅，其直径 100cm，深度约为 55cm。

包衣锅的轴与水平一般呈 30°～45°，根据需要也可更小，以便片芯在包衣锅中既能随锅的转动方向滚动，又可沿轴的方向运动，使片芯在锅内能最大幅度地上下前后滚翻。

2. 包衣锅的转速

转速直接影响包衣效率，通常需根据包衣锅的直径、片芯大小、轻重和硬度来调节包衣锅的转速，一般控制在 20～40r/min 为宜。若转速太慢，则片芯仅在锅底沿着锅壁滑动，不能滚翻运动。

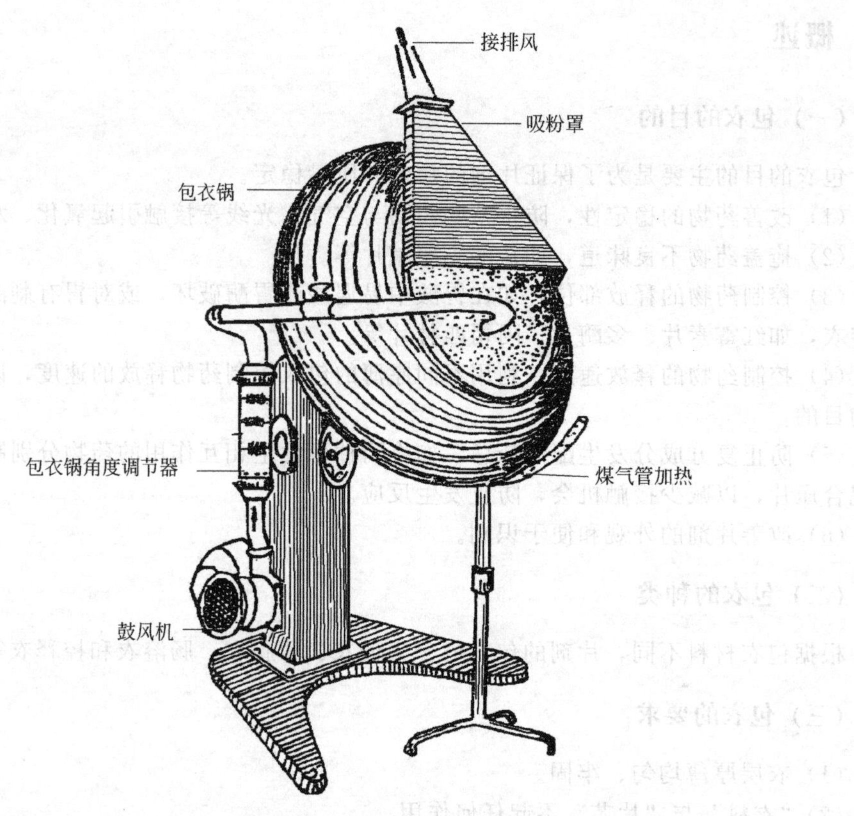

图 8-11 包衣机示意图

3. 包衣锅上的加热和吹风设备

包衣锅附有加热装置，用于加速包衣液中溶剂及水分的挥散。加热的方式有两种：①直接用电炉或煤气加热锅壁，此法升温快，但受热不均匀；②利用电热丝或蒸汽管加热空气，然后再经鼓风机吹出热风进行加热，此法受热均匀，但升温慢。故一般采用两种方法联合加热，以达到理想的加热效果。吹风设备可吹热风和吹冷风，吹冷风有除去粉尘和冷却作用。

此外，包衣锅的上方还装有吸尘罩，用于加速水蒸气的排除和吸去粉尘，有利于加速干燥和劳动保护。

埋管包衣法是在包衣锅的底部安装输送包衣溶液、压缩空气和热空气的埋管，包衣溶液在压缩空气的带动下，由下向上喷至锅内的芯片表面，并由下部上来的热空气干燥，故大大减轻了劳动强度，加快了包衣及其干燥过程，提高了生产效率。

高效包衣锅为短圆柱形并沿水平轴旋转，四周为多孔壁，热风由上方引入，由锅底部的排风装置排出，具有密闭、防爆、防尘、热交换效率高的特点，并且可根据不同类型片剂的不同包衣工艺，将参数一次性预先输入微机，特别适用于包薄膜衣和肠溶衣，实现了包衣过程的程序化和自动化。

（二）流化包衣法

流化包衣法是将片芯置于流化床中，通入气流使片芯悬浮于流化室内上下翻动处于流化状态，再将包衣材料的溶液或混悬液以雾化状态喷入流化床，均匀分布在片芯表面，继续通入热空气干燥，溶剂挥发，片芯表面留下薄膜状衣层，如此包若干层，至达到规定的要求。其主要特点是几乎无粘连现象。

（三）其他包衣方法

片剂的包衣方法还有压制包衣法、层压包衣法、静电包衣法及蘸浸包衣法等。其中压制包衣法是一种较新的包衣工艺，尤其适用于对湿、热敏感的药物的包衣。包衣时先用压片机压制成片芯后，由一专门设计的传递机构将片芯传递到另一台压片机模孔中，在传递过程中需用吸气泵将片外的细粉除去，在第二台压片机的模孔中已先置入适量的包衣材料，片芯到达后，再加入包衣材料填满模孔并第二次压制成包衣片。

三、包衣材料与包衣过程

（一）糖衣

1. 包糖衣材料

（1）单糖浆　主要用作粉层的粘连与包糖衣层。常用浓度为65%～75%（g/g）。由于糖浆浓度高，受热后立即在片芯表面析出蔗糖微晶体的糖衣层。糖浆应随配随用，放置过久，易长菌霉变而影响包衣质量。

（2）有色糖浆　系指单糖浆中含有3%左右可溶性食用色素，常用食用性色素有柠檬黄、胭脂红、苋菜红、靛蓝。一般先配成浓色糖浆，再以单糖浆稀释至各层规定的浓度。食用色素中含有盐类杂质，能使片面产生斑点或吸潮变质，应用前需脱盐。脱盐的方法是：取色素加2倍左右的热水，搅拌混匀，冷后用绸布或其他适宜的材料过滤，干燥后备用。

（3）胶浆　多用于包隔离层，因有黏着性和可塑性，能增加衣层的固着能力。常用的有30%～35%（g/g）阿拉伯胶浆、10%～15%（g/g）明胶浆、10%（g/g）的桃胶浆。

（4）胶糖浆　含10%明胶糖浆，用于增加糖浆的黏性。

（5）滑石粉　用作粉衣料，可避免包衣表面粗糙不平现象。以白色为宜，用前应通过100目筛除去杂质。

（6）虫蜡　也称白色米心蜡。用作包衣片打光，以增加片剂的光亮度和抗湿性。为白色或黄白色块状。用量不宜过大，否则影响崩解度。目前，常将虫蜡加热至80～100℃熔融后，过100目筛以除去杂质，并在滤液中加入2%二甲硅酮作增塑剂，冷却后刨成细粉，过100目筛，备用。

2. 包糖衣过程

包糖衣的基本过程：

（1）隔离层　系指在片芯外包的一层起隔离作用的衣层。含有酸性、水溶性或吸潮性等成分的片剂在包衣时必须包隔离层，目的是形成一道不透水的屏障使片芯与糖衣层隔开，防止在包衣时糖浆中的水分透入片芯，导致片剂的膨胀而导致片衣裂开或使糖衣变色。隔离层还有增加片芯硬度、牢固性及黏结性等作用。

操作方法是将一定量片芯放入包衣锅中，开动包衣锅，加入适量的胶浆，使胶浆能均匀地黏附在片芯表面，吹热风干燥（30～40℃），使胶浆中的水分迅速蒸发，使衣层充分干燥。包完一层再重复包数层，直至片芯全部包严为止。一般需包4～5层。为了防止药片相互粘连或黏附在包衣锅上，可加入适量的粉衣料滑石粉至恰不粘连为止。

（2）粉衣层　系指在隔离层的基础上，继续用糖浆或明胶浆等和滑石粉包衣，使粉衣层迅速增厚，直至片芯的棱角完全包没为度。对不需包隔离层的片剂可直接包粉衣层。

操作方法是在包衣锅中滚动的片剂上加入单糖浆或蔗糖与阿拉伯胶浆的混合浆，使片剂表面均匀润湿后，加入滑石粉、蔗糖粉适量，使黏着在片剂表面，继续滚动并吹风干燥，重复数次，直至片剂棱角消失为止，一般需包15～18层。包粉衣层时，关键要做到薄层多次，层层干燥，控制温度40～55℃。

(3) 糖衣层　系指在粉衣层的外面用单糖浆润湿并干燥而形成薄膜，其目的是增加衣层的牢固性和甜味，使片剂外形继续增大、光洁、圆润。

操作方法与包粉衣层相同，但不加粉料，一般需包10～15层，加热温度控制在40℃以下。

(4) 有色糖衣层　系指用有色糖浆包衣，其目的是使糖衣片具有一定的颜色，增加美观，便于识别。在糖浆中加入二氧化钛，可提高遮光作用。

操作方法与包糖衣层相同，是在糖衣层的片剂外继续包不同浓度的有色糖浆，颜色应由浅至深，逐渐加入，并注意层层干燥，开始温度控制在37℃左右，以后逐渐降至室温，有色糖衣层一般需包8～15层。

(5) 打光　是在包衣片剂的表面打上蜡，目的是使片剂表面光亮美观，并兼有防潮作用。

打光操作一般在包衣锅中于室温下进行，如在打光机中进行效果更好。打光时应在有色糖衣层完全干燥后，先加入2/3量的虫蜡细粉，使糖衣片相互摩擦而产生光泽，再加入其他的虫蜡，直至锅内发出有节律的响声，片面极光亮为止。

取出打光后的糖衣片，移至石灰干燥橱内或硅胶干燥器中贮存12～24h即得。

(二) 薄膜衣

1. 包薄膜衣材料

(1) 薄膜衣料　一般为高分子材料，如纤维素衍生物（羟丙基甲基纤维素、羟丙基纤维素、羟乙基纤维素、甲基羟乙基纤维素）、聚乙二醇类、丙烯酸及甲丙烯酸酯共聚物、聚乙烯醇缩乙醛二乙胺乙酯及玉米朊等。

(2) 溶剂　系指用于溶解、分散薄膜衣料的溶剂，其目的是将成膜材料均匀地分散到片剂的表面。常用的溶剂有乙醇、异丙醇、丙酮、氯仿等，必要时用混合溶剂。近年来，国内外在研究选用水性包衣技术（以水为溶剂的薄膜包衣的配方、工艺和设备），并取得了一定成果。

(3) 增塑剂　系指用于增加包衣材料可塑性的材料。加入增塑剂可降低聚合物分子之间的作用力，提高衣层柔韧性，增加其抗撞击强度，减少衣膜裂纹的发生率。

常用的水溶性增塑剂有丙二醇、甘油、聚乙二醇、聚山梨酯等；非水溶性增塑剂有甘油三醋酸酯、蓖麻油、乙酰单甘油酸酯、邻苯二甲酸酯、司盘、硅油等。

(4) 着色剂和掩蔽剂　加入着色剂和掩蔽剂，目的是为了便于识别各种不同类型的片剂，并使片剂美观，还可遮盖某些有色斑的片芯或不同批号的片芯色调的差异。

常用色素有水溶性、水不溶性和色淀三类。色淀染料是用氢氧化铝、滑石粉或硫酸钙等惰性物质使水溶性色素吸着沉淀而成，其中含纯色素量为10%～13%，着色均匀，覆盖力好。有时还可添加适量的二氧化钛（钛白粉）提高遮盖作用，提高片芯内药物对光的稳定性。

2. 包薄膜衣过程

可用滚转包衣法，但包衣锅应有良好的排气和收集装置，以排除有毒、易燃的有机溶剂。包衣时，将包衣溶液以细流或喷雾的方法加入，使包衣材料均匀地喷洒在滚动的片芯表面，通入热风，使溶剂蒸发，包衣材料便在片芯表面形成薄膜层，待溶剂挥发干燥后继续包第二层，如此反复多次，直到所需的厚度，即形成不透湿、不透气的薄膜衣层。

（三）肠溶衣

肠溶衣系指在胃中保持完整，但在肠内崩解或溶解的包衣片剂。凡遇胃酸易破坏变质的药物、对胃有强烈刺激的药物、要求在肠道吸收或产生作用的药物等，均需包肠溶衣。

1. 包肠溶衣材料

（1）邻苯二甲酸醋酸纤维素（CAP） 为白色纤维状粉末，不溶于水和乙醇，可溶于丙酮或乙醇与丙酮的混合液。包衣后的片剂在 pH＜6 时不溶，pH＞6 时可溶解。CAP 的优点是在人工胃液中 24h 无变化，而在人工肠液中 10min 内溶解，是一种较好的肠溶衣材料。常配成 8%～12%的乙醇丙酮溶液，供包肠溶衣用。

（2）丙烯酸树脂 为丙烯酸和甲丙烯酸酯等的共聚物，其渗透性较小，在肠中的溶解性能也较好。

（3）羟丙基甲基纤维素酞酸酯（HMPCP） 本品不溶于水和酸性缓冲液中，pH 5～6 时可溶解，是一较好的肠溶衣材料。

（4）虫胶 是昆虫分泌的一种天然树脂，为透明棕色薄片，不溶于胃液，因其形成的薄膜过厚时较难溶解而造成排片，影响疗效，故现已少用。

2. 包肠溶衣过程

包肠溶衣过程同薄膜衣，可直接在片芯上直接包肠溶衣，也可先包至粉衣层后再包肠溶衣，最后再包糖衣层。

第五节 压片与包衣过程中易出现的问题及解决办法

一、压片过程

由于片剂的处方设计、生产工艺、机械设备操作技术等方面的因素，在压片过程中可能出现某些问题，易出现的问题及解决的办法见表 8-3。

表 8-3 压片过程中可能出现的问题和解决办法

出现的问题	定 义	产 生 原 因	解 决 办 法
松片	系指片剂的硬度不够，受震动易松散成粉末的现象	①黏合剂或润湿剂选择不当或用量不足	选用适当黏合剂或增加用量，改进制粒工艺
		②颗粒中含水量不当，压成的片剂硬度较差	控制干燥速度和含水量
		③药物粉碎细度不够	过 100 目筛，添加黏合剂
		④压力过小，或车速过快	调整适宜的压力，减慢车速
裂片	系指片剂受到震动或贮存时出现腰际裂开的现象。从顶部裂开或剥落的现象称为顶裂	①黏合剂选择不当或用量不足	掺入黏合性较好的颗粒或添加干燥黏合剂混匀后压片
		②颗粒过分干燥	掺入含水量多的颗粒压片或喷入适量的乙醇密闭贮存数小时
		③颗粒中油类成分较多	加入吸收剂或糖粉
		④压力过大或车速过快	调整压力或减慢车速
		⑤冲模不符合要求	更换冲模

续表

出现的问题	定　义	产生原因	解决办法
黏冲	系指冲头或冲模上黏带细粉，导致片面不平整或有凹痕的现象，刻字冲头更易黏冲	①颗粒太潮湿	重新干燥
		②润滑剂用量不足或混合不均匀	添加润滑剂或充分混合均匀
		③新冲模或表面粗糙，或久用损坏	擦光或更换冲模
		④生产环境湿度大	降低生产环境湿度
崩解迟缓	系指片剂崩解时间超过药典要求	①黏合剂黏性太强或用量过多	选用适当、适量的黏合剂
		②崩解剂选择不当或用量不足	选用适当、适量的崩解剂
		③疏水性润滑剂用量太多	减少用量或用亲水性润滑剂
片剂差异过大	系指片重差异超过药典规定限度	①颗粒大小不均匀	重新制粒
		②下冲升降不灵活	及时检修
		③加料斗装量时多时少或流动不畅	调节装量一致或加助流剂
变色或色斑	系指片剂表面的颜色变化或出现色泽不一的斑点	①颗粒过硬，混料不均匀	改进工艺或重新制粒
		②接触重金属离子	忌与金属器皿接触或添加金属离子螯合剂
		③污染压片机上的油污	清除油污
叠片	系指2个片剂叠在一起的现象	①压片机出片调节器调节不当	重新调整
		②上冲黏片	检修设备
		③加料斗故障	
卷边	系指片剂表面出现半圆形的刻痕	冲头与模圈碰撞、损坏	更换冲头，重新调试机器

二、包衣过程

由于包衣材料或配伍组成不合适及片剂的质量、操作技术等方面的因素，在包衣过程或贮存过程中可能出现某些问题，易出现的问题及解决办法见表 8-4。

表 8-4　包衣过程中易出现的问题及解决办法

类　别	出现问题	产生原因	解决办法
包衣锅	①糖浆不粘锅	锅壁上蜡未除尽	洗锅或再涂一层热糖浆和滑石粉
	②锅壁起毛	锅壁上附有干糖浆	洗锅或加热糖浆后不加热旋转
糖衣片	①色泽不匀	有色糖浆用量太少或未搅匀，衣层未干燥就打光，温度过高	洗去色衣层，重新包衣
	②片面不平	撒粉过多，温度过高，衣层未干燥就包第二层	改进操作方法，做到低温干燥、勤加料、多搅拌
	③龟裂和爆裂	片芯太松，过分干燥，加料不当	更换片芯，注意干燥温度，控制加料速度
	④脱壳	片芯不干，粉衣层、糖衣层未干燥	片芯干燥至符合要求
	⑤露边与麻面	衣料用量不当，温度过高，吹风过早	注意衣料用量适当，加完糖浆不应吹热风和加热
	⑥片面小珠点	锅壁不光滑	洗去衣层，重新包衣

续表

类　别	出现问题	产　生　原　因	解　决　办　法
薄膜衣片	①皱皮	选择衣料不当，干燥条件不适	更换衣料，改善成膜温度
	②起泡	固化条件不当，溶剂蒸发过快	控制成膜条件，降低干燥温度
	③花斑	增塑材料、色素等选择不当，包衣时混入杂质	改变包衣处方，控制成膜条件
	④剥落	选择衣料不当，两次包衣的间隔时间太短	更换衣料，延长包衣间隔时间，调节干燥温度
肠溶衣片	①不能安全通过胃部	衣料选择不当，衣层厚度不够	选择衣料，重新调整包衣处方，增加包衣层次
	②肠内不溶解	衣料选择不当，衣层过厚，贮存时变质	选择衣料，重新调整包衣处方，减少包衣层次，正确贮存药物
	③片面不平，色泽不匀，龟裂及衣层剥落	同糖衣片及薄膜衣片	同糖衣片及薄膜衣片

第六节　片剂的质量检查

片剂的质量直接影响片剂的治疗效果和用药安全性，因此，在片剂的生产过程中，不仅要对处方设计、原辅料选用、生产工艺的制订、包装和贮存条件的确定等方面采取适宜的技术措施，还应严格按照《中国药典》（2010 年版）二部附录中规定的质量标准进行检查，经检查合格后方可供药用。

片剂的质量检查项目主要分物理、化学、微生物三个方面。

一、物理方面

1. 外观

片形一致，表面完整光洁，色泽均匀，字迹清晰。

检查方法：随机抽样 100 片，平铺在白色瓷板或白纸上，置自然光或 75W 光源下 60cm 处，在距离片剂中心位置 30cm 处，用肉眼观察 30s，检查结果应符合下列规定：片形一致，边缘整齐，表面光洁，色泽均匀，字迹清晰；杂色点（80～100 目）＜5％，麻面＜5％；不得有严重花斑和异物；包衣片中的畸形片≤0.3％。

2. 重量差异

片剂的重量差异按《中国药典》（2010 年版）二部附录Ⅰ A 的方法检查，应符合规定。

检查方法：取药片 20 片，精密称定总重量，求得平均片重后，再分别精密称定各片的重量。每片重量与平均片重相比较（凡无含量测定片剂，每片重量应与标示片重比较），超出重量差异限度的药片不得多于 2 片，并不得有 1 片超出限度 1 倍。

糖衣片的片芯应检查重量差异并符合规定，包糖衣后不再检查重量差异。薄膜衣片应在包薄膜衣后检查重量差异并符合规定（表 8-5）。凡规定检查含量均匀度的片剂，可不进行重量差异的检查。

表 8-5　片剂重量差异限度

平　均　重　量	重量差异限度	平　均　重　量	重量差异限度
0.30g 以下	±7.5％	0.30g 或 0.30g 以上	±5％

3. 崩解时限

崩解系指固体制剂在一定介质中全部崩解溶散成碎粒的过程，碎粒除不溶性包衣材料或破碎的胶囊壳以外，应通过筛网。崩解时限是检查固体制剂在规定条件下的崩解情况。片剂的崩解时限按《中国药典》（2010 年版）二部附录Ⅹ A 规定的方法检查，应符合规定。

检查方法：将吊篮通过升降式崩解仪上端的不锈钢轴悬挂于金属支架上，浸入 1000ml 烧杯中，并调节吊篮位置使其下降时筛网距烧杯底部 25mm，烧杯内盛有温度为 37℃±1℃的水，调节水位高度使吊篮上升时筛网在水面下 25mm 处。除另有规定外，取药片 6 片，分别置上述吊篮的玻璃管中，启动崩解仪进行检查，应在 15min 内全部崩解。如有 1 片不能完全崩解，应另取 6 片，按上述方法复试，均应符合规定。

薄膜衣片，按上述装置与方法，并可改在盐酸溶液（9→1000）中检查，应在 30min 内全部崩解。如有 1 片不能完全崩解，应另取 6 片，按上述方法复试，均应符合规定。

糖衣片，按上述装置与方法，应在 1h 内全部崩解。如有 1 片不能完全崩解，应另取 6 片，按上述方法复试，均应符合规定。

肠溶衣片，按上述装置与方法，先在盐酸溶液（9→1000）中检查 2h，每片均不得有裂缝、崩解或软化现象；继将吊篮取出，用少量水洗涤后，每管各加入挡板 1 块，再按上述方法在磷酸缓冲液（pH 6.8）中进行检查，1h 内应全部崩解。如有 1 片不能完全崩解，应另取 6 片，按上述方法复试，均应符合规定。

泡腾片，取 1 片，置 250ml 烧杯中，烧杯内盛有 200ml 水，水温为 15～25℃，有许多气泡放出，当片剂或碎片周围气体停止逸出时，片剂应崩解、溶解或分散在水中，无聚集的颗粒剩留。除另有规定外，按上述方法检查 6 片，各片均应在 5min 内崩解。

凡规定检查溶出度、释放度或融变时限的片剂，不再进行崩解时限的检查。

4. 硬度

片剂应有适宜的硬度，以免在包装、运输过程中受到震动和颠簸而破碎或磨损，硬度也可影响片剂的崩解时限和溶出度。所以硬度检查是片剂质量要求中的一个主要项目，虽然各国药典均未规定硬度的测定方法及标准，但各生产单位都有内控标准。

（1）硬度　一般指药片抗挤压的能力。常用“压痕”方法测定，即用一定的力将一坚硬的圆锥体在片剂的表面“压痕”，由“压痕”的大小及深浅来评定片剂表面的硬度。也有用“钻孔”法测定片剂内部的硬度。

（2）脆碎度　系指将药物置于一旋转的鼓中或其他装置中，使药片相互摩擦和碰撞一定时间来测定受撞、磨损、转动时的磨损或破碎程度，按《中国药典》（2010 年版）二部附录Ⅹ G 规定的方法检查，应符合规定。

检查法：常用 Roche 脆碎度测定仪检查。片重为 0.65g 或以下者取若干片，使其总重约 6.5g；片重大于 0.65g 者取 10 片。用吹风机吹去脱落的粉末，精密称重，置圆筒中，转动 100 次，取出，同法除去粉末，精密称重，减失重量不得过 1%，且不得检出断出断裂、龟裂及粉碎的片。本试验仅做 1 次。如减失重量超过 1%，可复检 2 次，3 次的平均减失重量不得超过 1%，并不得检出断裂、龟裂及粉碎的片。

（3）破碎强度　系指将药片立于两个压板之间，沿片剂的直径方向徐徐加压，直到破碎，测定使其破碎所需的压力，则表示硬度。可用 Monsanto 硬度计或片剂四用测定仪。

二、化学方面

1. 鉴别

随机抽样，按《中国药典》（2010 年版）二部各药品鉴别项目检查，应符合规定。

2. 含量测定

随机抽取药片10～20片，按《中国药典》（2010年版）二部各药品含量测定项目下规定的方法进行测定，应在规定范围内。

3. 含量均匀度

含量均匀度系指小剂量口服固体制剂、喷雾剂或注射用无菌粉末中的每片（个）含量偏离标示量的程度。除另有规定外，片剂每片标示量小于10mg或主药含量小于每片重量5%者应检查含量均匀度。凡检查含量均匀度的制剂，不再检查重量差异。片剂的含量均匀度按《中国药典》（2010年版）二部附录Ⅹ E规定的方法检查，应符合规定。

检查方法：除另有规定外，取药片10片，照各药品项下规定的方法，分别测定每片以标示量为100的相对含量x，求其均值$\overline{x}$和标准差$S\left(S=\sqrt{\frac{\sum(x-\overline{x})^2}{n-1}}\right)$以及标示量与均值之差的绝对值$A(A=|100-\overline{x}|)$。如$A+1.80S\leqslant15.0$，即供试品的含量均匀度符合规定；若$A+S>15.0$，则不符合规定；若$A+1.80S>15.0$，且$A+S\leqslant15.0$，则应另取20片复试。根据初、复试结果，计算30片的均值$\overline{x}$、标准差S和标示量与均值之差的绝对值A。若$A+1.45S\leqslant15.0$，即供试品的含量均匀度符合规定；若$A+1.45S>15.0$，则不符合规定。

4. 溶出度

溶出度系指药物从片剂或胶囊剂等固体制剂在规定溶剂中溶出的速度和程度。凡检查溶出度的制剂不再进行崩解时限的检查。难溶性药物的溶出是其吸收的限制过程。实践证明，很多药物的片剂体外溶出与吸收有相关性，因此溶出度测定法作为反映或模拟体内吸收情况的试验方法，在评定片剂质量上有着重要意义。在片剂中除规定有崩解时限外，对以下情况还要进行溶出度测定以控制或评定其质量：①含有在消化液中难溶的药物；②与其他成分容易发生相互作用的药物；③久贮后溶解度降低的药物；④剂量小、药效强、副作用大的药物片剂。

溶出度的检查应按《中国药典》（2010年版）二部附录Ⅹ C检查，应符合规定。

5. 释放度

释放度是指药物从缓释制剂、控释制剂、肠溶制剂及透皮贴剂等在规定溶剂中释放的速度和程度。检查释放度的制剂，不再进行崩解时限的检查。释放度测定的仪器装置，除另有规定外，照《中国药典》（2010年版）二部附录Ⅹ D释放度测定法项下所示测定，应符合规定。

第一法用于缓释制剂或控释制剂；第二法用于肠溶制剂；第三法用于透皮贴剂。

《中国药典》（2010年版）规定盐酸吗啡控释片、硫酸庆大霉素缓释片等七个品种需进行释放度测定。

三、微生物方面

为保证药品的质量，保证用药安全有效，我国药典制定了药品卫生标准。《中国药典》（2010年版）规定口服给药制剂微生物限度为：细菌数每1g不得过1000cfu，每1ml不得过100cfu，不得检出大肠埃希菌。

第七节　片剂的包装与贮存

片剂的包装和贮存是保证片剂质量的重要措施，应做到密封和防震，使片剂免受环境条件如光、热、湿、氧气、卫生等的影响，以保证片剂在应用时能保持原有的理化性质和药效。

一、片剂的包装

片剂的包装不仅讲究外形美观，更应以避光、防潮、密封、温度和卫生等条件为主，还要防震，使片剂在搬动和运输过程中不引起片剂间的摩擦和碰撞等。

片剂的包装通常采用多剂量包装和单剂量包装两种形式。

（一）多剂量包装

多剂量包装系指将几十片至几百片合装在一个容器中，常用的容器有玻璃瓶（管）、塑料瓶（管）及金属箔复合膜、软性薄膜、纸塑复合膜等制成的药袋。

（二）单剂量包装

单剂量包装系指将片剂单个隔开包装，每片均处于密封状态。此包装形式提高了对片剂的保护作用，使用起来更方便，外形装潢也更美观。目前应用较多的有以下两种。

1. 泡罩式包装

是用无毒铝箔与无毒聚氯乙烯硬膜，在平板泡罩式或泡式包装机上，经热压而成的水泡式包装。铝箔成为背层材料，背面上可印上药名、剂量、用法等说明，聚氯乙烯泡罩具有透明、坚硬而美观的特点。

2. 窄条式包装

是用两层膜片（铝塑复合膜、双纸塑料复合膜等）经黏合或热压形成的带状包装，较泡罩式包装简朴，成本较低。

单剂量包装均用机械化操作，如我国片剂生产中应用较普遍的卧式滚筒型泡罩包装机有LSB-W-1型和JYB-81型两种机型，它们集包装、封合、打印批号、剪切传递为一体。

二、片剂的贮存

按照药典规定，片剂宜密封贮存，防止受潮、发霉、变质。除另有规定外，一般应将包装好的片剂置阴凉（20℃以下）、通风、干燥处贮存。

对光敏感的片剂应避光保存，如采用棕色瓶包装或在外包装的盒、箱上糊上深色的纸。受潮后易变质的片剂，应在包装容器内放入干燥剂（如装有干燥硅胶的小袋）。糖衣片受空气和光的作用易变色，在高温、潮湿环境中易软化、熔化及粘连，如用瓶装糖衣片时，应尽量减少瓶内残留空间，贮存时一般应避光、密封、置阴凉干燥处。

有些片剂的硬度，在贮存期间可能逐渐改变而影响片剂的崩解和溶出，其原因往往是由于片剂中黏合剂等辅料固化所改变。这类片剂久贮后，必须重新检查崩解时限和溶出度，检查合格后方可供药用。

片剂是一种较为稳定的剂型，若包装和贮存适宜，一般可贮2年以上不变质，但因所含药物不同，往往会影响片剂的稳定性，故应注意各种片剂的有效期。

第八节　片剂的制备举例

例 8-3：盐酸环丙沙星片

处方：		
	环丙沙星盐酸盐（1000片）	291g
	淀粉	100g
	低取代羟丙基纤维素（L-HPC）	40g

十二烷基硫酸钠	1.4g
羟丙基甲基纤维素（HPMC）1.5%	适量
硬脂酸镁	适量

制法：将环丙沙星盐酸盐、淀粉、L-HPC、十二烷基硫酸钠混合均匀，加入1.5% HPMC适量制成软材，用14目筛制粒，60℃通风干燥，14目或16目筛整粒，加入硬脂酸镁混匀，压片，包薄膜衣，即得。

类别：抗生素类药。用于呼道感染、泌尿系统感染、肠道感染、腹腔内感染及其他敏感菌引起的感染。

用法与用量：成人口服，每日2次，每次200～250mg。重症者，一日2次，每次400～500mg。

注：环丙沙星盐酸盐为主药，淀粉为稀释剂，L-HPC为崩解剂并兼有黏合作用，十二烷基硫酸钠起促进崩解作用，羟丙基甲基纤维素为黏合剂，硬脂酸镁为润滑剂。

例8-4：阿司匹林肠溶片

处方：		
处方：	阿司匹林（1000片）	25g
	淀粉	25g
	糊精	7g
	淀粉浆（15%）	适量
	羧甲基淀粉钠	7g
	硬脂酸镁	1g

制法：将阿司匹林粉碎、过100目筛，与淀粉及糊精混合均匀，加入15%淀粉浆制软材，用14目尼龙筛网制粒，60～70℃通风干燥，过16目筛整粒，加羧甲基淀粉钠、硬脂酸镁混匀，压片，包肠溶衣，包装，即得（每片含主药25mg）。

类别：抗血小板药物，能抑制血小板聚集、降低血小板黏附，阻止血栓形成，用于防治冠脉和脑血管栓塞性疾病。

用法与用量：成人口服，每日1次，每次25～50mg或遵医嘱。

注：① 阿司匹林为主药，淀粉、糊精为稀释剂，淀粉浆为黏合剂，羧甲基淀粉钠为崩解剂，硬脂酸镁为润滑剂。

② 阿司匹林有六种晶型，尤以鳞片状和针状不能直接用来压片，因其极易造成顶裂，故必须先行将其粉碎并过100目筛后配料。

③ 阿司匹林制成肠溶衣片，适于长期服用。

④ 患有胃及十二指肠溃疡者慎重。

例8-5：核黄素片（维生素B_2片）

处方：		
处方：	核黄素（每万片）	50g
	淀粉	260g
	糊精	420g
	乙醇（50%）	适量
	硬脂酸镁	7g

制法：称取核黄素，按等量递加法分次加入淀粉混合，过筛混合均匀，加入糊精混合均匀，加50%乙醇适量制软材，过16目尼龙筛制粒，在55℃以下干燥，16目筛整粒，加入硬脂酸镁，混匀后压片，即得。

类别：维生素类药，用于防治因维生素缺乏所引起的疾病。

用法与用量：口服，一日3次，每次1片。

注：① 核黄素为橙黄色结晶性粉末，亦可用微晶纤维素做干燥黏合剂、微粉硅胶做助流剂用直接压片法制备。

② 由于核黄素片主药含量小，片内含有大量的填充剂，制备时应注意均匀度，为此需采用等量递加法混合均匀。

③ 干燥温度宜低（55℃以下），否则乙醇挥发太快而使表面层颗粒形成深色。干颗粒保持水分3%～6%，以免裂片。

例8-6：阿莫西林片

处方：阿莫西林	2.5kg
淀粉浆（10%）	约150g
淀粉	200g
硬脂酸镁	10g

制法：原、辅料分别过100目筛，混合均匀，加入淀粉浆制成软材，经摇摆颗粒机过14目筛制粒，湿粒于60℃干燥，干颗粒与硬脂酸镁总混均匀后，过14目筛整粒，混匀，测定含量后，计算片重，选择ϕ9.5mm深凹或平冲模压片即得。

类别：本品为广谱抗生素类药。主要治疗上呼吸道、泌尿道等各种感染。

用法与用量：口服，一日4次，一次1～2片。

规格：250mg。

贮藏：遮光密闭低温干燥处保存。

注：① 阿莫西林又称羟氨苄青霉素。

② 阿莫西林口服疗效迅速，尤其是上呼吸道感染，效果更佳。

③ 本品口服前应做青霉素过敏试验，反应阴性者可使用。

④ 本品有素片、糖衣片两种。

例8-7：红霉素片

处方：红霉素（每万片）	1.0kg
淀粉	0.52kg
淀粉浆（10%）	0.1kg
干淀粉（外加）	50g
硬脂酸镁	8g

制法：将原、辅材料分别过100目筛，混合均匀，加入淀粉浆制成软材，经摇摆颗粒机过16目尼龙筛制粒，湿颗粒于70～80℃干燥；干颗粒与硬脂酸镁、外加干淀粉总混均匀后，测主药含量，计算出片重，选择ϕ7mm深凹冲模压片，包衣即得。

类别：本品为抗生素类药。主要用于对青霉素产生抗药性和过敏的患者。特别是用于治疗肺炎、败血症、急性乳腺炎、多发性疖肿、痈等。

用法与用量：口服，一日4次，一次2～4片。

规格：①100mg；②125mg。

贮藏：避光密闭保存。

注：① 红霉素易被胃酸破坏而分解失效，故必须包肠溶衣。

② 本品口服有时引起恶心呕吐、腹痛、腹泻等不良反应，还可能出现药热、皮疹、血管神经性水肿。

例8-8：对乙酰氨基酚片

处方：对乙酰氨基酚	500g
干淀粉	15g
淀粉浆（500g/L）	适量
硫脲	0.5g
硬脂酸镁	3.0g

制法：① 将硫脲溶于适量温水，加入淀粉中，搅拌使淀粉分散而成均匀的混悬液，加沸水冲成浆糊。

② 将对乙酰氨基酚、干淀粉混合均匀，加入适量热淀粉浆混合制成均匀的软材，用16目尼龙筛制粒，60℃左右鼓风干燥，干颗粒水分控制在1%～2%。干颗粒通过16目尼龙筛整粒并混入硬脂酸镁，用直径12mm冲头压片。

类别：本品为解热镇痛药，用于感冒、发热、风湿痛等。

注：① 对乙酰氨基酚在空气中见光变色，水分可加速其变化，处方中加入硫脲作抗氧剂，还能与金属离子形成加成化合物。

② 对乙酰氨基酚是具有脆性的白色单斜晶体，不适于直接制粒，否则往往在压片过程中导致裂片。故必须粉碎成细粉，以利于淀粉浆与粉末表面直接接触而制成坚实的颗粒。

③ 制粒时所用淀粉浆浓度不宜过低，一般应采用300～350g/L，这样高浓度的浆糊不易成熟，因此在将淀粉分散时要用温水。

例 8-9：盐酸小檗碱片

处方：	
盐酸小檗碱	100g
淀粉浆（10%）	适量
硬脂酸镁	1g

制法：取盐酸小檗碱，加入10%淀粉浆搅匀制成软材，通过14目筛网制粒，于70℃烘干至干颗粒含水量在6%左右，加硬脂酸镁，12目筛整粒，压片，即得。

注：本例为中药有效成分片。每片盐酸小檗碱含量为0.1g。盐酸小檗碱为主药，淀粉浆为黏合剂，硬脂酸镁为润滑剂。本品味苦，可包成薄膜衣使用。

例 8-10：刺五加片

处方：本品为刺五加浸膏片。

制法：取刺五加浸膏150g，加辅料适量，混匀，制成颗粒，干燥，压制成1000片，包糖衣，即得。

性状：本品为糖衣片，除去糖衣后显棕褐色；味微苦、涩。

功能与主治：益气健脾，补肾安神。用于脾肾阳虚，体虚乏力，食欲不振，腰膝酸痛，失眠多梦。

用法与用量：口服，一次2～3片，一日2次。

贮藏：密封。

例 8-11：青叶胆片

处方：本品为青叶胆经加工制成的片。

制法：取青叶胆70g，粉碎成细粉。另取青叶胆1500g，粉碎成粗粉，加水煎煮两次，第一次4h，第二次3h，合并煎液，滤过，滤液减压浓缩成稠膏状，加入青叶胆细粉，混匀，干燥，用50%乙醇制成颗粒，干燥，压制成1000片，包糖衣，即得。

性状：本品为糖衣片，除去糖衣后显棕绿色；味苦。

功能与主治：清肝利胆，清热利湿。用于黄疸尿赤，热淋涩痛。

用法与用量：口服，一次4～5片，一日4次。

贮藏：密封。

例 8-12：健民咽喉片

处方：	
玄参	麦冬
蝉蜕	诃子
桔梗	板蓝根
胖大海	地黄
西青果	甘草
薄荷素油	薄荷脑

制法：以上十二味，薄荷素油、薄荷脑用适量乙醇溶解。其余玄参等十味和适量的甜菊叶加水煎煮三次，第一、二次每次 2h，第三次 1h，滤过，滤液合并，浓缩成稠膏；加入适量的蔗糖粉、淀粉和可可粉，混匀，制粒，干燥，放冷，喷加含薄荷素油、薄荷脑的乙醇溶液，加入适量的奶油香精；或加入适量的蔗糖粉、淀粉和枸橼酸，混匀，制粒，干燥，放冷，喷加含薄荷素油、薄荷脑和橙油的乙醇溶液，加入适量的橙粉，压制成片或包糖衣或薄膜衣，即得。

性状：本品为黄褐色的片或糖衣片、薄膜衣片，除去包衣后显黄褐色；气香，味甜或酸甜，具清凉感。

功能与主治：清利咽喉，养阴生津，解毒泻火。用于热盛津伤、热毒内盛所致的咽喉肿痛、失音及上呼吸道炎症。

用法与用量：含服。一次 2～4 片［规格①］或 2 片［规格②］，每隔 1h 1 次。

规格：①每片相当于饮片 0.195g；②每片相当于饮片 0.292g。

贮藏：密封。

本章小结

学习主题结构		学习的主要内容	
大主题	小主题		
第一节 概述	片剂的含义	系指药物与适宜的辅料混匀压制而成的圆片状或异形片状的固体制剂	
	片剂的分类	按制备方法分类	单压片、层压片、包衣片等
		按使用方法分类	内服片、含片、舌下片、口腔贴片、咀嚼片、分散片、可溶片、泡腾片、缓释片、控释片与肠溶片等
	片剂的特点	能用机械化设备大量生产，产量高，成本低，卫生条件易于控制，易达到 GMP 的要求	
		分剂量准确，每片含量差异较小，病人可按片服用，剂量准确	
		受空气、湿气影响小，理化性质稳定，能较长时间贮存不易变质	
		体积小，便于携带、运输、贮存、服用	
		可通过包衣等方法来改善药物的恶臭、异味及易氧化、易引湿、有刺激性等缺点	
		可在片面上压出主药名称或上不同色泽以区别，避免差错等	
	片剂的质量要求	①一般要求含量准确，硬度适宜，色泽均匀，完整光洁，在规定贮藏期内不得变质；②重量差异、崩解时限、溶出度或释放度、含量均匀度等应符合规定；③应符合微生物限度检查的要求	
第二节 片剂的辅料	稀释剂和吸收剂	稀释剂和吸收剂的概念、特点、常用品种、应用、用量	
		淀粉、糊精、糖粉、乳糖、硫酸钙、甘露醇、可压性淀粉、微晶纤维素	
	润湿剂和黏合剂	润湿剂和黏合剂概念、特点、常用品种、适用范围、用量	
		纯化水、乙醇、淀粉浆、糊精、糖粉和糖浆、纤维素衍生物、微晶纤维素、胶浆类	
	崩解剂	崩解剂概念	系指能促进片剂在胃肠道中迅速崩解成小粒子或粉末的辅料
		加入的方法	内加法；外加法；混合加入法；单独制粒加入法
		常用品种	干淀粉、羧甲基淀粉钠(CMS-Na)、预胶化淀粉、羟丙基淀粉、低取代羟丙基纤维素(L-HPC)、泡腾崩解剂、表面活性剂
	润滑剂	概念、分类及作用	
		硬脂酸镁、滑石粉、微粉硅胶、氢化植物油、十二烷基硫酸镁(钠)、聚乙二醇、氢氧化铝、硼酸	

续表

<table>
<tr><th colspan="2">学习主题结构</th><th rowspan="2">学习的主要内容</th></tr>
<tr><th>大主题</th><th>小主题</th></tr>
<tr><td rowspan="3">第三节
片剂的
制备</td><td>湿法制
粒压片法</td><td>1. 生产工艺流程：
①药物、辅料的处理(粉碎、过筛或干燥)；②制软材；③制湿颗粒；④干燥；⑤整粒、总混；⑥压片(片重的计算)；⑦包衣；⑧质量检查；⑨包装
2. 制粒的目的
①粉末流动性差；②粉末内含有较多的空气，片剂内部空气膨胀导致松片、顶裂等现象；③由于片剂各成分的密度不同，粉末因机器振动而分层；④粉末压片时易造成细粉飞扬
3. 影响湿颗粒质量的因素
①湿粒中细粉状态；②湿颗粒性状；③黏合剂黏性与用量；④软材搅拌时间；⑤过筛条件
4. 片重及片径与筛网的关系
5. 湿颗粒干燥及注意问题
6. 片重计算及压片</td></tr>
<tr><td>干法制粒
压片法</td><td>滚压法、重压法</td></tr>
<tr><td>直接压片法</td><td>①粉末直接压片法；②结晶药物直接压片法</td></tr>
<tr><td rowspan="6">第四节
片剂的
包衣</td><td rowspan="2">概述</td><td>包衣的目的：
1. 改善药物的稳定性
2. 掩盖药物不良味道
3. 控制药物的释放部位
4. 控制药物的释放速度
5. 防止复方成分发生配伍禁忌
6. 改善片剂的外观和便于识别</td></tr>
<tr><td>包衣的种类
糖衣、薄膜衣、肠溶衣和控释衣等种类</td></tr>
<tr><td>包衣方
法与设备</td><td>包衣方法：
1. 滚转包衣法
2. 流化包衣法
3. 其他包衣方法：如压制包衣法、层压包衣法、静电包衣法及蘸浸包衣法等</td></tr>
<tr><td rowspan="3">包衣材
料与包
衣过程</td><td>包糖衣的基本过程：①包隔离衣；②包粉底衣；③包糖衣；④包有色糖衣；⑤打光</td></tr>
<tr><td>薄膜衣
1. 包薄膜衣材料
(1)薄膜衣料；(2)溶剂；(3)增塑剂；(4)着色剂和掩蔽剂
2. 包薄膜衣过程
包衣时，将包衣溶液以细流或喷雾的方法加入，使包衣材料均匀地喷洒在滚动的片芯表面，通入热风，使溶剂蒸发，包衣材料便在片芯表面形成薄膜层，待溶剂挥发干燥后继续包第二层，如此反复多次，直到所需的厚度，即形成不透湿、不透气的薄膜衣层</td></tr>
<tr><td>肠溶衣
1. 包肠溶衣材料
(1)邻苯二甲酸醋酸纤维素(CAP)
(2)丙烯酸树脂
(3)羟丙基甲基纤维素酞酸酯(HMPCP)
(4)虫胶
2. 包肠溶衣过程
包肠溶衣过程同薄膜衣，可直接在片芯上直接包肠溶衣，也可先包至粉衣层后再包肠溶衣，最后再包糖衣层</td></tr>
<tr><td rowspan="2">第五节
压片与包
衣过程中
易出现的
问题及解
决办法</td><td>压片过程可
能出现的问题</td><td>①松片；②裂片；③黏冲；④崩解迟缓；⑤片剂差异过大；⑥变色或色斑；⑦叠片；⑧卷边</td></tr>
<tr><td>包衣过程
可能出现
的问题</td><td>1. 糖衣片
①色泽不匀；②片面不平；③龟裂和爆裂；④脱壳；⑤露边与麻面；⑥片面小珠点
2. 薄膜衣片
①皱皮；②起泡；③花斑；④剥落
3. 肠溶衣片
①不能安全通过胃部；②肠内不溶解；③片面不平，色泽不匀，龟裂及衣层剥落</td></tr>
<tr><td rowspan="2">第七节
片剂的包
装与贮存</td><td>片剂的包装</td><td>多剂量包装和单剂量包装</td></tr>
<tr><td>片剂的贮存</td><td>片剂置阴凉(20℃以下)、通风、干燥处贮存</td></tr>
</table>

基本训练题

一、名词解释

1.片剂 2.崩解剂 3.黏合剂 4.润滑剂 5.裂片

二、单项选择题

1.以下不是片剂特点的是（ ）。

A.剂量准确 B.质量稳定 C.可用于昏迷病人

D.携带方便 E.产量高，成本低

2.不符合片剂质量要求的是（ ）。

A.含量准确 B.必须测含量均匀度 C.硬度适宜

D.完整光洁 E.贮藏期内不得变质

3.不是片剂主要四大辅料的是（ ）。

A.防腐剂 B.崩解剂 C.润滑剂

D.黏合剂 E.填充剂

4.哪种物质不能作压片的黏合剂或润湿剂（ ）。

A.水 B.乙醇 C.糖粉和糖浆

D.滑石粉 E. 1%HPMC溶液

5.羟丙基甲基纤维素的英文缩写是（ ）。

A. EC B. HPC C. MC

D. PMC E. HPMC

6.纤维素衍生物作黏合剂的常用浓度是（ ）。

A. 0.5%～1.5% B. 2%～10% C. 10%～12%

D. 12%～15% E. 16%～20%

7.不利于粉末直接压片的辅料是（ ）。

A.微晶纤维素 B.羧甲基纤维素 C.淀粉

D.微粉硅胶 E.蔗糖

8.哪项不是片剂包衣的目的（ ）。

A.增加药效 B.掩盖药物不良味道 C.改善药物的稳定性

D.控制药物的释放速度 E.防止复方成分发生配伍禁忌

9.制粒的目的不包括（ ）。

A.防止松片 B.增加片重 C.增加流动性

D.防止片重差异大 E.减少粉末压片时易造成细粉飞扬

10.一般以用手紧握能成团而不黏手、用手指轻压能分散为度，适用的操作是（ ）。

A.包衣 B.制湿颗粒 C.干燥

D.制软材 E.整粒

11.淀粉浆作黏合剂的常用浓度是（ ）。

A. 1%～5% B. 5%～10% C. 10%～15%

D. 15%～20% E. 20%以上

12.不能作黏合剂的是（ ）。

A.氢氧化铝 B.聚乙二醇 C. PVP

D.海藻酸钠 E.蔗糖

13.除另有规定外，泡腾片的崩解时限为（ ）。

A. 5min B. 15min C. 30min

D. 40min　　E. 60min

14. 湿颗粒干燥温度一般以（　　）为宜。

A．30～40℃　　B. 50～80℃　　C. 70～80℃

D. 80～90℃　　E. 90～100℃

15. 哪项是按制备方法不同分类而得的片剂（　　）。

A. 咀嚼片　　B. 口腔贴片　　C. 舌下片

D. 层压片　　E. 分散片

16. 在盐酸环丙沙星片的处方中，加入十二烷基硫酸钠的作用是（　　）。

A. 黏合剂　　B. 稀释剂　　C. 润滑剂

D. 崩解作用　　E. 吸收剂

17. 阿司匹林肠溶片处方如下：

处方：阿司匹林（1000 片）

淀粉	25g
糊精	7g
淀粉浆（15%）	适量
羧甲基淀粉钠	7g
硬脂酸镁	1g

羧甲基淀粉钠作用是（　　）。

A. 黏合剂　　B. 稀释剂　　C. 崩解剂

D. 润滑剂　　E. 填充剂

18. 除另有规定外，片剂每片标示量（　　）或主药含量小于每片重量 5%者应检查含量均匀度。

A. 大于 10mg　　B. 小于 10mg　　C. 小于或等于 20mg

D. 小于 20mg　　E. 以上都不对

19. 凡检查溶出度的制剂不再进行（　　）的检查。

A. 崩解时限　　B. 含量均匀度　　C. 重量差异

D. 硬度　　E. 释放度

20. 平均重量为 0.30g 以下的片剂，其重量差异限度为（　　）。

A. ±2.5%　　B. ±5.0%　　C. ±7.5%

D. ±10.0%　　E. ±15.0%

21.（　　）系指片剂的硬度不够，受震动易松散成粉末的现象。

A. 松片　　B. 裂片　　C. 崩解迟缓

D. 黏冲　　E. 迭片

22.（　　）不是裂片的原因。

A. 黏合剂选择不当或用量不足　　B. 颗粒过分干燥　　C. 颗粒中油类成分较多

D. 压力过小　　E. 压力过大或车速过快

三、多项选择题

1. 淀粉及处理后的淀粉在片剂中可用作（　　）。

A. 助流剂　　B. 填充剂　　C. 黏合剂

D. 润滑剂　　E. 稀释剂

2. 淀粉浆调制方法有（　　）。

A. 稀释法　　B. 溶解法　　C. 冲浆法

D. 溶化法　　E. 煮浆法

3. 崩解剂加入的方法有（　　）。
A. 内加法　B. 外加法　C. 混合加入法
D. 溶解法　E. 溶化法

4. 润滑剂包括（　　）。
A. 润滑剂　B. 助流剂　C. 稀释剂
D. 抗黏（附）剂　E. 崩解剂

5. 能作润滑剂的是（　　）。
A. 聚乙二醇　B. MC　C. 氢化植物油
D. 淀粉　E. EC

6. 影响湿颗粒质量的因素包括（　　）。
A. 崩解剂　B. 软材情况　C. 过筛条件
D. 润滑剂　E. 黏合剂用量

7. 流化喷雾制粒是将（　　）等工序合并在一套设备中完成。
A. 制软材　B. 整粒　C. 气流干燥
D. 沸腾混合　E. 粉碎

8. 干法制粒压片法包括（　　）。
A. 粉末直接压片法　B. 结晶直接压片法　C. 重压法
D. 滚压法　E. 混合法

9. 包糖衣过程包括（　　）。
A. 包粉底衣　B. 包糖衣　C. 包隔离衣
D. 打光　E. 包色糖衣

10. 可用作包薄膜衣材料包括（　　）。
A. 羟丙基甲基纤维素　B. 聚乙二醇类　C. 糊精
D. 玉米朊　E. 糖浆

11. 包糖衣的目的包括（　　）。
A. 防潮　B. 增加衣层的牢固性　C. 使片剂外形光洁
D. 使片剂圆润　E. 增溶

12. 可用作稀释剂和吸收剂的是（　　）。
A. 糊精　B. 硫酸钙　C. L-HPC
D. 甘露醇　E. 乳糖

四、简答题

1. 片剂制备过程中制粒的目的是什么？
2. 裂片的原因有哪些？如何解决裂片？
3. 简述普通湿法制粒压片法制备片剂的工艺。

软膏剂、眼膏剂与凝胶剂

学习与能力目标

通过本章的学习，学生应识记软膏剂、眼膏剂与凝胶剂的含义、分类及特点，知晓其质量要求。熟记软膏剂、眼膏剂与凝胶剂的基质分类与常用品种。理解各常用基质材料的性质、特点、用途、使用范围。熟记软膏剂、眼膏剂与凝胶剂的制备方法与生产工艺流程。能正确分析软膏剂、眼膏剂与凝胶剂处方中各辅料的作用。能知道软膏剂、眼膏剂与凝胶剂质量评定项目与评定方法。知晓改善透皮吸收的途径、透皮吸收促进剂的种类与特点。知晓软膏剂的包装材料与贮藏条件。

知识要求

掌握软膏剂基质的要求、分类，油脂性基质、水溶性基质、乳剂型基质的常用品种、特点和应用范围。

掌握软膏剂制备方法与工艺流程及药物加入的一般方法。

掌握眼膏剂基质、制备流程与方法。

掌握凝胶剂基质常用品种与特点、一般制法、制备流程。

熟悉软膏剂的含义与分类、制备用具和包装容器的灭菌、改善透皮吸收的途径、透皮吸收促进剂的种类与特点、质量评定项目与评定方法。

熟悉眼膏剂定义、特点。

熟悉凝胶剂概念、分类。

了解软膏剂的质量要求、影响软膏剂中药物透皮吸收的因素、软膏剂的包装材料与贮藏条件。

了解眼膏剂质量要求、凝胶剂质量要求、水凝胶剂质量检查项目与评定方法。

第一节　软膏剂

一、概述

（一）软膏剂的含义与分类

软膏剂系指药物与油脂性或水溶性基质混合制成的均匀的半固体外用制剂。按药物在基质中分散状态不同，分为溶液型软膏剂和混悬型软膏剂。溶液型软膏剂为药物溶解（或共熔）于基质或基质组分中制成的软膏剂；混悬型软膏剂为药物细粉均匀分散于基质中制成的软膏剂。

乳膏剂系指药物溶解或分散于乳状液型基质中形成的均匀的半固体外用制剂。乳膏剂由于基质不同，可分为水包油型乳膏剂与油包水型乳膏剂。

糊剂系指大量的固体粉末（一般25%以上）均匀地分散在适宜的基质中所组成的半固体外用制剂。可分为单相含水凝胶性糊剂和脂肪糊剂。

（二）软膏剂的质量要求

软膏剂、乳膏剂、糊剂在生产与贮藏期间均应符合下列规定。

（1）软膏剂、乳膏剂、糊剂选用基质时应根据各剂型的特点、药物的性质、制剂的疗效和产品的稳定性而定。基质也可由不同类型基质混合组成。

（2）软膏剂、乳膏剂、糊剂基质应均匀、细腻，涂于皮肤或黏膜上应无刺激性。混悬型软膏剂中不溶性固体药物及糊剂的固体成分，均应预先用适宜的方法磨成细粉，确保粒度符合规定。

（3）软膏剂、乳膏剂根据需要可加入保湿剂、防腐剂、增稠剂、抗氧剂及透皮促进剂。

（4）软膏剂、乳膏剂应具有适当的稠度，糊剂稠度一般较大。但均应易涂布于皮肤或黏膜上，不融化，黏稠度随季节变化应很小。

（5）软膏剂、乳膏剂、糊剂应无酸败、异臭、变色、变硬，乳膏剂不得有油水分离及胀气现象。

（6）除另有规定外，软膏剂、糊剂应遮光密闭贮存；乳膏剂应遮光密封，宜置25℃以下贮存，不得冷冻。

（7）用于创面的软膏剂应无菌。

（8）软膏剂的包装材料特别是直接与软膏接触的内包材料不应与药物或基质发生物理或化学变化。

二、软膏剂的基质

软膏剂主要由药物、基质以及附加剂三部分组成。基质不仅是主药的赋形剂，也是药物的载体，同时还直接影响软膏剂的质量及药物的释放和吸收。理想的基质应符合下列要求：①润滑无刺激，稠度适宜，易于涂布；②性质稳定，与主药不发生配伍变化；③具有吸水性，能吸收伤口分泌物；④不妨碍皮肤的正常功能，具有良好的释药性能；⑤易洗除，不污染衣服。目前还没有哪种单一基质能同时满足以上要求，实际使用时应根据药物与基质的性质及用药目的具体分析与选择。

常用的基质可分为油脂性基质、水溶性基质和乳剂型基质三类。

（一）油脂性基质

油脂性基质是指动植物油脂、类脂、烃类及硅酮类等强疏水性物质。主要特点是润滑、无刺激性，涂于皮肤能形成封闭性油膜，促进皮肤水合作用，对表皮增厚、角化、皲裂有软化保护作用；性质稳定，可与多种药物配伍。缺点是释药性能差，不适用于有渗出液的创面，同时也不容易用水洗除。主要用于遇水不稳定的药物制备软膏剂，一般不单独用于制备软膏剂，为了克服其疏水性常加入表面活性剂或制成乳剂型基质来应用。

1. 烃类

烃类系指从石油中得到的各种烃的混合物，其中大部分属于饱和烃。

（1）凡士林　又称软石蜡，是由多种分子量烃类组成的半固体状物，有黄、白两种，熔程为38～60℃，化学性质稳定，无刺激性，能与多数药物配伍，特别适用于遇水不稳定的药物。但释药性能差、对皮肤的穿透性差，仅适用于皮肤表面病变；吸水性差，仅吸收本身重量5%的水分，不适用于急性炎症和有多量渗出液患处。凡士林中加入适量羊毛脂、胆固醇或某些高级醇类可提高其吸水性能；水溶性药物与凡士林配合时，还可加适量表面活性剂如非离子型表面活性剂聚山梨酯类于基质中以增加其亲水性。

（2）石蜡与液状石蜡　石蜡为固体饱和烃混合物，熔程为50～65℃，液状石蜡为液体饱和烃，与凡士林同类，最宜用于调节凡士林基质的稠度，也可用于其他类型基质的油相。

（3）硅酮　为有机硅氧化物的聚合物，药剂中常用液体硅酮（俗称硅油或二甲基硅油）。其化学性质稳定，疏水性强。对皮肤无毒、无刺激，润滑、易涂布，不妨碍皮肤正常功能，穿透性好，不污染衣物，是一种理想的疏水性基质。有阻挡日光对皮肤晒伤的作用，可用于防晒霜。本品成本较高，对眼有刺激，不适宜作眼膏剂基质。

2. 类脂类

此类系指高级脂肪酸与高级脂肪醇化合而成的酯及其混合物，有类似脂肪的物理性质，但化学性质较脂肪稳定，且具一定的表面活性作用而有一定的吸水性能，多与油脂类基质合用。常用的有羊毛脂、蜂蜡、鲸蜡等。

（1）羊毛脂　一般是指无水羊毛脂，为淡黄色黏稠微具特臭的半固体，主要成分是胆固醇类的棕榈酸酯及游离的胆固醇类，熔程为36～42℃。吸水性强，可吸收约2倍的水后形成W/O型乳剂基质；性质接近皮脂，有利于药物透皮吸收；由于过于黏稠，通常不单独用作基质，常与凡士林合用；吸收30%的水分羊毛脂，称为含水羊毛脂，可以改善黏稠度，便于取用。

（2）蜂蜡与鲸蜡　蜂蜡主要成分为棕榈酸蜂蜡醇酯，熔程为62～67℃；鲸蜡主要成分为棕榈酸鲸蜡醇酯，熔程为42～50℃。蜂蜡与鲸蜡均含有少量游离高级脂肪醇而具有一定的表面活性作用，属较弱的W/O型乳化剂，在O/W型乳剂型中起稳定作用。均不易酸败，常用于取代乳剂型基质中部分脂肪性物质以调节稠度或增加稳定性。

3. 油脂类

来源于动植物的高级脂肪酸甘油酯及其混合物，常用的有麻油、棉籽油、花生油等。

（二）水溶性基质

水溶性基质是由天然或合成的水溶性高分子物质所组成，溶解后形成水凝胶。此类基质的特点有：①涂展性好，无油腻性，易洗除；②释放药物及皮肤穿透性能好；③易霉败，水分易蒸发，需加入保湿剂与防腐剂；④常作为防油保护性软膏的基质。目前常见的水溶性基质主要是合成的PEG类高分子物，以其不同分子量配合而成。

聚乙二醇（PEG）是用环氧乙烷与水或乙二醇逐步加成聚合得到的水溶性聚醚。分子式为 $HOCH_2(CHOHCH_2)_nCH_2OH$。药剂中常用的PEG平均相对分子质量在300～6000。PEG700下均是液体，PEG1000、PEG1500及PEG1540是半固体，PEG2000～6000是固体。固体PEG与液体PEG适当比例混合可得半固体的软膏基质，且较常用，可随时调节稠度。不可与苯甲酸、鞣酸、苯酚合用，不能与含酚类的防腐剂（羟苯酯类）合用；润滑、保护作用差，长期使用可引起皮肤干燥，主要作防护软膏。

（三）乳剂型基质

乳剂型基质是油相与水相借乳化剂的作用在一定温度下混合乳化，最后在室温下形成半固体的基质。主要由油相（固体或半固体）、水相、乳化剂三部分组成，可分为水包油（O/W）

型、油包水（W/O）型两类。乳剂型基质的共同特点是：①含有乳化剂，对油、水均有一定的亲和力，对皮肤正常功能影响小，易清洗；②能促进药物与表皮接触，药物的释放及皮肤穿透性能均比油脂性基质强；③不适于遇水不稳定的药物；④一般适用于亚急性、慢性、无渗出液的皮损和皮肤瘙痒症，忌用于糜烂、溃疡、水疱和脓疱症。常用的乳化剂有以下几种。

1. 肥皂类

（1）一价皂　最常用的是有机碱与硬脂酸形成的基质（O/W型），涂后水分蒸发成硬脂酸膜而发挥保护作用。常为一价金属离子钠、钾、铵的氢氧化物、硼酸盐或三乙醇胺、三异丙胺等有机碱与脂肪酸（如硬脂酸或油酸）作用生成新生皂，HLB15～18，降低水相表面张力的作用强于降低油相表面张力的作用，易形成O/W基质，但油相过多时可转为W/O基质。新生皂作乳化剂形成的基质应避免用于酸、碱类药物制备的软膏，特别是忌与含钙、镁离子的药物配方。

（2）多价皂　系由二、三价金属离子钙、镁、铝的氧化物与脂肪酸作用生成多价皂，HLB<6，形成W/O基质。多价皂在水中解离度小，亲水基的亲水性小于一价皂，其亲油性强于亲水性。多价皂形成的W/O基质比一价皂形成的O/W基质稳定。

2. 脂肪醇硫酸（酯）钠类

常用的有十二烷基硫酸（酯）钠，是阴离子型表面活性剂，常用量0.5%～2%。常与其他W/O型乳化剂（如十六醇或十八醇、硬脂酸甘油酯、脂肪酸山梨坦类等）合用。本品与阳离子型表面活性剂作用形成沉淀并失效，加入1.5%～2%氯化钠使之丧失乳化作用，适宜pH6～7，不应小于4或大于8。

3. 高级脂肪酸及多元醇酯类

（1）十六醇及十八醇　十六醇即鲸蜡醇，熔点45～50℃；十八醇即硬脂醇，熔点56～60℃，两者均不溶于水，但有一定的吸水能力，吸水后可形成W/O型乳剂型基质的油相，可增加乳剂的稳定性和稠度。新生皂为乳化剂的乳剂基质中，用十六醇和十八醇取代部分硬脂酸形成的基质则较细腻光亮。

（2）硬脂酸甘油酯　即单、双硬脂酸的混合物，不溶于水，溶于热乙醇及乳剂型基质的油相中。本品分子的甘油基上有羟基存在，有一定的亲水性，但十八碳链的亲油性强于羟基的亲水性，是一种较弱的W/O型乳化剂，与较强的O/W型乳化剂合用时，则制得的乳剂型基质稳定，且产品细腻润滑，用量为15%左右。

（3）脂肪酸山梨坦与聚山梨酯类　为非离子型表面活性剂，脂肪酸山梨坦即司盘类，HLB值在4.3～8.6，为W/O型乳化剂；聚山梨酯即吐温类，HLB值在10.5～16.7，为O/W型乳化剂。各种非离子型乳化剂均可单独制成乳剂型基质，但为调节HLB值而常与其他乳化剂合用。

非离子型表面活性剂无毒性，中性，对热稳定，对黏膜与皮肤比离子型乳化剂刺激小，并能与酸性盐、电解质配伍，但与碱类、重金属盐、酚类及鞣质均有配伍变化。聚山梨酯类能严重抑制一些消毒剂、防腐剂的效能，如与羟苯酯类、季铵盐类、苯甲酸等络合而使之部分失活，但可适当增加防腐剂用量予以克服。以非离子型表面活性剂为乳化剂的基质中可用的防腐剂有山梨酸、洗必泰碘、氯甲酚等，用量约0.2%。

4. 聚氧乙烯醚的衍生物类

（1）平平加O　即十八（烯）醇聚乙二醇-800醚为主要成分的混合物，为非离子型表面活性剂，其HLB值为15.9，属O/W型乳化剂，但单用本品不能制成乳剂型基质，为提高其乳化效率，增加基质稳定性，可用不同辅助乳化剂，按不同配比制成乳剂型基质。

（2）乳化剂OP　以聚氧乙烯（20）月桂醚为主的烷基聚氧乙烯醚的混合物，亦为非离子O/W型乳化剂，HLB值为14.5，可溶于水，1%水溶液的pH值为5.7，对皮肤无刺激性，常与其他乳化剂合用。本品耐酸、碱、还原剂及氧化剂，性质稳定，用量一般为油相重量的5%～10%。本品不宜与羟基类化合物，如苯酚、间苯二酚、麝香草酚、水杨酸等配伍，以免形成络合物，破坏乳剂型基质。

三、软膏剂中药物的透皮吸收

（一）影响软膏剂中药物透皮吸收的因素

1. 皮肤条件

（1）应用部位　皮肤的厚薄、毛孔的多少等与药物的穿透、吸收均有关系。

（2）皮肤病变　病变破损的皮肤能加快药物的吸收，药物自由地进入真皮，吸收的速度和程度大大增加，但可能引起疼痛、过敏及中毒等副作用。

（3）皮肤的温度与湿度　皮肤温度高，皮下血管扩张，血流量增加，吸收增加。潮湿的皮肤，可增强角质层的水合作用，使其疏松而增加药物的穿透。

（4）皮肤的清洁　用肥皂等清洁剂可洗去毛囊、角质层、皮脂腺上的堵塞物，有利药物的穿透。

2. 药物性质

皮肤细胞膜是类脂性的，非极性较强，一般油溶性药物较水性药物更易穿透皮肤，但组织液却是极性的，因此，药物必须具有合适的油、水分配系数，即具有一定的油溶性和水溶性的药物穿透作用较理想。而在油、水中都难溶的药物则很难透皮吸收。高度亲油的药物可能聚积在角质层表面而难以透皮吸收。药物穿透表皮后，通常相对分子质量愈大，吸收愈慢，宜选用相对分子质量小、药理作用强的药物。

3. 基质的组成与性质

基质的组成和性质，直接影响药物的释放、穿透、吸收。软膏中药物的释放在乳剂型基质中最快，动物油脂中次之，植物油中又次之，烃类基质中最差。基质的组成若与皮脂分泌物相似，则利于某些药物穿透毛囊和皮脂腺。水溶性基质聚乙二醇对药物的释放虽快，但对药物的穿透作用影响不大，制成的软膏很难透皮吸收。基质pH影响弱酸性与弱碱性药物的穿透吸收，当基质pH小于弱酸性药物的pKa或大于弱碱性药物的pKa时，这些药物的分子形式显著增加，脂溶性增大而利于穿透。基质中含有其他附加剂能影响药物的吸收，表面活性剂加入到油脂性基质中能增加药物的吸收，丙二醇与表面活性剂同用，能促进水溶性药物穿透毛囊；基质与皮肤的水合作用，能增加药物的穿透，烃类基质的闭塞性好，可引起较强的水合作用，W/O型乳剂基质次之，O/W型乳剂基质又次之，水溶性基质则几乎不能阻止水分蒸发。

4. 其他因素

药物浓度、应用面积、应用次数、与皮肤接触的时间等与药物吸收的量成正比。此外，年龄和性别的不同对皮肤的穿透、吸收能力亦有影响。老年人因皮肤干燥，其穿透和吸收能力差；女性较男性皮肤薄，屏障机能亦较弱，故其穿透、吸收能力较强；婴儿的表皮比成人薄，故穿透能力比成人要大。

（二）软膏剂改善透皮吸收的途径

最常用的方法就是在软膏中添加透皮吸收促进剂。常用的透皮吸收促进剂有以下几种。

（1）二甲基亚砜及其同系物　二甲基亚砜（DMSO）是应用较早的一种促进剂，有较强的渗透促进作用。能促进甾体激素、灰黄霉素、水杨酸和一些镇痛药的透皮吸收。

（2）氮酮类化合物　如月桂氮䓬酮。

（3）醇类化合物　包括各种短链醇、脂肪醇及多元醇等。丙二醇（PG）、甘油及聚乙二醇等多元醇也常作为促进剂。

（4）表面活性剂　通常阳离子型表面活性剂作用大于阴离子型表面活性剂。

（5）其他透皮促进剂　如尿素、挥发油如薄荷油、松节油等及氨基酸等。

四、软膏剂的制备与举例

软膏剂的制备，按照形成的软膏类型、制备量及设备条件不同，采用的方法也不同。溶液型或混悬型软膏常采用研磨法或熔融法。乳剂型软膏常在形成乳剂型基质过程中或在形成乳剂型基质后加入药物，称为乳化法。在形成乳剂型基质后加入的药物常为不溶性微细粉末，也属于混悬型软膏。制备软膏时，必须使药物在基质中分布均匀、细腻，以保证药物剂量与药效，这与制备方法和加入药物的方法正确与否密切相关。

（一）制备方法

1. 研和法

研和法是将基质与药物在常温下均匀混合的方法。主要适用于不耐热的药物。制备流程如下：

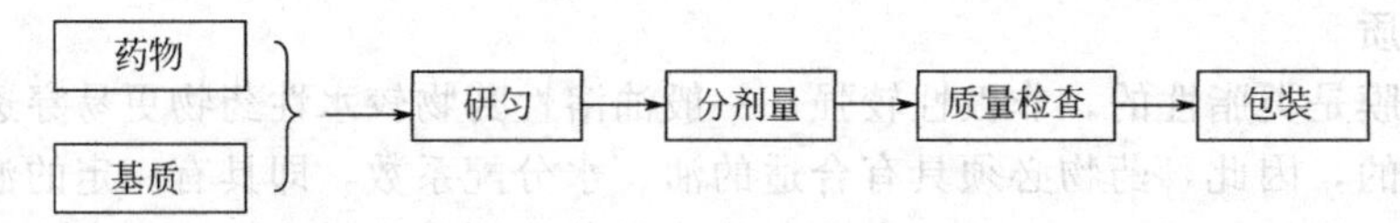

2. 熔融法

熔融法是将基质加热融化再与药物混匀的方法。主要应用于：①基质熔点较高，常温不能与药混匀者；②主药可溶于基质时；③适于大量或小量特别是含固体的基质制备。主要制备流程如下：

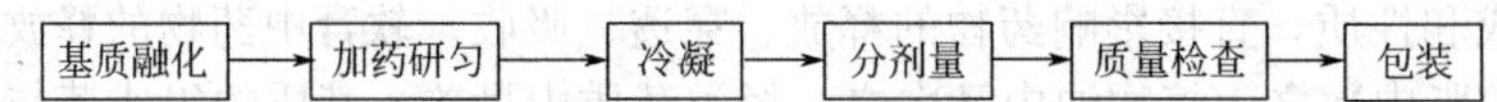

3. 乳化法

乳化法主要用于制备乳膏剂。制备流程如下：

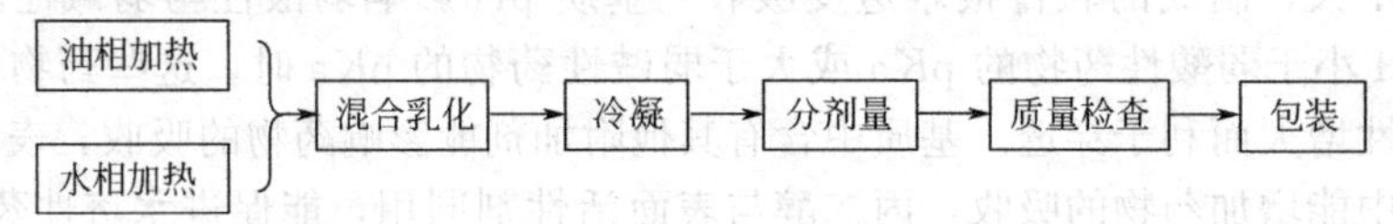

（二）药物加入的一般方法

（1）药物不溶于基质或基质的任何组分中时，必须将药物粉碎至能过六号筛的粉末。若用研磨配制，配制时取药粉先与适量的液体组分，如液状石蜡、植物油、甘油等研成糊状，再与其余基质混匀。

（2）药物可溶于基质某组分中时，一般油溶性药物溶于油相或少量有机溶剂，水溶性药物溶于水或水相，再吸收混合或乳化混合。

（3）药物可直接溶于基质中时，则油溶性药物溶于少量液体油中，再与油脂性基质混匀成为油脂性溶液型软膏；水溶性药物溶于少量水后，与水溶性基质混匀成为水溶液性溶液型软膏。

（4）具有特殊性质的药物，如半固体黏稠性药物（如鱼石脂或煤焦油），可直接与基质混合，必要时先与少量羊毛脂或聚山梨酯类混合再与凡士林等油性基质混合。若药物有共溶性组分（如樟脑、薄荷脑）时，可先共熔再与基质混合。

（5）中药浸出物为液体（如煎剂、流浸膏）时，可先浓缩至稠膏状再加入基质中。固体浸膏可加少量水或稀醇等研成糊状，再与基质混合。

(6) 受热易破坏或挥发性药物，应等到基质冷却至40℃以下再加入，以减少破坏或损失。

(三) 举例

例 9-1：三乙醇胺皂为乳化剂的乳剂基质

处方：硬脂酸　120g
　　单硬脂酸甘油酯　35g
　　凡士林　10g
　　羊毛脂　50g
　　液状石蜡　60g
　　尼泊金乙酯　5g
　　甘油　50g
　　三乙醇胺　4g
　　纯化水加至　1000g

制法：取硬脂酸、单硬脂酸甘油酯、凡士林、羊毛脂、液状石蜡在水浴上加热至80℃左右使熔化，混匀，作油相；另取尼泊金乙酯溶于甘油与水中，加入三乙醇胺混匀，加热至与油相同温，作水相。将油相缓慢加到水相中，边加边搅拌，直至冷凝。

注：三乙醇胺与部分硬脂酸形成的有机胺皂作O/W型乳化剂；单硬脂酸甘油酯能增加油相的吸水能力，同时又是O/W型乳剂基质有效的辅助乳化剂；羊毛脂可增加油相的吸水性和药物的穿透性，液状石蜡和凡士林用来调节基质的稠度，增加其润滑性；甘油作为保湿剂有助于防腐剂在水中的溶解；该乳剂基质忌与阳离子型药物配伍。

例 9-2：水杨酸乳膏

处方：水杨酸　50g
　　硬脂酸甘油酯　70g
　　硬脂酸　100g
　　白凡士林　120g
　　液状石蜡　100g
　　甘油　120g
　　十二烷基硫酸钠　10g
　　羟苯乙酯　1g
　　纯化水　480ml

制法：① 将水杨酸研细后通过60目筛，备用。

② 取硬脂酸甘油酯、硬脂酸、白凡士林及液状石蜡加热熔化为油相。

③ 另将甘油及纯化水加热至80℃，再加入十二烷基硫酸钠及羟苯乙酯溶液为水相。

④ 将水相缓缓倒入油相中，边加边搅拌，直至冷凝，即得乳剂型基质；将过筛的水杨酸加入上述基质中，搅拌均匀即得。

适应证：本品用于治疗手足癣及体、股癣，忌用于糜烂或继发性感染部位。

注意：① 处方中采用十二烷基硫酸钠及单硬脂酸甘油酯作为混合乳化剂，制得O/W型乳膏剂。

② 加入水杨酸时，基质温度宜低，以免水杨酸挥发；温度过高时加入，冷凝后常会析出粗大的药物结晶。

③ 制备中应避免与金属器具接触以防水杨酸变色。

例 9-3：盐酸达克罗宁乳膏

处方：盐酸达克罗宁　10g

十六醇　　90g
液状石蜡　　60g
白凡士林　　140g
十二烷基硫酸钠　　10g
甘油　　50g
纯化水加至　　1000g

制法：取十六醇、液状石蜡、白凡士林置水浴上加热至80℃使其熔化；另取盐酸达克罗宁、十二烷基硫酸钠依次溶解于纯化水中，加入甘油混匀，加热至约80℃，缓缓加至上述油相中，随加随顺向搅拌，使乳化完全，放至冷凝，即得。

注：本品为白色的乳膏。因盐酸达克罗宁在水中溶解度较小（1∶50），制备时也可加适量甘油研磨，使分散均匀，再与基质混合，使其混悬在基质中搅匀即得。

例 9-4：醋酸氟（肤）轻松软膏

处方：醋酸氟轻松　　0.25g
二甲亚砜　　7g
十八醇　　90g
白凡士林　　100g
液状石蜡　　60g
月桂醇硫酸钠　　10g
甘油　　50g
尼泊金乙酯　　1g
纯化水加至　　1000g

制法：取十八醇、白凡士林、液状石蜡置水浴上加热至80℃使其熔化，作油相；另取月桂醇硫酸钠、甘油、尼泊金乙酯溶于水，作水相，加热至与油相温度相近时，将油相加入水相中，充分搅拌，最后加入醋酸氟轻松和二甲亚砜溶液，搅拌至室温，即得。

注：氟轻松不溶于水，故将其溶于二甲亚砜中，有利于小量药物的混匀。二甲亚砜具有载着药物穿透皮肤的作用，被称为皮肤透入剂。

例 9-5：清凉油

处方：樟脑　　160g
薄荷脑　　160g
薄荷油　　100g
桉叶油　　100g
石蜡　　210g
蜂蜡　　90g
氨溶液（10%）　　6.0ml
凡士林　　200g

制法：先将樟脑、薄荷脑混合研磨使其共熔，然后与薄荷油、桉叶油混合均匀，另将石蜡、蜂蜡和凡士林加热至110℃（除去水分），必要时滤过，放冷至70℃，加入芳香油等，搅拌，最后加入氨溶液，混匀即得。

五、软膏剂的质量评定与包装贮存

（一）软膏剂的质量评定

软膏剂的质量检查主要包括药物的含量，软膏剂的性状、刺激性、稳定性等的检测以及软膏中药物释放、吸收的评定。根据需要及制剂的具体情况，皮肤局部用制剂的质量检查，除了采用药典规定检验项目外，还可采用其他方法。

1. 主药含量测定

软膏剂采用适宜的溶剂将药物溶液提取，再进行含量测定，测定方法必须考虑和排除基质对提取物含量测定的干扰和影响，测定方法的回收率要符合要求。

2. 物理性质的检测

（1）熔程　一般软膏以接近凡士林的熔程为宜。按照药典方法测定或用显微熔点仪测定，由于熔点的测定不宜观察清楚，需取数次平均值来测定。

（2）黏度和流变性测定　用于软膏剂黏度和流变性的测定仪器有流变仪和黏度计。目前常用的有旋转黏度计、落球黏度计、穿入计等。流变性是软膏基质最基本的物理性质，测定流变性主要是考察半固体制剂的物理性质。

3. 刺激性

软膏剂涂于皮肤或黏膜时，不得引起疼痛、红肿或斑疹等不良反应。药物和基质引起过敏反应者不宜采用。若软膏的酸碱度不适而引起刺激时，应在基质的精制过程中进行酸碱度处理，使软膏的酸碱度近似中性。

4. 稳定性

根据《中国药典》（2010 年版）二部有关稳定性的规定，软膏剂应进行性状（酸败、异臭、变色、分层、涂展性）、鉴别、含量测定、卫生学检查、皮肤刺激性试验等方面的检查，在一定的贮存期内应符合规定要求。

（1）加速试验　密闭容器中填满，置恒温箱（39℃±1℃）、室温（25℃±3℃）及冰箱（5℃±2℃）中至少 1～3 个月，检查稠度、酸碱度、形状、均匀性、霉败、含量等。

（2）耐热、耐寒试验　55℃恒温 6h 及－15℃ 24h，应无油水分离。

5. 药物释放度及吸收的测定方法

（1）体外试验法　如离体皮肤法、半透膜扩散法、凝胶扩散法和微生物扩散法等。

（2）体内试验法　将软膏涂于人体或动物的皮肤上，经一定时间后进行测定。

6. 粒度

除另有规定外，混悬型软膏剂的测定：取适量的供试品，涂成薄层，薄层面积相当于盖玻片面积，共涂 3 片，照《中国药典》（2010 年版）二部粒度和粒度分布测定法（附录Ⅸ E 第一法）检查，均不得检出大于 180μm 的粒子。

7. 装量

照《中国药典》（2010 年版）二部最低装量检查法（附录Ⅹ F）检查，应符合规定。

8. 无菌

用于烧伤或严重创伤的软膏剂与乳膏剂，按《中国药典》（2010 年版）二部无菌检查法（附录Ⅺ H）检查，应符合规定。

9. 微生物限度

除另有规定外，按《中国药典》（2010 年版）二部微生物限度检查法（附录Ⅺ J）检查，应符合规定。

（二）软膏剂的包装与贮藏

软膏剂常用包装材料有金属盒、塑料盒、蜡纸盒等，大量生产多采用锡、铝或塑料制的软膏管，不能与药物或基质发生理化作用。包装的密封性要好。

软膏剂应保存于阴凉干燥处，环境温度不宜过高或过低，以免基质、药物的均匀性受影响，或产生化学分解。

第二节 眼膏剂

一、概述

眼膏剂系指由药物与适宜基质均匀混合，制成无菌溶液型或混悬型膏状的眼用半固体制剂。常用于眼部损伤及眼部手术后。与其他眼用制剂相比，眼膏剂具有以下特点。

① 在用药部位保留时间长，疗效持久，能减轻眼睑对眼球的摩擦，有助于角膜损伤的愈合。

② 刺激性小，适合于水不稳定的药物。

③ 使用后有油腻感，造成一定程度上的视力模糊。

《中国药典》（2010 年版）要求眼膏剂在生产与储藏期间均应符合下列有关规定。

① 制备眼膏剂时应在避菌的环境中进行，注意防止微生物污染。所用的器具、容器等用适宜的方法清洁、灭菌。基质应融化后滤过，并经 150℃灭菌至少 1h。

② 眼膏剂中所用的药物，可先配成溶液或研细过筛使颗粒细度符合要求，再与基质研和均匀。选用的基质应便于药物分散吸收，必要时可酌加抑菌剂等附加剂。

③ 眼膏剂应均匀、细腻，易涂于眼部，对眼部无刺激性。

④ 眼膏剂所用的包装容器紧密，易于防止污染、方便使用，并不应与药物或基质发生理化作用。

⑤ 眼膏剂应置遮光、灭菌容器中密封贮存。

二、基质、制备用具和包装容器的灭菌

（一）基质

眼膏剂的基质纯净、细腻、对眼部没有刺激性。常用基质由黄凡士林、羊毛脂、液状石蜡按 8∶1∶1 比例混合而成，根据季节和气温的不同，可调节液状石蜡的用量，以调节软硬度。基质应加热融化后用绢布等保温滤过，并经150℃灭菌至少 1h。

（二）制备用具和包装容器的灭菌

眼膏剂的制备用具和包装容器都要进行灭菌处理。用具可用水洗净，150℃干热灭菌 1h，或用 75%乙醇擦洗；包装材料，如玻璃瓶、耐热塑料盖等，洗净后干热灭菌，软膏管洗净后用 75%乙醇或 1%～2%苯酚溶液浸泡，临用前用纯化水冲洗干净，60℃烘干。

三、眼膏剂的制备与举例

（一）制备流程

眼膏剂的制备方法与一般软膏剂的制法相同，但必须采用无菌操作法，在净化操作室或净化操作台操作配置，以防微生物污染。不溶于基质的药物需粉碎成能通过九号筛的极细粉，以减轻对眼睛的刺激性。

眼膏剂的制备流程如下：

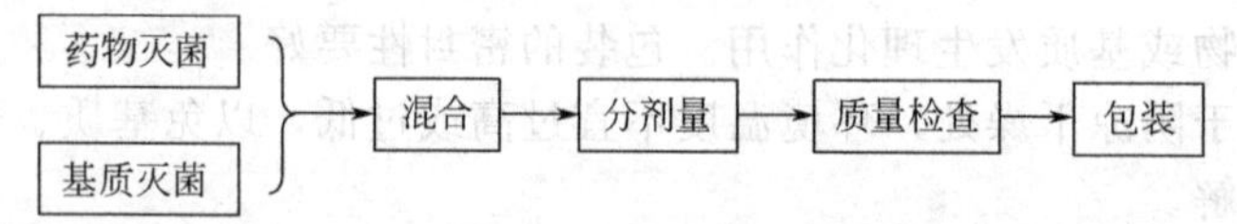

（二）举例

例 9-6：红霉素眼膏

处方：红霉素　　50 万单位
　　液状石蜡　　适量
　　眼膏基质　　适量
　　共制　　100g

制法：取红霉素置灭菌乳钵中研细，加少量灭菌液状石蜡，研成细腻的糊状物，加少量灭菌眼膏基质研匀，分次加入其余的基质，研匀即得。

注：红霉素不耐热，温度达 60℃时就容易分解，故应待眼膏基质冷却后再加入。

第三节　凝胶剂

一、概述

凝胶剂系指药物与能形成凝胶的辅料制成溶液、混悬或乳状液型的稠厚液体或半固体制剂。主要供外用，除另有规定外，凝胶剂一般用于皮肤及体腔如鼻腔、阴道和直肠。乳状液型凝胶剂又称为乳胶剂。由高分子基质如西黄蓍胶制成的凝胶剂也可称为胶浆剂。

凝胶剂有单相凝胶剂和双相凝胶剂之分。双相凝胶剂是由小分子无机物药物胶体粒以网状结构存在于液体中，具有触变性，静止时形成半固体而搅拌或振摇时成为液体，也叫混悬型凝胶剂，如氢氧化铝凝胶。单相凝胶剂应用于局部，是单相分散体系。单相凝胶剂又可分为水性凝胶和油性凝胶，两者所用基质不同。水性凝胶基质一般由西黄蓍胶、明胶、淀粉、纤维素衍生物、聚羧乙烯和海藻酸钠等加水、甘油或丙二醇制成；油性凝胶基质常由液状石蜡与聚氧乙烯或脂肪油与胶体硅或铝皂、锌皂构成。临床应用多为以水性凝胶为基质的凝胶剂。

《中国药典》（2010 年版）要求凝胶剂在生产与贮藏期间应符合下列有关规定。

① 混悬型凝胶剂中胶粒应分散均匀，不应下沉结块。

② 凝胶剂应均匀、细腻，在常温时保持胶状，不干涸或液化。

③ 凝胶剂根据需要可加入保湿剂、防腐剂、抗氧剂、乳化剂、增稠剂和透皮促进剂等。

④ 凝胶剂一般应检查 pH 值。

⑤ 凝胶剂基质不应与药物发生理化作用。

⑥ 除另有规定外，凝胶剂应避光、密闭贮存，并应防冻。

二、水性凝胶基质

常用的水性凝胶基质是由卡波姆、海藻酸钠和纤维素衍生物等在水中溶胀形成水性凝胶而不溶解形成。易涂展和洗除，无油腻感，能吸收组织渗出液，不妨碍皮肤的正常功能；黏滞度较小而利于药物，特别是水溶性药物的释放。但是润滑作用差，易失水和霉变，需加保湿剂和防腐剂。

1. 卡波姆

卡波姆系丙烯酸与丙烯基蔗糖交联的高分子聚合物，具有很强的引湿性。商品名为卡波普（carpol），按黏度分为 934、940、941 等规格。水分散液呈酸性；碱中和时溶解，低浓度时为澄明溶液，浓度较高时形成半透明凝胶，pH 6～11 时黏度和稠度最大。不能与盐类电解质、碱土金属离子、阳离子聚合物、强酸等配伍，因为会使卡波普降低或失去黏性。

例 9-7：卡波普基质制备

处方：	
卡波普 940	10g
乙醇	50g
甘油	50g
聚山梨酯 80	2g
氢氧化钠	4g
羟苯乙酯	1g
纯化水加至	1000g

制法：取卡波普 940 与聚山梨酯 80 及 300ml 纯化水混合，氢氧化钠溶于 100ml 纯化水后加入上液搅匀，羟苯乙酯溶于乙醇后逐渐加入搅匀，再加甘油搅匀，加纯化水至全量，搅拌均匀，即得透明凝胶。

2. 纤维素衍生物

常用的品种有甲基纤维素（MC）和羧甲基纤维素钠（CMC-Na），常用浓度 2%～6%。本类基质皮肤附着性较强，易失水，易霉败，干燥有不适感，常需加入 10%～15%的甘油作保湿剂，加 0.2%～0.5%的羟苯乙酯作防腐剂。

其他水性凝胶基质还有交联型聚丙烯酸钠（SDB-L-400）、西黄蓍胶、明胶、淀粉、海藻酸钠等，可加水、甘油或丙二醇制成。

三、水性凝胶剂的制备与举例

水性凝胶剂的一般制法如下。

（1）水溶性药物　先将药物溶于部分水或甘油中，必要时可加热，其余处方成分按基质配制方法制成水性凝胶基质，再与药物溶液混匀加水至足量搅匀即得。

（2）水不溶性药物　先将药物用少量水或甘油研细、分散，再混于基质中搅匀即得。

水性凝胶剂的制备流程：

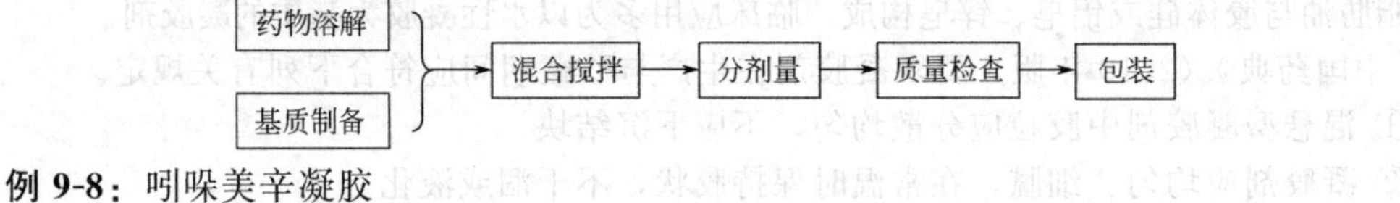

例 9-8：吲哚美辛凝胶

处方：	
吲哚美辛	10g
交联型聚丙烯酸钠	10g
PEG4000	80g
甘油	100g
苯扎溴铵	10ml
纯化水加至	1000g

制法：取 PEG4000 和甘油微热至全溶，加入吲哚美辛混匀；交联型聚丙烯酸钠加入 800ml 纯化水研匀，将基质与 PEG4000、甘油、吲哚美辛混匀，加入苯扎溴铵，搅匀，加水至 1000g，搅匀即得。

注：PEG 为透皮吸收促进剂，甘油为保湿剂；苯扎溴铵为防腐剂。

四、凝胶剂的质量检查

《中国药典》（2010 年版）要求除另有规定外，凝胶剂应进行以下相应检查。

（1）粒度　除另有规定外，混悬型凝胶剂测定：取适量的供试品，涂成薄层，薄层面积相当于盖玻片面积，共涂 3 片，照粒度和粒度分布测定法（附录Ⅸ E 第一法）检查，均不得检出大于 180μm 的粒子。

（2）最低装量　按照最低装量检查法（附录Ⅹ F）检查，应符合规定。

（3）无菌　用于烧伤或严重创伤的凝胶剂，照无菌检查法（附录Ⅺ H）检查，应符合规定。

（4）微生物限度　除另有规定外，照微生物限度检查法（附录Ⅺ H）检查，应符合规定。

本章小结

<table>
<tr><th colspan="2">学习主题结构</th><th colspan="2" rowspan="2">学习的主要内容</th></tr>
<tr><th>大主题</th><th>小主题</th></tr>
<tr><td rowspan="9">第一节
软膏剂</td><td>概述</td><td colspan="2">1. 软膏剂的含义与分类
2. 软膏剂的质量要求</td></tr>
<tr><td rowspan="4">软膏剂的基质</td><td>基质的要求</td><td>1. 润滑无刺激，稠度适宜，易于涂布
2. 性质稳定，与主药不发生配伍变化
3. 具有吸水性，能吸收伤口分泌物
4. 不妨碍皮肤的正常功能，具有良好的释药性能
5. 易洗除，不污染衣服</td></tr>
<tr><td>油脂性基质</td><td>1. 烃类：凡士林、石蜡与液状石蜡、硅酮
2. 类脂类：羊毛脂、蜂蜡、鲸蜡
3. 油脂类：麻油、棉籽油、花生油等</td></tr>
<tr><td>水溶性基质</td><td>1. 水溶性基质是由天然或合成的水溶性高分子物质所组成，溶解后形成水凝胶
2. 特点
3. PEG</td></tr>
<tr><td>乳剂型基质</td><td>1. 定义
2. 组成
3. 特点
4. 常用乳化剂：肥皂类、脂肪醇硫酸（酯）钠类、高级脂肪酸及多元醇酯类、聚氧乙烯醚的衍生物类</td></tr>
<tr><td rowspan="2">软膏剂中药物的透皮吸收</td><td colspan="2">影响软膏剂中药物透皮吸收的因素：皮肤条件、药物性质、基质的组成与性质、其他因素</td></tr>
<tr><td colspan="2">软膏剂改善透皮吸收的途径：添加透皮吸收促进剂</td></tr>
<tr><td>软膏剂的制备与举例</td><td colspan="2">1. 制备方法：研和法、熔和法、乳化法
2. 药物加入的一般方法
3. 举例：水杨酸乳膏、清凉油</td></tr>
<tr><td>软膏剂的质量评定与包装贮存</td><td colspan="2">1. 软膏剂的质量评定：药物的含量，软膏剂的性状、刺激性、稳定性等的检测以及软膏中药物释放、吸收的评定
2. 软膏剂的包装与贮藏
包装材料有金属盒、塑料盒、蜡纸盒；
应保存于阴凉干燥处，环境温度不宜过高或过低</td></tr>
<tr><td rowspan="4">第二节
眼膏剂</td><td rowspan="2">概述</td><td colspan="2">定义：眼膏剂系指由药物与适宜基质均匀混合，制成无菌溶液型或混悬型膏状的眼用半固体制剂</td></tr>
<tr><td colspan="2">特点、质量要求</td></tr>
<tr><td>基质、制备用具和包装容器的灭菌</td><td colspan="2">1. 基质：黄凡士林、羊毛脂、液状石蜡按 8∶1∶1 比例混合而成
2. 制备用具和包装容器的灭菌
用具：可用水洗净，150℃干热灭菌 1h，或 75%乙醇擦洗
包装材料：玻璃瓶、耐热塑料盖等，洗净后干热灭菌；
软膏管洗净后用 75%乙醇或 1%～2%苯酚溶液浸泡，临用前用纯化水冲洗干净，60℃烘干</td></tr>
<tr><td>眼膏剂的制备与举例</td><td colspan="2">1. 制备流程与方法：制备方法与一般软膏剂的制法相同，但必须采用无菌操作法；不溶于基质的药物需粉碎成能通过九号筛的极细粉
2. 举例：红霉素眼膏</td></tr>
</table>

续表

学习主题结构		学习的主要内容
大主题	小主题	
第三节 凝胶剂	概述	概念:凝胶剂系指药物与能形成凝胶的辅料制成溶液、混悬或乳状液型的稠厚液体或半固体制剂
		分类:单相凝胶剂和双相凝胶剂
		质量要求
	基质	常用品种与特点 卡波姆; 纤维素衍生物; 其他水性凝胶基质
	制备与举例	1. 水性凝胶剂的一般制法: (1)水溶性药物 (2)水不溶性药物 2. 水性凝胶剂的制备流程
		举例:吲哚美辛凝胶
	质量检查	1. 粒度 2. 最低装量 3. 无菌 4. 微生物限度

基本训练题

一、名词解释

1. 软膏剂　2. 眼膏剂　3. 凝胶剂

二、单项选择题

1. 下述哪一种基质不是水溶性软膏基质（　　）。

A. 聚乙二醇　B. 甘油明胶　C. 纤维素衍生物

D. 羊毛脂　E. 淀粉甘油

2. 下列关于软膏基质的叙述中错误的是（　　）。

A. 液状石蜡主要用于调节软膏稠度

B. 水溶性基质释药快，无油腻性

C. 水溶性基质由水溶性高分子物质加水组成，需加防腐剂，而不需加保湿剂

D. 凡士林中加入羊毛脂可增加吸水性

E. 硬脂醇是 W/O 型乳化剂

3. 下列凡士林的叙述错误的是（　　）。

A. 又称软石蜡，有黄、白两种

B. 有适宜的黏稠性与涂展性，可单独作基质

C. 对皮肤有保护作用，适用于有多量渗出液的患处

D. 性质稳定，适合于遇水不稳定的药物

E. 在乳剂基质中可作为油相

4. 凡士林基质中加入羊毛脂是为了（　　）。

A. 增加药物的溶解度　B. 防腐与抑菌　C. 增加药物的稳定性

D. 减少基质的吸水性　E. 增加基质的吸水性

5. 下列眼膏剂的叙述错误的是（　　）。
A. 在洁净条件下配制，并加入抑菌剂
B. 基质是黄凡士林 8 份、液状石蜡 1 份、羊毛脂 1 份
C. 对眼部无刺激
D. 不得检出金黄色葡萄球菌和铜绿假单胞菌
E. 应做金属异物检查

6. 下列是水性凝胶基质的是（　　）。
A. 植物油　B. 卡波姆　C. 泊洛沙姆
D. 凡士林　D. 硬脂酸钠

7. 乳膏剂的制法是（　　）。
A. 研磨法　B. 熔融法　C. 乳化法
D. 分散法　E. 聚合法

8. 不溶性药物应通过几号筛，才能用其制备混悬型眼膏剂（　　）。
A. 一号筛　B. 三号筛　C. 五号筛
D. 七号筛　E. 九号筛

三、多项选择题

1. 有关软膏剂基质的正确叙述是（　　）。
A. 软膏剂的基质必须无菌
B. O/W 性乳剂基质应加入适当的防腐剂和保湿剂
C. 乳剂型基质可分为 O/W 型和 W/O 型两种
D. 乳剂型基质由于表面活性剂，可促进药物与皮肤的接触
E. 凡士林是吸水性基质

2. 软膏剂的制备方法有（　　）。
A. 研和法　B. 熔合法　C. 分散法
D. 乳化法　E. 挤压成型法

3. 用于眼部手术的眼膏剂不得含有（　　）。
A. 抑菌剂　B. 黄凡士林　C. 液状石蜡
D. 羊毛脂　E. 抗氧剂

4. 不适宜有较多渗出液皮肤使用的基质是（　　）。
A. 油脂性基质　B. O/W 型乳剂基质　C. 卡波姆
D. 羧甲基纤维素钠　E. 甘油明胶

5. 下列关于软膏基质的叙述错误的是（　　）。
A. 液状石蜡和植物油可用于增加基质的稠度
B. 羊毛脂可用于增加凡士林的吸水性
C. 硅胶可促进药物的释放和穿透皮肤
D. 二价皂与三价皂为 O/W 型乳化剂
E. 用于大面积烧伤时，基质应预先灭菌

四、简答题

1. 软膏剂的基质分为哪几类？
2. 影响软膏剂中药物透皮吸收的因素有哪些？
3. 软膏剂的制备方法有哪些？
4. 眼膏剂最常用的基质组成如何？
5. 水性凝胶基质常用的品种有哪些？

第十章 栓剂

学习与能力目标

通过本章的学习，学生应识记栓剂的概念。知晓栓剂的分类与特点。能说出栓剂的制备方法，如热熔法、冷压法。能说出栓剂基质的主要作用与要求，知晓基质的类别及主要品种的特性与应用范围。能表述热熔法、冷压法的工艺流程与注意的问题，能说出热熔法、冷压法的应用范围。能说出栓剂的质量要求与质量检查项目。知晓栓剂的包装要求与贮存条件。

知识要求

掌握栓剂的概念、分类、作用特点。

掌握栓剂的制备方法：热熔法、冷压法。

熟悉栓剂的基质的类别及主要品种的特性与应用范围。

熟悉栓剂的质量要求与质量检查项目。

熟悉置换值概念与计算方法。

了解栓剂的包装要求与贮存条件。

第一节 概 述

栓剂系指药物与适宜基质制成供腔道给药的固体制剂。栓剂在常温下为固体，塞入腔道后，在体温下能迅速软化熔融或溶解于分泌液，逐渐释放药物而产生局部或全身作用。

栓剂是一种较古老的剂型，传统也称坐药或塞剂，已有近百年历史。我国应用也较早，如《史记·仓公传》《备急千金要方》《证治准绳》等古代医书中，均有类似于栓剂制备和应用的记载。由于受传统用药习惯的束缚，认为吃药打针方便，而塞栓剂较麻烦，又易将衣裤弄脏，且我国不产可可豆脂，故发展缓慢。

一、栓剂的分类

目前使用的栓剂按给药部位可分为肛门栓、阴道栓及其他栓三种，其中最常用的是肛门栓和阴道栓。为适应机体的应用部位，栓剂的性状和重量各不相同，一般均有明确规定。

1. 肛门栓

肛门栓有圆锥形、圆柱形、鱼雷形等形状（图 10-1）。其中以鱼雷形较好，塞入肛门后，因括约肌收缩容易压入直肠内。一般成人用肛门栓每颗重量约 2g，长 3～4cm，儿童用约 1g。

2. 阴道栓

阴道栓有球形、卵形或鸭嘴形等形状（图 10-2），每枚重 3～5g，直径 1.5～2.5cm。其中以鸭嘴形较好，因相同重量的栓剂，鸭嘴形表面积较大。

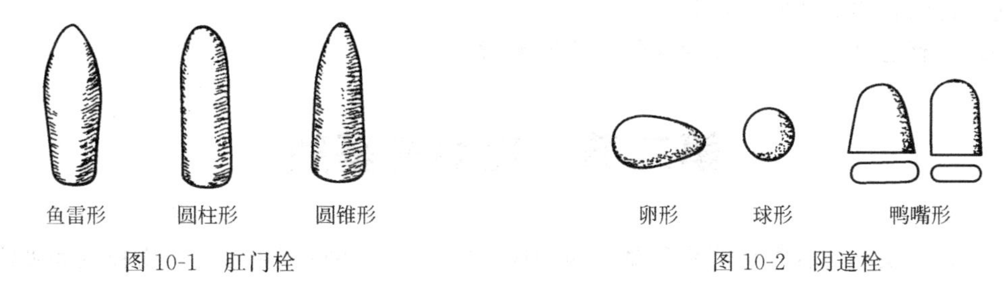

图 10-1 肛门栓　　图 10-2 阴道栓

3. 其他栓

如尿道栓、耳道栓、鼻用栓等，临床上现已少用。

二、栓剂的作用与特点

栓剂给药后，在体温下软化、融化或熔化，并与体腔内分泌液混合，逐渐释放药物，使药物分散或溶解在体液中，于给药部位发挥局部作用，或通过直肠黏膜吸收起全身作用。

1. 局部作用

局部作用系指药物从栓剂中释放出来，只在给药部位发挥药理作用。起局部作用的肛门栓常用于润滑通便、止痒止痛、缓解刺激等，如甘油栓；阴道栓常用于抗菌消炎、月经失调、避孕等，如甲硝唑栓。

2. 全身作用

全身作用系指药物从栓剂中释放出来，经直肠吸收，进入血液循环，发生全身性药理作用，故起全身作用的栓剂几乎全是肛门栓。

药物通过直肠吸收的主要途径大致有三条：①通过直肠上静脉经门静脉进入肝脏，经肝脏代谢后（首过作用）再进入大循环。②通过直肠中、下静脉及肛管静脉，绕过肝脏直接进入血液大循环，此途径使药物免受肝脏首过作用，使血中药物保持较高的活性。一般将栓剂塞入肛门较浅处，约 2cm，吸收时便有一半或一半以上量的药物可经此途径直接进入血液大循环。③通过直肠淋巴系统，经胸导管直接进入血液大循环。另阴道中也可吸收药物产生全身作用，其途径是经内阴静脉至下腔静脉，最后直接进入血液大循环。由于使用阴道栓是希望产生局部抗菌、消炎、灭滴虫等作用，故一般不作全身治疗给药用。

应用栓剂作全身治疗与口服制剂比较，有以下优点：

① 药物不受胃肠道 pH 值或酶的破坏；

② 避免刺激性药物对胃肠道产生刺激；

③ 减少药物的首过消除作用及肝毒性；

④ 对不能口服或不愿吞服药物的成人及小儿使用较方便；

⑤ 对伴有呕吐的患者是一有效治疗途径。

应用栓剂的主要缺点：使用时不如口服制剂方便；栓剂生产成本比片剂、胶囊等口服制剂高；生产效率低。

三、栓剂的一般质量要求

（1）药物与基质应混合均匀，外形应完整光滑，应无刺激性。

（2）栓剂塞入腔道后，应能融化、软化或熔化，并与分泌液混合，逐渐释放出药物，产生局部或全身作用。

（3）栓剂所用包装材料或容器应无毒性并不得与药物或基质发生理化作用。

（4）栓剂的融变时限、重量差异限度应符合药典有关规定。

（5）栓剂中使用的固体药物除另有规定外，应成细粉，并全部通过六号筛。根据施用腔道和使用目的，制成适宜的形状。

（6）要有适宜的硬度，以免在包装或贮藏时变形。

第二节 栓剂的基质

栓剂的基质不仅有载负药物和赋以药物成型的作用，还可直接影响药物释放和吸收，影响药物对局部或全身作用的程度。

优良的基质应符合下列要求：

① 室温时应有适宜的硬度和韧性，塞入腔道时不变形、不破碎，体温下易软化、融化或熔化，能与体液混合或溶于体液；

② 本身性质稳定，与药物混合后不相互作用，不妨碍主药作用和含量测定，不易生霉变质；

③ 对黏膜无刺激、无毒性、无过敏性；

④ 释药速度应符合治疗要求，局部作用者一般需释药缓慢而持久，全身作用者则需释药迅速；

⑤ 具有润湿或乳化的能力及吸水能力；

⑥ 油脂性基质要求酸值在 0.2 以下，碘值低于 7，皂化值为 200～245，熔点与凝固点的间距要小；

⑦ 适用于冷压法或热熔法制栓，在冷凝时能充分收缩而不变形，使栓剂易从模具中脱离而不需润滑剂。

但实际使用的基质不可能具备以上所有条件，了解以上要求，主要有助于设计理想处方和选用最佳的基质。

常用的基质可分为脂肪性基质、水溶性基质及亲水性基质。

一、油脂性基质

1. 可可豆脂

可可豆脂是由梧桐科植物可可树的种仁，经烘烤、压榨而得的固体脂肪。在常温下为淡黄色固体，可塑性好，无刺激性，熔点为 30～35℃，加热至 25℃即开始软化，在体温下能迅速融化。

可可豆脂化学组成为脂肪酸甘油酯，主要为硬脂酸酯、棕榈酸酯和油酸酯的混合物，还含有少量不饱和酸。由于所含酸的比例不同，所组成的甘油酯混合物的熔点也不同，所以释放药物的速度也不一致。

可可豆脂为同质多晶物质，主要有 α、β、β′、γ 四种晶型，晶型不同，则熔点也不同。如 α、γ 两种晶型不稳定，熔点分别为 22℃和 18℃；β 型晶型最稳定，熔点为 34℃。每 100g 可可豆脂可吸收 20～30g 水，若加入 5%～10%吐温 61 可增加吸水量。

可可豆脂的熔点有时因某些药物的加入而降低，如樟脑、薄荷油、苯酚、水合氯醛、冰片、木馏油等可使可可豆脂的熔点显著降低，甚至液化，遇到这种情况，可加 3%～6%的蜂蜡或20%～28%的鲸蜡提高其熔点。

可可豆脂是目前较理想的基质，但我国产量少，需进口，且价格昂贵，故多以其他脂肪性基质代替。

2. 乌桕脂

乌桕脂是由乌桕树的种子外层提取精制获得的白色或淡黄色固体，有特臭、无刺激性，熔点38～42℃，软化点31.5～34℃。

3. 半合成或全合成脂肪酸甘油酯

半合成或全合成脂肪酸甘油酯是目前较理想的一类油脂性栓剂基质。半合成脂肪酸甘油酯是由椰子或棕榈种子等天然植物油水解、分馏所得脂肪酸经氢化再与甘油酯化而得的混合物。化学性质稳定，不易酸败，成型性能良好，具有保湿性和适宜的熔程（35～40℃），目前已经取代天然油脂。国内已投产的有半合成椰子油脂、半合成山苍子油脂、半合成棕榈油脂、硬脂酸丙二醇酯等。

二、水溶性及亲水性基质

1. 甘油明胶

甘油明胶一般是明胶、甘油、水三者通常按70∶20∶10比例混熔而制成的无色透明状物。制备时，一般是将明胶用适量纯化水浸泡1h，沥去水后，置已知重量的容器内加甘油，于水浴上加热搅拌，使之胶溶并减少至一定的重量（约为甘油、明胶投料量之和），趁热过滤，放冷凝固即得。

甘油明胶有弹性，不易折断，在体温下不熔化，但塞入腔道后可缓慢溶于分泌液中，延长药物的疗效。溶出速度可随水、明胶、甘油三者比例改变，甘油与水含量愈高愈易溶解，甘油还可防止栓剂干燥变硬。

甘油明胶常作阴道栓的基质，在阴道起局部作用。由于明胶是蛋白质，故使用时应注意：①凡能与蛋白质产生配伍变化的药物如鞣酸、重金属盐等均忌使用；②因易滋长霉菌等微生物，故制备时需加抑菌剂如羟苯甲酯类，并注意正确贮存。

2. 聚乙二醇类

聚乙二醇类是乙二醇的高分子聚合物的总称。本类基质具有不同聚合度、分子量以及物理性状。其平均相对分子质量低于600者为无色透明液体，相对分子质量为1000～2000者为蜡状半固体，3000以上者均为固体。PEG1000、PEG4000、PEG6000的熔点依此为37～40℃、50～58℃、55～63℃。通常将两种或两种以上的不同分子量的聚乙二醇加热熔融，制得所要求的栓剂基质。

（1）低熔点基质

处方：聚乙二醇1000　　96%
　　　聚乙二醇4000　　4%

该基质熔点低，夏季需冷藏贮存。适合作要求主药快速释放的基质。

（2）高熔点基质

处方：聚乙二醇1000　　75%
　　　聚乙二醇4000　　25%

该基质可抗热，可在略高于基质的温度下贮存。适合作要求主药释放较慢的基质。

聚乙二醇类无生理作用，遇体温不熔化，但能缓缓溶于体液中而释放药物。主要用于制备起全身作用的肛门栓或阴道栓。最大缺点是吸湿性较强，当基质中含水量低于20%时，少数病人使用时对黏膜有刺激性，应先将栓剂用水浸润后再塞入腔道，可减轻刺痛。另外，本类基质制成的栓剂因吸湿受潮易变形，故在包装、贮存过程中应注意防潮。

聚乙二醇基质不能与鞣酸、银盐、水杨酸、阿司匹林、苯佐卡因、奎宁、磺胺等配伍。

3. 聚氧乙烯硬脂酸酯类

聚氧乙烯硬脂酸酯类是聚乙二醇的单硬脂酸和二硬脂酸酯的混合物，并含有游离乙二醇。为白色至微黄色、无臭或稍有脂肪味的蜡状固体，熔点为39～45℃，酸值≤2，皂化值25～35。溶于水、乙醇或丙醇等，不溶于液状石蜡。是新研制的水溶性基质，国外药典多已收载，商品名为Myrij 52。我国已合成并大量生产使用，国产商品代号为S-40。

S-40可用作肛门栓、阴道栓的基质，缺点是吸湿性，故在制备、包装过程中均需注意。另外与某些药物配合制成的栓剂表面有水珠，粘手。

4. 聚山梨酯61

聚山梨酯61是一种聚氧乙烯脱水山梨醇单硬脂酸酯。为淡琥珀色可塑性固体，无毒无刺激性，熔点35～39℃。不溶于水，但能分散于水中，在水中能自行乳化，与水性液体形成稳定的O/W乳剂基质。贮存时不易变质。

5. 泊洛沙姆

泊洛沙姆是聚氧乙烯和聚氧丙烯的嵌段聚合物。随着聚合度增大，物态从液态、半固态至蜡状固体。有多种型号，较常用的有188型（Poloxamer 188），熔点52℃，易溶于水。能促进药物吸收并起到缓释作用。

第三节　栓剂的制备

栓剂的制备方法有热熔法、冷压法和搓捏法三种。其中热熔法最常用；冷压法国外有应用，国内较少见；搓捏法已淘汰。脂肪性基质栓剂制栓一般可采用任何一种方法，水溶性基质栓剂制栓多采用热熔法。

一、脂肪性基质栓剂

（一）热熔法

热熔法是最常用的栓剂制备方法，脂肪性基质和水溶性基质均可采用此法制备栓剂。其主要工艺流程如下：

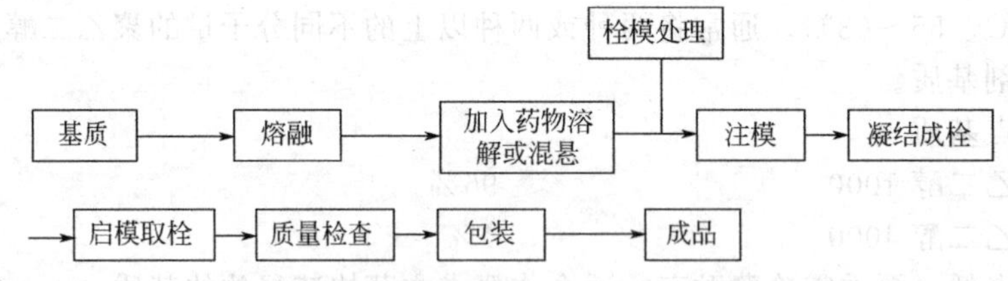

1. 置换值

置换值系指药物的重量与同体积基质重量的比值，通常用 f 表示。测定方法如下：做纯基质栓，称其平均重量为 G，另制药物含量为 $C\%$ 的含药栓，得平均重量为 M，每粒平均含药量为 $W=M\times C\%$，则可用下式计算某药物对某基质的置换价 f：

$$f=\frac{W}{G-(M-W)}$$

式中，G 为纯基质平均栓重；M 为含药栓的平均重量；W 为每个栓剂的平均含药重量

置换值在栓剂生产中对保证投料计算的准确性有重要意义。用测定的置换值可以方便计算出该种含药栓所需基质的重量 X：

$$X=(G-W/f)\times n$$

式中，W 为处方中药物的剂量；n 为拟制备栓剂枚数。

例 10-1：某含药量为 20%栓剂 10 枚，重 20g。空白栓 5 枚，重 9g。计算此药物对此基质的置换价。

解：$W=20\%\times20/10=0.4$

$f=0.4/[9/5-(2-0.4)]=200$

例 10-2：栓剂处方：鞣酸　　0.2g

可可豆脂　　Q.S

已知鞣酸的置换价为 1.5，空白栓重 2g，现制备 100 枚该栓剂，需可可豆脂多少克？

解：$X=(G-W/f)\times n=(2-0.2/1.5)\times100=186.7$ (g)

2. 热熔法操作步骤及注意事项

(1) 基质处理与熔融　将基质置于装有恒温搅拌器的熔融桶中熔融。如在水浴或蒸汽夹层锅内加热，温度不宜过高，视基质熔点而定，一般在 50℃，可减少基质物理性状的改变，有利于栓剂的冷却固化。

(2) 药物的处理与加入　药物的性质不同，处理及混合的方法也不同：①油溶性药物如樟脑、苯酚、水合氯醛等，可直接溶入基质中，但若加入的药物量过大时能降低基质的熔点或使栓剂过软，此时可加适量石蜡或蜂蜡调节；②不溶于油脂而溶于水的药物如生物碱盐等，可加入少量的水配成浓溶液，用适量羊毛脂吸收后再与基质混匀；③含浸膏药物，需先用少量水或稀乙醇软化成半固体，再与基质混合；④不溶于油脂、水或甘油的药物，须预先制成细粉并全部通过 6 号筛，再与基质混匀。

(3) 栓模处理　栓剂的模具（图 10-3），一般用金属材料如铜、铝合金等制成，也有用硬质塑料或橡胶制成，模孔的形状、大小有多种，可根据需要选用。

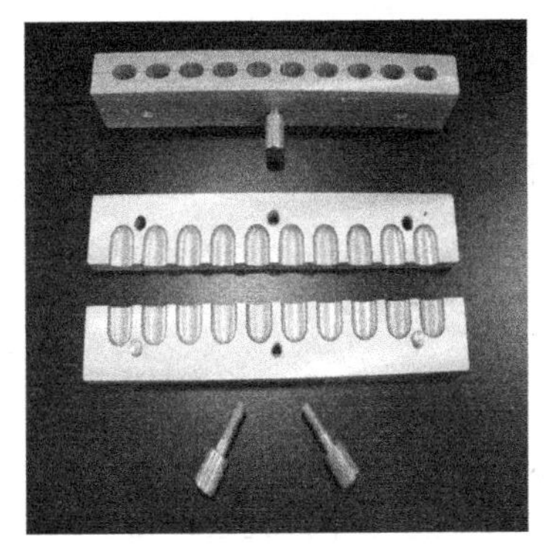

图 10-3　栓剂的模具

使用栓模时，先洗净，擦干，涂上少许润滑剂。润滑剂通常有两类：①脂肪性基质的栓剂，常用肥皂和甘油各 1 份与 95%乙醇 5 份混合而得；②水溶性或亲水性基质的栓剂，用油性润滑剂，如液状石蜡或植物油。另外，有的基质如可可豆脂或聚乙二醇类不粘模，可不用润滑。

(4) 注模　注模应一次完成，并溢满模孔，以便冷凝收缩后能形成完整均匀的栓剂。

为了避免密度不同的各组分在模孔中沉降，灌注时，基质混合物的温度最好控制在 40℃左右或混合物呈奶油状，也可为接近固化时。

(5) 凝结成栓　注模后放置冷却，待栓剂完全凝固硬化。

(6) 启模取栓　削去溢出模口部分，打开模具，推出栓剂。脱模时，应保证栓体美观完整，脱膜后若栓剂表面有水珠，宜用吸水纸等除去水分，以防栓剂在贮存过程中酸败或长霉。

（二）冷压法

冷压法是先将基质磨碎或锉末，再与药物混合均匀，制成团块，冷后锉末，然后置制栓机中挤压成型。此方法简单，制得栓剂较美观，主要用于脂肪性基质制栓。但由于生产效率低，冷压中易夹带空气影响重量差异，同时易使药物和基质氧化变质，故我国少用。

二、甘油明胶基质栓剂

甘油明胶基质栓剂可用热熔法制备，过程同脂肪性基质栓剂。制栓时，若为可溶性固体药物或能与水及甘油易混合的液体药物，应置研钵中，先加少量纯化水或甘油研匀后，再加甘油至制成栓剂重量的一半；若为不溶性药物，在研细后加适量甘油至制成栓剂重量的一半，研匀。然后加等量已熔化的甘油明胶，再搅拌均匀，倾入适宜栓模内，冷凝即得。

三、栓剂的举例

例 10-3：甘油栓

处方：甘油　1820g
　　硬脂酸钠　180g
　　制成　1000 粒

制法：取甘油在蒸汽夹层锅内加热至 120℃，加入研细干燥的硬脂酸钠，不断搅拌使之溶解，继续保温在 85～95℃，直至溶液澄清，滤过，浇模、冷却成型，脱模即得。

类别：润滑性泻药。

用法用量：直肠给药，每次 1 粒。

注：① 本品由于甘油较高的渗透压和基质硬脂酸钠的刺激性，能增加肠蠕动而呈泻下作用。
② 本品水分含量不宜过高，否则发生浑浊。
③ 制栓时栓模先预热，用液状石蜡作润滑剂，冷却时需缓慢，否则影响栓剂的硬度和弹性。

例 10-4：阿司匹林栓

处方：阿司匹林　6.0g
　　半合成脂肪酸酯　适量
　　制成　10 粒

制法：取半合成脂肪酸酯适量，置蒸发皿中，在水浴上加热熔融后，取出，加入阿司匹林粉，搅拌均匀，至近凝固时倾入涂有肥皂酊的栓模中，迅速冷却，脱膜即得。

类别：解热、消炎镇痛药。

用法用量：肛门给药，每次 1 粒。

注：① 制栓时不宜接触铁、铜等金属，否则易使阿司匹林水解，氧化而致栓剂变色。
② 常加入 1.0%～1.5%的枸橼酸或酒石酸，防止阿司匹林水解。

例 10-5：克霉唑栓

处方：克霉唑　1.5g
　　PEG400　1.2g
　　PEG4000　12g
　　制成　10 粒

制法：称取克霉唑研细，过筛；另取 PEG400、PEG4000 熔化，加入克霉唑，搅拌至溶解，并迅速倾入栓模，冷却成型，脱模，即得。

作用：本品具有抗真菌作用，用于念珠菌性外阴道炎。

注：① 本品为乳白色或微黄色圆锥形栓剂。

② 加热时勿使温度过高，防止混入水分。

第四节 栓剂的质量检查

栓剂的外形应完整、光滑、美观，无裂缝、无气味、无气泡、无霉败等，不起霜、不变色、不变形。栓剂中有效成分的含量均应符合标示量。《中国药典》（2010 年版）二部附录规定，栓剂必须进行重量差异及融变时限检查。为了制得质量优良的栓剂，除《中国药典》要求检查的项目外，各生产厂家各有部分内控指标。

一、重量差异

检查方法：取栓剂 10 粒，精密称定总重量，求得平均粒重后，再分别精密称定各粒的重量。每粒重量与平均粒重相比较，超出重量差异限度的药粒不得多于 1 粒，并不得超出限度 1 倍（表 10-1）。

表 10-1 栓剂重量差异限度

平均重量	重量差异限度	平均重量	重量差异限度
1.0g 以下至 1.0g	±10%	3.0g 以上	±5%
1.0g 以上至 3.0g	±7.5%		

二、融变时限

栓剂融变时限系指在体温（37℃±0.5℃）下软化、熔化或溶解的时间。

检查方法：取供试品 3 粒，在室温下放置 1h 后，分别放在 3 个金属架的下层圆板上，装入各自的套筒内，并用挂钩固定。除另有规定外，将上述装置分别垂直浸入盛有不少于 4L 的 37.0℃±0.5℃水的容器中，其上端位置应在水面下 90mm 处。容器中装一转动器，每隔 10min 在溶液中翻转该装置一次。

除另有规定外，脂肪性基质的栓剂 3 粒均应在 30min 内全部融化、软化或触压时无硬心；水溶性基质的栓剂 3 粒，应在 60min 内全部溶解。如有 1 粒不合格，应另取 3 粒复试，均应符合规定。

第五节 栓剂的包装与贮存

一、栓剂的包装

栓剂包装形式很多，通常是内外两层包装。内包装材料应无毒，并不得与药物或基质发生理化作用，要求每个栓剂都要包裹，不外露，栓剂之间有间隔，互相不接触，以免互相粘连和受压变形等。

栓剂的包装可用手工或机械完成，国内已有自动制栓包装的生产线，使制栓与包装联动，更好地保证了栓剂的质量。

二、栓剂的贮存

栓剂的贮藏除另有规定外，一般应于干燥阴冷处（30℃以下）贮存。油脂性基质的栓剂最好在冰箱中（－2～＋2℃）贮存；甘油明胶栓应密闭、低温贮存，既可防止受潮软化、变形或发霉变质，又可避免干燥失水、变硬或收缩；聚乙二醇栓可于室温下贮存。

栓剂贮存时间不宜过长，以免由于基质酸败产生刺激性，或由于微生物的繁殖而腐败。在大量生产时可加防腐剂加以改善。栓剂贮存时间太长，还会致熔点上升、硬度提高、融变时限延长、溶出速度减慢，甚至影响生物利用度。因此必须按规定正确贮存栓剂。

本章小结

学习主题结构		学习的主要内容
大主题	小主题	
第一节 概述	栓剂的定义	系指药物与适宜基质制成供腔道给药的固体制剂
	栓剂的分类	按给药部位分类：可分为肛门栓、阴道栓及其他栓三种
	栓剂的作用与特点	于给药部位发挥局部作用，或通过直肠黏膜吸收起全身作用
		局部作用：肛门栓常用于润滑通便、止痒止痛、缓解刺激等；阴道栓常用于抗菌消炎、月经失调、避孕等
		全身作用：起全身作用的栓剂几乎全是肛门栓 直肠吸收有三条主要途径
		优点：①药物不受胃肠道 pH 值或酶的破坏； ②避免刺激性药物对胃肠道产生刺激； ③减少药物的首过消除作用及肝毒性； ④对不能口服或不愿吞服药物的成人及小儿使用较方便； ⑤对伴有呕吐的患者是一有效治疗途径。 缺点：使用时不如口服制剂方便；栓剂生产成本比片剂、胶囊等口服制剂高；生产效率低
	栓剂的一般质量要求	药物与基质应混合均匀，外形应完整光滑，应无刺激性；栓剂塞入腔道后，应能融化、软化或熔化，并与分泌液混合，逐渐释放出药物，产生局部或全身作用；栓剂的融变时限、重量差异限度应符合药典有关规定
第二节 栓剂的基质	油脂性基质	1. 可可豆脂 2. 乌桕脂 3. 半合成或全合成脂肪酸甘油酯
	水溶性及亲水性基质	1. 甘油明胶 2. 聚乙二醇类 3. 聚氧乙烯硬脂酸酯类 4. 聚山梨酯 61 5. 泊洛沙姆
第三节 栓剂的制备	脂肪性基质栓剂	热熔法、冷压法和搓捏法 置换值的定义、意义、计算
	甘油明胶基质栓剂	热熔法
第四节 栓剂的质量检查	重量差异	检查方法、判断标准
	融变时限	检查方法、判断标准
第五节 栓剂的包装与贮存	栓剂的包装	内包装材料应无毒，并不得与药物或基质发生理化作用，要求每个栓剂都要包裹，不外露，栓剂之间有间隔，互相不接触
	栓剂的贮存	一般应于干燥阴冷处（30℃以下）贮存，栓剂贮存时间不宜过长

基本训练题

一、名词解释

1.栓剂 2.置换值 3.融变时限

二、单项选择题

1.下列不符合对栓剂基质要求的是（ ）。

A.在体温下保持一定的硬度

B.不影响主药的作用

C.不影响主药的含量测量

D.与制备方法相适宜

E.水值较高，能混入较多的水

2.油脂性基质的栓剂的润滑剂是（ ）。

A.液状石蜡 B.植物油 C.甘油、乙醇

D.肥皂 E.软肥皂、甘油、乙醇

3.栓剂中主药的质量与同体积基质质量的比值称（ ）。

A.酸价 B.真密度 C.分配系数

D.置换值 E.粒密度

4.下列关于栓剂基质的要求叙述错误的是（ ）。

A.具有适宜的稠度、黏着度、涂展性

B.无毒、无刺激性、无过敏性

C.水值较高，能混入较多的水

D.与主药无配伍禁忌

E.在室温下应有适宜的硬度，塞入腔道时不变

5.下列有关置换价的正确表述是（ ）。

A.药物的质量与基质之类的比值

B.药物的体积与基质的体积的比值

C.药物的质量与同体积基质质量的比值

D.药物质量的体积与基质体积的比值

E.药物的体积与基质质量的比值

6.全身作用的栓剂在应用时塞入距肛门口约（ ）为宜。

A. 2cm B. 4cm C. 5cm

D. 6cm E. 8cm

7.在制备栓剂中，不溶性药物一般应粉成细粉，过滤后所用的筛子是（ ）。

A.五号筛 B.六号筛 C.七号筛

D.八号筛 E.九号筛

8.水溶性基质和油脂性基质栓剂均使用的制备方法是（ ）。

A.搓捏法 B.冷压法 C.热熔法

D.乳化法 E.研和法

三、多项选择题

1.关于肛门栓作用特点表述中正确的是（ ）。

A.可在局部直接发挥作用

B.可通过吸收发挥全身作用

C.吸收主要靠直肠中、下静脉

D. 通过直肠上静脉吸收可避免首过作用

E. 使用较方便

2. 对栓剂基质的要求是（　　）。

A. 在室温下易软化、熔化或溶解

B. 与主药无配伍禁忌

C. 对黏膜无刺激

D. 在体温下易软化、熔化或溶解

E. 应有适宜的硬度

3. 下列关于栓剂储存的叙述中，正确的是（　　）。

A. 一般栓剂在30℃以下贮藏

B. 油脂性基质栓剂最好放冰箱冷藏

C. 甘油明胶基质栓剂既要防止受潮，又要避免干燥失水

D. 栓剂储存时间不宜过长

E. 聚乙二醇基质栓剂可室温储存

4. 下列材料能作为栓剂基质的是（　　）。

A. 羧甲基纤维素　　B. 石蜡　　C. 可可豆脂

D. 聚乙二醇类　　E. 半合成脂肪酸甘油酯

5. 栓剂具有的特点是（　　）。

A. 常温下为固体，纳入腔道迅速融化或溶解

B. 可产生局部和全身治疗作用

C. 不被胃肠道pH值或酶的破坏

D. 不受肝脏首过效应的影响

E. 适用于不能或不愿意口服给药的患者

四、简答题

1. 栓剂作全身治疗与口服制剂比较，有什么优点？

2. 栓剂的基质应符合哪些要求？

3. 栓剂的制备方法有哪些？

第十一章 气雾剂

学习与能力目标

通过本章的学习，学生应识记气雾剂的概念。知晓气雾剂的特点、气雾剂的分类、气雾剂的抛射剂、气雾剂的抛射剂应具备的条件、气雾剂的质量检查。熟记抛射剂的种类、气雾剂的组成，耐压容器。能说出气雾剂制造工艺流程。知道气雾剂阀门系统的主要部件组成及结构。知道气雾剂的处方设计中的一般原则。为今后在相关岗位工作打下坚实的基础。

知识要求

掌握气雾剂的概念、气雾剂的分类、气雾剂的组成。

掌握气雾剂的制造工艺流程。

熟悉气雾剂的特点、气雾剂的抛射剂、气雾剂的质量检查。

熟悉气雾剂的抛射剂应具备的条件、耐压容器。

了解气雾剂阀门系统的主要部件组成及结构、气雾剂处方设计中的一般原则。

第一节 概 述

气雾剂系指含药溶液、乳状液或混悬液与适宜的抛射剂共同装封于具有特制阀门系统的耐压容器中，使用时借助抛射剂的压力将内容物呈雾状物喷出，用于肺部吸入或直接喷至腔道黏膜、皮肤及空间消毒的制剂。

虽然早在 20 世纪初就有了加压包装，但直到 1942 年，美国农业部成功研制第一个杀虫气雾剂之后，才开始有气雾剂工业。20 世纪 50 年代初期，气雾剂技术的原理被用于发展药用气雾剂，制成了局部给药的气雾剂，用于治疗烧伤、小创伤、碰伤、感染及各种皮肤疾病。1955 年，肾上腺素加压包装研制成功后，才出现呼吸道局部用药的气雾剂。由于气雾剂对医生和病人都可接受，以及其广泛用途，药用气雾剂现在已经和别的剂型一样受到重视。目前在国内外应用较普遍，生产品种也较多，如磺胺药、抗生素、抗组织胺药、支器管扩张药、心血管药、解痉药，以及用于烧伤的各种药物。

《英国药典》1983 年版收载了两个吸入气雾剂的品种，并且在制剂处方项内收载了气雾剂的通则，提出了可供作抛射剂使用的氟氯烷烃类及可允许加入的附加剂。《美国药典》ⅫⅩ版收载了 37 种气雾剂及 6 种抛射剂。《中国药典》1995 年版二部收载了气雾剂的通则，有2个品种。《中国药典》2000年版二部附录Ⅰ L对气雾剂的通则作了重大修改，并增加了粉雾剂和喷雾剂等新内容。

气雾剂在生产与贮藏期间应符合下列有关规定。

(1) 根据需要可加入溶剂、助溶剂、抗氧剂、防腐剂、表面活性剂等附加剂。吸入气雾剂中所有附加剂均应对呼吸道黏膜和纤毛无刺激性、无毒性。非吸入气雾剂及外用气雾剂中所有附加剂均应对皮肤或黏膜无刺激性。

(2) 二相气雾剂应按处方制得澄清的溶液后，按规定量分装。三相气雾剂应将微粉化(或乳化)药物和附加剂充分混合制得稳定的混悬液或乳状液，如有必要，抽样检查，符合要求后分装。在制备过程中还应严格控制原料药、抛射剂、容器、用具的含水量，防止水分混入；易吸湿的药物应快速调配、分装。吸入气雾剂的雾滴(粒)大小应控制在10μm以下，其中大多数应为5μm以下。

(3) 气雾剂常用的抛射剂为适宜的低沸点液体。根据气雾剂所需压力，可将两种或几种抛射剂以适宜比例混合使用。

(4) 气雾剂的容器，应能耐受气雾剂所需的压力，各组成部件均不得与药物或附加剂发生理化作用，其尺寸精度与溶胀性必须符合要求。

(5) 定量气雾剂释出的主药含量应准确，喷出的雾滴(粒)应均匀，吸入气雾剂应保证每揿含量的均匀性。

(6) 制成的气雾剂应进行泄漏和压力检查，确保使用安全。

(7) 气雾剂应置凉暗处贮存，并避免暴晒、受热、敲打、撞击。

(8) 定量气雾剂应标明：①每瓶总揿次；②每揿主药含量。

一、气雾剂的特点

1. 气雾剂的优点

(1) 质量稳定，药物不易污染。

(2) 起效快，可定位。可按需要的形式，如喷雾、气流、快速破裂泡沫或稳定泡沫直接到达作用(或吸收)部位，药物分布均匀、起效快。如平喘气雾剂，吸入2min后即能显效。这种速效和定位的作用，明显优于其他制剂。

(3) 药物能以薄层覆盖创面，减少或消除局部用药的机械刺激。药物不经胃肠道，既避免了胃肠道的副作用，也避免了药物在胃肠道被生物降解。

(4) 药物吸收后可引起局部作用，或吸收后直接进入体循环，达到全身治疗目的，起全身作用的气雾剂与同一药物的其他剂型相比，肝脏首过效应极小，给制剂量明显降低，毒副作用减小。

(5) 患者使用方便，依从性好，特别适用于需进行长期注射治疗的病人。

(6) 用定量阀门可准确控制剂量。

2. 气雾剂的缺点

(1) 需耐压容器和定量阀门系统，包装成本较高。

(2) 气雾剂具有一定的内压，遇热、受撞击后易发生爆炸，故包装容器需坚固和耐压。

(3) 气雾剂是借助抛射剂的蒸气压强而工作的，如抛射剂渗漏可造成失效。

(4) 供吸入用的气雾剂，因吸收部位肺部的干扰因素较多，故易发生吸收不完全。

二、气雾剂的分类

气雾剂是一种多用途的药物剂型。按用药途径的不同，可分为吸入气雾剂、非吸入气雾剂及外用气雾剂三类；按其处方组成不同又可分为二相气雾剂、三相气雾剂。按给药定量与否又可分为定量气雾剂与非定量气雾剂。

（一）按用药途径分类

1. 吸入气雾剂

吸入气雾剂系指含药溶液或混悬液与适宜的抛射剂共同装封于具有特制定量阀门系统的耐压容器中，使用时借助抛射剂的压力将内容物呈雾状物喷出，吸入肺部的制剂。吸入气雾剂不但能迅速起局部作用，也可以迅速吸收起全身作用，吸收速度之快不亚于静脉注射，如盐酸异丙肾上腺素气雾剂，每次喷射一个剂量，吸入后1～2min即起平喘作用。

2. 非吸入气雾剂

非吸入气雾剂系指含药溶液或混悬液与适宜的抛射剂共同装封于具有特制定量阀门系统的耐压容器中，使用时借助抛射剂的压力，将内容物直接喷射于腔道黏膜，起局部或全身作用的制剂。

3. 外用气雾剂

外用气雾剂系指药物与适宜的抛射剂装在具有非定量阀门系统的耐压严封容器中，使用时借助抛射剂的压力将内容物呈雾状喷出，用于皮肤、黏膜及空间消毒的制剂。

（二）按处方组成分类

1. 二相气雾剂

二相气雾剂也称溶液型气雾剂，是药物或药物借助潜溶剂和助溶剂与抛射剂混溶而制成的气雾剂。容器的内容物分两层，上层是抛射剂的蒸气，称为气相；下层是溶有药物的液化抛射剂，称为液相。因此，又叫气-液二相气雾剂［图11-1(a)］。适用于吸入气雾剂、非吸入气雾剂和外用气雾剂。

2. 三相型气雾剂

（1）气、固、液三相型气雾剂　也称混悬型气雾剂，是药物以固体细粉混悬在抛射剂中而制成的气雾剂，内含气相、固相、液相三相。使用时打开阀门后，引起容器内部湍动，粉末即被抛射剂带出。喷出后，抛射剂立即气化，将药物粉末遗留在空间或患处。

（2）气、液、液三相型气雾剂　容器内有三相，最上层一般是水或水性基质与抛射剂的混合蒸气相，由于药物溶于水或水性基质中，与抛射剂互不相溶，各成一相，药物的水溶液因相对密度较低，而位于中间第二相（水相），液化的抛射剂沉于容器的底部成为第三相（油相）［图11-1(b)］。

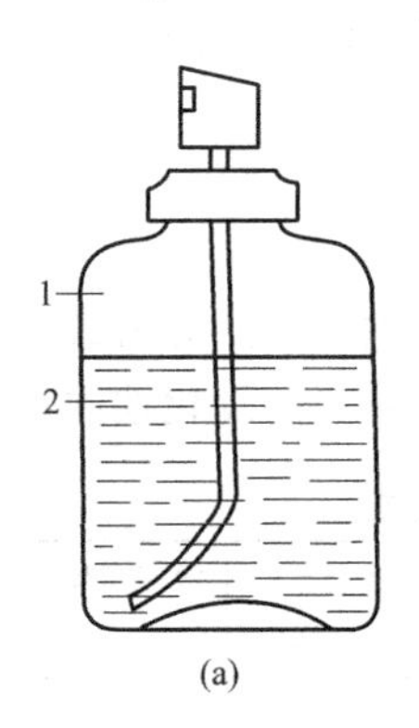

(a)

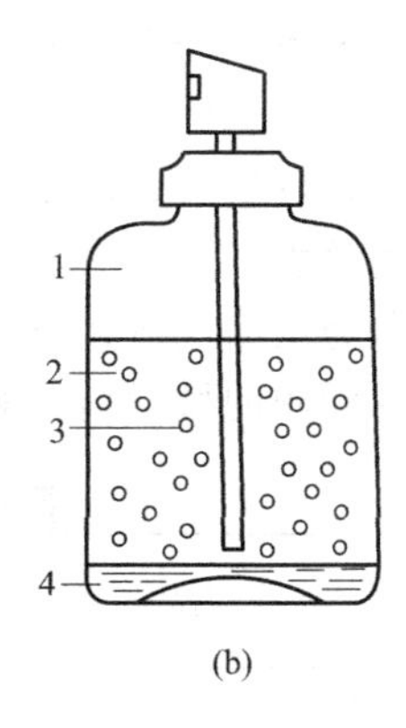

(b)

图11-1　气雾型

(a) 二相气雾剂：1—气相；2—液相（药物溶解在抛射剂中）

(b) 三相气雾剂：1—气相；2—药物的水溶液；3—抛射剂的气泡；4—抛射剂

三相型气雾剂适用于吸入气雾剂、非吸入气雾剂和外用气雾剂。

3. 泡沫型气雾剂

泡沫型气雾剂也称乳剂型气雾剂，也是一种三相气雾剂（气相、水相、油相），由药物、抛射剂、乳化剂、表面活性剂、水或水性基质等组成乳剂。当药物是以水做溶剂时，则药物的水溶液（水相）与液化抛射剂（油相）发生乳化后制成含水泡沫型气雾剂；不宜采用水时，可采用多元醇或其衍生物等水性基质来代替水，以制成非水型泡沫气雾剂。泡沫型气雾剂适用于非吸入气雾剂和外用气雾剂。

第二节　气雾剂的组成

气雾剂由四部分组成：抛射剂、药物和附加剂、耐压容器、阀门系统。生产中将药物、附加剂与抛射剂一起加压装封于耐压容器内，容器内产生压力，如打开阀门，则抛射剂带着药物一起喷出形成气雾，雾粒在膨胀室、喷嘴口形成。一部分抛射剂在这两处急剧气化，将药物分散成雾粒抛离容器，离开喷嘴后抛射剂和药物雾粒自周围空气获得能量，从而进一步气化，雾粒变得更细。雾粒的大小取决于药物的粒度、抛射剂的种类和用量、阀门系统的类型。

一、抛射剂

抛射剂系指用于气雾剂的一些液化气体，在气雾剂中起动力作用并可作药物的溶剂或稀释剂。这类物质在室温或常压下为气体，但在低温或增加压力时容易液化。当把这种液体灌装于耐压容器内时，其蒸气具有足够的压力可将药物自耐压容器内高速推出。因此，它是气雾剂喷射药物的动力，也是大多数气雾剂主药的溶剂和稀释剂。

当阀门打开时，压力突然降低，抛射剂急剧气化，克服了液体之间的引力，将药物分散成微粒，通过阀门喷射成雾状，达到作用和吸收部位，理想的抛射剂在常温下的蒸气压应大于大气压。

1. 药用气雾剂的抛射剂应具备的条件

（1）常压下沸点应低于25℃，常温下其蒸气压大于大气压。如蒸气压低于大气压者不能单独使用，需与其他抛射剂合用。

（2）不易燃，不易爆。

（3）无色、无嗅、无毒、无致敏性和刺激性，不与药物、容器和阀门系统等发生化学反应，不影响药物的稳定性。

（4）来源广，价格便宜，便于大规模生产。

2. 抛射剂的种类

抛射剂可分为压缩气体和液化气体两类，液化气体又可进一步细分为碳氢化合物和氯氟烷烃类化合物，常用的抛射剂是氯氟烷烃类化合物。各种抛射剂的理化性质见表11-1。

表11-1　各种抛射剂的有关理化性质

分类	化学名	商品名	分子式	沸点/℃	蒸气压(21℃)(表压)/kPa	液体密度(21℃)/(kg/m^3)	可燃性
压缩气体	二氧化碳	—	CO_2	−78.3	5740	—	无
	一氧化二氮	—	N_2O	−88.3	4937	—	无
	氮	—	N_2	−195.6	3271	—	无

续表

分类	化学名	商品名	分子式	沸点/℃	蒸气压(21℃)(表压)/kPa	液体密度(21℃)/(kg/m³)	可燃性
碳氢化合物	丙烷	—	C_3H_8	−42.1	740.8	500	易燃
	异丁烷	—	$i\text{-}C_4H_{10}$	−11.7	213.3	560	易燃
	正丁烷	—	$n\text{-}C_4H_{10}$	−0.5	115.8	580	易燃
氯氟烷烃类化合物	八氟环丁烷	$F_{C\text{-}318}$	C_4F_8	−6.1	175.2	1513	不易燃
	三氯一氟甲烷	F_{11}	CCl_3F	23.7	−8.9	1485	不易燃
	二氯二氟甲烷	F_{12}	CCl_2F_2	−29.8	484.2	1325	不易燃
	二氯四氟乙烷	F_{114}	$CClF_2CClF_2$	3.6	89	1468	不易燃
	一氯二氟乙烷	F_{142b}	CH_3CClF_2	−9.4	200.7	1119	可燃
	二氟乙烷	F_{152a}	CH_3CHF_2	−24.0	425.5	911	可燃
	一氯五氟乙烷	F_{115}	$CClF_2CF_3$	−38.7	709	1290	不易燃

压缩气体一般蒸气压很高，且常温下多为气体，因此要求包装容器的耐压性能高，如只在常温下充入低压（200～295kPa）气体，则因灌装量低，压力很容易迅速降低，达不到持久的喷射效果。

碳氢化合物虽然蒸气压适宜，但其蒸气毒性大，易燃易爆，作为药用气雾剂的抛射剂，压缩气体和碳氢化合物有一定的局限性。

目前各国药典广泛收载的抛射剂是氯氟烷烃类（氟里昂，Freon），其特点是在室温下具有比大气压高的蒸气压，沸点低，不易燃，化学性质稳定，毒性低，但含氯的氯氟烷烃类进入大气层中后，对大气中的臭氧层有破坏作用。

在药用气雾剂的处方设计时，由于必须考虑气雾剂喷雾的分散度、压力和速度，因此单一的抛射剂有时不能满足要求，常常同时使用几种抛射剂以调节合适的蒸气压。表 11-2 列出了几种混合抛射剂的组成和有关物理性质。

表 11-2 药用气雾剂中氯氟烷烃类的混合抛射剂

混合抛射剂①	组 成	混合蒸气压(kPa 表压,21℃)	密度(21℃)/(kg/m³)
12/11	35∶65	185.4	1428
12/11	50∶50	256.6	1405
12/11	30∶70	161.0	1437
12/11	60∶40	302.5	1389
12/114	70∶30	384.4	1362
12/114	25∶75	208.8	1427
12/114	10∶90	138.5	1448
12/114	20∶80	186.3	1434
12/114	40∶60	273.2	1405
12/114	45∶55	293.7	1398
12/114	55∶45	331.7	1383

① 12/11（35∶65）系指 F_{12} 重量为 35%与 F_{11} 重量为 65%的混合物。

二、药物与附加剂

不论是液体、半固体或固体粉末药物，因临床需要都可以制成气雾剂，但是药物制成气雾剂时，应测定其血药浓度，定出有效剂量，安全指数小的药物必须做毒性实验，确保安全使用。

药物制成溶液型气雾剂时，除抛射剂本身可作溶剂外，必要时可加入适量的乙醇、丙二醇或聚乙二醇等作潜溶剂，使药物与抛射剂混溶成均相溶液，喷出时药物变成微粒分散形成雾状。

固体药物制成三相气雾剂（气相、固相、液相）时，有时需加固体润湿剂如滑石粉、胶体二氧化硅等，使药物易分散混悬于抛射剂中，也可加入适量的 HLB 值低的表面活性剂及高级醇类作稳定剂，如油酸、司盘 85、油醇、月桂醇类，使药物不聚集或重结晶，且可以增加阀门系统的润滑和密封性能，在喷雾时不会阻塞阀门。

三相气雾剂（气、液、液）如药物不溶于水或在水中不稳定时，可溶于甘油、二醇类；泡沫型气雾剂，除抛射剂外，还应加适当的乳化剂如聚山梨酯类或司盘类，如乳剂中的抛射剂为内相时，喷出的泡沫较稳定，如为外相时，泡沫易破裂成液流。

为了提高易氧化药物的稳定性，可在处方中加入维生素 C、焦亚硫酸钠等抗氧剂，也可加入适当的防腐剂。

三、耐压容器

耐压容器是贮存药物、抛射剂和其他附加剂的部件，药用气雾剂的容器应能耐受一定的工作压力，有一定的耐压安全系数和抗冲击耐力，不影响内容物的稳定性，容器的材质或内涂保护层不得有任何变软、溶解或脱落，质轻价廉。

1. 金属容器

（1）马口铁容器　马口铁容器是由一种两面镀锡的薄钢板，经折边和钎焊封口而接合制成，内壁有有机层涂膜。本类容器易被药液腐蚀并导致药物变质，虽然在容器内部涂有聚乙烯、环氧树脂等，但仍可被腐蚀，故在选用前应做抗腐蚀性试验。

（2）铝合金容器　铝、铝合金可用于压制无缝的容器。由于其无缝、性质稳定、抗腐蚀性强、少有配伍禁忌，已被广泛使用。

（3）不锈钢容器　本类容器耐压性能高，且能耐绝大多数物质的腐蚀，在多数情况下不需内涂有机层，几乎无配伍禁忌，但价格昂贵，限用于制造较小型的容器。

2. 玻璃容器

玻璃容器有搪塑料和不搪塑料两种，在处方设计中调整抛射剂的种类和用量，能制成满意的适合玻璃容器包装的气雾剂，玻璃容器解决了防腐问题，在容器的设计上也有较大的灵活性。但耐压和抗撞击性较差，一般用于压力和容积均不大的气雾剂，玻璃瓶外部搪有塑料防护层的，既可加强耐压强度，又可缓冲外界撞击，瓶爆时也能防止碎片伤人。

四、阀门系统

药用气雾剂阀门系统的功能是保证容器内的药物在喷射或非喷射状态密封不漏，且必须保证喷出药量的准确性。阀门系统使用的塑料、橡胶、铝或不锈钢等材料，应不影响药液的质量。阀门系统分阀门和推动钮两部分。

1. 阀门

（1）一般阀门　由下列主要部件组成。

① 封帽：常用铝制成，有时涂上环氧树脂薄膜，其作用是把阀门固定在容器上。

② 阀杆：是阀门的轴心，用不锈钢、尼龙或四氟乙烯塑料等制成，有内孔和膨胀室；定量阀门的阀杆下端还有一段细槽供药液进入定量室用。

a. 内孔（出药孔）：位于阀杆之旁，是阀门通往内外的极细的小孔，其大小直接关系到气雾剂的雾化质量。

b. 膨胀室：位于阀杆内，在内孔的上方，其底部旁侧与内孔相通，容器内的高压物料，通过内孔进入此室时，突然减压，迅速膨胀，以致部分挥发和雾化，使物料由外孔喷出时雾化更好。膨胀室的作用是使部分抛射剂在此沸腾，以降低喷出粒子的粒度。

③ 橡胶密封圈：它的作用是封闭或打开阀门内孔，即控制阀门的开或关，当阀门打开时，密封圈受压，使内孔暴露，容器内的物料通过内孔进入膨胀室而被喷出［图 11-2(a)］；当阀门关闭时，内孔被密封圈密封［图 11-2(b)］，故容器内的物料不能通过内孔喷出。

④ 弹簧：位于阀门室的下部，托住阀门杆，一方面供给推动钮的上下弹力，另一方面能对通过的物料起搅拌作用，使部分物料进入膨胀室时，更易挥发和雾化。

⑤ 浸入管：为塑料制成，其作用是将容器内的药液从容器的底部送进阀门室内，气雾剂也可不用浸入管，但在使用时需将容器倒置才可喷出，即倒喷。

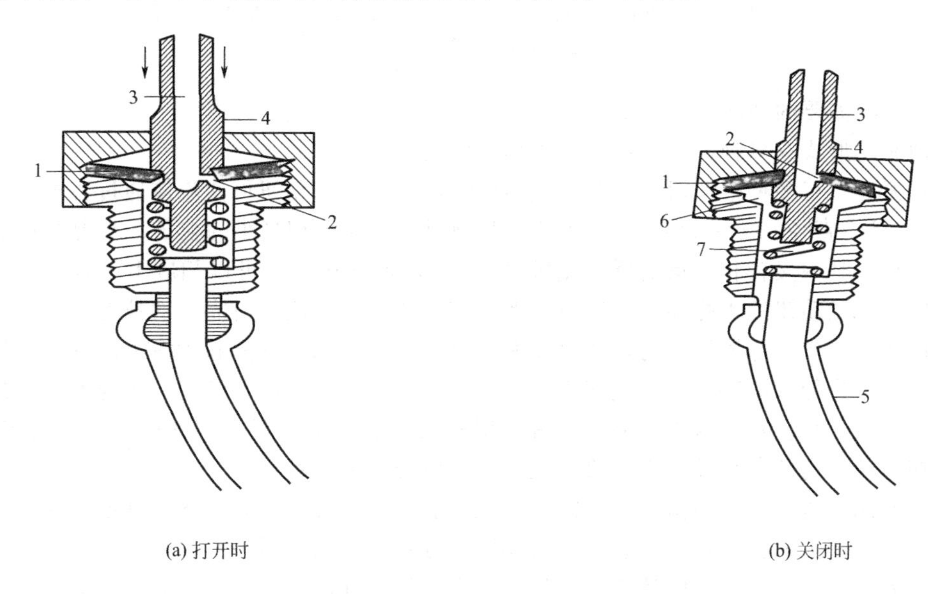

图 11-2 一般阀门的示意图

1—密封圈；2—内孔；3—膨胀室；4—阀门杆；5—浸入管；6—阀门室；7—弹簧

(2) 定量阀门 定量阀门除以上部件外还有一个塑料或金属制的定量室（或称定量小杯），见图 11-3。其容量由气雾剂的剂量决定（一般为 0.05～0.2ml）。定量室下端伸入容器内的部分，有两个小孔以供灌装时抛射剂经此流入容器内，而平时被橡胶密封圈封住，药液就不能从容器内流出，此外阀杆下端有一段细槽或缺口，以供药液进入定量室。

定量阀门因能准确定量，尤其适用于剂量小、药效强的吸入气雾剂，从图 11-3 可看出在阀门关闭时，定量室与内部药液相通，药液进入并充满定量室，使用时按下推动钮，阀杆的内孔进入定量室，定量室的内容物立即喷射出来。与此同时，定量室与药液的通路被关闭，喷出的仅仅是定量室的药液，故能一次给出一个较准确的剂量。

2. 推动钮

为了保证成品气雾剂能按适宜的和所需要的形式给药，在阀门杆上安装一个特殊设计的按钮或推动钮，推动钮要易于打开和关闭阀门，并且是构成气雾剂阀门系统的一部分，它还

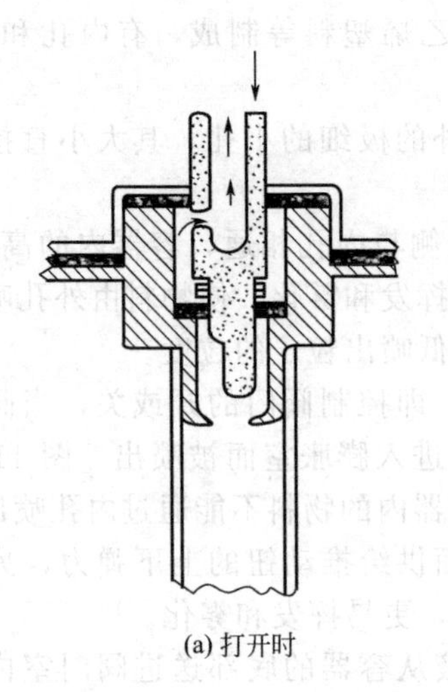

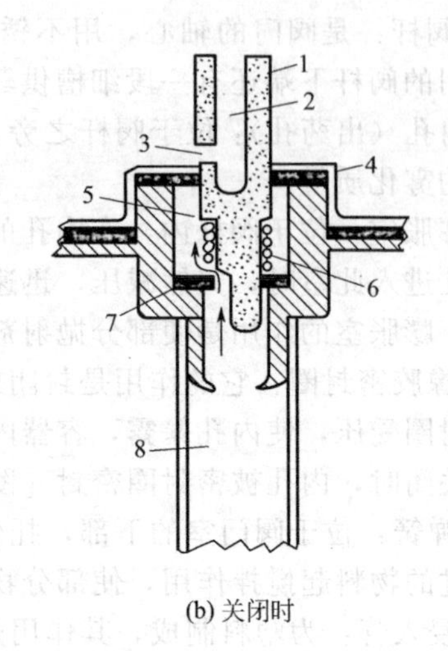

图 11-3　定量阀门开和关的示意图

1—阀门杆；2—膨胀室；3—内孔；4—出液橡胶密封圈；5—定量室；6—弹簧；7—进液橡胶密封圈；8—浸入管

有助于产生所需要的药物喷射方式。

推动钮的形式有多种，它们可以产生如下作用。

(1) 喷雾　有多种推动钮可供药用气雾剂使用，这些推动钮可使流体通过各种小孔（可分为 1～3 级，直径 0.4～1.0mm），将药物和抛射剂喷雾成相当小的粒子。在混合抛射剂的百分比较高，其中又含相当量的低沸点抛射剂 F_{12}，推动钮的孔可以相应大一点。在抛射剂的气化作用、推动钮的小孔和内部通道三者的综合作用下，能以所需要的粒度范围喷雾。喷雾型推动钮还能作局部抛射用药，如喷在绷带上及消毒、局部麻醉和脚癣等制剂。当推动钮用在抛射剂含量低（≤50%）的气雾剂产品时，生成的不是雾而是气流，因为产品内的抛射剂不足以分散药物。对于这类产品，通常需用机械分散的推动钮，这种推动钮使气流旋转，经过设在推动钮内的各个腔室而“机械地”将流体分散成小粒子。

(2) 泡沫　这类推动钮由比较大的孔组成，孔的范围 1.7～3.15mm 或更大些，产品通过孔进入一个较大的膨胀室，药物在室内膨胀和分散，然后通过大孔喷出。

(3) 固体气流　调配半固体产品如软膏剂常需用这样的推动钮。内孔比较大，能使产品通过阀门杆进入推动钮。这种推动钮基本上类似于泡沫型推动钮。

(4) 特种推动钮　有些药物的气雾剂，为了完成特种目的而特别设计的推动钮，药物通过这种推动钮可被送到作用部位，如喉头、鼻子、眼睛或阴道腔。

第三节　气雾剂的制备

一、气雾剂的处方设计与举例

气雾剂处方包括两个主要组成部分：药物（包括必要的附加剂，如助溶剂、抗氧剂、乳化剂、防腐剂、润滑剂和表面活性剂）和抛射剂。抛射剂可用单一的成分，也可用几种抛射剂的混合物，合理选择抛射剂是为了产生所需的蒸气压、溶解度和喷雾粒度。和其他制剂的处方设计一样，气雾剂的处方设计者必须全面了解抛射剂及抛射剂对成品的影响，根据所用气雾剂的类型，药用气雾剂能调配成细雾、湿喷雾、快速破裂泡沫、稳定泡沫、半固体或固体等多种形式，而气雾剂的类型选择取决于药物的理化性质和用药部位。

1. 气雾剂处方设计中的一般原则

（1）药物　在配制气雾剂时，药物如能溶解于抛射剂，采用直接溶解法，即能得到澄清的溶液。但很多药物在抛射剂中不溶，故需加入适当的助溶剂，如药物在抛射剂及溶剂中均不溶解或溶解后不稳定，则可做成混悬型气雾剂。混悬型气雾剂的粉末粒度不应超过50μm，否则不易喷出。泡沫气雾剂的乳剂处方可按一般乳剂的制备方法进行设计。

（2）抛射剂　抛射剂是气雾剂喷射药物的动力，它的主要任务是使容器的内容物喷出后形成足够小的粒子，抛射到一定的位置，并使内容物完全喷出，在处方设计时必须注意抛射剂的用量和压力。

① 用量：抛射剂的用量是根据气雾剂的类型及喷出物的粒子大小来决定的。对空间使用的气雾剂，其喷出的粒子要求一般在10μm以下且能在空气中悬浮较长的时间，故抛射剂的用量要求一般占气雾剂内容物的80%～90%；吸入用气雾剂，对喷出的粒子要求在0.5～5μm，抛射剂的用量一般占气雾剂内容物的70%；非吸入气雾剂对喷出粒子的要求在5～50μm，抛射剂的用量一般占气雾剂内容物的45%～70%；皮肤用气雾剂对喷出的粒子要求在100～200μm，抛射剂的用量一般占气雾剂内容物的35%～70%。此外，对喷出物的干湿还可通过抛射剂的用量来调节。

② 压力：压力与抛射剂的用量无关，但与抛射剂的种类或多种抛射剂混合时的比例有关，不同的抛射剂其沸点不同，沸点越低其蒸气压越高。喷出物要求较高，或喷出泡沫要求较厚的气雾剂，需采用较高的蒸气压；当喷出物要求较湿时或泡沫要求较薄时，可采用较低的蒸气压。

2. 不同气雾剂的处方设计

（1）溶液型气雾剂　氟氯烷烃抛射剂具有类似于非极性有机溶剂的性质，多数药物必须加助溶剂才能制成澄清的均相溶液。该型气雾剂为两相，包括抛射剂的蒸气（气相）和溶有药物的液化抛射剂（液相），如果药物能溶于抛射剂中则不需加入助溶剂。使用的抛射剂可以是F_{12}（这种抛射剂能产生非常细微的粒子），也可以是F_{12}与表11-2所列的其他抛射剂的混合物。当其他抛射剂加到F_{12}中时，系统的压力下降，结果产生较大的粒子。必须加入助溶剂时，常加入挥发性较低的溶剂如乙醇、丙二醇、醋酸乙酯、甘油、丙酮等，但这些溶剂也会降低蒸气压。抛射剂的用量在整个处方中占到5%～50%，对于吸入用的溶液型气雾剂抛射剂的用量一般为70%或更高。

例11-1：盐酸异丙肾上腺素气雾剂

处方：	
盐酸异丙肾上腺素	2.5g
维生素C	1g
乙醇	296.5g
二氯二氟甲烷（F_{12}）	适量
制成	1000g

处方组成中，盐酸异丙肾上腺素在抛射剂F_{12}中溶解性能差，加入乙醇作助溶剂、维生素C为抗氧剂。抛射剂的选择与用量，应根据所要求的雾粒大小来确定，该处方中抛射剂F_{12}用量为处方总量的70%。较早的盐酸异丙肾上腺素气雾剂的处方中，含有少量的丙二醇与乙醇一起用作助溶剂，以获得澄清溶液。单用乙醇作助溶剂也可得到澄清溶液，且丙二醇的毒性高，不适用于吸入气雾剂。因此，《中国药典》从1990年版起收载的盐酸异丙肾上腺素气雾剂的处方中均不再含有丙二醇。

（2）混悬型气雾剂　由于溶液型吸入气雾剂一般均需使用乙醇作潜溶剂，由于乙醇的刺激性及部分药物在溶液中不稳定，易变色，临床使用受限。混悬型气雾剂是20世纪70年代末开发的技术，常用于吸入气雾剂。由于不需使用乙醇等，刺激性小，主药以固相存在于分散体系中，其稳定性比溶液型好，适用性强，可溶性或不溶性药物均可采用。

混悬型气雾剂处方设计关键是解决非均相分散系统的稳定性，其基本设计要求如下。

① 为了提高生物利用度和降低机械刺激，防止阀门被药物堵塞，药物粒子应控制在5μm以下，不超过10μm。

② 一般应控制水分在50mL/L以下，最高不得超过300mL/L，防止药物遇水产生微粒聚结，影响喷雾粒度或堵塞阀门。

③ 合理选择抛射剂，抛射剂对药物的溶解度应愈小愈好，以免在贮存过程中药物重结晶使粒子变大。

④ 调节抛射剂或（和）混悬固体的密度，尽量使两者相等（约1.44g/ml），以降低分散系统分层的速度。一般改变药物的密度较困难，调节抛射剂的密度则相对容易，可采用多种抛射剂的混合物。

⑤ 添加合适的表面活性剂以控制凝聚速度，在混悬剂中加入表面活性剂是非常成功的，这些表面活性剂把混悬剂中的每一个粒子都包裹起来，并定向排列在固-液相界面，降低凝聚速度，提高分散系统的稳定性。

例11-2：重酒石酸肾上腺素气雾剂

处方：	重酒石酸肾上腺素（1～5μm）	5g
	去水山梨醇三油酸酯	5g
	二氯四氟乙烷（F_{114}）	495g
	二氯二氟甲烷（F_{12}）	495g
	制成	1000g

处方中的重酒石酸肾上腺素通过流能磨粉碎得1～5μm的微粉；吸入气雾剂最适宜的蒸气压在21℃时为206～274kPa表压之间，单用F_{12}时21℃蒸气压（表压）为484.2kPa，本处方中使用F_{12}与F_{114}（1∶1）的混合抛射剂是为了调节蒸气压，约为318kPa，可以得到理想的喷雾粒子；去水山梨醇三油酸酯为表面活性剂，其作用是降低颗粒的沉降速度，提高分散系统的稳定性。

（3）泡沫型气雾剂　在处方设计时，药物在乳剂中可以是溶解状态也可以是乳化状态，在使用时喷出液流或泡沫。含水泡沫型气雾剂有水包油型（O/W）和油包水型（W/O）之分。大多数阴道用泡沫气雾剂实际上是O/W，该类气雾剂喷出的不是雾粒而是泡沫，因为在O/W型乳剂中，药物水溶液是外相，液化抛射剂是被水包围而分散得很细的内相。当这种乳剂经阀门喷出后，被包围的抛射剂即气化膨胀，产生大量的泡沫。而W/O型泡沫型气雾剂则由于抛射剂为外相，故乳剂喷出后不会形成O/W型那样多的泡沫。

制成稳定的乳剂是形成泡沫型气雾剂的前提，因此乳剂的稳定性是这类气雾剂质量的关键，乳化剂的选择很重要，其乳化性能应能保证在振摇时能完全乳化成很细的乳滴，外观呈白色，至少在1～2min内不分离，并能保证抛射剂与药液同时喷出。为了获得稳定的乳剂，通常采用混合抛射剂，用量一般为8%～10%，喷嘴直径要大。当喷嘴直径小，如采用0.5mm孔径的溶液型气雾剂的定量阀门喷嘴作为泡沫型气雾剂的喷嘴时，混合抛射剂的用量应增加到30%～45%。抛射剂的用量对泡沫性质影响较大，用量大时，可形成黏稠干燥的弹性泡沫，用量小时可形成湿润柔软的泡沫。根据药物的性质和不同的用药目的，可设计不同的处方，以产生不同的泡沫，如稳定型泡沫、非水的稳定型泡沫和快速破裂型泡沫。

① 稳定型泡沫

处方：	药物	20g
	豆蔻酸	12g
	硬脂酸	48g
	十六醇	4.5g
	羊毛脂	1.8g
	肉豆蔻酸异丙酯	12g
	三乙醇胺	30g
	甘油	42.3g
	聚乙烯吡咯烷酮	3g
	纯化水	746.4g
	抛射剂 F_{12}/F_{114}（40∶60）	80g
	制成	1000g

本处方是一种对各种甾体药物、抗生素以及其他药物均适用的泡沫稳定型泡沫气雾剂处方。在特殊情况下，抛射剂的用量可高达25%，一般为8%～10%，混合抛射剂中 F_{12} 用量增高，生成较黏、干燥的泡沫，降低混合抛射剂的用量，则生成含水较多的泡沫。系统中有水存在，只能用 F_{114} 而不能用 F_{11}，否则系统中会产生盐酸，对金属容器不利。

② 非水的稳定型泡沫

处方：	药物	20g
	乙二醇	842.8g
	乳化剂	39.2g
	抛射剂 F_{12}/F_{114}（40∶60）	98g
	制成	1000g

本处方是一种使用乙二醇代替水配制而成的非水的稳定型泡沫气雾剂，最有效的乳化剂是二醇酯类，如丙二醇单硬脂酸酯，许多药物均可使用本处方。

③ 快速破裂型泡沫：这是一种不稳定型泡沫气雾剂，在给药时药物以泡沫状态喷出，然后泡沫消失成为液体。其基本处方组成为：乙醇46%～66%，表面活性剂0.5%～5%，纯化水28%～42%，抛射剂3%～15%。处方中的表面活性剂可以是非离子型表面活性剂、阳离子型表面活性剂或阴离子型表面活性剂，但在水或醇中要溶解。抛射剂一般使用混合抛射剂 F_{12}/F_{114}。处方设计时选用的组分比例不同时，可以获得不同稳定性的泡沫。

二、气雾剂的制备工艺

不同的气雾剂其生产环境的洁净度等级也不同，和其他药物剂型一样，气雾剂的生产环境应严格按现行《药品生产质量管理规范》（GMP）的要求控制，气雾剂应在避菌的环境下配制，其生产设备、器具、包装容器等应用与生产环境的洁净级别相适应的方法清洁和消毒，防止生产过程中的微生物污染。

制备工艺流程如下：

容器与阀门系统的处理和装配 → 药物的配制和分装 → 抛射剂的填充 → 质量检验 → 成品入库

1. 容器与阀门系统

气雾剂的容器目前国内大多采用外壁搪塑料的玻璃瓶，容积约30ml。搪塑液的组成：聚氯乙烯树脂（糊状）200g，邻苯二甲酸二丁酯100g，硬脂酸钙5g，硬脂酸锌1g，色素适量。该搪塑液呈黏稠浆状。

（1）压力容器的处理　按不同的工艺要求，用纯化水精洗玻璃瓶，烘干，预热至120～

130℃，趁热浸入搪塑液中，使瓶颈以下黏附一层浆液，倒置，在隧道烘箱中150～170℃烘干，约需15min，自然冷却，备用。

（2）阀门各种零件的处理　橡胶制品、塑料及尼龙零件可在95%的乙醇中浸泡洗涤，烘干，备用。不锈钢弹簧在1%～3%的稀氢氧化钠溶液中煮沸10～30min，用水洗至pH中性为止，纯化水冲洗、脱水，95%乙醇浸泡，脱醇，烘干，备用。

（3）阀门的装配　按阀门的具体结构组合，装配好定量杯与橡胶垫圈套合，以及阀杆、弹簧与橡胶垫圈及封帽等。

2. 药物的配制和分装

严格按工艺处方配制药液。溶液型气雾剂应制成澄清溶液，混悬型气雾剂应先将药物粉碎到要求的粒度，严格控制生产环境的空气湿度，防止药物微粉的吸潮，泡沫型气雾剂应制成稳定的乳剂。

配制好的药液经质量检验合格后，定量分装，安装阀门，扎紧封帽。

3. 抛射剂的填充

抛射剂的填充方法分为压灌法和冷灌法两种。

（1）压灌法　将已分装药物的容器装上阀门，扎紧封帽，先抽去容器内的空气，以免影响容器内的压力，然后通过压力灌装机，将定量的抛射剂压入容器内。本法因设备简单，是国内广泛采用的方法。压力灌装机是一种既可通过阀门杆周围的浸入管注入抛射剂，也可以自阀门密封圈下面的浸入管注入。它既可以是直线式，也可是旋转式的单步或多步的装置，为了加速生产，常用正压力来迫使液体抛射剂进入容器内。也有一种叫"盖帽灌注"的灌注器，能一次完成抽去容器中空气、扎紧阀门和加抛射剂的操作。

典型的压灌生产线包括下面各单元：排瓶室，药物分装机，阀门安装机，真空轧盖机，压力灌装机，检漏，贴签，印批号和包装。

（2）冷灌法　该法需使用低温操作，仅限于非水性产品和那些在－20℃温度范围时不受影响的产品。生产中将含药浓溶液冷却到－20℃左右，加到已经冷却的容器内，根据用量将已经冷却至沸点以下至少5℃的抛射剂分1次或2次加入，然后将阀门扎紧在固定的位置上。

典型的冷灌生产线包括下面各个单元：排瓶室，含药浓溶液分装机，抛射剂灌注机，阀门安装机，检漏，贴签，印批号和包装。

压灌法在发展的起步阶段比冷灌法慢。随着新技术的开发，这种方法的速度大大提高，已经赶上或超过了冷灌法的生产速度。含药浓溶液在室温时装入容器，把阀门安装在适当的位置上扎紧。抛射剂通过阀门或用"盖帽灌注"的灌注器加入，因为阀门的孔极小（0.08～0.45mm），所以灌注速度很慢。随着旋转式灌装机和更新灌注头的出现，抛射剂可以环绕和通过阀杆加入，提高了灌注速度。对于那些对空气不稳定的药品，在加抛射剂之前要把容器内的空气抽出，在加入抛射剂后，余下过程与冷灌法相同。

压灌法已用来灌装大多数药用气雾剂产品。一般来说，压灌法比冷灌法好，因为压灌法生产过程受水分污染的危险性小，生产速度高，抛射剂的损失小，除了少数几种只能用冷灌法操作的定量阀门或用于"盖帽灌注"法的灌注器和阀门扎紧器外，这种方法不受任何限制。

气雾剂应置于凉暗处保存，并避免暴晒、受热、敲打、撞击。

第四节　气雾剂的质量检查

一、吸入气雾剂

气雾剂在生产与贮藏期间均应符合下列有关规定。

（1）气雾剂应在避菌的环境下配制，各种用具、容器等需用适宜的方法清洁、消毒，在整个操作过程中应注意防止微生物的污染。

（2）配制气雾剂时，可按药物的性质添加适宜的溶剂、抗氧剂、表面活性剂或其他附加剂。所有附加剂应对呼吸道黏膜和纤毛无刺激性。

（3）二相气雾剂应按处方制得澄清溶液，而后按规定量分装。三相气雾剂应将微粉化药物和附加剂充分混合制得稳定的混悬液，并抽样检查，符合要求后分装。在制备过程中还应严格控制原料药、抛射剂、容器、用具的含水量，防止水分混入，易吸湿的药物应快速调配、分装。三相吸入气雾剂药物粒径大小应控制在 10μm 以下，其中大多数应为 5μm 以下，二相气雾剂雾滴大小也应控制。

（4）气雾剂常用的抛射剂为适宜的低沸点液体。根据气雾剂所需的压力，可将两种或几种抛射剂以适宜的比例混合使用。

（5）气雾剂的容器，应能耐受气雾剂所需的压力，各组成部件不得与药物或附加剂发生理化作用，其尺寸精度与溶胀性必须符合要求，每揿压一次，必须喷出均匀的细雾状雾滴或雾粒，释出主药含量应准确。

（6）制成的气雾剂需用适宜的方法进行泄漏和爆破检查，确保安全使用。

（7）气雾剂应置凉暗处保存，并避免暴晒、受热、敲打、撞击。

（8）气雾剂应标明：每瓶的装量；主药含量；总揿次；每揿主药含量。

① 每瓶总揿次：取供试品 4 瓶，分别除去帽盖，精密称重（W_1），充分振摇，在通风橱内，向含适量吸收液的容器内弃去最初 10 喷，用溶剂洗净套口，充分干燥后，精密称重（W_2）；振摇后向上述容器内揿压阀门连续喷射 10 次，用溶剂洗净套口，充分干燥后，精密称重（W_3）；在铝盖上钻一小孔，待抛射剂气化后，弃去药液，用溶剂洗净容器，干燥后，精密称重（W_4），按下式计算每瓶总揿次：$10\times(W_1-W_4)/(W_2-W_3)$，均应不少于每瓶标示总揿次。

② 泄漏率：取供试品 12 瓶，去除外包装，用乙醇将表面清洗干净，室温垂直（直立）放置 24h，分别精密称定重量（W_1），再在室温放置 72h（精确至 30min），再分别精密称定重量（W_2），置 4～20℃冷却后，迅速在阀上面钻一小孔，放置至室温，待抛射剂完全气化挥尽后，将瓶与阀分离，用乙醇洗净，在室温下干燥，分别精密称定重量（W_3），按下式计算每瓶年泄漏率：

$$年泄漏率=\frac{365\times24\times(W_1-W_2)}{72(W_1-W_2)}\times100\%$$

平均年泄漏率应小于 3.5%，并不得有 1 瓶大于 5%。

③ 每揿主药含量：取供试品 1 瓶，充分振摇，除去帽盖，试喷 5 次，用溶剂洗净套口，充分干燥后，倒置药瓶（呈垂直状）于加入一定量吸收溶剂的适宜烧杯中，将套口浸入吸收液面下（至少 25mm），揿压喷射 10 次或 20 次（注意每次喷射间隔 5s 并缓缓振摇），取出药瓶，用溶剂洗净套口内外，合并溶剂转移至适宜的量瓶中并稀释成一定容量后按各品种含量测定项下的方法测定，所得结果除以 10 或 20，即为平均每揿主药含量，每揿主药含量应为每揿主药含量标示量的 80%～120%，应符合规定。

④ 有效部位药物沉积量：按《中国药典》（2010 年版）二部附录Ⅹ H 检查，应符合规定。

⑤ 微生物限度：按《中国药典》（2010 年版）二部附录Ⅺ J 检查，应符合规定。

二、非吸入气雾剂

非吸入气雾剂在生产与贮藏期间的有关规定与吸入气雾剂基本相同，非吸入气雾剂没有对喷雾粒度作具体的检测规定。

每瓶总揿次、泄漏率、每揿主药含量与微生物限度除另有规定外，检查法及限度与吸入气雾剂各项下相同，应符合规定。

三、外用气雾剂

外用气雾剂在生产与贮藏期间的有关规定也与吸入气雾剂基本相同，烧伤、创伤用气雾剂应在无菌环境下配制。

① 泄漏率：除另有规定外，检查法及限度与吸入气雾剂各项下相同，应符合规定。

② 喷射速率：取供试品4瓶，除去帽盖，分别揿压阀门喷射数秒后，擦净，精密称定，将其浸入恒温水浴（25℃±1℃）中0.5h，取出，擦干。除另有规定外，揿压阀门持续喷射5.0s，擦净，分别精密称重，然后放入恒温水浴（25℃±1℃）中按上法重复操作3次，计算每瓶的平均喷射速率（g/s），均应符合各品种项的规定。

③ 喷出总量：取供试品4瓶，除去帽盖，精密称定，在通风橱内，分别揿压阀门连续喷射于1000ml或2000ml锥形瓶中，直到喷尽为止，擦净，分别精密称定，每瓶喷出量均不得少于标示装量的85%。

④ 微生物限度：照《中国药典》（2010年版）二部附录Ⅺ J检查，应符合规定。

⑤ 无菌：烧伤、创伤、溃疡用气雾剂照《中国药典》（2010年版）二部附录Ⅺ H检查，应符合规定。

本章小结

学习主题结构		学习的主要内容	
大主题	小主题		
第一节 概述	概念	气雾剂系指含药溶液、乳状液或混悬液与适宜的抛射剂共同装封于具有特制阀门系统的耐压容器中，使用时借助抛射剂的压力将内容物呈雾状物喷出，用于肺部吸入或直接喷至腔道黏膜、皮肤及空间消毒的制剂	
	气雾剂的特点	1. 质量稳定，药物不易污染； 2. 起效快，可定位； 3. 药物能以薄层覆盖创面，减少或消除局部用药的机械刺激； 4. 药物吸收后可引起局部作用，或吸收后直接进入体循环，达到全身治疗目的； 5. 患者使用方便，依从性好； 6. 用定量阀门可准确控制剂量	
	气雾剂的分类	按用药途径分类	1. 吸入气雾剂 2. 非吸入气雾剂 3. 外用气雾剂
		按处方组成分类	二相气雾剂、三相气雾剂
		按给药定量与否分类	定量气雾剂与非定量气雾剂
第二节 气雾剂的组成	抛射剂	药用气雾剂的抛射剂应具备的条件	
		抛射剂的种类	压缩气体和液化气体
	耐压容器	1. 金属容器 2. 玻璃容器	
	阀门系统	阀门系统组成	阀门系统分阀门和推动钮两部分
第三节 气雾剂的制备	气雾剂的处方设计与举例		
	气雾剂的制备工艺	制备工艺流程如下： 容器与阀门系统的处理和装配→药物的配制和分装→抛射剂的填充→质量检验→成品入库	
第四节 气雾剂的质量检查	每瓶总揿次、雾滴分布、泄漏率、每揿重量差异、每揿主药含量、喷射速率、喷出总量、无菌、微生物限度		

基本训练题

一、名词解释

1. 气雾剂　2. 抛射剂　3. 二相气雾剂

二、单项选择题

1. 含药溶液、乳状液或混悬液与适宜的抛射剂共同装封于具有特制阀门系统的耐压容器中，使用时借助抛射剂的压力将内容物呈雾状物喷出，用于肺部吸入或直接喷至腔道黏膜、皮肤及空间消毒的制剂为（　　）。

A. 气雾剂　B. 抛射剂　C. 泡腾剂
D. 喷雾剂　E. 外用气雾剂

2. 关于气雾剂特点的表述错误的为（　　）。

A. 具有速效和定位作用　B. 药物密闭于容器内，稳定性好
C. 具有长效作用　D. 可避免肝首过效应
E. 患者使用方便，依从性好

3. 通常吸入气雾剂的微粒大小应控制在（　　）。

A. 0.5～5mm　B. 0.5～5μm　C. 10～50μm
D. 0.5～5mm　E. 5～10mm

4. 在抛射剂及潜溶剂中均不溶解的固体药物可制成（　　）。

A. 溶液型气雾剂　B. 乳剂型气雾剂　C. 油脂型气雾剂
D. 混悬型气雾剂　E. 气-液二相气雾剂

5. 气雾剂组成不包括（　　）。

A. 抛射剂　B. 附加剂　C. 耐压容器
D. 阀门系统　E. 压力系统

三、多项选择题

1. 气雾剂组成包括（　　）。

A. 抛射剂　B. 附加剂　C. 耐压容器
D. 加压系统　E. 减压系统

2. 气雾剂的缺点包括（　　）。

A. 具有速效和定位作用　B. 药物密闭于容器内，稳定性好
C. 包装成本较高　D. 气雾剂具有一定的内压，遇热、受撞击后易发生爆炸
E. 抛射剂渗漏可造成失效

3. 气雾剂的分类包括（　　）。

A. 按用药途径分　B. 按给药定量与否分　C. 按处方组成分
D. 按制法分　E. 按剂量分

四、简答题

1. 简述气雾剂的特点。
2. 简述气雾剂的制备工艺。
3. 简述气雾剂的组成。

第十二章 滴丸剂与膜剂

学习与能力目标

通过滴丸剂的学习，熟悉滴丸剂的概念、特点、处方组成、基质与冷凝剂的要求与种类、特点、生产工艺流程、生产车间的洁净度要求、制备过程、质量控制项目；能对生产所用设备在运行过程中出现的一般故障进行排除，对影响质量的工艺关键进行控制；为今后在滴丸的成型岗位、工艺管理等岗位工作打下良好基础。

通过膜剂的学习，使学生知道膜剂的含义、特点、分类、质量要求、处方组成、生产工艺流程、制备过程、质量检查项目；知道常用成膜材料的性质、特点与适用情况；能按标准操作规程进行膜剂的实验室制备操作。为今后在膜剂制备车间工艺管理岗位工作打下一定基础。

知识要求

掌握滴丸的含义、特点、生产工艺流程；熟悉基质与冷凝剂的要求与种类；熟悉滴丸的质量控制项目、生产车间的洁净度要求与工艺要求；了解滴丸机的结构、工作原理，学会典型滴丸剂的处方及工艺分析。

掌握膜剂的含义、特点，匀浆制膜技术的生产工艺流程；熟悉常用成膜材料的性质、特点与选用；了解涂膜剂的含义、特点、成膜材料等。

第一节　滴丸剂

一、概述

（一）滴丸剂的概念及发展

滴丸剂是指固体或液体药物与适宜的基质加热熔融后溶解、乳化或混悬于基质中，再滴入不相混溶、互不作用的冷凝介质中，由于表面张力的作用使液滴收缩成球状而制成的制剂。主要供口服，也有供外用，如眼、耳、鼻、直肠、阴道用滴丸，还可制成缓释、控释等多种类型的滴丸剂。五官科制剂多为液态或半固态剂型，作用时间不持久，制成滴丸剂可起到延效作用。

滴丸是在中药丸剂基础上发展起来的滴制丸剂，具有传统丸剂所没有的多种优点，所以发展非常迅速。滴丸剂制备始于1933年丹麦一家药厂用滴制法制备维生素AD滴丸，而我国则始于1958年用滴制法制备酒石酸锑钾滴丸，并在1977年版《中国药典》收载了滴丸剂剂型，使我国药典成为国际上第一个收载滴丸剂的药典。我国中药滴丸的研制始于20世纪70年代末，采用滴制法制备苏冰滴丸，而复方丹参滴丸已投入国际市场。

（二）滴丸剂的特点

滴丸剂在我国是一个发展较快的剂型，它主要具有如下优点。

（1）生物利用度高，疗效迅速，副作用小，可成为高效、速效的制剂。如螺内酯及灰黄霉素滴丸的剂量只需要微粉片剂的1/2，联苯双酯滴丸剂，其剂量只需片剂的1/3。

（2）可增加药物稳定性。由于基质的使用，使易水解、易氧化分解的药物和易挥发药物包埋后，稳定性增强。

（3）液体药物可制成固体滴丸，便于服用和运输，如满山红油滴丸及芸香油滴丸等。

（4）可发挥速效或缓释作用。用固体分散技术制备的滴丸由于药物呈高度分散状态，可起到速效作用；而选择脂溶性好的基质制备滴丸由于药物在体内缓慢释放，则可起到缓释作用。

（5）滴丸可用于局部用药。滴丸剂型可克服西药滴剂的易流失、易被稀释，以及中药散剂的妨碍引流、不易清洗、易被脓液冲出等缺点，从而可广泛用于耳、鼻、眼、牙科的局部用药。

（6）设备简单、操作简便、生产工序少、自动化程度高。

但滴丸剂也存在缺点，如可供选用的滴丸基质和冷凝剂品种较少，滴丸载药量低、服用粒数多，且一般仅适宜于剂量小的药物，尚难滴制大丸（一般丸重不超过100mg），因而使滴丸发展速度受到限制。

（三）滴丸剂的质量要求

根据《中国药典》（2010年版）的有关规定，滴丸剂的质量应符合以下规定。

（1）滴丸应大小均匀、色泽一致，表面的冷凝液应除去。

（2）重量差异小，丸重差异检查应符合规定。

（3）溶散时限、微生物限度检查应符合规定。

二、滴丸剂的制备方法

（一）滴丸剂的制备技术

滴丸剂是使用滴丸机采用滴制法进行制备，其生产工艺流程如下：

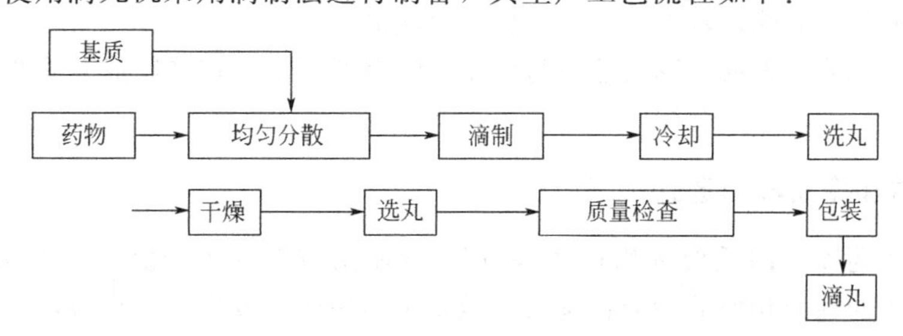

常用滴制法，是将药物均匀分散在熔融的基质中，再滴入不相混溶的冷凝液里，冷凝收缩成丸的方法。滴出方式有上浮式和下沉式（图12-1），冷凝方式有静态冷凝与流动冷凝两种。

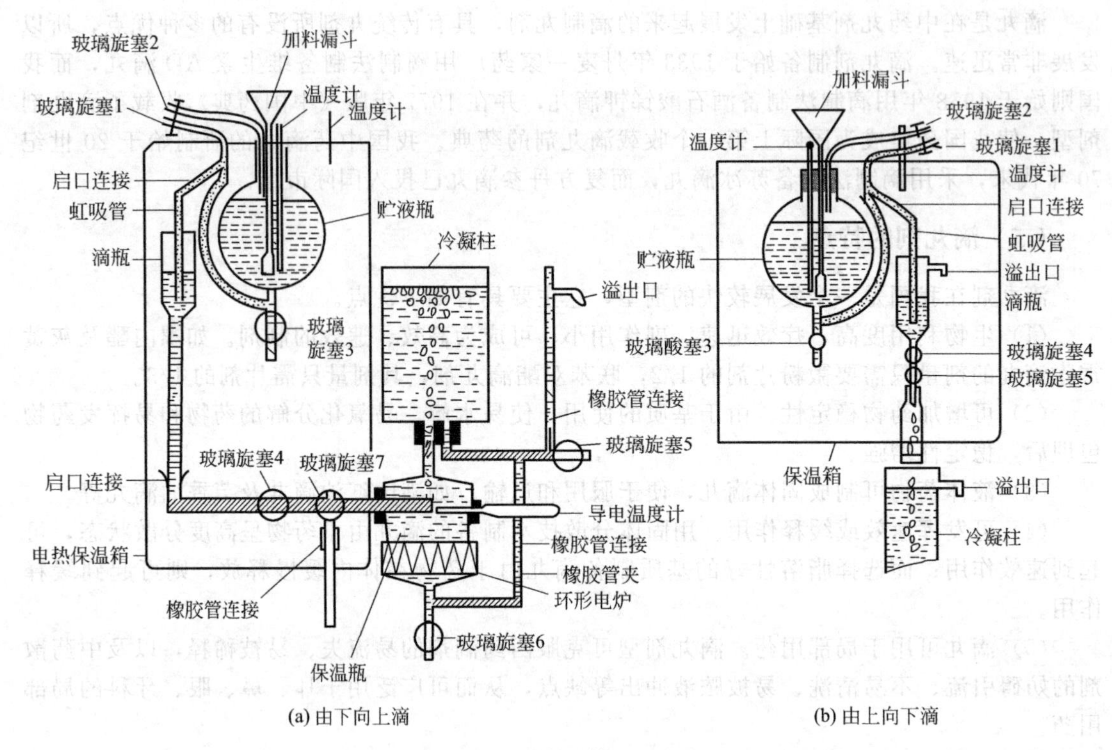

图 12-1　滴制法装置示意图

(二) 滴丸剂滴制设备

工业生产滴丸的设备主要是用滴丸机。滴丸机主要部件有：滴管系统（滴头和定量控制器）、保温设备（带加热恒温装置的贮液槽）、控制冷凝液温度的设备（冷凝柱）及滴丸收集器等。型号规格多样，有单滴头、双滴头和多个滴头的，可根据情况选用。实验室用的设备及工业用滴丸剂如图 12-2、图 12-3 所示。

(三) 滴制方法

(1) 将主药溶解、混悬或乳化在适宜的基质内制成药液。

(2) 将药液移入加料漏斗，保温（80～90℃）。

(3) 选择合适的冷凝液，加入滴丸机的冷凝柱中。

(4) 将保温箱调至适宜温度（80～90℃，依据药液性状和丸重大小而定），滴入（或上浮到）已预先冷却的冷凝液中冷凝，收集，即得滴丸。

(5) 取出丸粒，清除附着的冷凝液，剔除废次品。

(6) 干燥、包装。根据药物的性质与使用、贮藏的要求，在滴制成丸后亦可包糖衣或薄膜衣。

(四) 基质和冷凝液的选择

滴丸中除主药以外的赋形剂均称“基质”。滴制法成功的关键之一是选用合适的基质。尽可能选择与主药性质相似的物质作基质，但要求与主药不发生化学反应，不影响主药的疗效和检测，对人体无害，并要求熔点较低，在 60～100℃条件下能熔化成液体，遇冷又能立即凝成固体（在室温下仍保持固体状态）。

图 12-2　实验室用的滴制设备

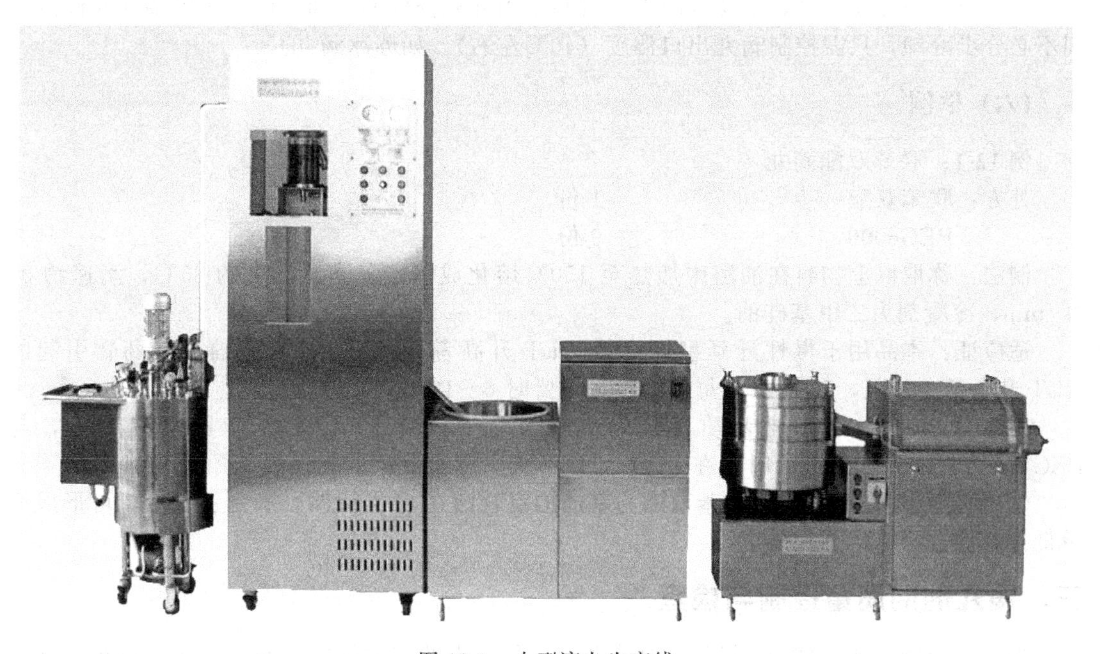

图 12-3　小型滴丸生产线

基质分为水溶性及非水溶性两大类，常用的水溶性基质有聚乙二醇类硬脂酸钠、聚氧乙烯单硬脂酸酯（S-40）、甘油明胶等；非水溶性基质有硬脂酸、单硬脂酸甘油酯、虫蜡、氢化油、植物油等。国内常用PEG6000加适量硬脂酸调整熔点，可得到较好的滴丸。

冷凝液也分两类：一是水性冷凝液，常用的有水或不同浓度的乙醇等，适用于非水溶性基质的滴丸；二是油性冷凝液，常用的有液状石蜡、二甲硅油、植物油、汽油或它们的混合物等，适用于水溶性基质的滴丸。

可根据主药和基质的性质选用冷凝液，要求有适宜的相对密度和黏度（略高或略低于滴丸的相对密度），使滴丸（液滴）在冷凝液中缓缓下沉或上浮，有足够时间进行冷凝，保证成型完好。另外，还要有适宜的表面张力，因为在滴制过程中能否顺利形成滴丸，在于形成滴丸的内聚力能否大于药液与冷凝液间的黏附力，这两者的差就是成型力。当成型力为正值时液滴才能成丸形。

（五）影响滴丸丸重与圆整度的因素

1. 影响滴丸丸重的因素

（1）滴管口径　在一定范围内管径大则滴制的丸也大，反之则小。

（2）温度　温度上升，表面张力下降，丸重减小；反之亦然。因此，操作中要保持恒温。

（3）滴管口与冷却剂液面的距离　两者之间距离过大时，液滴会因重力作用被跌散而产生细粒，因此两者距离不宜超过5cm。

（4）为了加大滴丸的重量，可采用滴出口浸在冷却液中滴制，滴液在冷却液中滴下必须克服因产生浮力的同体积的冷却液的重量，故丸重增大。

2. 影响滴丸圆整度的因素

（1）液滴在冷却液中的移动速度　液滴与冷却液的密度相差大、冷却液的黏滞度小都能增加移动速度。移动速度愈快，受的力愈大，其形愈扁。

（2）液滴的大小　液滴小，液滴收缩成球体的力大，因而小丸的圆整度比大丸好。

（3）冷凝剂性质　适当增加冷凝剂和液滴的亲和力，使液滴中的空气尽早排出，保护凝固时丸的圆整度。

（4）冷凝剂温度　最好是梯度冷却，有利于滴丸充分成型冷却，但使用甲基硅油作冷却剂不必分步冷却，只需控制滴丸出口温度（40℃左右），如苏冰滴丸。

（六）举例

例12-1：联苯双酯滴丸

处方：联苯双酯　　1份

　　　PEG6000　　9份

制法：称取以上物料在油浴中加热至150℃熔化成溶液。滴制温度约85℃，滴速约30丸/min，冷凝剂为二甲基硅油。

适应证：本品用于慢性迁延型肝炎伴ALT升高者，也可用于化学毒物、药物引起的ALT升高者。口服，5粒/次，每日3次，必要时6～10粒/次。

工艺分析：① 药物与基质加热熔化温度需在150℃，因联苯双酯对热稳定，与PEG6000以1∶9比例混合时，在150℃可以形成固态溶液。

② 保温温度为85℃，因联苯双酯与基质的混合液在85℃保温、滴制、骤冷，可形成简单低共熔混合物。

三、滴丸剂的质量控制与检查

按照《中国药典》（2010年版）对滴丸剂质量检查的有关规定，滴丸剂需要进行如下方面的质量检查。

（1）外观　滴丸应大小均匀、色泽一致，表面的冷凝液应除去。

（2）重量差异　滴丸剂重量差异限度应符合表 12-1 中的规定。

表 12-1　滴丸剂的重量差异限度

平均重量	重量差异限度	平均重量	重量差异限度
0.03g 以下或 0.03g	±15%	0.3g 以上	±7.5%
0.03g 以上至 0.3g	±10%		

检查法：取供试品 20 丸，精密称定总重量，求得平均丸重后，再分别精密称定每丸的重量。每丸重量与平均丸重相比较，超出限度的不得多于 2 丸，并不得有 1 丸超出限度 1 倍。包糖衣的滴丸应在包衣前检查丸芯的重量差异，符合表 12-1 中规定后，方可包衣，包衣后不再检查重量差异。

（3）溶散时限　照崩解时限检查法进行检查，应符合规定。

（4）微生物限度　照微生物限度检查法进行检查，应符合规定。

第二节　膜　剂

一、概述

（一）膜剂的含义与特点

膜剂是指药物与适宜的成膜材料经加工制成的膜状制剂，供口服或黏膜用。膜剂适用于口服、舌下、眼结膜囊、口腔、阴道、体内植入、皮肤、黏膜或炎症表面等各种途径和方法给药。膜剂的研究开始于 20 世纪 60 年代，《中国药典》1990 年版已有收载。膜剂可用于口腔科、眼科、耳鼻喉科、创伤、烧伤、皮肤科及妇科等。一些膜剂尤其是鼻腔、皮肤用药膜亦可起到全身作用，加之膜剂本身体积小、重量轻，携带极为方便，使膜剂成为近年来国内外研究和应用进展很快的剂型，很受临床欢迎。

膜剂具有以下特点。

① 药物含量准确，质量稳定，吸收快，疗效好。

② 通常体积小，重量轻，便于携带、运输和贮存。

③ 应用方便，可以适合多种给药途径。

④ 多层复方膜剂便于解决药物间的配伍禁忌和分析上的干扰作用。

⑤ 成膜材料用量少，可节约大量辅料及包装材料；选用不同的成膜材料，可制成不同释药速度的膜剂。

⑥ 生产工艺较简单，便于掌握；大量生产可用制膜机，易于实现生产自动化和无菌操作。

⑦ 生产过程中无粉尘飞扬，有利于劳动保护。

膜剂的主要缺点是对药物载量有一定限度，当药物量过多时，往往会出现超载现象，导致药物析出于膜的表面，所以膜剂只限于小剂量药物。

（二）膜剂的分类及处方组成

1. 膜剂的分类

按结构特点可将膜剂分为单层膜剂、多层膜剂（又称复合膜剂）和夹心膜剂（缓释或控释膜剂）等；若按给药途径可将膜剂分为内服膜剂、口腔用膜剂（包括口含、舌下给药及口腔内局部贴敷）、眼用膜剂、皮肤及黏膜用膜剂等。

2. 膜剂的处方组成

主药	0～70％（质量分数）
成膜材料（PVA）等	30％～100％
附加剂	
增塑剂（甘油、山梨醇）	0～20％
表面活性剂（聚山梨酯.80、SLS）	1％～2％
填充剂（$CaCO_3$、SiO_2、淀粉）	0～20％
着色剂（色素、TiO_2 等）	0～2％（质量分数）
脱膜剂（液状石蜡、甘油）	适量

（三）膜剂的质量要求

《中国药典》（2010年版）对膜剂的质量有明确的规定，主要包括以下几点。

（1）成膜材料及辅料应无毒、无刺激性、性质稳定，与药物不起作用。

（2）水溶性药物应溶于成膜材料中；水不溶性药物应粉碎成极细粉，并与成膜材料均匀混合。

（3）膜剂应完整光洁，厚度一致，色泽均匀，无明显气泡；多剂量膜剂的分格压痕应均匀清晰，并能按压痕撕开。

（4）除另有规定外，膜剂应密封保存，防止受潮、发霉、变质。

二、膜剂的成膜材料及辅料

（一）对成膜材料的要求

成膜材料的性能和质量对膜剂的成型工艺、成品的质量及药效的发挥有重要影响。理想的成膜材料应具备如下条件。

（1）无毒、无刺激性、无生理活性，无不良臭味，外用不妨碍组织愈合，不致敏，长期使用无致畸、致癌作用。

（2）性质稳定，不影响主药的作用，不干扰对药物的含量测定。

（3）成膜、脱膜性能好，制成的膜有足够的强度和柔韧性。

（4）用于口服、腔道、眼用膜剂的成膜材料应具有良好的水溶性，能逐渐降解、吸收或排泄，用于皮肤、黏膜等的外用膜剂应能迅速、完全地释放药物。

（5）来源广、价格低廉。

（二）常用的成膜材料及辅料

常用的成膜材料可分为两类：一类是天然高分子物质，如明胶、玉米朊、淀粉、糊精、琼脂、阿拉伯胶、纤维素、海藻酸等，其中多数可降解或溶解，但成膜、脱膜性能较差，故常与其他成膜材料合用；另一类是合成高分子物质，常用的有聚乙烯醇（PVA）、乙烯-醋酸乙烯共聚物（EVA）、羟丙基纤维素、羟丙基甲基纤维素等。在成膜性能及膜的抗拉强度、柔韧性、吸湿性和水溶性等方面，以PVA、EVA较好。水溶性的PVA常用于制备溶蚀型膜剂，水不溶性的EVA常用于制备非溶蚀型膜剂。

聚乙烯醇是由醋酸乙烯在甲醇溶剂中进行聚合反应生成聚醋酸乙烯，再与甲醇发生醇解反应而得，为白色或淡黄色粉末或颗粒，对眼结膜及皮肤无毒性、无刺激性；口服后在消化道吸收很少，80％的PVA在48h内由直肠排出体外。PVA的性质主要取决于其分子量和醇解度，分子量越大，水溶性越小，水溶液的黏度大，成膜性能好。一般认为醇解度为88%时，水溶性最好，在冷水中能很快溶解；当醇解度为99%以上时，在温水中只能溶胀，在沸水中才能溶解。目前常用的规格有PVA05-88和PVA17-88，其平均聚合度分别为500～600和1700～1800（用前两位数字05和17表示），醇解度均为88%（用后两位数字88表示），相对分子质量分别为22000～26200和74800～79200。这两种PVA均能溶于水，PVA05-88聚合度小、水溶性大、柔韧性差，PVA17-88聚合度大、水溶性小、柔韧性好。将两者以适当比例（如1∶3）混合使用，能制成很好的膜剂。

膜剂辅料主要有增塑剂（如甘油、三醋酸甘油酯、丙二醇、山梨醇、苯二甲酸酯等）、着色剂（如色素等）、遮光剂（如TiO_2等）、矫味剂（如蔗糖、甜叶菊糖苷等）及表面活性剂（聚山梨酯80、十二烷基硫酸钠、豆磷脂等），必要时还可加入填充剂（如淀粉、$CaCO_3$、SiO_2、糊精等）以及脱膜剂（液状石蜡、甘油、硬脂酸、聚山梨酯80等）。

三、膜剂的制备方法

（一）膜剂的制备技术及常用设备

1. 匀浆制膜技术（又称涂膜技术、流涎技术）

此技术是目前国内制备膜剂常用的方法。先将成膜材料溶解于适当溶剂中，再将药物及附加剂溶解或分散在上述成膜材料溶液制成均匀的药浆。浆液静置除去气泡，涂膜烘干，根据药物含量确定单剂量的面积，再按单剂量面积切割、包装、干燥、脱膜、主药含量测定、剪切包装等，最后制得所需膜剂。

大量生产时用涂膜机（图12-4）涂膜，小量制备时可将药浆倾倒于平板玻璃上，经振动或用推杆涂成厚度均匀的薄层。

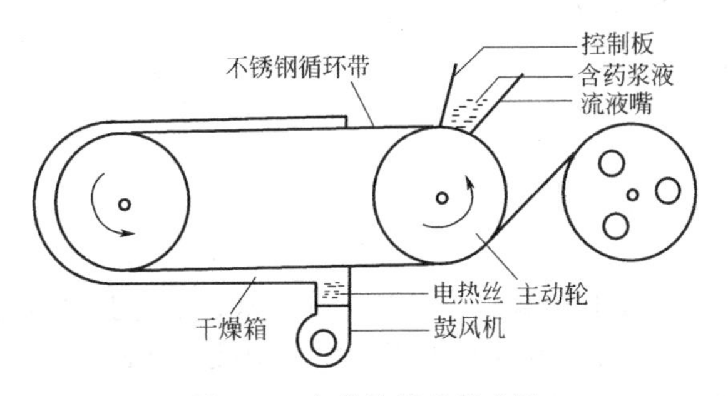

图12-4　匀浆涂膜机示意图

匀浆制膜技术生产工艺流程如下：

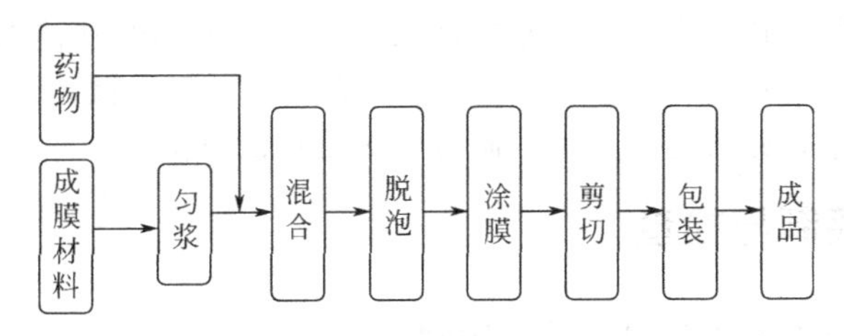

2. 热塑制膜技术

此法是将药物细粉和成膜材料（如EVA）颗粒相混合，用橡胶滚筒混碾，热压成膜，随即冷却、脱膜即得；或将成膜材料如聚乳酸、聚乙醇酸等加热熔融，在热熔融状态下加入药物细粉，使两者均匀混合，在冷却过程中成膜。

3. 复合制膜技术

此法是以不溶性的热塑性成膜材料（如 EVA）为外膜，分别制成具有凹穴的底外膜带和上外膜带，另用水溶性成膜材料（如 PVA 或海藻酸钠）用匀浆制膜法制成含药的内膜带，剪切后置于底外膜带凹穴中；也可用易挥发性溶剂制成含药匀浆，定量注入到底外膜带的凹穴中，经吹风干燥后，盖上上外膜带，热封即得。这种方法需一定的机械设备，一般用于缓释膜剂的制备。

（二）膜剂的制备

目前国内制备膜剂常用匀浆制膜法，主要有以下操作步骤。

1. 浆液的配制

先将成膜材料溶解于适当溶剂中，再将药物及附加剂溶解或分散在上述成膜材料溶液中制成均匀的药浆。浆液配制时应注意以下注意事项。

（1）水溶性药物可与增塑剂、着色剂及表面活性剂一起溶于成膜材料的溶液中。

（2）若为难溶性或不溶性药物，则应粉碎成极细粉，并与甘油或聚山梨酯 80 研匀后，再与成膜材料浆液混匀。

（3）增塑剂用量应适当，防止药膜过脆或过软。

2. 成膜操作

小量制备时将配制好的浆液倾于平板玻璃上涂成宽度一定、厚薄一致的涂层，大量生产采用涂膜机涂膜。烘干后根据主药含量计算单剂量膜的面积，剪切成单剂量的小格。

（三）举例

例 11-2：硝酸甘油膜

处方：	
硝酸甘油乙醇溶液（10%）	100ml
PVA17-88	78g
聚山梨酯 80	5g
甘油	5g
二氧化钛	3g
纯化水	400ml

制法：取 PVA17-88、聚山梨酯 80、甘油、纯化水在水浴上加热搅拌使溶解，再加入二氧化钛研磨，过 80 目筛，放冷。在搅拌下逐渐加入硝酸甘油乙醇溶液，放置过夜以消除气泡。次日用涂膜机在 80℃下制成厚 0.05mm、宽 10mm 的膜剂，用铝箔包装，即得。

适应证：本品舌下给药，用于心绞痛等症，与普通硝酸甘油片剂相比，此膜剂的稳定性好，释药速度比片剂快 3～4 倍，用药后 20s 左右即显效。

处方工艺分析：硝酸甘油为主药，乙醇溶液（10%）为硝酸甘油的溶剂，PVA17-88 为成膜材料，聚山梨酯 80 为表面活性剂，甘油为增塑剂，二氧化钛为遮光剂，水为溶剂。采用匀浆制膜法制备工艺，此法是目前国内制备膜剂常用的方法。

四、膜剂的质量控制与检查

（一）成膜过程中的工艺管理与质量控制

1. 生产工艺管理

（1）增塑剂用量应适当，防止药膜过脆或过软。

（2）在制膜前必须将浆液中的气泡全部驱除。驱除气泡常用的方法是保温静置（37～

60℃）10～30min，也可用加醇消泡法、减压法、超声波法或热匀法。

（3）涂膜前要先涂脱膜剂，以利脱膜。

（4）浆液脱泡后应及时涂膜。

（5）干燥温度应适当，可用低温通风干燥或晾干。

2. 质量控制

（1）厚度检查　取膜一张，用千分表测量膜的四边，取其平均值，应符合规定，四边中不得有一边低于或高于规定限度。

（2）重量检查　取膜一张，精密称定，应符合规定。

（3）溶解时间检查　取 2.5cm 宽、5cm 长的薄膜一条，用一夹口宽于 2.5cm 的夹子夹住，连夹子一起浸入水中到溶解断离时间应不超过规定值。

（二）膜剂的质量检查

1. 重量差异检查

除另有规定外，取膜片 20 片，精密称定总重量，求得平均重量，再分别精密称定各片的重量。每片重量与平均重量相比较，超出重量差异限度（表 12-2）的膜片不得多于 2 片，并不得有 1 片超出差异限度 1 倍。

表 12-2　膜剂的重量差异限度

平均重量	重量差异限度	平均重量	重量差异限度
0.02g 以下至 0.02g	±15%	0.20g 以上	±7.5%
0.02g 以上至 0.20g	±10%		

2. 溶化时限

取药膜 5 片，分别用两层筛孔内径为 2mm 不锈钢夹住，按片剂崩解时限项下方法测定，应在 15min 内全部溶化，并通过筛网。

3. 微生物限度检查

除另有规定外，照《中国药典》（2010 年版）微生物限度检查法（附录Ⅺ J）检查，应符合规定。

本章小结

学习主题结构		学习的主要内容	
大主题	小主题		
第一节 滴丸剂	概述	滴丸剂的概念	滴丸剂系指固体或液体药物与适宜的基质加热熔融后溶解、乳化或混悬于基质中，再滴入不相混溶的冷凝剂中，液滴收缩冷凝而制成的制剂。主要供口服或外用
		特点	1. 优点：设备简单、操作简便、生产工序少、自动化程度高；可发挥速效或缓释作用；可用于局部用药 2. 缺点：含药量低、服用粒数多、可供选用的滴丸基质和冷凝剂品种较少等
		质量要求	滴丸应大小均匀、色泽一致，表面的冷凝液应除去；重量差异小，丸重差异检查应符合规定；溶散时限、微生物限度检查应符合规定
	滴丸剂的制备方法	制法	制备方法：滴制法 制备过程：药物与基质熔化、滴制、冷却、干燥、选丸等
		基质	水溶性基质：PEG4000、PEG6000、甘油明胶脂溶性基质：硬脂酸、单硬脂酸甘油酯、虫蜡等
		冷凝剂	水溶性冷凝剂：水、不同浓度乙醇等 脂溶性冷凝剂：液状石蜡、二甲基硅油等

续表

<table>
<tr><th colspan="2">学习主题结构</th><th colspan="2" rowspan="2">学习的主要内容</th></tr>
<tr><th>大主题</th><th>小主题</th></tr>
<tr><td>第一节
滴丸剂</td><td>滴丸的质量控制与检查</td><td colspan="2">外观:滴丸应大小均匀,色泽一致,表面的冷凝液应除去;
重量差异检查:应符合规定;
溶散时限、微生物限度检查:应符合规定</td></tr>
<tr><td rowspan="8">第二节
膜剂</td><td rowspan="3">概述</td><td>含义</td><td>膜剂是指药物与适宜的成膜材料经加工制成的膜状制剂</td></tr>
<tr><td rowspan="2">分类</td><td>按结构特点分为单层膜剂、多层膜剂(又称复合膜剂)和夹心膜剂(缓释或控释膜剂)</td></tr>
<tr><td>按给药途径分为内服膜剂、口腔用膜剂(包括口含、舌下给药及口腔内局部贴敷)、眼用膜剂、皮肤及黏膜用膜剂等</td></tr>
<tr><td rowspan="2">制备技术</td><td colspan="2">匀浆制膜技术(又称涂膜技术、流涎技术)</td></tr>
<tr><td colspan="2">热塑制膜技术</td></tr>
<tr><td rowspan="3">质量检查</td><td colspan="2">外观</td></tr>
<tr><td colspan="2">重量差异限度</td></tr>
<tr><td colspan="2">熔化时限</td></tr>
</table>

基本训练题

一、名词解释

1. 滴丸剂　2. 膜剂　3. 滴制法　4. 滴丸基质

二、单项选择题

1. 滴丸与胶丸的共同点是（　　）。

A. 均为药丸　　B. 均为滴制法制备　　C. 均采用明胶膜材料

D. 均采用 PEG 类基质　　E. 无相同之处

2. 下列关于滴制法制备丸剂特点的叙述，哪一项是错误的（　　）。

A. 工艺周期短，生产率高

B. 受热时间短，易氧化及具挥发性的药物溶于基质后，可增加其稳定性

C. 可使液态药物固态化

D. 用固体分散技术制备的滴丸减低药物的生物利用度

E. 生产条件较易控制，含量较准确

3. 下列哪一项不是滴丸的优点（　　）。

A. 为高效、速效剂型　　B. 可增加药物稳定性　　C. 每丸的含药量较大

D. 可掩盖药物的不良气味　　E. 液体药物可制成固体滴丸，便于应用及储存

4. 关于滴丸在生产上优点的叙述中正确的是（　　）。

A. 设备简单，操作简便

B. 生产过程中有粉尘飞扬

C. 生产工序多，生产周期长

D. 自动化程度高，劳动强度低

E. 效率高、成本高、质量难以控制

5. 滴丸常用的水溶性基质有（　　）。

A. 硬脂酸钠　　B. 硬脂酸　　C. 单硬脂酸甘油酯

D. 虫蜡　　E. 十六醇

6. 滴丸剂常用的制法是（　　）。
A. 搓丸法　B. 泛丸法　C. 滴制法
D. 塑制法　E. 研和法

7. 制备水溶性基质滴丸时用的冷凝液是（　　）。
A. PEG6000　B. 水　C. 液状石蜡
D. 乙醇　E. 硬脂酸钠

8. 甘油在膜剂中的主要作用是（　　）。
A. 黏合剂　B. 增加胶液的凝结力　C. 增塑剂
D. 促使基质熔化　E. 保湿剂

9. 制备膜剂的成膜性能较好的成膜材料是（　　）。
A. PVA　B. 卡波普　C. CAP
D. 明胶　E. PEG

10. 下列既可做软膏基质又可做膜剂成膜材料的是（　　）。
A. CMC-Na　B. PVA　C. PEG
D. PVP　E. EVA

11. 下列有关成膜材料 PVA 的叙述中错误的是（　　）。
A. 具有良好的成膜性及脱模性
B. 其性质主要取决于相对分子质量和醇解度
C. 醇解度 88％的水溶性较醇解度 99％的好
D. PVA 来源于天然高分子化合物
E. PVA05-88 的平均聚合度为 500～600

三、多项选择题

1. 滴丸基质应具备的条件是（　　）。
A. 不与主药发生作用，不影响主药的疗效
B. 对人体无害　C. 要有适当的黏度
D. 熔点较低，在一定的温度（60～100℃）下能熔化成液体，而遇骤冷又能凝固成固体
E. 在常温下保持固态

2. 滴丸剂常用的非水溶性基质有（　　）。
A. 硬脂酸钠　B. 硬脂酸　C. 单硬脂酸甘油酯
D. 甘油明胶　E. PEG

3. 滴丸的质量要求有（　　）。
A. 疗效迅速，生物利用度高　B. 外观大小均匀，色泽一致　C. 重量差异合格
D. 无粘连现象　E. 溶散时限合格

4. 滴制法的滴出方式有（　　）。
A. 下沉式　B. 上浮式　C. 静态冷凝式
D. 流动冷凝式　E. 循环式

5. PVP 国内常用的规格有（　　）。
A. 04-88　B. 05-88　C. 17-88
D. 18-88　E. 19-88

6. 作为成膜材料，应具备的良好特性有（　　）。
A. 流动性　B. 稳定性　C. 膨胀性
D. 成膜性　E. 挥发性

7. 膜剂的附加剂主要有（　　）。

A. 增塑剂　　B. 着色剂　　C. 填充剂

D. 表面活性剂　　E. 保湿剂

8. 制备膜剂不可能使用的是（　　）。

A. 研磨法　　B. 匀浆法　　C. 热塑法

D. 吸附法　　E. 冷压法

四、简答题

1. 滴丸剂的基质与冷凝液应符合哪些要求？如何根据基质类型选择冷凝液？

2. 根据灰黄霉素滴丸制备的叙述，回答以下问题。

灰黄霉素滴丸的制备

处方：灰黄霉素　　1 份

PEG6000　　9 份

制法：取 PEG6000 在油浴上加热至约 135℃，加入灰黄霉素细粉，不断搅拌使全部熔融，趁热过滤，置贮液瓶中，135℃下保温，用滴管（内外径分别为 9.0mm、9.8mm）滴制，滴入含 43%液状石蜡的植物油的冷凝液中，滴速 80 滴/min，冷凝成丸；以液状石蜡洗丸，至无煤油味，吸除表面的液状石蜡，即得。

根据以上内容回答：

（1）为什么选择含 43%液状石蜡的植物油作冷凝液？

（2）灰黄霉素制成滴丸有何优点？

3. 如何膜剂制备？有哪些质量检查项目？

第十三章 微囊与脂质体

学习与能力目标

通过本章的学习，学生应识记微囊与脂质体的概念。知晓微囊与脂质体的特点、微囊的组成、脂质体的组成。熟知常用的微囊化方法及适用范围、囊材的分类与常用的囊材。熟知脂质体的制备方法。为今后在相关岗位工作打下坚实的基础。

知识要求

掌握微囊与脂质体的概念。
熟悉微囊与脂质体的特点、微囊的组成、脂质体的组成。
熟悉囊材的分类与常用的囊材。
熟悉常用的微囊化方法和脂质体的制备方法。
了解微囊与脂质体的发展情况。

第一节 微 囊

一、概述

微型胶囊系用天然的或合成的高分子材料，将固体或液体药物包裹，而制成的封闭的微小胶囊，简称微囊。其中将高分子材料称为囊材，将药物称为囊芯物或芯料，将药物制成微囊的过程称为微囊化，而用微囊制成的制剂称为微囊化制剂。

微囊的囊形可以是圆球形、类圆形、葡萄串形或其他不规则形。一般直径在5～400μm。微囊可以看做是一种药物被包裹在囊膜内而形成的无缝胶囊。

微囊化技术于20世纪50年代初期应用于药剂学，目前国内外已有几十种药物制成了微囊，如解热镇痛药、镇静药、驱虫药、抗生素、维生素、激素等。

（一）微囊的特点

（1）增加药物的稳定性　药物制成微囊化制剂后，由于囊膜的存在，将药物与外界环境隔绝，可防止药物受光线、湿气、氧气等影响而变质，从而增加了药物的稳定性。

（2）防止药物在胃内破坏或对胃产生刺激。

（3）掩盖药物的不良臭味。

（4）减少复方制剂中的配伍禁忌　可将有配伍禁忌的药物分别微囊化，再制成复方制剂。

（5）延长药物作用时间　药物微囊化后，药物被半透性囊膜包封，类似于贮药“小库”，起到延长或控制药物释放时间的作用。

（6）使某些液体药物固体化，有利于制成其他剂型。

（7）可制成磁性微囊、pH 敏感微囊等，起到靶向释药的作用。

（二）微囊的组成

1. 囊芯物

囊芯物为药物。若采用相分离-凝聚法制备，可以是溶于水或不溶于水的固体或液体药物；若采用界面聚合法制备，则必须是具有水溶性的药物。除主药成分以外，还可加入附加剂，如稳定剂、稀释剂及控制释放速度的加速剂或阻滞剂。

2. 囊材

囊材系指用于包囊的各种材料。囊材应无毒、无刺激、与药物不发生化学反应且不影响药物的作用；有符合要求的黏度、渗透性、溶解性和吸收性；能将囊芯物完全封闭，形成有一定硬度和弹性的囊壳；能减少易挥发性药物的损失，且有适合的释药速度。常用的囊材有以下几种。

（1）天然高分子材料　具有无毒、成膜性好、稳定性强等特点，是目前最常用的囊材。如明胶、阿拉伯胶、桃胶、海藻酸钠等。

（2）半合成高分子材料　具有毒性小、黏度大、成盐后溶解度增大等特点，但因易水解，制备时温度不宜高，且需临用时新鲜配制。常用的有羟甲基纤维素钠、邻苯二甲酸醋酸纤维素、甲基纤维素、乙基纤维素、羟丙基甲基纤维素、丁酸醋酸纤维素、琥珀酸醋酸纤维素等。

（3）合成高分子材料　具有成膜性好、稳定性好等特点，但因缺乏毒性试验的数据，故使用受到限制。常用的有聚乙烯醇、聚乙二醇、聚碳酸酯、聚酰胺、聚苯乙烯、聚乙烯吡咯烷酮、聚甲丙烯酸甲酯等。

二、微囊的制备方法

微囊的制备常根据药物和囊材的性质以及对微囊粒度大小和释放速度的要求，选择不同的制备方法。目前常用的方法有物理化学法、化学法、物理机械法三种（表 13-1）。

表 13-1　微囊的制备方法

方法		制备过程	适用范围
物理化学法	相分离-凝聚法	将囊芯物乳化或混悬在囊材水溶液中，加入另一种物质或采用其他手段，降低囊材的溶解度，使囊材从溶液中凝聚出来而沉积于囊芯物的表面，形成囊膜，并使囊膜固化后，即得微囊	囊芯物为非水溶性的固体或液体药物
	溶剂-非溶剂法	将囊芯物混悬于囊材的有机溶液中，然后加入另一种该囊材不能溶解的液体(非溶剂)，引起相分离而将囊芯物包成微囊	囊芯物为水溶性或非水溶性的固体或液体，但对体系中溶剂和非溶剂均不溶解，也不起反应
	液中干燥法	将囊芯物溶解、乳化或混悬在囊材溶液中，在搅拌下，将上溶液加入到另一溶剂中，通过加热、减压或抽出溶剂等方法除去溶剂，制得微囊	囊芯物为亲水性或非水性的固体或液体
	界面聚合法	是利用囊芯物与囊材溶液在界面上发生缩合反应，生成的高分子囊膜包在囊芯物周围而制得的微囊	囊芯物为水溶性药物
	辐射交联法	是以聚乙烯醇或明胶为囊材，用 γ 射线照射后使囊材在乳浊液状态下发生交联，经处理得聚乙烯醇或明胶实体微囊。然后将微囊浸泡于药物的水溶液中，使其吸收药物，待水分干燥后即制得微囊	囊芯物为水溶性药物

续表

方 法		制 备 过 程	适 用 范 围
物理机械法	喷雾干燥法	是将囊芯物分散于囊材溶液中,在惰性热气流中喷雾,溶解囊材的溶剂被迅速蒸发,囊材收缩成壳,并将囊芯物包裹起来,即制得微囊	囊芯物对热稳定
	喷雾冻结法	是将囊芯物分散于熔融的囊材中,在冷气流中喷雾,囊材凝固,即制得微囊	囊材为蜡类、脂肪酸、皮脂肪醇等
	包衣锅法	是将固体的囊芯物放入旋转的包衣锅中,囊材配成溶液,喷在囊芯物上,同时吹入热气流,除去溶剂,囊材即包裹在囊芯物上形成微囊	囊芯物为固体药物

本章仅介绍相分离-凝聚法，此法是目前最常用的方法，一般分三步进行：①将囊芯物乳化或混悬在囊材的溶液中；②使囊材凝聚并沉积在囊芯物微粒的周围形成囊膜；③囊膜固化。由于囊芯物与囊材的理化性质不同，制备过程不同，常有以下两种方法。

（一）单凝聚法

单凝聚法是将囊芯物分散在囊材的水溶液中，然后加入凝聚剂，由于大量的水与凝聚剂结合，使体系中囊材的溶解度降低而凝聚出来，造成相分离，形成微囊。其中常用的囊材为高分子化合物，如明胶、邻苯二甲酸醋酸纤维素、乙基纤维素等。常用的凝聚剂有强亲水性电解质，如硫酸钠、硫酸铵等溶液；强亲水性非电解质，如乙醇、丙酮等。

高分子物质的凝聚是可逆的，受外界某些条件的影响可出现凝聚，一旦条件改变，就可发生解凝聚，使已凝聚的囊膜很快消失。在制备过程中，可利用这种可逆凝聚性使凝聚过程反复多次，直到包制的囊形达到满意为止。最后，再利用囊材的某些物理或化学性质使凝聚的囊膜固化，成为不可逆的微囊，并可使形成的微囊避免变形、聚结或粘连等。

以明胶为囊材，单凝聚法工艺流程如下：

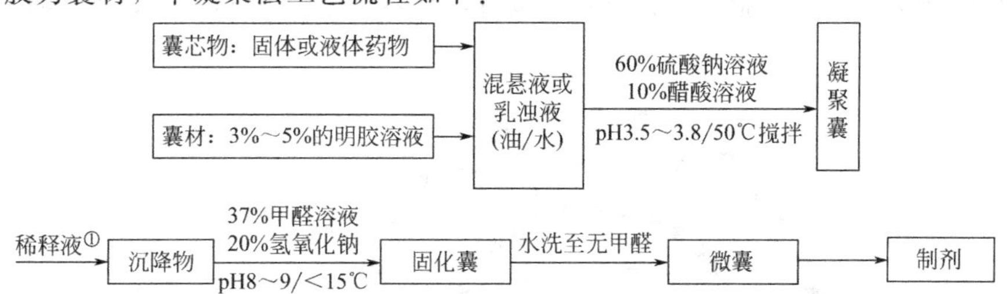

① 为囊体系中硫酸钠（%）×101.5%，浓度过低，囊会溶解；浓度过高，囊会粘连成团。

（二）复凝聚法

复凝聚法系指将囊芯物分散在两种带有相反电荷的囊材的水溶液中，在不同 pH 值时，因电荷的变化引起相分离-凝聚而形成微囊的方法。

例如以明胶-阿拉伯胶作囊材，其复凝聚制成微囊的机理如下：明胶是由氨基酸组成的蛋白质，其分子中具有$—NH_2$、$—NH_3^+$、—COOH、$—COO^-$，但所含正负离子的多少，受介质酸碱度的直接影响。如 pH 值低时，$—NH_3^+$ 的数目多于$—COO^-$；pH 值高时，则相反。故明胶在等电点以下带正电荷。而阿拉伯胶水溶液中分子具有—COOH 和$—COO^-$，仅具有负电荷。将明胶和阿拉伯胶水溶液混合后，调 pH 值为 4～4.5，明胶正电荷达到最高数量，与带负电荷的阿拉伯胶结合成不溶性复合物，因其溶解度降低而凝聚在药物微粒周围形成囊膜，经固化处理后制成微囊。其工艺流程如下：

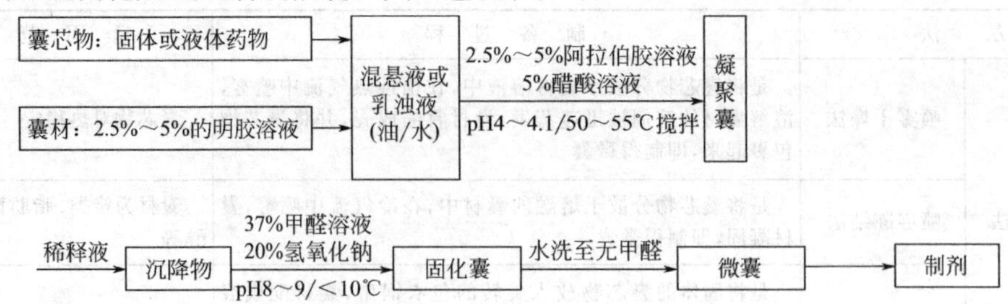

注：稀释液为 30～40℃的水，用量为囊材系统的 1～3 倍。

第二节　脂质体

一、概述

脂质体系指将药物包封于类脂质双分子层形成的薄膜中间或芯内，而制成的超微型球状载体制剂。它是一种类似于微囊的新剂型，其直径比微囊小，也称类脂小球或液晶微囊。脂质体最早由英国的 Rymen 等人在生物膜理论研究的基础上，于 1971 年初次作为药物的载体使用。20 世纪 80 年代后，欧美等国家对脂质体的制备方法、稳定性、体内分布等方面进行了深入研究，为脂质体的制备和应用奠定了基础。近年来，我国脂质体的研究、制备和临床应用也取得了较大的进展。

(一) 脂质体的类型

根据结构不同，脂质体可分为三类。

1. 单室脂质体（图 13-1）

水溶性药物只被一层类脂质双分子层所包封，脂溶性药物则分散于双分子层中。球径约小于 25μm。

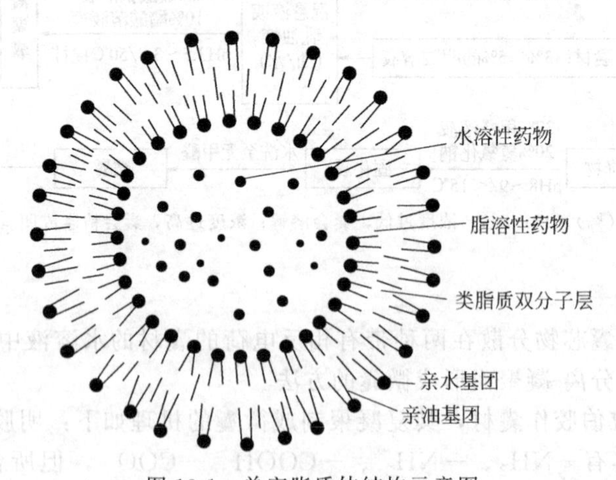

图 13-1　单室脂质体结构示意图

2. 多室脂质体（图 13-2）

水溶性药物被几层类脂质双分子层所隔开，形成不均匀的聚集体，脂溶性的药物则分散于几层双分子层中。球径小于 100μm。

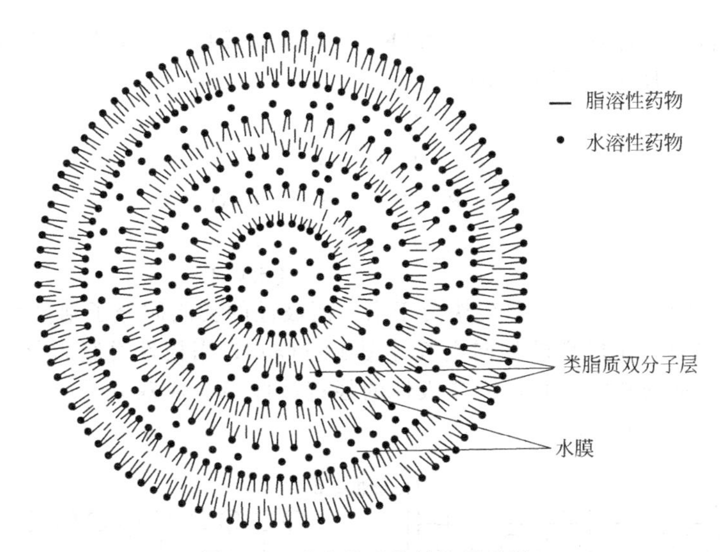

图 13-2 多室脂质体结构示意图

3. 大多孔脂质体

呈单层状，为细胞的模型，容积较大，比单室脂质体多包封 10 倍的药物。

（二）脂质体的特点

脂质体有人工细胞之称，是一种具有独特作用的新剂型。药物被脂质体包封后具有以下特点。

1. 组织和淋巴细胞靶向性

脂质体能选择地分布于某些组织和器官内，增加药物对淋巴系统的靶向性，以提高药物在靶部位的治疗浓度。若将抗肿瘤药物制成脂质体，能使药物选择地杀伤癌细胞或抑制癌细胞的繁殖，而对正常细胞和组织无损害或抑制作用，从而提高疗效、减少剂量、降低毒性。

2. 细胞亲和性

脂质体与细胞膜的构造相似，对正常细胞和组织无损害和抑制作用。由于融合作用，使脂质体与细胞膜有较强的亲和性，可增加被包裹药物透过细胞膜的能力，起到增强疗效的作用。

3. 缓释性

将药物包封于脂质体内，可减少代谢和排泄，延长药物在血液中的滞留时间，使药物在体内缓慢释放，从而延长药物作用的时间。

4. 降低药物毒性

脂质体由磷脂组成，而磷脂本身也是机体组织的主要成分之一，故毒性低，对人体无害。药物被脂质体包封后，主要被单核-巨噬细胞系统的巨噬细胞所吞噬而摄取，且在肝、脾和骨髓等单核-巨噬细胞较丰富的器官中浓集，而使药物在心、肾中含量较低，从而降低药物对心、肾的毒性。

5. 药物稳定性

某些易氧化或对酶不稳定的药物包封于脂质体中，因受脂质体双分子层膜的保护，从而提高了药物的稳定性。

（三）脂质体的组成

脂质体由磷脂和附加剂组成。

1. 磷脂类

磷脂是脂质体的骨架膜材料，常用的天然磷脂有卵磷脂、脑磷脂、丝氨酸磷脂和神经磷脂等。磷脂的结构式中含有一个磷酸基团和一个含氮的碱基（X），均为亲水基团，还有两个较长的烃链（R^1、R^2）为亲油基团。

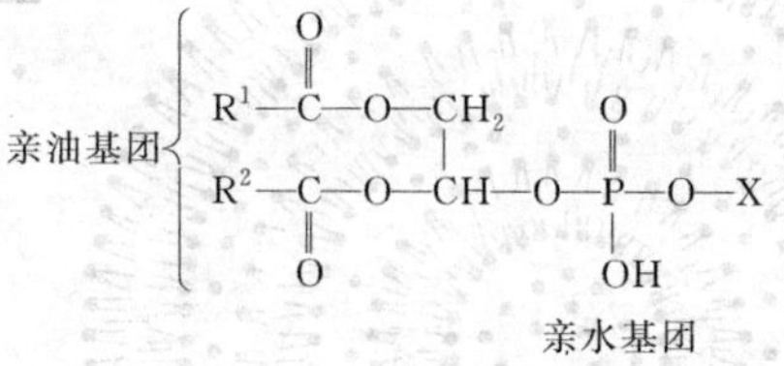

亲油基团

亲水基团

将磷脂的醇溶液倒入水中，醇很快溶于水，而极性的类脂质分子则排列在空气-水的界面上，极性端在水里，非极性端伸向空气［图 13-3(a)］，当极性类脂质分子被水完全包围时，其极性基团面向两侧的水相，而非极性的烃链彼此缔合成双分子层［图 13-3(b)］，也可形成球状［图 13-3(c)］。

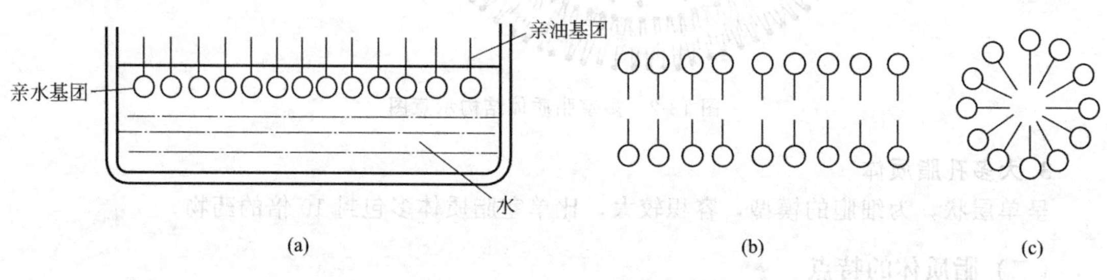

图 13-3　磷脂类在水中的排列形式示意图

2. 附加剂

常用的附加剂有胆固醇、十八胺、磷脂酸等，具有调节膜流动性的作用，故又称为脂质体“流动性缓冲剂”。可以改变脂质体的流动性、通透性及表面电荷性等。

胆固醇结构中也具有亲油基团和亲水基团，且亲油性强于亲水性。

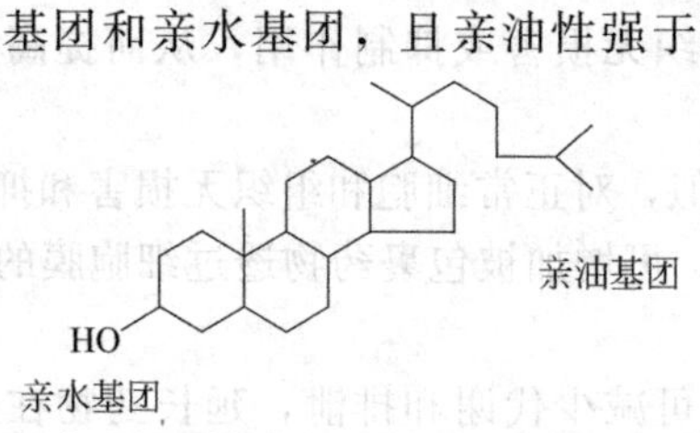

亲油基团

HO

亲水基团

用磷脂与胆固醇作为膜材制备脂质体时，先将它们溶于有机溶剂形成溶液，然后蒸发除去有机溶剂，使其在器壁形成均匀的类脂质薄膜。此薄膜是由磷脂与胆固醇分子缔合后，相互间隔定向排列的双分子层所组成。在磷脂与胆固醇的排列形式（图 13-4）中，磷脂分子的极性端呈弯曲的弧形，形似“手杖”，与胆固醇分子的极性基团相结合，形成“U”形结构，两个“U”形结构相对排列，则成自然囊状的双层结构。

当类脂质薄膜形成后，加入磷酸盐缓冲液振荡或搅拌时，即可形成单室或多室的脂质体。

二、脂质体的制备方法

脂质体的制备方法很多，常用的有下列几种。

1. 注入法

注入法是将磷脂与胆固醇等类脂质及脂溶性药物溶于有机溶剂中（如乙醚、乙醇等），然后用注射器缓缓注入在磁力搅拌作用下加热至 50～60℃的磷酸盐缓冲液中（或含有水溶性药物），加完后，不断搅拌至有机溶剂除尽，即制得脂质体。其粒径较大，不适宜静脉注射。若再将上述脂质体混悬液通过高压乳匀机 2 次，则制得的脂质体大多为单室脂质体，少

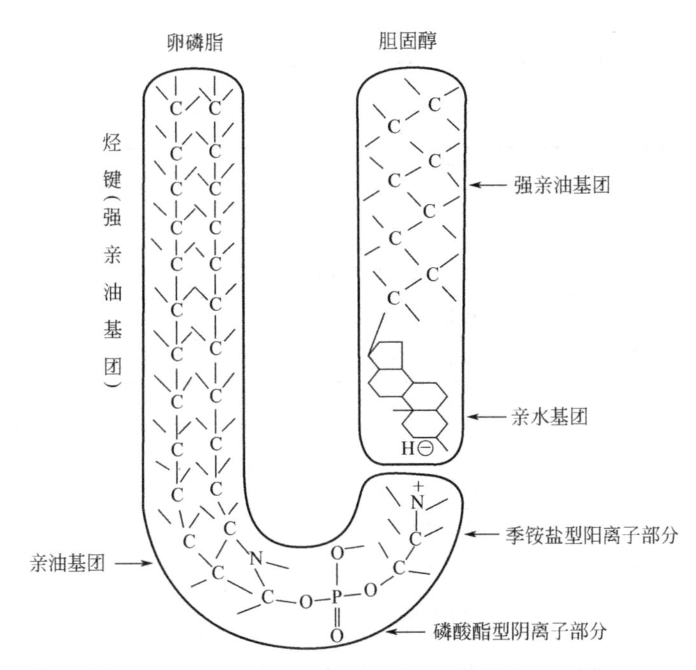

图 13-4　磷脂与胆固醇在脂质体中的排列形式示意图

数为多室脂质体，粒径绝大多数在 2μm 以下。

2. 薄膜分散法

薄膜分散法是将磷脂、胆固醇等类脂质及脂溶性药物溶于氯仿或其他有机溶剂中，然后将氯仿溶液在烧瓶中旋转蒸发，使烧瓶内壁形成一层薄膜。将水溶性药物先溶于磷酸盐缓冲液中，倒入烧瓶中不断搅拌，即得脂质体。

3. 超声波分散法

超声波分散法是将水溶性药物溶于磷酸盐缓冲液中，加入由磷脂、胆固醇及药物等制成的有机溶剂的溶液，搅拌蒸发除去有机溶剂，残液经超声波处理，最后分离出脂质体，再混悬于磷酸盐缓冲液中，制成脂质体的混悬型注射剂。凡经超声波分散的脂质体多为单室脂质体。

4. 冷冻干燥法

冷冻干燥法是将磷脂经超声处理高度分散于缓冲液中，加入骨架材料（如甘露醇、葡萄糖、海藻酸等），经冷冻干燥后，再将干燥物分散到含药物的水性介质中，即可形成脂质体。

此外，制备脂质体的方法还有高压乳匀法、复乳法、熔融法等。

本章小结

学习主题结构		学习的主要内容
大主题	小主题	
第一节 微囊	微囊的概念	是用天然的或合成的高分子材料，将固体或液体药物包裹，而制成的封闭的微小胶囊，简称微囊
	微囊的特点	1. 增加药物的稳定性； 2. 防止药物在胃内破坏或对胃产生刺激； 3. 掩盖药物的不良臭味； 4. 减少复方制剂中的配伍禁忌； 5. 延长药物作用时间； 6. 使某些液体药物固体化，有利于制成其他剂型； 7. 可制成磁性微囊、pH 敏感微囊等，起到靶向释药的作用

续表

学习主题结构		学习的主要内容	
大主题	小主题		
第一节 微囊	微囊的组成	囊芯物	药物
		囊材	(1)天然高分子材料 (2)半合成高分子材料 (3)合成高分子材料
	微囊的 制备方法	物理化学法	相分离-凝聚法
			溶剂-非溶剂法
			液中干燥法
		化学法	界面聚合法
			辐射交联法
		物理机械化	喷雾干燥法
			喷雾冻结法
			包衣锅法
第二节 脂质体	脂质体的 概念	系指将药物包封于类脂质双分子层形成的薄膜中间或芯内，而制成的超微型球状载体制剂	
	脂质体的 类型	1. 单室脂质体 2. 多室脂质体 3. 大多孔脂质体	
	脂质体的 特点	1. 组织和淋巴细胞靶向性 2. 细胞亲和性 3. 缓释性 4. 降低药物毒性 5. 药物稳定性	
	脂质体的组成	脂质体由磷脂和附加剂组成	
	脂质体的 制备方法	1. 注入法 2. 薄膜分散法 3. 超声波分散法 4. 冷冻干燥法 此外，制备脂质体的方法还有高压乳匀法、复乳法、熔融法等	

基本训练题

一、名词解释

1. 微囊　2. 脂质体　3. 囊材

二、单项选择题

1. 关于微型胶囊特点的叙述错误的是（　　）。

A. 微囊能掩盖药物的不良臭味

B. 制成微囊能提高药物的稳定性

C. 微囊能防止药物在胃内失活或减少对胃的刺激性

D. 微囊能使液态药物固态化便于应用与贮存

E. 微囊可提高药物溶出速率

2. 下列属于天然高分子材料的囊材是（　　）。

A. 明胶　B. 羧甲基纤维素　C. 乙基纤维素
D. 聚维酮　E. 聚乳酸

3. 关于物理化学法制备微型胶囊的叙述错误的是（　）。
A. 物理化学法又称相分离法
B. 适合于难溶性药物的微囊化
C. 单凝聚法、复凝聚法均属于此方法的范畴
D. 微囊化在液相中进行，囊芯物与囊材在一定条件下形成新相析出
E. 现已成为药物微囊化的主要方法之一

4. 关于凝聚法制备微型胶囊的叙述错误的是（　）。
A. 单凝聚法是在高分子囊材溶液中加入凝聚剂以降低高分子溶解度凝聚成囊的方法
B. 复凝聚法系指使用两种带相反电荷的高分子材料作为复合囊材，在一定条件下交联且与囊芯物凝聚成囊的方法
C. 适合于水溶性药物的微囊化
D. 必须加入交联剂，同时还要求微囊的粘连愈少愈好
E. 凝聚法属于相分离法的范畴

5. 不适合脂质体的制备方法的是（　）。
A. 注入法　B. 薄膜分散法　C. 超声波分散法
D. 冷冻干燥法

6. 不是微囊囊材的是（　）。
A. 聚酰胺　B. 乙基纤维素　C. 阿拉伯胶
D. 淀粉　E. 聚乙二醇

7. 微囊的制备方法不包括（　）。
A. 相分离-凝聚法　B. 溶剂法　C. 喷雾干燥法
D. 界面聚合法　E. 辐射交联法

三、多项选择题

1. 脂质体的类型包括（　）。
A. 单室脂质体　B. 多室脂质体　C. 大多孔脂质体
D. 球形脂质体　E. 类球形脂质体

2. 物理化学法制备微型胶囊包括（　）。
A. 喷雾干燥法　B. 辐射交联法　C. 界面聚合法.
D. 溶剂-非溶剂法　E. 相分离-凝聚法

3. 脂质体的特点包括（　）。
A. 组织和淋巴细胞靶向性　B. 细胞亲和性
C. 缓释性　D. 降低药物毒性　E. 药物稳定性

四、简答题

1. 简述单凝聚法和复凝聚法微囊的制备方法。
2. 微囊的特点有哪些？
3. 简述脂质体的特点。

第十四章 固体分散技术与包合技术

学习与能力目标

通过本章的学习，学生应识记固体分散技术的概念和分类，识记包合物的概念。知晓环糊精包合物的结构特点。知道固体分散载体材料和常用制备技术。知道包合作用的特点和常用的包合技术。β-环糊精包合物在药剂学上的应用。为今后在课程学习上打下扎实的基础。

知识要求

掌握固体分散技术的概念和分类。

熟悉固体分散载体材料和常用制备技术。

掌握包合物的概念和环糊精包合物的结构特点。

熟悉包合作用的特点和常用的包合技术、β-环糊精包合物在药剂学上的应用。

第一节 固体分散技术

一、概述

随着现代科学技术的发展和其他科学向药物制剂领域的渗透，药物剂型与制剂技术不断发展和完善，在现代药物制剂中引入了许多新技术，本章介绍在药物制剂中应用比较成熟的新技术，包括固体分散技术、包合技术。

固体分散技术系将难溶性药物高度分散在另一种固体载体中的新技术。固体分散体是指利用固体分散技术得到的产物，亦称为固体分散物。在固体分散体中药物通常是以分子、胶粒、微晶或无定形等呈高度分散状态。可分为速释型固体分散体、缓控释型固体分散体和定位释药型固体分散体。可利用固体分散技术将固体分散体制成胶囊剂或片剂等。

对难溶性药物而言，利用水溶性载体制备的速释型固体分散体，不仅可以使药物呈极细的胶体和超细微粒或分子状态存在，增加药物的分散度，而且使药物具有良好的润湿性，从而加快药物的溶出速率，提高制剂的生物利用度。例如，吲哚美辛-PEG600（1∶9）固体分散体比纯吲哚美辛的溶出速率增大10倍；灰黄霉素-PEG6000（1∶10）固体分散体的生物利用度是灰黄霉素普通片的2倍多。

以水不溶性或脂溶性载体制备的缓控释型固体分散体，可看作是溶解扩散或骨架扩散体系，其药物释放机制与相应的缓释和控释制剂相同。例如，磺胺嘧啶-乙基纤维素固体分散体属于骨架扩散控制释药体系，通过调节乙基纤维素或致孔剂 PEG 等的用量，可以使其按一级动力学过程、Higuchi 方程或零级动力学过程释放药物。

利用肠溶性材料为载体制备的定位于肠道溶解释放药物的固体分散体，主要用于药物定位释放和提高难溶性药物的生物利用度。例如，硝苯地平-HPMCP 固体分散体在胃液中溶出极少，而在肠液中很快溶出，其生物利用度为硝苯地平普通片的 5～6 倍。

固体分散体在放置过程中，可能出现硬度变大，析出结晶或结晶粗化，从而使药物溶出度降低的情况，称为老化现象。药物与载体比例不合适、载体选择不当、贮存温度过高、湿度太大、密封不好或存放时间太长等都会使固体分散体的溶出速率下降。

二、常用载体

固体分散体的常用载体可分为水溶性载体、水不溶性载体和肠溶性载体三大类。固体分散体的释药特性取决于所用载体的种类和用量。

（一）水溶性载体

1. 聚乙二醇类（PEG）

PEG4000 和 PEG6000 是最常用的水溶性载体，熔点低（55～60℃），毒性小，化学性质稳定，能与多数药物配伍，具有良好的水溶性，能显著增加药物的溶出速率，提高制剂的生物利用度。

2. 聚乙烯吡咯烷酮（PVP）

PVPK30 和 PVPK90 较为常用，易溶于水和多种有机溶剂，对热稳定性好，熔点较高（>150℃），不宜用熔融法，而应用溶剂法制备固体分散体。

3. 表面活性剂

泊洛沙姆（Poloxamer 188）是较为常用的一种表面活性剂，易溶于水和多种有机溶剂，且载药量高，熔点低，可采用熔融法或溶剂法制备固体分散体。

4. 其他类

尿素、枸橼酸、琥珀酸、酒石酸、葡萄糖、乳糖等也可用作水溶性载体。

（二）水不溶性载体

1. 乙基纤维素（EC）

乙基纤维素能溶于多数有机溶剂，软化点为 152～162℃，常采用溶剂法制备缓释固体分散体。其释药行为受乙基纤维素和致孔剂（PEG 或 PVP 等）用量的影响。

2. 脂质类

棕榈酸甘油酯、胆固醇硬脂酸酯及巴西棕榈酯等是常用的脂质类载体，熔点较低，常采用熔融法制备缓释固体分散体。

3. 甲丙烯酸树脂类

甲丙烯酸树脂类，如德国罗姆公司生产的 Eudragit RL、Eudragit RS 及 Eudragit NE 等，能溶于乙醇、丙酮等多种有机溶剂，在胃液和肠液中均不溶解，但具有渗透性，可采用溶剂法制备缓释固体分散体。

（三）肠溶性载体

1. 纤维素类

纤维素类中常用的有邻苯二甲酸醋酸纤维素（CAP）、邻苯二甲酸羟丙基甲基纤维素

(HPMCP)，均能溶于肠液中，可用于制备胃中不稳定的药物在肠管释放和吸收、生物利用度高的固体分散体。

日本信越公司生产的 HPMCP 有 HP-50 和 HP-55 两种型号，都能溶于乙醇、丙酮等多种有机溶剂，在 pH5.0 或 pH5.5 以上的肠液中溶解，可采用溶剂法制备肠溶型药物的固体分散体。

2. 甲丙烯酸树脂类

德国罗姆公司生产的 Eudragit L 和 Eudragit S 等，能溶于乙醇、丙酮等多种有机溶剂，在 pH5.5 以上的肠液中溶解，可采用溶剂法制备肠溶型药物的固体分散体。

三、固体分散体的类型

固体分散体中药物可呈分子、无定形、胶体、微晶或微粉状态分散。这种分散状态保证了固体分散体中药物的溶出速率较大，同时有些载体对药物的溶出还具有促进作用，所以固体分散体的生物利用度往往较高。根据所用载体不同，固体分散体的类型一般可分为简单低共熔混合物、固态溶液和共沉淀物三种。

(一) 简单低共熔混合物

药物与载体以低共熔物的比例共存时，可以完全熔合而组成固体熔融物，但不能或很少可能形成固体溶液，仅以微晶或微粉形式分散于载体中。当该分散体与水（或体液）接触时，载体便溶解，药物以微晶或微粉状态分散在介质中，增大了药物的比表面积，从而增加难溶性药物的溶出速率。

例如，经 X 射线衍射法分析证实，氯霉素-尿素（3∶1）固体分散体为简单低共熔混合物，其中氯霉素以微晶形式高度分散，溶出速率比纯氯霉素提高 30%。又如，灰黄霉素-酒石酸低共熔混合物的溶出速率比纯灰黄霉素提高 270%。

(二) 固态溶液

固体药物在载体中（或载体在药物中）以分子状态分散时，称为固态溶液。固态溶液中药物的分散度比低共熔混合物中的晶粒高，因此其溶出速率更大。

例如，氯霉素-尿素固态溶液的溶出速率是纯氯霉素的 3.9 倍，灰黄霉素-酒石酸固态溶液的溶出速率是纯灰黄霉素的 6.9 倍。

(三) 共沉淀物

共沉淀物是由固体药物与载体两者以恰当比例而形成的非结晶性无定形物。常用的载体为 PVP 等。PVP 在溶液中呈网状结构，药物分子进入 PVP 分子的网状骨架中，在蒸发过程中不易形成药物结晶，而形成具有较高能量的无定形物。难溶性药物与 PVP 形成共沉淀物而增加其溶解度与溶出速率的机理是药物以高能态的无定形状态分散在载体中。药物和 PVP 之间形成较强的氢键，在溶解过程中可形成过饱和态而不析出结晶，从而增加了药物的溶解度。药物与 PVP 能否形成氢键，以及形成氢键能力的大小与 PVP 分子量大小有关，一般来说，PVP 分子量小，易形成氢键，形成的共沉淀物溶出速率大。

例如，磺胺噻唑与 PVP（1∶2）共沉淀物中，磺胺噻唑分子进入 PVP 分子的网状骨架中，药物晶体受到 PVP 的抑制而形成非结晶型无定形物。

药物与载体是否形成了固体分散物，一般用 X 射线粉末衍射、热差分析、红外光谱、溶出速率及熔点测定等方法验证。药物与不同种类的载体可形成不同类型的固体分散体。

例如，经 X 射线衍射法分析证实，联苯双酯-尿素固体分散体中的联苯双酯是以微晶形式分散的，为简单低共熔混合物；联苯双酯-PEG6000 的固体分散体中有部分联苯双酯是以胶体微晶状态分散，而另一部分则以分子状态分散，为固态溶液。联苯双酯-PVP 固体分散体中的联苯双酯是以无定形状态分散的，属于共沉淀物。三者的分散程度大小顺序依次为：联苯双酯-PEG6000≥联苯双酯-PVP＞联苯双酯-尿素。

四、固体分散体的制备技术

固体分散体常用的制备技术有熔融法、溶剂法及溶剂-熔融法等。也可采用研磨法、溶剂喷雾干燥法或冷冻干燥法。

（一）熔融法

熔融法是将药物与载体混匀，用水浴或油浴加热至熔融状态，也可先将载体加热熔融后，再加入药物搅拌溶解（以缩短药物受热时间），然后将熔融物在剧烈搅拌下迅速冷却成固体，或将熔融物倾倒在不锈钢板上，使成薄层，在板的另一面吹以冷空气或用冰水使骤冷，迅速成固体。然后将此混合物固体在一定温度下放置1-至数日，使变脆而易粉碎。放置的温度视不同品种而定。如药物-PEG 类，只需在室温干燥器内放置；而灰黄霉素-枸橼酸固体分散体则需在 37℃或更高的温度下放置。

本法较简便，关键在于冷却必须迅速，以达到较高的过饱和状态，使多个胶态晶核迅速形成，而不致形成粗晶。所制固体分散体中药物的分散度较高，适用于对热稳定的药物。常用的载体为 PEG、尿素等。

例如氢氯噻嗪-PEG 固体分散体的制备：将主药与 PEG 按处方比例（如 1∶5）分别精密称取，混合均匀后，置于蒸发皿中，在搅拌下加热熔融，立即倒入冰浴中的金属板上，迅速冷却固化后，再置于干燥器内室温放置 24h，粉碎过筛，即得。

（二）溶剂法

溶剂法也称共沉淀法，是将药物与载体共同溶解于有机溶剂中，蒸去溶剂后，得到药物在载体中混合而成的共沉淀固体分散物。蒸发溶剂时，宜先用较高温度蒸发至黏稠时，突然冷冻固化。也可将药物和载体溶于溶剂中，然后喷雾干燥即得。缺点是由于使用有机溶剂成本高，且有时难以除尽，当固体分散体内含有少量溶剂时，易引起药物的重结晶而降低主药的分散度。本法适用于对热不稳定或易挥发的药物。常用的载体为 EC、PVP、HPMCP、Eudragit 等。

例如磺胺嘧啶-EC 固体分散体的制备：将主药与 EC 按处方比例（如 1∶2），分别精密称取，溶解于乙醇中，搅拌均匀，采用蒸馏法除去乙醇，剩余物干燥后，粉碎过筛，即得。又如潘生丁共沉淀物的制备：分别称取潘生丁 1g、PVP 3g 及枸橼酸 2g，混合均匀后置蒸发皿中，加无水乙醇-二氯甲烷（1∶1）混合溶剂适量，置 50～60℃水浴上加热溶解后，加入滑石粉 4g，混匀，在搅拌下去除溶剂，40℃干燥后粉碎，过 80 目筛，即得。操作注意事项：①PVP 作为共沉淀物载体，可较大地增加难溶性药物的溶出度。但因本品极易吸潮，共沉淀物在贮藏过程中常因吸潮而使溶出度降低，结块，即出现“老化”现象。如在制备共沉淀物过程中，加入一些抗湿性好的稀释剂，如滑石粉、二氧化硅、淀粉、微晶纤维素等可改善之。②因潘生丁是一种难溶于水的有机碱类药物，在胃肠道内的溶解度和溶出速率受 pH 的影响，在肠液中溶解度小、溶出度低，利用 PVP-枸橼酸复合载体制备共沉淀物，可改变潘生丁共沉淀物微环境的 pH，提高了潘生丁在肠液中的溶解度。③潘生丁熔点低，与枸橼酸形成固体分散体的固化时间较长，一般需在 37～40℃干燥 1 周才能固化。

（三）溶剂-熔融法

将药物先用少量溶剂溶解后，再与熔融的载体搅拌均匀，蒸去有机溶剂，冷却固化，即得固体分散体。此法适用于液体药物（如鱼肝油、维生素A、维生素D、维生素E）或在载体中不溶的药物。因为本法受热时间短，也可用于受热稳定性差的固体药物，但仅限于小剂量（如50mg以下）的药物。凡适用于熔融法的载体都可用于本法，如PEG等。

例如螺内酯-PEG固体分散体的制备：精密称取螺内酯1g，用适量乙醇溶解；另精密称取PEG6000 10g，在水浴上加热至熔融。将螺内酯乙醇溶液加入到PEG6000熔融物中，搅拌均匀，然后倒入置于冰浴中的不锈钢盘中，使成薄层，吹以冷风，迅速冷却固化，置于干燥器内室温放置24h，粉碎过筛，即得。

第二节 包合技术

一、概述

包合技术系指一种化合物分子被全部或部分包嵌于另一种化合物分子的空穴结构内，形成包合物的技术。具有包合作用的外层分子称为主分子，而被包合到主分子空间中的小分子称为客分子。故包合物又称为分子胶囊。

自1948年发现环糊精包合物后，包合物已广泛应用于制剂及药剂学研究领域中，可用于提高药物的溶解度和稳定性、掩盖药物的不良气味、使液体药物粉末化等。

包合物按几何形状可分为管状包合物、笼状包合物和层状包合物。按包合物的结构和性质则可分为单分子包合物、多分子包合物和大分子包合物。

主分子和客分子进行包合作用时，相互之间不发生化学反应，不存在离子键、共价键或配位键等化学键的作用，主要是一种物理过程，取决于主分子和客分子的立体结构和极性。包合物的稳定性依赖于主、客两种分子之间范德华力的强弱。

主分子可以是单分子，如直链淀粉、环糊精等，或以氢键结合的多分子聚集体，如氢醌、尿素等，均需具有一定形状和大小的空洞、洞穴或沟道，以容纳客分子。客分子的形状、大小应与主分子所提供的空间相适应。客分子小，选择的主分子较大，则包合力弱，客分子可以自由进出洞穴；若客分子太大，则难以嵌入空洞内或只有侧链进入，包合力太弱，不易形成稳定的包合物。只有当主分子、客分子形状、大小相适应时，主分子、客分子间隙小，产生足够的范德华力，才能形成稳定的包合物。

环糊精是目前研究应用较多的一种新型包含材料，可将药物包含于其环状结构中形成微囊状包合物，供口服或注射。环糊精在体内被酶水解释放出药物，药物易于吸收，不良反应少。

二、环糊精的结构与性质

环糊精（cyclodextrin，CYD）系淀粉经酶解环合后得到的由6～12个葡萄糖分子以1,4-糖苷键连结而成的环状低聚糖化合物。

（一）分子结构

环糊精具有环状结构，有多种同系物。常见的有α、β、γ三种，分别由6、7、8个葡萄糖分子构成。经X射线衍射和核磁共振分析证实，它们的立体结构是环状中空圆筒形，其中β-CYD的结构如图14-1所示。

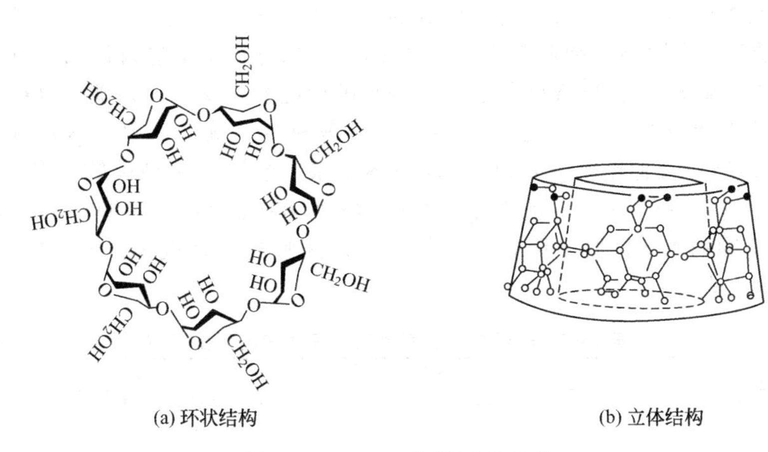

图 14-1　β-CYD 的结构示意图

（二）理化性质

α-环糊精、β-环糊精、γ-环糊精的理化性质见表 14-1。

表 14-1　α-环糊精、β-环糊精、γ-环糊精的理化性质

项　　目	α-CYD	β-CYD	γ-CYD
葡萄糖单体数	6	7	8
相对分子质量	973	1135	1297
分子空洞内径/nm	0.45～0.6	0.7～0.8	0.85～1.0
空洞深度/nm	0.7～0.8	0.7～0.8	0.7～0.8
空洞体积/nm^3	17.6	34.6	51.0
比旋度(H_2O,25℃)	+150.5°	+162.5°	+177.4°
溶解度(25℃)/(g/L)	145	18.5	232
结晶形状(H_2O)	针状	板状	板状
碘络合物颜色	蓝色	黄色	紫褐色

由表 14-1 可知，α、β、γ 三种环糊精的理化性质有很大差别。其中 β-CYD 在水中的溶解度最小，最易从水中析出结晶，但随着水中温度的升高，溶解度增大（表 14-2）。分子空洞内径也以 β-CYD 为适中，较为实用。

表 14-2　β-CYD 在不同温度水中的溶解度

温度/℃	20	40	60	80	100
溶解度/(g/L)	18	37	80	183	256

β-CYD 为白色结晶性粉末，熔点为 300～305℃，对碱、热和机械作用都很稳定。β-CYD 与某些有机溶剂共存时，能形成复合物而沉淀，可利用其在不同溶剂中的溶解度不同来进行分离。β-CYD 在部分有机溶剂中的溶解度见表 14-3。

表 14-3　β-CYD 在部分有机溶剂中的溶解度（25℃）　　单位：g/L

溶剂名称	溶解度	溶剂名称	溶解度	溶剂名称	溶解度
甲　醇	<1.0	异丙醇	7.0	甲　苯	0.6
乙　醇	<1.0	乙二醇	104	溴　苯	0.3
丙　醇	<1.0	丙二醇	20.0	四氯乙烷	1.2
丙　酮	<1.0	丙三醇	43.0	二硫化碳	0.7

β-CYD 在水中的溶解度较低，其所形成的包合物最大溶解度也仅为 1.85%，使它在药剂学上的应用受到一定限制，因此人们不断对 β-CYD 的分子结构进行修饰，将甲基、乙基、羟丙基、羟乙基等基团引入 β-CYD 分子中与羟基进行烷基化反应，以破坏 β-CYD 分子内氢键的形成，使其理化性质，特别是水溶性发生显著改变。例如，甲基-β-CYD、羟丙基-β-CYD、羟乙基-β-CYD 及葡糖基-β-CYD 等均易溶于水，能够与多种药物起包合作用，使溶解度增加，毒性与刺激性下降，扩大了 β-CYD 衍生物在药剂学上的应用范围。相反，β-CYD 乙基化衍生物的水溶性则下降，可用作水溶性药物的缓释载体。β-环糊精及其衍生物在水中的溶解度见表 14-4。

表 14-4 β-环糊精及其衍生物在水中的溶解度（25℃） 单位：g/L

β-CYD 衍生物	水中溶解度	β-CYD 衍生物	水中溶解度
β-CYD	18.5	麦芽三糖基-β-CYD	940
羟丙基-β-CYD	750	2,6-二甲-β-CYD	570
葡糖基-β-CYD	970	2,3,6-三甲-β-CYD	310
二葡糖基-β-CYD	1400	2,6-二乙-β-CYD	0.05
麦芽糖基-β-CYD	1040	2,3,6-三乙-β-CYD	0.018

三、β-环糊精包合物的制备技术

β-环糊精包合物为药物新制剂、新剂型的发展提供了有效手段。常用的制备技术主要有以下几种。

（一）饱和水溶液法

饱和水溶液法又称为重结晶法或共沉淀法，即将 β-环糊精制成饱和水溶液，加入客分子药物，对于那些水中不溶的药物，可加少量适当溶剂（如丙酮等）溶解后，搅拌混合 30min 以上，使客分子药物被包合，但水中溶解度大的客分子有一部分包合物仍溶解在溶液中，可加一种有机溶剂，使析出沉淀。将析出的固体包合物过滤，根据客分子的性质，再用适当的溶剂洗净、干燥，即得稳定的包合物。

（二）超声波法

将 β-环糊精饱和水溶液加入客分子药物溶解，混合后立即用超声波破碎仪或超声波清洗机，选择合适的强度，超声适当时间，将析出的沉淀（包合物）过滤，用适当的溶剂洗净、干燥，即得包合物。

（三）研磨法

取 β-环糊精加入 2～5 倍量的水研匀，加入客分子药物（必要时将客分子药物溶于少量适当溶剂中），置研磨机中充分混合研磨成糊状，低温干燥后用适当溶剂洗净，再干燥，即得包合物。

（四）冷冻干燥法

如果采用饱和水溶液法制备的包合物易溶于水，不易析出结晶沉淀，或在加热干燥时易分解、变色，则采用冷冻干燥法，使包合物外形疏松，溶解性能好，可制成粉针剂。

（五）喷雾干燥法

如果采用饱和水溶液法制备的包合物易溶于水，遇热性质稳定，可用喷雾干燥法制备包合物，该法受热时间短，产率高。

不同的制备法及不同比例的主、客分子对包合物的形成有着重要影响。β-环糊精的分子结构中空洞大小适中，水中溶解度较小，所形成的包合物易于从水中分离出来。在制备β-环糊精包合物时，应先分析客分子药物的理化性质，如分子结构、分子大小、溶解性及稳定性等，明确客分子药物被包合的目的，分析包合物形成的可能性。要制得药物含量和包合物收率都较高的产品，必须通过处方工艺试验来选择适合的主、客分子比例和包合物制备法。

四、β-环糊精包合物在药物制剂中的应用

将药物制成环糊精包合物，可改善药物的稳定性，提高难溶性药物的溶出速率和生物利用度，减少药物不良反应，使液态药物粉末化，掩盖不良臭味，防止挥发或制成较纯的浓缩制剂，达到提高疗效的目的。环糊精包含物在药剂学上的应用日趋广泛，简单介绍如下。

（一）增加药物的溶解度和溶出度

增加药物溶解度有利于药物制剂的制备，如制成注射剂、溶液剂、胶囊剂或片剂等，并提高其生物利用度，减少服制剂量。例如，前列腺素-环糊精包含物能增加主药的溶解度，利用此特性，可用于制成注射剂。苯巴比妥与β-环糊精用饱和水溶液法形成包合物后，增加了苯巴比妥的溶解度。洋地黄毒苷与β-环糊精包合制成的片剂，由于药物被包合后呈分子状态，溶出速率比洋地黄毒苷（未包合）片大100倍，改善了吸收，提高了生物利用度。

现以，吲哚美辛-β-CYD包合物为例进行介绍。

吲哚美辛是一种良好的非甾体抗炎药，具有解热、镇痛及消炎作用。但本品水溶性极低，且胃肠道反应较大，经β-环糊精包合后可改进溶出度及提高生物利用度。

包合物的制备：采用饱和水溶液法，称取吲哚美辛1.25g，加25ml乙醇，微温使溶解，保持75℃，并滴入500ml β-环糊精饱和水溶液中（31.8g/L），搅拌30min后停止加热，继续搅拌5h，得白色混悬物，室温静置12h过滤，沉淀于60℃干燥，过80目筛后再经五氧化二磷真空干燥，即得。

（二）液体药物粉末化与防挥发

液体药物如维生素D或维生素E与β-环糊精制成包合物后可制成散剂、胶囊或片剂等固体制剂。中药含有多种挥发性成分，特别是挥发油，通常是有效成分，如薄荷油、紫苏油、牡荆油、生姜挥发油等，多易挥发，一般不溶于水，有的挥发油稳定性差，在固体制剂如片剂、颗粒剂、胶囊等制备工艺中，常将挥发油溶于少量乙醇等溶剂稀释后，喷洒到干颗粒中，密闭一定时间后加润滑剂，混匀、压片或装胶囊等，生产过程极易挥发损失。将其制成β-环糊精包合物后，挥发油的挥发性大大降低，稳定性增加，解决了这类制剂的生产难题，提高了产品质量。如生姜挥发油制成β-CYD包合物后，液体挥发油粉末化并防止其挥发，起到稳定药物的作用。

（三）掩盖药物的不良臭味和降低刺激性

有些药物具有不良臭味、苦味、涩味，甚至有些具有较强的刺激性，影响制剂的应用，特别是儿童与老人。药物包合后可掩盖不良臭味，降低刺激性。

β-环糊精常用作抗癌药物的超微载体，使刺激性强的抗癌药物包含于其环状结构中制成微囊包合物后，供口服或注射，在体内经酶水解释放出药物。如5-氟尿嘧啶用β-环糊精制成分子胶囊，经临床证明，消化道吸收较好，血中浓度维持时间较长，刺激性较小，基本上消除了食欲不振、恶心、呕吐等不良反应。

（四）提高药物的稳定性

不少药物受热、湿、光、空气和化学环境的影响，容易挥发或升华失去部分或全部药效。环糊精可以包合许多易氧化或光解的药物，改变药物的理化性质。如硝基苯-1-金刚烷酸盐在空气中易被氧化分解，用β-CYD包合，被氧化分解的程度只为原药的1/28。前列腺素 E_2 在40℃紫外光下照射3h，活性损失50%，6h损失大于75%，而包合物24h无损失，10天仅损失5%。水杨酸苯酯在100℃加热8h被破坏71.1%，而其环糊精包合物中药物破坏仅为21.8%。

凡容易氧化或水解的药物，如维生素A、维生素D、维生素E、维生素C等，制成β-环糊精包含物后可防止其氧化或水解。例如，维生素D对光、氧、热均不稳定，于60℃放置10h其含量下降为0，而其β-CYD包合物的含量仍为100%，说明β-环糊精包合物可对维生素D起到稳定作用。辅酶 Q_{10} 与β-环糊精形成的包含物，能增强其稳定性，在室温放置6个月可保持稳定。

（五）调节药物的释放速度和生物利用度

包合物中药物解离或释放出来的速率取决于包合物的稳定常数。如果要使药物释放速率加快，可采用稳定常数小、溶解性好的γ-CYD制备包合物；反之，若要使药物缓慢释放，则可选用稳定常数大、溶解度小的β-CYD制备包合物。此外，由于包合物的形成，可能导致药物的溶解性、生物膜的通透性及蛋白结合率等发生改变，从而提高药物的生物利用度，增强药物或减轻副作用。

本章小结

<table>
<tr><th colspan="2">学习主题结构</th><th colspan="2" rowspan="2">学习的主要内容</th></tr>
<tr><th>大主题</th><th>小主题</th></tr>
<tr><td rowspan="7">第一节
固体分
散技术</td><td>固体分散技术的概念</td><td colspan="2">是将难溶性药物高度分散在另一种固体载体中的新技术</td></tr>
<tr><td>固体分散体的概念</td><td colspan="2">固体分散体是指利用固体分散技术得到的产物，亦称为固体分散物</td></tr>
<tr><td rowspan="3">常用载体</td><td>水溶性载体</td><td>1. 聚乙二醇类(PEG)
2. 聚乙烯吡咯烷酮(PVP)
3. 表面活性剂
4. 其他类：尿素、枸橼酸、琥珀酸、酒石酸、葡萄糖、乳糖等</td></tr>
<tr><td>水不溶性载体</td><td>1. 乙基纤维素(EC)
2. 脂质类
3. 甲丙烯酸树脂类</td></tr>
<tr><td>肠溶性载体</td><td>1. 纤维素类：邻苯二甲酸醋酸纤维素(CAP)、邻苯二甲酸羟丙基甲基纤维素(HPMCP)
2. 甲丙烯酸树脂类：Eudragit L 和 Eudragit S等</td></tr>
<tr><td>固体分散体的类型</td><td colspan="2">简单低共熔混合物；
固态溶液；
共沉淀物</td></tr>
<tr><td>固体分散体的制备技术</td><td colspan="2">熔融法、溶剂法及溶剂-熔融法等，也可采用研磨法、溶剂喷雾干燥法或冷冻干燥法</td></tr>
</table>

续表

<table>
<tr><th colspan="2">学习主题结构</th><th colspan="2" rowspan="2">学习的主要内容</th></tr>
<tr><th>大主题</th><th>小主题</th></tr>
<tr><td rowspan="6">第二节
包合技术</td><td>包合技术的概念</td><td colspan="2">包合技术系指一种化合物分子被全部或部分包嵌于另一种化合物分子的空穴结构，形成包合物的技术</td></tr>
<tr><td>主分子和客分子</td><td colspan="2">具有包合作用的外层分子称为主分子，而被包合到主分子空间中的小分子称为客分子，故包合物又称为分子胶囊</td></tr>
<tr><td rowspan="2">环糊精的结构与性质</td><td>分子结构</td><td>具有环状结构，有多种同系物。常见的有α、β、γ三种，分别由6、7、8个葡萄糖分子构成</td></tr>
<tr><td>理化性质</td><td>溶解度</td></tr>
<tr><td>β-环糊精包合物的制备技术</td><td colspan="2">1. 饱和水溶液法
2. 超声波法
3. 研磨法
4. 冷冻干燥法
5. 喷雾干燥法</td></tr>
<tr><td>β-环糊精包合物在药物制剂中的应用</td><td colspan="2">1. 增加药物的溶解度和溶出度
2. 液体药物粉末化与防挥发
3. 掩盖药物的不良臭味和降低刺激性
4. 提高药物的稳定性
5. 调节药物的释放速度和生物利用度</td></tr>
</table>

基本训练题

一、名词解释

1. 固体分散技术　2. 包合技术　3. 主分子　4. 客分子　5. 环糊精

二、单项选择题

1. 具有包合作用的外层分子称为（　　）。
   A. 主分子　B. 客分子　C. 内分子
   D. 外分子　E. 高分子
2. 属于固体分散体的水溶性载体的是（　　）。
   A. CAP　B. HPMCP　C. 甲丙烯酸树脂类
   D. EC　E. PVP
3. 属于固体分散体的水不溶性载体的是（　　）。
   A. 聚乙二醇类　B. PVP　C. 表面活性剂
   D. 脂质类　E. 尿素
4. 固体分散体的制备技术不包括（　　）。
   A. 熔融法　B. 溶剂法　C. 化学法
   D. 研磨法　E. 溶剂-熔融法
5. 被包合到主分子空间中的小分子称为（　　）。
   A. 主分子　B. 客分子　C. 内分子
   D. 外分子　E. 高分子

三、多项选择题

1. 固体分散体的类型包括（　　）。

A. 复合物　　B. 简单低共熔混合物　　C. 固态溶液
D. 共沉淀物　　E. 包合物

2. 固体分散体的制备技术包括（　　）。
A. 熔融法　　B. 冷冻干燥法　　C. 化学法
D. 研磨法　　E. 溶剂-熔融法

3. β-环糊精包合物的制备技术包括（　　）。
A. 饱和水溶液法　　B. 超声波法　　C. 研磨法
D. 冷冻干燥法　　E. 溶剂-熔融法

4. β-环糊精包合物在药物制剂中的应用有（　　）。
A. 增加药物的溶解度和溶出度
B. 液体药物粉末化与防挥发
C. 掩盖药物的不良臭味和降低刺激性　　D. 提高防水性
E. 调节药物的释放速度和生物利用度

四、简答题

1. 简述固体分散体的制备技术。
2. 简述 β-环糊精包合物的制备技术。
3. β-环糊精包合物在药物制剂中有哪些应用？

第十五章 缓释和控释制剂

学习与能力目标

通过本章的学习，学生应识记缓释、控释制剂的概念与特点。知晓缓释、控释制剂的特点并准确区分缓释、控释制剂。理解并掌握缓释、控释制剂设计的影响因素，会选择合适的药物，熟悉缓释、控释制剂的常用辅料。识记缓释、控释制剂的制备方法，包括不溶性骨架制剂、生物溶蚀性骨架制剂、亲水凝胶骨架制剂、缓释包衣制剂、胃内滞留漂浮制剂、结肠释药制剂等。能理解控释制剂设计中应考虑的问题，了解脉冲给药系统和渗透泵型控释制剂的特点及制备方法。能理解缓释和控释制剂的质量评价方式。

知识要求

掌握缓释、控释制剂的概念与特点；缓释、控释制剂的区别。
掌握缓释、控释制剂的常用辅料。
掌握缓释制剂的制备方法。
熟悉影响口服缓释、控释制剂设计的因素。
熟悉控释制剂的组成和制备方法。
熟悉渗透泵型控释制剂的释药特点和制备方法。
了解缓释制剂的一般设计原理、控释制剂设计中应考虑的问题。
了解缓控释制剂的体外试验、体内试验和体内外相关性。

第一节 概 述

药物制剂研究的目的是使药物更加安全有效，使用方便，不断提高药品质量。常规制剂，不论口服或注射，常需一日几次给药，不仅使用不便，而且血液中药物浓度起伏较大，有“峰-谷”现象，血药浓度达峰值时，易产生副作用甚至中毒；在谷浓度时，低于最小有效浓度，则影响疗效。缓释和控释制剂可以降低“峰-谷”现象，提供平稳持久的有效血药浓度，确保药物的安全有效，如图 15-1 所示。缓释和控释制剂系指与常规制剂比较，药物的治疗作用持久、毒副作用低、用药次数减少的制剂。

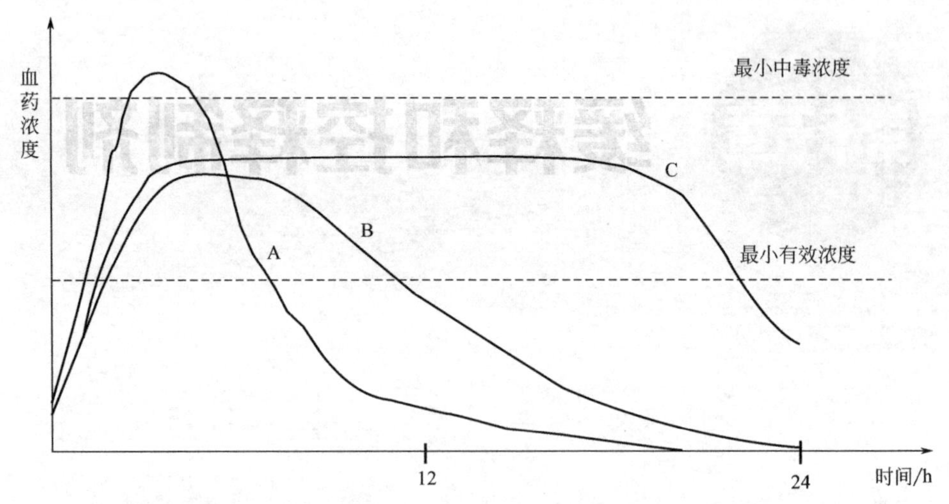

图 15-1 常规制剂（A）、缓释制剂（B）和控释制剂（C）的血药浓度-时间曲线示意图

一、缓释、控释制剂的定义

《中国药典》（2010 年版）对缓释、控释制剂的定义部分做了明确规定。缓释制剂系指在规定释放介质中，按要求缓慢地非恒速释放药物，其与相应的普通制剂比较，给药频率减少一半或给药频率有所减少，且能显著增加患者顺应性的制剂；控释制剂系指在规定释放介质中，按要求缓慢地恒速或接近恒速释放药物，其与相应的普通制剂比较，给药频率减少一半或给药频率有所减少，血药浓度比缓释制剂更加平稳，且能显著增加患者顺应性的制剂。

二、缓释、控释制剂的区别

缓释和控释制剂的研究与应用在最近十几年得到了很大的发展和创新。两者的释药机制和制备方法基本类似，但它们的释药特性和体内动力学特征有一定的差异。缓释制剂是按时间变化先多后少地非恒速释放，在动力学上一般体现为一级动力学过程，药物在体内的达峰时间被推迟，维持有效血药浓度的时间被延长。而控释制剂是按零级速率规律释放，即其释药是不受时间影响的恒速释放，可以得到更为平稳的血药浓度，“峰-谷”波动更小，直至基本吸收完全。控释制剂中的药物的释放行为符合预先设计的释药要求，主要有定速释药、定位释药和定时释药 3 种类型。定速释药制剂是其释药速率在一定时间内不随时间的推移而变化，在动力学上体现为零级动力学过程，常用制剂技术是膜控释；定位释放制剂是能将药物选择性地输送到胃肠道的某一特定部位释放，目的是增加局部吸收和治疗作用，目前研究较多的是胃内滞留和结肠定位释药；定时释药制剂是通过调节聚合物材料的溶蚀速度来实现在预定的时间内释放药物，也有利用生理反馈原理和计算机调节技术来达到定时释药目的，研究较多的是脉冲释药。

三、缓释、控释制剂的特点

缓释与控释制剂包括注射型、口服型和外用型等多种类型。近年来发展较快的是口服制剂，它具有下列特点。

（1）用药后能在机体内较长时间地维持一定的血药浓度，因而可减少给药次数，方便用药，提高患者的顺应性。

（2）减缓血药浓度“峰-谷”现象，从而降低药物不良反应发生的频率和严重程度，提高临床用药的安全性与有效性。

（3）某些药物的常规制剂，在贮藏期间容易发生氧化或水解反应而变质失效，或口服后经胃酸作用而破坏，制成缓释和控释制剂后，这些药物的化学稳定性增强，口服后不被胃酸所破坏。

（4）将药物按预先设计的释药方式释放，减少胃肠道生理因素对制剂释药和转运的影响，发挥药物的最佳疗效。

四、缓释、控释制剂的设计

（一）影响口服缓释、控释制剂设计的因素

1. 药物的理化因素

（1）剂量大小　口服单剂量在 0.5～1.0g 对缓释制剂仍适用，治疗指数窄的药物设计成缓释制剂应注意剂量与毒副作用。

（2）p*K*a、解离度和水溶性　非解离型、脂溶性大的药物易通过脂质生物膜，应注意消化道 pH 对药物释放的影响。溶解度＜0.01mg/ml，本身具有缓释作用。设计缓释制剂时药物溶解度＜0.1mg/ml 不适宜。

（3）药物的油、水分配系数大的，在机体内滞留时间长。油、水分配系数小时，不易透过脂质膜，故油、水分配系数应适中。

（4）稳定性　不稳定药物制成固体制剂较好。

2. 生物因素

（1）生物半衰期　$24h < t_{1/2}$ 或 $t_{1/2} < 1h$ 的不宜制成缓释制剂，$t_{1/2} < 1h$ 的由于单位时间所需的剂量相应较大，制成缓释制剂比较困难；$t_{1/2} > 24h$ 的药物本身就具有缓释作用，若制成缓释制剂时有可能造成体内药物蓄积。肝首过效应大的药物，如普萘洛尔等制成缓释制剂时的生物利用度通常较其常规制剂低。

（2）吸收　药物吸收的半衰期应控制在 3～4h，否则不利于吸收。

（3）代谢　吸收前有代谢的药物，不适宜制成缓释制剂，如要制成缓释制剂，需加入代谢抑制剂。

（二）缓释、控释制剂的设计

1. 药物选择

（1）$t_{1/2} = 2 \sim 8h$ 适宜制成缓释、控释制剂；$12h < t_{1/2}$ 或 $t_{1/2} < 1h$，不适宜制成缓释、控释制剂。

（2）剂量很大、药效很激烈、溶解吸收很差、剂量需精密调节的药物不宜制成缓释、控释制剂。

2. 设计要求

（1）生物利用度　缓释、控释制剂的相对生物利用度应为普通制剂的 80%～120%。

（2）峰-谷浓度比　稳定时，峰-谷浓度比应小于或等于普通制剂。

（3）缓释、控释制剂的剂量计算　缓释制剂的剂量，一般根据普通制剂的剂量来决定。如普遍制剂一天给药 4 次，每次 50mg，则制成一天给药 2 次的缓释制剂，一般每次剂量为 100mg。如欲得到理想的血药浓度时间曲线，缓释制剂的剂量必须应用药物动力学参数，根据需要的治疗血药浓度和给药间隔来设计。

（4）缓释、控释制剂的常用辅料

① 阻滞剂

a. 疏水物质：脂肪、蜂蜡、巴西棕榈蜡、氢化植物油、硬脂醇等可延滞水溶性药物的溶解、释放，主要作溶蚀性骨架材料，也可作缓释包衣材料。

b. 肠衣材料：纤维醋法酯（CAP）、丙烯酸树脂L型和S型、羟丙基甲基纤维素钛酸酯（HPMCP）、醋酸羟丙基甲基纤维素琥珀酸酯（HPMCAS）等。

② 骨架材料

a. 亲水性骨架材料：甲基纤维素（MC）、羧甲基纤维素钠（CMC-Na）、羟丙基甲基纤维素（HPMC）、卡波普、海藻酸盐、壳聚糖等。

b. 不溶性骨架材料：乙基纤维素（EC）、聚甲基丙烯酸酯、聚氯乙烯、聚乙烯、EVA、硅橡胶等。

c. 溶蚀性骨架材料：指水不溶但可溶蚀的蜡质材料、胃溶或肠溶性材料等。主要包括氢化植物油、硬脂酸、巴西棕榈蜡、甘油硬脂酸酯、丙二醇-硬脂酸酯、十八烷醇及胃溶或肠溶丙烯酸树脂、肠溶性纤维素等。

③ 增黏剂：羧甲基纤维素钠（CMC-Na）、羟丙基甲基纤维素（HPMC）、聚维酮（PVP）等。

第二节　缓释制剂的制备

一、缓释制剂的一般设计原理

缓释制剂的设计，主要是根据药物动力学的原理，对缓释制剂的剂量、释药时间、释药速率以及速释部分与缓释部分的比例等加以合理地设计、调整，使制成的缓释制剂具有较持久平稳的血药浓度。

理想的缓释制剂应能在首次给药后，体内血药浓度迅速上升至有效血药浓度范围内，并能较长时间地维持其血药浓度水平。这可通过首次同时服用常规制剂和缓释制剂或含有一定速释药量的缓释制剂来达到。速释药量系指释放速度快，能迅速建立起治疗所需要的最佳血药浓度的那部分药量。但在多剂量给药过程中，为了维持体内血药浓度，缓释制剂中一般不含速释药量，而是全部药量均以一级速率释放。

（一）不含速释部分的缓释制剂的设计

设计一般的缓释制剂，即只有缓释部分的缓释制剂，首先要确定该缓释制剂的剂量、释药时间及释药速率等，然后使其在体内的释药速率等于该药物的消除速率。

假设该药物的吸收和消除均遵循一级动力学过程，且在吸收过程中药物从缓释制剂中的释放是限速过程，即药物一经释放就被吸收。譬如盐酸伪麻黄碱片（常规片剂），规格为15mg，需每天服药4次，每次1片以治疗感冒症状，现拟在24h内总剂量相等的条件下设计成每12h口服一次的缓释片，则该缓释制剂的总剂量应为2×15mg＝30mg，每2次服药间隔的中点时候的血药浓度应为平均稳态血药浓度，依据药物动力学公式可计算出此缓释制剂的吸收速率常数k_a即为该制剂释药速率常数。该缓释制剂可提供相对持久平稳的血药浓度，血药浓度的峰和谷，大致上均落于有效治疗浓度范围之内，病人使用较方便。

（二）包含速释和缓释部分的缓释制剂的设计

设计由速释和缓释两部分组成的缓释制剂，应考虑设法使缓释部分的释药速率与体内速释部分药物的消除速率相等，即缓释部分应补充速释部分药量的消除，使血药浓度始终维持在某一稳态水平，达到延长疗效的目的。

设 $X_{缓}$ 为缓释部分的剂量，$X_{速}$ 为速释部分的剂量，故总剂量 $X_{总}=X_{缓}+X_{速}$。设 k 为该药物的一级消除速率常数，速释部分在 T 时间从体内消除掉的剂量为 $X_{速}kT$，该量应由缓释部分补足，因此：

$$X_{总}=X_{缓}+X_{速}=X_{速}kT+X_{速}=X_{速}(kT+1)=X_{速}(1+0.693T/t_{1/2})$$

设该药的消除半衰期 $t_{1/2}=2.68\text{h}$，$X_{速}=100\text{mg}$，$T=12$ 小时，则代入上式

$$X_{总}=100\times(1+0.693\times12/2.68)=410\text{mg}$$

说明若速释部分的剂量为 100mg，则缓释部分的剂量为 310mg，可以符合设计要求。但该设计未考虑胃肠道生理条件和药物的吸收机理等因素的影响，故缓释制剂的实际设计和制造工艺往往更为复杂。在实际工作中，应试验多种处方，进行比较，然后根据药物动力学、临床药理学等各方面的理论和实验结果，进行全面、周密地分析和考虑，才能最后确立处方工艺。

二、缓释制剂的制备方法

缓释制剂是根据药物的溶出、扩散、离子交换等原理，选用合适的缓释材料通过制剂工艺制备而成的。常见的缓释制剂类型主要有不溶性骨架制剂、生物溶蚀性骨架制剂、亲水凝胶骨架制剂及缓释包衣制剂等，主要剂型有片剂、胶囊剂及颗粒剂等。下面主要介绍临床应用较多的缓释片的制备方法。

（一）不溶性骨架片的制备

不溶性骨架片系指药物分散在不溶性骨架材料中制成的缓释片剂，其释药速率取决于扩散速率。不溶性骨架材料系指不溶于水或水溶性极小的高分子聚合物，如乙基纤维素、聚乙烯、聚甲丙烯酸甲酯等。

制备工艺大致有三种：①药物与辅料混合均匀后直接压片；②药物与辅料混合均匀后，加入黏合剂或润湿剂，搅拌、制粒、干燥、压片；③先将不溶性骨架材料溶解于有机溶剂中，加入药物溶解后蒸发溶剂，所得团块真空干燥后粉碎、制粒、压片。

例 15-1：呋喃妥因赖氨酸缓释片

处方：呋喃妥因赖氨酸盐　　90g
　　乳糖　　180g
　　聚甲丙烯酸甲酯　　25g
　　微晶纤维素　　84g
　　PVP　　20g
　　硬脂酸镁　　1g

制法：称取处方量的呋喃妥因赖氨酸盐、乳糖、聚甲丙烯酸甲酯、微晶纤维素、PVP及硬脂酸镁，混合均匀后直接压片。

注：所得片剂具有明显缓释作用，减轻了胃肠道刺激等不良反应。

（二）生物溶蚀性骨架片的制备

生物溶蚀性骨架片系指药物与生物溶蚀性材料混合均匀后制备而成的缓释片剂，其释药速率取决于这些材料的溶蚀速率。生物溶蚀性材料系指蜡质、脂肪酸及其酯等物质，如硬脂酸、巴西棕榈蜡、单硬脂酸甘油酯等。

制备工艺大致有三种：①药物与辅料混合均匀后直接压片；②药物与辅料混合均匀后，用水或有机溶剂润湿、搅拌、制粒、干燥、压片；③先将生物溶蚀性骨架材料加热熔融，再

加入药物和其他辅料，搅拌混匀，冷却、制粒、压片；或药物与辅料混合均匀后，采用熔融搅拌制粒法制粒、压片。

例 15-2：氨茶碱缓释片

处方：单硬脂酸甘油酯　　149g

氨茶碱　　345g

微晶纤维素　　100g

硬脂酸镁　　6g

制法：先将处方量的氨茶碱和微晶纤维素混合均匀，备用。然后取处方量的单硬脂酸甘油酯在水浴上加热至熔融，边搅拌边慢慢加入氨茶碱和微晶纤维素的混合物，在继续搅拌下让其慢慢冷却后，制粒，加入处方量的硬脂酸镁，混匀后压片。

注：所得片剂具有明显缓释作用，减轻了胃肠道刺激等不良反应。

（三）亲水凝胶骨架片的制备

以亲水性聚合物为骨架材料制成的片剂称为亲水凝胶骨架片。此类骨架片口服后亲水性聚合物遇消化液发生水化作用生成凝胶，从而控制药物溶出，在此类系统中，药物被包裹、溶解或分散在聚合物中，释放速度取决于聚合物降解速度以及药物在聚合物中的扩散速度。亲水凝胶骨架缓释片是商业化最为成功的骨架型制剂。常用的亲水性聚合物包括海藻酸钠、羟丙基甲基纤维素、脱乙酰壳多糖、聚乙烯醇等。

制备工艺大致有两种：①药物与辅料混合均匀后直接压片；②药物与辅料混合均匀后，用水或有机溶剂润湿、搅拌、制粒、干燥、压片。

例 15-3：马来酸罗格列酮缓释片

处方：马来酸罗格列酮　　8g

羟丙基甲基纤维素 K15M　　35g

微晶纤维素　　35g

乳糖　　15g

硬脂酸镁　　1g

制法：精密称重，将主药和以上各辅料分别粉碎、过筛，混合均匀后，在适宜压力下全粉末直接压片，压制成片剂，硬度控制在 5～6kg，规格为每片重 94mg，含主药 8mg。

（四）缓释包衣片的制备

缓释包衣片系指普通素片用阻滞材料包衣而成的缓释片剂，通常为微孔膜包衣片，其释药速率与药物本身的溶解度、包衣膜的性质和厚度、致孔剂的性能和用量及包衣膜的厚度等因素有关。阻滞包衣材料通常是在胃肠道中不溶解的高分子聚合物，如乙基纤维素、醋酸纤维素、丙烯酸树脂等。在包衣液中通常加入少量水溶性的材料作为致孔剂，如 PEG、PVP、PVA、乳糖等。此外，包衣液中还常加入增塑剂、抗黏剂、遮光剂及着色剂等。

制备工艺大致有三种。

(1) 锅包衣法　用常规包衣锅或高效包衣锅进行包衣，如图 15-2 所示，将普通素片置于包衣锅中按一定速度转动，然后将包衣材料用适宜溶剂制成溶液或混悬液后喷雾包裹在素片表面，待溶剂蒸发后形成衣膜，边喷边干燥，直至得到所需厚度的衣膜。

(2) 流化床包衣法　在流化床中借助急速上升的气流将普通素片在包衣室内悬浮流化，将包衣液雾化喷至素片表面，并被热空气干燥，反复循环包衣，直至得到所需厚度的衣膜。目前用于缓释包衣的流化床主要有三种类型：顶喷流化床、底喷流化床及切喷流化床。

(3) 压制包衣法　将包衣材料与适量辅料混合均匀，制粒后或未经制粒直接经压制包衣机包在素片表面而成衣膜。该法不需溶剂或分散介质即可包衣，适用于对湿、热敏感的药物。但此法需要特殊的由两台旋转压片机组成的联合式压制包衣机，如图 15-3 所示。先用一台压片机制备片芯，由传送器送到另一台压片机的模孔中；在第二台压片机的模孔中，先放入适量的包衣材料作底层，当片芯放入其上面后再加入其余包衣材料填满模孔，通过第二台压片机压制成包衣片。

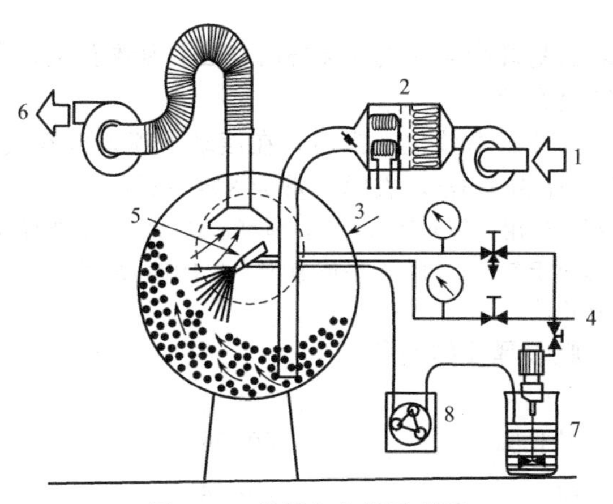

图 15-2　常规包衣锅示意图

1—进风；2—过滤及加热；3—包衣锅；4—压缩空气；5—喷枪；6—排风；7—搅拌器；8—蠕动泵

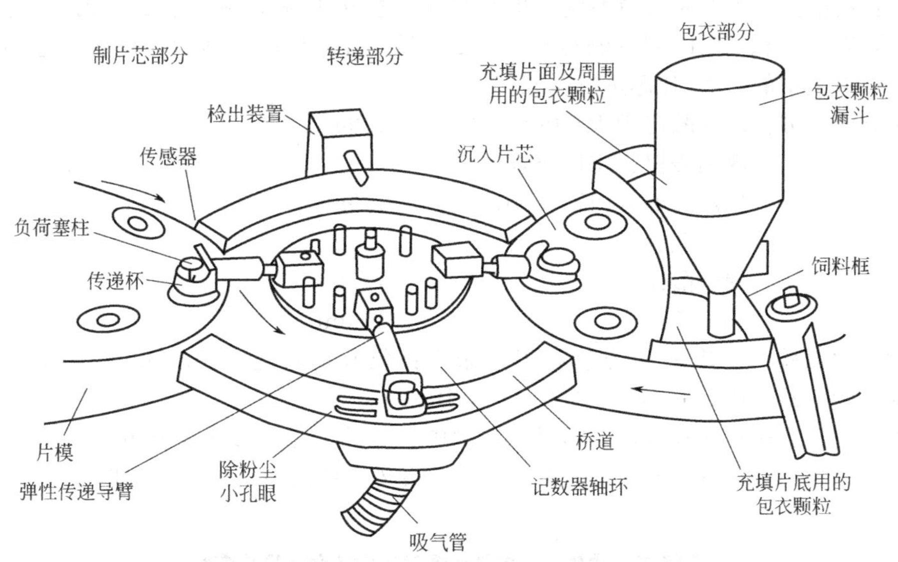

图 15-3　压制包衣机示意图

例 15-4：磷酸丙吡胺缓释片

处方：

1. 片芯处方：	磷酸丙吡胺	100g
	乳糖	160g
	淀粉	120g
	淀粉浆（10%）	适量
	硬脂酸镁	3g
2. 包衣处方：	乙基纤维素	50g

PEG	5g
邻苯二甲酸二乙酯	5ml
丙酮	1000ml

制法：①常规素片的制备。将处方量的磷酸丙吡胺、乳糖及淀粉混合均匀，以淀粉浆（10%）为黏合剂，采用高速搅拌制粒技术制备湿颗粒，干燥后加入处方量的硬脂酸镁，混匀，压片，硬度5～6kg。

②包衣液的配制。以乙基纤维素为包衣材料、PEG为致孔剂、邻苯二甲酸二乙酯为增塑剂、以丙酮为溶剂配制包衣液。

③包衣操作。将上述素片置高效包衣锅内，在滚动下喷入包衣液，通入喷枪压缩空气压力为$2～4kg/cm^2$，喷枪口径为1mm，衣膜增重为3%～5%。

注：所得片剂具有明显缓释作用，每天服用2次，即可达到与常规制剂每日4次给药相仿的疗效，且缓释片血药浓度的波动系数远小于常规制剂，减轻或消除了由于血药浓度峰-谷现象而产生的毒副作用，同时减少了服药次数，方便临床用药。

例15-5：盐酸二甲双胍缓释片的制备

处方：

1.片芯处方：	盐酸二甲双胍	50.0g
	磷酸氢钙	30.0g
	25%丙烯酸树脂RS PO	50.0g
	硬脂酸镁	4g

制法：将盐酸二甲双胍与磷酸氢钙粗混匀后，过40目筛3遍，用25%丙烯酸树脂RS-PO做黏合剂制软材，用15目筛制粗粒，60℃干燥。加入硬脂酸镁后，初混，过14目筛整粒，压片。取其中的100g片芯进行包衣。

2.包衣液处方：	丙烯酸树脂RS PO	1.0g
	丙烯酸树脂RL PO	4.0g
	聚乙二醇（PEG6000）	1.5g
	微粉硅胶	1.5g
	硬脂酸镁	1.5g
	95%乙醇	100ml

经过多次试验，得出最佳的包衣工艺条件：包衣锅转速，45r/min；包衣锅内温度，45℃；喷雾量，2.5ml/min；喷雾压力，160MPa。

此处方的工艺是比较稳定的，通过从文献中得到的可靠的参考资料和以上的实验研究，设计出盐酸二甲双胍的处方和工艺过程，通过改变外衣膜的厚度可以得到理想的释药行为。

第三节　控释制剂的制备

一、控释制剂设计中应考虑的问题

设计控释制剂首先应了解药物的理化性质、生物药剂学特性及药理学和生理学等，最后进行处方工艺设计和临床药理学研究。

1.药物的理化性质

药物的晶型、粒度和溶解度等对制剂释药速率有较大影响。一般而言，水溶性较大的药物比较适合制成控释制剂，当药物的溶解度小于0.01mg/ml时通常需要考虑药物增溶和生物利用度问题。例如，地高辛、灰黄霉素等因溶解速率慢，在整个胃肠道时间内的吸收有限。控释制剂经过胃肠道时，需经受胃肠道内不同 pH 的影响，胃内 pH 为 1～2，而远端小肠 pH 大于 7。弱酸或弱碱性药物制成缓释制剂时应考虑在胃肠道不同部位释放与吸收的差异。溶解度与生理 pH 关系密切的药物通常不易制成理想的口服控释制剂。

2. 生物药剂学性质

控释制剂给药速率的限速步骤应是药物的释放，而不是吸收。因此与释药速率相比，药物的吸收速率应该快得多。药物制剂在体内的吸收速度和程度与很多因素有关。口服后吸收不完全或无规律的药物，如季铵盐、地高辛、铁盐，要制成理想的控释制剂甚为不易。在胃肠道能吸收的药物，通常是制备口服控释制剂的良好药物。首过作用大的药物（如普萘洛尔、烯丙洛尔），则其控释制剂的生物利用度一般较差。

3. 药理学方面

应充分了解药物的局部刺激性、有效剂量与治疗指数等。剂量过大，不但吞服困难，而且常被患者咬碎而使控释制剂的特点、优点丧失，甚至导致毒副作用。

4. 生理学方面

很多生理因素，如胃排空、肠蠕动、黏膜表面积、特殊吸收部位和食物等对控释制剂的释药特性有一定影响。大多数药物主要在小肠吸收。药物口服后在胃内的时间为 2～3h，然后到达小肠，通过小肠的时间为 4～6h，因此缓释和控制制剂应在给药后 9～12h 内被吸收。如果超过这段时间，药物到达大肠就很难被吸收或被肠内细菌降解。

5. 其他

还有很多因素可引起药物生物利用度降低，如食物、分配系数小、酸水解或代谢等。

二、控释制剂的组成

控释制剂有供口服、透皮吸收、腔道使用等用药途径。这类制剂要求能按零级或接近零级速率释药，在制剂组成上通常包含四个部分。

1. 药物贮库

药物贮库是贮存药物的部位。剂量应符合治疗要求，应满足按预期恒速释药的需要，贮库中药量一般大于释放总量，超过部分作为提供恒速释药的能源。

2. 控速部分

控速部分使药物以预期恒速释放，由一定厚度的有微孔的聚合物膜层构成。

3. 能源

供给药物分子以能量，使药物分子从贮库中转运到机体内的吸收部位。

4. 传递孔道

有些控释制剂的装置中有此部分。药物从贮库中通过传递孔道到机体的释药部位。传递孔道兼有控速作用。

聚合物作为药物的物理性载体可以控制药物的释放速度。将药物或药物与辅料制成核芯，用胃肠液不溶的聚合物（如醋酸纤维素）包衣，并在聚合物中加入适量致孔剂（如 PEG 等），当制剂与胃肠液接触时可以形成一定数量的微孔，这些微孔可以使药物在一定时间内以零级动力学过程释放。对于在胃液中不稳定的药物，可以通过包上不溶于胃肠液的聚合物（如乙基纤维素，EC）和仅溶于肠液的聚合物（如羟丙基甲基纤维素酞酸酯，HPMCP）的混合衣膜，使药物在胃液中不释放，而在肠液中由于 HPMCP 被溶解而形成乙基纤维素微孔膜，从而控制药物的释放速率。

此外，聚合物还可以作为药物的化学性载体，就是在适当的反应条件下药物结构中的一部分基团与聚合物产生化学反应，形成药物-聚合物的化学结合体，在体内逐渐降解、释放出药物而产生治疗效果。释药速度主要取决于药物-聚合物化学键的断裂。

三、控释制剂的制备方法

控释制剂的制备原理主要是以降低制剂中药物的溶出速率和扩散速率来设计的，对于某一控释制剂来说，可能两方面的因素同时起作用；对另一控释制剂来说，可能是溶出速率或扩散速率是主要的。

药物从制剂中转运到胃肠液内是以溶出为主，而药物由体液到达生物膜表面，进而通过生物膜被吸收，则是以扩散为主的。控释制剂服用后，药物的吸收量通常与药物从制剂中溶出或扩散的量成正比。

控释制剂的释药机理主要有控制溶出、扩散、溶蚀或扩散与溶出相结合，也可利用渗透压或离子交换机制。常见的控释制剂类型主要有胃内滞留漂浮制剂、结肠释药制剂、脉冲释药制剂及渗透泵型控释制剂等。

（一）胃内滞留漂浮制剂

胃滞留型缓控释制剂是一类能延长药物在胃内滞留时间，增加药物在胃或十二指肠的吸收程度，降低毒副作用，稳定血药浓度，减少服药次数，提高临床疗效的新型制剂。该制剂通常由药物、一种或多种亲水凝胶骨架材料及其他辅助材料组成。

骨架材料的选择是保持制剂长时间滞留的关键因素之一。一般要求骨架材料遇胃液时能迅速形成一胶体屏障膜并滞留于胃内，阻止水分进一步渗入凝胶层，以能控制制剂内药物的溶解、扩散速率。目前常用的亲水胶体有羟丙基甲基纤维素（HPMC）、羟丙基纤维素（HPC）、羟乙基纤维素（HEC）、甲基纤维素（MC）、乙基纤维素（EC）、羧甲基纤维素钠（SCMC）和卡波姆等，其中国内外制备胃内滞留漂浮型缓控释制剂的研究报道，大都采用HPMC或其不同黏度混合应用，用量一般为处方量的20％～75％。为提高制剂的滞留漂浮能力，添加相对密度小的疏水性酯类如单硬脂酸甘油酯、高级脂肪醇类如十八醇和十六醇等、脂肪酸或蜡类如硬脂酸或蜂蜡等；或者添加发泡剂如碳酸氢盐类，当制剂与胃液接触时，发泡剂与胃液反应生成二氧化碳，有助于制剂的漂浮；为加快释药速率，可添加压性好的乳糖、甘露醇、微晶纤维素等，或者加入适量的致孔剂如聚乙烯吡咯烷酮（PVP），可起到骨架致孔作用；如使用聚丙烯酸树脂等包衣材料对制剂进行包衣，一方面可减缓释药速率，另一方面，也可防止因 CO_2 产生而引起的裂片现象；在不影响制剂滞留漂浮的前提下，根据实际需要可加适量的润滑剂等如硬脂酸镁。

例 15-6：马来酸罗格列酮胃漂浮型控释片剂

处方：	
羟丙基甲基纤维素（HPMC K4M）	60％
乙基纤维素（EC，0.02Pa·s）	9％
碱式碳酸镁	10％
聚乙烯吡咯烷酮（PVP K30）	5％
乳糖	7％
硬脂酸镁	1％
主药	8％

制法：按照以上处方中的用量，精密称重，将主药与以上各辅料分别粉碎，过筛，混合均匀后，过药典3号筛，然后在适宜压力下全粉末直接压片，压制成0.1g的浅凸形片剂，硬度控制在3～5kg，规格为每片重为0.1g，含主药8mg。

注：该处方中以HPMC为主要的亲水凝胶骨架材料，用量达到60％，HPMC的黏度和用量影响着控

释片中主药的释药速率及片剂的体外漂浮；EC作为一种释药阻滞剂，是一种疏水性的材料，可在控释片中形成疏水性的骨架，从而使溶解的药物从其形成的孔道向介质中扩散，达到缓释或控释的效果；加入适量的碱式碳酸镁，主要起助漂作用，当片剂加入到人工胃液后，立即产生CO_2气体，包被于表面凝胶层，减轻制剂的密度，同时在骨架内部形成一定的孔道，从而增加片剂的漂浮力。

（二）结肠释药制剂

结肠定位释药制剂系指该制剂在经过胃和小肠时药物不释放或泄漏，但一旦被转运至结肠时即释放药物。该制剂可用于结肠疾病的局部治疗或用于提高肽和蛋白质类药物的口服生物利用度。胃肠系统的pH值由低逐渐升高，应用pH依赖性的高分子材料（如丙烯酸树脂、醋酸纤维素酞酸酯等）即可制备结肠定位释药制剂。

（三）脉冲给药系统

脉冲给药系统又称定时钟释药系统或控制突释系统，是人们以时间药理学及时辰药代动力学原理为理论基础，研制出来的一种定时释放有效剂量药物的新剂型。理想的口服脉冲给药系统是多次脉冲制剂，现阶段的口服脉冲给药系统的主要模式是2次脉冲控释制剂。由于第1剂量的药物可由普通速释制剂代替，目前研究较多的是第1剂量缺失型脉冲给药系统。脉冲式给药的突出优点就是能按照预定时间单次或多次地释放药物，因而避免了某些药物因持续高浓度造成的受体敏感性降低和耐药性的产生，同时也减少了药物的毒副作用，可以达到最佳的疗效。首例脉冲给药制剂是Searle公司的维拉帕米渗透泵片。

脉冲给药系统近十几年来取得了很大的发展，从最早的衣层脉冲控释，包括包衣片、包衣微丸胶囊、双层骨架片，到渗透压脉冲控释包括渗透泵、定时塞脉冲胶囊等，到现在的智能化凝胶脉冲控释及利用外界刺激控制的脉冲释药，控制时滞的方式越来越多样化。其中技术较成熟的是衣层脉冲控释。

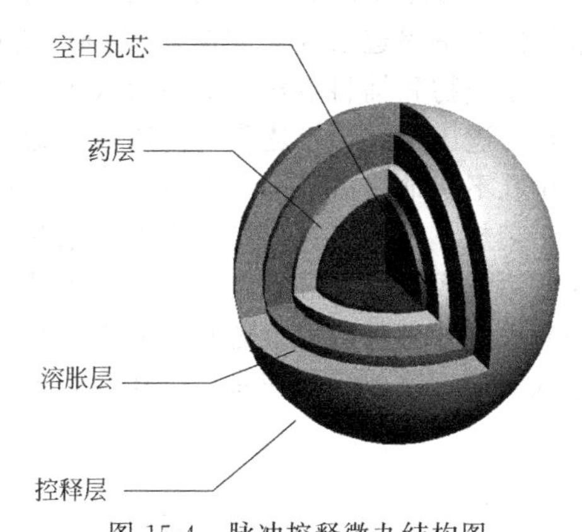

图 15-4　脉冲控释微丸结构图

衣层脉冲控释中的包衣微丸一般由含药丸芯（或空白丸芯＋含药层）、溶胀层、控释层几部分组成，（图15-4）。其中溶胀层为水溶胀性高分子材料和高效崩解剂，控释层为水不溶性高分子膜。具体的制备过程为：将药物包裹于空白丸芯上，再外包溶胀层、控释层。外层由于低渗透性只能使水分少量缓慢进入，只有当内层溶胀层吸收了足够量的水分，才能产生足够大的膨胀力并撑破外层包衣，使丸芯药物直接暴露于溶液中并快速释放。溶胀层吸水产生膨胀力的时间就是微丸的释药时滞，药物通过外层衣膜的破裂溶解而触发释放则可实现脉冲释药。通过调节丸芯外包衣层的厚度或药芯的处方组成等可以延长或缩短时滞。

例 15-7：盐酸罗沙替丁醋酸酯脉冲控释微丸

处方：		
	盐酸罗沙替丁醋酸酯	适量
	空白丸芯	适量
	交联羧甲基纤维素钠	15％
	乙基纤维素水分散体（Surelease）	24％

制法：

① 包衣液的配制

a. 含药层包衣液的配制：将 HPMC 溶于适量水中，磁力搅拌至完全溶解，加入适量乙醇，配成浓度为 12g/L 的乙醇水溶液，再依次加入药物和适量微粉硅胶，搅拌至均匀即得。

b. 溶胀层包衣液的配制：将 HPMC-E_3 溶于水中，配成浓度为 18g/L 的溶液，加入 CMC-Na 或其他崩解剂，使其质量浓度为 30g/L，搅拌至均匀，静置过夜，使其充分溶胀，使用前加入适量枸橼酸三乙酯。

c. 控释层包衣液的配制：取 Surelease 用水稀释成浓度为 80g/L 的溶液，搅拌至均匀即得。

② 包衣微丸的制备：

将空白丸芯置于流化床中，出风温度为 (37.0±2.0)℃，包衣液流速率为 1.0～1.5ml/min，喷雾压力为 120～160kPa，以底喷方式进行包衣。每次包衣后流化干燥 10min，包衣完成后置于烘箱中 40℃ 固化 12h 即得。

(四) 渗透泵型控释制剂

利用渗透压原理制成的控释制剂，能够均匀恒速地释放药物，释药速率不受环境 pH 值的影响，且能够在较长时间内维持控速释放，避免了常规制剂造成血药浓度波动较大的现象，从而极大地提高了药物的安全性和有效性。

目前研究和应用较多的是口服渗透泵片剂，一般由片芯和包衣膜两部分组成。片芯中包含药物和渗透压调节剂，包衣膜是由高分子材料组成的半透膜，包裹在片芯的外面，这是最常见的单室渗透泵片，如图 15-5(a) 所示。当渗透泵片与水接触后，水通过半透膜进入片芯，使药物和辅料溶解，从而形成了一个与外界环境相比具有高渗的溶液，造成包衣膜内外存在渗透压差，因半透膜对药物没有通透性，故在渗透压的作用下，药物通过半透膜上的释药小孔不断地释放出来。单室渗透泵片适用于水溶性药物的控释，但对难溶性药物的控释作用不理想，因此又提出了双室渗透泵片的概念，其片芯一般为双层片，上层由药物等组成，遇水后形成溶液或混悬液，下层由渗透压调节剂或膨胀剂等组成，双层片间有一层柔性聚合物隔膜，片芯外包以半透膜，并在上层用激光打一释药小孔，如图 15-5(b) 所示。水渗透进入下层后物料溶解膨胀产生压力，推动隔膜将上层药液挤出小孔。

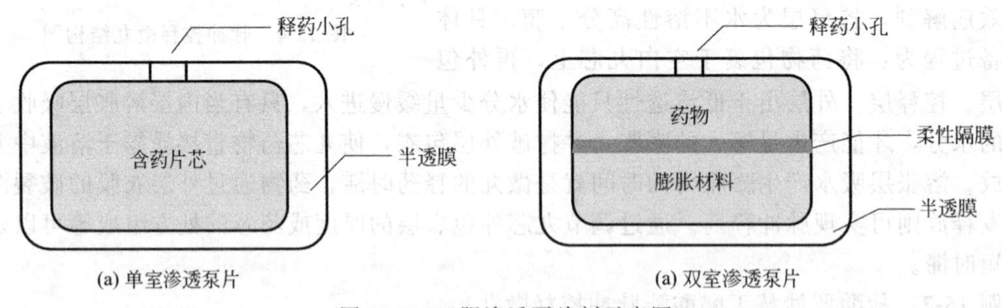

图 15-5　口服渗透泵片剂示意图

渗透泵型片剂的片芯吸水速度取决于膜的渗透性能和片芯的渗透压。从小孔中流出的溶液与通过半透膜的水量相等，在一定时间内，其释药过程为零级过程，并且这一过程一直持续到包衣膜内部药物溶液不再饱和时为止。当片芯中药物逐渐低于饱和浓度时，释药速率逐渐以抛物线式徐徐降低。胃肠液中的离子不会渗透进半渗透膜，故渗透泵型片剂的释药速率与 pH 无关，在胃中与在肠中的释药速率相当。

口服渗透泵片剂的制备工艺与普通薄膜包衣片类似，一般将药物与黏合剂、填充剂、渗透压调节剂等混合均匀后制粒、干燥，压成片芯后包衣，用激光或其他方法在包衣膜上形成释药小孔。半透膜的厚度、孔径和孔率、片芯的处方以及释药小孔的孔径，是制备渗透泵型片剂成败的关键。在处方工艺筛选过程中主要考虑成膜材料、渗透压调节剂及释药小孔大小的优化。

口服渗透泵片剂常用的成膜材料为醋酸纤维素。醋酸纤维素对水的渗透性取决于其乙酰化率。随着乙酰化率的增加，醋酸纤维素的亲水性逐渐减小。通过调整不同乙酰化率醋酸纤维素的比例，可以控制包衣膜的渗透性，从而控制药物的释放速率。常用增塑剂为邻苯二甲酸酯或甘油酯等。

当药物本身的渗透压较小时，可加入渗透压调节剂以增大渗透压，维持药物的释放。常用的渗透压调节剂包括硫酸镁、氯化钠、硫酸钠、甘露醇、尿素、酒石酸及蔗糖等。

口服渗透泵片剂通常有一个或多个释药小孔，其孔径一般为1mm以下。目前工业生产中常采用激光打孔。我国已研制成功用于渗透泵片剂生产的LL-9801型高速激光打孔机。该机采用静止式激光打孔方式，打孔瞬间激光与药片均静止不动，从而保证打出的孔形状规则、孔径准确。

影响渗透泵片释药的因素主要包括：①半透膜内外的渗透压差；②包衣膜的厚度及其对水的渗透性；③释药孔径的大小、数目等。渗透泵片释药的驱动力主要依靠包衣膜内外的渗透压差，该差值至少要在4倍以上才能保证恒速释药，而渗透压差的维持主要取决于片芯的处方组成。不同材料的包衣膜对水有不同的渗透性，渗透性越好，则其释药速率越大。包衣膜的厚度应适中，太薄则难以耐受强大的渗透压而破裂，引起药物突释；膜太厚，则释药速率太小，难以产生持续有效的血药浓度水平。

例15-8：盐酸维拉帕米渗透泵控释片

处方：

1. 片芯处方（规格：120mg）

盐酸维拉帕米	2850g（主药）
甘露醇	2850g（渗透压调节剂）
聚环氧乙烷	60g（膨胀剂）
聚乙烯吡咯烷酮	120g（黏合剂）
乙醇	1930g（溶剂）
硬脂酸	115g（润滑剂）

2. 包衣液处方

醋酸纤维素（乙酰化率39.8%）	47.25g（成膜材料）
醋酸纤维素（乙酰化率32.0%）	15.75g（成膜材料）
羟丙基纤维素	22.5g（致孔剂）
聚乙二醇3350	4.5g（增塑剂）
二氯甲烷	1750ml（溶剂）
甲醇	700ml（溶剂）

制法：将片芯处方中前三种组分置于混合机中混合5min；将PVP溶于乙醇中作黏合剂，缓缓加至上述混合组分中制软材，过16目筛制粒，于50℃烘干，整粒后加入硬脂酸混匀，压片，即得片芯。将包衣液处方量的醋酸纤维素、羟丙基纤维素及PEG3350溶解于二氯甲烷-甲醇（5∶2）混合溶剂中，混合均匀，即得包衣溶液。将片芯置于流化床中，采用流化床包衣技术进行包衣，衣膜增重约为6%。在包衣片的上下两面对称处各用激光打一释

药小孔，孔径为0.25mm，即得盐酸维拉帕米渗透泵控释片（120mg/片）。

注：所制备的片剂为单室渗透泵控释片，在人工胃液和人工肠液中的释药速率约为7mg/h，释药持续时间达12h以上，每天仅需服用1～2次。

例15-9：盐酸文拉法辛微孔渗透泵型控释片

处方：

1. 片芯：	盐酸文拉法辛（VH）	75g（主药）
	微晶纤维素（MCC）	125g（稀释剂）
	NaCl	10g（渗透压促进剂）
	乳糖	30g（渗透压促进剂）
	羟丙基甲基纤维素K4M	10g（阻滞剂）
	95%乙醇溶液	适量（黏合剂）
	硬脂酸镁	1g（润滑剂）
2. 包衣液：	醋酸纤维素（CA）	3g（膜剂）
	邻苯二甲酸二丁酯（DBP）	0.9ml（增塑剂）
	聚乙二醇400	3ml（致孔剂）
	丙酮	100ml
	衣膜增重	6%
3. 包衣工艺：	喷雾速率	5ml/min
	包衣温度	30℃
	包衣锅转速	30r/min
	熟化温度	40℃
	熟化时间	12h

制备：将药物和辅料混合均匀，过100目筛，加95%乙醇适量制软材，过32目筛制粒，制得的湿颗粒在40℃烘箱里干燥2h得干颗粒，干颗粒过18目筛整粒，加处方量的硬脂酸镁，压片，即得片芯。以醋酸纤维素、聚乙二醇400、邻苯二甲酸二丁酯的丙酮溶液为包衣液，喷雾速率为5ml/min，包衣温度30℃，包衣锅转速30r/min，即制得盐酸文拉法辛微孔渗透泵型控释片。

第四节　缓释和控释制剂的质量评价

一、体外试验

体外试验对处方筛选和质量控制具有重要意义。常用的体外试验方法为释放度试验。释放度系指口服药物从缓释制剂、控释制剂、肠溶制剂或透皮贴剂等在规定溶剂中释放的速率和程度。释放度试验是在模拟体内消化道条件，规定温度、介质的pH值、搅拌速率等，对制剂进行药物释放速率试验，最后制订出合理的体外药物释放度，以监测产品的生产过程与对产品进行质量控制。

缓释和控释制剂的体外释放度试验可采用溶出度测定仪进行。其中，仪器装置的选择方面，片剂一般倾向于选择桨法，胶囊剂多选择转篮法，如采用其他特殊仪器装置，需提供充分的依据。释放介质以去除空气的新鲜水为最佳的释放溶剂，或根据药物的溶解特性、处方要求、吸收部位，使用稀盐酸（0.001～0.1mol/L）或pH3～8的磷酸盐缓冲液，对难溶性药物不宜采用有机溶剂，一般可加少量表面活性剂（如十二烷基硫酸钠等）。释放介质的体积应符合漏槽条件，温度控制在37℃±0.5℃。

体外释放度试验应能反映出受试制剂释药速率的变化特征，且能满足统计学处理的需要，释药全过程的时间不应低于给药的间隔时间，且累积释放率要求达到90%以上。制剂质量研究中，应将释药全过程的数据作累积释放量-时间的释药速率曲线图，制订出合理的释放度取样时间点和释放百分率。从释药速率曲线图中至少选出3个取样时间点。第一个取样点用于考察制剂有无突释现象。缓释和控释制剂的剂量较常规制剂大2～3倍以上，如短时间内全部释放，则失去缓释或控释效果，甚至有可能引起中毒。第一个取样点一般在0.5～2h，药物累积释放量约为30%。第二个取样点用于考察释药特性及药物是否平稳释放，取样时间为4～6h，药物累积释放量在50%左右。第三个取样点用于证明药物基本完全释放，药物累积释放量要求在75%以上。给药间隔为12h的制剂的第三个取样时间点可为6～10h，24h给药一次的制剂，其取样时间点可以适当延长。为了有效地控制产品的质量，根据制剂的特点，释放度测定的取样时间点可增加至3个以上。譬如，《美国药典》(USP24) 规定茶碱缓释胶囊的释放度标准为：第1小时3%～15%，第2小时20%～40%，第4小时50%～75%，第6小时65%～100%，第8小时80%以上。

缓释和控释制剂的体外释放度至少应考察3批，每批产品之间应有较好的重现性，并考察同批产品在同一取样时间点有良好的均一性。释药数据可用零级方程、一级方程或Higuchi方程进行释药模型拟合，以相关系数最大而均方误差最小为最好拟合结果。

二、体内试验

体内试验可以检查制剂在体内的释药特性或生物利用度。

在体外试验的基础上，经过仔细地总结、分析实验资料，然后有计划、有步骤、有目的地进行体内试验。体内试验通常从动物实验开始，根据药理学实验、动物的药物动力学实验及其药物动力学参数等一系列资料，做好总结，然后慎重地过渡到人体试验。

人体试验目前均以健康受试者作为试验对象。当血药浓度（或主药成分代谢物浓度）与临床治疗浓度（或中毒浓度）之间的线性关系明确或可预计时，可用血药浓度测定法，否则应用药理效应法以评价缓释、控释制剂的安全性与有效性。

对缓释和控释制剂而言，判别的标准有两个方面，一是生物利用度，二是稳态血药浓度。缓释、控释制剂的生物利用度试验应在单次给药与多次给药两种条件下进行。单次给药双周期交叉试验是受试者在空腹条件下比较受试制剂与参比制剂的吸收速率和吸收程度，确认受试缓释、控释制剂与参比制剂是否为生物等效，并具有缓释、控释特征。多次给药双周期交叉试验是研究受试缓释、控释制剂与参比制剂多次给药达稳态的速率与程度以及稳态血药浓度的波动情况。

三、体内外相关性

由于体内试验方法繁杂，难度大，不可能作为常规的产品质量控制手段。因此，为了简便起见，除了制剂在研究阶段须做体内试验外，将来在生产时均以体外试验指标作为质量控制标准。释放度测定可以在一定程度上反映药物制剂在体内的吸收与临床疗效。但释放度测定方法必须被证明是合理的，即体外释放度与体内生物利用度之间应有良好的相关性。

缓释、控释制剂体内外相关性系指体内吸收相的吸收曲线与体外释放曲线之间对应的各个时间点回归，得到直线回归方程的相关系数符合要求，即可认为具有相关性。为了证明体外释放度与体内生物利用度的相关性，可以比较累积释放分数与吸收分数。体内吸收百分率的计算通常采用给予某制剂后测定得到的血药浓度-时间数据，应用 Wanger-Nelson 法（用于单室模型药）求得不同时间的吸收分数。以体外累积释放百分率为自变量、体内吸收分数为应变量进行最小二乘法线性回归，求得回归方程和相关系数，判断体外释放与体内吸收的相关性。二室模型药物可用 Loo-Riegelman 法求得不同时间的药物吸收分数。

关于制剂体内外相关性，从目前文献资料报道来看，有些缓释、控释制剂存在着体内外相关性，而有些缓释、控释制剂并不存在这种相关性。凡制剂的体内外存在显著相关性的，均可用体外释放度试验作为控制产品质量的指标。

本章小结

<table>
<tr><td rowspan="11">第一节　概述</td><td>缓释、控释制剂的定义</td><td colspan="2">缓释制剂系指在规定释放介质中，按要求缓慢地非恒速释放药物，使给药频率减少一半或给药频率有所减少，能显著增加患者顺应性的制剂；控释制剂系指在规定释放介质中，按要求缓慢地恒速或接近恒速释放药物使药频率减少一半或给药频率有所减少，血药浓度比缓释制剂更加平稳，且能显著增加患者顺应性的制剂</td></tr>
<tr><td>缓释、控释制剂的区别</td><td colspan="2">缓释制剂是按时间变化先多后少地非恒速释放，在动力学上一般体现为一级动力学过程。而控释制剂是按零级速率规律释放，可以得到更为平稳的血药浓度，“峰-谷”波动更小，直至基本吸收完全</td></tr>
<tr><td rowspan="4">缓释、控释制剂的特点</td><td colspan="2">提高患者的顺应性</td></tr>
<tr><td colspan="2">减缓血药浓度“峰-谷”现象</td></tr>
<tr><td colspan="2">增强化学稳定性</td></tr>
<tr><td colspan="2">减少胃肠道生理因素对制剂释药和转运的影响</td></tr>
<tr><td rowspan="4">缓释、控释制剂的设计</td><td rowspan="2">影响口服缓释、控释制剂设计的因素</td><td>药物的理化因素</td></tr>
<tr><td>生物因素</td></tr>
<tr><td rowspan="2">缓释、控释制剂的设计</td><td>药物选择</td></tr>
<tr><td>设计要求</td></tr>
<tr><td colspan="3"></td></tr>
<tr><td rowspan="16">第二节　缓释制剂的制备</td><td rowspan="2">缓释制剂的一般设计原理</td><td colspan="2">不含速释部分的缓释制剂的设计</td></tr>
<tr><td colspan="2">包含速释和缓释部分的缓释制剂的设计</td></tr>
<tr><td rowspan="14">缓释制剂的制备方法</td><td rowspan="3">不溶性骨架片的制备</td><td>药物与辅料混合均匀后直接压片</td></tr>
<tr><td>加入黏合剂或润湿剂后制粒压片</td></tr>
<tr><td>先将不溶性骨架材料溶解于有机溶剂中，加入药物溶解后蒸发溶剂，所得团块真空干燥后粉碎、制粒、压片</td></tr>
<tr><td rowspan="3">生物溶蚀性骨架片的制备</td><td>药物与辅料混合均匀后直接压片</td></tr>
<tr><td>加入黏合剂或润湿剂后制粒压片</td></tr>
<tr><td>先将生物溶蚀性骨架材料加热熔融，再加入药物和其他辅料，搅拌混匀，冷却、制粒、压片；或药物与辅料混合均匀后，采用熔融搅拌制粒法制粒、压片</td></tr>
<tr><td rowspan="2">亲水凝胶骨架片的制备</td><td>药物与辅料混合均匀后直接压片</td></tr>
<tr><td>加入黏合剂或润湿剂后制粒压片</td></tr>
<tr><td rowspan="3">缓释包衣片的制备</td><td>锅包衣法</td></tr>
<tr><td>流化床包衣法</td></tr>
<tr><td>压制包衣法</td></tr>
</table>

续表

第三节　控释制剂的制备	控释制剂设计中应考虑的问题	药物的理化性质
		生理学方面
		药理学方面
		生物药剂学性质
		其他
	控释制剂的组成	药物贮库
		控速部分
		能源
		传递孔道
	控释制剂的制备方法	胃内滞留漂浮制剂
		结肠释药制剂
		脉冲给药系统
		渗透泵型控释制剂一般由片芯和包衣膜两部分组成，片芯中包含药物和渗透压调节剂，包衣膜为由高分子材料组成半透膜，包裹在片芯的外面。常分为单室渗透泵片、双室渗透泵片
第四节　缓释和控释制剂的质量评价	体外试验	常用的体外试验方法为释放度试验；缓释和控释制剂的体外释放度试验可采用溶出度测定仪进行。取样时间点至少选出 3 个；缓释和控释制剂的体外释放度至少应考察 3 批
	体内试验	体内试验可以检查制剂在体内的释药特性或生物利用度；对缓释和控释制剂而言，判别的标准有两个方面，一是生物利用度，二是稳态血药浓度。人体试验目前均以健康受试者作为试验对象
	体内外相关性	缓释、控释制剂体内外相关性系指体内吸收相的吸收曲线与体外释放曲线之间对应的各个时间点回归，得到直线回归方程的相关系数符合要求，即可认为具有相关性

基本训练题

一、名词解释

1. 缓释制剂　2. 控释制剂　3. 脉冲给药系统

二、单项选择题

1. 关于缓释、控释制剂叙述错误的为（　　）。

A. 缓释、控释制剂的相对生物利用度应为普通制剂的 80%～120%

B. 半衰期短、治疗指数窄的药物可制成 12h 口服服用一次的缓释、控释制剂

C. 缓释、控释制剂的峰-谷浓度比应小于或等于普通制剂

D. 缓释、控释制剂的生物利用度应高于普通制剂

E. 缓释、控释制剂中起缓释作用的辅料包括阻滞剂、骨架材料和增黏剂

2. 最适合制备缓释、控释制剂的药物半衰期为（　　）。

A. <1h　　B. 2～8h　　C. 15h

D. 24h　　E. 48h

3. 渗透泵型片剂控释的机理是（　　）。

A. 减慢扩散　　B. 减少溶出

C. 片内渗透压大于片外，将片内药物压出

D. 片外渗透压大于片内，将片内药物压出
E. 片剂外面包控释膜，使药物恒速流出

4. 制定缓释、控释制剂释放度时，至少应测定几个取样点（　　）。
A. 1个　　B. 2个　　C. 3个
D. 4个　　E. 5个

5. 渗透泵型控释制剂的组成不包括（　　）。
A. 崩解剂　　B. 渗透压活性物质　　C. 推动剂
D. 半透膜材料　　E. 黏合剂

6. 口服缓释、控释制剂的特点不包括（　　）。
A. 可减少给药次数　　B. 可提高患者的服药顺应性
C. 可避免或减少血药浓度的峰-谷现象
D. 有利于降低药物的不良反应
E. 有利于降低肝首过效应

三、多项选择题

1. 关于缓释、控释制剂的叙述错误的为（　　）。
A. 生物半衰期很长的药物（大于24h）一般没有太大的必要做成口服缓释、控释制剂
B. 某种药物可与羟丙基甲基纤维素制成片剂，延缓药物释放
C. 维生素 B_2 可制成不溶性骨架片，提高维生素 B_2 在小肠的吸收
D. 抗生素为了减少给药次数，常制成缓释、控释制剂
E. 作用剧烈的药物为了安全，减少普通制剂给药产生的峰-谷现象，可制成缓释、控释制剂

2. 下列哪些是缓释制剂（　　）。
A. 骨架片　　B. 分散片　　C. 胃漂浮片
D. 泡腾片　　E. 膜控释小片

3. 缓释、控释制剂的辅料有（　　）。
A. 阻滞剂　　B. 骨架材料　　C. 增黏剂
D. 助悬剂　　E. 乳化剂

4. 影响口服缓释、控释制剂设计的因素是（　　）。
A. 剂量　　B. 生物半衰期　　C. 稳定性
D. 密度　　E. 分配系数

5. 可有缓释作用的是（　　）。
A. 微孔膜包衣片　　B. 蜡制骨架片　　C. 分散片
D. 渗透泵片　　E. 胃内漂浮片

6. 常用的亲水性骨架材料有（　　）。
A. 甲基纤维素　　B. 乙基纤维素　　C. 海藻酸盐
D. 羟丙基甲基纤维素　　E. 壳聚糖

四、简答题

1. 缓释制剂和控释制剂的区别有哪些？
2. 影响口服缓释、控释制剂设计的生物因素有哪些？
3. 胃内滞留漂浮制剂常加入哪些辅料？

第十六章 药物制剂的稳定性

学习与能力目标

通过本章的学习，学生应识记药物制剂的概念、意义和研究内容。熟记影响药物制剂降解的因素及稳定化方法，熟记进行药物影响因素试验、加速试验和长期试验的方法，能够根据药物及其制剂的稳定性设计合理的处方、工艺和包装，并制定相应的有效期，能够用经典恒温法预测药物的稳定性。理解药物及其制剂降解的动力学过程。为今后在药物设计、药物生产、新药申报等方面奠定良好的基础。

知识要求

掌握药物制剂稳定性的概念和研究意义。
掌握影响药物制剂稳定性的主要因素及常用的稳定化方法。
掌握药物稳定性试验方法。
掌握经典恒温法预测液体制剂稳定性的试验方法。
熟悉药物制剂的物理、化学和微生物学稳定性。
了解药物制剂稳定性的化学动力学。

第一节　概　述

一、研究药物制剂稳定性的意义

有效性、安全性、稳定性是对药物制剂的基本要求，而稳定性又是保证药物有效性和安全性的基础。药物制剂的稳定性（stability）系指药物在体外的稳定性，制备的药品应在一定的时间内保持制备时所规定的质量标准，从而保证药品从生产到患者使用期内不变质。

药物制剂在生产、贮存和使用过程中，会因各种因素的影响导致药物分解、变质，使其疗效降低，甚至毒副作用增加，故药物制剂稳定性对保证制剂的有效性和安全性具有非常重要的意义。因此，通过对药物制剂的稳定性进行研究，探讨影响药物制剂稳定性的因素及使药物制剂稳定化的各种措施，确定药物制剂的有效期，既可保证制剂产品质量，又可减少因制剂不稳定而导致的经济损失。稳定性研究也是药品质量控制研究的主要内容之一。为了科学合理地进行处方设计，提高制剂质量，保证用药的安全、有效，我国在《药品注册管理办法》中对新药的稳定性极为重视，规定新药申请必须呈报有关稳定性资料。同时，各国药典及药品生产质量管理规范在药品的稳定性方面也都有严格的要求和详细的规定。因此，为了提高制剂产品质量，保证其疗效与安全，获得更好的社会效益和经济效益，必须重视并研究药物制剂的稳定性。

二、药物制剂稳定性研究的范围

药物制剂的稳定性变化一般包括物理、化学、生物变化三个方面。

1. 物理稳定性

物理稳定性是指制剂的物理性能发生变化，如药物的外观变色，混悬剂中药物颗粒结块或粗化；乳剂的分层、破裂；胶体制剂的老化；片剂的崩解速度、溶出速度的改变；注射剂的澄明度下降等。主要是制剂的物理性质发生变化，而药物的化学结构不变。

2. 化学稳定性

化学稳定性系指药物由于发生氧化、还原、水解、光解、异构化、聚合、脱羧等化学反应，使药物含量（或效价）降低、色泽产生变化等。包括药物与药物之间，药物与溶剂、附加剂、杂质、容器、外界物质（空气、水分、光线等）之间，产生化学反应而导致制剂中的药物降解变质。其中水解和氧化是药物降解的主要途径。

3. 生物稳定性

生物稳定性一般是指药物制剂由于受微生物的污染，而使产品变质、腐败。以水为溶液的液体制剂易受微生物污染，尤其是含糖、蛋白质等营养物质的液体制剂更易于滋生微生物。

药物制剂的各种稳定性变化可能单独发生，也可能同时发生。药物制剂若发生化学稳定性变化，通常不仅会影响制剂的外观，而且可引起药物有效成分的含量变化和临床疗效的降低，甚至会增加制剂的毒副作用，危害较为严重。因此，本章重点讨论药物制剂的化学稳定性，研究各种影响制剂稳定性的因素并探讨制剂稳定化的措施。同时介绍稳定性的实验方法，预测药物制剂的稳定性。

三、稳定性的化学动力学基础

20 世纪 50 年代初期 Higuchi 等用化学动力学的原理评价药物制剂的稳定性以来，用化学动力学的方法来评价药物稳定性的理论得到广泛应用。化学动力学是研究化学反应速度及反应机理的科学。制剂中的药物以一定的速度降解，降解速度与药物浓度、湿度、pH 值和催化剂等因素有关，用化学动力学的方法可以测定药物降解的速度，预测药物的有效期，探讨影响降解速度的因素，从而有针对性地采取有效措施，防止或延缓药物的降解。现将与药物制剂稳定性有关的基本知识简要地加以介绍。

（一）反应速度与反应级数

研究药物降解的速度，首先遇到的问题是浓度对反应速度的影响，药物的降解速度与浓度的关系：

$$-\frac{dc}{dt}=kC^n \tag{16-1}$$

式中，$\frac{dc}{dt}$为反应速度；k 为反应速度常数，与反应物浓度无关，与反应物的性质、温度、溶剂有关，不同的化学反应有不同的反应速度常数；C 为反应物浓度；n 为反应级数，用于阐明反应物浓度对反应速度影响的大小，$n=0$ 为零级反应，$n=1$ 为一级反应，$n=2$ 为二级反应，以此类推。在药物制剂的各类降解反应中，对于大多数药物而言，尽管它们的反应过程或机理十分复杂，但多可按零级、一级、伪一级、二级反应来处理。

零级、一级、二级反应速度方程的积分式分别为：

$C_t = -kt + C_0$　　（零级反应）　　(16-2)

$\lg C_t = -kt/2.303 + \lg C_0$　　（一级反应）　　(16-3)

$1/C_t = kt + 1/C_0$　　（二级反应，二种反应的初浓度相等）　　(16-4)

式中，C_0 为 $t=0$ 时反应物浓度；C_t 为 t 时反应物的浓度；k 为速度常数。

（二）半衰期与有效期

通常将反应物消耗一半所需要的时间称为半衰期，记作 $t_{1/2}$。从上述公式可导出半衰期的公式，如一级反应 $t_{1/2}=0.693/k$，零级反应 $t_{1/2}=C_0/2k$。在药物降解反应中，常用药物降解 10%所需的时间（即 $t_{0.9}$）来衡量药物降解的速度，称为有效期。对零级反应，$t_{0.9}=0.1C_0/k$，对一级反应，$t_{0.9}=0.1054/k$。这些公式在预测药物稳定性时经常使用。

第二节　制剂中药物化学降解的主要途径

药物由于化学结构的不同，其降解反应也不一样，水解和氧化是药物降解的两个主要途径。其他如异构化、聚合、脱羧等反应，在某些药物中时有发生，有时一种药物还可能同时产生两种或两种以上的反应。

一、水解

水解是药物降解的主要途径之一，易发生水解反应的药物主要有酯类（包括内酯）、酰胺类（包括内酰胺）、苷类。

（一）酯类药物的水解

含有酯键药物的水溶液，在 H^+ 或 OH^- 或广义酸碱的催化下，易发生水解反应。特别是在碱性溶液中，由于酯分子中氧的负电性比碳大，故酰基被极化，亲核性试剂 OH^- 易于进攻酰基上的碳原子，而使酰-氧键断裂，生成醇和酸，酸进一步与 OH^- 反应，使反应进行完全。在酸或碱催化下，酯类药物的水解常可用一级或伪一级反应处理。

盐酸普鲁卡因的水解可以作为这类药物的代表，水解生成对氨基苯甲酸与二乙氨基乙醇而失去麻醉作用。

$$H_2N-C_6H_4-COOCH_2CH_2N(C_2H_5)_2 \cdot HCl + H_2O \longrightarrow$$

$$H_2N-C_6H_4-COOH + HOCH_2CH_2(C_2H_5)_2 + HCl$$

属于这类药物的还有乙酰水杨酸、盐酸丁卡因、盐酸可卡因、普鲁本辛、硫酸阿托品、氢溴酸后马托品等。羟苯酯类，也有水解的可能。在制备制剂时应引起注意。羧酸酯水解的难易与 RCOOR′中 R 及 R′的结构有关，在 R 或 R′中有吸电子基存在，则增加水解速度。若 R 或 R′体积大，由于位阻的影响，可减慢水解速度，如盐酸丙氧普鲁卡因比盐酸普鲁卡因稳定。酯类水解，往往使溶液的 pH 下降，有些酯类药物灭菌后 pH 下降，即提示有水解可能。

内酯与酯一样，在碱性条件下易水解开环。硝酸毛果芸香碱、华法林钠均有内酯结构，可以产生水解。

（二）酰胺类药物的水解

酰胺类药物一般较酯类不易水解，但在一定条件下水解以后生成酸与胺。属于这类的药物有氯霉素、青霉素类、头孢菌素类、巴比妥类等。此外，如利多卡因、对乙酰氨基酚（扑热息痛）等也属此类药物。

1. 氯霉素

氯霉素比青霉素类抗生素稳定，但其水溶液仍很易分解，在 pH7 以下，主要是酰胺水解，生成氨基物与二氯乙酸。

在 pH2～7 范围内，pH 对水解速度影响不大，在 pH6 最稳定，pH 值在 2 以下 8 以上水解作用加速。而且在 pH＞8 还有脱氯的作用。氯霉素水溶液 120℃加热，氨基物可能进一步发生分解生成对硝基苯甲醇。同时水溶液对光敏感，在 pH5.4 暴露于日光下，会产生黄色沉淀。对光解产物进行分析，结果表明可能是由于进一步发生氧化、还原和缩合反应所致，故需避光保存。

目前常用的氯霉素制剂主要是氯霉素滴眼液，处方有多种。磷酸盐、枸橼酸盐、醋酸盐等缓冲液能促进其水解，故配置时选用硼酸-硼砂缓冲液，氯霉素的硼酸-硼砂缓冲液，pH 为 6.4，有效期为 9 个月，有人对此处方进行改进，调整缓冲剂用量，使 pH 由原来的 6.4 降到 5.8，认为可使本制剂稳定性提高。氯霉素溶液可用 100℃、30min 灭菌，水解 3%～4%，以同样时间 115℃热压灭菌，水解达 15%，故不宜采用。

2. 青霉素和头孢菌素类

青霉素类的结构，可用下列通式表示。

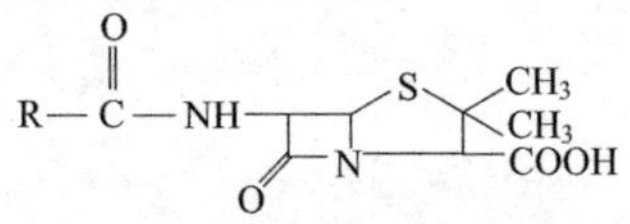

R—C(=O)—NH— (β-内酰胺环 N, C=O; 噻唑环 S, CH_3, CH_3, COOH)

这类药物的分子中存在着不稳定的 β-内酰胺环，在 H^+ 或 OH^- 影响下，很易裂环失效。如氨苄西林在中性和酸性溶液中，水解产物为 α-氨苄青霉酰胺酸。氨苄西林在水溶液最稳定 pH 为 5.8。pH6.6 时，$t_{1/2}$ 为 39 天，半衰期短，只宜制成固体剂型（注射用无菌粉）。注射用氨苄钠在临用前可用 0.9%氯化钠注射液溶解后输液，但 10%葡萄糖注射液对本品有一定的影响，最好不要配合使用，若两者配合使用，也不宜超过 1h。乳酸钠注射液对本品水解有显著催化作用，两者不能配合使用。

其他青霉素类，由于 R 不同，稳定性有些差别。头孢菌素类由于分子中同样含有 β-内酰胺环，易于水解。如头孢唑啉钠，在酸与碱中都易水解失效，水溶液 pH4～7 较稳定，在 pH4.6 的缓冲溶液中 $t_{0.9}$ 约为 90h。

3. 巴比妥类

巴比妥类也是酰胺类药物，在碱性溶液中容易水解。有些酰胺类药物，如利多卡因，邻近酰胺基有较大的基团，由于空间位阻，不易水解。

（三）其他药物的水解

阿糖胞苷在酸性溶液中，脱氨水解为阿糖脲苷。在碱性溶液中，嘧啶环破裂，水解速度加快。本品在 pH6.9 时最稳定，水溶液经稳定性预测 $t_{0.9}$ 约为 11 个月，常制成注射用粉针剂使用。

另外，如 B 族维生素、安定、碘苷等药物的降解，也主要是水解作用。

二、氧化

氧化是药物变质最常见的反应。常温下药物受到空气中氧的氧化发生降解反应，称为自动氧化反应。氧化过程一般都比较复杂。有时一个药物氧化、光化分解、水解等过程同时存在。药物的氧化性与化学结构有关，许多酚类、烯醇类、芳胺类、吡唑酮类、噻嗪类药物均较易氧化。药物氧化后，不仅效价损失，而且可能伴随颜色的改变或沉淀的析出，甚至有毒物质的生成，严重影响药品的质量。

（一）酚类药物

这类药物分子中具有酚羟基，如肾上腺素、左旋多巴、吗啡、去水吗啡、水杨酸钠等。酚类药物的氧化是由于酚羟基变成醌等结构，因而呈现黄→棕→黑等色。如肾上腺素的氧化先生成肾上腺素红，最后变成棕红色聚合物或黑色素。

（二）烯醇类

维生素 C 是这类药物的代表，分子中含有烯醇基，极易氧化，氧化过程较为复杂。在有氧条件下，先氧化成去氢抗坏血酸，然后水解为 2,3-二酮古罗糖酸，此化合物进一步氧化为草酸与 L-丁糖酸。

（三）其他类药物

芳胺类如磺胺嘧啶钠，吡唑酮类如氨基比林、安乃近，噻嗪类如盐酸氯丙嗪、盐酸异丙嗪等，这些药物都易氧化，其中有些药物氧化过程极为复杂，常生成有色物质。含有碳-碳双键的药物如维生素 A 或维生素 D 的氧化，是典型的游离基链式反应。易氧化药物要特别注意光、氧、金属离子对它们的影响，以保证产品质量。

三、其他反应

（一）异构化

异构化（isomerization）一般分光学异构化（opitical isomerization）和几何异构化（geometric isomerization）两种。通常药物异构化后，生理活性降低、失活或毒性增大等。

1. 光学异构化

光学异构化可分为外消旋化（racemization）和差向异构化（epimerization）。外消旋化主要指分子的旋光性发生变化，某些具有光学活性的药物在某些因素的影响下，转变为它们的对映体，最后得到左旋体和右旋体各一半的混合物。大多数药物的左旋体生理活性大于右旋体，如左旋肾上腺素具有生理活性，水溶液在 pH4 左右产生外消旋化作用，外消旋化以后，只有 50%的活性。

差向异构化指具有多个不对称碳原子上的基团发生异构化的现象。如四环素在酸性条件下，在 4 位上碳原子出现差向异构体形成 4-差向四环素。现在已经分离出差向异构四环素，生理活性比四环素低；毛果芸香碱在碱性时，α-碳原子也存在差向异构化作用，生成异毛果芸香碱；麦角新碱也能差向异构化，生成活性较低的麦角袂春宁。

2. 几何异构化

有些有机物，反式几何异构体与顺式几何异构体的生理活性有差别。如维生素 A 的活性形式是全反式最高。在多种维生素制剂中，维生素 A 除了氧化外，还可异构化，在 2,6 位形成顺式异构体，此种异构体的活性比全反式的低。

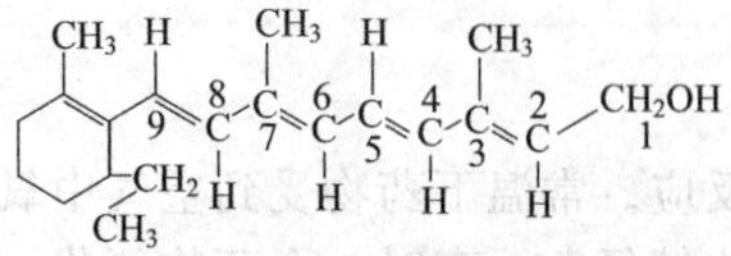

全反式维生素 A

(二) 聚合

聚合是两个或多个分子结合在一起形成复杂分子的过程。如氨苄西林浓的水溶液在贮存过程中发生聚合反应，一个分子的 β-内酰胺环裂开与另一个分子反应形成二聚物，继续反应形成高聚物。这类聚合物能诱发氨苄西林产生过敏反应；塞替哌在水溶液中易聚合失效，以聚乙二醇 400 为溶剂制成注射液，可避免聚合，使本品在一定时间内保持稳定。

(三) 脱羧

对氨基水杨酸钠在光、热、水分存在的条件下易脱羧生成间氨基酚，后者还可进一步氧化变色。普鲁卡因水解产物对氨基苯甲酸，也可慢慢脱羧生成苯胺，苯胺在光线影响下氧化生成有色物质，这就是盐酸普鲁卡因注射液变黄的原因。碳酸氢钠注射液热压灭菌时产生二氧化碳，故溶液及安瓿空间均应通以二氧化碳。

第三节 影响药物制剂降解的因素及稳定化方法

影响药物制剂稳定性的因素很多，可概括为处方因素与外界因素两个方面来讨论。

一、处方因素的影响及解决方法

药物制剂的稳定性与处方的组成紧密相关，处方的 pH、溶剂、离子强度、表面活性剂、赋形剂与附加剂等，均可影响易水解或易氧化药物的稳定性。

(一) pH 的影响

1. 专属酸碱催化或特殊酸碱催化

某些药物的降解受 H^+ 或 OH^- 催化，因此其降解速度在很大程度上取决于制剂 pH。在 pH 较低时，以 H^+ 催化为主；在 pH 较高时，以 OH^- 催化为主；pH 在中间值时，其降解速度可能与 pH 无关或由 H^+ 和 OH^- 共同催化。有些药物溶液当 pH 相差 0.5 单位时，其降解速度相差数倍。

许多酯类、酰胺类药物常受 H^+ 或 OH^- 催化水解，这种催化作用也叫专属酸碱催化或特殊酸碱催化，此类药物的水解速度，主要由 pH 决定。如盐酸普鲁卡因的不稳定性主要是水解作用，当 pH 为 3.5 时，溶液最稳定，其水解速度与 pH 值的关系见表 16-1。酯类药物通常在中性或弱酸性环境中比较稳定。

表 16-1 盐酸普鲁卡因的水解与 pH 值的关系

溶液的 pH 值	水解 10%的时间/日	溶液的 pH 值	水解 10%的时间/日
5.0	2800	5.5	900
6.0	280	6.5	90
7.0	28		

酰胺类药物的水解，主要受 OH^- 催化，水解速度与 OH^- 浓度成正比，故 pH 值越高，水解速度越快。只有在酸性较强时，才受 H^+ 催化。

药物的氧化反应亦与溶液的 pH 值有关，当 pH 值较低时比较稳定。如维生素 B_1 在 pH 为 3.5 时最稳定，120℃、30min 热压灭菌几乎无变化；在同样条件下 pH5.3 时分解 20%，pH6.3 时分解 50%。肾上腺素的氧化变色过程受 pH 的影响亦较明显，肾上腺素溶液的稳定性 pH4.0 时比 pH6.0 时大 2 倍。

为了研究药物的降解，就要查阅资料或通过实践找出其最稳定的 pH 范围，并调节 pH。pH 调节剂常用的是盐酸与氢氧化钠。为了不再引入其他离子而影响药液的澄明度等，生产上常用与药物本身相同的酸和碱，如氨茶碱用乙二胺、苯巴比妥钠用苯巴比妥、硫酸卡那霉素用硫酸调节 pH。此外，为了保持药液的 pH 不变，常用磷酸、枸橼酸、醋酸及其盐类组成的缓冲系统来调节。pH 调节除考虑药物稳定性外，还应考虑溶解度、刺激性和疗效等问题。如大部分生物碱在偏酸性溶液中比较稳定，故注射剂常调节在偏酸范围。如将它们制成滴眼剂，就应调节在偏中性范围，以减少刺激性，提高疗效。

2. 广义的酸碱催化或一般酸碱催化影响

按照 Bronsted-Lowry 酸碱理论，给出质子的物质叫广义的酸，接受质子的物质叫广义的碱。有些药物也可被广义的酸、碱催化水解，这种催化作用叫广义的酸、碱催化或一般酸碱催化。许多药物处方中，往往需要加入缓冲剂来调节 pH，常用的缓冲剂如醋酸盐、磷酸盐、枸橼酸盐、硼酸盐均为广义的酸碱。HPO_4^{2-} 对青霉素 G 钾盐、苯氧乙青霉素也有催化作用。

为了减少这种催化作用的影响，在实际生产处方中，缓冲剂应用尽可能低的浓度或选用没有催化作用的缓冲系统。

（二）溶剂的影响

许多药物的生产与使用都在溶液中进行，所以溶剂对药物制剂的稳定性有很大的影响。根据溶剂与药物的性质，溶剂可能由于溶剂化、解离、改变反应的活化能等而对药物制剂的稳定性产生很大影响。

对于易水解的药物，有时采用介电常数低的非水溶剂如乙醇、丙二醇、甘油等，可延缓药物的水解。例如，苯巴比妥水溶液受 OH^- 催化水解，采用丙二醇和水的混合溶剂来制备注射液，可使产品稳定性大大提高。但部分药物采用介电常数低的溶剂不能达到稳定药物的目的。溶剂对稳定性的影响比较复杂，对具体药物选用溶剂应通过实验来确定。

（三）离子强度的影响

在制剂处方中，往往加入电解质调节等渗，或加入抗氧剂防止氧化，或加入表面活性剂增加药物的溶解度，或加入缓冲剂调节 pH 值等。这些电解质的加入，改变了药液中的离子强度，而离子强度对水解速度有很大影响，从而对药物制剂的稳定性产生影响。如青霉素在磷酸缓冲液中（pH6.8），由于盐的加入，离子强度增加，青霉素的水解速度亦增大。

（四）表面活性剂的影响

某些容易水解的药物，加入表面活性剂可使稳定性增加，如苯佐卡因易受碱催化水解，在 5%的十二烷基硫酸钠溶液中，30℃时的半衰期延长了 18 倍。这是因为表面活性剂在溶液中形成胶团后，可将易水解的药物包裹在胶团内部，阻止 H^+ 或 OH^- 进入胶团，而减少对其攻击的机会，因而增加药物的稳定性。但要注意，表面活性剂有时使某些药物分解速度反而加快，如聚山梨酯 80 可使维生素 D 稳定性下降，故必须通过实验正确选用表面活性剂。

（五）基质和辅料的影响

一些半固体剂型如软膏、栓剂，药物的稳定性与制剂处方的基质有关。如聚乙二醇能促进氧化可的松的分解，当聚乙二醇用作阿司匹林栓剂基质时，也可使阿司匹林分解，产生水杨酸和乙酰聚乙二醇。

某些辅料对药物也产生影响，如维生素U片采用糖粉和淀粉为赋形剂，则产品变色。若用磷酸氢钙，再辅以其他措施，产品质量则有所提高。一些片剂的润滑剂对阿司匹林的稳定性有一定影响，如用硬脂酸镁作阿司匹林片剂的润滑剂时，硬脂酸镁可能与阿司匹林反应形成相应的乙酰水杨酸镁，吸湿性增强，导致阿司匹林分解速度加快。因此，生产阿司匹林片时不应使用硬脂酸镁这类润滑剂。

二、外界因素（环境）的影响及解决方法

除了处方因素外，外界因素（环境）对于制剂的稳定性也有着重要的影响。外界因素（环境）包括温度、光线、空气（氧）、金属离子、湿度和水分、包装材料等。这些因素对于制订产品的生产工艺条件和包装设计都是十分重要的。其中温度对各种降解途径（如水解、氧化等）均有影响，而光线、空气（氧）、金属离子对易氧化药物影响较大，湿度、水分主要影响固体药物的稳定性，包装材料是各种产品都必须考虑的问题。

（一）温度的影响

一般来说，温度升高，反应速度加快。根据 van't Hoff 规则，温度每升高 10℃，反应速度增加 2～4 倍。然而不同反应增加的倍数可能不同。关于温度对降解速度常数的影响，Arrhenius 提出了如下方程：

$$k = A\mathrm{e}^{-E/RT} \tag{16-5}$$

式中，k 为反应速度常数；A 为频率因子；E 为活化能；R 为气体常数；T 为热力学温度。

Arrhenius 公式定量地阐明了温度与反应速度之间的关系，温度升高，反应速度增加。Arrhenius 公式是预测药物制剂有效期的重要理论依据。

药物制剂在制备过程中，往往需要加热溶解、灭菌等操作，此时应考虑温度对药物稳定性的影响，制订合理的工艺条件。有些产品在保证完全灭菌的前提下，可降低灭菌温度，缩短灭菌时间。但对热特别敏感的药物，如某些抗生素、生物制品，要根据药物性质，设计合适的剂型（如固体剂型），生产中要采取特殊的工艺（如冷冻干燥、无菌操作）等，同时产品要低温贮存，以保证产品质量。

（二）光线的影响

光和热一样，可提供产生降解反应所需的活化能。药物的光反应通常是吸收了太阳光中的蓝紫光、紫光和紫外光而引起的。其中波长小于 420nm 的紫外光影响最大，这是由于波长越短，能量越大，因此紫外线更易激发化学反应。

光能激发许多药物的氧化反应，并使反应加快。药物的光解主要与药物的化学结构有关，酚类如苯酚、吗啡、肾上腺素、可待因、水杨酸等，还有分子中含双键的药物如维生素A、维生素D、维生素 B_{12} 等都能在光线的作用下发生氧化反应。光敏感药物还有氯丙嗪、异丙嗪、维生素 B_2（核黄素）、氢化可的松、泼尼松、叶酸、辅酶Q、硝苯地平等。

光解反应较热反应复杂，光的强度、波长，灌装容器的组成、种类、形状、与光线的距

离等均对光解反应速度有影响，对于因光线而易氧化变质的药物在生产过程和贮存过程中，都应尽量避免光线的照射，宜采用棕色玻璃瓶包装或容器内衬垫黑纸，避光贮存。

（三）空气（氧）的影响

空气中的氧是引起制剂中药物氧化的重要因素。大多数药物的氧化是自动氧化反应，有些仅需痕量的氧就能引起反应。氧进入制剂的主要途径：一是氧在水中有一定的溶解度，在平衡时，25℃时每升水中可溶解氧气 5.75ml；二是容器空间或固体制剂的颗粒间隙中，残存着一定量的氧，这足以使药物发生氧化，导致药物失效、变色或产生有毒物质。

为了防止药物的自动氧化，目前生产上常采用惰性气体（如 N_2 或 CO_2）驱除氧，或在制剂中加入抗氧化剂消耗氧气。

1. 通入惰性气体

一般可在容器中充入 N_2 或 CO_2 ，驱赶容器中的氧，使容器中的药物与氧隔绝。由于氧气可溶解在水中，故配制易氧化药物溶液时，可用新鲜煮沸放冷的注射用水配制，或在纯化水中通入 N_2 或 CO_2，驱赶溶解在水中的氧。如配制维生素 C 注射液时应采用新鲜煮沸放冷的注射用水，并在安瓿上方充 N_2 或 CO_2 ，以防止其氧化。

2. 加入抗氧剂

抗氧剂本身是强还原剂，极易被氧化，从而保护药物免遭氧化，在此过程中抗氧剂本身被逐渐消耗。常用水溶性抗氧剂有焦亚硫酸氢钠等，一般用量为 0.05%～0.2%，其他有硫脲、维生素 C 等。油溶性抗氧剂有去甲双氢愈创木酸、焦性没食子酸及其酯类、叔丁基羟基茴香醚、维生素 E 等。

此外，还可采用包衣或真空包装的方法以减少药物与空气接触的机会。

（四）金属离子的影响

微量的金属离子，尤其是二价以上的金属离子，对制剂中药物的氧化反应有显著的催化作用。如 0.0002mol/L 的铜能使维生素 C 氧化速度增大 1 万倍。铜、铁、铂、镍、锌、铅等离子都有促进氧化的作用，它们主要是缩短氧化作用的诱导期，增加游离基生成的速度。

制剂中微量金属离子主要来自原辅料、溶剂、容器以及操作过程中使用的工具等。要避免金属离子的影响，应选用纯度较高的原辅料，操作过程中避免使用金属器具。通常在药液中加金属络合剂来消除这种影响。金属络合剂可与溶液中的金属离子生成稳定的水溶性络合物，可消除金属离子的催化作用，增强药物的抗氧化作用。常用的金属络合剂有乙二胺四乙酸钠、枸橼酸、酒石酸、磷酸等。有时金属络合剂与亚硫酸盐类抗氧剂联合应用，效果更佳。

（五）湿度和水分的影响

空气中的湿度与物料中的含水量对固体药物制剂的稳定性有重要影响。许多反应没有水分存在就不会进行，水是化学反应的媒介，固体药物吸附了水分以后，在表面形成一层液膜，分解反应就在膜中进行。如乙酸水杨酸片、青霉素钠无菌粉末、维生素 C 片等，其化学稳定性均受湿度和水分的影响，一般固体药物制剂受水分影响的降解速度与相对湿度成正比，相对湿度越大，降解越快。

（六）包装材料的影响

药物在贮藏过程中，易受到热、光、水分及空气（氧）的影响。包装设计在一定程度上能排除这些因素的干扰，同时也要考虑包装材料与药物制剂的相互作用。包装材料通常使用的有玻璃、塑料、橡胶及金属等。

1. 玻璃材料的影响

玻璃性能稳定，不易与药物发生作用，不能使气体透过，为目前应用最多的一类容器。但有的玻璃会释放碱性物质和脱落不溶性玻璃碎片。棕色玻璃能阻挡波长小于470nm的光线透过，故光敏感的药物可用棕色玻璃包装。

2. 塑料材料的影响

塑料是聚氯乙烯、聚苯乙烯、聚乙烯、聚丙烯等一类高分子聚合物的总称。塑料容器具有质轻、价格低廉、抗冲击能力强等优点。然其缺点是有透气性与透湿性，容器中的气体或液体可以与大气或周围环境进行交换。周围环境中的物质通过塑料进入容器中影响药物的稳定性。有些药物能与塑料中的附加剂发生理化作用，有的塑料中的成分可以迁移进入溶液。

3. 橡胶材料的影响

橡胶广泛用作塞子、垫圈、滴头等，它可吸附溶液中的主药和抑菌剂，特别是对于抑菌剂的吸附可使抑菌效果降低。橡胶成型时，也加入硫化剂、填充剂、防老剂等附加剂，故橡胶与药液接触，其中的附加剂可能被药液浸出，因而污染药液，特别是对于注射剂质量影响更大。

4. 金属材料的影响

金属作为包装材料具有牢固、密封性能强等优点，但易被氧化剂、酸性物质所腐蚀。

三、药物制剂稳定化的其他方法

前面在讨论影响药物制剂稳定性的因素中，提到了一些药物制剂稳定化的方法，下面对药物制剂稳定化的其他方法作进一步论述。

（一）改进药物剂型或生产工艺

1. 制成固体制剂

凡是在水溶液中不稳定的药物，可考虑制成固体制剂。供口服的可制成片剂、胶囊剂、颗粒剂等，供注射用的可制成注射用无菌粉末。

2. 制成微囊或包合物

采用微囊制备技术或包合技术，可防止药物受外界环境的影响，增加药物的稳定性。如维生素A制成微囊，稳定性有很大提高；维生素C、硫酸亚铁制成微囊或包合物后，可有效防止药物的氧化。

3. 采用直接压片或包衣工艺

一些对湿热不稳定的药物，可以采用直接压片或干法制粒。此外，包衣也是解决片剂稳定性的常规方法之一，如氯丙嗪、非那根、对氨基水杨酸钠等，均做成包衣片。个别对光、热、水很敏感的药物如酒石酸麦角胺，一些药厂采用联合式干压包衣机压制成包衣片，收到良好效果。

（二）制成难溶性盐

一般药物的水解速度与其在水中的溶解度有关，故将易水解的药物制成难溶性盐或难溶性酯类衍生物，可增加其稳定性。水溶性越低，稳定性越好。例如青霉素G钾盐，在水中极易水解失效，但制成溶解度小的普鲁卡因青霉素G（水中溶解度为1：250），稳定性显著提高。青霉素G还可制成苄星青霉素G（长效西林），其溶解度进一步减小（1：6000），故稳定性更佳，可以口服。

四、固体药物制剂的稳定性

（一）固体药物制剂稳定性的特点

前述影响药物制剂稳定性的因素及稳定化方法，一般也适用于固体制剂，但由于固体制剂多属于多相非均匀系统，其制剂稳定性与溶液不同，有一定的特殊性，主要特点有：①固体药物一般分解较慢，需要较长时间和精确的分析方法。②固体状态的药物分子相对固定，不像溶液那样可以自由移动和完全混合，因此具有系统的不均匀性，含量等分析结果很难重现；③一些易氧化的药物的氧化作用往往限于固体表面，而将内部分子保护起来，以致表里变化不一；④固体剂型又是多相系统，常包括气相（空气和水汽）、液相（吸附的水分）和固相，试验工作中，这些相的组成和状态常发生变化，特别是在水分存在的条件下对稳定性影响很大，对试验造成了很大的困难，因此，研究固体药物及其固体制剂的稳定性是一件十分复杂的工作。

（二）影响固体药物制剂稳定性的因素

1. 药物的晶型

在生产中发现，许多药物由于晶型不同，稳定性也不同。例如，醋酸可的松如使用不合要求的晶型配制混悬剂则可导致结块；青霉素 G 的无定形较结晶型的稳定性差；利福平的无定形在 70℃加温 15 天含量下降 15％以上，而晶型 A 和 B 则只下降 1.5％～4％，室温贮存 3 年含量仍在 90％以上。

另外，在制剂工艺中，如粉碎、加热、冷却、湿法制粒都可能发生晶型的变化。因此在设计制剂时，要对晶型作必要的研究，弄清该物有几种晶型、何种稳定、何种有效。研究晶型的方法有差热分析和差示扫描量热法、X 线单晶结构分析、X 线粉末衍射、红外光谱、核磁共振谱、热显微镜、溶出速度法。

2. 含水量的影响

药物中所含的水量对降解的影响可用 Tingstad 等提出的模式来说明，对于在水中发生水解而水量又不足以溶解所有的药物时，则每单位时间药物降解的量与含水量成正比。其公式为：

$$d=K_0V \tag{16-6}$$

式中，d 为一天降解的量；K_0 为表观零级速度常数；V 为固体系统中水的体积，故 d 对 V 作图得一直线。

例如，氨苄钠水分应控制在 1％，水分增加则其稳定性显著下降。

3. 温度的影响

一般化学反应都是温度升高反应速度加快，温度升高 10℃则反应速度增加 2～4 倍。温度对反应速度的影响，同样符合 Arrhenius 公式，但在实验过程中要注意，温度升高又可能使水分减少而有利于稳定，故必须注意控制实验条件。

4. 湿度的影响

固体药物暴露于潮湿空气中，表面吸附水蒸气而形成薄层溶液，增加了药物的不稳定性。而吸水的程度与药物的性质和大气中水蒸气压有关，如大气中水蒸气压力为 P_A，而药物表面吸水所成之饱和溶液的蒸气压为 P，若 $P_A>P$，则固体药物产生吸湿现象。若 $P_A<P$，则药物将被干燥。若 $P_A=P$ 则为临界吸湿条件。在 $P_A>P$ 时，吸湿速度与（P_A-P）和表面积 A 成正比。

药物暴露在大于临界相对湿度的环境中，其重量则随时间迅速增加。相对湿度（RH）

系指在相同条件下空气中实际水蒸气压强与饱和水蒸气压强之比，一般以百分数表示。当提高相对湿度到某一值时，吸湿量迅速增加，此时的相对湿度称为临界相对湿度（CRH）。测定临界相对湿度可将样品放在不同的相对湿度中测其重量变化，以增重量与相对湿度作图即可求得。临界相对湿度值对稳定性的研究很重要，因为它是药物吸湿与否的临界值。

5. 光线的影响

药物及其制剂因光化作用而降解是常见的现象，但对光催化变色方面却研究较少。Tuvi建立了一个快速评定光稳定性的方法，该法在24h内就能获得普通光线条件下2年的效果。

（三）固体药物制剂稳定性试验的特殊要求及特殊方法

1. 固体药物制剂稳定性试验的特殊要求

根据固体药物稳定性的特点，在稳定性试验中还有一些特殊要求，须引起实验者的注意。①由于水分对固体药物稳定性影响较大，所以每个样品必须测定水分，加速试验过程中也要测定。②样品必须采用密封容器。但为了考察包装材料的影响，可以用开口容器与密封容器同时进行，以便比较。③测定含量和水分的样品，都要分别单次（个）包装。④样品含量应均匀，以避免测定结果的分散性。⑤样品的粒度应均匀，必要时可用一定规格的筛号过筛，并测定其粒度。⑥应注意赋形剂对药物稳定性的影响及药物与赋形剂间的相互作用。⑦试验温度不宜过高，以60℃以下为宜。

2. 固体药物制剂稳定性试验的特殊方法

溶液型制剂通过加速试验求得室温下的有效期在理论上和实践上都比较成熟，结果也比较可信。固体制剂中药物的降解比较复杂，根据固体制剂稳定性的特点，除采用温度、湿度、光照加速试验方法外，还有一些特殊方法。

一般采用药物与赋形剂按1∶5配料、药物与润滑剂按20∶1配料的方法考察药物与赋形剂有无相互作用，比较适用的试验方法有热分析法，包括差示热分析法（DTA）和差示扫描量热法（DSC）。此两种方法在固体制剂稳定性研究中，较为常用。差示热分析法（DTA）是在程序控温下，测量试样与参比物之间的温差随温度的变化，当试样发生某些物理或化学变化时，将发生放热或吸热，使试样温度暂时升高或降低，从而在DTA曲线上出现放热峰或吸热峰。两组分混合后的DTA曲线与单个组分的DTA曲线进行比较，就能判断是否存在相互作用，可用来考察药物与药物之间、药物与辅料之间是否发生相互作用。通常放热峰说明发生了分解、离解、氧化等化学反应，吸热峰说明可能发生溶解、升华、蒸发、失去结晶水等相变过程。

差示扫描量热法（DSC）与DTA的原理相似。DSC是在程序控温条件下测量输入到试样与参比物之间的能量随温度变化的一种分析方法，比DTA反应灵敏、重现性好、分辨率高、准确。如采用DSC方法研究表明，苯唑青霉素不能选用硬脂酸镁、硬脂酸做赋形剂，而可以与玉米淀粉、滑石粉等配合使用。

其他如漫散射光谱法和薄层色谱法也可用于研究药物的颜色变化及药物与赋形剂间的相互作用。

第四节　药物稳定性试验方法

稳定性试验是申报原料药及新制剂所必需的药学研究内容。其目的是考察原料药或药物制剂在温度、湿度、光线的影响下随时间变化的规律，为药品的生产、包装、贮存、运输条件提供科学依据，同时通过试验建立药品的有效期。

新产品的稳定性试验应按照《中国药典》（2010 年版）及新药审批办法有关规定进行，一般要符合以下基本要求：①稳定性试验包括影响因素试验、加速试验与长期试验，影响因素试验用 1 批原料药或 1 批制剂进行，加速试验与长期试验要求用 3 批供试品进行。②原料药供试品是一定规模生产的，供试品量相当于制剂稳定性试验所要求的批量，原料药合成工艺路线、方法、步骤应与大生产一致。药物制剂供试品是放大试验的产品，其处方与生产工艺应与大生产一致。药物制剂如片剂、胶囊剂，每批放大试验的规模，片剂至少应为 10000 片，胶囊剂至少 10000 粒。大体积包装的制剂如静脉输液等，每批放大规模的数量至少应为各项试验所需总量的 10 倍。特殊剂型、特殊品种所需数量，根据情况另定。③供试品的质量标准应与各项基础研究及临床验证所使用的供试品质量标准一致。④加速试验与长期试验所用供试品的容器和包装材料及包装方式应与上市产品一致。⑤研究药物稳定性，要采用专属性强、准确、精密、灵敏的药物分析方法与有关物质（含降解产物及其他变化所生成的产物）的检查方法，并对方法进行验证，以保证药物稳定性结果的可靠性。在稳定性试验中，应重视有关物质的检查。⑥由于放大试验比规模生产的数量要小，故申报者应承诺在获得批准后，从放大试验转入规模生产时，对最初通过生产验证的 3 批规模生产的产品仍需进行加速试验与长期稳定性试验。

一、影响因素试验

（一）目的

探讨原料药的固有稳定性，了解影响其稳定性的因素及可能的降解途径与降解产物，为制剂生产工艺、包装、贮存条件与建立降解产物的分析方法提供科学依据；对于药物制剂来说主要是考察制剂处方的合理性与生产条件及包装条件。

（二）方法

原料药可用一批进行，将供试品置适宜的开口容器中（如称量瓶或培养皿），摊成小于等于 5mm 厚的薄层，疏松原料药摊成小于等于 10mm 厚的薄层，进行以下试验。当试验结果发现降解产物有明显变化，应考虑其潜在的危害性，必要时应对降解产物进行定性或定量分析；药物制剂可用一批进行，将供试品如片剂、胶囊剂、注射剂（注射用无菌粉末如为西林瓶装，不能打开瓶盖，以保持严封的完整性），除去外包装，置适宜的开口容器中。

1. 高温试验

将供试品置适宜的洁净容器中，60℃下放置 10 天，于第 5 天和第 10 天取样，按稳定性重点考察项目进行检测。若供试品含量低于规定限度时，则在 40℃条件下同法进行试验。若 60℃无明显变化，不再进行 40℃试验。

2. 高湿度试验

将供试品置恒湿密封洁净容器中，在 25℃于相对湿度 90%±5%条件下放置 10 天，于第 5 天和第 10 天取样，按稳定性重点考察项目进行检测，同时准确称量试验前后供试品的重量，以考察供试品的吸湿潮解性能。若吸湿增重 5%以上，则在相对湿度 75%±5%条件下，同法进行试验；若吸湿增重 5%以下，且其他考察项目符合要求，则不再进行此项试验。恒湿条件可通过在密闭容器（如干燥器下部）放置饱和盐溶液实现，根据不同相对湿度的要求，选择 NaCl 饱和溶液（15.5～60℃，相对湿度 75%±1%）或 KNO_3 饱和溶液（25℃，相对湿度 92.5%）。

3. 强光照射试验

将供试品放在装有日光灯的光照箱或其他适宜的光照装置内，于照度（4500±500）lx

的条件下放置10天，于第5和第10天取样，按稳定性重点考察项目进行检测，特别要注意供试品的外观变化。

药物制剂稳定性研究，首先应查阅原料药稳定性有关资料，了解温度、湿度、光线对原料药稳定性影响，并在处方筛选与工艺设计过程中，根据主药的性质，进行必要的稳定性影响因素试验，同时考察包装条件。在此基础上进行加速试验与长期试验。

二、加速试验

（一）目的

此项试验是在加速条件下进行，其目的是通过加速原料药及其制剂的化学或物理变化，探讨原料药及其制剂的稳定性，为制剂设计、包装、运输及贮存提供必要的资料。

（二）方法

供试品要求3批，按市售包装，在温度40℃±2℃、相对湿度75%±5%的条件下放置6个月。所用设备应能控制温度±2℃、相对湿度±5%，并能对真实温度与湿度进行监测。在试验期间第1个月末、第2个月末、第3个月末、第6个月末各取样一次，按稳定性重点考察项目检测。在上述条件下，如6个月内供试品经检测不符合制定的质量标准，则应在中间条件（即温度30℃±2℃、相对湿度65%±5%的情况）下进行加速试验，时间仍为6个月。溶液、混悬液、乳剂、注射液可不要求相对湿度。

对温度特别敏感的药物制剂，预计只能在冰箱（4～8℃）内保存使用，此类药物制剂的加速试验，可在温度25℃±2℃、相对湿度60%±10%的条件下进行，时间为6个月。

乳剂、混悬剂、软膏、眼膏、栓剂、气雾剂、泡腾片及泡腾颗粒宜直接采用温度30℃±2℃、相对湿度65%±5%的条件进行试验，其他要求与上述相同。

对于包装在半透性容器的药物制剂，如塑料袋装溶液，塑料瓶装滴眼剂、滴鼻剂等，则应在相对温度（20±2）℃的条件（可用$CH_3COOK \cdot 1.5H_2O$饱和溶液，25℃，相对湿度22.5%）下进行试验。

现在制药企业多采用恒温恒湿试验仪进行产品稳定性试验。试验仪器可由1～3个腔室组成，各室温、湿度独立控制，温度范围0～100℃，湿度范围20%～98%，温、湿度稳定度分别为±0.2℃和±2%。

三、长期试验

（一）目的

长期试验是在接近药品的实际贮存条件下进行，其目的是为制订药品的有效期提供依据。

（二）方法

供试品要求3批，市售包装，在温度25℃±2℃、相对湿度60%±10%的条件下放置12个月，或在30℃±2℃、相对湿度65%±5%的条件下放置12个月，这是从我国南方与北方气候的差异考虑的，至于上述两种条件选择哪一种由研究者确定。每3个月取样一次，分别于0个月、3个月、6个月、9个月、12个月，按稳定性重点考察项目进行检测。12个月以后，仍需继续考察，分别于18个月、24个月、36个月取样进行检测。将结果与0个月比较以确定药品的有效期。由于实测数据的分散性，一般应按95%可信限进行统计分析，得出合理的有效期。有时试验未取得足够数据（如只有 18 个月），也可用统计分析，以确定药品的有效期。如 3 批统计分析结果差别较小，则取其平均值为有效期；若差别较大，则取其最短的为有效期。数据表明很稳定的药品，不作统计分析。

对温度特别敏感的药品，长期试验可在温度 6℃±2℃的条件下放置 12 个月，按上述时间要求进行检测，12 个月以后，仍需按规定继续考察，制订在低温贮存条件下的有效期。

化学原料药及主要剂型的稳定性重点考察项目见表 16-2。

表 16-2 原料药及药物制剂稳定性重点考察项目

剂型	稳定性重点考察项目
原料药	性状、熔点、含量、有关物质、吸湿性以及根据药品性质选定的考察项目
片剂	性状、含量、有关物质、崩解时限或溶出度或释放度
胶囊剂	性状、含量、有关物质、崩解时限或溶出度或释放度、水分，软胶囊要检查内容物有无沉淀
注射剂	性状、含量、pH 值、可见异物、有关物质，应进行无菌检查
栓剂	性状、含量、融变时限、有关物质
软膏剂	性状、均匀性、含量、粒度、有关物质（乳膏还应检查有无分层现象）
糊剂	性状、均匀性、含量、粒度、有关物质
凝胶剂	性状、均匀性、含量、有关物质、粒度，乳胶剂应检查有无分层现象
眼用制剂	如为溶液，应考察性状、可见异物、含量、pH 值、有关物质，如为混悬液，还应考察粒度、再分散性，洗眼剂还应进行无菌检查，眼丸剂应考察粒度与无菌
丸剂	性状、含量、色泽、有关物质、溶散时限
糖浆剂	性状、含量、澄清度、相对密度、有关物质、pH 值
口服溶液剂	性状、含量、澄清度、有关物质
口服乳剂	性状、含量、分层现象、有关物质
口服混悬剂	性状、含量、沉降体积比、有关物质、再分散性
散剂	性状、含量、粒度、有关物质、外观均匀度
气雾剂	泄漏率、每瓶主药含量、有关物质、每瓶总揿次、每揿主药含量、雾滴分布
粉雾剂	排空率、每瓶总吸次、每吸主药含量、有关物质、雾粒分布
喷雾剂	每瓶总吸次、每吸喷量、每吸主药含量、有关物质、雾滴分布
颗粒剂	性状、含量、粒度、有关物质、溶化性或溶出度或释放度
贴剂（透皮贴剂）	性状、含量、有关物质、释放度、黏附力
冲洗剂、洗剂、灌肠剂	性状、含量、有关物质、分层现象（乳状型）、分散性（混悬型），冲洗剂应考察无菌
搽剂、涂剂、涂膜剂	性状、含量、有关物质、分层现象（乳状型）、分散性（混悬型），涂膜剂还应考察成膜性
耳用制剂	性状、含量、有关物质，耳用散剂、喷雾剂与半固体制剂分别按相关剂型要求检查
鼻用制剂	性状、pH 值、含量、有关物质，鼻用散剂、喷雾剂与半固体制剂分别按相关剂型要求检查

注：有关物质（含量降解产物及其他变化所生成的产物）应说明其生成产物的数目及量的变化。如有可能应说明有关物质中何者为原料中的中间体，何者为降解产物。稳定性试验中重点考察降解产物。

四、经典恒温法及简便法

1. 经典恒温法

前述试验方法主要用于新药申报，但在制剂研究工作中，还经常采用经典恒温法，特别是对药物水溶液的预测有一定的参考价值。

经典恒温法的理论依据是 Arrhenius 公式：$k=Ae^{-E/RT}$，其对数形式为：

$$\lg k=\lg A-E/(2.303RT) \tag{16-7}$$

以 $\lg k$ 对 $1/T$ 作图得一直线，此图称 Arrhenius 图，直线斜率为 $-E/(2.303R)$，由此可计算出活化能 E，若将直线外推至室温，就可求出室温时的速度常数（k_{25}）。由 k_{25} 可求出分解 10%所需的时间（即 $t_{0.9}$），或室温贮藏若干时间以后残余的药物浓度。

试验设计时，除了首先确定含量测定方法外，还要进行预试，以便对该药的稳定性有一个基本的了解，然后设计试验温度与取样时间。按试验方案，将样品放入各种不同温度的恒温水浴中，定时取样测定其浓度（或含量），求出各温度下不同时间药物的浓度变化。以药物浓度或浓度的其他函数对时间作图，以判断反应级数。若以 $\lg C$ 对 t 作图得一直线，则为一级反应，再由直线斜率求出各温度的速度常数，然后按 Arrhenius 公式求出活化能 E 和 $t_{0.9}$。该法至少采用 4 个温度水平，每一温度取样点应不少于 4 个。

2. 简便法

鉴于经典恒温法试验数据处理工作量大、费时等缺点，出现了一些简化的方法，其理论仍是基于化学动力学原理和 Arrhenius 指数定律。如减少加速试验温度数的方法（温度系数法或 Q_{10} 法），或减少取样次数的方法（初均速法），或简化数据处理的方法（活化能估算法）等，尽管简便法的准确性可能有不同程度的降低，但其预测结果仍有一定的参考价值。

以活化能估算法为例，t_1 为室温时药物的有效期，即 $t_{0.9}$；t_2 为某一加速试验温度下药物含量下降 10%的时间范围。其所依据的公式是：

$$\lg t_1/t_2=E(T_2-T_1)/(2.303RT_1T_2) \tag{16-8}$$

考虑到大多数药物降解反应的活化能在 41.8～83.7kJ/mol，所以选择活化能 41.8kJ/mol 和 83.7kJ/mol 作为计算的上下限值。试验中只选择一个试验温度即可按公式计算有效期，如选择 60℃、70℃、80℃或 90℃中的一个。若药物的有效期 $t_{0.9}^1$ 定为 2 年（24 个月），则按公式可计算出 $t_{0.9}^2$。$t_{0.9}^2$ 为在实验温度下取样品时间，按稳定性重点考查项目检测，若符合要求，当 E 选为 41.8kJ/mol 时，则有效期可能为 2 年，若 E 选为 83.7kJ/mol 时，则有效期肯定为 2 年。

此外，还有分数有效期法、线性变温法等。

五、中药制剂稳定性试验的技术要求

中药制剂的研究与生产中，对其质量稳定性的要求与西药类制剂基本相同，但中药有其特殊性，故在中药类新药审批办法中作了某些补充规定。根据中药类新药的剂型，规定应考核的项目与时间（表 16-3）。

表 16-3　中药新药稳定性实验要求

剂型	稳定性考察项目	正常室温考核时间
药材	性状、鉴别、浸出物、含量测定、霉变、虫蛀	2 年
注射剂	性状、鉴别、澄明度、pH 值、无菌、热原、溶血、刺激性、含量测定	1.5 年
合剂(含口服液)	性状、鉴别、澄清度、相对密度、pH 值、含量测定、微生物检查	1.5 年
糖浆剂	性状、鉴别、相对密度、pH 值、含量测定、微生物检查	1.5 年
酒剂与酊剂	性状、鉴别、乙醇量、总固体、含量测定、微生物检查	1.5 年
丸剂	性状、鉴别、溶散时限、水分、含量测定、微生物检查	1.5 年
散剂	性状、鉴别、均匀度、水分、粉末细度、含量测定、微生物检查	1.5 年
煎膏剂(膏滋)	性状(反砂、分层)、鉴别、相对密度、溶化性检查、pH 值、含量测定、微生物检查	1.5 年

续表

剂型	稳定性考察项目	正常室温考核时间
胶囊、滴丸剂(含胶丸)	性状、鉴别、水分(胶丸不考虑)、溶散时限、含量测定、微生物检查	1.5年
片剂	性状、鉴别、硬度、崩解时限、含量测定、微生物检查	2年
流浸膏	性状、鉴别、pH值、乙醇量、总固体、含量测定、微生物检查	1.5年
浸膏	性状、鉴别、含量测定、微生物检查	1.5年
乳剂	性状(乳析、破乳、分散相粒度)、鉴别、含量测定、微生物检查	1年
冲剂	性状(吸潮、软化)、鉴别、水分、粒度检查、含量测定、微生物检查	1年
混悬剂	性状(微粒大小、沉降速度、沉降容积比)、鉴别、含量测定、微生物检查	1年
软膏剂	性状(酸败、异臭、变色、分层、涂展性)、鉴别、含量测定、微生物检查、皮肤刺激性试验	1.5年
栓剂(锭剂)	性状、鉴别、融变时限、pH值、含量测定、微生物检查	1.5年
气雾剂	性状(沉淀物、分层)、鉴别、喷射效能、异臭、刺激性、含量测定、微生物检查	1年
膜剂	性状、溶化时限、刺激性、pH值、含量检查、微生物检查	1年

表16-3中所列中药新药稳定性试验，具体操作应按照以下技术要求进行。

(1) 应将中药制剂在临床试验用包装条件下，于常温中进行考察。除当月考察一次外，要求每月考核一次，不得少于3个月；也可于37～40℃和相对湿度75%的条件下保存，每月考核一次，连续3个月。如属稳定则相当的样品可保存2年，但必须以常温稳定性试验为准。

(2) 应将中药制剂在上市产品的包装条件下，于常温中继初步稳定性考核后，即放置3个月再考核一次，然后每半年一次。按各种剂型的不同确定考核时间并进行考核。

(3) 中药新药稳定性试验，至少应对三批以上的样品进行考察，并应注意观察直接与样品接触的包装材料对稳定性的影响。

本章小结

学习主题结构		学习的主要内容
大主题	小主题	
第一节　概述	药物制剂稳定性的定义	系指药物在体外的稳定性，制备的药品应在一定的时间内保持制备时所规定的质量标准，从而保证药品从生产到患者使用期内不变质
	药物制剂稳定性研究的意义	探讨影响药物制剂稳定性的因素及使药物制剂稳定化的各种措施，确定药物制剂的有效期；既可保证制剂产品质量，又可减少因制剂不稳定而导致的经济损失；也是药品质量控制研究的主要内容之一
	药物制剂稳定性研究的范围	物理稳定性、化学稳定性、生物稳定性
	稳定性的化学动力学基础	对于大多数药物而言，反应级多可按零级、一级、伪一级、二级反应来处理。一级反应 $t_{1/2}=0.693/k$，零级反应 $t_{1/2}=C_0/2k$；对零级反应，$t_{0.9}=0.1C_0/k$，对一级反应，$t_{0.9}=0.1054/k$
第二节　制剂中药物化学降解的主要途径	水解	酯类药物的水解(盐酸普鲁卡因、乙酰水杨酸、盐酸丁卡因、盐酸可卡因、普鲁本辛、硫酸阿托品、氢溴酸后马托品等)、酰胺类药物的水解(氯霉素、青霉素类、头孢菌素类、巴比妥类等)
	氧化	酚类、烯醇类、芳胺类、吡唑酮类、噻嗪类等
	其他反应	异构化、聚合、脱羧

续表

学习主题结构		学习的主要内容
大主题	小主题	
第三节 影响药物制剂降解的因素及稳定化方法	处方因素	pH值、溶剂、离子强度、表面活性剂、基质与辅料等，稳定化方法如调节pH值及选择合适的溶剂、附加剂等
	外界因素（环境）	温度、光线、空气（氧）、金属离子、湿度和水分、包装材料等，稳定化方法如控制温度、避光、去氧、加螯合剂等
	药物制剂稳定化的其他方法	改进药物剂型或生产工艺（制成固体制剂、制成微囊或包合物、采用直接压片或包衣工艺）、制成难溶性盐
	固体药物制剂的稳定性	特点：①分解较慢；②药物分子相对固定；③表里变化不一；④固体剂型是多相系统。影响固体药物制剂稳定性的因素，药物的晶型、含水量、温度、湿度、光线
第四节 药物稳定性试验方法	影响因素试验	高温试验、高湿度试验、强光照射试验，方法：一批样品在相应的条件下放置10天，于第5天和第10天取样，按稳定性重点考察项目进行检测
	加速试验	供试品3批，按市售包装，在温度40℃±2℃、相对湿度75%±5%的条件下放置6个月。在试验期间第1个月末、第2个月末、第3个月末、第6个月末各取样一次，按稳定性重点考察项目检测
	长期试验	供试品3批，市售包装，在温度25℃±2℃、相对湿度60%±10%的条件下放置12个月，或在30℃±2℃、相对湿度65%±5%的条件下放置12个月，每3个月取样一次，分别于0个月、3个月、6个月、9个月、12个月取样，按稳定性重点考察项目进行检测
	经典恒温法及简便法	根据化学动力学原理，求出药物制剂的有效期
	中药制剂稳定性试验	与西药类制剂基本相同，但是也有某些补充规定

基本训练题

一、名词解释

1. 药物制剂的稳定性　2. 半衰期　3. 有效期　4. 化学稳定性

二、单项选择题

1. 盐酸普鲁卡因的主要降解途径是（　　）。

A. 水解　　B. 氧化　　C. 还原

D. 异构化　　E. 聚合

2. 影响药物制剂稳定性的处方因素不包括（　　）。

A. pH值　　B. 离子强度　　C. 温度

D. 溶剂　　E. 表面活性剂

3. 下列不属于影响制剂稳定性外界因素的是（　　）。

A. 温度　　B. 光线　　C. 金属离子

D. 湿度　　E. pH

4. 高温试验要求在（　　）温度下放置10天。

A. 40℃　　B. 50℃　　C. 60℃

D. 70℃　　E. 80℃

5. 某药按一级反应速度降解，反应速度常数 k（25℃）$=4\times10^{-6}$/h，该药的有效期为

( )。

A. 1 年　　B. 2 年　　C. 3 年

D. 3.5 年　　E. 4 年

三、多项选择题

1. 如何降低金属离子对制剂稳定性的影响（ ）。

A. 选用纯度较高的原辅料　　B. 尽量避免使用金属器具　　C. 加缓冲液

D. 加抗氧剂　　E. 加金属络合剂

2. 药物制剂稳定性研究的范围是（ ）。

A. 物理稳定性　　B. 化学稳定性　　C. 生物稳定性

D. 长期稳定性　　E. 加速稳定性

3. 主要降解途径是水解的药物有（ ）。

A. 酯类　　B. 酚类　　C. 烯醇类

D. 酰胺类　　E. 芳胺类

4. 能够提高制剂稳定性的方法是（ ）。

A. 制成固体制剂　　B. 调节适宜的 pH　　C. 加入抗氧剂

D. 避光贮存　　E. 采用包合技术

5. 关于长期试验叙述正确的是（ ）。

A. 供试品 3 批，市售包装　　B. 温度 25℃±2℃，相对湿度 60%±10%

C. 温度 30℃±2℃，相对湿度 65%±5%　　D. 可确定有效期

E. 接近现实贮存条件

四、简答题

1. 制剂中药物降解的化学途径主要有哪几种？

2. 影响药物制剂降解的因素有哪些？

3. 研究药物制剂稳定性的意义是什么？

第十七章 药物制剂的配伍

学习与能力目标

通过本章的学习，学生应识记药物制剂配伍变化和配伍禁忌的概念。知晓药物配伍变化的意义。能说出常见药物配伍变化的种类：物理配伍变化、化学配伍变化及药理学配伍变化。能解释药物配伍物理、化学变化的原因：物理变化（溶解度改变、潮解、液化和结块、分散状态或粒径变化）；化学变化（变色、pH 改变、水解、生物碱沉淀、复分解产生沉淀、产生气体等）。能说出注射剂配伍变化的主要原因、配伍变化的处理原则、处理方法与注意的问题。知道药物配伍变化的研究方法，能理解药物药理学配伍变化的原因及影响因素（吸收、分布、代谢和排泄以及与受体的结合等）。为今后在药物的制剂、处方的审核以及临床常用药物配伍禁忌的分析和处理工作上打下扎实的基础。

知识要求

掌握药物制剂配伍变化和配伍禁忌的概念

掌握药物制剂物理与化学配伍变化的基本原理。

熟悉注射液配伍变化的主要原因。

熟悉影响药物药理性配伍变化的因素及内容。

熟悉配伍变化的处理原则与方法。

了解药物制剂配伍变化的研究方法。

第一节 概 述

在制剂过程中将两种或两种以上的药物同时应用，制成复方制剂，这种两种或两种以上药物的合用就叫药物配伍。

一、药物配伍应用的目的

药物的合理配伍能达到以下目的：使药物之间产生协同作用，增强疗效，如复方磺胺嘧啶片、复方新霉素软膏等；在提高疗效的同时，减少不良反应如青霉素与链霉素合用、甲氧苄胺嘧啶与一些抗生素合用等；利用相反的药性或药物间的拮抗作用，克服药物的毒副作用，如吗啡与阿托品对呼吸中枢的作用相反，两者同用，可免除吗啡对呼吸道的抑制作用，用吗啡抑制胆肾绞痛时，合用阿托品可避免单用吗啡时增进胆、肾痉挛的副作用；降低治疗费用，改善病人的依从性等。

二、药物的配伍变化

药物配伍使用时，由于它们的理化性质和药理学性质各不相同而相互影响，有时只发生一种配伍变化，有时可发生几种配伍变化。如发生物质形态改变的物理配伍变化；有新物质产生的化学配伍变化；引起药物作用强度、持续时间和性质改变的药理学配伍变化。这些因药物的配伍而引起的理化性质或生理效应方面产生的变化，称药物配伍变化。引起变化的原因与药物的理化性质、处方的组合、制剂的技术和环境条件有关。这些变化有的是配伍的原目的，有利于生产、使用和符合临床治疗需要的，称为合理的配伍变化；有的是不希望产生的，引起药物作用的降低或消失，甚至引起毒、副作用的，称为配伍禁忌。如氨基糖苷类抗生素不宜同时使用，因都对第八对脑神经和肾脏有毒性，合用后能增强毒性，所以不能配伍应用，是不合理的药物配伍变化。

三、研究药物配伍变化的意义

根据药物和制剂成分的理化性质和药理学作用，探讨药物配伍变化产生的原因和正确的处理方法，对可能发生的配伍变化，进行预测，设计合理的处方、制剂工艺，避免配伍禁忌的发生，以保证用药的安全、有效。

第二节　物理与化学配伍变化

一、物理配伍变化

物理配伍变化是指药物在配伍制备、贮存过程中发生物理性质的改变，如溶解度的改变、吸湿、潮解、液化与结块、粒径或分散状态的改变等现象。

（一）溶解度改变

（1）溶剂的影响：脂溶性药物的醇溶制剂，在与含水制剂配伍时，会析出脂溶性药物的沉淀。如樟脑酯与水性制剂配伍后，乙醇被水溶液稀释而析出不溶于水的樟脑，使溶液发生物理配伍变化。

（2）盐析作用　如蛋白质胶体溶液加入氯化钠注射液时会出现沉淀。

（二）吸湿、潮解、液化与结块

（1）吸湿与潮解　某些散剂、颗粒剂、无机盐类在临界相对湿度下而吸湿，如硫酸镁在室温下其临界相对湿度高时会出现吸湿潮解。

（2）液化　能形成低共熔混合物的药物配伍时，可发生液化。如咖啡因与水杨酸钠、安乃近、水合氯醛、苯酚、间苯二酚混合时发生湿润或变成泥状，影响制剂生产和贮藏；阿司匹林与氨基比林、可可豆碱、优奎宁等混合时发生湿润，有时甚至发生液化，使阿司匹林分解。

（3）结块　当在药物配伍中引入强吸湿药物时，在制剂的制备和贮藏、使用中因防潮措施不力如散剂、颗粒剂、片剂、胶囊剂等，很易吸湿而导致药物结块，同时也可能导致药物分解变质。

（三）分散状态或粒径变化

有一些药物制剂如乳剂或混悬剂中分散相的粒径可能因与其他药物配伍，或因放置过久而粒径变大，或者分散相吸附聚集或凝聚而分层或析出沉淀，使制剂使用不便或分剂量不准，甚至影响药物在体内的吸收。

二、化学配伍变化

化学配伍变化是指药物成分之间发生水解、分解、氧化、还原、取代、聚合、缩合等化学反应而导致药物成分的改变。有的化学配伍变化会出现变色、浑浊或沉淀、产生气体或爆炸等现象；有的可能观察不到上述现象，但通过检测，药物的含量已经发生变化。发生化学配伍变化，可能会影响药物制剂的外观、质量和疗效，甚至产生毒、副作用等意想不到的事故。

（一）变色

药物配伍引起化学反应，产生有色物质或发生颜色上的变化，如含有酚羟基的水杨酸及其盐类或其衍生物与铁盐作用使颜色加深；肾上腺素在碱性条件下可氧化成粉红色的邻醌肾上腺素；异烟肼与碳酸氢钠、盐酸硫胺或维生素C混合，外观变为黄褐色，同时异烟肼含量降低。

（二）浑浊和沉淀

浑浊和沉淀不仅在物理配伍变化中存在，而且在化学配伍变化中也存在。

1. pH改变产生沉淀

pH是药物稳定的一个重要因素，在不适当的pH下，有些药物会出现沉淀现象。由难溶性酸或难溶性碱制成的可溶性盐类药物，它们的水溶液常因pH值改变而析出沉淀。如水杨酸钠或苯巴比妥钠水溶液因水解遇酸或酸性药物后，会析出水杨酸或巴比妥酸沉淀；而许多含氮有机药物因具有难溶性的弱碱性基团（如一些生物碱、普鲁卡因、肾上腺素等），与碱性溶液或其他碱性药物注射液混合后，混合液的pH升高时，会析出难溶性碱沉淀。

2. 水解产生沉淀

具有能被水解的功能基如酰胺、脂、酰脲、酰肼、苷等的药物易水解变质，一些药物水解后产生浑浊或沉淀，如苯巴比妥钠水溶液因水解反应能产生无效的苯乙基乙酰脲沉淀；硫酸锌在中性或弱碱性溶液中易水解生成氢氧化锌沉淀。

3. 生物碱沉淀

大多数生物碱盐的溶液当与含有酸性较强的苷、鞣酸、碘、碘化钾、溴化钾、洋地黄或乌洛托品制剂混合时，产生沉淀。如黄连素和黄芩苷能产生难溶性沉淀；10%的洋地黄酊加生物碱溶液、2%盐酸奎宁、2.5%盐酸吗啡、2.5%磷酸可待因、1%硝酸士的宁等会有沉淀生成。

4. 复分解产生沉淀

一些药物配伍时，常因复分解反应而产生沉淀。如注射用硫喷妥钠水溶液与硫酸镁或氯化钙注射液混合，硫酸镁遇可溶性的钙盐、碳酸氢钠或某些碱性较强的溶液时，硫酸亚铁溶液与葡萄糖酸钙、碳酸氢钠或某些碱性较强的溶液混合，均产生沉淀。

（三）产生气体

当一种比较强的酸与某些弱酸盐混合时常能产生气体，如碳酸盐、碳酸氢钠与酸类药物配伍发生中和反应产生二氧化碳；铵盐与碱类药物配伍放出氨气。溴化铵和利尿药配伍时，可分解产生氨气等。

（四）分解破坏、疗效下降

一些药物制剂配伍后，由于改变了pH、离子强度、溶剂等条件，发生变化影响制剂的稳定性。如维生素B_{12}与维生素C混合制成溶液时，维生素B_{12}的效价显著降低；红霉素乳糖酸盐与葡萄糖氯化钠注射液配合（pH为4.5）使用6h效价降低约12%；乳酸环丙沙星与甲硝唑混合，甲硝唑浓度降低90%等。

（五）发生爆炸

大多数由强氧化剂与强还原剂配伍使用引起。如氯化钾与硫、高锰酸钾与甘油、强氧化剂与蔗糖或葡萄糖等药物混合研磨时可能发生爆炸。

（六）不可见配伍变化

有的配伍变化发生，药物制剂外观用肉眼观察不到变化，但其内在的化学物质可能已经发生变化。不可见的配伍变化须根据药物的性质、配伍对象和配伍条件来判断和推测。如青霉素G与乙醇、甘油配伍或与稀乙醇、稀甘油溶液配伍时都能溶解，但前一种情况下青霉素G很易失效，后一种情况不影响青霉素的效价。又如青霉素G在中性溶液pH6时较稳定，在酸性或碱性时都不稳定，这是由化学结构所决定的，从外观上很难判断效价降低或失效，对不可见性配伍变化应利用药学知识和分析检测手段加以判断。

第三节　注射液的配伍变化

一、概述

由于临床治疗和抢救工作的需要，经常将几种注射液配伍使用，因此在输液与注射剂或多种注射剂之间的配伍应用时，如何既能保持各种药物的有效性和稳定性，又能防止因配伍而发生各种配伍禁忌，保证用药安全有效也就显得更为重要。

注射剂的配伍变化一般可分为可见性配伍变化和不可见性配伍变化两类。可见性配伍变化是指混合后，出现浑浊、沉淀、产生气体和变色等肉眼可见到的配伍变化；不可见性配伍变化是指肉眼观察不到的变化，如某些药物的水解、抗生素的分解，一般肉眼观察不到，但服用后可能出现药效降低、毒副作用增加等情况。不可见性配伍变化具有潜在的危险性，药物配伍时更应引起重视。

另外，有一些特殊的注射液，如血液由于其成分复杂，与药物的注射液混合后可能引起溶血、血细胞凝集等现象；20%的甘露醇注射液为过饱和溶液，加入氯化钾、氯化钠等药物溶液引起甘露醇结晶析出；静脉注射用脂肪乳剂加入其他药物有可能引起粒子粒径增大，或产生破乳。这类制剂与其他注射液的配伍应慎重。

二、注射液配伍变化的主要原因

（一）物理、化学方面的原因

1. 溶剂组成的改变

某些含有非水溶剂的制剂与输液配伍，当与以水为溶剂的注射剂混合时，由于混合后的溶剂组成发生改变，使药物析出沉淀。如安定注射剂含40%丙二醇、10%乙醇，当与5%葡萄糖或0.9%氯化钠注射液配伍时容易析出沉淀，须将安定注射剂缓缓加入5%葡萄糖注射剂中，使其含安定的最终浓度低于0.25%时，可保持澄明。

2. 离子效应

有些离子能加速某些药物的水解反应，如乳酸根离子能加速氨苄西林的水解。也有一些离子能加速药物的氧化，如铁、铜离子能加速维生素C的氧化。另外，胶体溶液性的注射剂与含有强电解质的注射剂混合时，因盐离子效应破坏了胶粒中的双电层，使胶体聚集而析出沉淀。

3. pH值改变

注射液的pH值是其重要的稳定因素。当两种或两种以上pH值相差较大的注射剂混合时，由于pH值的改变，可导致药物从混合液中析出沉淀或发生、变色或水解等变化。如5%硫喷妥钠约10ml加于5%葡萄糖注射液500ml中，由于pH值改变，可产生沉淀。

输液本身的pH值是直接影响混合后pH值的主要因素之一。各种输液有不同的pH值范围，如葡萄糖注射液控制pH值在3.2～5.5；葡萄糖氯化钠注射液控制pH值在3.5～5.5。因此注射剂配伍时，不但要注意各制剂pH值的大小，而且要注意其pH值的范围，药物超出该输液特定的pH值变化范围则不能配伍使用。

4. 成分之间的沉淀反应

某些药物可直接与输液或另一注射液中的某种化学成分反应生成沉淀。如磺胺嘧啶钠注射剂与氯化钙注射剂、盐酸硫胺注射剂或维生素C注射剂混合，因生成不溶于水的化合物而产生沉淀。

（二）配伍操作方法及过程处理不当

1. 配伍量问题

药物在一定的溶剂系统中，具有一定的溶解度，当药物在混合溶剂系统中达到过饱和时，易析出沉淀。配伍时选择合适的配伍量就是选择合适的配伍浓度。当具有配伍变化的注射剂在较高的浓度下等量混合时，易产生可见性配伍变化，如果两种注射剂在混合之前先分别稀释，再混合，一般不易出现可见性沉淀。如间羟胺注射液与氢化可的松琥珀酸钠注射液等量混合时，有晶体析出，若预先用生理盐水分别稀释，然后再混合，则无可见结晶析出。但也有一些注射剂在预先稀释后再混合时则因生成微小的结晶或色泽变化不大，而不易发现，在配伍时应注意。

2. 混合顺序问题

改变混合顺序可避免有些药物混合后产生沉淀。如1g氨茶碱与300mg烟酸配合，先将氨茶碱用输液稀释至1000ml，再慢慢加入烟酸可得澄明溶液，若先混合后稀释则会析出沉淀。又如醋酸氢化可的松注射剂与青霉素G注射剂和生理盐水混合使用时，因醋酸氢化可的松注射剂是以乙醇作溶剂，当将青霉素G注射剂与醋酸氢化可的松注射剂先混合时，青霉素G面对的乙醇浓度大，易醇解失效，如先用生理盐水稀释醋酸氢化可的松注射剂后，再与青霉素G注射剂混合，则在烯醇条件下，青霉素G稳定，不易发生醇解而失效。

3. 配伍后的放置时间问题

药物配伍后还应注意放置时间的影响。有的注射剂配伍后立即出现可见性变化，有的则需要经过一定时间才会出现上述现象。这是由于不同药物在溶液中的反应速度不同造成的。如磺胺嘧啶钠注射剂与葡萄糖注射剂配伍，在2h后有结晶析出。因此有些注射剂配伍后在短时间内使用是可以的，而注射剂与输液的配伍应先做配伍实验，若配伍后在规定时间内不产生沉淀、变色或不影响疗效，则可为临床使用。

4. 外界因素的影响

配伍时外界条件如氧气、二氧化碳、温度、光线等可能会对药物配伍结果产生影响。如有些具有还原性的药物，易被空气中的氧气氧化变质；弱酸强碱盐（如苯妥英钠、硫喷妥钠等）的注射剂易吸收空气中的二氧化碳使溶液的 pH 值下降，而析出沉淀、变质。因此大多数药物制成注射剂时，须在安瓿内充注惰性气体（如 N_2），以排除空气。某些粉针剂制成储备液时应存放在冷暗处，防止变质。对光敏感的药物如两性霉素 B 与输液剂配伍时，滴注时用铝箔或其他遮光物包裹，以防分解。

（三）原、辅料纯度和附加剂的影响

1. 原、辅料的纯度影响

注射液发生的配伍变化也可能是由于原、辅料的纯度不符合要求造成的。如右旋泛酸钙注射剂与含有过多的硫酸盐或磷酸盐杂质的注射剂混合时，易出现钙盐沉淀；含有微量铜、铁离子的注射剂与维生素 B_1 注射剂配伍时能使维生素 B_1 分解成硫色素；中药注射剂中未除尽的高分子杂质在贮存过程中，或与其他注射剂配伍时会出现沉淀。

2. 附加剂的影响

因注射剂的处方和制备工艺的需要，注射剂中常需加入缓冲剂、增溶剂、抗氧剂、助溶剂、等渗调节剂和 pH 调节剂等附加剂。有时附加剂与主药或附加剂之间可能发生配伍变化。

第四节　药物的药理学配伍变化

药理学配伍变化系指药物的药效受配伍应用或先后应用的其他药物、食物和内源性物质等的影响而发生的变化。常见的药理学配伍变化有：使作用增强的协同作用和使作用减弱或消失的拮抗作用，药物的协同作用和拮抗作用不单纯发生在治疗作用上，在毒副作用上也同样存在。药物配伍使用后，如果导致疗效降低，不良反应、毒性加重，出现致癌、致畸和致突变的危险，产生习惯性、成瘾性和药源性疾病等严重后果，属于药物药理学配伍禁忌，应当严格防止。对药理学配伍禁忌主要从药动学来分析，即药物配伍应用或先后应用的其他药物、食物和内源性物质等，在体内通过改变药物的吸收、分布、代谢和排泄以及与受体的结合等因素，进而影响药物的血药浓度，导致药物作用强度、药物作用的持续时间、不良反应、毒性等的改变，也包括对临床检验及测定等的干扰等药理学配伍变化。

一、影响吸收过程的药理学配伍变化

影响药物吸收过程从而影响疗效，主要表现在影响药物的吸收量和吸收速度，两者直接影响药物在血液中的浓度。改变药物吸收量和吸收速度的因素很多，如胃肠道 pH 值、与金属离子形成络合物或复合物、胃排空速率等。

阿司匹林与制酸药碳酸氢钠片合用，因后者提高了胃肠道的 pH 值，使得阿司匹林溶出率降低，吸收减少，作用减弱；又如盐酸麻黄碱与复方铝酸铋片同服，因复方铝酸铋片提高了胃液的 pH 值，使可溶于水的盐酸麻黄碱游离出分子麻黄碱，有利于吸收，可使麻黄碱的平喘作用增强，显效时间提前。

四环素类药物与含钙、镁、铁、铝等离子的药物合用时，可形成难溶性络合物，影响吸收，降低疗效。

改变胃肠排空或蠕动速度的药物如阿托品、颠茄等可延缓胃排空，增加药物在胃肠道停

留的时间；而吗丁啉、西沙比利等则能促进胃肠道的排空，减少药物在胃肠道停留的时间，从而影响药物的吸收。

二、影响分布过程的药理学配伍变化

药物被机体吸收进入体内循环后，首先与血浆蛋白（主要是白蛋白）以不同比例、不同强度进行可逆性结合，形成没有活性作用的大分子化合物，随血液在体内循环分布，起着贮存、调节血药浓度和维持作用时间等作用。由于血管在体内各组织中分布多少不同，血流量大小也不同，因此造成药物在机体中的分布不均匀。

各种药物与血浆蛋白的结合能力大小不同，配伍合并给药时，药物与血浆蛋白的结合是相互竞争的，而体内只有游离的药物才能发挥药理作用。结合能力强的药物能取代结合能力弱的药物与血浆蛋白结合，使结合能力弱的药物从血浆蛋白上解析出来，引起药物在机体的分布、血药浓度、与受体的结合率、半衰期以及肾清除率等一系列变化，进而影响药物的作用强度、持续时间和毒副作用的改变。如华法林与保泰松合用时，华法林在血液中的游离型浓度增加，容易产生出血等副作用，其他可见表 17-1。

表 17-1 影响药物与血浆蛋白结合的配伍变化

结合率高、结合力弱的药物	配伍用药(结合力强的药物)	配伍变化
甲苯磺丁脲、水杨酸类药物	氯贝丁酯、双香豆素、磺胺类	出现低血糖病
华法令	阿司匹林、保泰松、水合氯醛、利尿酸、萘啶酸、氯贝丁酯、苯妥英钠、甲芬那酸等	急性出血症状
甲氨喋呤	呋塞米(速尿)、磺胺类、水杨酸类	出现白细胞减少症

三、影响代谢过程的药理学配伍变化

药物在体内主要与肝脏微粒体中的药物代谢酶（肝药酶）作用，经氧化、还原、分解、结合等代谢反应生成代谢物，经肾脏而排出体外。

肝药酶的活性高，则代谢反应快，肝药酶的作用具有一定的专属性，临床试验发现，某些药物对肝药酶的活性有影响。具有酶促作用或酶抑作用的药物与其他药物配伍时，会影响另一药物的代谢从而影响药效。

（一）酶促作用

由于某种药物在体内存在一定的时间后，使某种肝药酶的活性增加，致使该肝药酶对这种药物和其他一些药物的代谢速度加快，从体内的清除也快，药效降低。如苯巴比妥类药物能降低口服抗凝剂双香豆素类的作用，因前者有激活肝药酶的作用（酶促作用），使双香豆素的代谢加快，作用减弱。

另一方面，酶促作用可降低某些药物的毒性。如洋地黄、巴比妥类、地西泮及有机磷杀虫药中毒时，用螺内酯增加这些药物的代谢，加速这些药物的消除以达解毒目的。

（二）酶抑作用

与酶促作用相反，某些药物能抑制一些肝药酶的代谢活性（酶抑作用），使得被其代谢的药物药理作用增强或毒性加大。如西咪替丁为药酶抑制剂，可抑制华法林、地西泮、苯妥英钠、卡马西平等药物的代谢，使得血药浓度升高，药物半衰期延长，药理作用增强或毒性增加。关于酶促或酶抑作用的药理学配伍变化可见表 17-2 和表 17-3。

表 17-2 酶促作用配伍变化

具有酶促作用的药物	配伍用药后被酶代谢加速、作用减弱的药物
乙醇(长期服用)	戊巴比妥、异烟肼、安乃近、苯妥英钠、华法林、甲苯磺丁脲
苯巴比妥	氯霉素、可待因、洋地黄毒苷、睾丸素、氢化可的松、雌二醇、华法林、哌替啶、地塞米松、灰黄霉素
苯妥英钠	糖皮质激素、洋地黄毒苷、甲状腺激素、甾体性激素、脱氧土霉素、苯巴比妥
利福平	雌激素、异烟肼、双香豆素、华法林、糖皮质激素、口服避孕药、奎尼丁
水合氯醛	华法林、双香豆素
氟哌啶醇	华法林、口服避孕药
保泰松	氨基比林、氢化可的松

表 17-3 酶抑作用配伍变化

具有酶抑作用的药物	配伍用药后被酶代谢减慢、作用增加、毒性加大的药物
乙醇(急性中毒)	苯巴比妥、甲丙氨酯、苯妥英钠、华法林、甲苯磺丁脲
氯霉素	双香豆素、乙醇、环己基巴比妥、华法林、甲苯磺丁脲
苯妥英钠	双香豆素、异烟肼
对氨基水杨酸	环己基巴比妥、苯妥英钠
华法林	乙醇、保泰松
甲苯磺丁脲	乙醇、保泰松
甲氰咪胍	苯妥英钠、华法林、地西泮
丙磺舒	甲苯磺丁脲
奋乃静	丙咪嗪、去甲阿咪嗪

四、影响排泄过程的药理学配伍变化

药物以原形或代谢物通过肾脏、肝胆系统、呼吸系统以及皮肤汗腺分泌等途径排出体外，其中肾脏是主要的药物排泄器官。凡影响药物的原形物、代谢物或活性代谢产物排泄，则必然影响其在体内的停留时间，也即影响药物的血药浓度，进而影响药物的疗效或作用时间。

影响肾排泄的药物配伍主要通过影响肾小管近端的分泌及肾小管远端的吸收。大多数药物和代谢物都是有机弱酸或有机弱碱的化合物，经肾小球滤过进入肾小管腔时，分子状态的药物和代谢物又可被动重吸收进入血液循环，而离子状态的药物和代谢物则随尿排出体外(表 17-4)。

表 17-4 影响主动排泄过程的配伍变化

抑制主动排泄过程的药物	合并用药后主动排泄过程受干扰的药物	配伍变化
丙磺舒、保泰松、阿司匹林、吲哚美辛	青霉素	生物半衰期 $t_{1/2}$ 延长，作用增强
保泰松、双香豆素	口服降糖类药物	出现低血糖症状
丙磺舒	吡嗪酰胺、吲哚美辛、对氨基水杨酸	血药浓度升高、作用增强
丙磺舒和碘奥酮	水杨酸类药物	排出量减少

此外，临床试验表明，某些药物可抑制另一些药物自肾小管的分泌，使这些药物的消除减慢，血药浓度升高，作用加强。

原尿 pH 值的不同，可改变一些药物和代谢产物的排泄量，而另一些药物或其代谢产物以及食物可影响原尿的 pH 值（表 17-5）。如服用酸性药物（大剂量维生素 C、巴比妥类）中毒时，可口服碳酸氢钠或静脉注射乳酸钠，使尿液的 pH 值上升，使酸性物质的排泄增加。能引起碱性尿的药物有乙酰唑胺、乳酸钠、碳酸氢钠、枸橼酸钠、氯噻嗪类利尿药、谷氨酸钠等；能引起酸性尿的药物有氯化铵、氯化钙、盐酸精氨酸、盐酸赖氨酸、维生素 C、降糖灵（苯乙双胍）等。

表 17-5　在不同 pH 值的尿液中改变排泄量的药物

在酸性尿中排泄量减少的药物主要为酸性药物（p*K*a1.0～7.5）	在碱性尿中排泄量减少的药物主要为碱性药物（p*K*a7.5～10.0）
戊巴比妥类药物	吗啡类药物
乙酰唑胺	氨茶碱
保泰松	奎宁类药物
呋喃妥因	美加明
萘啶酸	奎尼丁
双香豆素类药物	氨基苷类抗生素
对氨基水杨酸	抗组织胺类药物
水杨酸类药物	
磺胺类药物	

五、药效学相互作用

代谢物是指参与机体代谢过程的生物化学变化的小分子化合物。代谢物可与体内的特异性受体或酶可逆性地结合为复合物，产生一系列生理作用。药物进入机体后与受体结合，产生拟似某代谢物的生理作用，称为受体激动剂。如药物与受体结合后，不产生生理作用，并干扰受体与代谢物的结合，称为受体阻滞剂。

药物配伍使用时，药物之间可互相干扰与受体的结合量和结合速度，影响药物的作用强度、副作用和毒性反应。如吗啡类药物与受体结合可使受体激动产生一系列的生理作用如镇痛、欣快感、成瘾等，而纳洛酮可阻断吗啡类药物与受体的结合，可取消吗啡的所有生理作用，临床上常用纳洛酮作为吗啡类药物中毒的解毒剂。

第五节　配伍变化的研究和处理方法

一、配伍变化的研究方法

药物配伍变化情况往往比较复杂，研究方法主要是理论与实践的结合。一般从两方面进行研究：一方面应从配伍药物及附加剂的理化性质、药理性质，药物制剂的处方、制备工艺，临床给药的方法和给药目的等方面分析可能产生配伍变化的各种因素、规律，对可能产生的配伍变化，作出基础性的判断；另一方面通过具体的实验研究是否发生理化性质及药理学方面的变化。最终找出产生配伍变化的原因和影响变化的因素，合理处理配伍变化，防止配伍禁忌和不合理用药的发生。

（一）配伍变化的实验方法

1. 理化检测法

通过物理的和化学的检测手段，如 TLC、UV、HPLC 以及 GC 等，检测配伍前后有无 pH 值、颜色、浑浊、沉淀及新物质生成等变化。

2. 药代动力学实验方法

用现代分析仪器、化学、生物化学、统计学的方法来检测和研究药物配伍使用后的药理作用和药代动力学参数的变化。

（二）常用具体方法

1. 可见性配伍变化的实验方法

用肉眼观察有无颜色改变、浑浊、沉淀、气体产生、吸潮与液化等现象。常用的方法是：固体药物，将配伍的药物按不同的比例混合，考察其在不同的温度、湿度条件下，药物的质量和颜色改变；注射剂、输液和其他液体制剂，可将配伍制剂按不同的比例混合，考察在不同的浓度、温度、放置时间及不同的 pH 值下出现的变化情况。

2. pH 值变化点实验法

许多配伍变化常是 pH 值的改变引起的，注射剂变化点的 pH 值的测定，对预测其配伍变化有一定的参考价值。其方法：取注射液 10ml，先测定其 pH 值，根据注射液所含药物的性质，如为酸性药物的盐类，则以 0.1mol/L HCl 溶液滴定，如为碱性药物的盐类则以 0.1mol/L NaOH 溶液滴定，观察其发生的变化（如浑浊、变色等），测定其 pH 值，此值即为变化点 pH 值，以变化点 pH 值为界，向原 pH 值一方为无变化区，另一方为变化区。注射剂原 pH 值与其变化点 pH 值之间的幅度愈大，其缓冲力也愈大，则混合时不易发生变化，反之则易发生配伍变化。当两种注射剂配伍后 pH 值都不在两者的变化区内的，一般不会有配伍变化，配伍后的 pH 值在一种或两种注射剂的变化区内时，则可能有配伍变化（表 17-6）。

表 17-6 一些注射剂变化点的 pH 值

注射剂名称	成品pH值	变化点pH值	pH移动数量	消耗 0.1mol/L 液/ml		变化情况
				NaOH	HCl	
维生素 C(500mg)	6.7	10.0	+3.3	9.0		黄褐色
叶酸	8.6	8.5	−0.1		0.3	黄褐色沉淀
葡萄糖醛酸(100mg)	5.0	11.3	+6.3	5.0		变色
盐酸肾上腺素	4.9	11.2	+6.3	10.0		橙黄色
安钠加	9.1	5.7	−3.4		2.0	白色沉淀
葡萄糖酸钙	6.2	11.1	+4.9	12.0		微量沉淀
盐酸氯丙嗪	4.6	6.3	+1.7	0.1		微量沉淀
复方氯丙嗪	5.7	6.7	+1.0	0.6		白色沉淀
麦角新碱	3.7	10.3	+6.6	1.4		变色
扑尔敏	4.85	9.3	+4.45	0.5		白色浑浊
异烟肼(5%)	6.1	8.9	+2.8	5.0		变黄
洛贝林(0.3%)	3.0	7.0	+4.0	0.2		白色浑浊
去甲肾上腺素	2.2	8.6	+6.4	0.7		橙红色

续表

注射剂名称	成品pH值	变化点pH值	pH移动数量	消耗0.1mol/L液/ml		变化情况
				NaOH	HCl	
水杨酸钠(5%)	7.1	3.8	−3.3		3.6	针状结晶
戊巴比妥钠	10.8	9.4	−1.4		2.8	白色沉淀
异戊巴比妥钠	10.3	9.8	−0.5		0.8	白色沉淀
硫喷妥钠(10%)	11.1	8.8	−2.3		0.76	白色沉淀
盐酸普鲁卡因(2%)	5.6	9.3	+3.8	0.9		白色浑浊
盐酸利多卡因(1%)	6.7	7.7	+1.0	0.9		白色浑浊

3. 稳定性试验

稳定性较差的药物若进行输液配伍，因临床输液时间长，且配伍后受pH值变化、光线或含有催化作用的离子影响，可使一些药物的效价降低。因此，注射剂，尤其是抗生素的粉针剂与输液配伍时，必须做配伍稳定性试验。在规定时间内（如6h、24h等）含量或效价降低不超过10%，一般认为是稳定的。

稳定性实验方法也很简单，一般是将注射剂、粉针剂和输液，按临床使用的需要（配伍量和浓度）模拟配伍，考察不同的使用浓度、混合顺序、混合pH值以及不同的实验温度下，配伍混合液中不稳定药物的含量或效价。实验时可在混合均匀后立即取样，测定配伍混合液中不稳定药物的初始含量或效价，以后每隔一定的时间取样测定一次，并记录各取样点的混合液外观情况。根据实验记录的数据，可将在不同的时间内含量或效价的变化做成图表，据此了解药物在不同条件下的稳定性和推算出药物的含量或效价降低10%所需的时间和条件，用于指导临床配伍用药。

4. 药理、药效学和药代动力学参数的测定

判断药物配伍是否产生药理学和药效学上的变化，可通过测定相关药代动力学参数，如血药浓度、达峰时间、生物半衰期、消除速度常数、表观分布容积、总体清除率等的变化，确定是否存在药理学或药效学上的配伍变化。

二、配伍变化的处理原则

审查处方，了解用药意图。药师在审方中发现问题时，应首先与临床医师取得联系，了解其用药意图，明确用药对象的具体情况，如年龄、性别、病史、疾病严重程度和有无并发症等，包括给药方案（如给制剂型、给药途径、给药时间和频次、给药先后次序等），最后共同研究选择最佳的给药方案，达到合理配伍用药的目的。

三、配伍变化的处理方法

（一）改变贮存条件

有些药物在病人的使用过程中，由于贮存条件如温度、空气、水分、光线等的影响会加速药物的氧化、变色、浑浊或分解等，故应在密闭及避光的条件下，贮存于棕色瓶中，且每次发出的药量不宜太多。

（二）改变调配次序和方法

改变调配次序和方法能克服一些不应产生的配伍禁忌。如碳酸镁、枸橼酸与碳酸氢钠制成一溶液型合剂时，应将碳酸镁先溶于水，再加枸橼酸混合溶解后，最后加入碳酸氢钠溶解成溶液。如同时混合或先将碳酸氢钠与枸橼酸混合，再与碳酸镁混合，很难制成溶液剂。

（三）改变溶剂或添加助溶剂

通过改变溶剂的用量或组成常可以解决注射剂或溶液剂在配伍时易产生沉淀或分层等问题。如去甲肾上腺素的注射剂与青霉素 G 钠混合，易发生浑浊，析出青霉素酸而失效，若先用输液分别将两者稀释后再混合，则可避免。

（四）改变有效成分或给药方法

在征得医师的同意下，可改换有效成分，以解决有理化配伍禁忌处方在调剂配伍时出现的困难，但改换药物的疗效应力求与原成分类似，用法也应尽量与原方类似；有些药物配伍成某种剂型时会产生沉淀而影响吸收，可分开间隔一定的时间服用或改成其他剂型。

本章小结

学习主题结构		学习的主要内容
大主题	小主题	
第一节　概述	药物配伍应用的目的	使药物之间产生协同作用，增强疗效；在提高疗效的同时，减少不良反应；利用相反的药性或药物间的拮抗作用，克服药物的毒副作用；降低治疗费用，改善病人的依从性等
	药物的配伍变化	发生物质形态改变的物理配伍变化；有新的物质产生的化学配伍变化；引起药物作用强度，持续时间和性质改变的药理学性配伍变化
	研究药物配伍变化的意义	根据药物和制剂成分的理化性质和药理学作用，探讨药物配伍变化产生的原因和正确的处理方法，对可能发生的配伍变化，进行预测，设计合理的处方、制剂工艺，避免配伍禁忌的发生，以保证用药的安全、有效
第二节　物理与化学配伍变化	物理配伍变化	1. 溶解度改变：溶剂的影响；盐析作用 2. 吸湿、潮解、液化与结块：吸湿与潮解；液化；结块 3. 分散状态或粒径变化：乳剂或混悬剂因与其他药物配伍、放置过久、分散相吸附聚集或凝聚而分层或析出沉淀
	化学配伍变化	1. 变色：药物配伍引起化学反应发生，产生有色物质或发生颜色变化 2. 浑浊和沉淀：pH 改变产生沉淀；水解产生沉淀；生物碱沉淀；复分解产生沉淀 3. 产生气体：较强的酸与弱酸盐、铵盐与碱类药物配伍时常产生气体 4. 分解破坏、疗效下降：药物配伍后，pH、离子强度、溶剂等条件的改变，影响制剂的稳定性 5. 发生爆炸：大多数由强氧化剂与强还原剂配伍使用引起 6. 不可见配伍变化：用肉眼观察不到，但药物制剂内在的化学物质已经发生变化。
第三节　注射液的配伍变化	概述	注射剂的配伍变化一般可分为可见性配伍变化和不可见性配伍变化两类
	注射液配伍变化的主要原因	1. 物理、化学方面的原因：①溶剂组成的改变；②离子效应；③pH 值改变；④成分之间的沉淀反应 2. 配伍操作方法及过程处理不当：①配伍量问题；②混合顺序问题；③配伍后的放置时间问题；④外界因素的影响 3. 原、辅料纯度和附加剂的影响：①原辅料的纯度影响；②附加剂的影响

续表

学习主题结构		学习的主要内容
大主题	小主题	
第四节 药物的药理学配伍变化	影响吸收过程的药理学配伍变化	胃肠道pH值、与金属离子形成络合物或复合物、胃排空速率等会影响药物的吸收量和吸收速度,两者直接影响药物在血液中的浓度
	影响分布过程的药理学配伍变化	药物与血浆蛋白的结合是相互竞争的,而体内只有游离的药物才能发挥药理作用。结合能力强的药物能取代结合能力弱的药物与血浆蛋白结合,使结合能力弱的药物从血浆蛋白上解析出来,引起药物在机体的分布、血药浓度、与受体的结合率、半衰期以及肾清除率等一系列变化,进而影响药物的作用强度、持续时间和毒副作用的改变
	影响代谢过程的药理学配伍变化	1.酶促作用:某些药物在体内存在一定的时间后,该肝药酶的活性增加,致使该肝药酶对这种药物和其他一些药物的代谢速度加快,从体内的清除也快,药效降低 2.酶抑作用:某些药物能抑制一些肝药酶的代谢活性(酶抑作用),使得被其代谢的药物药理作用增强或毒性加大
	影响排泄过程的药理学配伍变化	影响药物以原形或代谢物通过肾脏、肝胆系统、呼吸系统以及皮肤汗腺分泌等途径排出体外,从而影响药物的血药浓度,进而影响药物的疗效或作用时间
	药效学相互作用	受体激动剂与受体阻滞剂。合并用药时,药物之间互相干扰与受体的结合,影响药物与受体的结合量和结合速度等,进而影响药物的作用强度、副作用和毒性反应
第五节 配伍变化的研究和处理方法	配伍变化的研究方法	配伍变化的实验方法:1.理化检测法;2.药代动力学实验方法; 常用具体方法:①可见性配伍变化的实验方法;②pH值变化点实验法;③稳定性试验;④药理、药效学和药代动力学参数的测定
	配伍变化的处理原则	研究选择最佳的给药方案,达到合理配伍用药的目的
	配伍变化的处理方法	改变贮存条件;改变调配次序和方法;改变溶剂或添加助溶剂;改变有效成分或给药方法

基本训练题

一、名词解释

1. 药物的配伍变化　2. 物理配伍变化　3. 化学配伍变化　4. 药理学配伍变化

二、单项选择题

1. 属物理配伍变化的是（　　）。
A. 变色　B. 产生气体　C. 浑浊和沉淀
D. 产生爆炸　E. 溶解度改变

2. 蛋白质胶体溶液加入氯化钠注射液配伍时会出现沉淀的原因是（　　）。
A. 聚合　B. 盐析　C. 氧化
D. 水解　E. 还原

3. 生物碱与碱性溶液或其他碱性药物注射液混合后，会析出难溶性碱沉淀的原因是（　　）。
A. pH改变产生沉淀　B. 水解产生沉淀　C. 盐析作用
D. 复分解产生沉淀　E. 结块

4. 安定注射剂含40%丙二醇、10%乙醇，当与5%葡萄糖或0.9%氯化钠注射液配伍时容易析出沉淀是因为（　　）。

A. 溶剂组成的改变　B. 离子效应　C. pH 值改变
D. 成分之间的沉淀反应　E. 混合顺序问题

5. 不是配伍变化研究方法的是（　　）。
A. pH 值变化点实验　B. 稳定性实验　C. 理化检测
D. 药代动力学实验　E. 改变调配方法

三、多项选择题

1. 属化学配伍变化的是（　　）。
A. 变色　B. 产生气体　C. 浑浊和沉淀
D. 分解破坏　E. 产生爆炸

2. 以下哪些是注射液配伍变化的原因（　　）。
A. pH 值改变　B. 成分之间的反应　C. 配伍量问题
D. 混合顺序问题　E. 原辅料纯度

3. 影响药物药理学配伍变化的有（　　）。
A. 影响吸收过程　B. 影响分布过程　C. 影响代谢过程
D. 影响排泄过程　E. 药效学相互作用

4. 引起碱性尿的药物有（　　）。
A. 乙酰唑胺　B. 乳酸钠　C. 碳酸氢钠
D. 枸橼酸钠　E. 维生素 C

5. 临床上药物配伍变化的一般处理方法是（　　）。
A. 改变贮存条件　B. 改变调配次序和方法
C. 改变溶剂或添加助溶剂　D. 改变药代动力学实验
E. 改变有效成分或给药方法

四、简答题

1. 简述药物的物理化学配伍变化。
2. 简述注射液配伍变化的主要原因。
3. 简述影响药理学配伍变化的机制。

第十八章 生物药剂学

学习与能力目标

通过本章的学习，学生应识记生物药剂学的概念和药物的吸收机制。熟记影响药物吸收的生物因素与剂型因素。理解药物的分布、代谢和排泄对药物在体内过程的影响。能设计合理的制剂处方和生产工艺，能够合理科学地用药。理解生物利用度与生物等效性的概念、意义。为处方设计、新药物申报、合理指导用药等方面奠定基础。

知识要求

掌握生物药剂学的概念。

掌握影响药物吸收的生物因素和药物的剂型因素与吸收的关系。

熟悉药物在体内的分布、代谢、排泄过程及对药效的影响。

熟悉生物利用度与生物等效性的概念及试验方法。

了解生物药剂学研究内容与吸收机制。

第一节 概 述

生物药剂学（biopharmaceutics）是20世纪60年代发展起来的一门药剂学的分支学科。20世纪50年代初，人们普遍认为“化学结构决定药效”，药剂学只是改变外观、掩盖不良臭味、便于患者服用。然而，随着医药科学技术的进步与发展，人们对药品的质量与疗效的关系有了新的认识：药物在一定剂型中所产生的效应不仅与药物本身的化学结构有关，而且还受到剂型因素与生物因素的影响，有的甚至影响很大。如不同厂家生产的同一制剂，甚至同一厂家生产的不同批号的同一药品，在临床上都有可能产生不同的疗效；不同种族、不同年龄、不同性别的人服用同一厂生产的同一批号的药品产生的效果也可能不同。因此，研究药物代谢过程的各种机制和理论及各种剂型和生物因素对药效的影响，对控制药物的内在品质，确保最终药品的安全有效，提供新药开发和临床用药的严格评价，都有重要的意义。

生物药剂学是研究药物及其剂型在体内的吸收、分布、代谢与排泄过程，阐明药物的剂型因素、机体因素和药物疗效之间相互关系的科学。目的是可以正确地评价药物制剂的质量，设计合理的剂型、制剂工艺，为临床合理用药提供依据，保证临床用药的安全性和有效性。

生物药剂学研究的剂型因素除了片剂、胶囊剂、注射剂等药剂学中的剂型概念，还包括如下因素。

① 药物的某些化学性质：如同一药物的不同盐、酯、络合物或前体药物，即药物的化学形式、药物的化学稳定性等。

② 药物的某些物理性质：如粒子大小、晶型、溶解度、溶出速率等。

③ 药物的剂型及给药途径，如不同剂型与给药方法可能有不同的体内过程等。

④ 制剂处方中所用辅料的性质与用量。

⑤ 处方中药物的配伍及相互作用。

⑥ 制剂的工艺过程、操作条件及贮存条件等。

生物药剂学中的机体因素主要包括以下三方面。

① 生物种族差异：小鼠、大鼠、兔、狗、猴等不同的实验动物和人的差异及不同人种之间的差异等。

② 性别、年龄及遗传因素差异：如不同性别或婴幼儿、青少年和老年人的生理功能差异及由遗传因素引起的药物代谢酶系的活性差异等都可能导致药物在不同个体中的疗效与毒副作用的差异。

③ 生理和病理条件的差异：生理因素（如妊娠）及各种疾病引起的病理因素可能引起药物体内过程的差异。

药物在体内的过程通常包括吸收、分布、代谢与排泄等过程。吸收是药物从给药部位进入体循环的过程。药物被吸收进入体循环后，在血液与各组织、器官或者体液之间的可逆性转运的过程称为分布。药物在吸收过程或进入体循环后，受肠道菌群或体内酶系的作用，结构发生转变的过程称为代谢或生物转化。药物及其代谢产物排出体外的过程称为排泄。排泄是药物在机体内的不可逆损失，如通过肾脏从尿中排出，或通过胆汁进入小肠而后随大便排出体外，或从肺部呼出体外等。药物的吸收、分布和排泄过程统称为转运，而分布、代谢和排泄过程称为处置。代谢与排泄过程合称为消除。

药物的体内过程很复杂，图 18-1 为不同剂型给药后的体内过程示意图。药物的吸收过程决定药物进入体循环的速度与程度，分布过程影响药物是否能及时到达与疾病相关的组织和器官，代谢与排泄过程关系到药物在体内的滞留时间。如果剂型因素或机体因素影响药物体内的任何一个过程，都会不同程度地影响血中药物浓度的高低及持续时间的长短，进而影响疗效。

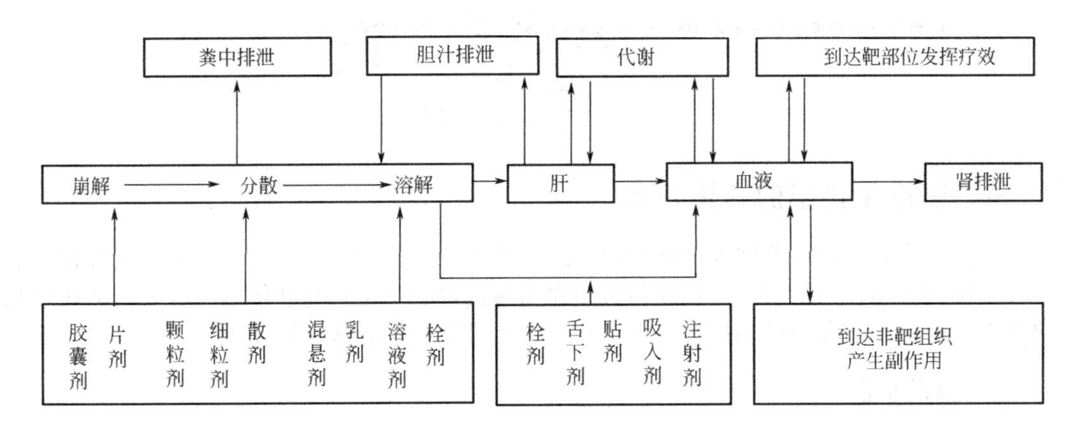

图 18-1 不同剂型给药后的体内过程示意图

第二节　药物的吸收机制

一、吸收与给药途径

药物吸收系指药物从给药部位进入体循环的过程。除了血管内给药不存在吸收过程外，非血管内给药的不同途径（如胃肠道给药、肌内注射、腹腔注射、透皮给药和其他黏膜给药等）都需经过吸收过程，该过程主要通过胃、小肠、大肠、直肠、肺泡、皮肤、鼻黏膜或角膜等部位的上皮细胞进行，受吸收部位解剖学和生理学性质的影响。由于口服给药是最常用的给药方式，本章节重点探讨口服给药后胃肠道的吸收机制与影响因素。

二、生物膜的结构

药物从给药部位到达靶器官，直至排泄出体外，这个过程涉及许多屏障，如胃肠屏障、血脑屏障、血尿屏障、胎盘屏障等，这些屏障实际上就是生物膜。生物膜主要由磷脂、蛋白质和多糖所组成，其结构形态多种多样。1935 年 Danielli 与 Davson 提出脂质双分子层模型，认为生物膜是由脂质双分子层构成的，两个脂质分子的极性部分向外，非极性部分向内，形成对称的膜结构，膜的中间为疏水区，而两侧为亲水部分，蛋白质分布在脂质层的两侧，膜上分布有许多带电荷的小孔，水分能自由通过，在膜结构中还存在许多特殊的载体与酶促系统，能与某些物质专一结合，进行物质转运。1972 年 Singer 和 Nicolson 提出了流动液晶镶嵌模型，认为生物膜的脂质双分子层结构是由球形蛋白和脂质二维排列形成的流体膜，如图 18-2 所示。膜的蛋白质、脂类及糖类呈不对称分布，膜外层的蛋白质和脂类大部分为糖蛋白和糖脂，膜中的蛋白质有的附着于脂质双分子层的表面，有的嵌入甚至贯穿脂质双分子层。生物膜具有一定的流动性，通常组成膜的磷脂分子的脂肪酸链的不饱和程度愈大，脂质的相变温度愈低，其流动性也愈大，而膜中含有的胆固醇可增加膜脂分子的有序性。生物膜具有半透膜、双电层和高度选择的性质。

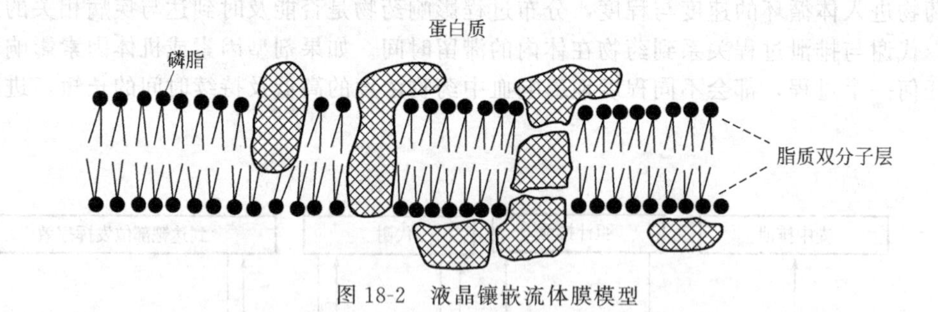

图 18-2　液晶镶嵌流体膜模型

三、药物通过生物膜的转运方式

药物通过生物膜的现象称为药物的膜转运。膜转运在药物的吸收、分布和排泄过程中起着十分重要的作用。药物通过生物膜的机制根据透过过程中是否有载体参与、是否消耗能量及是否伴有膜的变形分为被动扩散、主动转运、促进扩散及胞饮作用四类。

（一）被动扩散

被动扩散系指存在于生物膜两侧的药物服从 Fick’s 定律，从高浓度一侧到低浓度一侧扩散的转运方式。大多数药物在消化道内的吸收都是以这种机制通过生物膜的。其特点是：越过生物膜的转运速率是由膜两边的浓度梯度、扩散分子的大小、亲脂性质及电位和渗透压梯度等所决定的；不需要载体，不消耗能量；无转运饱和现象和竞争抑制现象。

许多药物为有机弱电解质，在胃肠道 pH 条件下，有一部分可解离成离子态，与未解离的分子型呈平衡状态。未解离的分子型药物脂溶性大，易扩散通过生物膜，离子型药物脂溶性小，不易扩散透过生物膜。因此，解离度小或脂溶性大的药物较易被吸收。

（二）主动转运

主动转运系指借助载体蛋白或酶促系统，药物从膜的低浓度一侧向高浓度一侧转运的方式。生物体内的一些必需物质如 K^+、Na^+、葡萄糖、氨基酸等通过生物膜的转运都属于主动转运。其特点是：逆浓度梯度转运，需载体，耗能，有饱和现象和竞争性抑制作用，有部位专属性。例如，维生素 B_2 的主动转运只在小肠上段进行，而维生素 B_{12} 则在回肠末端被吸收。

（三）促进扩散

促进扩散又称易化扩散，系指某些物质在生物膜载体的帮助下，由膜的高浓度一侧向低浓度一侧扩散的过程。生物膜中的特殊载体暂时与药物结合而提高其脂溶性，使药物易于通过生物膜。其特点是：顺浓度梯度转运，需载体，但不耗能，有饱和现象和竞争性抑制作用，也有部位专属性。如葡萄糖透过红细胞膜及甲氨蝶呤进入白细胞等属于促进扩散。

（四）胞饮作用

胞饮作用是细胞摄取物质的一种形式，是通过细胞膜的主动变形将药物摄进细胞内或从细胞内释放到细胞外的转运过程。某些高分子化合物如蛋白质、甘油三酯等凭借与细胞膜上某些蛋白质的特殊亲和力而附于细胞膜上，然后这部分细胞膜凹陷入细胞内形成小泡，将该物质包进去，该小泡随即与细胞表面的细胞膜断离而进入细胞内。现已证明，哺乳动物的肠细胞具有以胞饮作用吸收某些物质的能力。多数动物在出生初期以胞饮作用吸收某些物质。胞饮作用也有部位特异性，如蛋白质和脂肪颗粒在小肠下段的吸收较为明显。

此外，大多数细胞膜上有 0.4～0.8nm 的微孔，分子小于微孔的药物可以通过膜孔转运来吸收。这些贯穿细胞膜且充满水的小孔，为水溶性小分子药物的吸收提供了途径。膜孔转运属于被动扩散，其吸收速率受药物分子或离子大小、带电情况及浓度梯度等的影响。

第三节　影响药物吸收的生物因素

一、药物在胃肠道的吸收

胃肠道主要包括胃、小肠和大肠三部分。胃为消化道中最为膨大的部分，表面积小，吸收有限，大部分药物口服后，在胃中崩解、分散和溶解，但一些弱酸性药物在胃中有较好的吸收，药物在胃中的吸收机制主要是被动扩散。

小肠由十二指肠、空肠和回肠组成，全长 3～5m。小肠黏膜上面分布有许多环状褶壁，并拥有大量指状突起的绒毛。因此，小肠黏膜具有很大的表面积，是药物、食物的主要吸收部位，也是某些药物主动转运吸收的特异性部位。小肠液的 pH 值为 5～7，是弱碱性药物吸收的理想环境。

大肠由盲肠、结肠和直肠组成。大肠比小肠粗而短，黏膜上有皱纹但没有绒毛，有效吸收面积比小肠少得多，药物吸收也比小肠差。大肠的主要功能是储存食物糟粕、吸收水分和无机盐及形成粪便，除直肠给药和结肠定位给药外，只有一些吸收很慢的药物，在通过胃与小肠未被吸收时才呈现出药物吸收功能。结肠可以作为多肽类药物的吸收部位。但直肠下端接近肛门部分，血管相当丰富，是直肠给药（如栓剂）的良好吸收部位。大肠中药物的吸收也以被动扩散为主。

二、影响药物吸收的生理因素

除静脉给药外，其他给药途径和给药方法都存在吸收问题。药物在胃中主要是被动吸收，小肠中则各种吸收机制均存在，大肠中主要为被动扩散与胞饮作用。而药物吸收的程度与速度受多方面因素的影响，除了药物自身的因素外，胃肠道的生理环境变化对药物吸收产生较大的影响。

（一）胃肠液的 pH

大多数有机药物都是有机弱酸性或有机弱碱性，消化道中的不同 pH 或其变化，将会影响药物的解离状态，从而影响药物的吸收。分子型药物比离子型药物易于吸收，两者的比例取决于药物的 p*K*a 和胃肠液的 pH。但主动转运吸收的药物是在特定部位由载体或酶促系统协助下进行的，一般不受消化道 pH 变化的影响。

胃液的 pH 为 1～3，有利于弱酸性药物吸收。水和食物会影响胃液 pH，空腹时，胃液 pH 为 0.9～1.5，餐后 pH 可上升到 3.0～5.0。此外，服用影响胃液分泌及中和胃酸的药物也能影响胃液的 pH，如组胺能促进胃液分泌使胃液量增多，pH 下降；阿托品则抑制胃液分泌，使胃液量减少，pH 上升；制酸药氢氧化铝凝胶等能中和胃酸，也使 pH 上升。胃液 pH 变化，可使弱酸性药物在胃中的吸收发生变化。十二指肠的 pH 常为 5～7，有利于弱碱性药物的吸收。大肠黏膜分泌的肠液的 pH 更高，为 8.3～8.4。

此外，胃肠道中的酸、碱性环境可能对药物的稳定性造成影响，如红霉素在酸性条件下分解，需制成肠溶制剂给药。胃肠液中含有的各种酶类等物质可能会影响药物的吸收，使多肽与蛋白类药物口服无效。

（二）胃排空

胃内容物从幽门向小肠排出的过程称为胃排空。胃排空的快慢对药物在消化道中的吸收有一定影响。单位时间内胃内容物的排出量称胃排空速率，胃排空速率慢，则药物在胃中的停留时间延长，与胃黏膜接触的机会和面积增大，主要在胃中吸收的弱酸性药物的吸收就会增加，相反则减少；由于小肠表面积大，大多数药物被动吸收的主要吸收部位在小肠，故胃排空加快，到达小肠部位所需的时间缩短，有利于药物吸收，产生药效的时间也加快。但对主动吸收的药物，如维生素 B_2 等，在十二指肠由载体转运吸收，胃排空速度快，大量的药物同时到达吸收部位，则可能出现饱和现象，造成只有一小部分药物被吸收。若饭后服用，胃排空缓慢，药物连续不断地缓慢通过十二指肠，则主动转运不会产生饱和现象，使药物吸收增多。

影响胃排空速率的因素主要有：①食物的组成和性质。固体食物的排空比液体食物慢，含大量脂肪的饮食能延迟胃排空 3～6h，而淀粉类食物胃排空时间为 1.5～3.5h，糖类的排空时间较蛋白质短，蛋白质又较脂肪短，混合食物由胃全部排空通常需要 4～6h。②内容物的黏度和渗透压，随着内容物黏度和渗透压的增高，胃排空速率减小。③胃内容物的体积。胃排空速率随内容物的增大而增大，当胃中充满内容物时，对胃壁产生较大的压力，胃所产生的张力也大，因而促进胃排空，但是由于内容物的体积大，全部排空所需的时间也要延长。④一些药物对胃排空速率有很大的影响，如普鲁苯辛抑制胃排空，而灭吐灵促进胃排空。⑤身体所处的姿势。向右侧横卧胃排空速率快，向左侧横卧胃排空速率慢，走动时胃排空速率更快。

（三）消化道运动

胃本身的运动有两种，一种是全胃性的慢紧张性收缩，另一种是以波形向前推进的蠕动运动。胃蠕动可使食物和药物充分混合，同时有分散和搅拌作用，使其与胃黏膜充分接触，有利于胃中药物的吸收，同时将内容物向十二指肠方向推进。

小肠的运动有分节运动和蠕动运动两种，分节运动使小肠内容物不断分开又不断混合，为药物与肠表面上皮接触提供条件；蠕动运动，它决定肠内容物的运行速度，从而影响药物在肠中的滞留时间，运行速度越快，药物在肠内滞留时间越短，则制剂中药物溶出与吸收的时间越短。肠内的运行速度对于缓释、控释制剂的药物吸收有重要的影响。

（四）循环系统状况

循环系统包括血液循环系统和淋巴循环系统。淋巴液的流速很慢，远小于血液流速，故淋巴循环对一般药物的胃肠道吸收所起作用不大。但对大分子药物或与脂肪类似药物的吸收，淋巴系统可能发挥重要作用。淋巴液是由胸导管注入左锁骨下静脉进入全身循环，因此经淋巴系统吸收的药物不经门静脉，故无肝脏的首过作用，这对在肝中易代谢的药物具有很大的临床意义。脂肪能加速淋巴循环，使药物的淋巴系统转运量增加。

通常药物在消化道中的吸收主要通过毛细血管向循环系统转运，因此，循环系统血流量的大小对药物吸收及血药浓度产生影响。消化道周围的血流速率下降使得吸收部位不能维持漏槽条件，从而降低膜两侧浓度差，转运药物的能力下降，使药物吸收减少。血流速率对难吸收药物的影响较小，但对易吸收药物影响较大，如高脂溶性药物和自由通过膜孔的小分子药物的吸收即属于血流限速过程。在胃的吸收中，血流量可影响胃的吸收速度，饮酒的同时服用苯巴比妥，其吸收量增加，但这种现象在小肠中不起显著作用，因为小肠黏膜有充足的血流量。

（五）食物的影响

饭后服用药物时，除影响胃排空速率之外，食物对药物吸收的影响也是多种多样的。由于食物的存在，食物要消耗胃肠内的水分，使胃肠道内的体液减少，固体制剂的崩解、溶出变慢。食物的存在还可增加胃肠道内容物的黏度，妨碍药物向胃肠道壁的扩散，使药物吸收变慢。但食物能提高一些主动转运及有部位特异性转运药物的吸收率，如维生素 B_2、呋喃妥因等。胃肠道中的食物，特别是脂肪，由于促进胆汁分泌，能增加一些难溶性药物的吸收量。这是由于胆汁中的胆酸离子具有表面活性作用，增加了难溶性药物的溶解速率，从而促进其吸收。如服用灰黄霉素的同时进食高脂肪或高蛋白食物，前者的血药浓度可达 3μg/ml，而后者仅为 0.6μg/ml。

第四节　药物的剂型因素与吸收的关系

一、药物的理化性质对吸收的影响

药物的油/水分配系数、解离常数、晶型与粒径、溶解度、溶解速度等理化性质对药物在消化道的吸收有明显的影响。

（一）脂溶性和解离常数

消化道上皮细胞膜结构是脂质双分子层，对于被动扩散吸收的药物，通常脂溶性大的药物易于吸收，未解离的分子型药物比离子型药物易于吸收，药物的吸收速度受其解离度和脂溶性大小的影响。未解离型药物的比例由吸收部位的 pH 和药物的解离常数 pKa 所决定。对弱酸性或弱碱性药物来说，在胃肽液 pH 条件下的未解离型药物比例可根据 Henderson-Hasselbalch 方程求出，即：

弱酸性药物　　$pKa-pH=\lg(C_u/C_i)$　　(18-1)

弱碱性药物　　$pKa-pH=\lg(C_i/C_u)$　　(18-2)

式中，C_u、C_i 分别表示未解离型与解离型药物的浓度。对任一具体药物来说，其 pKa 是固定的，而吸收部位的 pH 值则有可能发生变化。因此，未解离型与解离型药物的比例主要取决于胃肠液 pH 值，即药物的吸收程度与吸收部位的 pH 值有关，这种关系又称为 pH-分配假说。通常弱酸性药物在 pH 值较低的胃液中几乎完全不解离，故有较好的吸收；而其在 pH 值较高的小肠液中则几乎完全解离，故吸收较差。对弱碱性药物来说，则与此相反，其在胃液中吸收较差，而在肠液中吸收较好。

某些药物口服后，即使以大量的非解离型状态存在，吸收仍然很差，原因是分子本身的脂溶性差，因此药物的吸收还与油水分配系数有关。

油水分配系数反映了药物脂溶性大小，通常油水分配系数大的药物脂溶性强。对弱电解质药物而言，即使药物以 100%的非解离型存在，但脂溶性不强，也不能较好地吸收，因此药物的脂溶性对其吸收十分重要。对于某些脂溶性小而吸收不好的药物，可通过结构改造来增加脂溶性。

通常药物的油水分配系数大，则脂溶性强，吸收率也大，但药物的油/水分配系数与吸收率不是简单的线性关系，脂溶性太强的药物吸收反而可能下降，因为脂溶性太强的药物进入生物膜后难以转移至水性体液中。

（二）药物晶型与粒子大小

许多药物存在多晶型现象，它们的化学性质虽相同，但它们的物理性质如熔点、溶解度及溶出速率等可能有所不同，并具有不同的生物活性和稳定性。在一定的温度和压力下，一般稳定型的结晶熔点高、溶解度小、溶出速率慢；不稳定型结晶却与此相反，但易于转化成稳定型结晶。不同晶型在一定条件下可以相互转化。亚稳定型的晶型介于上述两者之间，一般亚稳定型结晶的生物利用度高，而稳定型药物的生物利用度较低，甚至无效，因此在保证药物稳定性的前提下，对于一些难溶性药物，可选用亚稳定型为原料，以获得较高的溶出速率和较好的疗效。

譬如，无味氯霉素有 A、B、C 三种晶型及无定型。其中 B 型及无定型有效，A 型及 C 型无效。无味氯霉素虽除去了氯霉素的苦味，却变成了难溶性的物质，若以此制成制剂，就难被消化道吸收，但可被消化道酶水解成氯霉素而吸收。这种水解速度受溶解性支配，而其溶解性主要依赖于晶型。A 型熔点较高，为 91～93℃，在它的结构中，酯键的水解速度慢，造成吸收不良而丧失药理活性；B 型熔点较低，为 86～87℃，这种结晶型水解速度快，释放出有效的氯霉素而被吸收。

除结晶型之外，药物还往往以无定型的形式存在。一般情况下，无定型药物溶解时不需要克服晶格能，所以其溶解速率比结晶型要快，在临床上也表现出较高的疗效。

此外，对难溶性药物来说，粒子大小也能影响药物的吸收。药物的粒子越小，则其比表面积越大，药物的溶出速率提高，吸收越快。如螺内酯为难溶性药物，病人口服未微粉化螺内酯后，由于结晶药物的溶解缓慢，只吸收 10%左右，而经微粉化后，螺内酯的吸收量增加 10～12 倍，因而可以降低螺内酯的剂量。但并非所有难溶性药物都需微粉化，某些药物微粉化后会出现稳定性下降或对胃肠道刺激性增大等。

（三）成盐或酯

弱酸性药物制成碱金属盐、弱碱性药物制成强酸盐后，它们的溶解度增大，溶解迅速，吸收增加。例如，降血糖药甲苯磺丁脲，其钠盐有较大的溶解度（表 18-1），因此显效快。口服 500mg 甲苯磺丁脲钠盐，在 1h 内血糖迅速降到对照水平的 60%～70%，生物效应可与静脉注射其钠盐相比，而口服同剂量较难溶解的甲苯磺丁脲后，血糖减到最低时约为对照水平的 80%，并要在口服后至少 4h 才能达到。

表 18-1　溶出速率对甲苯磺丁脲的吸收与降血糖活性的影响

药物名称	体外溶出速率/[mg/(cm²/h)]		口服 500mg 后的体内吸收量/mg	服药 1h 后的血糖水平/(mg/dl)
	0.1mol/L　HCl	pH7.2 磷酸缓冲液		
甲苯磺丁脲	0.21	3.1	14	5.2
甲苯磺丁脲钠	1069	868	251	19.1

将药物制成酯后，可以防止某些胃酸中不稳定药物的降解和失效。例如，红霉素在酸性溶液中容易被破坏而失效，将其制成红霉素酯后，不溶于胃酸，转运到小肠才溶解，从而保证有效剂量的吸收。

二、药物的剂型与给药途径对吸收的影响

（一）剂型对药物吸收的影响

不同的剂型具有不同的释放特性，且药物的不同剂型给药的部位及吸收的途径也会有所不同，因此可能影响药物在体内的吸收速率与量，从而影响药物的起效时间、作用强度、持续时间、毒副作用等。一般认为口服剂型生物利用度高低的顺序为溶液剂＞乳剂＞混悬剂＞散剂＞颗粒剂＞胶囊剂＞片剂＞包衣片。

1. 溶液剂

溶液剂中药物是以分子或离子状态分散在介质中，药物的吸收比其他口服剂型快而完全，生物利用度较高。影响溶液剂中药物吸收的因素有胃液 pH、食物、溶液的黏度、渗透压及化学稳定性等。某些溶液剂采用混合溶剂，加入助溶剂或增溶剂等，当服用此类溶液剂时，由于胃肠内容物的稀释或胃酸的影响，一些药物可能沉淀析出，通常这些药物沉淀粒子很细，仍可迅速溶解，对药物的吸收影响不大。

而油溶液中的药物吸收速度取决于药物从油转移到胃肠液中的分配速度。对于亲油性强的药物难以转移到胃肠液中，因此吸收速度慢。

2. 乳剂

乳剂具有分散性好、表面积大的特点，在乳化剂的作用下，改善胃肠黏膜性能，促进了药物的吸收。O/W 型乳剂在胃肠道中有很大的油相表面积，增大了油中药物的分配速度，有利于药物的溶解和吸收。乳剂中的油脂可以促进胆汁分泌，有助于药物的进一步溶解和吸收。实验证明，油脂性物质可通过淋巴系统转运吸收，从而增加药物向淋巴系统的转运，有利于提高抗癌药物的治疗效果。乳剂的油相一般是可被消化吸收的，如果黏度不是药物吸收

的限速因素，则其吸收速度可与溶液剂相当。

3. 混悬剂

混悬剂中的难溶性药物在胃肠道中的吸收比其水溶液慢，但比胶囊剂、片剂等固体制剂的吸收要好。影响混悬剂中药物吸收的因素比溶液剂多，如混悬剂中的粒子大小、晶型、附加剂、分散溶剂的种类、黏度以及各组分间的相互作用等因素都可影响其生物利用度。

水溶性混悬液中药物的吸收主要取决于药物的溶出速率、油/水分配系数以及在胃肠道中的分散性。水性混悬剂的难溶性药物的吸收虽然比其水溶液慢，但较其他固体制剂快，因为它的分散性较好，在胃肠道有较大的表面积，而固体制剂只有在较长的时间后才能达到这种分散性和表面积。

多晶型药物的混悬剂在贮藏过程中，可能发生晶型改变。采用无定型或亚稳定型制成的混悬剂，在贮存期间会缓慢自发地转变为稳定晶型的药物，从而改变生物利用度。分散溶剂和附加剂也会影响混悬剂的吸收，一些药物（如灰黄毒素）的油混悬剂的吸收略高于其水混悬剂。

4. 散剂

散剂比表面积大，容易分散，服用后不需经过崩解过程，所以在固体制剂中属于吸收快的剂型。影响散剂生物利用度的因素有粒子大小、溶出速率、药物和稀释剂或其他成分之间可能产生的相互作用等。此外，散剂的贮存条件也会影响药物吸收。由于散剂比表面积较大，其吸湿性与风化性也较显著。散剂在贮存过程中吸湿后通常会潮解、结块或发生变色、分解等物理化学变化，从而影响药物的有效性。

5. 胶囊剂

胶囊中的药物颗粒未受到加压或熔化，口服后只要囊壳破裂，颗粒直接分散于胃肠液中。倘若药物能被胃肠液充分润湿，则有效表面积较大，药物溶出速率比片剂大，吸收也较好。影响胶囊剂吸收的剂型因素有药物颗粒大小、晶型、附加剂及药物和附加剂间的相互作用等。

6. 片剂

片剂是应用最为广泛的剂型之一，同时也是生物利用度问题最多的剂型之一，主要原因是片剂在压片时减少了药物的有效表面积，减缓了药物的释放速率。影响片剂中药物吸收的因素除生物因素外，还有药物的理化性质、片剂辅料及工艺过程等，如粒度、晶型、脂溶性、制粒、压片、包衣、贮存等都可能对片剂的崩解、溶出产生影响。片剂服用后，首先在胃肠道中崩解，然后分散成微细颗粒，微细颗粒溶解后方能被机体吸收，故某些难溶性药物的片剂，虽然崩解时限符合规定，但其生物利用度却可能很差。

7. 注射剂

注射剂中药物的释放速率按以下次序排列：水溶液＞水混悬液＞油溶液＞乳剂＞油混悬液。药物的水溶液从肌内注射部位可在10～30min内吸收，其速度的快慢主要取决于注射部位的血管分布。影响注射剂药物吸收的主要因素是溶解度、黏度、渗透压及油/水分配系数等。

（二）给药途径对药物吸收的影响

1. 口服给药

口服是最常用的一种给药方法。口服药物透过消化道的上皮细胞，进入门静脉或淋巴管，再经过肝脏转运至循环系统，这就是口服药物的吸收过程。药物在口服吸收过程中可能会受到胃肠道中消化液的破坏和黏膜中酶或肝中药物代谢酶等的作用而造成损失，这种现象称为首过作用。口服药物吸收通常受到胃肠道pH值、胃排空、消化道运动、循环系统、食物等因素的影响。

2. 注射给药

注射是一种很重要的给药方法，一些药物口服不吸收或在胃肠道容易降解破坏，常注射给药。常用的注射方法有静脉注射、肌内注射、皮下注射、鞘内或关节腔内注射等。除关节腔内注射及局部麻醉药外，注射给药一般产生全身作用。

静脉注射时，药物直接进入血液循环，没有吸收过程。肌内注射时药物先经结缔组织扩散，再经毛细血管和淋巴进入血液循环。一般认为脂溶性药物可直接通过毛细血管的内皮细胞膜吸收，而水溶性药物主要通过毛细血管壁上的细孔进入毛细血管。一般肌内注射药物吸收程度与静脉注射相当。亦有长效注射剂药物一般为油溶液或混悬剂，注射后在局部形成储库，缓慢释放药物达到长效目的。

药物经皮下与皮内注射后扩散进入毛细血管。由于皮下组织血管较少，血流速度亦比肌肉组织慢，故皮下注射药物的吸收较肌内注射慢，有些甚至比口服慢。需延长药物作用时间的药物可采用皮下注射，如治疗糖尿病的胰岛素。一些作用于注射部位的药物如局部麻醉剂，可与血管收缩剂如肾上腺素合用，可延长其作用时间。植入剂一般植入皮下。皮内注射是将药物注射到真皮以下部位，此部位血管细小，吸收差，只用于诊断与过敏试验，注射量在 0.2ml 以内。

鞘内注射可用于克服血脑屏障。药物经血流向中枢神经系统转运时，可能要通过血脑屏障和血脑脊液屏障。鞘内注射能完全避免这两个屏障的作用使药物向脑组织分布，如治疗结核性脑膜炎时可鞘内注射异烟肼和激素等药物。

注射部位不同，所能容纳的注射液容积、允许的药物分散状态及药物吸收的快慢也会有所不同。由于注射部位的周围都有丰富的血液或淋巴循环，且影响吸收的因素比口服要少，故一般注射给药吸收快，生物利用度也较高。

3. 吸入给药

吸入给药能产生局部或全身治疗作用，涉及的剂型有气雾剂、喷雾剂和粉末吸入剂。产生全身作用时，其药物的吸收主要在肺泡中进行，肺泡总面积达 $100\sim200m^2$，与小肠黏膜绒毛总面积大致相等。肺泡壁由单层上皮细胞组成，并与血流丰富的毛细血管紧密相连，吸收后的药物直接进入血液循环，避免肝首过效应。呼吸道的结构较为复杂，药物到达作用或吸收部位的影响因素较多。

4. 皮肤给药

皮肤由表皮、真皮和皮下脂肪组织组成，其中表皮中的角质层具有保持水分的能力，是维持皮肤正常功能的必要条件，同时也是药物经皮肤吸收的主要屏障。药物透过皮肤吸收有两种途径：一种途径是通过角质层进入真皮组织，属于被动扩散。一般认为，脂溶性强的药物，由于可以与角质层中的脂质相溶，角质层屏障作用小，而分子量大、极性或水溶性大的药物难以通过，但当角质层受损时，药物的通透性显著增加。另一种途径是通过汗腺、毛孔和皮脂腺等进入真皮和皮下组织，大分子或解离型药物通过该途径吸收的概率较高。皮肤给药能起到局部治疗或全身治疗作用。

5. 直肠给药

直肠黏膜表面无绒毛，皱褶少，比表面积比小肠要小得多，故直肠不是药物吸收的合适部位。但近肛门端血管丰富，故也是某些剂型，如栓剂、灌肠剂的特殊用药部位，吸收效果良好。直肠黏膜是类脂膜，故直肠吸收属于被动扩散，药物吸收与其脂溶性、解离度、溶解度、粒径和所用基质的种类等因素有关。直肠给药能起到局部治疗或全身治疗作用。药物的直肠吸收与给药部位有关，当药物于直肠下端给药后可通过下腔静脉直接进入大循环，避免肝首过作用。

6. 黏膜给药

鼻黏膜给药多用于局部作用，如杀菌、抗病毒、血管收缩、抗过敏等，可制成溶液剂滴入鼻腔，也可以气雾剂给药。口腔黏膜给药可产生局部作用或全身性作用。两者均可避开肝首过作用、消化道黏膜代谢或药物在胃肠液中的降解，其生物利用度有时可与静脉注射相当。

7. 眼部给药

眼部给药主要用于发挥局部治疗作用，如缩瞳、散瞳、降低眼压、抗感染等。常用制剂有灭菌的溶液剂、混悬剂、眼膏和眼用膜剂等。脂溶性药物一般经角膜渗透吸收，亲水性药物及多肽蛋白质类药物主要通过结膜和巩膜渗透吸收。

三、制剂的处方和生产工艺对吸收的影响

（一）制剂处方对吸收的影响

制剂处方对药物吸收的影响因素较多，主要有主药和辅料的理化性质及其他们的相互作用等。

1. 液体制剂中药物和辅料的理化性质对吸收的影响

液体制剂中常加入增黏剂来改善制剂的物理性质，但黏度的增加往往会影响药物的吸收。因为药物的溶出度和扩散速率通常与黏度呈反比关系。液体黏度增加后，胃排空速率或通过肠道的速率就会减小，从而延缓了药物到达吸收表面的速率。同时，随着黏度的增加，药物分子在胃肠道中的扩散速率也会减小。

液体制剂中广泛使用大分子化合物，如纤维素衍生物、大分子量的多元醇类以及非离子型表面活性剂等作为助悬剂、乳化剂或增黏剂。它们可能与药物发生络合、吸附或胶团等相互作用，使药物在吸收部位的浓度减小，但适量的表面活性剂能促进药物的吸收。

2. 固体制剂中药物和辅料的理化性质对吸收的影响

固体制剂生产过程中，通常需要加入适当的辅料，如稀释剂、黏合剂、崩解剂、润滑剂等。辅料和主药或辅料与辅料之间都有可能产生相互作用而影响药物的吸收。将亲水性辅料加到疏水性药物中时，有分散作用，可减少粉末与液体接触时的结块现象，使药物有较大的有效表面积，有利于药物吸收。

片剂中加入崩解剂的目的是促进片剂的崩解，崩解剂的品种和用量对药物的溶出有影响。片剂制粒过程中加入的黏合剂则是增加微粒之间的黏结能力，有延缓片剂崩解的作用。黏合剂的品种和用量对片剂的溶出亦有影响。润滑剂大多为疏水性和水不溶性物质，这些疏水性的润滑剂使药物与溶剂接触不良，溶出介质不易透入片剂的孔隙，因而会影响片剂的崩解和溶出。

通常难溶性药物疏水性都很强，与体液接触时，有效表面积通常较比表面积小，加入适量表面活性剂，能使固体药物与胃肠液间的接触角变小，表面张力降低，从而增加药物的湿润性，提高有效表面积，增加药物的溶出速率，促进吸收。此外，表面活性剂能溶解消化道上皮细胞膜的脂质，改变上皮细胞的通透性，使本来难被消化道被动扩散吸收的药物，由于添加表面活性剂而吸收增大。如十二烷基硫酸钠、牛磺胆酸等表面活性剂能促进肝素在肠道中的吸收。

包衣制剂中的药物在被吸收之前，首先是衣层的溶解，而衣膜的性质和厚度会影响衣层的溶解速率，从而影响药物的吸收。此外，包衣制剂中药物吸收的难易，还与包在其中的药物的溶解性有很大的关系。当一部分衣层溶解时，衣层上出现了小孔，胃肠液通过小孔向片剂内渗透，易溶性药物就容易从小孔中溶出。

（二）制剂生产工艺对药物吸收的影响

生产工艺对制剂质量的影响很大。药物从原料到制剂需要经历多步加工过程，如混合、制粒、干燥或压片等，这些工艺可能使制剂的含量均匀度、崩解时限、溶出度或生物利用度发生改变。

混合方法对小剂量药物的含量均匀度有明显影响。例如，用溶剂分散法将量小的药物配成溶液再与辅料混合，要比将药物直接混合的分散均匀度好得多，且有利于难溶性药物的溶出。

片剂制粒时黏合剂的用量、颗粒大小及硬度等对片剂的崩解、溶出和药物的吸收均有一定影响。压力与溶出速率的关系与原、辅料的性质有关。一般情况下，压力增大，片剂的孔隙率减小，崩解时间延长，溶出速率减小。

第五节 药物的分布、代谢和排泄

一、药物的分布

药物的分布系指药物从给药部位被吸收进入体循环后，在血液与各组织、器官或者体液之间的可逆性转运过程。由于药物的理化性质及生理因素的差异，药物在体内分布是不均匀的，由此直接影响到药物治疗的效果，同时还关系到药物在组织中的蓄积和毒副作用等安全问题。

药物的分布速度受多个因素的影响，药物只有到达靶器官才能发挥疗效，其作用强度与该部位药物浓度有关，因此，掌握药物在体内的分布规律，对于评价药物的安全性和有效性具有十分重要的意义。

（一）体内分布与药效

药物从血液向组织器官分布的速度取决于组织器官的血流灌注速度和药物与组织器官的亲和力。药物在作用部位的浓度，除主要与透入作用部位和离开作用部位的相对速率有关外，尚与肝脏的代谢速率、肾或胆汁的排泄速率有关。药物在体内分布后的血药浓度与药理作用有密切关系，必须选择适宜的剂量与剂型，使药物达到足够高的血药浓度，并能以适宜的速率将需要量的药物分布到作用部位。药物作用的持续时间则主要取决于药物消除速率。理想的制剂和给药方法应使药物能选择性地进入欲发挥作用的靶器官，尽量少向其他不必要的组织器官分布，并在必要的时间内维持有效血药浓度，充分发挥作用后，迅速排出体外，以保证药品的有效性与安全性。因此，药物的体内分布不仅与疗效密切相关，还关系到药物在组织中的蓄积和毒副作用等安全性问题。

（二）体内分布与蓄积

当药物对某些组织有特殊的亲和性时，该组织就可能成为药物贮库。当这种药物连续应用时，该组织中的药物浓度有逐渐升高的趋势，这种现象称为蓄积。当反复用药时，由于体内解毒或排泄功能障碍，使药物在体内蓄积过多而产生蓄积中毒，对于肝、肾功能不健全的患者，可能会造成严重后果。油/水分配系数较高的药物具有较高亲脂性，容易从水性血浆环境中进入脂肪组织。这一分布过程是可逆的，但药物从组织中解脱得非常慢，以至于当药物已从血液中消除，而组织中的药物仍可滞留很长时间。有些药物能通过与蛋白质或其他大分子结合而在组织中蓄积。例如，地高辛可与心脏组织的蛋白质结合；氯丙嗪能够与皮肤和眼睛中的黑色素结合，服用后可出现视网膜色素症；四环素可与钙生成不溶性络合物，滞留在幼儿新形成的牙齿和骨骼中，从而导致新生儿骨生长抑制以及牙齿变色和畸形。

（三）血浆蛋白结合

药物进入血液后，一部分药物与蛋白结合成为结合型药物，一部分未结合成为游离型药物。结合型药物不能透过血管壁向组织转运，不能由肾小球滤过，也不能经肝代谢。只有游离型药物才能自由地向体内各组织转运，并在到达部位发生药理作用。

药物与血浆蛋白结合是一种可逆过程，有饱和现象，因此当应用蛋白结合率高的药物时，由于给药剂量增大使蛋白出现饱和现象，或者同时服用另一种蛋白结合能力更强的药物后，又由于药物与血浆蛋白结合的特异性差，理化性质相近的药物间可产生竞争性结合，则会使得与蛋白结合能力弱的药物的浓度急剧增加，容易导致安全性问题。

血浆中药物的游离型和蛋白结合型之间保持着动态平衡。当游离型药物随着转运和消除使其浓度降低时，一部分结合型药物就会转变成游离型药物，使血浆及作用部位中的游离型药物在一定时间内保持一定的浓度。

（四）表观分布容积

表观分布容积是将全血或血浆中的药物浓度与体内药量联系起来的比例常数，是药动学的一个重要参数。它是在假设药物充分分布的前提下，体内全部药物按血中同样浓度溶解时所需的体液总容积。

人的体液是由细胞内液、细胞外液和血浆三部分组成，体重 60kg 的成人约有总体液 36L。如果药物不与血浆蛋白或组织蛋白结合，则表观分布容积接近于其真实的分布容积，且不应超过总体液容积；当药物主要与血浆蛋白结合时，其表观分布容积小于它们的真实分布容积；当药物主要与血管外的组织结合时，其表观分布容积大于它们的真实分布容积。不同的药物，其表观分布容积的下限为 0.04L/kg（相当于血浆容积），而其上限可以超过 20L/kg。因此，表观分布容积并不是机体的真实容积，它仅仅是反映药物在体内分布的广泛程度或药物与组织的结合程度的一项比例常数，没有生理学与解剖学上的意义。

大多数药物由于本身理化性质及其与机体组织的亲和力差别，在体内的分布大致分三种情况。

(1) 组织中的药物浓度与血液中的药物浓度几乎相等的药物，即具有在各组织内均匀分布特征的药物，该药物的分布容积近似于总体液量，如安替比林。

(2) 组织中的药物浓度比血液中的药物浓度低，则表观分布容积比该药的实际分布容积小。水溶性药物或血浆蛋白结合率高的药物，如水杨酸、青霉素、磺胺等有机酸类药物，主要存在于血液中，不易进入细胞内或脂肪组织中，故其表观分布容积通常较小，为 0.15～0.30L/kg。

(3) 组织中的药物浓度高于血液中的药物浓度，则表观分布容积比该药实际分布容积大。脂溶性药物易被细胞或脂肪组织摄取，血浆浓度较低，其表观分布容积常超过体液总量，如地高辛的表观分布容积为 600L。当一种药物具有较大的表观分布容积时，此药物排出就慢，比那些不能分布到深部组织中的药物的药效要强，毒性更大。

二、药物的代谢

药物在吸收过程或进入体循环后，受肠道菌群或体内酶系的作用，结构发生转变的过程称为代谢或生物转化。有些药物在体内不经代谢，以原形从尿中排出，有些药物仅部分发生代谢，但大多数药物在体内都会进行一种或几种代谢。多数药物经代谢后减弱或失去活性，称为药物灭活。但也有一些本身没有药理活性的药物，在体内经代谢后生成有活性的代谢产物，称为药物活化。药物代谢产物的极性大多数都比母体药物大，但是也有一些药物代谢产物的极性降低，如磺胺类的乙酰化产物或酚羟基的甲基化产物。

药物代谢不仅直接影响血中药物浓度和活性代谢物的产生，而且影响药物的排泄过程。油水分配系数较高的药物容易透过生物膜，也易被肾小管从尿中重吸收返回循环，这类药物的肾清除率低，血浆中药物半衰期长，药物在体内产生的作用持久；若药物在体内被代谢成极性更大的产物时，不仅使药物失去活性，且由于油水分配系数降低，肾小管重吸收也相应降低，则该药物的清除率增高，在体内很快被清除，疗效不能持久或不能发挥应有药效。

药物代谢的主要部位是肝，它含有大部分代谢活性酶，由于它的高血流量，使它成为一个最重要的代谢器官。除肝以外，有些代谢反应在血浆、胃肠道、肺、皮肤、肾、鼻黏膜、脑或其他组织进行。

参加药物代谢反应的酶系通常分为微粒体酶系和非微粒体酶系，前者主要存在于肝，后者除肝外也存在于血液及其他组织中。药物代谢可看成两个阶段，第一阶段通常是氧化、羟基化、开环、还原或水解等，第二阶段往往是结合反应，形成葡萄糖醛酸化物、硫酸化物、乙酰化物或甲基化物等，使药物转变成更易溶解于水的形式，更易为肾脏排泄。某些药物经第一阶段代谢后，其水溶性已足以在肾脏或胆中排泄，则不发生第二阶段反应。第二阶段的结合反应要求药物分子中必须有一个能起反应的阴离子基团，但许多药物都不存在这种基团，所以第一阶段反应的目的是在分子中引进此种基团。

影响药物代谢的因素有很多，如性别、年龄、疾病、饮食及个体差异等均会使药物代谢呈现多样性。因此，对于治疗窗比较窄的药物宜实行临床用药方案个体化，以减少不良反应的发生，确保临床用药的安全性和有效性。

三、药物的排泄

药物的排泄是指体内原形药物或其代谢物排出体外的过程，是药物自体内消除的一种形式。药物的排泄与疗效、疗效维持时间及毒副作用等密切相关。排泄的途径和速度等因药物的种类而异。药物排泄的主要途径是肾脏，其次是胆汁，还可从汗腺、唾液、乳汁、呼气等排泄，但排泄量很少。

（一）肾排泄

药物及其代谢物的肾排泄过程包括肾小球滤过、肾小管重吸收及肾小管分泌三个阶段，影响药物肾排泄的因素主要有药物分子量、尿液 pH、药物 p*K*a、脂溶性、蛋白结合率、药物配伍及相互作用等。

1. 肾小球的滤过

血液由入球小动脉进入肾小球，肾小球毛细血管内皮极薄，其上有很多直径为 6～10nm 的小孔，滤过率极高。除相对分子质量约在 70000 以上的血浆蛋白不能滤过外，其他分子量较小的物质均能被滤过。肾小球滤作用迅速，成人每天的滤过量大约可达 180L。

2. 肾小管的重吸收

肾小管上皮细胞膜也是由脂质膜构成的，肾小管重吸收也存在主动转运和被动重吸收两种机理。机体必需的物质，如葡萄糖等，在近曲小管处由主动转运几乎被全部重吸收。而药物在肾小管中主要是由被动重吸收返回体内的。这种被动重吸收与药物的脂溶性、p*K*a、尿液 pH 及尿量有密切关系。通常脂溶性大、非解离型药物易于重吸收，如硫喷妥钠经肾小球滤过后，几乎全部被重吸收而返回血循环。

对于弱酸性或弱碱性药物来说，尿液 pH 影响药物的解离度，从而影响药物的吸收。一般酸性尿可增加弱酸性药物的重吸收，促进弱碱性药物的排泄。反之，碱性尿可增加弱碱性药物的吸收，促进弱酸性药物的排泄。临床上可用调节尿液 pH 的方法，作为解救药物中毒的有效措施之一。

此外，尿量也会对药物排泄产生影响。例如，尿量增加时，药物在尿液中的浓度下降，重吸收减少；尿量减少时，药物浓度增大，重吸收量也增多。临床上有时通过增加液体摄入或合并应用甘露醇等利尿剂，以增加尿量而促进某些药物的排泄。这种方法对于某些因药物过量而中毒患者的解毒是有益的。

3. 肾小管分泌

肾小管分泌指药物通过肾小管上皮细胞从肾小管周围的组织液转运入管腔的过程。肾小管分泌是主动转运过程。许多弱酸性和弱碱性药物，如对氨基马尿酸、胍和胆碱类有机弱碱等，都可通过肾小管分泌转运到尿中。其特点是：①需载体参与；②需要能量；③有饱和现象；④血浆蛋白结合率不影响肾小管分泌速率。因为游离型药物被转运后，结合型药物可以很快解离，所以某些药物尽管其血浆蛋白结合率很高，但仍有可能很快被消除。

（二）胆汁排泄

药物从血液向胆汁排泄时，首先由血液进入肝细胞并继续向毛细胆管转运。胆汁排泄也是一种通过细胞膜的转运现象。转运机制也有被动扩散和主动转运等。从胆汁被动扩散排泄的药物，其排泄速率受药物分子大小、脂溶性等因素影响。胆汁排泄的主动转运也有饱和现象和竞争性抑制。通过主动转运从胆汁排泄的药物，随着给药量的增大，血药浓度上升；当达到饱和现象后，血液中药物的消除时间即随着给药量的增加而延长。药物葡萄糖醛酸结合物等代谢物的排泄途径主要是胆汁排泄。此外，磺溴酞静脉注射后大部分经肝脏从胆汁排泄，故可做肝功能检查。

肠肝循环系指在胆汁中排出的物质，在小肠中又重新吸收而返回门静脉血的现象。有肝肠循环的药物在体内能停留较长时间，如己烯雌酚、洋地黄毒苷、氨苄、卡马西平、氯霉素、吲哚美辛、螺内酯等药物口服后都存在肠肝循环现象。

第六节 生物利用度与生物等效性

一、生物利用度

制剂要产生最佳疗效，其中的药物需在预期的时间段内释放、吸收进入到作用部位，并达到预期的有效浓度，可见制剂中药物吸收的速度和程度决定了药物的疗效及安全性。口服或局部用药的制剂，其药物的吸收速度和程度受多种因素的影响，如药物晶型与粒径、剂型、制剂工艺及处方等。含有等量相同药物的不同制剂，包括不同剂型和相同剂型，甚至同一厂家同一制剂的不同批号，它们的吸收速度与吸收程度都可能不一样，临床疗效亦可能不一样。因为大多数药物是进入全身血液循环后产生治疗作用的，血液中的药物浓度可以反映作用部位的药物浓度，因此可以通过测定血液循环中的药物浓度，来获得反映药物体内吸收速度和程度的药代动力学参数，预测药物制剂的临床治疗效果，评价制剂的内在质量。吸收越快越多，曲线峰值越高，出现也越早。药物的疗效不但与药物的吸收量有关，而且也与药物的吸收速度有关。因为药物在血浆中必须达到或超过最低有效浓度才能发挥有效的药理效应，如果药物的吸收速度太慢，在体内不能产生足够的治疗浓度，即使药物全部被吸收，也达不到治疗效果。生物利用度就是用于保证药品质量，确保药品的有效性和安全性的重要指标。

生物利用度（bioavailability，BA）是指药物或药物活性成分从制剂中释放吸收进入全身循环的程度和速度。生物利用度包括两方面的内容，即生物利用度的速度（rate）和生物利用度的程度（extent）。生物利用度的速度即药物吸收进入体循环的快慢，生物利用度研究中常用血药浓度达峰时间（t_{max}）及峰浓度（C_{max}）来反映，吸收速度常数（k_a）也可反映吸收的快慢。血药浓度-时间曲线下的面积（AUC）与药物吸收的总量呈正比，可以反映生物利用度的程度。药物的疗效与安全性不但与吸收量有关，也与吸收速度有关，因此制剂的生物利用度一般用 t_{max}、C_{max} 及 AUC 三个基本参数来评价。

生物利用度是个相对的概念，根据比较研究时所采用的参比制剂不同分为绝对生物利用度和相对生物利用度。绝对生物利用度（absolute bioavailability，F_{ab}）是以静脉注射制剂为参比制剂所获得的试验制剂中药物吸收进入体内循环的相对量，以血管外给药的试验制剂与静脉注射的参比制剂给药后的 AUC 的比值来表示。相对生物利用度（relative bioavailability，F_{rel}）则是以其他血管外途径给药的制剂为参比制剂，如片剂和口服溶液的比较，以同一药物的试验制剂与参比制剂给药后 AUC 的比值来表示。两者的计算公式如下：

$$\text{相对生物利用度 } F_{rel}=AUC_{\text{试验}}/AUC_{\text{参比}}\times 100\% \tag{18-3}$$

$$\text{绝对生物利用度 } F_{ab}=AUC_{\text{试验}}/AUC_{\text{静注}}\times 100\% \tag{18-4}$$

二、生物等效性

生物等效性（bioequivalence，BE）系指一种药物的不同制剂在相同的实验条件下，给予相同的剂量，反映其吸收速度和程度的动力学参数无统计学差异。通常意义的生物等效性是通过相对生物利用度的研究，评价同一药物不同制剂的内在质量是否相等。如果药物浓度和疗效具有相关性，则相同的血药浓度-时间曲线意味着在作用部位能产生相同的药物浓度，产生相同的疗效，因此可以用药代动力学参数作为建立等效性的指标，即生物等效性。在血药浓度与药效相关性不好或药代动力学方法不可行的情况下，也可以考虑以临床试验、药效学指标、体外试验指标等进行 BA 和 BE 的比较。

生物利用度和生物等效性是评价制剂内在质量的重要指标，是新药研究工作的重要内容。BA 主要反映药物活性成分到达体循环的快慢和多少，是新药研究过程中选择最佳给药途径、确定用药方案及评价药物制剂的有效性和安全性的重要依据。BE 则主要是根据制定的等效标准和限度对同一药物或同一活性成分的不同制剂进行比较，是评价制剂间质量一致性的重要依据。由于我国目前药品的开发仍以仿制居多，创新较少，创新制剂多为在原剂型上的改良，因此生物利用度和生物等效性评价成为其研究开发中的重要内容。两者研究方法与步骤基本一致，只是研究的目的不同。

目前生物利用度与生物等效性的研究方法主要有药物代谢动力学方法、药效动力学方法、临床试验方法和体外研究方法等。药物代谢动力学方法是研究制剂生物利用度和生物等效性最常用的方法。

该法通常采用双周期两制剂交叉试验设计，以抵消试验周期和个体差异对试验结果的影响。即将受试者随机分成两组，一组先服用受试制剂，后服参比制剂；另一组先服用参比制剂，后服用受试制剂。两个试验周期之间为洗净期，洗净期一般大于药物的 7～10 个半衰期，通常为 1～2 周。此外，取样点的选择对试验结果的可靠性也起着十分重要的作用。服药前先取空白血样。一般在血药浓度-时间曲线峰前部至少取 4 个点，峰后部取 6 个或 6 个以上的点，峰时间附近应有足够的取样点，总采样点不得少于 11 个。一个完整的血药浓度-时间曲线应包括吸收相、分布相和消除相，取样应持续到 3～5 个半衰期。

在下列情况下，可考虑多次给药达稳态后，用稳态血药浓度来估算生物利用度：①药物吸收程度相差不大，但吸收速度有较大差异；②生物利用度个体差异大；③缓释、控释制剂；④当单次给药后原药或代谢产物浓度很低，不能用相应的分析方法精密测得。连续服药时间至少经过7个消除半衰期后，连续测定3天的谷浓度，以确定血药浓度是否达稳态。经等间隔给予多剂量药物达稳态后，在某一给药间隔时间内，多次采集样本，分析药物浓度，计算给药间隔内的血药浓度-时间曲线面积，求算生物利用度。

生物利用度与生物等效性评价是对药物动力学主要参数（如 AUC、C_{max}、t_{max}）进行统计分析。常用的统计分析方法有方差分析、双单侧 t 检验和（1-2α）置信区间分析等。先将 AUC 和 C_{max} 等数据进行对数转换，然后进行方差分析与双单侧 t 检验处理，若受试制剂参数 AUC 的90%可信限落在参比制剂80%～125%范围内，C_{max} 落在70%～143%的范围内，t_{max} 在统计学上无显著性差异，则认为受试制剂与参比制剂生物等效。

本章小结

学习主题结构		学习的主要内容	
大主题	小主题		
第一节　概述	生物药剂学的概念	是研究药物及其剂型在体内的吸收、分布、代谢与排泄过程，阐明药物的剂型因素、机体因素和药物疗效之间相互关系的科学	
	生物药物制剂的研究内容	剂型因素	剂型、理化性质、给药途径、辅料的性质和用量、药物配伍及相互作用、制剂的工艺过程、操作条件及贮存条件等
		机体因素	种族差异、性别、年龄、遗传、生理和病理条件
第二节　药物的吸收机制	药物通过生物膜的转运方式	被动扩散	大多数药物；顺浓度差；不需要载体；不消耗能量；无转运饱和现象和竞争抑制现象；未解离的分子易扩散通过生物膜，离子型药物不易扩散透过生物膜
		主动转运	逆浓度梯度转运，需载体，耗能，有饱和现象和竞争性抑制作用，有部位专属性
		促进扩散	顺浓度梯度转运，需载体，但不耗能，有饱和现象和竞争性抑制作用，也有部位专属性
		胞饮作用	某些高分子化合物如蛋白质、甘油三酯等
第三节　影响药物吸收的生物因素	影响药物吸收的生理因素	胃肠液的pH	胃液的pH约为1～3，有利于弱酸性药物的吸收；十二指肠的pH常为5～7，有利于弱碱性药物的吸收
		胃排空	胃排空速率慢，主要在胃中吸收的弱酸性药物的吸收就会增加，相反则减少；胃排空加快，有利于主要吸收部位在小肠的药物吸收
		消化道运动	胃蠕动有利于胃中药物的吸收；小肠分节运动为药物与肠表面上皮接触提供条件；小肠蠕动运动，速度越快，药物在肠内滞留时间越短，则制剂中药物溶出与吸收的时间越短
		循环系统状况	淋巴循环对大分子药物或与脂肪类似药物的吸收发挥重要作用；血流速率对难吸收药物的影响较小，但对易吸收药物影响较大
		食物的影响	食物使固体制剂的崩解、溶出变慢；食物能提高一些主动转运及有部位特异性转运药物的吸收率，如维生素 B_2、呋喃妥因等。胃肠道中的食物，特别是脂肪，由于促进胆汁分泌，能增加一些难溶性药物的吸收量

续表

大主题	小主题	学习的主要内容	
第四节 药物的剂型因素与吸收的关系	药物的理化性质对吸收的影响	脂溶性和解离常数	通常药物的油水分配系数大，则脂溶性强，吸收率也大；解离大，脂溶性差，吸收差
第四节 药物的剂型因素与吸收的关系	药物的理化性质对吸收的影响	药物晶型与粒子大小	一般稳定型结晶熔点高、溶解度小、溶出速率慢；对难溶性药物来说，药物的粒子越小，药物的溶出速率提高，吸收越快
第四节 药物的剂型因素与吸收的关系	药物的理化性质对吸收的影响	成盐或酯	溶解度增大，溶解迅速，吸收增加
第四节 药物的剂型因素与吸收的关系	药物的剂型与给药途径对吸收的影响	剂型对药物吸收的影响	般认为口服剂型生物利用度高低的顺序为溶液剂＞乳剂＞混悬剂＞散剂＞颗粒剂＞胶囊剂＞片剂＞包衣片
第四节 药物的剂型因素与吸收的关系	药物的剂型与给药途径对吸收的影响	给药途径对药物吸收的影响	口服有首过效应，受多种因素影响；注射给药一般产生全身作用，吸收快，生物利用度高；吸入给药能产生局部或全身治疗作用；皮肤给药一般认为脂溶性强的药物易通过，发挥局部或全身作用；直肠给药可避免首过效应
第四节 药物的剂型因素与吸收的关系	制剂的处方和生产工艺对吸收的影响	制剂处方对吸收的影响	液体制剂中药物和辅料的理化性质；固体制剂中药物和辅料的理化性质，如稀释剂、黏合剂、崩解剂、润滑剂等
第四节 药物的剂型因素与吸收的关系	制剂的处方和生产工艺对吸收的影响	制剂生产工艺对药物吸收的影响	如混合、制粒、干燥或压片等
第五节 药物的分布、代谢和排泄	分布		药物的分布系指药物从给药部位被吸收进入体循环后，在血液与各组织、器官或者体液之间的可逆性转运过程。分布会影响药物的疗效和蓄积
第五节 药物的分布、代谢和排泄	代谢		药物在吸收过程或进入体循环后，受肠道菌群或体内酶系的作用，结构发生转变的过程称为代谢或生物转化。药物代谢慢，半衰期长，药物代谢快，半衰期短
第五节 药物的分布、代谢和排泄	排泄	肾排泄	影响药物肾排泄的因素主要有药物分子量、尿液 pH、药物 p*K*a、脂溶性、蛋白结合率、药物配伍及相互作用等
第五节 药物的分布、代谢和排泄	排泄	胆汁排泄	从胆汁被动扩散排泄的药物，其排泄速率受药物分子大小、脂溶性等因素影响；肠肝循环
第六节 生物利用度与生物等效性	生物利用度		是指药物或药物活性成分从制剂中释放吸收进入全身循环的程度和速度
第六节 生物利用度与生物等效性	生物等效性		系指一种药物的不同制剂在相同的实验条件下，给予相同的剂量，反映其吸收速度和程度的动力学参数无统计学差异

基本训练题

一、名词解释

1. 生物药剂学 2. 生物利用度 3. 被动扩散 4. 主动转运

二、单项选择题

1. 大多数药物的吸收机理是（ ）。
   A. 被动扩散 B. 主动转运 C. 促进扩散
   D. 胞饮作用 E. 易化扩散
2. 不属于影响药物胃肠道吸收因素的是（ ）。
   A. 药物的解离常数与脂溶性 B. 药物从制剂中的溶出速度
   C. 药物的粒度 D. 药物旋光度 E. 药物晶型
3. 下列关于胃肠道吸收的叙述错误的是（ ）。
   A. 脂溶性大的药物易于吸收 B. 解离度大的药物易于吸收
   C. 弱酸性药物在胃中吸收好 D. 弱碱性药物在肠中吸收好

E. 未解离药物易于吸收

4. 下列哪项理化性质不影响药物的吸收（　　）。

A. 脂溶性　B. 晶型　C. 熔点

D. 溶解度　E. 解离度

5. 各类食物中（　　）的胃排空最慢。

A. 糖　B. 脂肪　C. 蛋白

D. 没有差别　E. 淀粉

三、多项选择题

1. 与药物吸收有关的生理因素是（　　）。

A. 胃肠道的 pH 值　B. 药物的 p*K*a

C. 食物中的脂肪量　D. 药物的分配系数

E. 胃的排空

2. 以下哪几条是主动转运的特点（　　）。

A. 不消耗能量　B. 有结构和部位专属性

C. 由高浓度一侧向低浓度一侧转运　D. 需借助载体

E. 有饱和现象

3. 影响胃排空的因素有（　　）。

A. 药物晶型　B. 食物的组成

C. 内容物的体积　D. 内容物的黏度和渗透压

E. 药物的脂溶性

4. 药物代谢的反应类型有（　　）。

A. 氧化　B. 还原　C. 水解

D. 结合　E. 聚合

5. 关于药物与血浆蛋白结合的叙述正确的是（　　）。

A. 结合型药物与游离型药物保持动态平衡

B. 结合是可逆的　C. 有饱和现象

D. 能够影响药物的代谢和排泄　E. 结合型有药理作用

四、简答题

1. 影响药物吸收的生理因素有哪些？

2. 简述药物的肾脏排泄与尿液 pH 的关系。

3. 研究药物的生物利用度有什么意义？

附录　基本训练题答案

第一章　绪论　答案

一、名词解释

1. 药物制剂技术：系指在药剂学理论指导下，研究药物制剂生产、制备技术的综合性应用技术科学，是药学专业的一门重要专业课程。

2. 药剂学：是研究药物制剂的制备理论、生产技术、质量控制与合理应用等内容的综合性应用技术科学。

3. 剂型：药物在临床应用之前需制成适合于治疗与预防应用的、与一定给药途径相适应的给药形式，这种不同的形式（形态或类别）称为药物剂型，简称剂型。

4. 制剂：根据药典、药品标准或其他适当处方，将原料药物按某种剂型制成的具有一定规格的药剂称为制剂。

5. 药典：是一个国家记载药品标准、规格的法典。

二、单项选择题

1. D　2. C　3. C　4. D　5. B　6. E　7. C　8. A　9. A　10. E

三、多项选择题

1. BDE　2. ABCD　3. ABCD　4. ABDE　5. ABD

四、简答题（略）

第二章　浸出制剂　答案

一、名词解释

1. 浸出制剂：系指用适当的浸出溶剂和方法，从药材（动植物）中浸出有效成分所制成的供内服或外用的药物制剂。

2. 酊剂：系指药物（饮片）用规定浓度乙醇浸出（提取）或溶解而制成的澄明液体制剂，也可用流浸膏稀释制成。可供口服或外用。

3. 中药合剂：系指药材用水或其他溶剂，采用适宜提取方法提取、纯化、浓缩制成的口服液体制剂。制备汤剂的方法用煎煮法、渗漉法。

4. 渗漉法：是将药材适当粉碎后，加规定的溶剂均匀润湿，密闭放置一定时间，再均匀装入渗漉器内，然后在药粉上添加浸出溶剂使其渗过药粉，自下部流出浸出液的一种动态浸出方法。

5. 口服液：系指合剂单剂量包装者。

二、单项选择题

1. D　2. B　3. A　4. C　5. A　6. E　7. E　8. C　9. B　10. D

三、多项选择题

1. BCD　2. BC　3. ABCDE　4. ABCDE　5. ABE　6. ABCE

四、简答题（略）

第三章 表面活性剂 答案

一、名词解释

1. 表面活性剂：分子中同时具有亲水基团和亲油基团，具有很强的表面活性，能显著降低两相间界面张力（表面张力）的物质，称为表面活性剂。

2. 临界胶束浓度：表面活性剂分子缔合形成胶束的最低浓度即为临界胶束浓度（CMC）。

3. 昙点：起昙现象发生的温度称为昙点（浊点）。

4. 亲水亲油平衡值：表面活性分子中亲水基因和亲油基团对油或水的综合亲和力称为亲水亲油平衡值（HLB）。

二、单项选择题

1. C 2. D 3. C 4. B 5. E 6. C 7. E 8. A 9. E 10. B

三、多项选择题

1. CDE 2. ACD 3. CD 4. ABC 5. ABCE

四、简答题（略）

第四章 液体制剂 答案

一、名词解释

1. 液体制剂：系指药物分散在液体分散介质中形成的液态制剂，可供内服或外用。

2. 溶液剂：系指化学药物的内服或外用的均相澄清溶液。

3. 糖浆剂：系指含有药物（含有提取物）的浓蔗糖水溶液。

4. 乳剂：也称乳浊液，系两种互不相溶的液相经乳化剂乳化后组成的非均相分散体系。

5. 芳香水剂：系指挥发性药物（多为挥发油）的饱和或近饱和澄明水溶液。

二、单项选择题

1. B 2. A 3. E 4. B 5. D 6. E 7. C 8. E 9. A 10. B 11. D 12. B 13. A 14. C 15. C 16. C 17. E 18. D 19. C 20. E

三、多项选择题

1. AC 2. BCE 3. ABCE 4. ABCD 5. ADE 6. BC 7. ADE 8. ADE 9. BCE 10. ABDE 11. ACD 12. BC 13. ABDE 14. ABCD 15. BDE

四、简答题（略）

第五章 灭菌技术及空气净化技术 答案

一、名词解释

1. 灭菌技术：系指杀灭或除去物料中所有微生物的繁殖体和芽孢的技术。

2. 湿热灭菌法：是用饱和水蒸气或沸水或流通水蒸气进行灭菌的方法。

3. 过滤除菌法：系指用过滤方法除去活的或死的微生物的方法，是一种机械除菌方法。

4. 紫外线灭菌法：是指用紫外线照射杀灭微生物的方法。

5. 洁净室：是指将一定空间范围内空气中的微粒子、有害空气、细菌等污染物排除，并将室内温度、洁净度、室内压力、气流速度与气流分布、噪声振动及照明、静电控制在某一需求范围内，而所给予特别设计的房间。

二、单项选择题

1. B 2. D 3. A 4. C 5. E 6. B 7. E 8. A 9. E 10. A

三、多项选择题

1. ABCD 2. BCDE 3. ABCDE 4. ABCE 5. AB

四、简答题（略）

第六章 注射剂与滴眼剂 答案

一、名词解释

1. 注射剂：系指药物与适宜的溶剂或分散介质制成的供注入体内的溶液、乳状液或混悬液及供临用前配制或稀释成溶液或混悬液的粉末或浓溶液的无菌制剂。

2. 注射用水：注射用水为纯化水经蒸馏所得的水。

3. 热原：系指引起恒温动物和人体体温异常升高的致热物质的总称。它是一种细菌内毒素。

4. 输液：系指供静脉滴注输入人体血液中的大容量注射液。通常包装在玻璃（或塑料）输液瓶（或袋）中，不含防腐剂或抑菌剂。

5. 滴眼剂：系指由药物与适宜辅料制成的供滴入眼内的无菌液体制剂。分为水性或油性溶液、混悬液或乳状液。

二、单项选择题

1. D 2. B 3. A 4. C 5. E 6. B 7. E 8. D 9. B 10. C 11. A 12. B 13. A 14. E 15. C

三、多项选择题

1. ABCDE 2. ACD 3. ABCDE 4. BCDE 5. ABCD 6. BD 7. BC 8. ABCE 9. ACDD 10. DE

四、简答题（略）

第七章 散剂、颗粒剂与胶囊剂 答案

一、名词解释

1. 散剂：系指药物或与适宜的辅料经粉碎、均匀混合制成的干燥粉末状制剂，分为口服散剂和局部用散剂。

2. 颗粒剂：系指将药物与适宜的辅料制成具有一定粒度的干燥颗粒状制剂。

3. 胶囊剂：系指将药物或加有辅料充填于空心胶囊或密封于软质囊材中的固体制剂。

二、单项选择题

1. C 2. D 3. D 4. D 5. C 6. C

三、多项选择题

1. BD 2. ABCDE 3. ABDE 4. CD 5. ABCDE

四、简答题（略）

第八章 片剂 答案

一、名词解释

1. 片剂：系指药物与适宜的辅料混匀压制而成的圆片状或异形片状的固体制剂。

2. 崩解剂：系指能促进片剂在胃肠道中迅速崩解成小粒子或粉末的辅料。

3. 黏合剂：是指能使无黏性或黏性不足的物料聚结成颗粒或压缩成型的具有一定黏结力的固体粉末或溶液。

4. 润滑剂：是指压片前须加入具有润滑作用的物料。

5. 裂片：系指片剂受到振动或贮存时出现腰际裂开的现象。

二、单项选择题

1. B 2. D 3. A 4. C 5. E 6. B 7. E 8. A 9. E 10. A 11. C 12. A 13. A 14. B 15. D 16. D 17. C 18. B 19. A 20. C 21. A 22. D

三、多项选择题

1. BCE 2. CE 3. ABC 4. ABD 5. AC 6. BCE 7. CD 8. CD 9. ABCDE 10. ABD 11. BCD 12. ABDE

四、简答题（略）

第九章 软膏剂、眼膏剂与凝胶剂 答案

一、名词解释

1. 软膏剂：系指药物与油脂性或水溶性基质混合制成的均匀的半固体外用制剂。

2. 眼膏剂：系指由药物与适宜基质均匀混合，制成无菌溶液型或混悬型膏状的眼用半固体制剂。

3. 凝胶剂：系指药物与能形成凝胶的辅料制成溶液、混悬或乳状液型的稠厚液体或半固体制剂。

二、单项选择题

1. D 2. C 3. C 4. E 5. B 6. B 7. E 8. E

三、多项选择题

1. BCD 2. ABD 3. AE 4. AB 5. BCE

四、简答题（略）

第十章 栓剂 答案

一、名词解释

1. 栓剂：系指药物与适宜基质制成供腔道给药的固体制剂。

2. 置换值：系指药物的重量与同体积基质重量的比值。

3. 融变时限：系指栓剂在体温（37℃±0.5℃）下软化、熔化或溶解的时间。

二、单项选择题

1. A 2. E 3. D 4. A 5. C 6. A 7. B 8. C

三、多项选择题

1. ABC 2. BCDE 3. ABCD 4. CDE 5. ABCE

四、简答题（略）

第十一章 气雾剂 答案

一、名词解释

1. 气雾剂：系指含药溶液、乳状液或混悬液与适宜的抛射剂共同装封于具有特制阀门系统的耐压容器中，使用时借助抛射剂的压力将内容物呈雾状物喷出，用于肺部吸入或直接喷至腔道黏膜、皮肤及空间消毒的制剂。

2. 抛射剂：系指用于气雾剂的一些液化气体，在气雾剂中起动力作用并可作药物的溶剂或稀释剂。

3. 二相气雾剂：也称溶液型气雾剂，是药物或药物借助潜溶剂和助溶剂与抛射剂混溶而制成的气雾剂。

二、单项选择题

1. A 2. C 3. B 4. D 5. E

三、多项选择题

1. ABC 2. CDE 3. ABC

四、简答题（略）

第十二章 滴丸剂与膜剂 答案

一、名词解释

1. 滴丸剂：是指固体或液体药物与适宜的基质加热熔融后溶解、乳化或混悬于基质中，再滴入不相混溶、互不作用的冷凝介质中，由于表面张力的作用使液滴收缩成球状而制成的制剂。

2. 膜剂：是指药物与适宜的成膜材料经加工制成的膜状制剂，供口服或黏膜用。

3. 滴制法：是将药物均匀分散在熔融的基质中，再滴入不相混溶的冷凝液里，冷凝收缩成丸的方法。

4. 滴丸基质：滴丸中除主药以外的赋形剂均称“基质”，分为水溶性基质及非水溶性基质两大类。

二、单项选择题

1. B 2. D 3. C 4. A 5. A 6. C 7. C 8. C 9. A 10. D 11. D

三、多项选择题

1. ABDE 2. BC 3. BCDE 4. AB 5. BC 6. BD 7. ABCD 8. ADE

四、简答题（略）

第十三章 微囊与脂质体 答案

一、名词解释

1. 微囊：是用天然的或合成的高分子材料，将固体或液体药物包裹，而制成的封闭的微小胶囊。

2. 脂质体：系指将药物包封于类脂质双分子层形成的薄膜中间或芯内，而制成的超微型球状载体制剂。

3. 囊材：系指用于包囊的各种材料。

二、单项选择题

1. E 2. A 3. B 4. C 5. E 6. D 7. B

三、多项选择题

1. ABC 2. DE 3. ABCDE

四、简答题（略）

第十四章 固体分散技术与包合技术 答案

一、名词解释

1. 固体分散技术：是将难溶性药物高度分散在另一种固体载体中的新技术。

2. 包合技术：系指一种化合物分子被全部或部分包嵌于另一种化合物分子的空穴结构，形成包合物的技术。

3. 主分子：具有包合作用的外层分子称为主分子。

4. 客分子：被包合到主分子空间中的小分子称为客分子。

5. 环糊精：系淀粉经酶解环合后得到的由6～12个葡萄糖分子以1,4-糖苷键连结而成的环状低聚糖化合物。

二、单项选择题

1. A 2. E 3. D 4. C 5. B

三、多项选择题

1. BCD 2. ABDE 3. ABCD 4. ABCE

四、简答题（略）

第十五章 缓释和控释制剂 答案

一、名词解释

1. 缓释制剂：系指在规定释放介质中，按要求缓慢地非恒速释放药物，其与相应的普通制剂比较，给药频率减少一半或给药频率有所减少，且能显著增加患者顺应性的制剂。

2. 控释制剂：系指在规定释放介质中，按要求缓慢地恒速或接近恒速释放药物，其与相应的普通制剂比较，给药频率减少一半或给药频率有所减少，血药浓度比缓释制剂更加平稳，且能显著增加患者顺应性的制剂。

3. 脉冲给药系统：又称定时钟释药系统或控制突释系统，是人们以时间药理学及时辰药代动力学原理为理论基础，研制出来的一种定时释放有效剂量药物的新剂型。

二、单项选择题

1. D 2. B 3. C 4. C 5. A 6. E

三、多项选择题

1. CDE 2. ACE 3. ABC 4. ABCE 5. ABDE 6. ACDE

四、简答题（略）

第十六章 药物制剂的稳定性 答案

一、名词解释

1. 药物制剂的稳定性：系指药物在体外的稳定性，制备的药品应在一定的时间内保持制备时所规定的质量标准，从而保证药品从生产到患者使用期内不变质。

2. 半衰期：通常将反应物消耗一半所需要的时间称为半衰期。

3. 有效期：在药物降解反应中，常用药物降解10%所需的时间（即 $t_{0.9}$）来衡量药物降解的速度，称为有效期。

4. 化学稳定性：系指药物由于发生氧化、还原、水解、光解、异构化、聚合、脱羧等化学反应，使药物含量（或效价）降低、色泽产生变化等。

二、单项选择题

1. A 2. C 3. E 4. C 5. C

三、多项选择题

1. ABE 2. ABC 3. AE 4. ABCDE 5. ABCDE

四、简答题（略）

第十七章 药物制剂的配伍 答案

一、名词解释

1. 药物的配伍变化：因药物的配伍而引起的理化性质或生理效应方面产生的变化，称为药物配伍变化。

2. 物理配伍变化：是指药物在配伍制备、贮存过程中发生物理性质的改变，如溶解度的改变、吸湿、潮解、液化与结块、粒径或分散状态的改变等现象。

3. 化学配伍变化：是指药物成分之间发生水解、分解、氧化、还原、取代、聚合、缩合等化学反应而导致药物成分的改变。

4.药理学配伍变化：系指药物的药效受配伍应用或先后应用的其他药物、食物和内源性物质等的影响而发生的变化。

二、单项选择题

1.E　2.B　3.A　4.A　5.E

三、多项选择题

1.ABCDE　2.ABCDE　3.ABCDE　4.ABCD　5.ABCE

四、简答题（略）

第十八章　生物药剂　答案

一、名词解释

1.生物药剂学：是研究药物及其剂型在体内的吸收、分布、代谢与排泄过程，阐明药物的剂型因素、机体因素和药物疗效之间相互关系的科学。

2.生物利用度：是指药物或药物活性成分从制剂中释放吸收进入全身循环的程度和速度。

3.被动扩散：系指存在于生物膜两侧的药物服从Fick's定律，从高浓度一侧到低浓度一侧扩散的转运方式。

4.主动转运：系指借助载体蛋白或酶促系统，药物从膜的低浓度一侧向高浓度一侧转运的方式。

二、单项选择题

1.A　2.D　3.B　4.C　5.B

三、多项选择题

1.ACE　2.BDE　3.BCD　4.ABCD　5.ABCD

四、简答题（略）

参考文献

[1] 张幸生. 药剂学. 北京：轻工业出版社，2004.

[2] 国家药典委员会编. 中华人民共和国药典. 2010. 北京：中国医药科技出版社，2010.

[3] 邹立家. 药剂学. 北京：中国医药科技出版社，2001.

[4] 胡兴娥，刘素兰. 药剂学. 北京：高等教育技出版社，2006.

[5] 韩瑞亭. 药物制剂技术. 北京：中国农业大学出版社，2010.

[6] 崔福德. 药剂学. 北京：人民卫生出版社，2011.

[7] 杨瑞虹. 药物制剂技术与设备. 北京：化学工业出版社，2010.

[8] 王云云. 药物制剂技术. 西安：第四军医大学出版社，2013.

[9] 丁平田. 药剂学. 北京：人民军医出版社，2008.

[10] 张健泓. 药物制剂技术. 北京：人民卫生出版社，2013.

[11] 张兴忠等. 广东实施药品 GMP 指南. 广州：广东科技出版社，2002.

[12] 罗明生. 中国药用辅料. 北京：化学工业出版社，2006.

[13] 毕殿洲. 药剂学. 北京：中国医药科技出版社，2000.

[14] 高申. 现代药物新剂型与新技术. 北京：人民军医出版社，2002.

[15] 秦伯益. 新药评价概论. 北京：人民卫生出版社，1998.

[16] 李正化. 药物化学. 北京：人民卫生出版社，1993.

[17] 孙耀华. 药剂学. 北京：人民卫生出版社，2003.

[18] 梁文权. 生物药剂学与药物动力学. 北京：人民卫生出版社，2000.

[19] 沈宝亨，李良铸等. 应用药物制剂技术. 北京：中国医药科技出版社，2000.

[20] 平其能. 现代药剂学. 北京：中国医药科技出版社，1998.

[21] 庄越，曹宝成，萧瑞祥. 实用药物制剂技术. 北京：人民卫生出版社，1998.

[22] 张汝华. 工业药剂学. 北京：中国医药科技出版社，1999.

[23] 司徒杰生. 化工产品手册・无机化工产品. 北京：化学工业出版社，1999.

[24] 陆彬. 药物新剂型与新技术. 北京：人民卫生出版社，2003.

[25] 杜清枝. 物理化学. 重庆：重庆大学出版社，1997.

[26] 张幸生等. 碘酸钾片干法制片工艺的研究. 中国医药工业杂志，2002.

[27] 张幸生. 维晶纤维素在药物制剂中的应用进展. U. S. Chinese Journal of Clincal Pharmacy，2003，4 (9).

[28] 潘卫三，吴涛，尹飞等. 硫酸沙丁胺醇渗透泵控释片的人体药代动力学与生物利用度. 药学学报，1999，34 (12)：933-936.

[29] 马建国，戴立盛，叶冠中等. 渗透泵控释片剂的高速激光打孔. 中国药学杂志，2000，35 (1)：47-49.

[30] 吴涛，潘卫三，陈济民等. 多目标同步优化法优化硫酸沙丁胺醇渗透泵控释片的制备工艺. 药学学报，2000，35 (8)：617-621.

[31] 卢恩先，江志强. 难溶性药物口服渗透泵片工艺的研究进展. 药学学报，2001，36 (3)：235-240.

[32] 吴涛，潘卫三，庄殿友等. 口服渗透泵制剂的研究进展. 中国药学杂志，1999，34 (2)：76-78.